普通高等教育"十一五"国家级规划教材

全国高等农林院校教材

森林昆虫学

李成德　主编

中国林业出版社

内 容 简 介

本书分总论和各论两部分，共12章。总论部分介绍了我国森林害虫发生与危害概况、森林昆虫学及其研究内容和发展历史、森林昆虫学研究的发展现状以及森林昆虫学基础理论知识，包括昆虫的形态与器官系统、昆虫的生物学、分类学、生态学以及害虫管理的策略及技术方法等；各论部分包括苗圃及根部害虫、顶芽及枝梢害虫、食叶害虫、蛀干害虫、球果种实害虫、木材害虫以及竹子害虫，包括235种主要害虫的分布、危害、形态特征、生活史及习性和防治方法等，以及159种害虫的简要介绍。全书共附插图300余幅。

本书为高等农林院校林学、森林保护专业教材，也可作为广大林业、森林保护、森林病虫害防治与研究工作者参考用书。

图书在版编目（CIP）数据

森林昆虫学/李成德主编.—北京：中国林业出版社，2003.9（2021.3重印）
普通高等教育"十一五"国家级规划教材.全国高等农林院校教材
ISBN 978-7-5038-3442-4-01

Ⅰ.森… Ⅱ.李… Ⅲ.森林昆虫学—高等学校—教材 Ⅳ.S718.7

中国版本图书馆CIP数据核字（2003）第053869号

中国林业出版社·教材建设与出版管理中心
策划编辑：牛玉莲　　　责任编辑：刘家玲　牛玉莲
电话：83143555　　　　传真：83143561

出版发行	中国林业出版社（100009　北京市西城区德内大街刘海胡同7号） E-mail：jiaocaipublic@163.com　电话：(010) 83143500 http://www.forestry.gov.cn/lycb.html
经　销	新华书店
印　刷	中农印务有限公司
版　次	2004年4月第1版
印　次	2021年3月第11次
开　本	850mm×1168mm　1/16
印　张	31.5
字　数	680千字
定　价	59.00元

未经许可，不得以任何方式复制或抄袭本书之部分或全部内容。

版权所有　侵权必究

《森林昆虫学》编写人员

主　　编　李成德
副 主 编　李孟楼　黄大庄　韩桂彪
编写人员　（按姓氏笔画为序）
　　　　　　王桂清　沈阳农业大学
　　　　　　孙绪艮　山东农业大学
　　　　　　李成德　东北林业大学
　　　　　　李孟楼　西北农林科技大学
　　　　　　迟德富　东北林业大学
　　　　　　孟庆繁　北华大学
　　　　　　武三安　北京林业大学
　　　　　　胡春祥　东北林业大学
　　　　　　唐进根　南京林业大学
　　　　　　黄大庄　河北农业大学
　　　　　　韩桂彪　山西农业大学
　　　　　　潘涌智　西南林学院
　　　　　　冀卫荣　山西农业大学

序

　　森林昆虫学是昆虫学的一个分支，是研究森林中有害和有益昆虫（包括害螨）的一门学科；美国个别森林昆虫学把船蛆（*Teredo*）及蛀木水虱（*Limnoria*）也写上；我国有人把凡是在森林中及其附近所采到的昆虫都称之为森林昆虫而加以记述。凡此未免把森林昆虫的范围弄得太大了。

　　作为大专院校教材的森林昆虫学，应该"精"、"准"、"新"地把森林昆虫学的全部内容介绍给学生，使他们对这门学科能打好坚实的基础，从而能很好地为今后的教学、研究和防治工作服务。

　　我国已出版的森林昆虫学教科书及专著为数已不少了；由全国组织编写的大专院校用森林昆虫学已出版了两次；这次准备出版的这本书已是第三次。本书是在前人的基础上，根据现有的情况编写而成，其所写内容基本上已达到"精"、"准"、"新"的水平，是一本很好的教科书，值得庆贺。

　　本书的作者都是40岁左右的青年森林昆虫学工作者，都是各所在单位的骨干。我国有森林昆虫学这一门学科，为时不算太久，而能培养出这么多的精英之士，是非常难能可贵的。希望大家继续钻研高新理论和高新技术，以赶超世界先进水平。本人从事森林昆虫教学、研究及防治工作凡五十余年，自愧学识浅陋，承蒙委以主审任务，非常惶恐，但对各位的盛情难却，只好勉为其难。谢谢各位的美意要我为本书写序。

萧刚柔
2003.12.08 于北京

前 言

本教材为全国高等农林院校"十五"规划教材之一,是受中国林业出版社委托编写的,可供林学、森林资源保护与游憩专业使用。

本教材主要采用了过去的全国高等林业院校教材《森林昆虫学》(张执中 1993)的框架结构,在此基础上对个别章节作了适当的调整,如总论部分的昆虫生态学一章中增加了昆虫地理分布和生物多样性与森林害虫控制两节新内容;各论部分中把危害竹子的害虫集中单列了一章竹子害虫;在各虫种的筛选过程中删掉了部分危害并不严重的种类,新增了一批近年来新出现的危险性害虫、外来入侵种以及国内森林植物检疫对象;个别虫种的学名根据最新研究报道作了相应的调整,如黄斑星天牛作为光肩星天牛的异名处理,东北大黑鳃金龟作为华北大黑鳃金龟的异名处理,国内森林植物检疫对象枣大球蚧作为槐花球蚧的异名处理等,同时对个别种的拉丁学名作了谨慎的纠正。

本教材包括总论和各论两部分,共 12 章。前 5 章总论部分为森林昆虫学基础;后 7 章为各论部分,包括当前在我国严重发生和普遍发生的害虫及螨类共 235 种,另外,在每一类群之后又简要列举了在局部地区发生较重或具有潜在危险,但由于篇幅所限未能详细介绍的一些虫种。

本教材由李成德任主编,负责全书统稿工作。各章节编写分工如下:绪论由李成德编写;第 1 章由王桂清编写;第 2 章由孙绪艮编写;第 3 章由冀卫荣、孙绪艮编写;第 4 章由孟庆繁编写;第 5 章由韩桂彪、胡春祥、李成德编写;第 6 章由唐进根编写;第 7 章由武三安、王桂清、孙绪艮编写;第 8 章由李孟楼、韩桂彪、胡春祥编写;第 9 章由黄大庄、李成德编写;第 10 章由潘涌智编写;第 11 章由迟德富编写;第 12 章由唐进根编写。各章插图由各章节编者提供,由李成德统一修改拼制,主要源于《中国森林昆虫》(第 2 版)(萧刚柔 1992)和《森林昆虫学通论》(李孟楼 2002),部分仿自书后所列的相关文献,在书中未作逐一标注。

在本教材的编写过程中,东北林业大学方三阳、胡隐月教授审阅了编写提纲并提出宝贵意见;中国林业科学研究院杨忠岐教授提供部分虫种的资料名录及有关信息；前言及目录的英文稿由中国科学院动物研究所孙江华研究员审阅并修改；全书由中国林业科学研究院萧刚柔教授主审并作序，在此一并向他们表示最诚挚的感谢。

由于时间仓促，编者的水平和掌握的资料有限，难免有疏漏和不当之处，恳请广大读者批评指正。

编 者
2003.11

PREFACE

This book is one of the series of textbook for forestry and agricultural colleges and universities during the period of "10th Five-Year" planning, which was entrusted by the Teaching Material Construction and Publishing Management Center of China Forestry Publishing House.

Ten years have passed since the previous edition "Forest Entomology" edited by Prof. Zhang Zhizhong in 1993 and "Forest Insects of China" edited by Prof. Xiao Gangrou in 1992. However, the present book is still primarily based on the structure of "Forest Entomology" (Zhang 1993) with substantial adjustment considering the new knowledge and information developed in forest entomology both in extent and depth. In the Chapter 4 Insect Ecology, two topics were added respectively as Geographical Distribution of Insects and Biodiversity with Forest Pest Control. In part II, a new Chapter 12 on Bamboo Pests was added. In the selection of pest species, we deleted some less serious species while added some newly outbreaked pests, exotic invasive pests and quarantine pests.

The book is composed of two parts with 12 Chapters. In part I, there are 5 chapters about basics of forest entomology. In part II, there are 7 chapters dealing with various categories of important forest insects totaling 235 species. In addition, some regional occurring species which has potential becoming a major pest or spread further are also listed.

The authors of each chapter are as follows. Introduction by Li Chengde; chapter 1 by Wang Guiqing; chapter 2 by Sun Xugen; chapter 3 by Ji Weirong and Sun Xugen; chapter 4 by Meng Qingfan; chapter 5 by Han Guibiao, Hu Chunxiang and Li Chengde; chapter 6 by Tang Jingen; chapter 7 by Wu San'an, Wang Guiqing and Sun Xugen; chapter 8 by Li Menglou, Han Guibiao and Hu Chunxiang; chapter 9 by Huang Dazhuang and Li Chengde; chapter 10 by Pan Yongzhi; chapter 11 by Chi Defu; chapter 12 by Tang Jingen.

Finally, we wish to express our gratitude to Prof. Fang Sanyang and Prof. Hu Yinyue, Northeast Forestry University for encouragement and helpful comments,

Prof. Yang Zhongqi, Chinese Academy of Forestry Science for providing valuable information on many pests listed in the book. Prof. Xiao Gangrou, Chinese Academy of Forestry Science checked and approved the whole book and wrote a foreword for the book.

Editor
November, 2003

目　录

序
前言

绪　论 ·· (1)

总　　论

第1章　昆虫的形态与器官系统 ·· (6)
1.1　昆虫的头部 ·· (8)
　　1.1.1　头壳的分区 ·· (8)
　　1.1.2　头部的感觉器官 ·· (9)
　　1.1.3　口器 ··· (11)
1.2　昆虫的胸部 ·· (14)
　　1.2.1　胸节的基本构造 ·· (14)
　　1.2.2　胸足的基本构造和类型 ·· (15)
　　1.2.3　翅及其类型 ·· (16)
1.3　昆虫的腹部 ·· (20)
　　1.3.1　腹节的基本构造 ·· (20)
　　1.3.2　外生殖器 ··· (20)
　　1.3.3　尾须 ··· (21)
　　1.3.4　幼虫的腹足 ·· (21)
1.4　昆虫的体壁 ·· (22)
　　1.4.1　体壁的结构 ·· (22)
　　1.4.2　昆虫体壁的色彩 ·· (23)
　　1.4.3　体壁的衍生物 ··· (24)
1.5　昆虫的器官系统与功能 ··· (25)
　　1.5.1　血窦和膈膜 ·· (25)
　　1.5.2　肌肉系统 ··· (25)
　　1.5.3　消化系统 ··· (26)

1.5.4　呼吸系统 …………………………………………………………………… (28)
　　1.5.5　循环系统 …………………………………………………………………… (29)
　　1.5.6　排泄器官 …………………………………………………………………… (30)
　　1.5.7　神经系统 …………………………………………………………………… (31)
　　1.5.8　感觉器官 …………………………………………………………………… (32)
　　1.5.9　生殖系统 …………………………………………………………………… (33)
　　1.5.10　分泌系统 ………………………………………………………………… (34)

第2章　昆虫生物学 …………………………………………………………………… (36)
2.1　昆虫的生殖方式 ………………………………………………………………… (36)
　　2.1.1　两性生殖 …………………………………………………………………… (36)
　　2.1.2　孤雌生殖 …………………………………………………………………… (36)
　　2.1.3　多胚生殖 …………………………………………………………………… (37)
　　2.1.4　卵胎生 ……………………………………………………………………… (37)
　　2.1.5　幼体生殖 …………………………………………………………………… (37)
2.2　昆虫的卵和胚胎发育 …………………………………………………………… (37)
　　2.2.1　卵的类型和产卵方式 ……………………………………………………… (37)
　　2.2.2　卵的基本构造 ……………………………………………………………… (38)
　　2.2.3　胚胎发育 …………………………………………………………………… (39)
2.3　昆虫的胚后发育 ………………………………………………………………… (40)
　　2.3.1　生长与脱皮 ………………………………………………………………… (40)
　　2.3.2　变态及其类型 ……………………………………………………………… (41)
　　2.3.3　幼虫期 ……………………………………………………………………… (42)
　　2.3.4　蛹期 ………………………………………………………………………… (43)
2.4　成虫的生物学 …………………………………………………………………… (44)
　　2.4.1　羽化 ………………………………………………………………………… (44)
　　2.4.2　性二型与多型性 …………………………………………………………… (45)
　　2.4.3　昆虫的性成熟 ……………………………………………………………… (46)
2.5　昆虫的世代和年生活史 ………………………………………………………… (47)
　　2.5.1　世代和年生活史 …………………………………………………………… (47)
　　2.5.2　休眠和滞育 ………………………………………………………………… (48)
2.6　昆虫的习性和行为 ……………………………………………………………… (49)
　　2.6.1　活动的昼夜节律 …………………………………………………………… (49)
　　2.6.2　食性与取食行为 …………………………………………………………… (49)
　　2.6.3　趋性 ………………………………………………………………………… (50)
　　2.6.4　群集性 ……………………………………………………………………… (50)
　　2.6.5　拟态和保护色 ……………………………………………………………… (51)
　　2.6.6　假死性 ……………………………………………………………………… (51)

第3章 昆虫分类学 (53)
3.1 昆虫分类的基本原理 (54)
3.1.1 分类的阶元 (54)
3.1.2 昆虫的命名和命名法规 (55)
3.1.3 模式方法 (55)
3.2 昆虫纲的分类系统 (56)
3.3 与林业有关的主要目及其分类概述 (57)
3.3.1 等翅目 (57)
3.3.2 竹节虫目 (58)
3.3.3 直翅目 (59)
3.3.4 缨翅目 (60)
3.3.5 同翅目 (61)
3.3.6 半翅目 (65)
3.3.7 鞘翅目 (67)
3.3.8 鳞翅目 (73)
3.3.9 膜翅目 (79)
3.3.10 双翅目 (83)
3.3.11 螨类 (85)

第4章 昆虫生态学 (88)
4.1 昆虫与环境的关系 (88)
4.1.1 非生物因素与昆虫 (88)
4.1.2 生物因素与昆虫 (94)
4.2 森林昆虫种群及其动态 (98)
4.2.1 种群的数量特征 (98)
4.2.2 种群的结构特征 (100)
4.2.3 昆虫种群的空间分布 (101)
4.2.4 森林昆虫种群的数量变动 (102)
4.2.5 昆虫生命表 (104)
4.3 森林昆虫群落 (108)
4.3.1 森林昆虫群落的一般特征 (108)
4.3.2 森林昆虫群落的结构 (108)
4.3.3 森林昆虫群落的数量分类 (113)
4.4 昆虫地理分布 (113)
4.4.1 世界动物地理区划及昆虫区系 (113)
4.4.2 中国森林昆虫地理分布 (115)
4.5 生物多样性与森林害虫控制 (118)

4.5.1　生物多样性的概念 ……………………………………………………………（119）
　　4.5.2　生物多样性的测度 ……………………………………………………………（119）
　　4.5.3　昆虫生物多样性的生态系统功能 ……………………………………………（121）
　　4.5.4　生物多样性与害虫控制 ………………………………………………………（123）
　4.6　森林害虫的预测预报 …………………………………………………………………（125）
　　4.6.1　森林昆虫的调查技术 …………………………………………………………（125）
　　4.6.2　森林害虫预测预报的类型与方法 ……………………………………………（127）
　　4.6.3　森林害虫发生期预测 …………………………………………………………（128）
　　4.6.4　害虫的发生量预测 ……………………………………………………………（130）
　　4.6.5　森林害虫种群监测 ……………………………………………………………（131）

第5章　害虫管理的策略及技术方法 ……………………………………………………………（134）
　5.1　害虫管理策略及其发展历史 …………………………………………………………（134）
　　5.1.1　初期防治阶段 …………………………………………………………………（134）
　　5.1.2　化学防治阶段 …………………………………………………………………（135）
　　5.1.3　害虫综合管理阶段 ……………………………………………………………（135）
　　5.1.4　森林保健与林业可持续发展 …………………………………………………（137）
　5.2　害虫管理的原理及技术方法 …………………………………………………………（139）
　　5.2.1　森林害虫种群数量调节的基本原理 …………………………………………（139）
　　5.2.2　森林对害虫种群的自然控制机制 ……………………………………………（140）
　　5.2.3　森林昆虫的生态对策 …………………………………………………………（140）
　　5.2.4　经济危害水平与经济阈限 ……………………………………………………（142）
　　5.2.5　害虫种群数量调节的技术方法 ………………………………………………（144）
　5.3　害虫管理的技术程序 …………………………………………………………………（157）
　5.4　害虫管理中的系统分析技术 …………………………………………………………（158）
　　5.4.1　系统及系统分析的概念 ………………………………………………………（158）
　　5.4.2　系统分析的方法和步骤 ………………………………………………………（159）
　　5.4.3　系统分析应用实例——马尾松毛虫综合管理系统模型 ……………………（160）
　5.5　害虫管理的专家系统 …………………………………………………………………（161）
　　5.5.1　专家系统简介 …………………………………………………………………（161）
　　5.5.2　专家系统在害虫管理中的应用 ………………………………………………（163）

各　论

第6章　苗圃及根部害虫 …………………………………………………………………………（166）
　6.1　白蚁类 …………………………………………………………………………………（167）
　　　　黄翅大白蚁（167）　　　黑翅土白蚁（168）

6.2 蝼蛄类 ··· (170)
  东方蝼蛄 (170) 华北蝼蛄 (171)

6.3 蟋蟀类 ··· (172)
  大蟋蟀 (172) 油葫芦 (173)

6.4 金龟类 ··· (174)
  华北大黑鳃金龟 (174) 东方绢金龟 (175) 铜绿异丽金龟 (176)
  红脚异丽金龟 (177) 苹毛丽金龟 (178) 大云鳃金龟 (179)

6.5 叩甲类 ··· (181)
  细胸锥尾叩甲 (181) 沟线角叩甲 (182)

6.6 象甲类 ··· (183)
  大灰象 (183) 蒙古土象 (184)

6.7 地老虎类 ··· (185)
  小地老虎 (185) 大地老虎 (187)

第7章 顶芽及枝梢害虫 ··· (190)
7.1 刺吸类害虫 ··· (190)
7.1.1 蚧类 ··· (190)
  草履蚧 (190) 吹绵蚧 (192) 日本松干蚧 (193)
  中华松针蚧 (194) 湿地松粉蚧 (195) 华栗绛蚧 (197)
  水木坚蚧 (198) 日本龟蜡蚧 (199) 红蜡蚧 (200)
  槐花球蚧 (201) 松突圆蚧 (202) 梨圆蚧 (203)
  杨圆蚧 (205) 柳蛎盾蚧 (206) 桑白盾蚧 (207)
  日本单蜕盾蚧 (208)

7.1.2 蚜虫类 ··· (210)
  刺槐蚜 (211) 白毛蚜 (211) 苹果绵蚜 (212)
  松大蚜 (213) 柏大蚜 (214) 落叶松球蚜指名亚种 (215)

7.1.3 蝉类 ··· (217)
  大青叶蝉 (218) 蚱蝉 (219)

7.1.4 木虱类 ··· (220)
  沙枣木虱 (221) 梧桐木虱 (221) 槐豆木虱 (222)

7.1.5 蝽类 ··· (223)
  小板网蝽 (223) 梨冠网蝽 (224)

7.1.6 螨类 ··· (226)
  山楂叶螨 (226) 针叶小爪螨 (227) 柏小爪螨 (228)

7.2 钻蛀类害虫 ··· (230)
7.2.1 螟蛾类 ··· (230)
  微红梢斑螟 (230) 赤松梢斑螟 (231) 楸螟 (232)

7.2.2 卷蛾类 ··· (234)
  松梢小卷蛾 (234) 杉梢小卷蛾 (234) 松瘿小卷蛾 (235)

7.2.3 尖翅蛾类 ……………………………………………………………………（237）
　　茶梢尖蛾（237）
7.2.4 瘿蚊类 ……………………………………………………………………（238）
　　云南松脂瘿蚊（238）
7.2.5 象甲类 ……………………………………………………………………（240）
　　松树皮象（240）　　松梢象（241）
7.2.6 瘿蜂类 ……………………………………………………………………（242）
　　板栗瘿蜂（242）

第8章　食叶害虫 ………………………………………………………………（244）
8.1　叶甲类 …………………………………………………………………………（246）
　　榆紫叶甲（246）　　榆夏叶甲（247）　　二斑波缘龟甲（247）
　　白杨叶甲（248）　　榆毛胸萤叶甲（249）花椒潜跳甲（250）
8.2　象甲类 …………………………………………………………………………（252）
　　榆跳象（252）　　枣飞象（253）
8.3　蛾类 ……………………………………………………………………………（254）
8.3.1 袋蛾类 ……………………………………………………………………（254）
　　大袋蛾（254）　　茶袋蛾（255）
8.3.2 潜蛾类 ……………………………………………………………………（256）
　　杨白潜蛾（256）　　杨银叶潜蛾（257）
8.3.3 鞘蛾类 ……………………………………………………………………（258）
　　兴安落叶松鞘蛾（258）
8.3.4 巢蛾类 ……………………………………………………………………（259）
　　稠李巢蛾（259）
8.3.5 刺蛾类 ……………………………………………………………………（260）
　　黄刺蛾（260）　　褐边绿刺蛾（261）　　纵带球须刺蛾（262）
　　白痣姹刺蛾（263）
8.3.6 斑蛾类 ……………………………………………………………………（264）
　　榆斑蛾（264）
8.3.7 卷蛾类 ……………………………………………………………………（265）
　　枣镰翅小卷蛾（265）松针小卷蛾（266）　落叶松小卷蛾（267）
8.3.8 螟蛾科 ……………………………………………………………………（268）
　　黄翅缀叶野螟（268）缀叶丛螟（269）
8.3.9 尺蛾科 ……………………………………………………………………（270）
　　春尺蛾（270）　　槐尺蛾（271）　　黄连木尺蛾（272）
　　油茶尺蛾（273）　　枣尺蛾（274）　　八角尺蛾（275）
　　落叶松尺蛾（276）　刺槐眉尺蛾（276）桑尺蛾（277）
8.3.10 枯叶蛾类 …………………………………………………………………（279）

马尾松毛虫（279）　　油松毛虫（280）　　赤松毛虫（281）
落叶松毛虫（282）　　云南松毛虫（283）　　油茶枯叶蛾（284）
黄褐天幕毛虫（285）

- **8.3.11 天蚕蛾类** ·· (287)
  - 银杏大蚕蛾（287）　　樗蚕（288）
- **8.3.12 天蛾类** ·· (289)
  - 南方豆天蛾（289）　　蓝目天蛾（290）
- **8.3.13 舟蛾类** ·· (291)
  - 杨扇舟蛾（291）　　分月扇舟蛾（292）　　杨二尾舟蛾（293）
  - 杨小舟蛾（294）　　苹掌舟蛾（295）　　栎蚕舟蛾（296）
- **8.3.14 灯蛾类** ·· (297)
  - 美国白蛾（297）
- **8.3.15 毒蛾类** ·· (299)
  - 舞毒蛾（299）　　松茸毒蛾（300）　　茶毒蛾（301）
  - 条毒蛾（302）　　木麻黄毒蛾（303）　　侧柏毒蛾（304）
  - 杨、柳毒蛾（305）
- **8.3.16 夜蛾类** ·· (307)
  - 旋皮夜蛾（307）　　焦艺夜蛾（308）

8.4 蝶类 ·· (311)
  山楂绢粉蝶（311）　　柑橘凤蝶（312）

8.5 叶蜂类 ·· (314)
  云杉阿扁叶蜂（314）　　鞭角华扁叶蜂（315）　　落叶松叶蜂（316）

第9章 蛀干害虫 ·· (319)

9.1 小蠹虫类 ·· (319)
  华山松大小蠹（321）　　云杉大小蠹（322）　　红脂大小蠹（323）
  六齿小蠹（324）　　十二齿小蠹（325）　　落叶松八齿小蠹（326）
  云杉八齿小蠹（328）　　柏肤小蠹（329）　　杉肤小蠹（330）
  黄颊球小蠹（331）　　纵坑切梢小蠹（332）　　横坑切梢小蠹（333）

9.2 天牛类 ·· (335)
- **9.2.1 针叶树天牛** ··· (336)
  - 松褐天牛（336）　　双条杉天牛（337）　　粗鞘双条杉天牛（338）
  - 云杉小黑天牛（339）　　云杉大黑天牛（340）
- **9.2.2 阔叶树天牛** ··· (342)
  - 星天牛（342）　　光肩星天牛（343）　　橙斑白条天牛（344）
  - 云斑白条天牛（345）　　桑天牛（347）　　青杨楔天牛（348）
  - 锈色粒肩天牛（349）　　瘤胸簇天牛（350）　　桑脊虎天牛（351）
  - 青杨脊虎天牛（352）　　栗山天牛（353）

9.3 吉丁虫类 ·· (357)

杨锦纹截尾吉丁（357） 杨十斑吉丁（357） 核桃小吉丁（358）
花椒窄吉丁（359）

9.4 象甲类 ……………………………………………………………………………… （361）
杨干象（361） 萧氏松茎象（362） 大粒横沟象（363）
多瘤雪片象（364）

9.5 蛾类 …………………………………………………………………………………… （366）
9.5.1 木蠹蛾类 ……………………………………………………………………… （366）
芳香木蠹蛾东方亚种（366） 沙柳木蠹蛾（367）
小木蠹蛾（368） 榆木蠹蛾（369）
咖啡木蠹蛾（370） 木麻黄豹蠹蛾（371）

9.5.2 拟木蠹蛾类 …………………………………………………………………… （374）
荔枝拟木蠹蛾（374） 相思拟木蠹蛾（375）

9.5.3 蝙蝠蛾类 ……………………………………………………………………… （375）
柳蝙蛾（375）

9.5.4 透翅蛾类 ……………………………………………………………………… （377）
白杨透翅蛾（377） 杨干透翅蛾（378）

9.5.5 织蛾类 ………………………………………………………………………… （379）
油茶织蛾（379）

9.6 树蜂类 ………………………………………………………………………………… （380）
泰加大树蜂（380） 烟扁角树蜂（381）

第10章 球果种实害虫 ……………………………………………………………………… （384）
10.1 蟓类 ………………………………………………………………………………… （384）
杉木扁长蟓（384）

10.2 象甲类 ……………………………………………………………………………… （385）
核桃长足象（385） 油茶象（386） 栗实象（387）
樟子松木蠹象（388） 球果角胫象（389）

10.3 豆象类 ……………………………………………………………………………… （391）
紫穗槐豆象（391） 柠条豆象（392）

10.4 花蝇类 ……………………………………………………………………………… （393）
落叶松球果花蝇（394）

10.5 蛾类 ………………………………………………………………………………… （395）
10.5.1 举肢蛾类 ……………………………………………………………………… （395）
核桃举肢蛾（395） 柿举肢蛾（397）

10.5.2 卷蛾类 ………………………………………………………………………… （398）
油松球果小卷蛾（398） 云杉球果小卷蛾（399） 落叶松实小卷蛾（399）
松实小卷蛾（400） 苹果蠹蛾（401）

10.5.3 螟蛾类 ………………………………………………………………………… （402）

果梢斑螟（402） 桃蛀螟（403）

10.6 蜂类 ……………………………………………………………………（405）
10.6.1 叶蜂类 ………………………………………………………………（405）
柏木丽松叶蜂（405）

10.6.2 小蜂类 ………………………………………………………………（406）
落叶松种子小蜂（406） 杏仁蜂（407） 黄连木种子小蜂（407）
大痣小蜂（408） 柳杉大痣小蜂（408）

第11章 木材害虫 …………………………………………………………（412）
11.1 湿材害虫 ………………………………………………………………（412）
家白蚁（413） 黑胸散白蚁（414） 铲头堆砂白蚁（416）
山林原白蚁（417）

11.2 干材害虫 ………………………………………………………………（421）
家茸天牛（421） 长角凿点天牛（422） 梳角窃蠹（423）
档案窃蠹（424） 双棘长蠹（425） 双钩异翅长蠹（427）
鳞毛粉蠹（428） 炮扁蠹（429）

第12章 竹子害虫 …………………………………………………………（431）
12.1 竹笋害虫 ………………………………………………………………（431）
12.1.1 象甲类 ………………………………………………………………（431）
一字竹象（431） 长足大竹象（432） 大竹象（434）

12.1.2 蛾类 …………………………………………………………………（435）
竹笋禾夜蛾（435）

12.1.3 蝇类 …………………………………………………………………（436）
江苏泉蝇（436） 毛笋泉蝇（437）

12.2 嫩竹害虫 ………………………………………………………………（439）
12.2.1 蚧类 …………………………………………………………………（439）
竹白尾粉蚧（439） 皱绒蚧（440） 竹巢粉蚧（441）
半球竹斑链蚧（442）

12.2.2 小蜂类 ………………………………………………………………（444）
竹广肩小蜂（444）

12.2.3 蜡类 …………………………………………………………………（445）
卵圆蜡（445）

12.3 叶部害虫 ………………………………………………………………（446）
12.3.1 蝗类 …………………………………………………………………（446）
黄脊竹蝗（446）

12.3.2 蛾类 …………………………………………………………………（448）
竹织叶野螟（448） 竹箎舟蛾（449） 竹镂舟蛾（450）

刚竹毒蛾（451） 华竹毒蛾（453） 竹小斑蛾（454）
12.3.3 叶蜂类 …………………………………………………………（456）
毛竹黑叶蜂（456）
12.4 竹材害虫 ………………………………………………………（457）
竹红天牛（457） 竹长蠹（458） 褐粉蠹（459）

参考文献 ………………………………………………………………（461）
昆虫中文名称索引 ……………………………………………………（468）
昆虫拉丁学名索引 ……………………………………………………（477）

CONTENTS

Foreward
Preface

PART I

Introduction ·· (1)
   1. Occurrence and Damage of Forest Insect Pests in China ················ (1)
   2. History and Development of Forest Entomology ······························ (2)
   3. Current Status in Forest Entomological Research ···························· (4)

Chapter 1 The Anatomy of Insects ·· (6)
   1.1 The Head ·· (8)
   1.2 The Thorax ·· (14)
   1.3 The Abdomen ·· (20)
   1.4 The Integument ·· (22)
   1.5 The Organ Systems and their Functions ······································ (25)

Chapter 2 Insect Biology ·· (36)
   2.1 Types of Reproduction ·· (36)
   2.2 Eggs and Embryonic Development ·· (37)
   2.3 Postembryonic Development ·· (40)
   2.4 Biology of Adults ·· (44)
   2.5 Life Cycle ·· (47)
   2.6 Habit and Behavior ·· (49)

Chapter 3 Insect Taxonomy ·· (53)
   3.1 Basic Principles of Insect Classification ······································ (54)
   3.2 Classification System of Class Insecta ·· (56)
   3.3 Orders of Forest Insects and Their Classification ···················· (57)

Chapter 4 Insect Ecology (88)
    4.1 Relationships between Insects and Environment (88)
    4.2 Population of Forest Insects and their Dynamics (98)
    4.3 Community of Forest Insects (108)
    4.4 Geographical Distribution of Insects (113)
    4.5 Biodiversity and Forest Pest Control (118)
    4.6 Prediction of Forest Pests (125)

Chapter 5 Pest Management Strategies and Techniques (134)
    5.1 History and Development of Pest Management (134)
    5.2 Principles and Technologies of Pest Management (139)
    5.3 Technical Procedure of Pest Management (157)
    5.4 System Analysis Techniques in Pest Management (158)
    5.5 Expert System of Pest Management (161)

PART II

Chapter 6 Nursery and Root Pests (166)
    6.1 Termites (167)
    6.2 Mole Crickets (170)
    6.3 Crickets (172)
    6.4 Scarabs (174)
    6.5 Click Beetles (181)
    6.6 Weevil Beetles (183)
    6.7 Cutworms (185)

Chapter 7 Shoot Pests (190)
    7.1 Piercing-sucking Pests (190)
    7.2 Borers (230)

Chapter 8 Defoliators (244)
    8.1 Leaf Beetles (246)
    8.2 Weevil Beetles (252)
    8.3 Moths (254)
    8.4 Butterflies (311)
    8.5 Sawflies (314)

Chapter 9 Wood Borers (319)
    9.1 Bark Beetles (319)

9.2	Long-horned Beetles	(335)
9.3	Buprestid Beetles	(357)
9.4	Weevil Beetles	(361)
9.5	Moths	(366)
9.6	Wood Wasps	(380)

Chapter 10 Cone and seed Pests (384)

10.1	True Bugs	(384)
10.2	Weevil Beetles	(385)
10.3	Bruchid Beetles	(391)
10.4	Anthomyiid Flies	(393)
10.5	Moths	(395)
10.6	Sawfly and Chalcidoids	(405)

Chapter 11 Wood Pests (412)

11.1	Wet Wood Pests	(412)
11.2	Dry Wood Pests	(421)

Chapter 12 Bamboo Pests (431)

12.1	Bamboo Shoot Pests	(431)
12.2	Young Bamboo Pests	(439)
12.3	Leaf Pests	(446)
12.4	Bamboo Product Pests	(457)

References (461)
Index (468)

绪　论

森林昆虫（forest insect）是指生活在森林中与森林有直接或间接关系的昆虫，包括直接危害树木各种器官，影响树木生长发育和林产品产量的大多数植食性昆虫；各种森林昆虫的寄生性或捕食性天敌昆虫；直接或间接地向人类提供重要经济产物的资源昆虫，如紫胶虫、白蜡虫、五倍子蚜、蜜蜂等；也包括充当森林垃圾清理工的腐食性昆虫。针对人类的林业生产活动而言，它们可被称为"害虫"或"益虫"，但从宏观角度出发，它们都是森林生态系统的重要组成成分，在维持森林生态系统的平衡和物质循环以及维护森林生物多样性等方面起着重要作用。

1　我国森林害虫发生与危害概况

(1) 我国森林虫害发生现状及特点　目前，全国发生的森林病虫害种类约有 8 000 多种，其中经常造成严重危害的约有 200 余种。据国家林业局统计，截至 2003 年 6 月末，全国主要林业有害生物发生面积 $840\times10^4 hm^2$ 多，其中森林虫害 $700\times10^4 hm^2$ 多。据不完全统计，每年因森林病虫害造成的经济损失超过 50×10^8 元。全国森林病虫害的发生面积占总森林面积的 8.2%，占人工林面积的 23.7%，已成为制约中国林业可持续发展的重要因素之一。如光肩星天牛等杨树天牛在三北防护林工程体系涉及的 500 多个县（市）中，目前已在 300 多个县（市）泛滥成灾，受害树木超过 4×10^8 株，三北防护林的一期工程已基本被虫害毁掉；松毛虫的常年发生面积约为 $206\times10^4 hm^2$，仅松毛虫一害，全国每年减少木材生长量达 $500\times10^4 m^3$；山东半岛的赤松已为日木松干蚧所毁灭，松突圆蚧在我国东南沿海地区年发生面积近 $67\times10^4 hm^2$；美国白蛾自 1976 年传入我国后，年发生面积达到 $20\times10^4 hm^2$ 多，已造成 5×10^8 多元的直接经济损失。

近年来，新的危险性虫害和外来入侵种不断暴发成灾，具有越演越烈之势。如松树蛀干害虫萧氏松茎象目前在江西、广西、湖南、湖北、贵州、福建等 6 个省（自治区）危害严重，发生面积 $17\times10^4 hm^2$ 多，涉及 119 个县（市）；外来入侵种红脂大小蠹在山西、河南、陕西、河北等省严重危害油松、华山松等，面积超过 $29\times10^4 hm^2$，个别地区油松死亡率高达 30%。

中国森林虫害的发生特点可总结为：①常发性森林虫害发生面积居高不下，总体呈上升趋势；②偶发性森林虫害大面积暴发，损失严重；③危险性害虫和外来入侵种不断出现并暴发成灾，扩散蔓延迅速，对中国森林资源、生态环境和自然景观构成巨大威胁；④多种次要害虫在一些地方上升为主要害虫，致使造成重大危害的种类不断增多；⑤经济林虫害日趋严重，严重制约着山区经济的发展和林农脱贫致富的进程。

(2) 造成我国森林虫害发生日趋严重的主要原因

①人工林面积不断增加　中国现有森林面积约 $13\,370 \times 10^4 hm^2$，其中天然林约 $8\,725 \times 10^4 hm^2$，占 65%；人工林约 $4\,645 \times 10^4 hm^2$，占 35%。近几十年来，中国森林虫害发生日趋严重的重要原因之一是人工林面积迅速扩大。20 世纪 50~80 年代，中国的人工林面积不断增加，与此同时，森林虫害的发生面积也随之增加，两者基本上呈同步增长的趋势。由于所建立的人工林多为单一树种、单一结构的纯林，这样的人工林生态系统非常脆弱。因此，有害生物一旦传入，在较短的时间内就可大面积暴发流行，从而造成巨大的经济损失。

②天然林长期超负荷砍伐　以木材生产为中心的林业经济产业，造成了天然林长期超负荷采伐，致使天然林的数量和质量下降，森林生物多样性、林分原始结构以及天然林特有的森林生态环境遭到不同程度的破坏，从而导致森林病虫害的发生与流行。

③国内、国际间的交流日益频繁，危险性病虫杂草远程人为传播加剧　美国白蛾、松突圆蚧、日本松干蚧、湿地松粉蚧等危险性害虫均由国外随林产品传入；在国内，许多重大病虫害疫区的迅速扩大也是人为活动频繁的结果。

④长期不合理地使用化学农药　病虫害暴发后，一味依赖化学农药防治，不仅杀伤大量天敌，使害虫产生抗药性，而且造成森林生态环境恶化。另外，防治手段不能适应森林害虫防治工作的客观要求，缺少符合林业特点的防治药剂和药械，防治效率低。

⑤防治工作始终处于被动救灾的状态　几十年来森林害虫的防治工作大多数是围绕救灾而展开的，虫害一旦发生，"人往灾区跑，钱往灾区投"。只在救灾上重视，没在防灾、控灾上下功夫。

2　森林昆虫学及其研究内容和发展历史

森林昆虫学（forest entomology）是研究各种森林昆虫的发生发展规律，与寄主和环境之间的相互关系，以及对失控种类种群数量的调节和有益种类的利用，维护森林生态系统平衡、保护森林健康和促进林业持续发展的科学。

森林昆虫学是应用昆虫学的一个分支学科，主要研究森林昆虫的外部形态及内部构造、个体发育繁殖习性及分类学地位、种群消长规律及控制技术和策略、有益昆虫的繁殖利用技术等。除了森林昆虫之外，有时还包括森林中的有害螨类、鼠类、线虫以及蛞蝓等。

森林昆虫学是从 17 世纪开始对森林昆虫研究起，逐渐形成并发展成为一门独立的学科，大致经历了以下几个主要的发展阶段。

(1) 早期阶段 对森林昆虫的研究是从神学家和医生开始的。他们在偶然的机会遇到某种造成严重破坏的森林昆虫,因对其感兴趣而从事研究的。传教士 J. C. Schaffer 发现舞毒蛾（当时尚不知学名）危害严重,于是详细研究了此虫的生长发育规律,猖獗危害与食物、天敌及气候等因素的关系,并于 1752 年发表了这一研究结果,至今仍有价值。云杉八齿小蠹 Ips typographus 的巨大灾害和对其观察研究,则进一步推动了森林昆虫学的发展,医学教授 J. C. Gmelin 于 1787 年就此发表了相关的论著。Bechstein 和 Scharfenberg 在 1804~1805 年出版了三卷《森林害虫自然历史大全》,这一巨著可称之为第一部森林昆虫学参考书。Bechstein 出版了第一本森林昆虫教科书。此书是森林和狩猎百科全书的一部分,收集了一些重要虫种,并叙述了它们的危害、生活习性及可能的防治方法。

这一时期,由于德国的林业较为发展,成为当时森林昆虫学兴起的中心。

(2) 自然历史时期 尽管著述较多,但上述种种著作都并非出自真正从事森林昆虫工作的学者之手。被誉为森林昆虫学之父的 Julius Thendet Christen Ratzeburg (1801~1870) 是倾注毕生精力于森林昆虫研究的人。他的《森林昆虫》(1837, 1840, 1844, 共三卷) 至今仍被奉为森林昆虫学的经典著作。他还出版一本手册 *Die Waldverderber und ihre Feinde*,以更精简方式概述了《森林昆虫》一书内容。这本手册需要量如此之大,以致到 1869 年出版了 6 版。1871 年 Ratzeburg 去世后,这本手册被他的继承人以新的版本继续出版。

1885 年 Judeich 和 Nitsche 出版了两卷书名为《中欧森林昆虫学教程》,它们是 Ratzeburg 著作的修订本。1914~1942 年,Escherich 出版了一套 4 卷新版本,书名为《中欧森林昆虫》,在这套书内,Escherich 充实了许多新的内容并改写了较老的章节,使它成为一本真正的现代森林昆虫著作。

Ratzeburg 一生发表、出版了许多论文和图书,另一本著名的书是《森林昆虫的姬蜂》(1844, 1848, 1852),分三部分。除 Ratzeburg 之外,其他一些工作者对森林昆虫学也做了很有价值的贡献,如德国的 Köllar、Hartig、Nordinger 和法国的 Perris 等。Perris 是在森林昆虫学方面第一位进行实验研究的人。他在不同季节内采伐树木并研究危害树木的各种害虫的生活史和习性,并有巨著《海滨松昆虫的历史》,在 1851 和 1870 年间分 10 部分发表在《法国昆虫科学年刊》里。

直到 Ratzeburg 临终时,森林昆虫学研究重点是生物学。这些调查研究通常是在自然条件下,而不是人工条件下进行。

(3) 分类学和生物学时期 Eichhoff 的著作迎来了一个新时代,使森林昆虫学成为比以前更精密的一门科学。他通过精心的生物学实验和详细的分类学研究相结合,弄清楚许多有关小蠹虫生物学的误解并建立供其它调查研究用的模型。他的这一名著《欧洲小蠹虫》出版于 1881 年。

与欧洲相似,这一时期北美洲的森林昆虫学研究也主要在分类学与生物学范畴。如 Hopkins 在小蠹虫的研究中增加了许多有关生物学和分类学上的知识。

这一时期，分类学与生物学的研究在森林昆虫学著作中占优势。

（4）现代时期 从20世纪开始，森林害虫问题受到了多数欧美国家的重视，各国均出版了至今仍有影响的森林昆虫学专著，森林昆虫学的研究已不再是以德国为首。

这一时期，许多科研工作者把全部精力转移到实用森林昆虫学上。纯观察研究方法基本不再使用，在森林昆虫学中，分类学不再是目的，而是有用的研究工具之一。生活史的研究也只是达到目的的方法，而不是结果。昆虫彼此间相互关系以及与森林环境中其它各因子相互关系的研究逐渐越来越重要。这些方法致使生态学、生理学、遗传学、生物统计学以及害虫管理在近年来迅速发展。

这一时期的主要特点是以生态学为基础，注重多学科理论和技术在森林昆虫学研究中的应用，主要进行森林昆虫的种群动态规律、防治策略及其控制技术的研究，强调了森林生态系统控制虫灾的潜能、实施综合管理措施使害虫种群动态相对稳定而不成灾。

我国森林昆虫学研究同样也经历了上述几个时期。新中国建立前是一个自然历史时期；新中国建立后至70年代中期，可以说是分类学和生物学时期；70年代中期至今，进入现代时期，着重森林昆虫生态学的研究，强调害虫综合管理和生物防治。

现代森林昆虫学在我国的起步较晚。1953年忻介六出版了我国第一部《森林昆虫学》教科书，1959年北京林学院总结当时我国森林昆虫的研究成果主编出版了《森林昆虫学》；1979年实施的全国林木病虫害的普查项目基本上摸清了我国主要森林害虫的种类、分布和危害状况，1983年由中国林业科学研究院主持组织全国森林昆虫专家、系统地总结了我国森林昆虫的研究成果编写出版了《中国森林昆虫》（1992年又由萧刚柔主编再版增订本）。从1983年开始"马尾松毛虫、油松毛虫等综合防治技术研究"被列入"六五"国家重点攻关课题，"七五"科技攻关内容在上述基础上扩大到杨树蛀干害虫、针叶树种子害虫、松突圆蚧等，"十五"更进一步将松毛虫、小蠹虫、杨树蛀干害虫、林鼠、松材线虫、美国白蛾确定为工程治理项目，从而使我国森林害虫的防治和研究进入了新阶段。

虽然我国森林虫害问题仍未得到较彻底的控制，但森林昆虫学作为一门独立的学科在我国已具备了坚实的基础，国家已建立了相当完整的专职研究与技术推广机构，并制定了相关方针、政策和法令，专业人才培养体系也日益完善。所有这些都将进一步推动我国森林昆虫学的发展、害虫控制技术水平的提高。

3 森林昆虫学研究的发展现状

（1）害虫管理的策略思想不断趋向成熟和完善 随着"可持续发展林业"这一新概念的提出，以及1992年6月联合国"世界环境与发展大会"的召开，标志着人类对环境与发展关系的认识方面有了质的飞跃，相继提出了一些害虫管理的新策略、新思想。主要有森林保健、害虫生态管理、害虫可持续控制或森林有害生物可持续控制等理论。这些新策略在观念上是一个飞跃，其关键在于把以前对森林害虫"被动的防治"变为充分利用、促进、完善森林生态系统和对病虫害的防疫机能，实现"主动的预防"，以森林病虫害监测为必要手段，及早准确地采取措施控制害虫种群。

另外，系统思想及系统分析方法在害虫管理中广泛得到应用，如系统分析在马尾松毛虫综合管理系统中的应用。

(2) 高新技术和理论不断向森林昆虫学领域渗透　随着现代科学的三大理论支柱——控制论、信息论和系统论的不断渗透以及信息技术、电子计算机技术和生物技术等的广泛应用，森林昆虫学研究正在不断迅猛发展。

计算机在森林病虫害的预测预报、决策支持系统的建立、综合管理的决策模型以及信息管理等，在世界多国家被广泛利用。

信息技术广泛应用于森林保护工作，使得森林病虫害的监测水平得到显著提高。如地理信息系统（GIS）、遥感系统（RS）、全球定位系统（GPS）、红外摄影技术以及航空录像技术在美国和加拿大已用于森林病虫害防治和森林火灾的监测上，大大提高了森林病虫害防治的管理水平。

生物技术在森林病虫害的防治中，显示出了巨大的应用前景。DNA 指纹技术用于进行森林昆虫的分类，特别是一些相似种的区别鉴定，为害虫检疫提供了重要方法。利用生物工程技术已将 Bt 杀虫基因导入树木中，获得了多种表达毒性蛋白的抗食叶害虫的植株。为了解决昆虫病原微生物控害效力低、速度慢的问题，基因工程技术可将外源基因转入病原微生物，提高其效力。利用驱动多角体蛋白的强启动，可使外杀虫毒蛋白在杆状病毒中超量表达，目前已将 Bt 毒蛋白基因、多种神经毒素基因转入杆状病毒，提高了杀虫速度，缩短了杀虫时间。为了解决天敌昆虫对化学农药敏感的问题，目前已将某些昆虫的抗药性基因转入天敌昆虫体内，提高了天敌的抗药性，增强了天敌的竞争力、寄生力和捕食力。美国已培育出一种带有抗药性基因的工程益螨，在进行了风险评估后，做出了释放防治试验和大面积利用。

此外，生物防治技术、化学信息素和昆虫发育调节剂以及利用酶联免疫法（ELISA）、免疫萤光技术检测、核酸限制性片段多态性分析（RFLP）和聚合酶链式反应（PCR）等，对森林病虫害进行早期检测和诊断，在世界范围的森林病虫害防治工作中，也发挥着极为重要的作用。

一些传统的但却具有实际效果的防治措施，如针阔混交、保持林地卫生、设置饵树和隔离带等措施，在大多数国家仍然广泛地利用。

总 论

第1章 昆虫的形态与器官系统

【本章提要】 本章是森林昆虫学的基础。昆虫外部形态主要介绍昆虫体躯的结构，头、胸、腹部上所着生的附肢或附器的构造、类型等，以及昆虫体壁的构造、衍生物和体色。昆虫内部器官系统主要介绍消化系统、呼吸系统、神经系统、排泄系统、肌肉系统、感觉器官、分泌系统、循环系统、生殖系统等的构造和功能，以及各器官系统与防治的关系。

昆虫的种类繁多，形态各异，这种多样性是昆虫在长期演化过程中对复杂多变的外界环境适应的结果。生活环境的变化引起新陈代谢和机能的改变，最后导致外部结构的变化，这说明形态和功能之间存在着不可分割的相互联系，存在着既统一又矛盾的辩证关系。因此，尽管昆虫形态结构上有千变万化的复杂性，但"万变不离其宗"，因此找出昆虫形态结构的同源关系是研究昆虫形态学的重要任务之一。

形态结构是生理机能的反映，生活方式相似的昆虫，形态结构也多少有些相似。但是，即使生活于同一生境内的昆虫，由于其系统发育不同，对生活空间的适应，以及种间竞争等等原因，形态结构也可能发生种种特化。这些形态结构上的异同，在了解昆虫的生活方式、行为特性以及在采取防治措施时，会给我们提供启示或帮助。仿生学就是仿效生物的各种活动机制而形成的，在国防和工业上有重大意义。因此，研究昆虫的形态结构是十分重要的。

昆虫体躯各个结构之间，不论其外形或功能，都存在不可分割的相互依赖关系。所以研究昆虫形态不能孤立地只研究某一个结构，必须以整体的概念去分析局部构造的成因和功能，进行生物学特性的分析。

昆虫的形态千变万化，但是各种昆虫都有其共同的一面，形成昆虫纲的特征。人们可据此将昆虫与其它动物相区别。另一方面，任何一种昆虫，又都在昆虫纲共同特征的基础上，发生各种特化，这类变异的性质与程度是区别不同昆虫类群乃至种的依据。因此，昆虫形态是昆虫分类和识别的重要基础。

所有的昆虫组成节肢动物门（Arthropoda）下的一个纲即昆虫纲（Insecta），

所以，昆虫具有节肢动物所共有的特征，而又具有不同于节肢动物门其它纲的特征。节肢动物门的特征是：体躯分节，即由一系列的体节所组成；整个体躯被有含几丁质的外骨骼；有些体节上具有成对的分节附肢，"节肢动物"的名称即由此而来；体腔就是血腔；心脏在消化道的背面；中枢神经系统，包括一个位于头内消化道背面的脑，以及一条位于消化道腹面的、由一系列成对神经节组成的腹神经索。

昆虫纲的特征是：

①体躯的环节分别集合组成头、胸、腹3个体段。

②头部为感觉和取食的中心，具有3对口器附肢和1对触角，通常还有复眼及单眼。

③胸部是运动的中心，具有3对足，一般还有2对翅。

④腹部是生殖和代谢的中心，其中包含着生殖系统和大部分内脏，无行动用的附肢，但多数有由附肢转化成的外生殖器。

⑤从卵中孵化出来的昆虫，在生长发育过程中，通常要经过一系列显著的内部及外部体态上的变化，才能转变为性成熟的成虫。这种体态上的改变称为变态。

昆虫体躯的基本构造如图1-1。

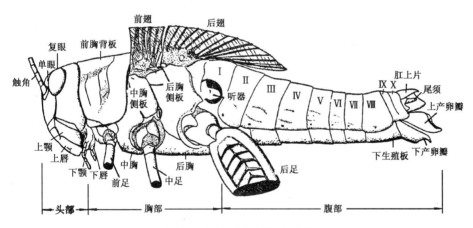

图 1-1　昆虫体躯的基本构造

在节肢动物门中，还有几个比较重要的纲，比较如表1-1：

表 1-1　节肢动物门中几个重要纲的特征比较

	昆虫纲	蛛形纲	甲壳纲	唇足纲	重足纲
体躯分段	头、胸、腹三段	头胸、腹部两段	头胸、腹部两段	头部、胴部两段	头部、胴部两段
头部	明显	不明显	明显	明显	明显
触角	1对	无	2对	1对	1对
足	3对	4对	至少5对	每体节1对	每体节2对
生活环境	陆生或水生	陆生	水生	陆生	陆生
呼吸方式	气管	肺叶或气管	鳃	气管	气管
代表	蝗虫	蜘蛛	虾	蜈蚣	马陆

1.1 昆虫的头部

头部（head）是昆虫体躯的第一个体段，由几个体节愈合而成，外壁坚硬，形成头壳，上面着生有主要的感觉器官和口器，里面有脑、消化道的前端及有关附肢的肌肉和神经等等，所以头部是感觉与取食的中心。体节的愈合及坚硬头壳的形成，在形态结构上反映了它的特殊的保护作用和对口器附肢等强大肌肉牵引力的适应。

1.1.1 头壳的分区

昆虫头部的表面，通常都有若干由体壁内陷形成的沟，内陷部分则成为内脊，既加强了头部的强度又可供肌肉着生。昆虫的幼期，头部有明显的蜕裂线。蜕裂线呈倒"Y"形，位于头壳的上前方，是幼虫脱皮时旧头壳裂开的地方，色较浅，骨化较弱。不完全变态的昆虫（如蟋蟀）在成虫期还或多或少地保留此线。头壳上因有许多沟和缝而被划分成若干区，这些区的形状和位置都随沟的变化而变化。一般分为以下几个区（图1-2）：

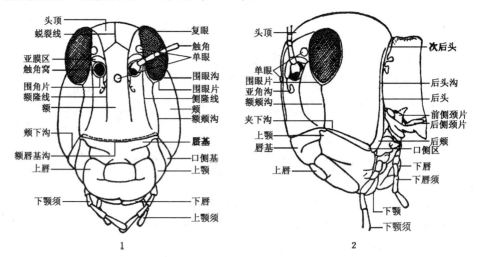

图1-2 蝗虫头部的构造
1. 正面观　2. 侧面观

额唇基区（frontoclypeal area）　是头壳的前面部分，包括额（frons）和唇基（clypeus）。额是蜕裂线侧臂之下和额唇基沟之上的区域，其侧面以额颊沟为界。单眼着生在额区。唇基是额唇基沟下面的部分，一般突出在头壳前面的下缘，上唇就挂在唇基的下方，有些昆虫的唇基上有一条横沟把唇基分成两部分，与额相接的部分为后唇基（postclypeus），与上唇相接的部分为前唇基（anteclypeus）。

颅侧区（parietals）　是头壳的侧面和顶部的总称，前面以额颊沟、后面以后头沟为界。复眼着生在这个区域。顶部称头顶或颅顶（vertex），复眼以下称颊（gena）。头顶与颊之间无明显的界线。围眼沟与复眼间的部分称围眼片（ocular sclerite）。围角沟与触角窝之间的部分称围角片（antennal sclerite）。

后头区（occipital area） 是后头沟与次后头沟间的拱形区域。通常把颊后的部分称为后颊（postgena），后颊以上部分称后头（occiput），但二者间无分界的沟。

次后头区（postoccipital area） 是后头区之后环绕头孔的拱形区域，以次后头沟为界。次后头区的后缘与颈膜相连，后头区与次后头区常合称为头后区。

颊下区（subgenal area） 是颊下沟下面的狭片，其边缘具有支接口器的关接点，在上颚前后关节间的部分称为口侧区（pleurostoma），上颚后面的部分称口后区（hypostoma）。口后区常扩展为口后片（hypostomal sclerite），甚至相向延伸在头孔下相愈合为口后桥（hypostomal bridge）。这种情况在膜翅目中较常见。

1.1.2 头部的感觉器官

昆虫的主要感觉器官大都着生在头部。如触角、复眼和单眼。此外，在口器附肢、上唇和舌上也有感觉器。

1.1.2.1 触角（antenna）

昆虫纲除原尾目无触角以及高等双翅目、膜翅目幼虫的触角退化外，其它种类都有触角。

(1) 触角的位置、基本构造及功能

① 位置 触角一般着生在额区，它的基部在一个膜质的窝即触角窝（antennal socket）内。围角片上有一个小突起，称支角突（antennifer），与触角基部相支接，这是触角的关节，触角靠此关节可以自由转动。

② 基本构造 触角是 1 对分节的构造，基本上由 3 节组成（图 1-3），即：

柄节（scape） 是基部一节，通常粗短。

梗节（pedicel） 是触角的第 2 节，较粗小，里面常具有感觉器官，称江氏器，如在雄蚊中是听觉器官。

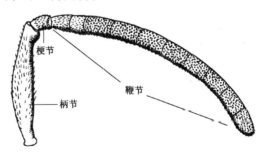

图 1-3 昆虫触角的基本结构

鞭节（flagellum） 是触角的第 3 节，通常分成很多亚节。鞭节在各类昆虫中变化很大，形成各种不同的类型。

③ 功能 触角的功能主要是感觉，在寻找食物和配偶时起嗅觉、触觉和听觉作用。触角上有很多感觉器，能感觉到分子水平的微小刺激，是昆虫求偶、觅食、避敌等生命活动的基础。此外，在有些昆虫中，触角还有其它用处，例如，

雄性芫菁在交配时用来抱住雌虫；魔蚁的幼虫用以捕捉猎物；仰泳蝽的触角在水中能平衡体躯；水龟虫用以帮助呼吸等。

(2) 触角的类型 触角的类型多种多样，大致可归纳成以下类型（图1-4）：

刚毛状（setaceous） 触角很短，基部1、2节较粗大，其余各节突然缩小，细似刚毛。如蜻蜓、叶蝉等。

线状或丝状（filiform） 触角细长，呈圆筒形。除基部1、2节较粗外，其余各节的大小、形状相似，逐渐向端部缩小。如蝗虫、蟋蟀及某些雌性蛾类等。

念珠状（moniliform） 鞭节由近似圆球形的小节组成，大小一致，像一串念珠。如白蚁、褐蛉等。

锯齿状（serrate） 鞭节各亚节的端部一角向一边突出，像一锯条。如叩头虫、雌性绿豆象等很多甲虫。

鳃片状（lamellate） 端部数节扩展成片状，可以开合，状似鱼鳃。如金龟子等。

具芒状（aristate） 触角短，鞭节不分亚节，较柄节和梗节粗大，其上有一刚毛状或芒状构造，称触角芒，为蝇类特有。

栉齿状（pectinate） 鞭节各亚节向一边突出很长，形如梳子。如雄性绿豆象。

双栉状或羽状（bipectinate） 鞭节各亚节向两边突出成细枝状，很像篦子或鸟类羽毛。如雄性蚕蛾、毒蛾等。

膝状或肘状（geniculate） 柄节特别长，梗节短小，鞭节由大小相似的亚节组成，在柄节和梗节之间成膝状或肘状弯曲。如象甲、蜜蜂等。

环毛状（plumose） 除基部2节外，大部分触角节具有一圈细毛，越近基部的毛越长，逐渐向端部递减。如雄性蚊类和摇蚊等。

锤状（capitate） 类似棒状，但鞭节端部数节突然膨大，形状如锤。如郭公虫等一些甲虫的触角。

棒状或球杆状（clavate） 触角细长如杆，近端部数节逐渐膨大。如蝶类和蚁蛉等。

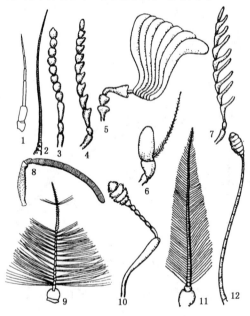

图1-4 昆虫触角的主要类型

1. 刚毛状 2. 丝状 3. 念珠状 4. 锯齿状
5. 鳃片状 6. 具芒状 7. 栉齿状 8. 膝状
9. 环毛状 10. 锤状 11. 羽毛状 12. 棒状

1.1.2.2 复眼（compound eye）

昆虫的成虫和不完全变态类的若虫其头部都有1对复眼。位于颅侧区，形状多为圆形、卵圆形。原尾目等低等昆虫、穴居及寄生种类的复眼退化或消失。

复眼由多数小眼组成。小眼面一般呈六角形。小眼面的数量、大小和形状在各种昆虫中变异很大，在有复眼的雄性介壳虫中，仅有数个圆形小眼；家蝇的复眼由4 000个小眼组成；蝶、蛾类的复眼有12 000～17 000个小眼；蜻蜓的复眼有28 000个小眼。

复眼不仅有感光作用，还能成像；一般认为复眼能感受外部物体的某种形状、活动和空间位置，辨别照射在眼上的光强度和颜色差别。有些昆虫具有辨色能力，有许多昆虫能感受不能为人看到的紫外线。通过颜色与食物联系起来刺激蜜蜂，已发现蜜蜂能辨别6种颜色。现在防治害虫及测报上，用颜色引诱昆虫已有不少成功的实例。

1.1.2.3 单眼（ocellus）

昆虫的单眼分为背单眼和侧单眼两类。

(1) 背单眼（dorsal ocelli） 为一般成虫和不全变态类的若虫所具有，与复眼同时存在。背单眼生于额区上端两复眼之间，呈小圆形，1～3个，3个时，则排列成倒三角形，位于中线上的称中单眼。单眼由1至数个小眼组成，从结构上看，可形成模糊的物像，也可感受光的强弱。背单眼的有无、数目及着生位置等可用作分类特征。

(2) 侧单眼（lateral ocelli） 全变态类昆虫的幼虫所具有，位于头部的两侧。侧单眼的功能，除了对光有定位作用和一些辨色作用外，还能感受附近物体的运动。侧单眼的数目在各类昆虫中变化很大，常为1～7对不等。如膜翅目的叶蜂幼虫只有1对，鞘翅目的幼虫一般有2～6对，有6对时常排成2行；鳞翅目幼虫多数具6对，常排成弧形。侧单眼着生在复眼的位置，是复眼的代表，所以它不会与复眼同时存在。

1.1.3 口器

口器（mouthparts）是昆虫的取食器官，也称取食器。昆虫的食性分化十分复杂，形成了多种口器类型。适宜取食固体食物的口器需要有嚼碎食物的构造，这种类型的口器称为咀嚼式口器；适宜取食液体食物的口器需要有将液体吸入消化道的构造，这种口器称为吸收式口器。由于液体食物的来源有暴露的（如露水和花蜜等），有植物的汁液和动物的血液等，为了能获得这些不同来源的食物，吸收式口器又必须有不同的适应类型，形成所谓虹吸式、刺吸式、舐吸式、刮吸式等口器。有些昆虫的口器兼有咀嚼和吸收两种功能，这种口器称为嚼吸式口器。

从口器的演化来看，咀嚼式口器是比较原始的，所有的其它口器类型都是由咀嚼式口器这一基本形式演变而成。

1.1.3.1 咀嚼式口器 (chewing mouthparts)

咀嚼式口器由上唇、上颚、下颚、下唇和舌等几个部分组成（图1-5）。

（1）**上唇**（labrum） 是悬挂在唇基下方的一个双层的薄片。外层骨化，内层膜质并有密毛和感觉器官，称为内唇（epipharynx）。上唇盖在上颚的前面，形成口腔的前壁，阻挡食物外流。

（2）**上颚**（mandibles） 由头部的第一对附肢演化而来，不分节，锥状而坚硬，位于上唇之后。上颚的前端有齿，用以切断和撕裂食物，叫切齿叶（incisor lobe）；后部则有一个用以磨碎食物的粗糙面，叫臼齿叶（molar lobe）。

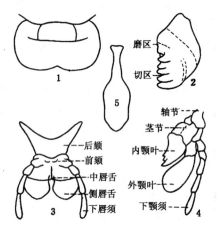

图 1-5 蝗虫的咀嚼式口器
1. 上唇 2. 上颚 3. 下唇 4. 下颚 5. 舌

（3）**下颚**（maxillae） 是头部的第2对附肢，位于上颚之后，由一个关节与头壳相连，是1对分节的构造，可分为5个部分：

轴节（cardo） 是基部的三角形骨片。

茎节（stipes） 是连接在轴节端部的长方形骨片。

外颚叶（galea）和内颚叶（lacinia） 是着生在茎节端部的两个能活动的叶，外面较软且宽的叶叫外颚叶，里面一个骨化程度较高、端部细而有齿的叶叫内颚叶。内、外颚叶有协助上颚刮切食物和握持食物的作用。

下颚须（maxillary palpus） 是着生在茎节外缘中部的分节构造，一般分5节，是感觉器官，在昆虫取食时具有嗅觉和味觉的功能。

（4）**下唇**（labium） 是头部第3对附肢愈合而成的构造，位于下颚的后面，形成口腔的后壁，也由5部分组成：

后颏（postmentum） 是下唇的基部，相当于下颚的轴节，它又常被分为后端的亚颏（submentum）和前端的颏（mentum）。

前颏（prementum） 是连接在后颏前端的部分，相当于下颚的茎节。

侧唇舌（paraglossa）和中唇舌（glossa） 是前颏端部的2对叶状构造。外侧1对大的是侧唇舌，中间1对很小的是中唇舌，分别相当于下颚的外颚叶和内颚叶，具有托持食物和阻挡食物外流的作用。

下唇须（labial palpus） 着生在前颏的侧后方，一般3节，相当于下颚中的下颚须。

（5）**舌**（hypopharynx） 是袋状构造，位于口腔中央。舌壁上具有很密的毛带和感觉器，具味觉作用。舌体内具有骨片和肌肉控制其伸缩活动，帮助运送和吞咽食物。

咀嚼式口器的昆虫常取食固体食物，使受害部位遭到破损，产生机械损伤。

如叶片被咬成缺刻、孔洞，啃食叶肉仅留叶脉，全部吃光或潜入上下表皮之间蛀食，咬断茎杆、根茎或在枝干组织内穿凿隧道，蛀空果实、种子等。

由于咀嚼式口器的昆虫嚼食植物的叶片及其它器官，并全部将其吞入消化道内，因此在害虫防治上适于用胃毒剂防治；也可使用触杀剂（使昆虫体壁接触药剂中毒死亡）或内吸剂（药剂被植物组织吸收，昆虫取食后中毒死亡）。

1.1.3.2　刺吸式口器（piercing-sucking mouthparts）

吸食动物血液或植物汁液的昆虫的取食器，不但需要有吸吮液体的构造，还必须有刺破动植物组织的构造。这是一切刺吸式口器在构造上的特点。与咀嚼式口器的不同点是：

上颚与下颚的一部分特化成细长的口针（stylets）；下唇延长成喙（rostrum），起保护口针的作用；口针位于喙内，上唇退化成很小的三角形，盖在喙的基部，无功能；食窦（即口腔中唇基与舌之间的"食物袋"）形成强有力的抽吸机构。

上颚口针端部锐利，外侧有倒刺，便于刺入和固定于组织内。上下颚口针的内侧有大小2个凹槽，合并形成食物道和唾液道。上下颚口针包藏在喙中，上颚口针在外，下颚口针在内。取食时，借助于停留在组织表面的喙的支撑和口针基部肌肉的伸缩，上颚两口针交替刺入动植物组织，下颚口针也随之刺入，依靠强有力的抽吸机构将汁液经食物道吸入消化道，同时，唾液由唾液道注入动植物组织内。唾液能阻止组织液凝固，利于吸取（图1-6）。

被刺吸式口器昆虫危害的植物表面所留下的伤口很小，被害处仅出现褪绿斑点、卷叶、虫瘿等。表面看来被害植株仍然完整地存在，但因水分、营养成分的损失使植株生长发育不良，造成严重损失。更为严重的是一些刺吸式口器昆虫是很多植物病毒病的传播者，导致植物病害流行。

喷洒在植物表面上的胃毒剂对刺吸式口器昆虫不起作用，只能用内吸剂或触杀剂。

口器的类型，除以上2种外，还有：刮吸式，是以口器刮破寄主组织，然后吸吮流出来的血液，

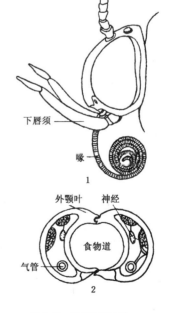

图1-7　虹吸式口器
1. 外面观　2. 喙横切面

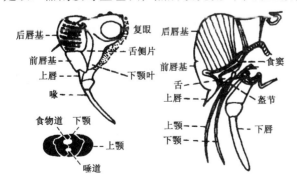

图1-6　蚜蝉的头部和刺吸式口器

如牛虻等吸血昆虫；舐吸式，由下唇形成喙，端部有 1 对唇瓣，吸取暴露在外的液体食物或微粒固体物质，如蝇类；虹吸式，由下颚外颚叶延长成喙，吸取花蜜等液体食物，如大多数蛾、蝶类（图 1-7）；嚼吸式，具强大的上颚，可以咀嚼固体食物，又有适于吮吸花蜜的构造，如蜜蜂等。鳞翅目、膜翅目和双翅目等全变态类昆虫，由于成虫和幼虫的生活方式差别很大，口器也极其不同。例如，鳞翅目幼虫的口器基本属咀嚼式，有甚为强大的上颚，用以咀嚼固体食物，但下颚和下唇合并成一复合体，其主要功能已改变为吐丝器；家蝇等的幼虫口器更加退化，只剩下 1 对可能是上颚变成的口钩，用以捣碎食物，口器的其余部分都已消失。

了解昆虫口器的构造类型，在识别与防治害虫上具有重要意义，如可根据口器类型判断被害症状，也可根据被害症状确定害虫类型。

1.2 昆虫的胸部

胸部（thorax）是昆虫体躯的第 2 体段，明显地由 3 个体节组成，由前向后依次称为前胸（prothorax）、中胸（mesothorax）和后胸（metathorax）。每一体节有 1 对附肢，即前足、中足和后足。多数有翅亚纲的成虫在中胸和后胸还各有 1 对翅（wings），分别称为前翅和后翅。足和翅都是昆虫的行动器官，所以胸部是昆虫的运动中心。在有翅昆虫中，前胸无翅，所以构造上与中、后胸也不同，特称其为"非具翅胸节"，而中、后胸称为"具翅胸节"。

1.2.1 胸节的基本构造

每一胸节都由背板、侧板（左右对称）和腹板 4 块骨板所组成，各骨板又被若干沟缝划分为一些骨片。

(1) 背板 前胸背板的构造比较简单，一般不分片，但形状多变。蝗虫的前胸背板呈马鞍形，常向侧下方延伸，侧板则较小（图 1-8）。中后胸的背板，因必须承受强大的飞行压力，所以表面有许多沟槽，内陷部分则形成内脊，以加强胸板的强度和供肌肉着生。这些沟缝将背板分成端背片、前盾片、盾片和小盾片等（图 1-9）。

(2) 侧板 具翅胸节的侧板很发达，常分成前侧板和后侧板。

(3) 腹板 腹板由前腹沟分出前腹片和主腹片，主腹片又被基脊沟分成基腹片和小腹片（图 1-9）。

图 1-8 两种特化的前胸背板
1. 蝗虫 2. 角蝉

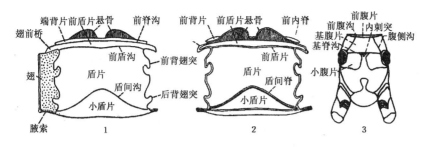

图 1-9 具翅胸节背板及腹板构造
1. 背板外面观,示后生沟及各骨片 2. 背板内面观,示内脊 3. 腹板

1.2.2 胸足的基本构造和类型

1.2.2.1 胸足的基本构造

昆虫的胸足(thoracic legs)是胸部的附肢,前、中、后胸各有 1 对,分别称为前足(fore legs)、中足(middle legs)和后足(hind legs),分别着生在各胸节的侧腹面。成虫的胸足分成 6 节,从基部到端部依次称为基节、转节、腿节、胫节、跗节和前跗节(图 1-10)。除前跗节外,各节大致都呈管状,节间由膜相连,是各节活动的部位。节与节之间有 1 个或 2 个关节相支接。

基节(coxa) 是最基部的 1 节,通常也是最粗壮的 1 节,大多为短圆筒形或圆锥形,着生于侧板下方的基节窝内。

转节(trochanter) 是足的第 2 节,一端与基节相连,一般较小。在昆虫中,只有蜻蜓的转节是分成 2 节的。姬蜂类的转节也像 2 节,实际上

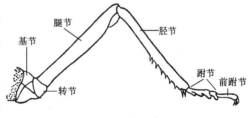

图 1-10 胸足的构造

第 2 节是由腿节划分出来的一部分,这可由内部肌肉着生位置来证明。

腿节(femur) 常是足的各节中最长、最粗大的一节,腿节的大小常与胫节活动所需肌肉大小有关,因为胫节的肌肉均来自腿节。

胫节(tibia) 较细长,大致稍短于腿节,与腿节间成肘状弯曲。胫节上常有成排的刺或齿,末端有距,这些刺、齿和距的大小、数目及排列常被用作分类特征。

跗节(tarsus) 通常分为 2~5 个亚节,称跗分节。只有原尾目、双尾目、若干弹尾目和多数全变态的幼虫,还保留仅为 1 节的原始状态。跗节的各亚节间也都以膜相连,可以活动。有些昆虫(如蝗虫)跗节的腹面有辅助行动用的垫状构造,称为跗垫。

前跗节(pretarsus) 是胸足最末端的构造。包括着生于最末一个跗节端部两侧的爪(claw)和两爪中间的中垫(arolium)。前跗节的构造常有很多变化,因而成为分类上常用的特征。

1.2.2.2 胸足的类型

昆虫的胸足原是适于陆生的行走器官。但在各类昆虫中，因生活环境和生活方式的不同，足的功能有了相应的改变，使足的形状和构造发生了多样化的演变。常见的胸足类型（图1-11）有：

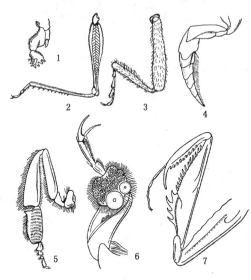

图1-11 胸足的若干类型
1. 开掘足 2. 跳跃足 3. 步行足 4. 游泳足
5. 携粉足 6. 抱握足 7. 捕捉足

步行足（walking leg） 是足中最常见的一种，常较细长，各节无显著特化，适于行走。如步行虫、蚕蛾、瓢虫、蝽等的足。

跳跃足（jumping leg） 腿节特别膨大，胫节细长，末端有距，当腿节内肌肉收缩时，折在腿节下的胫节可突然直伸，使虫体向前和向上跳起。如蝗虫、蟋蟀和跳甲的后足。

捕捉足（grasping leg） 基节延长，腿节的腹面有槽，胫节可以折嵌在腿节的槽内，形似折刀，用以捕捉猎物等。有的腿节和胫节还有刺列，以阻止捕获物逃脱。如螳螂和猎蝽的前足。

开掘足（digging leg） 胫节宽扁，外缘具齿，状似耙子，适于掘土。如蝼蛄和金龟子等土中活动的昆虫的前足。

游泳足（swimming leg） 足扁平而长，有长的缘毛，形如桨状，用以划水。如仰泳蝽和龙虱等水生昆虫的后足。

抱握足（clasping leg） 胫节特别膨大，其上有吸盘状的构造，交配时用以挟持雌虫。如雄性龙虱的前足。

携粉足（pollen-carrying leg） 胫节扁宽，外面光滑，两边有长毛相对环抱，用以携带花粉，通称"花粉篮"；基跗节很长，内面有10~12排横列的硬毛，用以梳刷附着在体毛上的花粉，通称"花粉刷"。如蜜蜂的后足。

此外，有些昆虫的前足还有清洁触角的特别构造，特称为净角器（antenna cleaner），常见于蜂类的前足；足上也具有各种感觉器，多位于跗垫和中垫上，是某些触杀剂进入虫体的孔道；蟋蟀等昆虫前足胫节上还有听器。

1.2.3 翅及其类型

昆虫是无脊椎动物中惟一一类有翅的动物，也是整个动物界中最早获得飞行能力的动物。早在3亿年前石炭纪的化石昆虫，就已经在中、后胸上有了同现代昆虫很相似的翅。翅的发生使昆虫在觅食、寻偶、扩大分布和避敌等多方面获得了优越的竞争能力，为昆虫纲成为最繁荣的生物类群创造了重要条件。在各类昆虫中，翅有多种多样的变异，所以翅的特征成了分类和研究演化的重要依据。

昆虫的翅同鸟类的翅来源不同，鸟的翅是前肢转变来的，而昆虫的翅与附肢无关，是背板向两侧扩展而成的，呈双层结构。

1.2.3.1 翅的构造

翅一般为三角形，它的角和边都有一定的名称（图1-12）。将翅平展后，它前面的边缘叫前缘（costal margin）；后面靠虫体的边缘叫后缘或内缘（inner margin）；在前缘与后缘之间的边缘叫外缘（outer margin）。在翅基部的角叫肩角（humeral angle）；前缘与外缘的夹角叫顶角（apical angle）；外缘与内缘的夹角叫臀角（anal angle）。

为了适应翅的折叠和飞行，翅上常发生一些褶线，因而将翅面划分成若干区域。翅基部具有腋片的三角形区称腋区（axillary region）；腋区外边的褶称基褶（basal fold）；腋区以外的区统称翅区，其上分布着翅脉。翅区由2条褶分为3个区。臀褶（vannal fold）把翅区分为前面的臀前区（remigium）和后面的臀区（vannus）。臀前区的翅脉分布比较密而粗，也比较坚硬；而臀区的翅脉比较稀、细和软弱。低等而飞行较慢的昆虫，臀区多扩大成扇状；比较高等而飞行迅速的昆虫，臀区则不发达。在翅基部后面有一条轭褶（jugal fold），此褶后面的小区称轭区（jugal region）。

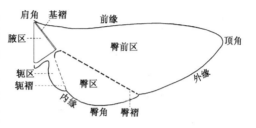

图1-12 翅的分区和各部位名称

有些昆虫的翅上（如蜻蜓的前、后翅，膜翅目的前翅等），在其前缘的端半部有一深色斑，称为翅痣（pterostigma）。

1.2.3.2 翅的类型

很多昆虫的翅是膜质而透明的，但不少昆虫在演化过程中，翅的质地和被物却发生了种种适应性的变化，形成不同的类型，常见的有：

膜翅（membranous wing）　翅膜质，薄而透明，翅脉明显可见。如蜂类和蜻蜓的前后翅等。

鞘翅（elytron）　甲虫类的前翅全部骨化，看不见翅脉，坚硬如鞘，不用于飞行，只用于保护背部和后翅。

半鞘翅（hemielytron）　蝽的前翅，基半部较骨化，端半部仍为膜质，有翅脉。

复翅（tegmen）　蝗虫等直翅目昆虫，前翅质地坚韧如皮革，有翅脉，已不用于飞行，平时覆盖在体背面和后翅上。

鳞翅（lepidotic wing）　翅的质地为膜质，但翅上有许多鳞片，如蝶、蛾类的翅。

毛翅（piliferous wing）　翅的质地为膜质，但翅面和翅脉上被有许多毛，如石蛾的翅。

缨翅（fringed wing） 蓟马类昆虫的前后翅狭长如带，膜质透明，翅脉退化，在翅的周缘有很多缨状的长毛。

还有一种特殊的类型，即平衡棒（halter）：双翅目昆虫和介壳虫的雄虫，后翅退化成很小的棒状构造，在飞行中起平衡身体的作用，因而称为平衡棒。飞行时以与翅相同的频率振动，但方向相反。

1.2.3.3 翅脉和脉序

翅脉（veins） 是翅的两层薄膜之间纵横行走的条纹，由气管部位加厚所形成，对翅膜起着支架的作用。

脉序（或脉相）（venation）是翅脉在翅面上的分布形式。它在不同类型的昆虫中有多种多样的变化，而在同类昆虫中十分稳定和相似，

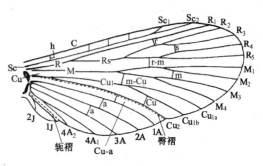

图 1-13 较通用的假想脉序

所以脉序在昆虫分类上和追溯昆虫的演化关系上都是重要的依据。各类昆虫的脉序变异很大，但有一定规律可循。一般学者认为昆虫多种多样的脉序都是由一个原始的脉序演变而来，原始的脉序是根据现代昆虫与化石昆虫脉序的比较，以及翅发生过程中翅芽内气管的分布来推断的。为了更符合实际，多数分类学家建议采用如图1-13所示的较通用的假想式脉序。

(1) 翅脉 翅脉分为纵脉和横脉两类。

纵脉（longitudinal vein） 是从翅基部通向翅边缘的脉，是在两个深入翅原基、起始于足气管的气管干的分支基础上产生的。

横脉（cross vein） 是横列在纵脉间的短脉，是由一条不规则的间脉分出，而不是由气管预先形成。

常见的纵脉及横脉如表1-2和表1-3。

表1-2 纵脉名称代号、分支及特点

纵脉名称	代号	分支	特点
前缘脉	C	1	不分支，一般形成翅的前缘
亚前缘脉	Sc	2	位于前缘脉之后，很少有分支
径脉	R	5	位于亚前缘脉之后，是最强的翅脉。主干分2支即第一径脉 R_1 和径分脉 R_s，R_s 又经2次分支成4支即 R_2、R_3、R_4 和 R_5，因此径脉共分5支。
中脉	M	4	位于翅的中部，径脉之后。主干分成前中脉 MA 和后中脉 MP，MA 和 MP 又各分2支。因此中脉共分4支（$M_1 \sim M_4$）。
肘脉	Cu	3	位于中脉之后，分成2支，称第一肘脉（Cu_1）和第二肘脉（Cu_2）。Cu_1 又分成2支即 Cu_{1a} 和 Cu_{1b}。Cu_2 不分支。
臀脉	A	不定	分布在臀褶之后的臀区内，不分支，通常为3条，即1A、2A、3A。有的多达12条。
轭脉	J	2	分布在轭区内，不分支，通常为2条，即1J、2J。

表 1-3　横脉名称代号及连接的纵脉

横脉名称	代号	连接的纵脉
肩横脉	h	连接 C 和 Sc
径横脉	r	连接 R_1 和 R_2
分横脉	s	连接 R_3 和 R_4，或 R_{2+3} 和 R_{4+5}
径中横脉	r-m	连接 R_{4+5} 和 M_{1+2}
中横脉	m	连接 M_2 和 M_3
中肘横脉	m-Cu	连接 M_{3+4} 和 Cu_1

(2) 翅室（cell）　是翅面被翅脉划分的小区。翅室周围都围有翅脉时称闭室（closed cell），有一边没有翅脉而达翅缘的称为开室（open cell）。翅室的名称是用组成它的前缘的纵脉来命名，而且就按这条纵脉的简写来表示。如 R_3 脉后的翅室就称 R_3。如果这一翅室又被横脉划分为几个室，则按照由基部到端部的次序各冠以第一、第二等来区别。如 M_2 室被横脉 m 划分为 2 室，则基部的 1 室称为 $1M_2$，端部的 1 室称为 $2M_2$。

1.2.3.4　翅的连锁

在现代昆虫中，前翅加厚成为保护器官，后翅成为主要飞行器官的昆虫，如直翅目、鞘翅目等，以及只有前翅用于飞行，后翅退化成平衡棒的昆虫，如双翅目，这些昆虫的前、后翅之间不存在连锁器；而前、后翅均用于飞行的昆虫，如鳞翅目、膜翅目等，这些昆虫的前、后翅之间必须存在连锁器（wing-coupling apparatus），主要有以下几种（图 1-14）：

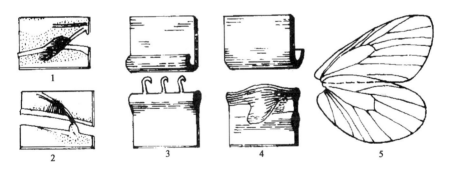

图 1-14　翅的连锁器
1. 翅轭型（反面观）　2. 翅缰型（反面观）　3. 翅钩型（反面观）
4. 翅褶型（正面观）　5. 翅抱型（反面观）

(1) 翅轭（jugum）　如低等的蛾类。前翅轭区的基部有一个指状的突起，称为翅轭，伸在后翅前缘的下面，像一个夹子把两翅连接在一起。

(2) 翅缰（frenulum）　如大部分蛾类。翅缰是从后翅前缘基部发生的 1 至数根硬鬃，翅缰钩是位于前翅下面的翅脉上的一簇毛或鳞片所形成。翅缰穿在翅缰钩内作为连锁。一般雄蛾的翅缰只 1 根，比较粗长；而雌蛾的有 2~9 根，比较细短。这是区别蛾类雌、雄的方法之一。

(3) 翅钩（frenulum hook）　如膜翅目昆虫。后翅的前缘有一列向上弯的小钩，即翅钩，钩连在前翅后缘向下的卷褶内，作为前、后翅的连锁器。

还有一种翅的连锁形式，即翅褶，如同翅目昆虫。后翅的前缘向上卷褶，而前翅的后缘向下卷褶，两者互相连接，作为前、后翅的连锁器。

1.3 昆虫的腹部

腹部是昆虫的第3个体段，腹内包藏多个器官系统，如消化系统、生殖系统和呼吸器官等，是昆虫生殖和进行新陈代谢的中心。成虫腹部没有用于行走的附肢，与生殖有关的附肢特化成外生殖器，即雄性的抱握器与雌性的产卵器。

腹部的体节数在各类昆虫中变化较大。胚胎学研究证明，腹部的原始节数应是11个体节和1个尾节，共12节。在现代昆虫中，只有原尾目的成虫期还保留这种原始状态。较高等的昆虫大多只有9~10个腹节，弹尾目昆虫腹部不超过6节，膜翅目的青蜂科只能见到3~5个腹节。

1.3.1 腹节的基本构造

昆虫的每一腹节由2块骨板组成，即背板和腹板，两侧均为膜质即侧膜。由于背板向下延伸，侧膜部分常常被盖住而看不见。相邻的两个腹节常相套叠，后一节的前缘套入前一节的后缘内，各节之间有环状节间膜相连，因此腹部能够纵横伸缩，既利于容纳大量内脏和卵的发育，也利于气体交换和产卵活动。

昆虫腹节的构造总的说来比较简单，但成虫的第8、9节（雌性）或仅第9节（雄性）上发生产卵或交配器官，和其它腹节的构造很不相同，这些腹节特称为生殖节（genital segments）。生殖节前的诸腹节内包含着大量的内脏，称为脏节（visceral segments）。生殖节后的几节称为生殖后节（postgenital segments），通常有不同程度退化或合并，上着生尾须。

昆虫腹部最多有气门8对。气门位于腹节背板和腹板之间的侧膜上。

1.3.2 外生殖器

1.3.2.1 雌性外生殖器

又称产卵器（ovipositor）。一般为管状，通常由3对产卵瓣组成，分别着生在第8、9腹节上。第1产卵瓣即腹产卵瓣，位于第8腹节上；第2产卵瓣即内产卵瓣，位于第9腹节上；第3产卵瓣即背产卵瓣，位于第9腹节上。昆虫的产卵器通常只由其中的2对产卵瓣组成，其余1对则退化，或特化成保护产卵器的构造（图1-15-1）。

1.3.2.2 雄性外生殖器

又称交配器（copulatory organ）。雄性的交配器构造比较复杂，而且在各类昆虫中变化很大并高度特化，是分类的重要依据。交配器主要包括将精子送入雌体的阳具和交配时挟持雌体的抱握器（图1-15-2）。

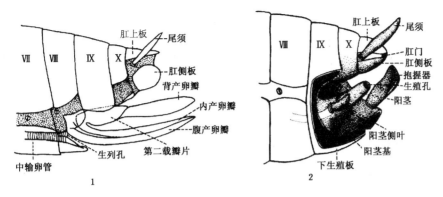

图 1-15　雌雄昆虫腹部末端数节侧面观（示外生殖器）
1. 雌性外生殖器　2. 雄性外生殖器

阳具是第 9 腹节腹板后节间膜的外长物，生殖孔开在它的末端。阳具一般为管状或锥状，大多包括一个较大的阳茎基和从阳茎基伸出的一根细长的阳茎。

抱握器大多属于第 9 腹节的附肢，其形状变化很大，一般不分节，但在蜉蝣中是分节的。蜉蝣目、脉翅目、长翅目、半翅目、鳞翅目和双翅目等昆虫均有抱握器或仅个别消失。

1.3.3　尾须

尾须（cerci）通常是 1 对须状突起，着生在第 11 腹节转化成的肛上板和肛侧板之间的膜上。虽然有时好像着生在第 10 节上，但它是第 11 腹节的附肢。尾须的形状及长短各异，分节或不分节，其上常有许多感觉毛，是感觉器官。尾须在低等昆虫，如蜉蝣目、蜻蜓目和直翅目等中普遍存在；在缨尾目和部分蜉蝣目昆虫中，1 对细长的尾须间还有 1 条与尾须相似的中尾丝。中尾丝不是附肢，是第 11 腹节背板的延伸物。

1.3.4　幼虫的腹足

有翅亚纲昆虫只有幼虫期腹部才有行动的附肢。属于原变态的蜉蝣目幼虫（水生），在第 1~7 腹节的背板与腹板间，有出自肢基片的气管鳃，这种鳃同无翅亚纲昆虫的刺突是同源的构造。

属于全变态的广翅目、鳞翅目、长翅目及膜翅目的叶蜂幼虫（扁叶蜂科幼虫无腹足）腹部都有行动用的腹足（prolegs）。

鳞翅目幼虫通常有 5 对腹足，着生在第 3~6 和第 10 腹节上，第 10 节上的 1 对称臀足（anal leg）。腹足是筒状构造，由亚基节、基节和趾组成。外壁稍骨化，末端的趾（planta）是个能伸缩的泡。趾的末端有成排的小钩，称趾钩（crochets）（图 1-16）。趾钩是鉴别鳞翅目幼虫最常用的特征，趾钩的排列方式则是鳞翅目幼虫分类的常用特征。基节和趾具有起源于亚基节以及体节侧面的肌肉，趾的构造与缨尾目腹部的泡也是相同的。

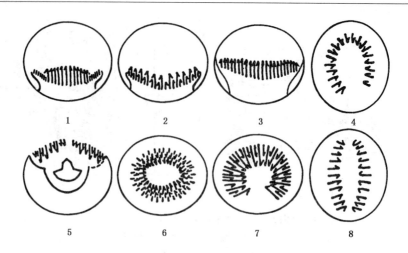

图 1-16 鳞翅目幼虫的趾钩排列方式
1. 异形中带　2. 双序中带　3. 单序中带　4. 单序缺环
5. 中断中带　6. 多形环　7. 双序缺环　8. 二横带

鳞翅目幼虫的腹足是行动器官，用趾钩抓住物体，在停息或取食时，也以腹足紧握植物的茎叶等。当幼虫在光滑面上爬行时，趾钩上翻，以泡状的趾吸着表面，这时幼虫往往又吐丝覆盖，以利于趾钩攀缘。

膜翅目叶蜂类幼虫腹足从第 2 腹节开始着生，且一般为 6~8 对（有的多达 10 对）。腹足末端有趾，但无趾钩。这些都足以与鳞翅目的幼虫相互区别。

1.4　昆虫的体壁

昆虫的体壁（body wall, integument），担负皮肤和骨骼两种功能，又称外骨骼，它既能保护内脏，防止失水和外物的侵入，又能供肌肉和各种感觉器官着生，保证昆虫的正常生活。

1.4.1　体壁的结构

昆虫的体壁，自外向内，依次分为表皮层（cuticula）、皮细胞层（epidermis）和底膜（basement membrane）。皮细胞层是单层的活细胞，底膜是紧贴于皮细胞层的一层薄膜，表皮层则由皮细胞层的分泌物所组成。体壁的各种特性和功能，主要与表皮层有关（图 1-17）。

表皮层依其成分和特性，又可分为 3 层，即内表皮（endocuticle）、

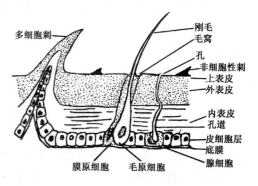

图 1-17　昆虫体壁构造横切面模式图

外表皮（exocuticle）和位于外表皮之上的上表皮（epicuticle）。内、外表皮之间，纵贯许多微细孔道。体壁的各层次及内含物如下：

体壁
- 表皮层
  - 上表皮
    - 护蜡层（cement layer）：主要含脂类、鞣化蛋白质和蜡质。
    - 蜡层（wax layer）：含有蜡质，某些昆虫可能有多元酚层。
    - 脂腈层（cuticulin layer）：主要含脂蛋白复合物。
  - 外表皮：主要含鞣化蛋白、几丁质和脂类等。
  - 内表皮：主要含几丁质、粘多糖蛋白质、节肢蛋白和弹性蛋白。
- 皮细胞层：活细胞层，分泌脱皮液，可特化形成体壁内外的各种突起，如刚毛、鳞片和各种腺体。
- 底膜：主要含中性粘多糖。

内表皮是表皮层中最厚的一层，通常无色而柔软，富延展性。化学成分主要是蛋白质和几丁质。一般以几丁和蛋白质的复合体存在。几丁质是节肢动物表皮的特征性成分，是无色含氮的多糖类。几丁质的化学性质稳定，不溶于水、酒精、乙醚等有机溶剂，也不溶于稀酸和浓碱中，在浓酸中水解为氨基葡萄糖，以及分子键较短的多糖和醋酸等。用 KOH 或 NaOH 在高温（160℃）条件下，几丁分子虽可水解，但外貌不变。在自然界中，只有几丁细菌 *Bacillus chitinovorus* 能够分解几丁质。

外表皮是由内表皮的外层硬化而来的，质坚硬，主要化学成分是骨蛋白、几丁质和脂类等。

上表皮是表皮的最外层，也是最薄的一层，厚度通常不超过 $1\mu m$，是多层构造，从内到外是脂腈层、蜡层和护蜡层。有的在脂腈层和蜡层间还有多元酚层。其中最重要的是蜡层，由于蜡质分子作紧密的定向排列，可以防止水分外逸和内渗，保证体壁的不透性。脂腈层质硬而有色，主要成分为脂腈素。多元酚层的主要成分为多元酚。护蜡层在蜡层之外，极薄，含有拟脂类和蜡质，有保护蜡层的作用。

根据体壁各层的成分和性质，研究击破其防护作用的药物或方法，在害虫防治上具有重要意义。

1.4.2 昆虫体壁的色彩

昆虫的体壁通常具有不同的色泽，如各种线条、斑纹等。昆虫的颜色，因其形成方式不同而分以下 3 类：

1.4.2.1 色素色（pigmentary colors）

又称化学色，由于昆虫体内存在某种色素，可以吸收一部分波长的光波和反射一部分光波，即呈现某种颜色。色素都是代谢的产物，如许多黑色或褐色的昆虫，由于外表皮内存在有黑色素，这是由于酪氨酸和"多涨"经血液中酪氨酸酶和多涨氧化酶结合催化而成的，它是和表皮的骨化同时产生的；白粉蝶和黄粉蝶的白色和黄色是由于尿酸盐类色素的存在，而许多幼虫的绿色，则是由于体内存在所吞入植物的叶绿素和花青素所致。

色素一般存在于皮细胞或脂肪细胞以及血液内，因此，昆虫死亡，有机体腐败而色素也就消失。色素在体壁内的分布是有一定位置的，而且形成一定的图形，在蛾蝶类的翅上表现得极为明显，因此常可依此来鉴定昆虫类别。色素可经漂白或热水处理而消失。

1.4.2.2　结构色（structural colors）

又称物理色，这是由于昆虫体壁上有极薄的蜡层、刻点、沟缝或鳞片等细微结构，使光波发生折射、反射或干扰而产生的各种颜色。如甲虫体壁表面的金属光泽和闪光等，是永久不褪的，也不能因化学药品或热水处理而消失。

1.4.2.3　结合色（combination colors）

又称合成色，这是一种普遍具有的色彩，它是由色素色和物理色相混合而成。如一种紫闪蝶，其翅面呈黄褐色（色素色），而有紫色（结构色）的闪光。

环境因素对色彩改变的影响是很大的，如温度、湿度和光等。高温使色彩变深暗，低温则变淡，因此在不同的季节中，同一种蝶类颜色深浅是不同的。湿度大使色彩深暗，而干燥则变淡。光的强度也能使色彩改变，如菜白蝶蛹的体色随化蛹场所的不同而改变，短光波能使之产生黑色素而长光波可以消除黑色素。除了以上环境因素可影响昆虫体壁的色彩外，体色还可受体内咽侧体所分泌激素的影响。

1.4.3　体壁的衍生物

体壁的衍生物既包括体壁的外长物，又包括皮细胞层在某些特定的部位形成的腺体。

1.4.3.1　体壁的外长物

包括各种突起、点刻、脊、毛、刺、距、鳞片等，这些外长物可以区分为细胞性和非细胞性两类。

（1）**非细胞性外长物**　即由体壁向外突出或向内凹入所形成的各种突起、刻点等。

（2）**细胞性外长物**　主要包括以下几种：

刚毛　属于单细胞外长物，是由1个皮细胞所形成，周围被1个由皮细胞转化成的膜原细胞所包围，而且延伸到体壁表面。在刚毛的基部形成毛窝膜，因此刚毛能自由活动。如果毛原细胞和邻近的一个毒腺细胞相连结，就形成毒毛；如毛原细胞和感觉细胞相连，便成为感觉毛；如外长物成为囊状扁平突起，即成为鳞片。

刺和距　均属多细胞的外长物。刺是体壁向外突出形成的中空刺状物。该外长物的内壁仍含有一层皮细胞，基部与体壁固着不动，如许多昆虫后足胫节上的刺列。有的刺状突起在基部周围有薄膜与体壁相连，因而可以活动，即距。距常着生在昆虫足的胫节顶端，如飞虱后足顶端的距。昆虫前跗节中的侧爪，也是一种可活动的距。不论是刺或距，其上还可着生单细胞的刚毛。

1.4.3.2 腺体

腺体是皮细胞层在某些特定的部位由 1 个或多个细胞特化而成的，能分泌各种功能不同的物质，如涎腺能分泌唾液，有助于取食和消化；丝腺分泌各种丝；蜡腺能分泌蜡；胶腺能分泌紫胶。这些分泌物不仅为昆虫生活所必需，而且多数又是重要的工业原料。一些昆虫具有毒腺或臭腺，用来攻击或排攮外敌。位于昆虫腹末和其它部分的一些腺体分泌性外激素，可以吸引同种的异性个体。另一些则分泌踪迹外激素、告警外激素、聚集外激素等。一些腺体开口于体腔内，分泌内激素（脱皮激素和保幼激素等），控制昆虫的发育、变态、脱皮等重要的生命活动。目前，部分腺体分泌物的结构已弄清，并可人工合成，对益虫养殖和害虫防治有重要的经济意义。

1.5 昆虫的器官系统与功能

昆虫的内部器官系统，包藏于由体壁形成的体腔内。由于昆虫血液循环系统的特点，血液充斥于体腔内，只有在通过搏动器时才在一定管道内流动，所以体腔就是血腔，所有内部器官系统浸浴在血液中（图 1-18）。

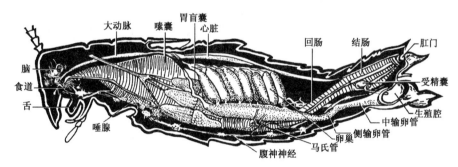

图 1-18 蝗虫的纵切面图，示内部器官的相互位置

1.5.1 血窦和膈膜

昆虫的整个体腔由背膈膜和腹膈膜分隔成 3 个血窦。背膈膜着生于背板两侧，与背板一起围成背血窦，由心脏和大动脉构成的背血管纵贯其中；腹膈膜着生于腹板两侧，与上方的背膈一起围成围脏窦，消化、排泄、生殖等器官系统纵贯其中；腹膈和腹板围成腹血窦，昆虫的中枢神经系统纵贯其中（图 1-19）。

1.5.2 肌肉系统

在体壁内方和内脏上着生许多肌肉，构成肌肉系统，专司昆虫的运动和内脏的活动。昆虫的肌肉，大多数是半透明，无色或灰色的，而飞行肌常为淡黄色或淡棕色，肌肉布满着神经，因此，肌肉就能表现感应和活动。昆虫的肌肉，不同于脊椎动物和其它动物，都具有条纹，一些昆虫能够举起远超过自身体重的重量

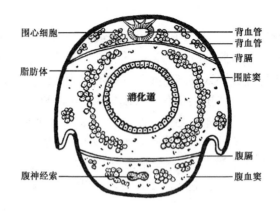

图 1-19　腹部横切面模式图，示膈膜和血窦

或跳跃相当远的距离，主要是由于肌肉的相对力量随动物身体的减小而增大。

昆虫的肌肉按其所在位置和作用范围可分为体壁肌和内脏肌两大类。体壁肌由长形的平行肌纤维组成，着生在体壁下或体壁的内突上。内脏肌是包在内脏器官外的肌肉，有的是整齐的纵肌和环肌，有的是错综复杂不规则的网状肌肉层（如嗉囊壁及卵巢膜上的肌肉）。

肌肉是由很多平行的横纹肌纤维组合而成。肌纤维是一个大型的多核细胞，绝大部分的肌纤维外包有一层薄而无结构的肌膜，每一条肌纤维内包含着很多细而平行的肌原纤维和充塞在肌原纤维间的肌浆。每一肌原纤维各具明、暗相间的部分，因而使整个肌纤维显出横条状。用电镜观察，肌原纤维是由粗丝和细丝所组成的，每种各数百条，均与肌原纤维的长轴相平行，粗丝和细丝均由蛋白质所组成，但所含蛋白质的结构不同（粗丝是一种纤维状或棒状的肌球蛋白，细丝是一种球状的肌动蛋白），具有不同的折光性质。粗丝无双折射现象，称暗带；细丝有双折射现象，呈现明带。

由于昆虫两侧对称，所以肌肉都是成对排列，每根肌肉的一端（即起源点），附着在外骨骼的固定部位，另一端，附着到活动部分。

作长期飞行的昆虫能够维持强烈的代谢活动，这种完全的有氧代谢是与异常高速率产生的三磷酸腺苷（ATP）和高速率的燃料消耗一起产生的。有些昆虫翅的运动常有赖于特殊的机制，因而飞行非常快速、有力。

1.5.3　消化系统

消化系统包括消化道和涎腺。消化道是由口到肛门，纵贯体躯中央的一根不对称的管道，主要是摄取、运送、消化食物、吸收营养物质，以及经肛门排除未经消化的残渣。各种昆虫由于取食方式和食物的种类不同，消化道的构造也不同。一般地说，咀嚼式口器的昆虫，由于取食固体食物，因此其消化道比较粗短；吸收式口器的昆虫，由于吸取液体食物，因此其消化道比较细长，常形成一些特殊的构造。

1.5.3.1 消化道的组成

消化道一般分为前肠（foregut）、中肠（midgut）和后肠（hindgut）3部分（图1-20）。

前肠是食物通过或暂存的管道。从口开始，经由咽喉、食道、嗉囊，终止于前胃，以向后伸入的贲门瓣与中肠为界。

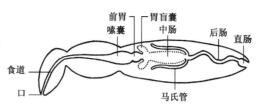

图1-20 昆虫消化系统模式图

咽喉是消化道最前面的一段，在咀嚼式口器中，咽喉仅是食物的通道，而在刺吸式口器中，咽喉则特化成咽喉唧筒，吸食时，与食窦唧筒交替伸缩抽吸。食道是咽喉后面的狭长管，可以直接伸入中肠或终止于前胃，仅是食物的通道。嗉囊是食道后部扩大部分，可以临时贮存食物，以便逐步送入中肠。直翅目昆虫，唾液腺分泌的唾液与食物一同吞入前肠，而中肠分泌的消化液也倒流入前肠，这样嗉囊就成为进行部分消化作用的场所。在蜜蜂中，花蜜和唾液分泌的酶在嗉囊中混合转变成蜂蜜，因而嗉囊又称为蜜胃。咀嚼式口器的昆虫在嗉囊后还有一个前胃。前胃内壁有齿，可以进一步磨碎食物。前胃后端是由前肠末端的肠壁向中肠前端内褶而成的贲门瓣，它有阻止中肠食物倒流的功能。

中肠又叫胃，分泌消化酶，是消化食物和吸收养分的主要器官。许多昆虫中肠前端向前突出形成管状或其它形状的胃盲囊，用以扩大分泌和吸收面积。以液汁为食的昆虫，中肠常常首尾相贴接，包藏于一种结缔组织中，形成滤室。滤室可以将水分直接渗入中肠后端或后肠去，以保证输入中肠的液汁有一定的浓度，提高中肠的效率。

后肠的前端以马氏管为界，后端开口于肛门。常分为前后肠和后后肠（又称直肠），二者之间肠道显著缢缩。直肠内常有直肠垫。后肠可回收水分，形成和排除粪便。

唾腺是上颚腺、下颚腺和下唇腺的总称，以腺管开口于舌后壁背部，其分泌物可以润滑口器，并含有消化酶，促使食物消化。昆虫的消化酶主要有淀粉酶、麦芽酶，可将淀粉分解为单糖；脂酶将脂肪分解为甘油和脂肪酸；蛋白酶将蛋白分解为各种氨基酸。经过各种酶分解后的物质，才能为昆虫吸收利用。

1.5.3.2 消化系统与防治的关系

酶的活性要求一定的酸碱度，所以昆虫中肠液常有较稳定的pH值。大部分昆虫中肠所分泌的消化液，大都呈弱酸性或弱碱性，pH为6~8（一般蛾蝶类幼虫中肠pH为8~10），同时昆虫的肠液有很强的缓冲作用，所以一般的食物并不影响中肠的酸碱度。中肠的酸碱度对胃毒剂的溶解、游离、分解和吸收有很大的作用，所以对胃毒剂的毒效有很大的影响。一般酸性的胃毒剂在碱性的中肠中易于分解，溶解度大，发挥的毒效高。了解昆虫中肠pH值，有助于正确选用胃毒剂。

1.5.4 呼吸系统

大多数昆虫靠气管系统进行呼吸，呼吸是有机体能量的转变过程。在游离氧的参与下，有机物质被分解而释放能量，供昆虫生长、发育、繁殖、运动的需要。这种游离氧即由气管系统直接供应。

昆虫的气管呼吸系统由气门、气门气管、侧纵干、背气管、内脏气管和微气管组成，某些昆虫气管的一定部分扩大形成膜质的气囊，用以增加贮气和促进气体的流通。气门、气门气管和侧纵干是空气进入虫体的通道，背气管、内脏气管是侧纵干上的分支，分别将气体输送到相应的部位。这些气管还一分再分，直到直径小于 1μm 的微气管，将气体直接输送到各组织和细胞间（图1-21）。

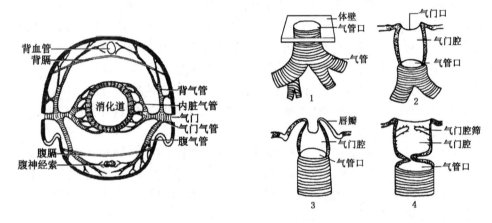

图 1-21　昆虫体节内气管分支模式图　　图 1-22　气门构造的各种类型
1. 无翅亚纲气门　2~4. 有气门腔气门

气门气管在体壁上的开口称气门，气门一般有 10 对（中、后胸及腹部第 1~8 节各 1 对）。气门的构造变化极多（图1-22），无翅亚纲昆虫的气门最简单，只是气管在体壁上的一个简单开口，没有任何附带结构，本身不能开关。其它昆虫气管的开口，一般位于体壁的一个凹陷内；体壁内陷与气管开口处中间形成一个空腔，称为气门腔。此腔向外的开口称为气门口。气门口位于一块骨板上，此骨板称为围气门片，具有上述气门构造的昆虫，常有调节其开关的结构，以控制气体的出入。

气体的交换，主要靠气管内和大气中各种不同气体的分压差而进行，气管内氧的消耗，使氧的分压降低，体外氧气经气管系统不断进入虫体；作为代谢产物的二氧化碳在气管内的分压，高于体外空气中的分压，不断经气管向体外扩散。另外，昆虫的运动，腹部的胀缩，也有助于气体交换的进行。温度提高，代谢加快，加强了呼吸作用。因此，在使用熏蒸杀虫剂时，提高气温或空气中二氧化碳的浓度，迫使昆虫气门开放，有利于毒剂的气体分子进入虫体，提高药效。昆虫的气门通常属疏水性，水滴本身的表面张力又较大，因此水滴不易进入气门，而油类制剂就比较容易渗入。所以，同一种毒剂的油乳剂，比水剂杀虫力大。某些杀虫剂的辅助剂，如肥皂水、面糊水等，能堵塞气门，使昆虫因缺氧而死亡。

根据昆虫体壁的结构、生活习性、生活环境、虫龄和演化程度不同，可归纳为4种其它呼吸方式：

(1) 体壁呼吸 弹尾目昆虫的绝大部分种类和一些寄生性昆虫的幼虫没有或无完整的气管系统，就以体壁直接进行呼吸或在血液中吸取溶解的氧，大多数水生昆虫也是如此。具备完整气管系统和气门的陆栖昆虫，一部分 CO_2 也是经由体壁薄膜部分排出体外。

(2) 气管鳃呼吸 部分水生昆虫体壁向外突出而成丝状或片状的结构，其中密布气管的分支，即气管鳃。气体的交换就是在气管分支与水之间的皮细胞层内进行的，常见的蜉蝣目、毛翅目、蜻蜓目等昆虫的幼虫，它们除用气管鳃呼吸外，还用体壁呼吸。

(3) 气泡和气膜呼吸 水生昆虫一部分能吸收溶解在水中的氧，但大部分仍利用大气中的氧，部分水栖昆虫具有完整的气门气管系统，借助体表特定部位的特殊结构携带空气，当所携带的氧消耗完时，浮出水面更换新鲜空气，该结构相似于鳃的作用，称为"物理性鳃"。在龙虱和仰泳蝽等水栖昆虫的身体腹面具有一层疏水性的毛，当虫体潜入水中时，在毛间形成可携带空气的气膜。此外，龙虱在鞘翅下面还可贮藏相当量的空气或是在腹部顶端携带1个气泡，可使它在水下生活数小时以上，再到水面上来换气。

(4) 内寄生昆虫的特殊呼吸方式 内寄生昆虫的呼吸方式与水生昆虫极相似，其气管系统属于无气门型或后端气门型。

无气门型：膜翅目和双翅目内寄生昆虫的1龄幼虫无气门，气体交换直接在虫体和寄主的组织液和血液间通过体壁进行，到2龄时，气管才充满气体。

后端气门型：很多内寄生的昆虫如介壳虫体内的潜蝇3龄幼虫，在腹部后端气门处生有尾钩，用以穿通介壳虫的卵囊，而使气门与大气连通。

1.5.5 循环系统

昆虫的循环系统有许多功能，血液的循环把消化后的液态营养物质，运送到各器官组织，而将组织中新陈代谢产出的液态物质输送给马氏管吸收。血液又可作为一个适宜的缓冲剂，使体内各区域保持一定的渗透压。

昆虫和其它节肢动物一样，血液循环的方式为开放式循环。血液自由运行在体腔内各部分器官和组织间，只有在通过搏动器时才被限制在血管内流动。

背血管是一条位于消化道背面，纵贯于背血窦中央的管道。背血管的前部叫动脉（大血管），开口于脑与食道之间，是引导血液前流的管道；背血管的后部是心脏，常局限在腹部，通常后端封闭，是循环器官搏动和血液循环的动力机构。心脏由一系列膨大的心室组成。心室的数目一般不超过9个，多的11个，少的合并为1个。每个心室的两侧有裂孔，称心门，心门的边缘向内突入形成心门瓣。除最后的1个心室末端封闭外，其余心室之间是相通的，后一心室的前端伸入前一心室的后端，突入部分也起心门瓣的作用。当心室由心肌牵动而扩张时，心门瓣张开，血液自背血窦流入心室，心室收缩时，心门瓣关闭，迫使血液自后向前运动，经过大动脉而注入头腔，再由头腔回流至胸腔和腹腔。背膈和腹膈的波状运动，也驱使血液作自前而后的运动（图1-23）。

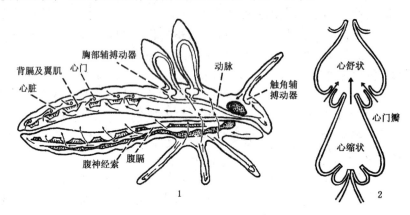

图1-23　昆虫循环系统

1. 血液循环途径图解，箭头示血液的流向　2. 心室剖面，示心门瓣和心室间瓣及其动作

昆虫的血液就是体液，主要包括两种组成成分：液体部分的血浆或血淋巴和悬浮在血浆中的血细胞或血球。血球主要是有吞噬作用的白血球，没有红血球。因此，血液除运输养料及废物外，还有吞噬作用，此外血液还可调节体内水分、传送压力以助孵化、脱皮、羽化、展翅等生命活动。

杀虫剂对循环系统的影响很大，主要表现在如下几方面：砷、氟、汞等无机盐类杀虫剂有破坏血细胞的作用，使血细胞发生病变，如不正常的膨大，细胞核变形或破裂分散等。对背血管的影响，如砷素剂、烟碱等一些药剂侵入虫体后，开始时心脏的搏动率加快，而后降低并停止；有的药剂如除虫菊素，可使心脏失去收缩力，心脏停止在心舒状态；烟碱可使心肌松弛，心脏停止在心缩状态。血液酸碱度对杀虫药效的影响，如舞毒蛾、欧洲松毛虫等的幼虫，随虫龄的增大，pH值愈高，对除虫菊粉的抗性愈强。

1.5.6　排泄器官

排泄器官用以移除新陈代谢所产生的含氮废物，并具有调节体液中水分和离子平衡的作用，从而提供各组织进行正常活动的生理环境。

昆虫的排泄器官有两类：一类是马氏管，马氏管一端游离于血液内，末端封闭，吸收血液中的废物，经后肠排出体外；另一类如脂肪体内的尿盐细胞，它具有积聚尿酸，起贮存排泄的作用。此外，排列于心脏表面的围心细胞，主要功能在于分离血液中暂时不需要的物质，如一些胶体颗粒，而这些物质又是马氏管不能吸收的；位于昆虫（尤其是幼虫）体内的脂肪体有两个主要的功能，即贮存营养物质和暂时不需要的氮素代谢物及进行中间代谢和解毒代谢，以及迅速供应糖类和进行生化合成、转化反应等，故有多种有关的酶。

马氏管的数目在各类昆虫中差异极大，多的（如直翅目）可达100根以上，少的（如介壳虫）仅有2根，而蚜虫则没有马氏管。马氏管一般是双数。全变态昆虫的马氏管数，常比不全变态昆虫的马氏管数少，但数目多的常较短，少的常较长，所以，它们的总表面积与虫体体积的比例差异不大。

杀虫剂对排泄器官的影响，一是杀虫剂对马氏管的影响，如在有机氯化合物中毒后期，主要产生组织上的破坏，比如细胞界限不清，细胞质内产生空泡等现象。二是杀虫剂对脂肪体的影响，脂肪体对杀虫剂的毒力有相当大的抗性，因为脂肪体从血液中吸收代谢物质，所以当杀虫剂进入血液后，也可被脂肪体所吸收而贮存，特别对脂溶性的杀虫剂，降低了药剂的毒效，因此越冬昆虫，特别是蛾蝶幼虫，雌虫比雄虫对药剂有较大的抗性，就是由于体内积累大量脂肪体的缘故。但另一方面也由于积累杀虫剂而产生较长的后效作用。有些杀虫剂也对脂肪体起破坏作用，除虫菊可使脂肪体细胞分离等等。

1.5.7 神经系统

神经系统是生物有机体传导各种刺激，协调各器官系统产生反应的结构。神经系统基本上是由神经原或神经细胞构成。一个神经原包括一个神经细胞及其神经纤维。从神经细胞分出的主枝称轴状突，轴状突侧生一支为侧支，轴状突和侧支端部一分再分而成为树枝状的端丛，从神经细胞本身分出的端丛状纤维称为树状突（图1-24）。

1个神经细胞可能只有1个主支，也可以有2个或更多的主支，分别称为单极神经原、双极神经原和多极神经原。神经纤维对神经冲动的传导有方向性而不能逆转，因此按其传导方向和功能，又可将神经原分为：感觉神经原，属双极神经原或多极神经原，其轴状突能将神经冲动自外而内传入中枢神经系统；运动神经原，属单极神经原，将冲动传导至各种反应器官；联系神经原也是单极的，细胞体位于神经节内。

各种神经原互相联系，集合成球，称为神经节。感觉神经原和运动神经原的神经纤维集合成束，即

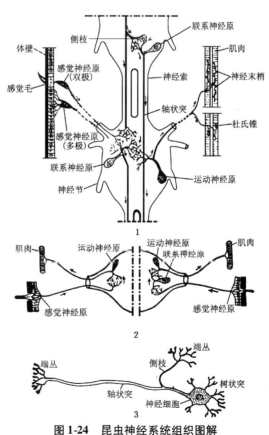

图1-24 昆虫神经系统组织图解
1、2. 一个简单反射弧的传导途径 3. 单极神经原

神经。神经节和神经外面都包裹一层神经衣。

外界刺激与昆虫的反应,就是通过感觉神经原的传入纤维发出相应的冲动,经联系神经原传送至运动神经原而使反应器官作出反应,这是一切刺激与反应相互联系的一条基本途径,这一过程称为反射弧。构成反射弧的各神经原的神经末端,并不直接相连,它们是通过乙酰胆碱来传导冲动的,乙酰胆碱完成传导即被胆碱酯酶水解为胆碱和乙酸而消失,当下一个冲动到来时,重新释出乙酰胆碱而继续实现冲动的传导。

昆虫的神经系统,最主要的是中枢神经系统,包括起自头部消化道背面的脑,通过围咽神经连索与消化道腹面的咽喉下神经节连结,再由此沿消化道腹面与胸部、腹部的一系列神经节相连,组成腹神经索。脑由前脑、中脑、后脑组成,通过神经与复眼、单眼、触角、额和上唇相接;咽喉下神经节的神经通到口器的上颚、下颚和下唇;腹神经索一般有 11 个神经节,其中胸部 3 个,腹部 8 个,各神经节发出神经,通至本节的肌肉和各种内部器官及体壁上的各种感觉器官内,许多昆虫腹部的神经节常数个合成 1 个。

神经冲动的传导依靠乙酰胆碱的释放与分解而实现。因此,这一过程的破坏也就导致由神经系统控制的各种生理过程的失调,如有机磷类农药,就是因为它能够抑制胆碱酯酶的活性,使昆虫持续保持紧张状态,导致过度疲劳而死亡。

1.5.8 感觉器官

对刺激的感受是通过各类感受器完成的。感受器虽有多种形式,但都位于虫体周缘的感觉神经末梢,有的是以分散形式存在(如触觉感受器),有的则由大量感受器集合而成(如复眼和鼓膜听器)。简单的感受器是由虫体外部表皮质部分同毛原细胞和 1 个双极感觉细胞相连接。各种感受器都由这种刚毛状构造衍生而来。下面是几类常见的感受器。

(1) **机械感受器** 接受使感觉器或其附近的表皮暂时变形的刺激,常见的有 3 类:感觉毛,感受触觉或者接受气流或水流对其影响;钟状感觉器,主要位于足和触须的关节附近及翅和平衡棒的基部,主要感受张力与平衡;弦音感受器,单个或成群地出现于虫体的许多部位,主要是感受肌肉张力的变化。

(2) **听觉感受器** 感受通过空气传播的声波,如一些蝗科昆虫第 1 腹节的鼓膜听器、螽蟖和蟋蟀科昆虫前足胫节基部的鼓膜听器。一般能感受声波的昆虫则常有发音能力,如蝗虫、螽蟖、蟋蟀、蝉等。

(3) **化学感受器** 昆虫的觅食、求偶、产卵和选择栖境等行为,都和化学感受器有关,在对害虫的测报和防治工作中,利用昆虫的化学感受器,来寻找诱杀剂、性诱剂和忌避剂具有重要意义。化学感受器在功能上主要用作嗅觉或味觉。嗅觉感受器大都呈毛状、栓状或板状,位于触角、下颚须或下唇须上。嗅觉对昆虫寻找异性极为重要,对寻找食物以及选择植物产卵等也是必需的,如有些未经交配的雌蛾发出的气味,可将 3km 以外的雄蛾诱引至身边,再如菜粉蝶选择十字花科植物产卵,就是因为这些植物中含有芥子苷化合物所致。人们常用昆虫的嗅觉习性来防治害虫，例如用糖醋酒加杀虫剂来诱杀地老虎和黏虫等。味觉感受器有的位于口前腔或口器表面，有的位于触角上或足跗节上，如一种蛱蝶能用跗节上的感受器区别蒸馏水和 1/12 800 mol/L 浓度的蔗糖溶液，超过了人舌味觉的 200 倍。人们利用昆虫味觉的特性来防治害虫，味觉器官的薄壁易为化学物质透入，易激发味觉，也易为杀虫剂所渗入，许多昆虫的跗节和中垫上的味觉器，在喷有药物的物体表面爬过就会中毒。

（4）温度和湿度感受器 这类感受器常位于触角、下唇须和跗节上。目前对其了解不多，但一些吸血昆虫和外寄生昆虫可用这种感受器探测有无温血动物的存在。生存在一定湿度范围的昆虫，可通过毛状、锥状和板状感受器对湿度产生反应。

（5）感光器 单眼和复眼是两类感光器，不少昆虫同时有单眼和复眼，或缺其一，或全无。单眼与复眼的最大区别在于单眼只有 1 个角膜镜，而复眼则有许多。

1.5.9 生殖系统

昆虫的生殖系统不同于体躯其它各部分的器官，主要功能是繁殖后代。昆虫的雌、雄性生殖器官，都位于腹部消化道的两侧或侧背面。两性的生殖器官，大多有其相应部分。

雄性生殖器官主要有睾丸，是形成精子的地方，由许多睾丸小管组成。睾丸下接输精管，成熟的精子经输精管而进入贮精囊。贮精囊末端与生殖附腺的开口相通而合成统一的开口。上述构造左右对称成对，于此汇合通入射精管。射精管

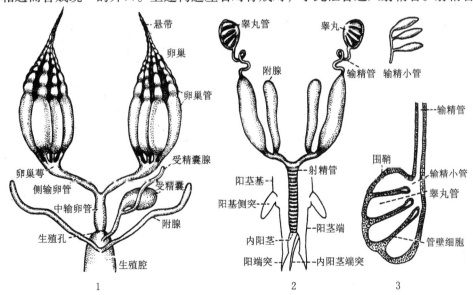

图 1-25 昆虫生殖系统结构
1. 雌性生殖系统　2. 雄性生殖系统　3. 睾丸纵切面

由第 9 腹节腹面后的体壁内陷而成，开口于阳茎端部（图 1-25-2，3）。

雌性生殖器官包括卵巢、卵巢管和侧输卵管。两侧输卵管于消化道下汇合，与体壁第 8 或第 9 腹节腹面后的体壁内陷而成的中输卵管相连通。中输卵管之后为生殖腔（又称阴道），生殖腔的开口，就是雌性的生殖孔或阴门，生殖腔的背面，有 1 对生殖附腺。此外，生殖腔背面还附有 1 个受精囊，其上有一受精囊腺，用以接收贮存雄性生殖器输送来的精子，产卵时，精子由此释出而使卵受精（图 1-25-1）。

授精和受精，是昆虫生殖的不同过程，授精是指在雌雄交配时，雄虫将精液注入雌虫的生殖道内，在受精囊中暂时贮存起来。受精则指昆虫排卵时，卵经过受精囊口与受精囊中排出的精子会合，精子进入卵内的过程。

1.5.10 分泌系统

昆虫的内分泌系统对生物体本身的生长发育和行为非常重要。能产生内激素以调节其生理机能的主要有：

(1) 脑神经分泌细胞（neurosecretory brain cells） 位于前脑背面，产生脑激素，促使前胸腺分泌脱皮激素，控制昆虫幼期脱皮及化蛹。此外脑激素与咽侧体有相互刺激的作用，咽侧体可促使脑神经分泌细胞产生更多的分泌球体，可促使卵巢发育和合成胃蛋白酶。

(2) 心侧体（corpora cardiaca） 位于脑后大动脉的一侧或两侧，其功能是作为脑神经激素的贮存器，它接受从脑而来的神经纤维；另外，心侧体自身还能产生一种激素，影响心脏搏动率，消化道的蠕动，刺激脂肪体释放海藻糖进入血液，激发磷酸化酶的活性及控制水分代谢等。

(3) 前胸腺（prothoracic glands） 通常位于前胸，低等昆虫则位于头部，主要产生脱皮激素，以引起昆虫幼期脱皮，至成虫期才萎缩。

(4) 咽侧体（corpora allata） 位于咽喉两侧，主要产生保幼激素，用以控制出现成虫特征，当分泌足量时，可保证因胸腺引发的脱皮，使幼期的龄次序列保持正常。咽侧体在幼期将结束时，活性减弱，至成虫期又得以恢复，此时的分泌物对卵巢和两性副生殖腺的发育均是不可缺少的。

目前对激素类似物的合成和应用，在国内外都做了大量的研究工作。研究发展较快的是昆虫保幼激素类似物。保幼激素是脂溶性的，对昆虫体壁有较高的渗透性，具有抑制卵内胚胎发育的作用，能影响雌虫卵巢内卵的发育或不育，以及扰乱滞育的作用。但由于这类化合物的分子结构中含有"双键"和"环氧键"，容易被紫外线光解而残效性很差。

复习思考题

1. 昆虫纲的共同特征有哪些？

2. 咀嚼式口器的基本构造？与之相比刺吸式口器发生了哪些变化？它们与被害状和防治有何关系？
3. 触角的基本构造与功能？举例说明昆虫的触角有哪些类型？
4. 翅的构造如何？举例说明昆虫的翅有哪些类型？
5. 胸足的构造如何？举例说明昆虫的胸足有哪些类型？
6. 昆虫主要有哪些内部器官系统？其功能是什么？了解其结构和功能对害虫的防治有何指导意义？

第 2 章 昆虫生物学

【本章提要】 本章主要介绍昆虫的生殖方式，卵的常见类型和胚胎发育过程，昆虫的胚后发育（如幼虫期、蛹期）的特点、变态类型及其特点，昆虫的主要习性、世代和生活史等。

昆虫生物学是研究和记述昆虫生命过程及其生殖、个体发育特征等各种生物现象的科学，是学习和认识昆虫应该掌握的最重要的基础知识。了解昆虫的基本生物学，可为深入研究昆虫的行为以及害虫防治、益虫利用等奠定理论基础。

2.1 昆虫的生殖方式

昆虫在长期的环境适应与进化过程中形成了适于自身的各种生殖方式，其中两性生殖是各生殖方式中最为常见的一种，分别说明如下。

2.1.1 两性生殖 (sexual reproduction)

是指昆虫经过雌雄两性交配，雄性个体产生的精子与雌性个体产生的卵子结合之后，方能正常发育为新个体。两性生殖与其它生殖方式在本质上的区别是，卵必须接受精子以后，卵核才能进行成熟分裂；而雄虫在排精时，精子已经是进行过减数分裂的单倍体生殖细胞。这种生殖方式为绝大多数昆虫所具有。

2.1.2 孤雌生殖 (parthenogenesis)

孤雌生殖也称单性生殖。其特点是卵不经过受精也能发育成正常的新个体。一般可以分为以下 3 种类型。

(1) **偶发性孤雌生殖** (sporadic parthenogenesis)　是指某些昆虫在正常情况下行两性生殖，但雌虫偶尔产出的未受精卵也能发育成新个体的现象。如家蚕、一些毒蛾和枯叶蛾等。

(2) **常发性孤雌生殖** (constant parthenogenesis)　又称永久性孤雌生殖。雌成虫产下的卵有受精卵和未受精卵两种，前者发育成雌虫，后者发育成雄虫。如膜翅目的蜜蜂和小蜂总科的一些种类。有的昆虫在自然情况下，雄虫极少，甚至尚未发现，几乎或完全行孤雌生殖，如一些小蜂、竹节虫、粉虱、蚧、蓟马等。

(3) **周期性孤雌生殖** (cyclical parthenogenesis)　也叫循环性孤雌生殖。昆虫

通常在进行多次孤雌生殖后,再进行一次两性生殖。这种以两性生殖与孤雌生殖交替的方式繁殖后代的现象,又称为异态交替(heterogeny)或世代交替(alternation of generations)。

2.1.3 多胚生殖(polyembryony)

多胚生殖是一个卵内可产生两个或多个胚胎,并能发育成新个体的生殖方式。多见于膜翅目一些寄生蜂类,如小蜂科、茧蜂科、细蜂科、姬蜂科、螯蜂科及捻翅目部分昆虫等。

2.1.4 卵胎生(ovoviviparity)

多数昆虫的生殖方式均为卵生,即雌虫将卵产出体外,进行胚胎发育。但有些昆虫的卵在母体内发育成熟并孵化,产出来的不是卵而是幼体,形式上近似于高等动物的胎生,但胚胎发育所需营养是由卵供给,并非来自母体,也无子宫和胎盘之区别,所以又称为假胎生。如介壳虫、蓟马、麻蝇科和寄蝇科的一些种类。此外尚有腺养胎生、血腔胎生、伪胎盘胎生等生殖方式。

2.1.5 幼体生殖(paedogenesis)

少数昆虫在幼虫期就能进行生殖,称为幼体生殖。其成熟卵无卵壳,胚胎发育在囊泡中进行,孵化的幼体取食母体组织,继续生长发育,至母体组织消耗殆尽,破母体外出行自由生活,这些幼体又以同样的方式产生下一代幼体。如瘿蚊在夏季产生雌雄蛹,成虫羽化后交配产卵,行两性生殖,而其余季节则行幼体生殖,因而也是一种世代交替现象。

2.2 昆虫的卵和胚胎发育

卵(ovum, egg)是昆虫发育的第一个虫态,也是一个不活动的虫态,便于种群调查和虫情测报,因此,了解昆虫卵的基本类型、产卵方式及胚胎发育等对认识昆虫的某些特殊习性和实际应用都具有重要意义。

2.2.1 卵的类型和产卵方式

2.2.1.1 卵的类型

昆虫卵的大小在种间差异很大。多数卵较小,但与高等动物的卵相比则很大;其大小既与虫体的大小有关,也同各种昆虫的潜在产卵量有关;一种螽斯的卵近10mm,而葡萄根瘤蚜的卵长仅0.02~0.03mm;但大多数昆虫的卵长在1.5~2.5mm。

昆虫的卵一般为卵圆形或肾形,也有的呈桶形、瓶形、纺锤形、半球形、球形、哑铃形,还有一些不规则形等(图2-1)。

大部分昆虫的卵初产时呈乳白色，以后逐渐加深，呈绿色、红色、褐色、黑色等。根据卵的色泽可以推断某种昆虫卵的发育进度。

2.2.1.2 昆虫的产卵方式

昆虫的产卵方式有许多不同的类型，有的单产，有的块产；有的产在寄主、猎物或其它物体的表面，有的产在隐蔽的场所，如土中、石块下、树皮下、缝隙中、寄主组织中等。大多数昆虫在产卵方式上表现出高度的选择性与适应性。首先，成虫把卵产在幼虫食物源上或附近，为幼体提供了觅食之便，如很多植食性昆虫大多将卵产在寄主植物表面或体内，幼虫从卵中孵出后即可

图 2-1　昆虫卵的类型

1. 高粱瘿蚊　2. 蜉蝣　3. 鼎点金刚钻　4. 竹节虫　5. 一种小蜂　6. 米象　7. 东亚飞蝗　8. 头虱　9. 螳螂　10. 草蛉　11. 一种菜蝽　12. 灰飞虱　13. 天幕毛虫　14. 玉米螟　15. 木叶蝶　16. 螽蟖

找到食物。其次，保护卵不受天敌和同类的侵害，如螳螂、螽蟖的卵包在坚硬的卵鞘内，螽蟖还常把卵鞘携在腹末；草蛉产卵时，先分泌一点粘胶，并随腹部上翘把胶拉成细丝，再将卵产在细丝顶端，这不仅在一定程度上可防止被其它天敌捕食，而且还避免了被先孵化出的同类吃掉。再者是使卵有一个适宜的生长发育环境，如很多块产的卵表面具毛、胶质或蜡等覆盖物或囊被，这可避免在干燥时水分过量蒸发，同时还可部分避免天敌加害。

2.2.2　卵的基本构造

昆虫的卵是一个大型细胞，最外面为卵壳（chorion 或 egg shell），卵壳里面的薄层称卵黄膜（vitelline membrane），围绕着原生质、卵黄及核。丰富的卵黄充塞在原生质网络的空隙内，但紧贴着卵黄膜内的原生质中无卵黄，这部分原生质特称周质（periplasm）。未受精的卵，卵细胞核一般位于卵的中央。

卵的端部常有 1 个或若干个贯通卵壳的小孔，称为卵孔（micropyle）。受精时精子可通过卵孔进入卵内，因此卵孔又被称为受精孔。卵孔附近常有各种各样的刻纹，可以作为鉴别不同种虫卵的依据之一。

卵壳是由卵巢管中卵泡细胞分泌的一个十分复杂的结构，多较厚而坚硬，但亦可薄或膜质而能够伸缩（如很多膜翅目寄生性昆虫的卵）。胎生性昆虫的卵壳消失。在卵壳与卵黄膜之间由卵细胞分泌一薄蜡层，有防止卵内水分蒸发和水溶

性物质侵入的作用。复杂的卵壳结构能防止卵内水分过度蒸发，使适量的水分和空气进入卵内。当精子从卵孔进入卵内时要穿破蜡层，但数小时内，蜡层会愈合完整。雌虫产卵时，其附腺分泌鞣化蛋白组成的粘胶层，附着于卵壳外面，卵孔也为之封闭。粘胶层可防止杀卵剂的侵入（图2-2）。

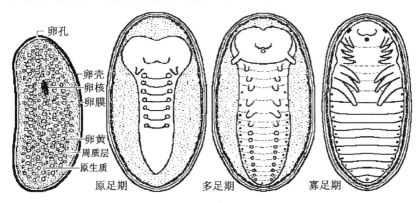

图 2-2 卵的基本构造与胚胎发育的 3 个时期

2.2.3 胚胎发育

精子从卵孔进入卵内与卵核相结合形成合核后，胚胎发育（embryonic development）随即开始。合核以一分为二的方式不断分裂，形成多数子核，子核向外移动，与卵膜下的周质结合形成胚盘（blastoderm）；然后位于卵腹面的一层胚盘逐渐增厚成为胚带（germ band），胚带分化为外、中、内3个胚层。外胚层形成体壁，体壁再内陷成为内骨骼、消化道的前肠及后肠、气管系统、腺体以及神经系统。中胚层形成背血管、血淋巴、脂肪体和肌肉组织。内胚层形成消化道的中肠。

在胚层分化的同时，胚体自前向后开始出现横沟将胚体划分成体节。胚带的前端较宽，为原头（protocephalon），由此产生上唇、口、眼、触角等；其余较狭的部分称为原躯（protocorm）。由原躯发生颚节、胸部和腹部，随后颚节和原头合并成为昆虫的头部。

胚胎分节后，每个体节上发生1对囊状突起（附肢原基），随着分节的进行，每节发生的1对囊状突起延伸分节成为附肢（appendages），胚体的附肢自前至后相继形成。根据附肢原基的出现、发展和消失过程，昆虫的胚胎发育又分为3~4个连续的阶段。胚胎发育终止的阶段与孵化后的幼虫类型相关。

(1) 原足期（protopod） 胚胎没有分节或分节不明显，仅头部与胸部有初生的附肢。

(2) 多足期（polypod） 腹部明显分节且每个体节具1对附肢。

(3) 寡足期（oligopod） 胚胎具有明显的分节，但腹部无附肢。

在胚胎发育的过程中，胚胎在卵内的位置要翻转1~2次，这种现象叫胚动（blastokinesis）。胚带两侧围绕着卵黄不断向背面延伸，胚胎逐渐变大，卵黄则被作为营养物质逐渐被胚胎利用而减少，最后胚胎的两侧伸至背中线而闭合，形成一个完整的胚胎，这一闭合过程叫作背合（dorsal enclosure）。背合的结束标志着幼体的形成。

2.3 昆虫的胚后发育

幼体自卵内孵出后发育到羽化出成虫为止的整个发育过程，即为胚后发育（postembryonic development）。昆虫从卵到成虫在外观上表现为体积的增大与外形的改变，体积的增大是生长的结果，体形的改变则通过孵化、蛹化、羽化及一系列脱皮而实现。一个较大的外形变化的同时内部器官与系统也进行着一系列的改变。

2.3.1 生长与脱皮

胚胎发育完成后，幼体突破卵壳而出的过程称为孵化（hatching）。孵化后的新个体随即开始了幼期的生长发育。

昆虫自卵中孵化出来后随着虫体的生长，经过一定时间，重新形成新表皮而将旧表皮脱去的过程叫脱皮（moulting），脱下的皮叫蜕（exuvia）。昆虫脱皮的次数因种类而异，大多数有翅亚纲的昆虫一生的脱皮次数在 4～12 次之间，如直翅目、半翅目、鳞翅目的若虫或幼虫通常脱皮 5 次左右。仅有少数的昆虫脱皮次数甚少或很多，如双尾目的昆虫只脱皮一次，而蜉蝣目、襀翅目昆虫可脱皮二三十次，缨尾目昆虫的脱皮次数甚至可多达五六十次。有些昆虫的雌虫比雄虫常多脱一二次皮，如蝗虫、衣鱼、皮蠹、介壳虫等昆虫便是如此。

绝大多数昆虫仅在幼期脱皮，广义无翅亚纲的昆虫进入成虫期仍可脱皮。有些昆虫的脱皮次数会受环境条件的影响，不良的环境条件可能导致脱皮次数的增加或减少。如大菜粉蝶 *Pieris brassicae* 在 14～15℃时脱皮 5 次，而在 22～27℃时减少至 3 次。根据脱皮的性质，可将脱皮分为 3 类。幼期伴随着生长的脱皮为幼期脱皮；老熟幼虫或若虫脱皮后变为蛹或成虫的脱皮为变态脱皮；因环境条件改变导致增加或减少的脱皮称为生态脱皮。

在昆虫的生长发育中，虫体的生长主要在若虫期及幼虫期进行，其生长速率很高。例如家蚕老熟幼虫的体长为初孵幼虫的 24 倍，而体重可增加至 10×10^4 倍多。昆虫的生长和脱皮交替进行，在正常的情况下，昆虫每生长到一定时期就要脱一次皮，虫体的大小或生长的进程可用虫龄（instar）来表示。从孵化至第 1 次脱皮前的幼虫或若虫叫第 1 龄幼虫或若虫，第 1 次脱皮后的幼虫或若虫叫第 2 龄，余类推。相邻的两次脱皮所经历的时间称龄期（stadium）。

种内同一龄幼虫个体间的体长常有差别，但头壳宽度变异很小，可以此作为识别虫龄的重要依据之一。这种现象最早为 Dyar 发现并加以研究，他在 1890 年通过对 28 种鳞翅目幼虫头壳宽度的测量发现各龄间的头宽是按一定的几何级数（常为 1.2～1.4）增长的，即各龄幼虫的头壳宽度之比为一常数，即：上一龄头壳宽÷下一龄头壳宽＝常数。这一现象被称为戴氏法则（Dyar rule）或戴氏定律（Dyar law）。Dyar 的数据虽然不能适应所有种类，但可以帮助我们从不连续或不完整的脱皮材料中推断出某种昆虫的实际脱皮次数。例如已知大菜粉蝶的第 1 龄幼虫的头宽为 0.4mm，最后 2 龄的头宽分别为 1.8mm 和 3.0mm，我们可根据戴氏法则推断出各龄的头壳增长率为 1.8÷3.0＝0.6，从而推知各龄的大致头宽。第 3 龄头宽：1.8×0.6＝1.08（mm），实测为 1.1mm；第 2 龄头宽：1.08×0.6＝0.65（mm），实测为 0.72mm；第 1 龄头宽：0.65×0.6＝0.39（mm），实测为 0.4mm。

2.3.2 变态及其类型

昆虫在个体发育过程中，特别是在胚后发育阶段经过的一系列形态变化，叫变态（metamorphosis）。

2.3.2.1 增节变态（anamorphosis）

是昆虫纲中最原始的一类变态，其特点是幼期与成虫之间腹部的体节数逐渐增加。这种变态在昆虫纲中仅见于无翅亚纲的原尾目昆虫：初孵化时腹部只有 9 节，以后逐渐增加至 12 节为止。

2.3.2.2 表变态（epimorphosis）

主要特点是幼体从卵中孵化出来后已基本具备成虫的特征，在胚后发育过程中仅是个体增大，性器官成熟等，但到成虫期仍继续脱皮。见于弹尾目、缨尾目和双尾目昆虫。

2.3.2.3 原变态（prometamorphosis）

是有翅亚纲昆虫中最原始的变态类型。其特点是从幼期变为成虫期之间要经过一个亚成虫（subimago）期，亚成虫外形与成虫相似，初具飞翔能力并已达性成熟，一般经历 1 至数小时，再进行一次脱皮变为成虫。为蜉蝣目昆虫独具。

2.3.2.4 不全变态（incomplete metamorphosis）

这类变态又称直接变态（direct metamorphosis），只经过卵期、幼期、成虫期 3 个阶段，翅在幼期的体外发育，成虫的特征随着幼期虫态的生长发育逐步显现，为有翅亚纲外翅部除蜉蝣目以外的昆虫所具有。不全变态又分 3 个亚型。

（1）**半变态**（hemimetamorphosis） 幼体水生，成虫陆生；二者在体形、取食器官、呼吸器官、运动器官等方面均有不同程度的分化，以致成、幼体间的形态分化显著。其幼体特称为稚虫（naiad）。常见的如蜻蜓目、襀翅目昆虫。

（2）**渐变态**（paurometamorphosis） 昆虫的幼期与成虫期在体形、生境、食性等方面非常相似，但幼期的翅发育不全，称为翅芽；性器官也未发育成熟，所以成虫在形态上除了翅和性器官外，与幼期没有其它显著区别。它们的幼期昆虫通称若虫（nymph）。如直翅目、竹节虫目、螳螂目、蜚蠊目、革翅目、等翅目、啮虫目、纺足目、半翅目、大部分同翅目昆虫（图 2-3）。

（3）**过渐变态**（hyperpaurometamorphosis） 若虫与成虫均陆生，形态相似，在幼期向成虫期转变时要经过一个不食不动的类似蛹的时期，比渐变态显得复

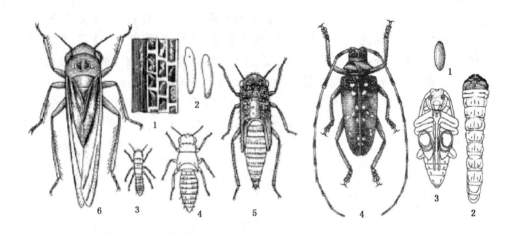

图 2-3 叶蝉的生活史
1. 产在叶鞘内的卵　2. 卵放大　3. 第 1 龄若虫
4. 第 3 龄若虫　5. 第 5 龄若虫　6. 成虫

图 2-4 天牛的生活史
1. 卵　2. 幼虫　3. 蛹　4. 成虫

杂，所以被称为过渐变态。例如缨翅目、同翅目粉虱科和雄性介壳虫。

2.3.2.5 全变态（complete metamorphosis）

昆虫一生经过卵、幼虫、蛹和成虫 4 个不同的虫态（图 2-4），为有翅亚纲内翅部昆虫所具有。全变态类昆虫的幼虫与成虫不仅在外部形态与内部结构上不同，而且大多食性与生活习性也差异甚大。如鳞翅目昆虫的幼虫为植食性，以食料植物为栖息环境，而其成虫则访花吮蜜，有的种类成虫不取食；双翅目、膜翅目等寄生性种类成、幼虫的形态与习性则相差更大。有些全变态类昆虫，幼虫生活环境要发生改变，幼虫形态也发生相应的变化，特称为复变态。

2.3.3 幼虫期

幼虫是昆虫主要的取食阶段，常对植物造成危害。根据足的多少及发育情况可把全变态类昆虫的幼虫分为 4 大类（图 2-5）。

2.3.3.1 原足型幼虫（protopod larvae）

在胚胎发育的原足期孵化，有的连腹部的分节也没完成，胸足只是简单的突起，神经系统和呼吸系统简单，器官发育不全；幼虫为寄生性，浸浴在寄主体液或卵黄中，通过体壁吸收寄主的营养，如膜翅目某些种类。

2.3.3.2 无足型幼虫（apodous larvae）

又称蠕虫型，其显著特点是胸部和腹部无足，见于双翅目、蚤目、部分膜翅目及鞘翅目等的昆虫。按照头部的发达或骨化程度，又可分为 3 类。

（1）**全头无足型**　具有充分骨化的头部。如低等的双翅目、蚤目、膜翅目的细腰亚目、部分蛀干性鞘翅目、部分潜叶性鳞翅目的幼虫及捻翅目的末龄幼虫等。

（2）**半头无足型**　头部有部分退化现象，其后端常缩入胸部。如双翅目的短角亚目和一些寄生性膜翅目的幼虫。

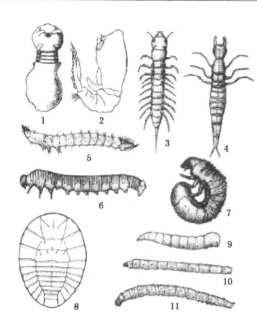

图 2-5 幼虫的类型
1. 寡节原足型 2. 多节原足型 3. 蛃型 4. 步甲型
5. 叩甲型 6. 蠋型 7. 蛴螬型 8. 扁型 9. 无头无足型 10. 半头无足型 11. 全头无足型

(3) **无头无足型** 又称蛆形幼虫，头部十分退化，完全缩入胸部，或仅有外露的口钩。如双翅目蝇类的幼虫。

2.3.3.3 寡足型幼虫（oligopod larvae）

胸足发达，但无腹足或仅有 1 对尾须，如步甲、瓢虫、草蛉等捕食性昆虫的幼虫及金龟甲的幼虫等。其形态变化较大，又可分为：

(1) **步甲型** 口器前口式，胸足很发达，行动较迅速；如步甲、瓢虫、水龟虫、草蛉等捕食性昆虫的幼虫。

(2) **蛴螬型** 体肥胖，常弯曲呈"C"形，胸足较短，行动迟缓；如金龟甲的幼虫。

(3) **叩甲型** 体细长，略扁平，胸足较短；如叩甲、拟步甲等的幼虫。

(4) **扁型** 体扁平，胸足有或退化；如一些扁泥甲科及花甲科的幼虫。

2.3.3.4 多足型幼虫（polypod larvae）

除具胸足外，腹部尚有多对腹足，各节的两侧有气门；如大部分脉翅目、广翅目，极少数甲虫、长翅目、鳞翅目和膜翅目叶蜂类等的幼虫。可进一步分为：

(1) **蛃型** 形似石蛃，体略扁，胸足及腹足较长；如一些脉翅目、广翅目、毛翅目的幼虫。

(2) **蠋型** 体圆筒形，胸足及腹足较短；如鳞翅目、部分膜翅目、长翅目的幼虫。

2.3.4 蛹期

蛹（pupa）是全变态昆虫在胚后发育过程中，由幼虫变为成虫时，必须经过的一个特有的静止虫态。蛹的生命活动虽然是相对静止的，但其内部却进行着某些器官消解和某些器官形成的剧烈变化。

2.3.4.1 预蛹和蛹

全变态类昆虫的末龄幼虫脱皮化蛹前，停止取食，为安全化蛹，寻找适宜的化蛹场所，有的吐丝作茧，有的建造土室。随后，幼虫身体缩短，体色变浅或消失，不再活动，此时称为预蛹或前蛹（prepupa）。预蛹实际上为末龄幼虫化蛹前的静止时期。在预蛹期，幼虫表皮已部分脱离，成虫的翅和部分附肢已翻出体外，只是被末龄幼虫表皮所包围掩盖。待脱去末龄幼虫的表皮后，翅和附肢即显露于体外，这一过程即为化蛹（pupation）。自末龄幼虫脱去表皮起至变为成虫时止所经历的时间，称为蛹期。

在蛹期，外观上不食不动，但其内部却进行着剧烈的旧组织解离和新组织发生的新陈代谢，以形成成虫的组织器官。在旧组织被破坏，新的成虫器官尚未形成时，蛹的代谢率降得很低，使整个蛹期的呼吸率呈典型的"U"形曲线。蛹的抗逆性一般都比较强，且多有保护物或隐蔽场所，所以许多种类的昆虫常以蛹的虫态躲过不良环境或季节，如越冬等。

2.3.4.2 蛹的类型

根据蛹壳、附肢、翅与身体主体的接触情况等，常将昆虫的蛹分为3类（图2-6）。

（1）**离蛹**（exarate pupa） 又称裸蛹，其附肢和翅游离悬垂于蛹体外，腹节间可活动。如脉翅目、鞘翅目、毛翅目、长翅目、膜翅目的蛹。

（2）**被蛹**（obtect pupa） 体壁多坚硬，附肢和翅紧贴在蛹体上不能活动，腹部各节不能或仅个别节能动。如大多数鳞翅目、鞘翅目隐甲科、双翅目直裂亚目的蛹。

图2-6 蛹的类型
1. 离蛹 2. 被蛹 3. 围蛹 4. 围蛹的透视

（3）**围蛹**（coarctate pupa） 蛹体本身是离蛹，但紧密包被于末龄幼虫的皮壳内，即直接在末龄幼虫的皮壳内化蛹。如蝇类的蛹。

2.4 成虫的生物学

2.4.1 羽化

成虫从其前一虫态脱皮而出的过程，称为羽化（emergence）。全变态昆虫在将近羽化时，蛹体颜色变深，成虫在蛹内不断扭动，致使蛹壳破裂。一些蝇类羽化时，成虫身体收缩，将血液压向头部的额囊，将蛹壳顶破。蛹外包有茧的昆虫，在羽化时，或用上颚咬破茧（如一些鞘翅目、膜翅目昆虫）；或用身体上坚硬的突起，将茧割破；或自口内分泌一种溶解丝的液体，将茧一端软化溶解出孔洞，成虫由洞钻出（如家蚕、柞蚕等鳞翅目昆虫）；草蛉在羽化之前，以强大的上颚将茧撬破，破茧而出；也有些昆虫如三化螟，在幼虫化蛹前，先做好羽化孔，以便于羽化。

刚羽化的成虫身体柔软，色淡，翅皱缩，常爬至高处，借血液压力将翅展平，并从肛门排出黄褐色的浓混浊液即蛹便，是蛹期的代谢物。羽化后不久，成虫体色加深，体壁硬化，并开始飞翔、觅食、寻偶、交配、产卵等活动。

不全变态昆虫在羽化前,其若虫或稚虫先寻找适宜场所,用胸足攀附在物体上不再活动,准备羽化。羽化时,成虫头部先从若虫的胸部裂口处伸出,后逐渐脱出全身。

成虫是昆虫个体发育的最后一个虫态,是完成生殖使种群得以繁衍的阶段。昆虫发育到成虫期,雌雄性别已明显分化,性腺逐渐成熟,并具有生殖能力,所以成虫的一切生命活动都是围绕着生殖展开的。

2.4.2　性二型与多型性

在正常情况下,昆虫个体的性别有3种情况:雄性、雌性及雌雄同体。大多数种类中,雌性成虫略比同种的雄性个体大,颜色较暗淡,活动能力较差,寿命较长。

2.4.2.1　性二型(sexual dimorphism)

性二型是指同种的雌、雄两性除生殖器官以外的其它外部形态如大小、颜色、翅的有无、结构等的差异,即第二性征。如一些蛾类雌性的触角为丝状,翅缰为1根,而雄性的触角为羽状,翅缰在2根以上;有些昆虫雌性个体显著大于雄性个体。有些昆虫的雌性个体则小于雄性个体,如大部分锹甲科昆虫;雌雄两性颜色明显不同的现象在鳞翅目蝶类昆虫中较为常见。在结构上,有些昆虫两性个体的差别更大,介壳虫、袋蛾、捻翅目的雌性不仅无翅,而且在体形及其它结构上也和雄性不同;不少锹甲科昆虫雄性的上颚特别发达,而雌性个体的上颚则明显为小;一些犀金龟科的雄性个体头部及胸部有巨大的突

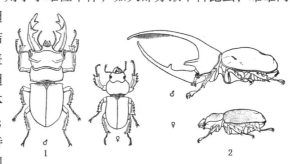

图2-7　两种昆虫的雌雄二型现象
1. 锹形甲　2. 犀金龟

起,而雌性个体的头部和胸部则无相应的突起等(图2-7)。

2.4.2.2　多型现象(polymorphism)

同种昆虫同一性别的个体间在大小、颜色、结构等方面存在明显差异,甚至行为、功能不同的现象称为多型现象。多型现象不仅出现在成虫期,也可出现于卵、幼虫或若虫期及蛹期。昆虫本身的遗传物质、激素动态和外部的气候条件、食物等是造成多型现象产生的主要原因,这些因子综合作用常使昆虫的多型现象与特定的季节及地理位置相适应。如鳞翅目昆虫的色斑多型现象常随季节变化而产生;同翅目的蚜虫、飞虱的多型现象常与食物的质量相关(图2-8)。社会性昆虫的多型现象更为复杂,不同的类型间不仅形态有别,而且其行为也有相应的分化,并能随着种群结构的变化而调整各类型的比例。如蜜蜂有蜂王、蜂后、工蜂等明显的分工;蚂蚁的种群中至少有蚁后、生殖型雌蚁、生殖型雄蚁、工蚁、兵蚁等类型,因而被称为社会性昆虫。

2.4.3 昆虫的性成熟

2.4.3.1 性成熟

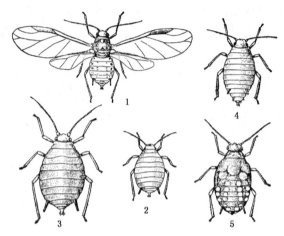

图 2-8 棉蚜的多型性
1. 有翅胎生雌蚜 2. 小型无翅胎生雌蚜
3. 大型无翅胎生雌蚜 4. 干母 5. 有翅若蚜

性成熟是指成虫体内的性细胞，即精子和卵发育成熟。一般刚羽化的成虫，其细胞尚未完全成熟，但不同种类或同种昆虫的不同性别，性成熟的早晚也有差别。通常雄虫性成熟较雌虫为早。全变态昆虫的雄虫往往在羽化时精子已经成熟。成虫性成熟所需营养主要在幼虫阶段积累，所以性成熟的早晚在很大程度上取决于幼虫期的营养。如舞毒蛾、家蚕等成虫的口器退化，不需取食，羽化时性已成熟便能交配产卵，寿命很短，常只有数天，甚至数小时。蜉蝣就有"朝生暮死"之称，就是因其羽化后性已成熟，羽化当日即交配产卵，并很快死亡。

2.4.3.2 补充营养

大多数昆虫，尤其是直翅目、半翅目、鞘翅目、鳞翅目夜蛾科的昆虫，在幼虫期积累的营养不足，其成虫羽化后性尚未成熟，需要继续取食，才能达到性成熟。这种为完成性成熟而进行的取食活动称为补充营养。有些昆虫的性成熟还需一些特殊的刺激才能完成，如东亚飞蝗、黏虫等，必须经过长距离的迁飞；一些雄蚊、跳蚤必须经过吸血刺激；飞蝗的雌虫必须经过交配接受雄虫体表的外刺激，才能达到性成熟。

2.4.3.3 交配与产卵

昆虫性成熟后就要进行交配。其交配次数因种而异，有的一生只交配1次，有的交配多次。一般雄虫交配次数比雌虫多。每种昆虫一生交配的次数是由种的特性决定的。了解害虫交配的次数与不育防治的效果等有密切的关系。

昆虫的生殖力，在不同种类有着很大的差异。但总的来说，生殖力是较高的。生殖力的大小既取决于种的遗传性，也受生态环境的影响。事实上只有在最适宜的环境条件下，才能实现其最大的生殖力。如白蚁的生殖力极大，一头蚁后每分钟可产卵60粒，1d产卵高达1万粒以上，一生能产5×10^8粒卵。由此可见，昆虫的生殖力之大，是非常惊人的。

成虫从羽化到第1次产卵的间隔期，称为产卵前期。从开始产卵到产卵结束的时间，称为产卵期。成虫的防治，应掌握在产卵前期内进行。成虫产完卵后，多数种类很快死亡，雌虫的寿命一般较雄虫为长。"社会性"昆虫的成虫有照顾后代的习性，它们的寿命较一般昆虫长得多。

2.5 昆虫的世代和年生活史

了解昆虫的世代和生活史对害虫防治以及天敌昆虫的利用等均具有重要的实践和理论意义。

2.5.1 世代和年生活史

2.5.1.1 世代和生活史的概念

昆虫自卵或若虫,从离开母体开始到性成熟并能产生后代为止称为一个世代(generation)。昆虫的生活史(life history)是指一种昆虫在一定阶段的发育史。生活史常以1年或1代为时间范围,昆虫在1年中的生活史称为年生活史或生活年史(annual life history),而昆虫完成一个生命周期的发育史称世代生活史(generational life history)。

昆虫的生活史是昆虫生物学研究最基本的内容之一,为了清楚地描述昆虫在1年中的生活史特征可采用各种图、表、公式来表达或用图表混合的形式来表达(表2-1)。

表2-1 天牛卵长尾啮小蜂年生活史(山东泰安)

世代	4月 上 中 下	5月 上 中 下	6月 上 中 下	7月 上 中 下	8月 上 中 下	9月 上 中 下	10月 上 中 下	11月至翌年3月 上 中 下
越冬代	(-)(-)-	- - -	- △ △ △ +	+				
第1代			● 	● ● - 	△ △ +	△ △ + +		
第2代				●	● ● -	- △	- - - △ + +	(-)(-)(-)
第3代 (越冬代)					● -	● ● -	- - -	(-)(-)(-)

●卵; - 幼虫; (-)越冬幼虫; △蛹; +成虫; 上为上旬,中为中旬,下为下旬

2.5.1.2 昆虫生活史的多样性

(1) 昆虫的化性(voltism) 昆虫在1年内发生的世代数叫作化性。1年只发生1代的叫作一化性(univoltine),1年发生2代的叫二化性(bivoltine),1年发生3代以上的称多化性(polyvoltine)。如舞毒蛾 *Lymantria dispar* 1年发生1代,

为典型的一化性昆虫；而很多蚜虫1年发生几代至几十代，为典型的多化性昆虫；很多蛀干性和土栖性昆虫几年甚至十几年才完成1代。少数昆虫的化性随地理位置的不同而异，如小地老虎 *Agrotis ypsilon* 大致在长城以北1年发生2~3代；长城以南、黄河以北1年3代；黄河以南至长江沿岸1年4代；长江以南1年4~5代；南部亚热带地区包括广东、广西、云南南部每年多达6~7代。

(2) 世代重叠（generation overlapping） 二化性和多化性的昆虫由于发生期及产卵期较长，因而使前后世代间明显重叠的现象叫世代重叠。一化性昆虫前后世代间重叠的现象较少，但有些昆虫由于越冬期、出蛰期的差异也会出现世代重叠的现象。在多化性昆虫中，世代完全不重叠或只有极少一部分重叠的现象很少，要弄清各世代的发生情况比较困难。

(3) 局部世代（partial generation） 同种昆虫在同一地区发生不同代数的不完整世代现象叫局部世代。例如，榆毛胸萤叶甲 *Pyrrhalta aenescens* 在北京地区第1代成虫6月下旬羽化，其中绝大部分个体经过半个月左右的取食后就开始越冬，但有一小部分则继续产卵，发生第2代。再如桃小食心虫 *Carposina niponensis* 第1代幼虫脱皮后大多数在地面做"茧化蛹"继续发生第2代，但另一部分幼虫则入土做"越冬茧"进入越冬状态。

(4) 世代交替（alternation of generations） 又称异态交替。有些多化性昆虫在1年中的若干世代间生殖方式甚至生活习性等方面有着明显差异，两性生殖与孤雌生殖交替发生，称世代交替。如瘿蜂科的一些种类，1年发生2代，春季世代只有雌虫，夏季世代则有雌虫和雄虫，行两性生殖。又如蚜虫，从春季到秋末，没有雄蚜，行孤雌生殖，到秋末冬初才出现雄性个体，雌雄交配产有性卵越冬。

2.5.2 休眠和滞育

在昆虫生活史的某一阶段，当遇到不良环境条件时，生命活动会出现停滞现象以安全度过不良环境阶段。这一现象常和盛夏的高温及隆冬的低温相关，即所谓的越夏或夏眠（aestivation）和越冬或冬眠（hibernation）。根据引起和解除停滞的条件，可将停滞现象分为休眠和滞育两类。

(1) 休眠（dormancy） 是由不良环境条件直接引起的，当不良环境条件消除后马上能恢复生长发育的生命现象。有些昆虫需要在一定的虫态或虫龄休眠，如东亚飞蝗均在卵期休眠；有些昆虫在任何虫态均可休眠，如小地老虎在我国江淮流域以南以成虫、幼虫或蛹均可休眠越冬。

(2) 滞育（diapause） 是由遗传性决定的。同时也是光周期、温度、湿度、营养等共同相互作用的结果，并受体内激素的调控。昆虫一旦进入滞育，即使给予适宜的环境条件也不能立即恢复发育，需经一定的物理或化学条件（如低温、光照等）刺激才能解除滞育。

滞育的类型 滞育通常分为2种类型：兼性滞育（facultative diapause）和专性滞育（obligatory diapause）。滞育可以发生在任何一个世代，常有一部分个体进入滞育而其它个体则继续生长发育，称为兼性滞育，如柳毒蛾。滞育只发生于固定的世代和固定的虫态，到了一定的时期必然发生，称为专性滞育，如春尺蛾、舞毒蛾等。

滞育发生的环境条件 引起滞育的外界环境条件有光照、温度、湿度和食物等，其中以光周期为主要原因，因此，将引起同种昆虫50%的个体进入滞育的光周期称为临界光周期（critical photoperiod）。感受光照刺激的虫态，称为临界光照虫态。临界光照虫态常常是滞育虫态的前一个虫态，如家蚕以卵滞育，其临界光照虫态为产该滞育卵的成虫。

环境条件是诱发昆虫滞育的外因，内因则是昆虫激素。引起和解除滞育的所有外界因子必须通过内部激素的分泌来实现。进入滞育的昆虫要经过一定的滞育代谢才能解除滞育。温度、湿度和光照是解除滞育的重要因子，如多数冬季滞育的昆虫若经过一定的低温处理才能解除滞育；一些蟋蟀和一些脉翅目昆虫当春天光周期超过临界光周期时才能解除滞育。

2.6 昆虫的习性和行为

习性（habits）是昆虫种或种群具有的生物学特性，亲缘关系相近的昆虫常具有相近的习性。行为（behavior）是昆虫的感觉器官接受刺激后通过神经系统的综合而使效应器官产生的反应。因昆虫种类多，其习性和行为也极其复杂。

2.6.1 活动的昼夜节律

昆虫活动的昼夜节律（circadian rhythm）是指昆虫的活动与自然中昼夜变化规律相吻合的变化规律。绝大多数昆虫的活动，如飞翔、取食、交尾等等，甚至有些昆虫的孵化、羽化，均有它的昼夜节律。这些都是种的特性，是有利于该种生存、繁育的生活习性。通常，白昼活动的昆虫称为日出性（diurnal）昆虫，如蝶类、蜻蜓、虎甲、步行虫等；夜间活动的昆虫称为夜出性（nocturnal）昆虫，如绝大多数蛾类；另一些只在弱光下（黎明或黄昏时）活动的昆虫称为弱光性（crepuscular）昆虫，如蚊子、少数蛾类等。

由于自然中昼夜长短是随季节变化的，所以许多昆虫的活动节律也有季节性。1年发生多代的昆虫，各世代对昼夜变化的反应也会不同，明显地反应在迁移、滞育、交配、生殖等方面。

2.6.2 食性与取食行为

2.6.2.1 食性

食性（feeding habit）即取食的习性。昆虫多样性的产生与其食性的变化是分不开的。通常按昆虫食物的性质，分成植食性（herbivorous）、肉食性（carnivorous）、腐食性（saprophagous）、杂食性（omnivorous）等几个主要类别。植食性和肉食性一般分别指以植物和动物的活体为食物的食性,而以动植物的尸体、粪便等为食的均可列为腐食性。既取食植物又取食动物昆虫为杂食性昆虫,如蜚蠊等。当然,还可进一步细分,如菌食性、粪食性、尸食性等。

根据食物的范围,又可将食性分为多食性(polyphagous)、寡食性(oligophagous)和单食性(monophagous)3类。能取食不同科多种植物的称为多食性,多为害虫,如舞毒蛾、美国白蛾、草履蚧等均能危害数科数十种乃至数百种植物;能取食1个科(或个别近缘科)的若干种植物的称寡食性害虫,如松毛虫;只取食1种植物的称为单食性害虫。

昆虫的食性具有相对的稳定性,但也有一定的可塑性。在食物缺乏时,也可被迫改变其食性。

2.6.2.2 取食行为

昆虫的取食行为多种多样,但取食的步骤大体相似。如植食性昆虫取食一般要经过兴奋、试探与选择、取食、清洁等过程;捕食性昆虫取食的过程一般分为兴奋、接近、试探和猛捕、麻醉猎物、进食、抛开猎物、清洁等阶段。有些捕食性昆虫还具有将取食过的猎物空壳背在体背的习性,如部分猎蝽的若虫和部分草蛉的幼虫等。

2.6.3 趋性(taxis)

是指昆虫对某种刺激源表现出趋向或躲避的行为。根据刺激源可将趋性分为趋光性、趋化性、趋湿性、趋热性等。根据反应的方向,可将趋性分为正趋性和负趋性(躲避)两类。许多昆虫(如大多数夜出性蛾类)有趋光性;而蜚蠊类昆虫经常藏身于黑暗的场所,见光便躲,即有负趋光性或称背光性。趋化性在昆虫寻找食物、异性和产卵场所等活动中起着重要作用。

不论哪种趋性,都是相对的,对刺激的强度和浓度有一定的可塑性。如有趋光性的昆虫对光的波长和光的照度也有选择。蚜虫黑夜不起飞,白天起飞,而且光对它的迁飞有一定的向导作用。蝴蝶多在白天活动,但当夜里光源较强时,距光源较近的一些蛱蝶和粉蝶具有微弱的趋光性。昆虫对化学刺激也具有相似的反应,如过高浓度的性引诱剂不但起不到引诱作用,反而成为抑制剂。

2.6.4 群集性(aggregation)

是指同种昆虫的个体大量地聚集在一起的习性。许多昆虫具有群集性,根据群集时间的长短可将群集分为临时性群集和永久性群集两类,前者只是在某一虫态和一段时间内群集在一起,过后就分散;后者则终生群集在一起。例如,马铃薯瓢虫、榆蓝叶甲等有群集越冬的习性,天幕毛虫幼虫有在树枝结网,并群集栖息在网内的习性,这些均属于临时性群集;具有社会性生活习性的蜜蜂蜂群为典型的永久性群集。但有时二者的界限并非十分明显,如东亚飞蝗有群居型和散居型之别两者可以互相转化。

2.6.5 拟态和保护色

一种生物模拟另一种生物或模拟环境中的其它物体从而获得好处的现象叫拟态（mimicry）或称生物学拟态（biological mimicry）。这一现象广泛见于昆虫中，卵、幼虫（若虫）、蛹和成虫阶段都可有拟态，所拟的对象可以是周围的物体或生物的形状、颜色、化学成分、声音、发光及行为等。拟态对昆虫的取食、避敌、求偶等有着重要的生物学意义。

最常见的拟态有 2 种类型。一类叫贝氏拟态（batesian mimicry），以该类拟态的记述者 H. W. Bates 的名字而得名。其经典性实例发生在君主斑蝶 *Danaus plexippus*（被拟者）和副王蛱蝶 *Limenitis archippus*（拟态者）之间，这两种蝴蝶的色斑相似。但前者的幼虫因取食萝藦科植物而体内含有食物所具有的有毒物质，并积累贮存到成虫期，鸟捕食了这种蝴蝶后会出现呕吐、痉挛等中毒症状。因此，凡是首次捕食过君主斑蝶的鸟，以后对副王蛱蝶也采取回避的态度。没有经验的鸟如果首次碰到并取食了无毒的副王蛱蝶，它以后可能还会捕食君主斑蝶。所以，对于贝氏拟态系统中的拟态者是有利的，而对被拟昆虫是不利的。

另一些昆虫具有同它的生活环境中的背景相似的颜色，这有利于躲避捕食性动物的视线而得到保护自己的效果。例如，在草地上的绿色蚱蜢、栖息在树干上翅色灰暗的夜蛾类昆虫。有些还随环境颜色的改变而变换身体的颜色。这类拟态者的体色被称为保护色（protective coloration）。

昆虫的保护色还经常连同形态也与背景相似联系在一起。例如，尺蠖幼虫在树枝上栖息时，以后部的腹足固定在树枝上，身体斜立，很像枯枝。枯叶蝶 *Kalima* spp. 停息时双翅竖立，翅反面极似枯叶，甚至还有树叶病斑状的斑点。

一些鞘翅目、半翅目、双翅目、鳞翅目等昆虫模拟具有螫刺能力的胡蜂的色斑，通常人们称其为警戒色（warning coloration）。

有些昆虫既有保护色，又具有警戒色。例如，一些蛾类前翅有与环境相似的色斑，后翅上有类似鸟、兽类眼睛的斑纹；在休息时以前翅覆盖腹部和后翅，当受到袭击时，突然张开前翅，展现出颜色鲜明的后翅眼状斑这种突然的变化，往往能把袭击者吓跑。很多绿色的蚱蜢具有鲜红色的后翅以及一些竹节虫后翅臀区樱红色或具其它花斑，也有类似的作用。

另一类常见的拟态叫缪氏拟态（müllerian mimicry），以记述者 F. Müller 的姓氏而得名。其被拟者和拟态者都是不可食的，捕食者无论先捕食其中哪一种，都会引起对两种昆虫的回避。因此，该类拟态无论对拟态者还是对模型都有利。这类拟态在红萤科昆虫、蜂类、蚁类中均可见到。

2.6.6 假死性

一些金龟子、叶甲、象甲等的成虫和有些尺蠖等幼虫，在受到突然的振动或触动时，就会立即收缩其附肢而掉落地面，称"假死现象"。这是昆虫对外界刺激的防御性反应。许多昆虫凭借这一简单的反射来逃脱敌害的袭击。在害虫防治上，人们可利用其假死习性，进行振落捕杀。

复习思考题

1. 如何理解昆虫生殖方式的多样性。
2. 根据变态类型，说明昆虫的生长发育过程。
3. 说明昆虫的行为习性与适应、进化的关系。
4. 如何利用昆虫的生物学习性进行害虫防治和益虫利用。

第3章 昆虫分类学

【本章提要】 本章主要介绍昆虫分类学的基本原理，包括分类的阶元、昆虫的命名和命名法规、模式方法以及昆虫纲的分类系统，并对与林业有关的主要目及科的分类进行了概述。

昆虫是自然界中最昌盛的动物类群，其种类及数量极多。据报道，全世界现有昆虫 $1\,000\times10^4$ 种，已描述的昆虫种类约 110×10^4 种，约占整个已知动物种类总数的60%以上，并且每年仍以7 000种的速度增加。

我国地域辽阔，环境复杂多样，生物资源极为丰富，是世界上昆虫种类最多的国家之一。据报道，我国的昆虫种类约占世界昆虫种类的1/10，按这个比率，我国昆虫种类应超过 100×10^4 种，可是我国目前已记载鉴定的昆虫种类不超过 6×10^4 种，还有更多的昆虫尚未被发现和开发，而且，有不少种类在未被我们认识之前就已灭绝。因此，查清自然界昆虫资源及区系是当代科学上一项重要的内容和任务。在这方面，我国的任务尤为繁重。

昆虫不仅种类繁多，数量庞大，而且分布范围之广也是惊人的，地球上的每个角落几乎都有它们的踪迹，其中有很多种类与人类有着极为密切的利害关系。人类在生产活动和科学实验中，不但有许多害虫和益虫要认识，而且有许多在生产上迫切需要解决的近似种类或易混淆的种类要区别。

昆虫分类学（insect taxonomy）是昆虫学（entomology）的一个分支学科，是研究昆虫种的鉴定（identification）、分类（classification）和系统发育（phylogeny）的科学。在数以百万计的昆虫种类中，存在着血缘的远近和亲疏关系。亲缘关系越近，其形态特征和对环境的要求、生活习性以及发生发展规律也愈相近。而昆虫分类就是在这种亲缘关系的基础上，运用"分析、比较、综合、归纳"的科学方法，对地质年代中的化石昆虫与现存的昆虫种类之间，现存昆虫彼此之间以及近缘生物间进行对比研究，以了解种与种、类与类间的异同，反映不同类型昆虫间的亲缘关系，进而阐明昆虫的起源和进化，以及各类昆虫的系统发生，探讨种及种群的形成与变异，从而建立一个客观完整的分类系统来反映自然谱系的一门基础学科，其最终的目标是建立一个高度预见性的分类系统和丰富的信息存取系统，为人类开发和利用益虫（包括资源昆虫及天敌昆虫）、测报及控制害虫，提供基础理论知识和科学依据。

3.1 昆虫分类的基本原理

3.1.1 分类的阶元

昆虫分类的阶元（也称单元）和其它生物分类的阶元相同。分类学中有7个主要阶元：界（kingdom）、门（phylum）、纲（class）、目（order）、科（family）、属（genus）、种（species）。为了更详细地反映物种之间的亲缘关系，还常在这些主要阶元加上次生阶元，如"亚""总"级阶元等。例如在"门"下添加"亚门"（subphylum）；"纲"下添加"亚纲"（subclass）；"目"下添加"亚目"（suborder）及总科（superfamily）；"科"下添加"亚科"（subfamily）及族（tribe）；"属"下添加"亚属"（subgenus）。通过分类阶元，我们可以了解一种或一类昆虫的分类地位和进化程度。现以马尾松毛虫 *Dendrolimus punctatus*（Walker）为例，说明昆虫分类的一般阶元：

界：动物界 Animalia
门：节肢动物门 Arthropoda
纲：昆虫纲 Insecta
亚纲：有翅亚纲 Pterygota
目：鳞翅目 Lepidoptera
亚目：异角亚目 Heterocera
总科：蚕蛾总科 Bombycoidea
科：枯叶蛾科 Lasiocampidae
属：松毛虫属 *Dendrolimus*
种：马尾松毛虫 *Dendrolimus punctatus*（Walker）

从现代生物学的观点看来，物种（species）是由可以相互配育的自然种群（又叫居群）组成的繁殖群体，与其它群体有着生殖隔离，占有一定生态空间，具备特有的基因遗传特征，是生物进化和分类的基本单元，是客观存在的实体。种以上的分类阶元如属、科、目、纲等，则是代表形态、生理、生物学等相近的若干种的集合单元。也就是说集合亲缘关系相近的种为属，集合亲缘相近的属为科，再集合亲缘相近的科为目，如此类推以至更高的等级。

除上述阶元外，还有"亚种"、"变种"、"变型"及"生态型"等分类阶元，这些都是属于种内阶元。

（1）亚种（subspecies）　　是指具有地理分化特征的种群，不存在生理上的生殖隔离，但有可分辨的形态特征差别。

（2）变种（variety）　　是与模式标本（type specimen）不同的个体或类型。因为这个概念非常含糊不清，现已不再采用。

（3）变型（forma）　　多用来指同种内外形、颜色、斑纹等差异显著的不同类型。

(4) 生态型（ecotype） 种在不同生态条件下产生的形态上有明显差异的不同类型。这种变异不能遗传，随着生态条件的恢复，其子代就消失了这种变异，而恢复原始性状，如飞蝗的群居型和散居型。

3.1.2 昆虫的命名和命名法规

按照国际动物命名法规，昆虫的科学名称采用林奈的双名法（binomen）命名，即一种昆虫的学名由1个属名及1个种名两个拉丁字或拉丁化的字组成。属名在前，首字母大写，种名在后，首字母小写，在种名之后通常还附上命名人的姓，首字母也要大写。属名和种名排印时用斜体字，手写稿时应在下面划一横线，命名人的姓用正体字排印，手写时不用划横线，如舞毒蛾 *Lymantria dispar* (Linnaeus)。若是亚种，则采用三名法（trinomen），将亚种名排在种名之后，首字母小写，亚种名也用斜体字排印，如东亚飞蝗 *Locusta migratoria manilensis* (Meyen)。将命名人的姓加上括号，是因为这个种已从原来的 *Acrydium* 属移到 *Locusta* 属，这叫新组合。命名人的姓不应缩写，除非该命名人由于他的著作的重要性以及由于他的姓的缩写能被认识，如将 Linnaeus 缩写为 L.。属名只有在前面已经提到的情况下可以缩写，如 *L. migratoria manilensis* (Meyen)；当属名首次提及时不能缩写。

一种昆虫首次作为新种公开发表以后，如果没有特殊理由，不能随意更改。凡后人将该种昆虫定名为别的学名，按国际动物命名法规的规定，应作为"异名"而不被采用。因此，科学上采用最早发表的学名，这叫做"优先权"。优先权的最早有效期公认从林奈的《自然系统》第10版出版的时间，即1758年1月1日开始。

在动物分类学上，对族以上的一些分类单元的字尾作了规定，如族、亚科、科及总科的字尾分别为-ini，-inae，-idae，-oidea。目以上阶元无固定字尾。首字母均应大写，正体字排印，书写时不划横线。

3.1.3 模式方法

为了使一个种有明确的标准，仅仅依靠文字描述，把分类对象的特点具体加以明确是不容易的，因此有必要把学名与实物标本联系起来，即用模式标本来固定一个具体种的学名，同样可用模式种和模式属来固定属和科。这种固定名称的方法，称为模式方法。

记载新种用的标本叫做模式标本（type），在一批同种的新种模式标本系列中，应选出其中一个典型的作为正模（holotype），另选一个与正模不同性别的作为配模（allotype），其余的统称为副模（paratype）。

模式标本是建立一个新种的物质依据，它提供鉴定种的参考标准。在鉴定种类中，如对原记载发生疑问，或记载不详尽时，若能核对模式标本，可避免误定。因此，模式标本必须妥善保存，以供长期参考使用。此外，对模式标本还需用特殊的标签以显著地与其它标本相区别。一般常用的红、蓝、黄色标签，分别标注正模、配模、副模。如果可能的话，在标签上可加注有关论文的出处。

过去的分类学由于受形态学的限制，缺乏空间和时间的概念，往往根据少数标本命名，以个体作为分类学的基本单位，定种时单纯采用模式标本制，故影响了分类学的质量。现代生物分类学主张，在生物体与环境辨证统一的规律指导下，将纯粹以形态作为依据，扩大到以生态学、地理学、遗传学等多方面学科做基础，以充足的样本所代表的群体作为分类的基本单元，即以种群概念，把各地搜集的大量标本，进行种群分析，并依靠统计等方法进行分类，这样才能使分类学更近于客观实际，在科学研究与生产实践中发挥更大的作用。

3.2 昆虫纲的分类系统

昆虫纲的分类系统常因各分类学家的不同观点而异。因此，分多少目，如何排序，以及亚纲和各大类的设立等，在不同的分类书籍中不尽相同。

昆虫纲各目的分类依据，主要采用翅的有无及其特点、口器的构造、触角形状、跗节及古化石昆虫的特征等。林奈（Linnaeus，1758）最初将昆虫纲分为7个目，之后 Brauer（1885）根据形态和系统发育将昆虫分为2个亚纲，原始的无翅亚纲和有翅亚纲，下分17个目。Borner（1904）又根据变态将有翅亚纲分为不全变态和全变态2大类，他把昆虫共分为22个目；Brues 和 Melander（1932）将昆虫纲分为无翅和有翅2个亚纲，共34个目。我国昆虫学者周尧（1947、1950、1964）将昆虫纲分为4个亚纲，33个目；陈世骧（1958）分为3个亚纲3股5类33个目；蔡邦华（1955）分为2个亚纲，3大类，10类，共34个目。现今国内一般将昆虫纲分为33或34个目。

34个目的学名及包括的主要类群或俗名如下：

昆虫纲　Insecta

　无翅亚纲　Apterygota

　　1　原尾目 Protura　　　　蚖、原尾虫
　　2　弹尾目 Collembola　　　跳虫
　　3　双尾目 Diplura　　　　双尾虫
　　4　缨尾目 Thysanura　　　衣鱼、石蛃

　有翅亚纲　Pterygota

　　外翅部 Exopterygata

　　5　蜉蝣目 Ephemeroptera　蜉、浮游
　　6　蜻蜓目 Odonata　　　　蜻蜓、蜻蛉、豆娘
　　7　蜚蠊目 Blattodea　　　 蟑螂
　　8　螳螂目 Mantodea　　　　螳螂
　　9　等翅目 Isoptera　　　　白蚁
　　10　缺翅目 Zoraptera　　　缺翅虫
　　11　襀翅目 Plecoptera　　 石蝇

12	竹节虫目 Phasmida	竹节虫、䗛
13	蛩蠊目 Grylloblattodea	蛩蠊
14	直翅目 Orthoptera	蝗虫、螽斯、蟋蟀、蝼蛄等
15	纺足目 Embioptera	足丝蚁
16	重舌目 Diploglossata	重舌虫
17	革翅目 Dermaptera	蠼螋
18	同翅目 Homoptera	蝉、叶蝉、沫蝉、木虱、粉虱、蚜虫、介壳虫等
19	半翅目 Hemiptera	蝽、椿象
20	啮虫目 Psocoptera	啮虫、书虱
21	食毛目 Mallophaga	鸟虱、羽虱等
22	虱 目 Anoplura	虱
23	缨翅目 Thysanoptera	蓟马

内翅部 Endopterygata

24	鞘翅目 Coleoptera	甲虫
25	捻翅目 Strepsiptera	蝙、捻翅虫
26	广翅目 Megaloptera	广蛉
27	脉翅目 Neuroptera	泥蛉、鱼蛉、草蛉、蚁蛉、粉蛉
28	蛇蛉目 Raphidioptera	骆驼虫
29	长翅目 Mecoptera	蝎蛉、举尾虫
30	毛翅目 Trichoptera	石蛾
31	鳞翅目 Lepidoptera	蝶、蛾
32	双翅目 Diptera	蝇、虻、蚋、蚊等
33	蚤 目 Siphonaptera	跳蚤
34	膜翅目 Hymenoptera	蜂、蚁

3.3 与林业有关的主要目及其分类概述

3.3.1 等翅目 Isoptera

通称白蚁。多见于热带、亚热带，少数分布于温带。在我国长江以南各地危害较严重。

体小到中型，柔软，白色或浅黄色及赤褐色直至黑色。头大，前口式或下口式，口器咀嚼式。复眼退化。触角念珠状。有翅或无翅，有翅者，翅2对，狭长，膜质，前后翅大小、形状和脉序都很相似，故称"等翅目"。白蚁之翅，经一度飞翔后，即从翅基肩缝处折断脱落，残存部分成为翅鳞。跗节4节或5节，有2爪。尾须短，1~8节（图3-1）。

渐变态。生境可分为木栖型、土栖型、土木栖型。白蚁营群体生活，群体可达180×10^4头，若虫和成虫生活于1个巢内，同一群体有明显的分工，亦称社会性昆虫，每个巢内有"蚁王"、"蚁后"以及为数极多的生殖蚁（长翅型、短翅型、无翅型）和非生殖蚁（工蚁、兵蚁）等。"蚁后"为雌性，无翅，腹部常极大，专事与"蚁王"交配产卵。"蚁王"为雄性，每巢1至数只，主要职能是与"蚁后"交配授精。生殖蚁包括雌雄两性，多具翅，每年春夏之交即达性成熟，大多数在气候闷热、下雨前后从巢内飞出，经过群集飞舞后，求偶交配，脱翅入土，繁殖后代，为新巢的创始者。生殖蚁还有无翅、短翅、微翅等品级，都是"蚁王"、"蚁后"的补充者。工蚁无翅，近白色，在群体内占绝大多数，群体生活的大部分工作如觅食、筑巢、喂育幼蚁、培养菌圃等均由工蚁承担。兵蚁无翅，近白色，一般头部发达，上颚强大，有的常有分泌毒液的额管，专事守巢、警卫、战斗等活动。白蚁常危害农林作物、房屋、桥梁、交通工具、堤围等，给生产建设和人民生活带来严重的危害和损失。

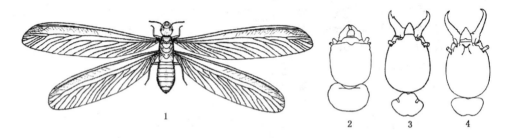

图 3-1 等翅目
1. 有翅成虫　2~4. 头及前胸背板（2. 木白蚁科　3. 白蚁科　4. 鼻白蚁科）

（1）木白蚁科 Kalotermitidae（图3-1-2） 头部无额腺及囟；前胸背板等于或宽于头部；前翅鳞达后翅鳞基部；跗节4节，胫节有2~4个端刺；尾须2~4节。无工蚁，其职能由若蚁完成。木栖。常见的种类有铲头堆砂白蚁 *Cryptotermes domecticus*（Haviland）等。

（2）鼻白蚁科 Rhinotermitidae（图3-1-4） 头部有额腺及囟；前胸背板扁平，狭于头；前翅鳞明显大于后翅鳞，其顶端达后翅鳞基部；尾须2节。土木栖。我国常见种有家白蚁 *Coptotermes formosanus* Shiraki 和黑胸散白蚁 *Reticulitermes chinensis* Snyder。

（3）白蚁科 Termitidae（图3-1-3） 头部有额腺及囟；前胸背板的前中部分隆起；前、后翅鳞等长；跗节4节；尾须1~2节。以土栖为主，如黑翅土白蚁 *Odontotermes formosanus*（Shiraki）和黄翅大白蚁 *Macrotermes barneyi* Light。

3.3.2 竹节虫目 Phasmida

中型至大型昆虫。多分布于热带、亚热带地区。体形呈竹节状或叶片状，多为绿色或褐色，体表无毛，与其栖息环境相似。口器咀嚼式。复眼小，单眼2或3个，或缺如。体形竹节状者，前胸短小，中、后胸极长；叶状者则中、后胸不特别伸长。有翅或无翅；一般前翅短，鳞片状或全缺。雌雄异形，雌虫多短翅或无翅，雄虫则反之。后胸与腹部第1节常愈合，腹部长，环节相似；足基节左右远离，跗节3~5节。产卵器不发达，尾须1节（图3-2）。

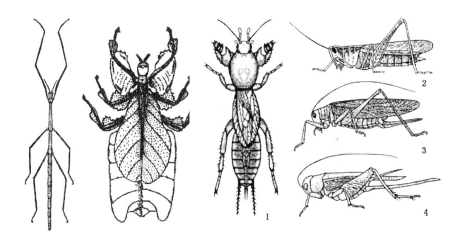

图 3-2 竹节虫目

图 3-3 直翅目
1. 蝼蛄科 2. 蝗科 3. 螽斯科 4. 蟋蟀科

渐变态。成虫多不能或不善飞翔。成虫和若虫喜在高山、密林、生境复杂的环境中生活，有明显的拟态和保护色。有的种类危害林木。

3.3.3　直翅目 Orthoptera

主要包括蝗虫、螽斯、蟋蟀、蝼蛄等重要的农林害虫。体中至大型。下口式。口器咀嚼式。复眼发达，单眼3个。触角常为丝状，由多节组成。一般有翅2对，前翅狭长、革质，起保护作用，称复翅；后翅膜质，臀区大；也有无翅或短翅的。除蝼蛄类前足为开掘足外，大多数后足为跳跃足。雌虫产卵器通常发达。尾须1对，多不分节。有翅种类具听器。很多雄虫具发音器（图3-3）。

渐变态。若虫的形态、生活环境、取食习性和成虫均相似。多数为植食性，少数为捕食性，如螽斯科的一些种类。多数白天活动，部分夜间活动。

(1) 蝗科 Acridiidae（Locustidae）（图3-3-2）　触角较体短，丝状或剑状。前胸背板发达，马鞍状，较前足腿节长，盖住中胸背板。跗节3节，爪间有中垫。产卵于土内。东亚飞蝗 *Locusta migratoria manilensis*（Meyen）是我国的重要害虫之一，另外，林业上重要的害虫还有黄脊竹蝗 *Rammeacris kiungsu*（Tsai）和青脊竹蝗 *Ceracris nigricornis* Walker。

(2) 蝼蛄科 Gryllotalpidae（图3-3-1）　触角较体短，但在30节以上。前足开掘足。跗节2~3节。前翅短，后翅宽，纵卷成尾状伸过腹末。产卵器不露出体外。尾须很长，但不分节。通常栖息于地下，咬食植物根部，对作物幼苗破坏极大，是重要的地下害虫之一。我国常见的种类有东方蝼蛄 *Gryllotalpa orientalis* Burmeister 和华北蝼蛄 *G. unispina* Saussure。

(3) 螽斯科 Tettigoniidae（图3-3-3）　触角超过体长，丝状，30节以上。跗节4节，听器位于前足胫节基部。以两前翅摩擦发音。产卵器发达，呈刀状。栖于草丛或树木上，产卵于植物枝条或叶片内，可造成枝梢枯萎或落叶、落果。多为肉食性,也有杂食性及植食性种类。有良好的保护色与拟态。常见的种类有纺织娘 *Mecopoda elongata* L. 等。

(4) 蟋蟀科 Gryllidae (图 3-3-4)　　触角极长,丝状。跗节 3 节。听器位于前足胫节基部,外侧大于内侧。产卵器发达,针状、锥状或矛状。尾须长而不分节。多植食性或杂食性,穴居,常栖息于地表、砖石下或土中。常见种类如油葫芦 *Teleogryllus mitratus* (Burmeister)。

3.3.4　缨翅目 Thysanoptera

通称蓟马。体微小至小型 (0.5~15mm),细长略扁。口器锉吸式。触角 6~9 节,上有刚毛及若干感觉器。复眼发达,单眼 2~3 个,无翅型常缺单眼。翅 2 对,狭长,膜质,边缘有长缨毛,故称缨翅,休息时翅平叠于背上,有的种类仅有 1 对翅或无翅。跗节 1~2 节,末端生一可突出的端泡。腹部 10 节,无尾须。

过渐变态,其特点是,最初的 2 龄若虫没有外生翅芽,翅在内部发育,足及口器等一般外形与成虫相似,触角节数略少。3 龄突然出现相当大的翅芽,多数能活动,但不取食,为前蛹。4 龄进入蛹期,不食不动,触角向后平置于头及前胸背板上且不能活动。有的种进入土中做茧化蛹,有的则在叶片上化蛹。蓟马若虫与成虫相似,有外生翅芽的前蛹期,具备渐变态的特征;但若虫期翅芽不外露,又有 1 个静止的蛹期,兼具全变态的特点,是介于渐变态与全变态的中间类型。绝大多数为植食性害虫,使单子叶植物叶片变白、枯黄或发红;使双子叶植物叶变形、皱缩、破烂等。常见的科有:

(1) 管蓟马科 Phlaeothripidae (图 3-4-1~4)　　触角 8 节,少数种类 7 节,有锥

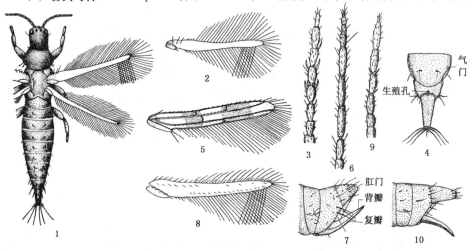

图 3-4　缨翅目

管蓟马科:1. 成虫　2. 前翅　3. 触角　4. 腹部末端
纹蓟马科:5. 前翅　6. 触角　7. 腹部末端　　蓟马科:8. 前翅　9. 触角　10. 腹部末端

状感觉器。腹部末节管状，后端较狭，生有较长的刺毛，无产卵器。翅表面光滑无毛，前翅没有脉纹。常见种类有中华蓟马 *Haplothrips chinensis* Priesner 等。

(2) 纹蓟马科 Aeolothripidae（图 3-4-5~7） 触角 9 节。翅较阔，前翅末端圆形，围有缘脉，翅上常有暗色斑纹。侧面观，锯状产卵器的尖端向上弯曲。如横纹蓟马 *Aeolothrips fasciatus*（L.）等。

(3) 蓟马科 Thripidae（图 3-4-8~10） 触角 6~8 节，末端 1~2 节形成端刺，第 3、4 节上常有感觉器。翅狭而端部尖锐。雌虫腹部末端圆锥形，生有锯齿产卵器，侧面观，其尖端向下弯曲。如烟蓟马 *Thrips tabaci* Lindeman 等。

3.3.5 同翅目 Homoptera

同翅目是农林植物害虫的重要类群。我们熟知的各种蝉、沫蝉、叶蝉、飞虱、蚜虫和介壳虫均属于此目。体微小至大型（0.3~55mm）。头后口式。口器刺吸式，喙基部自头的下后方或前足基节间伸出。复眼多发达，单眼 0~3 个。触角刚毛状或丝状，3~10 节，而雄介壳虫达 25 节。翅 2 对，前翅为革质或膜质，质地相同，故称"同翅目"；后翅膜质；静止时常呈屋脊状。部分无翅，少数种类后翅退化成平衡棒。跗节 1~3 节。多数种类有蜡腺，无臭腺。

渐变态、过渐变态。性二型及多型常见。植食性，刺吸植物汁液，使受害部位褪色、变黄、造成营养不良，器官萎蔫、死亡。

(1) 蝉科 Cicadidae（图 3-5-1） 体中至大型。触角刚毛状，着生在头部两复眼之间。单眼 3 个，翅通常膜质、透明。前足腿节粗大，下缘有齿。蝉多数善鸣，雄虫胸腹之间腹面具发音器。成虫、若虫均刺吸植物汁液。雌虫具发达的产卵器，产卵于枝条中，导致枝条枯死。若虫孵化后，入土营地下生活，危害植物根部，发育期较长，可达 4~17 年，羽化时才从土中爬出，在树干上脱皮，脱下的皮称"蝉蜕"为治疗皮肤疮疡、退热的中药。蝉也可供食用。常见种类如蚱蝉 *Cryptotympana atrata*（Fabricius）。

(2) 叶蝉科 Cicadellidae（图 3-5-2） 又称浮尘子。体小至中型，狭长。触角刚毛状，生在头部两复眼之间。单眼 2 个。翅质地稍厚，色泽鲜艳。后足胫节有 2 排刺。叶蝉善跳，有横走习性。雌虫产卵时用产卵器在茎、叶上锯缝，卵成排产于其中。成虫、若虫刺吸植物汁液，并能传播植物病毒。常见种类如大青叶蝉 *Cicadella viridis*（Linnaeus）等。

(3) 角蝉科 Membracidae（图 3-5-3） 体小型。单眼 2 个。触角短，第 3 节常又分若干环节。前胸背板有角状突。后足基节横向，能跳善走。刺吸植物汁液，分泌蜜汁，并招蚁取食。常见的种类如黑圆角蝉 *Gargara genistae*（Fabricius）等。

(4) 沫蝉科 Cercopidae（图 3-5-4） 小至中型。触角刚毛状。单眼 2 个。后足胫节有 1~2 个刺，端部有 1 圈短刺。若虫常有由肛门喷出白色泡沫而潜伏其间取食的习性。在 1 个泡状物内有 1 至数头虫，故又称吹泡虫，但成虫无吹泡能力。如危害多种松树的松尖胸沫蝉 *Aphrophora flavipes* Uhler 等。

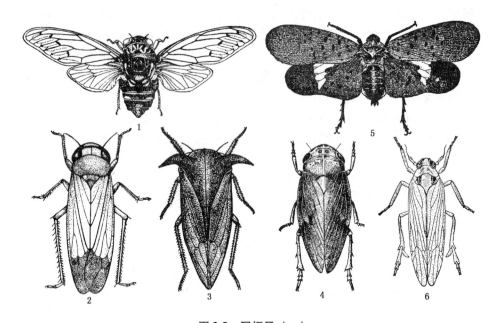

图 3-5 同翅目（一）
1. 蝉科 2. 叶蝉科 3. 角蝉科 4. 沫蝉科 5. 蜡蝉科 6. 飞虱科

(5) 蜡蝉科 Fulgoridae（图 3-5-5）　　中至大型，体色美丽。其头部常特殊，额在复眼的前方往往极度延伸而多少呈象鼻状。触角3节，基部2节膨大，鞭毛刚毛状。后足胫节有少数大刺。翅膜质，端部翅脉多分支，并多横脉，后翅臀区呈网状，休息时翅呈屋脊状。蜡蝉取食植物汁液，并常分泌蜜露。常见种类如斑衣蜡蝉 *Lycorma delicatula*（White），危害臭椿、刺槐、果树等。

(6) 飞虱科 Delphacidae（图 3-5-6）　　体小型。本科最显著的特征是后足胫节末端有1个可动的大距。善跳跃。在1种内常有长翅型和短翅型的个体。多生活于禾本科植物上，产卵于植物组织中。如褐飞虱 *Nilaparvata lugens*（Stål）等。

(7) 木虱科 Psyllidae（图 3-6-1）　　小型。外形如小蝉。触角9~10节，着生于复眼前方，基部2节膨大，末端有2条不等长的刚毛。单眼3个。喙3节。前翅质地较厚，在基部有1条由径脉、中脉和肘脉合并成的基脉；由此脉发出若干分支，略似横写的"介"字形。跗节2节，具2爪。后足基节膨大。有些种类严重危害果树，如梨木虱 *Psylla pyrisuga* Förster。

(8) 粉虱科 Aleyrodidae（图 3-6-2）　　小型。成虫体及翅上有纤细白色粉状蜡质，因此，翅不透明。单眼2个。触角7节，第2节膨大。跗节2节，2个爪间有中垫。幼虫、成虫腹末背面有管状孔。过渐变态。卵椭圆形，有柄，常排列成环形或弧形。若虫有3龄，初孵化的若虫能自由活动，经1次脱皮后，失去胸足和触角，便营固着生活，3龄若虫脱皮后即成为有外生翅芽的蛹，成虫羽化时，蛹呈"T"形裂开，化蛹后脱下经硬化的皮为"蛹壳"，是分类的重要特征。重要种类如黑刺粉虱 *Aleurocanthus spiniferus* Quaintance 等。

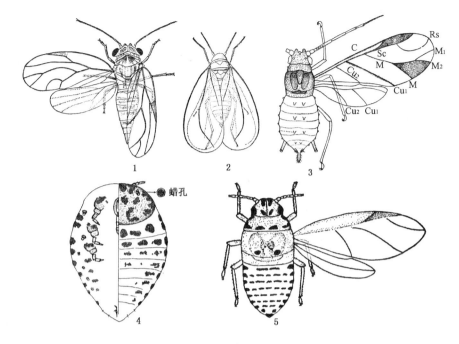

图 3-6 同翅目（二）
1. 木虱科 2. 粉虱科 3. 蚜科 4. 球蚜科（无翅成蚜背及腹面） 5. 球蚜科（有翅瘿蚜）

（9）蚜科 Aphididae（图 3-6-3） 体小型。触角丝状，通常 6 节，第 3~6 节上的感觉圈的形状、数目及各节上的皱纹及毛，为分类的重要特征。着生于触角第 6 节基部与鞭部交界处的感觉圈称为"初生感觉圈"，生于其余各节的叫"次生感觉圈"。蚜虫为多态昆虫，同种有无翅和有翅型，有翅个体有单眼，无翅个体无单眼。具翅个体 2 对翅，前翅大，后翅小，前翅近前缘有 1 条由纵脉合并而成的粗脉，端部有翅痣，由此发出 1 条径分脉（Rs）、2~3 支中脉（M）、2 支肘脉（Cu），后翅有 1 条纵脉，分出径脉、中脉、肘脉各 1 条。跗节 2 节，第 1 节极小。第 6 腹节背侧有 1 对腹管，腹部末端有 1 个尾片，均为分类的重要特征。生活史极复杂，行两性生殖与孤雌生殖。被害叶片，常常变色，或卷曲凹凸不平，或形成虫瘿，或使植物畸形。蚜虫可传带植物病害，可使植物严重病变受损。由肛门排出的蜜露，有利于菌类繁殖，而使植物发生病害。如红松大蚜 *Cinara pinikoraiensis* Zhang。

（10）球蚜科 Adelgidae（图 3-6-4，5） 体小型，长约 1~2mm。头、胸、腹背面蜡片发达，常分泌白色蜡粉、蜡丝覆盖身体。无翅球蚜及幼蚜触角 3 节，冬型触角甚退化，触角上有 2 个感觉圈。眼只有 3 小眼面。头部与胸部之和大于腹部。尾片半月形。腹管缺。气门位于中胸、后胸，第 1~6 或 1~5 腹节，但第 1 腹节气门往往不明显。雌蚜有产卵器。有翅型触角 5 节，有宽带状感觉圈 3~4 个。前翅只有 3 斜脉：1 根中脉和 2 根互相分离的肘脉，后翅只有 1 斜脉，静止时翅呈屋脊状。中胸盾片分为左右两片。性蚜有喙，活泼，雌性蚜触角 4 节。孤雌蚜和性蚜均卵生。

本科昆虫大都营异寄主全周期生活，第一寄主为云杉类，由生长芽形成虫瘿。干母生活在虫瘿中，第2代完全或不完全迁移。第二寄主为松、落叶松、冷杉、铁杉、黄杉等，营裸露生活。重要种类有落叶松球蚜指名亚种 *Adelges laricis laricis* Vallot 等。

(11) 蚧科 Coccidae（图3-7-1） 雌虫卵圆形、圆形、半圆形或长形，裸露或稍被蜡质，体壁坚实，体节分节不明显。腹部无气门。雄虫有翅或无翅，口针短而钝。本科特征是腹末有臀裂，肛门上盖有2块三角形的肛板。常见害虫种类如龟蜡蚧 *Ceroplastes floridensis* Comstock 和水木坚蚧 *Parthenolecanium corni*（Bouchè）

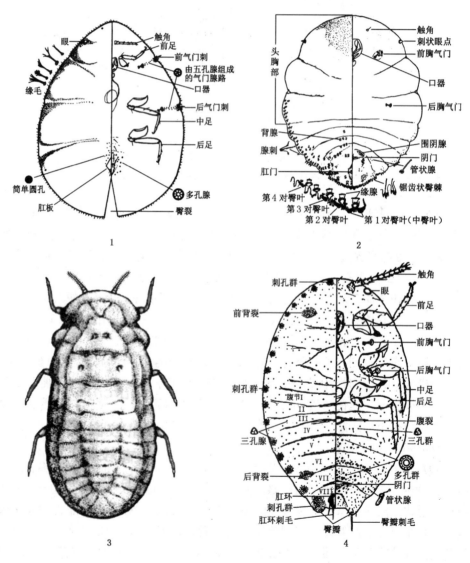

图 3-7 同翅目（三）
1. 蚧科　2. 盾蚧科　3. 绵蚧科　4. 粉蚧科

等。

(12) 盾蚧科 Diaspididae（图 3-7-2） 主要特征是雌虫身体被介壳所遮盖。头与前胸愈合，中、后胸与腹部分节明显。腹末数节（5~8 节）常愈合成一整块骨板，称为臀板。雄虫通常长形，两侧平行，且远比雌虫小。本科为蚧总科中最大的科，包括许多重要害虫，如松突圆蚧 *Hemiberlesia pitysophila* Takagi 等。

(13) 绵蚧科 Margarodidae（图 3-7-3） 雌虫体大，肥胖，体节明显，自由活动，到产卵前才固定下来并分泌蜡质卵囊。触角通常 6~11 节。腹部气门 2~8 对。肛门没有明显的肛环，无肛环刺毛。雄虫亦较大，体红翅黑，有复眼，触角羽状，平衡棒有弯曲的端刚毛 4~6 根，腹末有成对的突起。如草履蚧 *Drosicha corpulenta*（Kuwana）等。

(14) 粉蚧科 Pseudococcidae（图 3-7-4） 一般为长卵形，体节明显，体上有粉状或绵状蜡质分泌物。雌虫足发达，无腹气门，有肛叶、肛环及肛环刺毛。雄虫体小而柔软，多数有 1 对翅及 1 对平衡棒，腹末有白色长蜡丝 1 对。如康氏粉蚧 *Pseudococcus comstocki*（Kuwana）。

3.3.6 半翅目 Hemiptera

通称椿象或蝽。体微小至大型（1.5~100mm），体扁平。口器刺吸式，喙基部自头的前端伸出。复眼发达。单眼 2 个或无。触角 3~5 节，多为丝状。前胸背板发达，为不规则的六角形。中胸小盾片发达，多呈三角形。翅 2 对，前翅基半部角质，端半部膜质，称为半鞘翅，是半翅目昆虫最显著的特征。各类群的半鞘翅有很大变化，常作为分科的依据。后翅完全膜质。静止时，翅平叠于腹背，前翅膜质部互相重叠；有些种类翅退化或无翅。多数种类有臭腺。跗节 1~3 节；腹部一般为 10 节，无尾须（图 3-8）。

渐变态。多数为植食性，以其刺吸式口器伸入植物组织吸取汁液，使枝、叶或果实出现黄斑，受害严重可造成叶片卷曲、果实萎缩、枝条枯萎甚至全株枯死；有的能传播植物病害，使植物遭受更大的损失；少数种类为捕食性；极少数种类吸取人畜血液，并能传播疾病。

(1) 蝽科 Pentatomidae（图 3-9-1） 体小型至大型。触角 5 节，少数种类 4 节。通常具 2 个单眼。喙 4 节。小盾片通常三角形，较大，至少超过爪片长度。跗节 2~3 节。半鞘翅有爪片、革片、膜片，前翅膜片有许多纵脉，多从 1 条基横脉分出。多数种类植食性，少数种类捕食性。如麻皮蝽 *Erthesina fullo*（Thunb.）危害多种林木；蠋蝽 *Arma chinensis*（Fallou）可捕食多种鳞翅目幼虫。

(2) 缘蝽科 Coreidae（图 3-9-2） 体中型至大型。触角 4 节。具单眼。喙 4 节。小盾片通

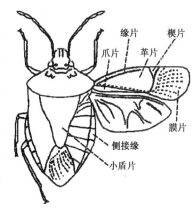

图 3-8 半翅目

常三角形，较小，不超过爪片长度，静止时，小盾片被爪片包围，爪片形成完整的接合缝。膜片上有 8～9 条纵脉，通常基部无翅室。足较长，有些种类后足腿节膨大，一些种类后足胫节扩展成叶状。本科种类均为植食性。如广腹同缘蝽 *Homoeocerus dilatatus* Horvath 等。

(3) **长蝽科** Lygaeidae（图 3-9-3） 体小至中型。触角 4 节。具单眼。喙 4 节。膜片上有 4～5 条纵脉。跗节 3 节。大多数种类取食种子或吸食植物汁液，少数种类为捕食性。如小长蝽 *Nysius ericae*（Schilling）等。

(4) **红蝽科** Pyrrhocoridae（图 3-9-4） 中型至大型。形状和长蝽相似，但无单眼，前翅膜片基部有 2～3 个翅室，翅室外侧有许多分枝的翅脉。栖息于植物表面或在地表爬行，植食性。如棉红蝽 *Dysdercus cingulatus*（Fabricius）危害柑橘、甘蔗、棉等。

(5) **网蝽科** Tingidae（图 3-9-5） 体小型，扁平。触角 4 节，第 3 节极长，第 4 节膨大。喙 4 节。头、前胸背板及前翅成网状纹。前胸背板常向上突出形成 1 罩状构造，常向后延伸遮盖小盾片，前方则遮盖头部。前翅质地均一，不能分出膜片。跗节 2 节。植食性，常群集危害。如梨冠网蝽 *Stephanitis nashi* Esaki et

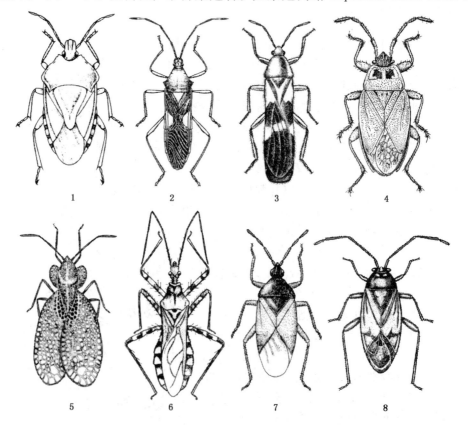

图 3-9 半翅目各科代表

1. 蝽科　2. 缘蝽科　3. 长蝽科　4. 红蝽科　5. 网蝽科　6. 猎蝽科　7. 花蝽科　8. 盲蝽科

Takeya 危害梨树等。

(6) 猎蝽科 Reduviidae（图 3-9-6） 体小型至中型。头部较窄，后部细缩如颈状。喙 3 节，粗短而弯曲，不紧贴腹面，强劲，适于刺吸。膜片具 2 或 3 个翅室，从室上伸出 2~3 条纵脉。少数种类无翅。本科的多数种类以捕食其它昆虫为食，有些种类吸食哺乳动物及鸟类的血液并可传播锥虫病。如捕食森林害虫的中黄猎蝽 *Sycanus croceovittatus* Dohrn。

(7) 花蝽科 Anthocoridae（图 3-9-7） 体微小或小型。通常具单眼。喙 3~4 节。前翅有明显的缘片和楔片，膜片有不明显的纵脉 1~3 条或缺。栖息于植物叶片间或花朵、叶鞘内，取食蓟马、蚜虫等小型昆虫及螨类，也有栖息于树皮下、菌内、鸟巢内及住宅内的种类，有的种类能孤雌生殖。如细角花蝽 *Lyctocoris campestris*（Fab.），广布于全世界。

(8) 盲蝽科 Miridae（图 3-9-8） 体小型。无单眼。触角 4 节。喙 4 节，第 1 节与头部等长或较长。前翅有缘片及楔片，膜片有 1~2 个小型翅室，其余翅脉消失。足细长，通常跗节 3 节。在同种内有长翅、短翅或无翅型。雄虫一般为长翅型，雌虫为短翅或无翅型。本科大多数为植食性，少数捕食性。如绿盲蝽 *Lygus lucorum* Meyer-Dür 为害虫，黑肩盲蝽 *Cyrtorrhinus lividipennis* Reuter 为益虫。

3.3.7 鞘翅目 Coleoptera

通称甲虫。体微小至大型（0.25~150mm），体壁坚硬。口器咀嚼式。复眼发达，一般无单眼。触角形状变化多样，由 11 节组成。前胸发达，中胸小盾片外露。前翅硬化成角质，称鞘翅，休息时两鞘翅在背部中央相遇成一直缝。后翅膜质，比前翅大，不用时折叠于前翅下。少数种类无翅或无后翅，有的为短翅种类。跗节 3~5 节，变化大，为分科的重要依据。腹部一般 10 节，有的则减少，无尾须。幼虫无腹足，寡足型或无足型。大多数种类植食性，少数种类肉食性。全变态。本目分肉食亚目和多食亚目。

3.3.7.1 肉食亚目 Adephaga

主要特征是腹部第 1 腹板中间被后足基节窝所分割（图 3-10-1），前胸背板与侧板间有明显的分界，跗节 5 节，触角多为丝状。水生或陆生，成虫和幼虫多为捕食性，仅步甲科有些种类为植食性。

(1) 步甲科 Carabidae（图 3-11-1） 通称步行虫。体小型至大型，黑色或褐色而有光泽。头小于胸部，前口式。触角丝状，着生于上颚基部与复

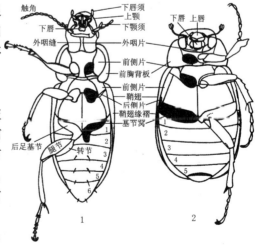

图 3-10 鞘翅目腹面特征
1. 肉食亚目（步行虫） 2. 多食亚目（金龟子）

眼之间，触角间距大于上唇宽度。前胸背板发达，形状变异较大。鞘翅上多具刻点、颗粒或脊纹等。有些种类无后翅。足适于行走，跗节5节。幼虫蛃型，体壁较硬，行动活泼，前口式，上颚发达。步行虫多生活在地下、砖石和瓦块下面、潮湿地上、朽木中、树皮下等。成虫、幼虫均为肉食性，主要捕食一些小型昆虫、蜗牛、蚯蚓等。少数种类危害农林作物的嫩芽、种子等。如金星步甲 *Calosoma chinense* Kirby. 为农田常见的种类，常捕食黏虫、地老虎等夜蛾类幼虫。

(2) 虎甲科 Cicindelidae（图 3-11-2） 体小至中型，体色鲜艳，闪金属光泽。下口式，头比胸部宽。复眼大而突出。触角丝状，生于额区复眼之间，其基部间的距离小于上唇宽度。前胸比鞘翅基部窄。足细长，跗节5节。成虫行动迅速，常静伏地面或低飞捕食小虫。幼虫头部与前胸骨化程度较强。第5腹节背面有瘤，其上有1对或数对倒钩，用来固定虫体于穴壁上，当地面上的小虫路过洞口时，便被咬扑而拖入洞穴。如中华虎甲 *Cicindela chinensis* De Geer。

3.3.7.2 多食亚目 Polyphaga

本亚目包括鞘翅目多数种类，共同特征有：腹部第1腹板不被后足基节窝所分割（图3-10-2），后足基节不固定在后胸腹板上；前胸背板与侧板无明显分界。跗节3~5节。食性杂。

(3) 瓢虫科 Coccinellidae（图 3-11-3） 体小至中型，呈半球形或卵圆形，常具

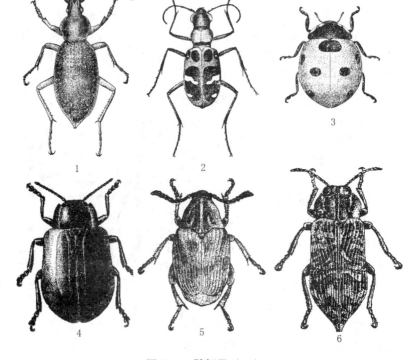

图 3-11 鞘翅目（一）
1. 步甲科 2. 虎甲科 3. 瓢虫科 4. 叶甲科 5. 豆象科 6. 吉丁虫科

有鲜明的色斑，腹面扁平，背面拱起，外形似瓢而得名。头小，后部隐藏于前胸背板下。触角棒状。下颚须斧形。跗节 4 节，第 3 节微小，包藏于第 2 节的槽内，被第 2 节的两片瓣状物所盖，故误以为 3 节，因此瓢虫是隐 4 节类或假 3 节类，也有人称之为"似为 3 节"。第 1 腹板最大，有 2 条弧形的后基线，后基线是瓢虫科独特的 1 个分类特征。幼虫蛞型，通常有鲜明的颜色。胸足细长，行动活泼。体上被有枝刺或带毛的瘤突。本科绝大多数种类捕食蚜、蚧、粉虱等其它小虫，有的则取食菌类孢子，另外，有些种类为植食性害虫，如马铃薯瓢虫 *Henosepilachna vigintioctopunctata*（Fabricius）危害马铃薯和茄科植物。

(4) 叶甲科 Chrysomelidae（图 3-11-4）　因成虫、幼虫均取食叶部而得名，又因成虫体多闪金属光泽，所以又有"金花虫"之称。体小至中型，本科与天牛相似，但触角丝状，一般短于体长之半，不着生在额的突起上。复眼圆形，不环绕触角。跗节隐 5 节或"似为 4 节"。腹部可见 5 节。幼虫肥壮，3 对胸足发达，体背常具枝刺、瘤突等附属物。林业上重要种类有白杨叶甲 *Chrysomela populi* L.。

(5) 豆象科 Bruchidae（图 3-11-5）　体小型，卵圆形。额延长成短喙状。复眼极大，前缘凹入，包围触角基部。触角锯齿状、梳状或棒状。鞘翅短，腹末露出。跗节隐 5 节。后足基节左右靠近，腹部可见 6 节。幼虫复变态。本科昆虫多危害各种豆科植物。如紫穗槐豆象 *Acanthoscelides pallidipennis* Motschulsky。

(6) 吉丁虫科 Buprestidae（图 3-11-6）　体小至大型。常具鲜艳的金属光泽。触角锯齿状。前胸与鞘翅相接处不凹下，前胸腹面有尖形突，与中胸密接，不能弹跳。前胸背板无突出的侧后角。跗节 5 节。幼虫体扁；头小内缩；前胸大，多呈鼓锤状，背腹面均骨化。气门 C 形，位于背侧。本科成虫生活于木本植物上，产卵于树皮缝内。幼虫大多数在树皮下、枝干或根内钻蛀，重要的种类如杨锦纹截尾吉丁 *Poecilonota variolosa*（Paykull），杨十斑吉丁 *Melanophila picta* Pallas。

(7) 叩甲科 Elateridae（图 3-12-1）　体小至中型，体色多为灰、褐、红褐等暗色。触角锯齿状、栉齿状或丝状，形状常因雌雄而异，11～12 节。跗节 5 节。前胸背板后侧角突出成锐刺，前胸与鞘翅相接处下凹，前胸腹板具有向后延伸的刺状突，插入中胸腹板的凹沟内，组成弹跳的构造。当后体躯被抓住时，不断叩头，所以有"叩头虫"之称。幼虫称金针虫，生活于地下，危害种子、块根及幼苗等，是重要的地下害虫。如沟线角叩甲 *Pleonomus canaliculatus*（Faldermann）及细胸锥尾叩甲 *Agriotes subvittatus* Motschulsky。

(8) 粉蠹科 Lyctidae（图 3-12-2）　体小型，细长略扁，颜色多深暗、光滑或具微毛。复眼大而突出。触角 11 节，锤状部由 2 节组成。头部倾斜，不被前胸背板遮盖。前胸基部较细，明显窄于鞘翅基部。前足基节窝封闭，基节球形，左右相接。跗节 5 节，第 1 节小。幼虫蛴螬型，栖于枯木中，主要危害家具类等。如枹扁蠹 *Lyctus linearis* Goeze。

(9) 长蠹科 Bostrychidae（图 3-12-3）　体小至大型。头部向下弯，被前胸背板遮盖。触角短，10～11 节，锤状部由 3 节组成，前胸背板发达，呈帽状，光滑

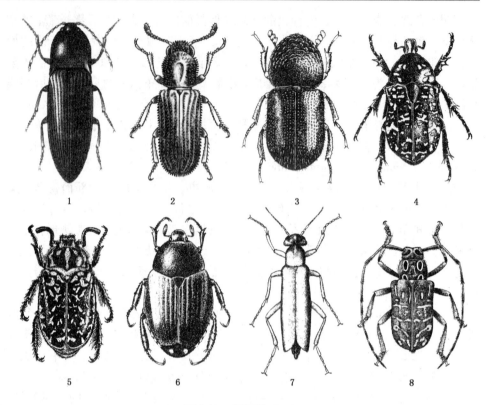

图 3-12 鞘翅目（二）
1. 叩甲科 2. 粉蠹科 3. 长蠹科 4. 花金龟科 5. 鳃金龟科
6. 丽金龟科 7. 芫菁科 8. 天牛科

或具小的瘤起。鞘翅末端向下倾斜并具齿。跗节 5 节，第 1 节小。幼虫蛴螬型，幼虫蛀食枯木，为木材的害虫。如双棘长蠹 Sinoxylon anale Lesne。

金龟总科 Scarabaeoidea　本总科触角端部数节为鳃片状。前足胫节端部扩展，外缘具齿。跗节 5 节。幼虫称蛴螬，体肥胖，多皱褶，呈 C 形弯曲。常栖于土中或有机质丰富的腐殖质中生活。下面介绍其中 3 个最重要的科：

(10) 花金龟科 Cetoniidae（图 3-12-4）　体中至大型，体阔，背面扁平，颜色鲜明。鞘翅侧缘近肩角处向内凹入。成虫日间活动，常钻入花朵取食花粉、花蜜，咬坏花瓣和子房，故有"花潜"之称。常见种类如小青花金龟 Oxycetonia jucunda（Fald.）等。

(11) 鳃金龟科 Melolonthidae（图 3-12-5）　体中至大型，多为椭圆形或略呈圆筒形，体色多样。触角鳃状部 3～7 节，雄虫触角鳃状部比雌虫发达。腹末最后 2 节外露。跗节 2 爪等长（爪对称）。腹部可见 5 节，气门生于腹节背面，最后 1 对气门位于鞘翅末端之外。幼虫生活于地下，危害植物根部。成虫取食植物叶部。林业上常见种类如华北大黑鳃金龟 Holotrichia oblita（Faldermann）等，危害多种林木幼苗。

(12) 丽金龟科 Rutelidae（图 3-12-6）　体中型，多具金属光泽。跗节 2 爪不等长（爪不对称），尤其后足爪更为明显。后足胫节有 2 枚端距。腹部气门 6 对，前3对在腹部的侧膜上,后3对在腹板上。成虫主要取食花和叶,幼虫食害植物根部。常见种类如铜绿异丽金龟 *Anomala corpulenta* Motschulsky,危害多种林木及果树等。

(13) 芫菁科 Meloidae(图3-12-7) 体中型,长圆筒形,体色多样。头与体垂直,后头收缩成细颈状。足细长,跗节5-5-4式,爪1对,每爪分裂成2叉状(爪双裂)。鞘翅较柔软,2翅在端部分离,不合拢。复变态。幼虫以直翅目和膜翅目针尾组的卵为食。成虫体液含有芫菁素,为1种发泡剂,具有医疗价值。成虫植食性,如中华豆芫菁 *Epicauta chinensis* Laporte。

(14) 天牛科 Cerambycidae(图3-12-8) 体中至大型,长筒形。触角丝状,特长,常超过体长,至少超过体长之半,着生于额的突起上,是区别于叶甲科的重要特征。复眼环绕触角基部,呈肾形凹入,或分裂为2个。跗节隐5节或"似为4节"。腹部腹板可见5~6节。幼虫圆筒形,粗肥稍扁,除头部和前胸背面骨化较强、颜色较深外,体躯通常呈乳白色。胸足退化,无腹足,但前6、7腹节的背面一般有卵形的肉质突起,称为步泡突,具有在坑道内行动的功能。成虫产卵于树皮下或树皮上,一般咬食刻槽后再产卵。幼虫钻蛀树干、树根或树枝,为林木、果树的重要害虫。重要种类如双条杉天牛 *Semanotus bifasciatus*(Motschulsky)、光肩星天牛 *Anoplophora glabripennis*(Motschulsky)等。本科分6亚科,检索表如下:

1. 触角着生于额的前端,紧靠上颚基部 ·· 2
   触角着生处较后,离上颚基部较远 ··· 4
2. 前胸两侧具边缘,或至少后半部具边缘,通常具齿;前足基节横宽 ··
   ··· 锯天牛亚科 Prioninae
   前胸两侧无边缘 ··· 3
3. 中足胫节外沿端部具斜沟;触角一般细长;前足基节圆球形 ······ 瘦天牛亚科 Disteniinae
   中足胫节端部无斜沟;触角一般粗短;前足基节横阔 ··············· 幽天牛亚科 Aseminae
4. 头伸长,眼后部分显著狭缩呈颈状;前足基节显著突出,圆锥形;中胸背板发音器中央具纵沟 ·· 花天牛亚科 Lepturinae
   头一般不长,眼后不显著狭缩;前足基节不呈圆锥形;中胸背板发音器中央无纵沟 ····
   ··· 5
5. 前、中足胫节无斜沟;头部向前倾斜,下颚须端节末端钝圆或平截 ···
   ··· 天牛亚科 Cerambycinae
   前足胫节内沿具斜沟,中足胫节一般外沿具斜沟,但有时缺如;头部额与体纵轴近于垂直,口器向下;下颚须端节末端狭圆 ····················· 沟胫天牛亚科 Lamiinae

(15) 象甲科 Curculionidae(图3-13-1) 又叫象鼻虫。小至大型,体坚硬,体色变化大。头部前方延长成象鼻状,长短不一,末端着生口器。触角多为棒状,着生于头管的不同部位,有的种类成膝状弯曲,有的种类在头管上有容纳触角的沟。跗节隐5节或"似为4节"。腹部腹板可见5节,少数为6节,但第3、4节较其它腹节为短。幼虫多为黄白色,体肥壮,常弯曲,头部发达,无足,称为象虫型。成虫、幼虫均为植食性，取食植物的根、茎、叶、果实或种子。成虫多产卵于植物组织内，幼虫钻蛀危害，少数可以产生虫瘿或潜居叶内。如林业重要害虫杨干象 *Cryptorrhynchus lapathi* L. 等。

（16）小蠹科 Scolytidae 长椭圆形或圆柱形，小至微小型。褐色至黑色，有毛鳞。头狭于前胸，头部无喙。眼长椭圆形、肾形或完全分作两半。触角顶端3~4节构成大的锤状部，锤状部的形状变化很大。胫节扁平，外缘有1齿列，或有1端距；第一跗节不特别长，约与其后两节分别等长。林业上重要的亚科有：小蠹亚科（如白桦小蠹 *Scolytus*

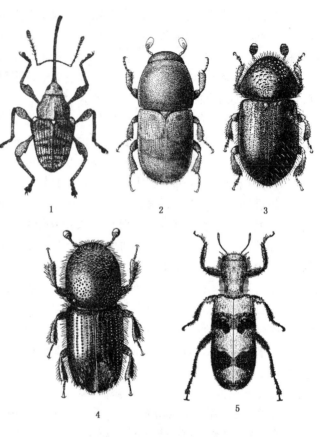

图3-13 鞘翅目（三）
1. 象甲科　2. 小蠹亚科　3. 海小蠹亚科
4. 齿小蠹亚科　5. 郭公虫科

amurensis Egg.）、海小蠹亚科〔如纵坑切梢小蠹 *Tomicus piniperda*（L.）〕、齿小蠹亚科（如落叶松八齿小蠹 *Ips subelongatus* Motschulsky），检索表如下：

1. 胫节外缘无齿列，但各有一向里面弯曲的端距 ……… 小蠹亚科 Scolytinae（图3-13-2）
   胫节外缘有齿列，无端距……………………………………………………………… 2
2. 前胸背板平坦，无鳞状瘤区；从背面可见头部 …… 海小蠹亚科 Hylesininae（图3-13-3）
   前胸背板前半部有鳞状瘤区；从背面看不见头部……… 齿小蠹亚科 Ipinae（图3-13-4）

（17）郭公虫科 Cleridae（图3-13-5） 体小至中型，狭长，多具鲜艳色彩或具金属光泽，有的有毛或鳞片。触角丝状、锯齿状、栉齿状或棍棒状等。前足基节圆锥形突出，相互靠近。跗节5节，有的第1节为第2节所盖，有的第4节极小。腹部腹板可见5~6节。幼虫狭长而扁，末端骨化具叉状突，体色多呈红色、黄色等，被以厚毛。成虫白天活动，在树干上、朽木中、树叶上甚至花上，很多种类的成虫和幼虫在蛀干害虫坑道内捕食其它昆虫，其中以捕食小蠹为主，为著名益虫。如拟蚁郭公虫 *Thansimus formicarius* L. 。

3.3.8 鳞翅目 Lepidoptera

通称蛾或蝶。体小至大型，3~77mm，翅展3~265mm。口器虹吸式。复眼发达，单眼2个或无。触角细长，多节，蛾类中有丝状、栉齿状等多种形状，蝶类中则为球杆状。翅2对，膜质，翅面密布鳞片和毛；翅脉接近标准，但有的雌虫无翅。跗节5节，少数种类前足退化，跗节减少。腹部10节，无尾须。幼虫蠋型，除3对胸足外，腹部有2~5对腹足，腹足端部还有各种形式排列的趾钩。全变态。绝大部分为植食性，除少数成虫能危害外，均以幼虫危害。幼虫生活习性和取食方式多样化，大多在植物表面取食，咬成孔洞、缺刻；有的卷叶、潜叶、钻蛀种实、枝干等；或在土内危害植物的根、茎部等。

3.3.8.1 球角亚目 Rhopalocera

又称蝶类。触角呈棍棒状或球杆状。前、后翅无特殊的连锁构造，后翅肩角常扩大，飞行时前翅贴接在后翅的上面。静止时双翅多直立于体背。蝶类均在白天活动，翅面常具鲜艳的色彩。本亚目包括10余科，在林业上重要的主要有下列几个科。

(1) **凤蝶科** Papilionidae（图3-14-1） 多为大型种类。翅面多以黑、黄或绿作为底色，衬以其它色斑。后翅外缘呈波状，内缘直或凹入；后翅常有1尾状突。前翅有2或3条臀脉（A），后翅则有1条，且基部常有1条稍弯曲的肩脉（h）。幼虫后胸隆起；前胸背中央有1个臭丫腺，受惊时可外翻。趾钩为2序或3序中带。本科种类常危害芸香科、樟科、伞形花科等植物，重要种类如柑橘凤蝶 *Papilio xuthus* L.。

(2) **粉蝶科** Pieridae（图3-14-2） 多为中型。翅面常为白、黄、橙等色，并杂有黑斑纹。3对胸足发达；爪分裂。前翅1条臀脉（A），后翅则有2条。幼虫密被着生于小突起上的次生刚毛；每体节可分4~6个小环；趾钩为2序或3序中带。重要种类如山楂粉蝶 *Aporia crataegi* L.。

(3) **蛱蝶科** Nymphalidae（图3-14-3） 中到大型。颜色多样。前足极退化，无功能；雌虫跗节4~5节，雄虫只1节，均无爪。

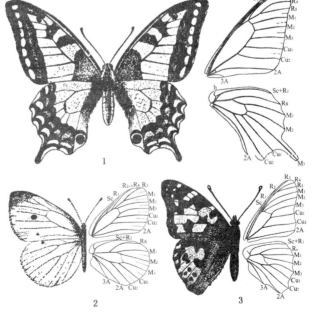

图3-14 鳞翅目（一）
1. 凤蝶科 2. 粉蝶科 3. 蛱蝶科

前翅中室常封闭，R 脉 5 支，基部多合并，A 脉 1 支；后翅中室常开放，A 脉 2 支。幼虫头上常有突起；体表多棘刺；趾钩为单序、双序或 3 序中带。林业上有名的如危害杨、柳的紫闪蛱蝶 *Apatura iris* L. 及危害朴、桤木等林木的榆黄黑蛱蝶 *Nymphalis xanthomelas* L. 等。

3.3.8.2 异角亚目 Heterocera

又称蛾类。触角有丝状、羽状、栉齿状等多种形状。除少数科外，后翅前缘基部常有 1 根（雄性）或几根（雌性）翅缰，插在前翅下面的翅缰钩内。静止时双翅常盖在身上平铺或呈屋脊状。蛾类多在晚间活动，翅面色彩一般不及蝶类的绚丽。本亚目包括近 100 科，很多种类是农林业上的重要害虫。

(4) 透翅蛾科 Sesiidae (Aegeriidae)（图 3-15-1） 小至中型。翅狭长，大部分透明，外形似蜂类。触角棍棒状，顶端生 1 刺或毛丛。后翅较宽，$Sc + R_1$ 藏于翅前缘的褶内。白天飞翔。幼虫唇基较长。腹足 5 对，前 4 对足的趾钩为单序二横带。蛀食树干或枝条。重要种类有白杨透翅蛾 *Paranthrene tabaniformis* Rott.、杨干透翅蛾 *Sesia siningensis*（Hsu）等。

(5) 蝙蝠蛾科 Hepialidae（图 3-15-2） 体一般中型，个别极大或极小，多杂色斑纹。头较小，单眼无或很小，口器退化。触角短，丝状，少数为栉齿状。前胸发达。翅宽阔或狭长，Rs 自近翅基处分出，再行两次分叉，M 脉完全；前翅有翅轭，后翅无翅缰。足较短，缺胫距，雄虫后足具毛丛。飞行状类似蝙蝠而得名。幼虫胸足 3 对，腹足 5 对，趾钩多列环式；生活于木材中。林业上重要种有柳蝙蛾 *Phassus excrescens* Butler 等。

(6) 巢蛾科 Yponomeutidae（图 3-15-3） 小至中型。前翅多为白色或灰色，上具多数小黑点；各脉分开，中室内存在中脉主干。幼虫前胸侧毛组（气门前方处）有 3 根毛；趾钩为多行环；常吐丝筑网巢，群集危害，但也有在枝叶内潜食的种类。如白头松巢蛾 *Cedestis gysselinella* Duponchel 危害油松针叶。

(7) 鞘蛾科 Coleophoridae（图 3-15-4） 小型。翅狭长而端部尖，前翅中室斜形；肘脉 (Cu) 短，R_4 与 R_5 合并为 1 支且与 M_1 共柄。休息时触角前伸。幼虫趾钩为单序二横带；早龄潜叶，稍长即结鞘，随身带鞘取食，所结鞘随种类而不同，可用以分种。本科种类多危害林、果木等。重要的种类有兴安落叶松鞘蛾 *Coleophora dahurica* Flkv. 。

(8) 麦蛾科 Gelechiidae（图 3-15-5） 小型。头部鳞片光滑。喙中等长，下唇须向上弯曲。前翅狭长，R_4 与 R_5 在基部共柄或接近，R_5 终止于顶角处，A 脉基部叉状。后翅菜刀状，顶角多突出，外缘凹入，M_1 与 Rs 共柄或接近，缘毛长。幼虫乳白色或稍带红色；体被原生刚毛；前胸 L 毛 3 根，腹节的 L_1 靠近 L_2；第 9 腹节 2 根 D_2 毛之间距离大于第 8 腹节 D_1 毛之间距离；腹足趾钩为双序环或二横带，潜叶种类的足常退化。幼虫有卷叶、缀叶、潜叶或钻蛀茎干、种实等习性。如危害多种林木及果树的核桃楸麦蛾 *Chelaria gibbosella*（Zeller）和山杨麦蛾 *Anacampsis populella* Clerck。

(9) 木蠹蛾科 Cossidae（图 3-15-6） 中至大型，体粗壮，无喙。翅一般为灰

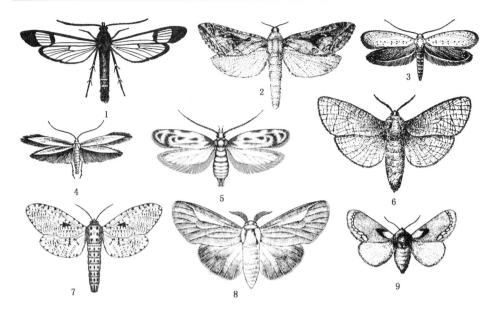

图 3-15　鳞翅目（二）
1. 透翅蛾科　2. 蝙蝠蛾科　3. 巢蛾科　4. 鞘蛾科　5. 麦蛾科
6. 木蠹蛾科　7. 豹蠹蛾科　8. 蓑蛾科　9. 刺蛾科

褐色，具有黑斑纹；前、后翅的中室内有中脉主干及其分支形成的副室；后翅的 Rs 与 M_1 在中室外侧有一小段共柄。幼虫粗壮；黄白色或红色；腹足趾钩为 2 或 3 序环。钻蛀多种树木，重要种类如芳香木蠹蛾东方亚种 *Cossus cossus orientalis* Gaede、柳干木蠹蛾 *Holcocerus vicarius* Walker 等。

(10) 豹蠹蛾科 Zeuzeridae （图 3-15-7）　有的书将本科包括在木蠹蛾科中，两科的区别在于本科后翅 Rs 与 M_1 远离；下唇须极短，决不伸向额的上方。幼虫第 9 腹节的 2 根 D_2 毛（背毛 2）长在同一毛瘤上（木蠹蛾科中第 9 腹节的 2 根 D_2 毛，各自长在不同的毛瘤上）。本科生活习性与木蠹蛾科相似。重要种类有咖啡豹蠹蛾 *Zeuzera coffeae* Nietner、梨豹蠹蛾 *Z. pyrina*（L.）和木麻黄豹蠹蛾 *Z. multistrigata* Moore 等。

(11) 袋蛾科 Psychidae（图 3-15-8）　又名蓑蛾科。小至中型。雌、雄异形。雄蛾有翅；触角羽状；喙消失；翅面鳞片薄，近于透明；前翅 3 条 A 脉多少合并；后翅的 $Sc+R_1$ 与 Rs 分离，中室内常有中脉分支。雌虫无翅，形如幼虫，无足，一般不离开幼虫所织的袋。交配时雄虫飞至雌虫袋上，交配授精。卵产于袋内。幼虫的胸足发达，腹足 5 对，腹足趾钩单序缺环。幼虫吐丝缀叶，造袋形巢，隐居其中，取食时头、胸伸出袋外。如林木害虫大袋蛾 *Clania variegate* Snellen。

(12) 刺蛾科 Limacodidae（Eucleidae）（图 3-15-9）　中型，体粗短。喙退化。翅鳞片松厚，多呈黄、褐或绿色。中脉主干在中室内存在，并常分叉；前翅无副室；后翅 A 脉 3 条，$Sc+R_1$ 与 Rs 在基部并接。幼虫又称洋辣子，蛞蝓形，头小内缩；胸足小或退化；体上常具瘤和刺，刺人后皮肤痛痒。蛹化于光滑而坚硬的蛹壳内，形似雀卵。本科多危害果树、林木。重要种类有黄刺蛾 *Cnidocampa flavescens* (Walker)，褐边绿刺蛾 *Parasa consocia* Walker 和扁刺蛾 *Thosea sinensis* (Walker) 等。

(13) 斑蛾科 Zygaenidae（图 3-16-1） 中至大型。成虫颜色鲜艳或呈灰黑色。喙发达。翅中室常有 M 脉的痕迹；后翅的 $Sc+R_1$ 与 Rs 合并至中室外端才分开。白天飞翔。幼虫头小，内缩；体上生有毛瘤，故又叫星毛虫；腹足趾钩为单序中带。本科种类常危害果树和林木，如榆斑蛾 *Illiberis ulmivora* Graeser 等。

(14) 卷叶蛾科 Tortricidae（图 3-16-2） 小至中型。前翅略呈长方形，休止时两翅合成古钟罩形。前后翅脉多分离，即翅脉都从中室或翅基伸出，不合并成叉状；后翅 $Sc+R_1$ 不与 Rs 接近或接触，臀脉 3 支。幼虫前胸侧毛组（L）有 3 根毛，第 9 腹节的 2 根背毛（D_2）位于同一毛片上。腹足趾钩为 2 序或 3 序环。幼虫主要危害木本植物的叶、茎和果实等部分，多数种类卷叶，有的则营钻蛀生活，重要种类如油松球果小卷蛾 *Gravitarmata margarotana* (Heinemann)、松梢小卷蛾 *Rhyacionia pinicolana* (Doubleday) 等。

(15) 螟蛾科 Pyralidae（图 3-16-3） 本科为鳞翅目中仅次于夜蛾科和尺蛾科的第三大科。小至中型。前翅狭长，后翅较宽。前、后翅的 M_2 近 M_3；后翅的 $Sc+R_1$ 与 Rs 平行，或合并至中室外才分开；A 脉有 3 支。幼虫体上刚毛稀少，腹足趾钩为 2 序环（少数种类为 3 序或成缺环）。多数为植食性，喜隐蔽生活，有卷叶，蛀茎、干和蛀食果实、种子等习性。林业上有不少害虫属于本科，如微红梢斑螟 *Dioryctria rubella* Hampson、油松球果螟 *D. mendacella* Stgr. 等。

(16) 枯叶蛾科 Lasiocampidae（图 3-16-4） 中至大型。体粗壮多毛，一般为灰褐色。单眼与喙退化。后翅有 1~2 根肩脉（h）；前翅的 M_2 近 M_3。成虫休止时形似枯叶，而得名。幼虫粗壮，多毛，但长短不齐，不成簇也无毛瘤；趾钩为双序中带。幼虫多有幼龄群集危害习性，化蛹于丝茧内。本科大多数种类为重要的果树和森林害虫，如黄褐天幕毛虫 *Malacosoma neustria testacea* Motschulsky、马尾松毛虫 *Dendrolimus punctatus* (Walker) 等。

(17) 家蚕蛾科 Bombycidae（图 3-16-5） 中型。喙退化。前、后翅的 M_2 居中；前翅 $R_3 \sim R_5$ 共柄；后翅的 $Sc+R_1$ 与 Rs 分离或由一短横脉相连；翅缰退化。幼虫体被短的次生刚毛，腹部第 8 节有 1 个背中角。化蛹前吐丝作茧。有益种类如闻名世界的家蚕蛾 *Bombyx mori* L.，有害林业的如野蚕蛾 *Theophila mandarina* Moore 等。

(18) 尺蛾科 Geometridae（图 3-16-6） 为鳞翅目中的第二大科。小至大型。体小，翅大而薄，休止时 4 翅平铺，前、后翅常有波状花纹相连；有些种类的雌虫无翅或翅退化。前翅的 M_2 位于 M_1 和 M_3 中间，后翅的 $Sc+R_1$ 与 Rs 在中室基部并接，形成 1 小三角形。幼虫仅在第 6 腹节和末节上各具 1 对足，行动时弓背而行，如同以手指量物一般，又叫尺蠖。幼虫裸栖食叶危害，一般是林木、果树上的害虫。重要种类有春尺蛾 *Apocheima cinerarius* Erschoff、槐尺蛾 *Semiothisa cinerearia* Bremer et Grey、枣尺蛾 *Chihuo zao* Yang 等。

图 3-16 鳞翅目（三）
1. 斑蛾科 2. 卷叶蛾科 3. 螟蛾科 4. 枯叶蛾科 5. 家蚕蛾科
6. 尺蛾科 7. 大蚕蛾科 8. 天蛾科 9. 舟蛾科

(19) 大蚕蛾科 Saturniidae（图 3-16-7） 大型或极大型，色泽鲜艳。许多种类的翅上有透明窗斑或眼斑。口器退化。无翅缰。后翅肩角膨大，Cu_2 脉消失。幼虫粗壮，有棘状突起。丝坚韧，常可利用。我国产著名的如乌桕大蚕蛾 *Attacus atlas* L. 是最大昆虫之一，银杏大蚕蛾 *Dictyoploca japonica* Moore 危害樟、银杏等甚烈；柞蚕 *Antheraea pernyi* Guèrin-Méneville 的丝则有重大经济价值。

(20) 天蛾科 Sphingidae（图 3-16-8） 大型。体粗壮，呈纺锤形。喙发达。触角末端弯曲成钩状。前翅狭长，外缘倾斜；后翅 $Sc+R_1$ 与 Rs 在中室外平行，二脉之间有 1 条短脉相连。幼虫粗大，体光滑或密布细颗粒，第 8 腹节有 1 个背中角；趾钩为双序中带。重要种类有蓝目天蛾 *Smerinthus planus planus* Walker、南方豆天蛾 *Clanis bilineata bilineata*（Walker）等。

(21) 舟蛾科 Notodontidae（图 3-16-9） 又名天社蛾科。中至大型。喙不发达。前翅的 M_2 位于 M_1 和 M_3 中间；后翅的 $Sc+R_1$ 与 Rs 平行，或合并至中部以外。幼虫大多有鲜艳颜色，背部常有显著峰突；臀足不发达或变形为细长枝突，栖息时一般靠腹足攀附，头尾翘起，似舟形；腹足趾钩为单序中带。本科幼虫主要危害阔叶树等。重要种类有杨扇舟蛾 *Clostera anachoreta*（Fabricius）、杨二尾舟蛾 *Cerura menciana* Moore 等。

（22）灯蛾科 Arctiidae（图 3-17-1） 中至大型。体粗壮，色较鲜艳，腹部多为黄或红色，且常有黑点。翅为白、黄、灰色，多具条纹或斑点。前翅 M_2 近 M_3；后翅 $Sc+R_1$ 与 Rs 在中室中部或以外有一长段并接。幼虫密被毛丛，毛长短较整齐，且着生于毛瘤上；腹足 5 对或 4 对，趾钩为单序异形中带。幼虫多为杂食性。如林业外来种美国白蛾 *Hyphantria cunea*（Drury）等。

（23）夜蛾科 Noctuidae（图 3-17-2） 为鳞翅目中第一大科。体粗壮。前翅狭长，常有横带和斑纹；后翅较宽，多为浅色。前翅 M_2 近 M_3；后翅的 M_2 则有居中或近 M_3 两类，后翅的 $Sc+R_1$ 与 Rs 在中室基部并接。多数幼虫少毛，腹足一般 5 对，趾钩为单序中带。幼虫有的生活于土内，咬断植物根茎，为重要苗圃害虫，通称地老虎、切根虫，如小地老虎 *Agrotis ypsilon* Rott.；有的为钻蛀性害虫，如竹笋禾夜蛾 *Oligia vulgaris*（Butler）；有的为暴露取食种类，如旋皮夜蛾 *Eligma narcissus* Cramer 等。

（24）毒蛾科 Lymantriidae（图 3-17-3） 体中型。体色多为白、黄、褐色等。喙退化。有些雌虫无翅或翅退化。前翅 M_2 近 M_3，R_{2-5} 共柄；后翅 $Sc+R_1$ 与 Rs 在中室基部 1/3 处或中部相接。幼虫多具毒毛，腹部第 6~7 节背面有翻缩腺；腹足 5 对，趾钩为单序中带。幼虫有群集危害习性，尤以温带落叶阔叶树受害较重。重要种类有危害多种林木和果树的舞毒蛾 *Lymantria dispar*（Linnaeus）、杨毒蛾 *Stilpnotia candida* Staudinger 等。

（25）举肢蛾科 Heliodinidae（图 3-17-4） 小型。翅狭长而尖，多为褐色；前翅外端常有浅色花纹。后足胫节和各足跗节顶端多有刺。栖息时中、后足常上举，高出翅背，因而得名。幼虫腹足趾钩为单序或双序环。幼虫植食性，蛀果或潜叶，有的为捕食性，多以介壳虫等小虫为食。重要种类如核桃举肢蛾 *Atrijuglans hetauhei* Yang、柿举肢蛾 *Stathmopoda massinissa* Meyrick 等。

（26）潜叶蛾科 Lyonetiidae（图 3-17-5） 小型蛾类。通常为白色，特别在翅基部有淡色花纹。触角长，第 1 节膨大。后足胫节有长刺毛。前翅披针形，脉序不完全，中室细长，顶端常有数条脉，在基部合并成 1 支；后翅线形，有长缘毛。幼虫扁平或圆筒形，有胸足和腹足，趾钩为单序。幼虫在叶的上、下两层组织之间潜食，产生各种花色的潜痕，可用以鉴别种类。重要种类有杨白潜蛾 *Leucoptera susinella* Herrich-Schäffer 以及杨银叶潜蛾

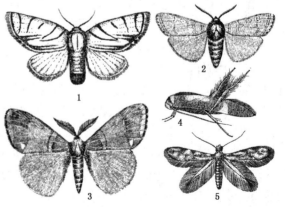

图 3-17 鳞翅目（四）
1. 灯蛾科　2. 夜蛾科　3. 毒蛾科　4. 举肢蛾科　5. 潜蛾科

Phyllocnistis saligna Zeller 等。

3.3.9 膜翅目 Hymenoptera

包括各种蜂类和蚂蚁等。体微小至大型，口器咀嚼式或嚼吸式。复眼发达，单眼2个或无。触角多于10节且较长，有丝状、膝状等。大部分种类的腹部第1节常与后胸连接称为并胸腹节。翅2对，膜质，前翅大，后翅小，前后翅以翅钩列连接。跗节5节。雌虫常有锯齿状或针状产卵器。一般为全变态。目下分为广腰亚目和细腰亚目。

3.3.9.1 广腰亚目 Chalastogastra（Symphyta）

胸、腹连接处宽阔而不收缩；各足转节2节；翅脉较多，后翅至少有3个基室；产卵器多为锯状。幼虫有胸足，多数有腹足，但无趾钩。本亚目幼虫均为植食性种类，食叶、蛀茎或形成虫瘿。林业上较重要的有下列4科：

(1) 扁叶蜂科 Pamphiliidae（图3-18-1） 体较大，产卵管短，脉序原始，前翅Sc脉游离。幼虫无腹足，有时群聚生活，且常生活于丝网或卷叶中。腮扁叶蜂亚科昆虫以针叶树针叶为主；扁叶蜂亚科昆虫以阔叶树及灌木叶为生。阿扁叶蜂属及腮扁叶蜂属有许多重要害虫，有时对林木造成严重灾害。如松阿扁叶蜂 *Acantholyda posticalis* Matsumura、贺兰腮扁叶蜂 *Cephalcia alashanica*（Gussakovskij）、鞭角华扁叶蜂 *Chinolyda flagellicornis*（Smith）等。

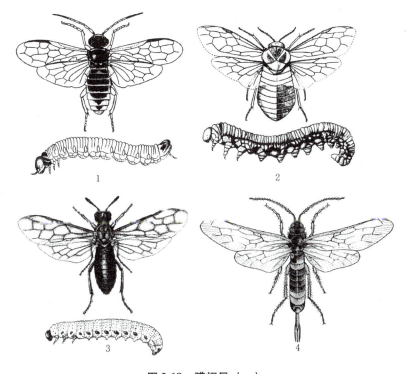

图3-18 膜翅目（一）
1. 扁叶蜂科 2. 松叶蜂科 3. 叶蜂科 4. 树蜂科

(2) 松叶蜂科 Diprionidae（图 3-18-2） 又叫锯角叶蜂。成虫粗壮，飞行缓慢；触角多于 9 节，锯齿状或栉齿状，第 3 节不长。前翅无 2r 横脉；后翅具 Rs 及 M 室；胫节无端前刺，前胫节距简单，无变化。幼虫为害针叶树针叶或蛀食球果；具腹足 8 对。茧双层；成虫羽化在茧一端切开一个帽形部分，藉少数丝与茧相连。如欧洲新松叶蜂 *Neodiprion sertifer*（Geoffroy）、靖远松叶蜂 *Diprion jingyuanensis* Xiao et Zhang 等。

(3) 叶蜂科 Tenthredinidae（图 3-18-3） 触角丝状或棒状，多由 9 节组成。前足胫节有 2 个端距。幼虫腹足 6~8 对，体节常由横褶分成许多小环节。一般于丝茧中化蛹，有的则于土中作室化蛹。如落叶松叶蜂 *Pristiphora erichsonii*（Hartig）、油茶叶蜂 *Dasimithius camellia*（Zhou et Huang）、樟叶蜂 *Mesonura rufonota* Rohwer 等。

(4) 树蜂科 Siricidae（图 3-18-4） 多为大型。体粗壮，长筒形；黑色或黄色等，常具褐纹。前足胫节有 1 个端距。雄虫腹末有短而呈三角形的突出物。雌虫有针状产卵器，外有包鞘，产卵时可插入茎干内。幼虫白色，胸足不发达，腹足呈肉质突起；腹末多具一角状物。本科种类专危害树木，如危害针叶树的泰加大树蜂 *Urocerus gigas taiganus* Benson 等。

3.3.9.2 细腰亚目 Clistogastra（Apocrita）

胸腹间显著收缩如细腰，或具柄。各足转节为 1 节或少数为 2 节。翅脉多减少，后翅最多只有 2 个基室。产卵器锥状或针状。幼虫无足，多居于巢室内或寄生于其它昆虫体内，少数可在植物上作虫瘿或危害种子。根据足的转节及产卵器构造分为锥尾组与针尾组两大类。

Ⅰ. 锥尾组 Terebrantia

腹部末节腹板纵裂，产卵器出自腹部末端前方；转节多为 2 节。

(5) 姬蜂科 Ichneumonidae（图 3-19-1，2） 小至大型。体细长。触角线状多节。前翅翅痣下外方常有 1 个四角形或五角形的小室，有 2 条回脉（第 1 回脉和第 2 回脉），有 3 个盘室。腹部细长或侧扁。产卵器常露出。多寄生于各种昆虫的幼虫和蛹内，一般单寄生。如寄生于松毛虫幼虫体内的喜马拉雅聚瘤姬蜂 *Gregopimpla hima-*

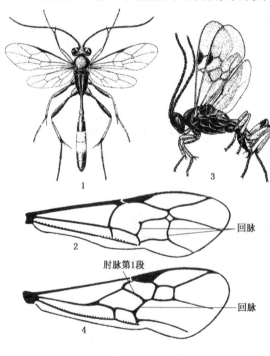

图 3-19 膜翅目（二）
1、2. 姬蜂科成虫及前翅 3、4. 茧蜂科成虫及前翅

layensis（Cameron）和舞毒蛾黑瘤姬蜂 *Coccygomimus disparis*（Viereck）。

(6) 茧蜂科 Braconidae（图 3-19-3，4） 体微小或小型。外形与姬蜂科相似，但前翅只有1条回脉即第1回脉，有2个盘室。腹部卵形或圆柱形，第2节与第3节背板通常愈合，两者之间的缝不能活动。一般为多寄生，并有多胚生殖现象。本科对抑制害虫起很重要作用，如寄生于松毛虫体内的红头茧蜂 *Rhogas dendrolimi*（Mats.）等。

(7) 小蜂科 Chalcididae（图 3-20-1） 体粗壮，微小至小型，多为黑色或褐色。触角肘状，11～13节，末端多膨大。前翅脉相简单，从翅基部沿前缘向外伸出1条脉。后足腿节膨大，其腹缘常有1至数个齿，胫节弯曲。本科多寄生各种昆虫的幼虫和蛹内；少数为植食性种类或重寄生，不少种类为重要的寄生蜂类。如寄生

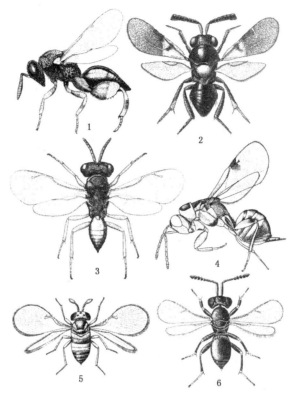

图 3-20 膜翅目（三）
1. 小蜂科 2. 跳小蜂科 3. 金小蜂科 4. 广肩小蜂科
5. 赤眼蜂科 6. 缘腹卵蜂科

于多种鳞翅目蛹内的广大腿小蜂 *Brachymeria lasus*（Walker）。

(8) 跳小蜂科 Encyrtidae（图 3-20-2） 体微小至小型。触角常为11～13节。中胸盾片横形，一般无盾纵沟，中胸侧板发达。中足胫节端距粗而长，善跳；跗节5节，极少数4节。本科寄主范围甚广，多寄生于各种昆虫的卵、幼虫、蛹体内。重要种类有大蛾卵跳小蜂 *Ooencyrtus kuwanai*（Howard）以及寄生于蚧虫的蜡蚧扁角跳小蜂 *Anicetus ceroplastis* Ishii 等。

(9) 金小蜂科 Pteromalidae（图 3-20-3） 体微小至小型。多具金属光泽。触角多为13节。前胸背板略呈长方形，常具显著的领片。跗节5节。本科寄主范围甚广，多为其它昆虫幼虫、蛹的初寄生，但也有次寄生。如寄生于粉蝶和凤蝶蛹内的蝶蛹金小蜂 *Pteromalus puparum*（L.）等。

(10) 广肩小蜂科 Eurytomidae（图 3-20-4） 体小型。常为黑色。触角11～13节，雄虫触角上具长毛轮。前胸背板呈长方形，胸背有粗、密刻点，盾纵沟完整。雌虫腹部多侧扁。本科昆虫食性复杂，除寄生性外尚有植食性种类。如重要的种实害虫落叶松种子小蜂 *Eurytoma laricis* Yano 等。

(11) 赤眼蜂科 Trichogrammatidae（图 3-20-5） 又名纹翅卵蜂科。体微小。触角短，肘状，鞭节不超过 7 节，常有 1~2 个环状节和 1~2 个索节。翅面上有成排微毛。跗节 3 节。本科种类均为卵寄生蜂，大多数是害虫卵的重要天敌，如松毛虫赤眼蜂 *Trichogramma dendrolimi* Mats.、广赤眼蜂 *T. evanescens* Westwood 等。

(12) 缘腹卵蜂科 Scelionidae（图 3-20-6） 又名黑卵蜂科。体微小至小型。多数黑色而有金属光泽。触角棍棒状，11（雌）或 12 节（雄）；少数为 7~8 节，则棒节不分节；前翅具缘脉和翅痣，腹部卵形或长形，两侧具尖锐边缘。寄生于各目昆虫卵和蜘蛛卵，常见种类如松毛虫黑卵蜂 *Telenomus dendrolimusi* Chu 等。

(13) 瘿蜂科 Cynipidae（图 3-21-1） 微小至小型。前胸背板伸达翅基片，前翅无翅痣，后翅无臀叶，转节 1 节；腹部卵形或侧扁，第 2 背板大，至少为腹部的 1/2。多寄生壳斗科植物，造成虫瘿，如板栗瘿蜂 *Dryocosmus kuriphilus* Yasumatsu。

Ⅱ. 针尾组 Aculeata

腹部末节腹板不纵裂，产卵器特化为螫刺，出自腹部末端；足转节常 1 节。

(14) 蚁科 Formicidae（图 3-21-2） 即常见的蚂蚁。触角呈膝状弯曲，腹部与胸部连接处有 1~2 节呈结节状，为筑巢群居的多型性昆虫，雌雄生殖蚁有翅，工蚁与兵蚁无翅。肉食性、多食性或植食性。黄猄蚁远在 1600 年前，我国劳动人民已用于防治柑橘害虫。近年来，利用双齿多刺蚁 *Polyrhachis dives* Smith 防治森林害虫收到了一定的效果。

(15) 马蜂科 Polistidae（图 3-21-3） 体瘦长。常呈红、黄等色。雌蜂触角 12 节，雄蜂触角 13 节。上颚长，刀状，内缘具齿或缺刻。前胸背板前缘具领状突起。腹部第 1 节非柄状，基部细，向端渐宽；第 2 节宽，至端部变细。巢常筑于树枝、树干及屋檐下。目前已有一些种类用于生物防治，以控制农林作物上的害虫，如角马蜂 *Polistes antennalis* Perez，陆马蜂 *P. rothneyi grahami* van der Vecht 等。

(16) 肿腿蜂科 Bethylidae（图 3-21-4） 小型。体光滑，多为黑色。头较长，前口式。触角 11~13 节。体两侧平行。雌、雄个体均有无翅或有翅者。缺翅基片。有翅种类前翅基部有 2 个约等长的翅室，缺翅痣，后翅具臀叶。3 对足的腿节肿大。腹部具柄，可见 6~7 个背板。常外寄生于鞘翅目、鳞翅目及一些膜翅目虫体上，如我国现广泛开展用于生物防治的管氏肿腿蜂 *Scleroderma guani* Xiao et Wu。

(17) 蜜蜂科 Apidae（图 3-21-5） 小至中型。黄褐至黑褐色。复眼椭圆形，被毛。下颚须 1 节；下唇须 4 节；中唇舌长。后足胫节端部形成花粉篮，跗节第 1 节形成花粉刷。前翅有 3 个亚缘室，缘室极长，长约为宽的 4 倍。本科昆虫营社会性生活，同巢内有蜂王、雄蜂与工蜂。许多种类对植物异花授粉，保证农林果实、种子产量有重要作用。常见的有意大利蜜蜂 *Apis mellifera* L. 以及中华蜜蜂 *A. cerana* Fabricius 等。

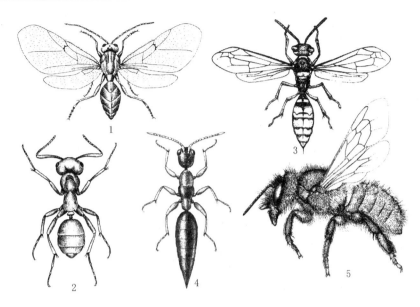

图 3-21 膜翅目（四）
1. 瘿蜂科 2. 蚁科 3. 马蜂科 4. 肿腿蜂科 5. 蜜蜂科

3.3.10 双翅目 Diptera

包括蝇、蚊、虻、蚋等。体微小至大型，粗壮，多数为黑褐色。头部球形或半球形；口器为刺吸式或舐吸式等。复眼发达，单眼2个或无。触角线状（蚊类）或具芒状。仅有1对发达的膜质前翅，后翅特化成平衡棒。跗节5节。腹部体节一般可见4~5节，末端数节内缩，成为伪产卵器。雄虫常有抱握器。无尾须。全变态昆虫。幼虫多为无足型，幼虫根据头部发达程度，分全头型（蚊）、半头型（虻）、无头型（蝇）等。双翅目昆虫生活习性复杂，不少种类喜欢湿润环境。成虫多数以花蜜或以腐烂的有机物为食；有的捕食其它昆虫（食虫虻、食蚜蝇科等）；有的吸食人、畜的血液（蚊、虻、蚋科等）为重要的医学昆虫；有的则营寄生生活（寄蝇、麻蝇科等）。植食性的种类，有潜叶（潜叶蝇科）、蛀茎（黄潜蝇科）、蛀根、种实（花蝇科）、钻蛀果实（实蝇科）和作虫瘿（瘿蚊科）等。常给农林业带来较大的危害。

(1) 瘿蚊科 Cecidomyiidae（图3-22-1） 小型种类，外观似蚊。体纤细。足细长。触角念珠状，由10~36节组成，其节数、形状和上面的附属物（毛和环状毛）常为分种的依据。前翅有3~5条纵脉，少横脉。幼虫体多呈纺锤形；头退化；末龄幼虫胸部腹面常有一剑状骨片，可用以弹跳，其形状可作为分种依据。幼虫食性多样：捕食性，取食蚜、蚧等小虫；腐食性，取食腐殖质；植食性，能危害植物的花、果、茎等各部分。很多种类还能形成虫瘿，故有"瘿蚊"之称。如桑瘿蚊 Contarinia sp.、枣瘿蚊 Contarinia sp. 等。

(2) 食虫虻科 Asilidae（图3-22-2） 中到大型，头、胸部大，腹端多呈锥形。

两复眼间头顶向下凹陷。触角3节，末节端部有1根刺。爪间突针状。成虫多为捕食性。常见的如长足食虫虻 *Dasypogon aponicum* Bigot、中华盗虻 *Cophinopoda chinensis* Fabricius 等。

(3) 实蝇科 Trypetidae（图3-22-3）　小至中型。常为黄、褐、橙色等。触角芒无毛。翅多有褐色斑纹；Sc脉端呈直角状弯向前缘；臀角末端形成1个锐角。雌虫腹端数节常形成长形产卵器。幼虫植食性，多生活于芽、茎、叶、果实、种子或花序内。许多种类危害果实。如梨实蝇 *Dacus pedestris*（Bezzi），以及柑橘小实蝇 *Dacus dorsalis*（Hendel）等。

(4) 食蚜蝇科 Syrphidae（图3-22-4）　外观似蜜蜂，中等大小。体暗色带有黄色或白色的条纹、斑纹。触角3节，具芒。前翅径脉（R_{4+5}）与中脉（M_{1+2}）之间有1条两端游离的伪脉；翅外缘有和边缘平行的横脉，把缘室封闭起来。成虫常在花上悬飞或猛然前飞。幼虫似蛆，腐生或捕食蚜虫等。常见的有黄颜食蚜蝇 *Syrphus ribessi*（L.）和大灰食蚜蝇 *Metasyrphus corollae*（Fabricius）等。

(5) 寄蝇科 Tachinidae（图3-22-5）　中等大小。常为黑、褐、灰等色。触角芒光滑。中胸下侧片具鬃。胸部后小盾片发达。成虫产卵于寄主体上、体内或寄主食料上等。寄蝇科的幼虫多寄生于鳞翅目、鞘翅目、直翅目等昆虫体内，对抑制害虫的大量繁殖有较大的作用，如松毛虫天敌蚕饰腹寄蝇 *Blepharipa zebina*（Walker）和伞裙寄蝇 *Exorista civilis* Rondani 等。

(6) 花蝇科 Anthomyiidae（图3-22-6）　小至中型。细长多毛。触角芒光滑、有毛或羽毛状。前翅的 M_{1+2} 不向上弯（与其近似的蝇科 M_{1+2} 则向上弯）。中胸下侧片裸。本科的多数种类为腐食性，有些种类为植食性，能潜叶或钻蛀危害，故对农林业造成一定危害。如林业重要害虫落叶松球果花蝇 *Strobilomyia laricicola*（Karl）等。

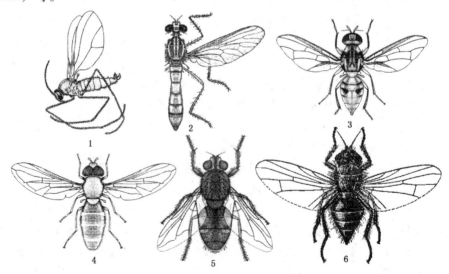

图3-22　双翅目

1. 瘿蚊科　2. 食虫虻科　3. 实蝇科　4. 食蚜蝇科　5. 寄蝇科　6. 花蝇科

3.3.11 螨类

螨类属于节肢动物门蛛形纲 Arachnida 蜱螨亚纲 Acari。蜱螨亚纲包括螨类（mites）和蜱类（ticks）。与林业有密切关系的螨类主要包括真螨目 Acariformes 中的叶螨总科和瘿螨总科的一些种类。

(1) 叶螨总科 Tetranychoidea　叶螨俗称红蜘蛛、黄蜘蛛、火龙等。体微小，多在 2mm 以下。体躯柔软，多为红色、绿色、黄色等，足 4 对，无触角和翅，其体躯（图 3-23）分为：

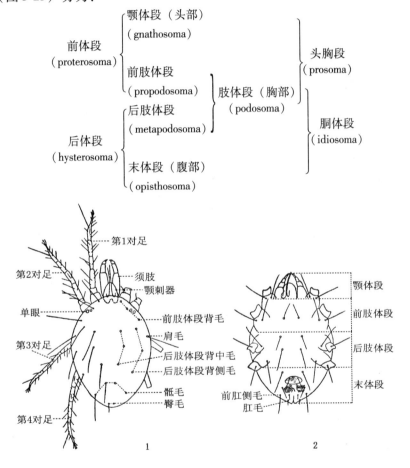

图 3-23　螨类的体躯构造及分段
1. 雌螨背面（足及毛一半未画）　2. 腹面（足均未全画）

颚体是分类的重要特征，由螯肢（chelicera）、须肢（palpus）、气门沟（peritreme）等组成。螨类身体背面常有许多刚毛，根据功能分为触毛（tactile seta）、感毛（化学感受毛 chemosensory seta）和黏毛（tenent hair）等，其数目和排列形式是分类的依据。

成螨和若螨具足 4 对，幼螨具足 3 对。叶螨的足由 6 节组成，即基节、转节、股节、膝节、胫节和跗节,基节与体躯腹面愈合而不能活动。足Ⅰ、Ⅱ跗节多具特殊的双毛,是由2根基部紧靠在一起的刚毛组成,一根为感毛,粗而长,也称为大毛;基侧的一根为触毛,细小,又称为小毛。各足跗节的顶端具1对跗节爪和1个爪间突,爪上有黏毛。爪和爪间突的形状变化多样,是重要的分类依据。

体躯背毛较腹毛长,数目不等,形状各异,有刚毛状、棒状、叶状、刮铲状等,在体躯的分布因属种而不同,也是分类的重要依据之一。

雄性的外生殖器——阳具,比较坚硬,形状多样。基部与螨体平行而宽阔的部分称为柄部(shaft),柄部的末端尖细可以弯向背面或腹面,称为钩部(hook),有时形成各种形状的膨大部分称为端锤(terminal knob)。

叶螨的生长发育过程一般经过卵、幼螨、若螨、成螨4个阶段。雌雄二性发育过程相同。雌螨羽化为成螨后随即交尾,1~3 d开始产卵。卵较小,多为圆形、扁圆形或椭圆形,红色、白色或绿色。雌雄均可多次交尾。雌成螨寿命较长,产卵期一般在20~25℃下为15~25 d;雄螨交尾后1~2 d死亡。生殖方式主要有两性生殖和产雄孤雌生殖,即经雌雄交配受精所繁殖的后代雌雄性均有,未经交配受精所繁殖的后代全为雄性。

叶螨大多数种类以危害植物叶片为主。受害后叶片表面呈现灰白色小点,失绿、失水,影响光合作用,导致生长缓慢甚至停滞,严重时落叶枯死。主要种类有二斑叶螨 *Tetranychus urticae*、山楂叶螨 *T. viennensis* Zacher、针叶小爪螨 *Oligonychus ununguis*、柏小爪螨 *Oligonychus perditus*、柑橘全爪螨 *Panonychus citri*、苹果全爪螨 *Panonychus ulmi*、竹裂爪螨 *Schizotetranychus bambusae* 等。

(2) 瘿螨总科 Eriophyoidea 体躯分为颚体(喙)、前足体(头胸部)、后半体(腹部)3部分(图3-24)。颚体部由须肢围成,有5条口针,为取食器官。前足体背面通常三角形,亦称背板或头胸板,其上常有背瘤和背毛,是分类的依据之一。

瘿螨的2对足着生于前肢体。基节上有刚毛3对,转节无刚毛。股节一般有腹毛1根,但也有缺如者。膝节上有1根大的长毛;胫节上通常有前胫毛,但决无后胫毛;跗节一般有2根跗亚基毛,如无胫毛或膝毛,则跗毛通常大而长。这些刚毛的有无和数目是重要的分类依据。跗节末端有羽状爪,其分枝称为放射

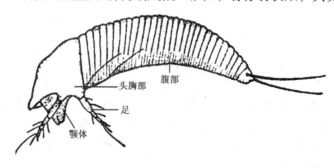

图 3-24 瘿螨体躯侧面观

枝，一般为 4~6 枝，少数 2 枝或 10 枝。羽状爪的数目和形状是分类的特征。后半体（腹部）是头胸板以后的部分，一般为蠕虫形，较宽阔，表面有横环纹。在侧面常有数根长短不等的刚毛。肛门位于腹部后端。外生殖器位于腹部前端，恰在基节后方，在其侧角后方有 1 对生殖毛。若螨期无外生殖器，但有 1 对生殖毛。雄螨外生殖器是一个向前凸出的横向开口，位于基节之后生殖毛之前。瘿螨无明显的单眼，有的在头胸板后侧的圆形突起可能是感光器。无气管亦无气门，而由外生殖器、口针、羽状爪等进行气体交换。

危害多种农林植物，是一类重要害螨。主要包括大嘴瘿螨科 Rhyncaphyoptidae、瘿螨科 Eriophyidae、西植羽瘿螨科 Sierraphyoptidae 3 个科。

瘿螨的卵较小，约为雌螨的 1/5。无幼螨期，有 2 个若螨期，在若螨脱皮之前各有静止期，而第 2 若螨的静止期称为拟蛹，由拟蛹变为成螨。若螨与成螨除大小不同外，微瘤总数也不同。第 1 若螨腹面有生殖毛，基节腹中线两侧有少数体环。

雄螨无阳茎，将精球落在叶面上，由雌螨将精球取入。未受精的雌螨所产的后代均为雄螨。生活史有简单和复杂二型，简单型的雌螨形状相同，而复杂型的雌螨有正常的雌螨与休眠的雌螨 2 种：正常雌螨的形状与雄螨相似，称为原雌；休眠雌螨形状与雄螨不同，称为冬雌。原雌只在寄主植物的叶上栖息，冬雌则在植物老熟或气温下降时出现，在充分吸取养分后离开叶片，移至树皮缝或芽中越冬。到春天从越冬场所到新叶上产卵（在越冬前已受精），孵化为原雌。复杂型的瘿螨，雌螨有时进行卵胎生。冬雌与原雌形态上也不同，由于有些种类没有冬雌，所以瘿螨主要根据原雌分类。

瘿螨对植物引起各种损害及变形成为螨瘿，瘿螨即由此得名，但瘿螨形成螨瘿的只是其中一部分，其它则称为疱螨、芽螨、锈螨、毛螨等。栖息在叶肉中使叶肉组织成海绵状的，称为疱螨；栖息在芽中的称为芽螨；在叶片背面，产生毛毯物的称为毛螨；在叶上产生锈斑，称为锈螨。也有的种类并不引起变形。有的种类能传播植物病毒而引起植物病毒病。

复习思考题

1. 昆虫分类的主要阶元有哪些？举例说明。
2. 何谓双名法和三名法？举例说明。
3. 昆虫纲中哪些目与林业生产关系较大？试举 10 种重要林业害虫，说明其所属的目名及科名。
4. 区分下列各组昆虫或螨：蟋蟀与螽蟖；蚜虫与球蚜；叶甲与瓢虫；吉丁虫与叩甲；丽金龟与鳃金龟；毒蛾与灯蛾；尺蛾与螟蛾；粉蝶与蛱蝶；姬蜂与茧蜂；叶螨与瘿螨。

第4章 昆虫生态学

【本章提要】本章介绍昆虫与环境间的相互关系，森林昆虫种群、种群动态及动态机制，昆虫地理分布、区划，昆虫群落的组成、结构和演替，生物多样性与害虫控制以及森林害虫预测预报等内容，有助于全面了解森林害虫的发生规律，寻找合适的控制途径。

昆虫个体生长发育和种群变动不仅与昆虫本身的生物学特性有关，而且还受环境因子的影响。研究昆虫与环境之间关系的科学称为昆虫生态学。就是以个体昆虫、昆虫种群和昆虫群落为主要对象，研究其与周围各种生物与非生物环境间的相互关系，进而揭示环境对个体昆虫生长、发育、繁殖、地理分布、昆虫种群数量变动和群落组织方式等的影响。

对昆虫与环境关系的研究有助于深入认识昆虫种群的动态机制，对森林害虫的预测预报和害虫种群数量的控制等具有重要的意义。

4.1 昆虫与环境的关系

昆虫生态学中的环境是指与昆虫发生直接或间接联系的外部空间事物的总和，分为非生物环境和生物环境两部分。环境影响昆虫的个体生长、发育、繁殖和昆虫种群的数量动态。对昆虫与环境关系的深入研究可以揭示害虫种群暴发原因和寻找害虫控制的途径。

4.1.1 非生物因素与昆虫

非生物环境包括气候因子（如温度、湿度、光、降水、风、气压和雷电等），土壤因子（如土壤的质地、结构、理化性质等）和地形因子（如坡度、坡向、坡位等）。它直接或间接地作用于昆虫个体或种群而对昆虫产生影响。

4.1.1.1 温度与昆虫

温度是昆虫生命活动的重要外部条件之一，它影响昆虫的生长、发育、繁殖等生命活动过程。昆虫正常的新陈代谢要求一定的温度条件，温度的改变可以加速或抑制代谢过程，也可以使代谢停止。

(1) 温区的概念 每一种昆虫都有一定的适宜温度范围，在该温度范围内，生命活动最旺盛，繁殖能力最强，而超出这一范围则生长、繁殖停滞或死亡。根据昆虫对温度条件的适应性，可以划分几个温度区域。

致死高温区 一般为 45~60℃，在该温区内，由于高温直接破坏了酶或蛋白质，昆虫短期兴奋后即行死亡。

亚致死高温区 一般为 40~45℃，在该温区内，昆虫各种代谢过程速度不一致，从而引起功能失调，表现出热昏迷状态。如果继续维持在这样的温度条件下，也会导致死亡。死亡与否决定于温度的高低和持续时间的长短。

适温区 一般为 8~40℃，在该温区内，昆虫生命活动正常进行，处于积极状态，昆虫体内能量消耗小，死亡率低，生殖力大。该温区又称有效温区或积极温区。

亚致死低温区 一般为 -10~8℃，在该温区内，体内各种代谢过程不同程度减慢或处于冷昏迷状态。死亡与否决定于温度的高低和持续时间的长短。若经短暂的冷昏迷又恢复到正常温度，通常能恢复正常的生活。

致死低温区 一般为 -40~-10℃，在该温区内，昆虫体内的液体析出水分结冰，不断扩大的冰晶可使原生质遭受机械损伤、脱水和生理结构破坏，细胞膜受损，从而导致死亡。

一些昆虫在冬季低温来临之前，生理上起了明显的变化，体液结冰点下降，形成了忍耐体液结冰的生理功能，甚至能在部分体液的水分已经结成冰晶、虫体僵硬的状态下渡过整个冬季，不但没有引起死亡，而且由于体内代谢水平的下降，储藏物质消耗较少而保持充沛的生命力。可见昆虫在不同温区的反应，在很大程度上决定于昆虫的生理状态。

(2) 适温区内温度与昆虫生长发育 在生态学上常用发育历期或发育速率作为生长发育速率的指标。发育历期是指完成一定发育阶段（一个世代、一个虫期或一个龄期）所经历的天数，发育速率则指一天所完成的发育进度，为发育历期的倒数。即：

$$V = 1/N$$

式中：V 为发育速率，N 为发育历期。

一般来说，在适温区内，温度升高昆虫生长发育速度加快，即昆虫的发育速率与外界温度成正比，而发育历期与温度成反比。例如：在 18℃ 恒温下，小地老虎卵的发育历期（N）为 7.75d，则其发育速率为：

$$V = 1/N = 1/7.75 = 0.129$$

(3) 有效积温法则 昆虫的生长发育除了要求一定的温度范围和温度持续期外，对持续期温度的逐日累计总数也有一定的要求。只有累计到一定温度总数才能完成生长发育。昆虫完成一定发育阶段所需的累计温度的总和称为积温。可用公式表示：

$$NT = K$$

式中：N 为发育历期；T 为发育期间平均温度；K 为总积温。

但昆虫的发育并不是从 0℃ 开始，而是从高于 0℃ 的某一特定温度以上时才开始发育，通常称此特定温度为发育起点温度或生物学最低温度。日平均温度中减去发育起点温度所得到的温度才是对昆虫发育有效的温度。昆虫在一定发育阶

段内全部有效温度的总和就是这一阶段的有效积温,通常为一常数,称其为有效积温法则。即:

$$N(T-C)=K$$

式中:N 为发育历期;T 为日平均温度;C 为发育起点温度;K 为有效积温,其单位为"日度"。

若将 $N=1/V$ 代入,则 $V=(T-C)/K$

其中有效积温 K 和发育起点温度 C 可以这样求得。

设有 n 个温度处理,其处理温度分别为 T_1,T_2,…,T_n,测得的相应发育速率分别为 V_1,V_2,…,V_n,采用数理统计中的"最小二乘法"求得 K 和 C。其公式为:

$$K=(n\sum VT-\sum V\sum T)/[n\sum V^2-(\sum V)^2]$$
$$C=(\sum V^2\sum T-\sum V\sum VT)/[n\sum V^2-(\sum V)^2]$$

而 C 的标准误分别为:

$$S_C=[\sum(T_i-T_i')^2/2]^{1/2}$$

其中 T_i' 是 T_i 的理论值。

昆虫的有效积温和发育起点温度在不同物种间不同,同种昆虫的不同世代、不同虫态或虫龄间不同,而且同种昆虫在不同地点也有不同。因此,在应用有效积温时一定要注意,不可机械搬用。

(4) 有效积温的应用 预测某一地区某种害虫可能发生的世代数:以 K 代表某种昆虫发生一代所需的有效积温,K_1 代表当地全年总有效积温,则当地可能发生的世代数为 K_1/K。

预测害虫地理分布的界限:对于 1 年 1 代的昆虫而言,如果当地的有效总积温不能满足某种昆虫一个世代的 K 值时,则这种昆虫在当地就不能发生。

预测害虫的发生期:在求得某种昆虫各虫态 K 和 C 的基础上,结合当地的气温预测,应用有效积温公式可以预测该虫的发生期。

控制昆虫的发育期:可通过控制饲养温度,调节昆虫的发育速率,以便获得所需的虫期。如已知松毛虫赤眼蜂的蛹有效积温 K 为 161.36 日度,发育起点温度为 10.34℃,要求 20 d 后散放成蜂,可以计算出所需的培养温度应为:

$$T=K/N+C=161.36/20+10.34=18.408\ (℃)$$

虽然有效积温法则很有用,但也有其局限性。原因在于其假定发育速率与温度呈线性关系,其实在整个适温区内,发育速率与温度的关系更接近于 S 型曲线关系;有些昆虫有滞育或夏蛰;昆虫生长发育还受温度以外的环境因素影响等。

4.1.1.2 湿度、降水与昆虫

湿度影响昆虫的生长、发育、繁殖和生存,影响昆虫的地理分布,但湿度对昆虫的影响不如温度那样明显。湿度通过影响昆虫的新陈代谢而直接影响昆虫,或通过影响食物、天敌而间接地影响昆虫。

(1) 湿度对昆虫发育速率的影响 对小地老虎幼虫的研究表明,不同的土壤湿度

对小地老虎幼虫发育速率和死亡率的影响不同。当土壤含水量为30%~70%时，小地老虎幼虫的发育历期基本相同，死亡率也较小；当土壤含水量在90%时，发育历期延长，死亡率增大。

(2) 湿度对昆虫繁殖的影响　东亚飞蝗在不同相对湿度下，蝗蝻发育到性成熟所需时间以相对湿度70%时最快，相对湿度的降低和提高都会延缓性成熟的时间。湿度也影响东亚飞蝗的产卵量，当相对湿度为70%时，产卵量最大。

(3) 降水对昆虫的影响　降水通过影响昆虫生活环境或直接作用于虫体而影响昆虫的行为或生死。表现为如下方面：

①降水显著提高空气湿度，从而对昆虫发生影响。

②降水影响土壤含水量，对土壤昆虫作用明显，同时土壤含水量影响昆虫的食物，进而对昆虫产生影响。

③降水是一些昆虫繁育的重要条件。附在作物上的水滴，常常对一些昆虫卵的孵化和初孵幼虫的活动起着重要作用；早春降水对解除越冬幼虫滞育状态有密切的关系。

④冬季降雪在北方形成地面覆盖，有利于保持土温，对土中和地表越冬的昆虫起着保护作用。

⑤降雨常常可以直接杀死害虫。如暴雨后，蚜虫、红蜘蛛、蛾类初孵幼虫等种群数量往往减少。

⑥降雨影响昆虫的活动。降雨使得很多昆虫停止飞翔；远距离迁移的昆虫常因雨而被迫降落；连续降雨也常常会影响赤眼蜂、姬蜂、茧蜂等的寄生率。

降水与昆虫种群的动态具有相关性。生产上常用月、旬、年降水量来统计和预测害虫的发生数量。

4.1.1.3　温、湿度的综合作用

自然界中温湿度是相互影响、共同作用于昆虫的，并表现在影响昆虫的发育速率、死亡率、存活率和生殖率。对于同一种昆虫，在一定的温度范围内，影响随湿度的变化而变化；在一定的湿度范围内，其影响随温度的变化而变化。因此，在一定的温湿度范围内，相应的温湿度组合可以产生相近的生物效应。

(1) 温、湿度组合对昆虫发育速率的影响　不同温、湿度组合下，昆虫的发育历期不同。例如，三化螟卵期在温度26~30℃，湿度84%~96%范围内发育历期最短。

(2) 温、湿度组合对昆虫死亡率的影响　不同的温湿度组合对昆虫的死亡率或存活率有很大的影响。例如，大地老虎卵在高温、低湿和高温、高湿下死亡率均大；温度在20~30℃，相对湿度50%的条件下，对其生存都不利，适宜的温湿度为温度25℃，相对湿度70%左右（表4-1）。

表4-1　大地老虎卵在不同温湿度组合下的死亡率　　%

温度(℃)	湿度(%)		
	50	70	90
20	36.67	0	13.5
25	43.46	0	2.5
30	80.00	7.5	97.5

(3) 温、湿度组合对昆虫繁殖率的影响　不同

表 4-2　温湿度组合对落叶松叶蜂产卵量（粒数）的影响

温度(℃)	湿度（%）									
	92.8	84.4	93.3	81.5	93.7	80.7	64.0	94.5	78.0	72.0
12.5	5.67	19.00	—	—	—	—	—	—	—	—
15.0	—	—	21.25	31.36	—	—	—	—	—	—
20.0	—	—	—	—	36.33	35.67	61.33	—	—	—
25.0	—	—	—	—	—	—	—	73.33	70.00	54.75

的温湿度组合对昆虫的繁殖率影响显著。例如，温湿度组合对落叶松叶蜂产卵量的影响（表 4-2）。

(4) 温、湿度系数与气候图　温湿度的相互关系在生物气候学上常常用温湿度系数和气候图来表示。

①温湿度系数　温湿度系数是降水量与平均温度总和的比值。它可以表示昆虫所在地区月、季或年的气候特点，其公式可有 3 种形式。

$$Q = M/\sum T \quad ①$$

式中：Q 为温湿度系数；M 为降水量；T 为平均温度。

$$Q_e = (M - P)/\sum (T - C) \quad ②$$

式中：Q_e 为有效温湿度系数；P 为发育起点温度以下的降水量；C 为发育起点温度。

$$Q_w = R.H./T \quad ③$$

式中：Q_w 为生态温湿度系数；$R.H.$ 为相对湿度。

温湿度系数作为一个指标可用于比较不同地区，同一地区不同年份或月份气候特点，并在害虫种群发生趋势预测中具有一定的参考价值。但在实际应用中具有一定的局限性。可能出现不同地区温湿度系数相同，但气候条件相差悬殊的情况，造成测报结果失真。

②气候图　气候图是在坐标纸上以纵轴表示月平均温度，横轴表示月总降水量，并以线条依次连接各月温湿度交合点所成的图。它可以表示不同地区的气候特征。如果两个地区的气候图基本重合，可以认为两个地区的气候条件基本相近；同一地区不同年份的气候图基本重合，表示这些年份的气候条件基本相似。

在实际应用中，常将气候图分成 4 个区域，左上方为干热型，右上方为湿热型，左下方为干冷型，右下方为湿冷型。这样，就可以用气候图分析昆虫在新区分布的可能性，也可以预测不同年份昆虫发生数量。

4.1.1.4　光与昆虫生长发育

昆虫直接或间接地利用植物源作为食物，获取生长发育所需的能量。同时，光对昆虫也具有信号作用，直接或间接地调控昆虫的生长、发育和行为。

(1) 光的性质对昆虫的影响　昆虫的视觉光区一般为 $2.5 \times 10^{-7} \sim 7 \times 10^{-7}$ m，但不同的昆虫种类之间也有差异。例如，蜜蜂可见光区为 $2.97 \times 10^{-7} \sim 6.5 \times 10^{-7}$ m，果蝇可见 2.57×10^{-7} m，麻蝇甚至可见 2.53×10^{-7} m。多数昆虫对 $3.3 \times$

$10^{-7} \sim 4 \times 10^{-7}$ m 的紫外光有强烈的趋性。因而，实践中常用黑光灯来诱杀害虫和进行害虫种群预测预报。

此外，光的性质对昆虫体色变异也有影响。如菜粉蝶的蛹色随栖息背景的颜色而改变。

(2) 光强度对昆虫的影响 光的强度主要影响昆虫的昼夜节律行为、飞翔活动、交尾产卵、迁飞性昆虫的起飞迁出、取食、栖息等。如很多蛾类成虫均在黄昏或晨曦中活动，而蝶类则在白天活动。依据昆虫活动与光强度的关系，可将昆虫分为 3 类，即：日出性昆虫，如双翅目的蝇类、鳞翅目的蝶类、同翅目的蚜虫等；夜出性昆虫，如鳞翅目的蛾类、鞘翅目的金龟子；昼夜活动的昆虫，如某些天蛾、大蚕蛾成虫等。

此外，光强度对昆虫的趋光性也有影响。通常，趋光性随光强度的增强而增强，但不呈直线关系，而呈 S 形曲线关系。

(3) 光周期对昆虫的影响 光周期对昆虫的生活主要起着一种信号作用，影响昆虫的发育和繁殖，也是诱导昆虫进入滞育的重要环境因素。引起昆虫种群 50% 左右个体进入滞育的光周期的界限，称为"临界光周期"。不同昆虫的临界光周期不同。昆虫对光周期变化的反应可分为 4 大类型：

①短日照滞育型 大多发生在温带和寒温带地区，当每日在 12～16 h 以上的长日照下不产生滞育。相反，当日照逐渐缩短到其临界光照时数以下时，滞育的比例明显地剧增。我国大部分冬季进入滞育的昆虫均属此型。

②长日照滞育型 当每日在 12 h 以下的短日照下，可以正常发育，相反，当日照时数逐渐加长，超过其临界日照时数时，我国大部分夏季进入滞育的昆虫均属此型。

③中间型 在大部分光照时数范围内都可发育，只有在很狭窄的光照时数范围内才发生滞育。如桃小食心虫，在 25℃ 下，每日光照时数短于 13 h，老熟幼虫全部进入滞育，光照 15 h 时则大部分不滞育，而光照 17 h 以上时又有 50% 以上的个体滞育。

④无光周期反应型 光周期变化对滞育没有影响。

昆虫的滞育主要是光周期变化引起的，但温度、湿度、食物以及纬度也有一定的影响。同一种昆虫，分布于不同纬度的种群，要求的临界光周期常常不同。此外，高纬度地区的昆虫对光周期反应明显，而低纬度地区的昆虫对光周期的反应不明显。

4.1.1.5 风对昆虫的影响

风对昆虫的影响是多方面的。它不但直接影响昆虫的活动和生活方式、扩散和分布，而且还通过影响环境的温度、湿度而间接地影响昆虫的新陈代谢。

(1) 风对昆虫活动和体形的影响 昆虫一般喜欢微风的天气，大多数在微风或无风的晴天飞行。在强风下，昆虫很少起飞。当风速超过 15km/h 时，所有的昆虫都停止自发的飞行。

在多强风的地域有翅昆虫明显减少，多数种类无翅或翅退化。例如，青藏高原多风的高山草甸上的蝗虫是无翅的或翅退化。在南极各岛,不仅大多数甲虫无翅,甚至蝶、蝇的翅也消失。

(2) 风对昆虫迁飞的影响 风对昆虫迁移和传播的影响非常明显。许多昆虫可借风力传播到很远处。例如,蚜虫可借风力迁移 1 200~1 440km。在辽东半岛,春季当天气干旱、刮风次数多时,日本松干蚧每年扩散速度约为 10 km。风向、风速已经成为某些昆虫种群发生预测的重要因素。

4.1.1.6 土壤对昆虫的影响

土壤是一种特殊的生态环境,它既区别于地上环境,又与地面生物群落和环境紧密相连。大多数昆虫的生命活动与土壤发生直接的联系。

(1) 土壤温湿度对昆虫的影响 与大气一样,土壤温度也受太阳辐射的影响,有日变化和年变化,日变化只涉及土壤表层;年变化在低纬度地区涉及土深 5~10cm、中纬度 15~20cm、高纬度区深达 25cm。土壤温度的日、年变化使土壤中的昆虫在行为上产生上迁和下迁的习性。如在北方各省,华北蝼蛄在土温 13~26℃时,活动于 25cm 以上的土表中;26℃以上,则向下迁移。多数在土壤中越冬的昆虫常常潜于一定深度的土壤中,冬季积雪有利于土壤中的昆虫越冬。

土栖昆虫或某一阶段在土壤中度过的昆虫,常常要求一定的土壤含水量。例如在陕西武功,棕色金龟的卵在土壤含水量为 5% 时,全部干瘪而死;在 10% 时,部分干瘪而死;在 15%~35% 时,均能孵化;超过 40% 时易于感染病菌而死。

(2) 土壤理化性质对昆虫的影响 土壤的理化性质包括土壤成分、土粒的大小、土壤的紧密度、透气性、团粒结构、含盐量、pH 值、有机质含量等。不同理化性状的土壤决定着土壤中昆虫的种类和数量。

许多地下害虫的分布与土壤性质和结构有关。例如华北蝼蛄主要分布在淮河以北砂壤土地区,而东方蝼蛄则主要分布在南方较黏重土壤的地区。日本金龟子常选择砂壤土产卵,越是疏松的土壤其产卵深度越深。

土壤的化学性状,如含盐量、pH 值等均影响昆虫的生存和生长。土壤含盐量是东亚飞蝗发生的重要限制因子。含盐量在 0.5% 以下的地区是东亚飞蝗的常年发生区,它产卵的最低含盐量临界值为 0.3%;含盐量在 0.7%~1.2% 的地区是其扩散区或轮生区;而含盐量在 1.2%~2.5% 的地区则无分布。不同昆虫对土壤 pH 值的要求也不同,金针虫喜栖息于 pH 值为 4~5.2 的土壤中;大栗鳃金龟适宜在 pH 值为 5~6 的土壤中生活,而欧云鳃金龟则适宜在 pH 值为 7~8 的土壤中生活。

(3) 土壤有机质与昆虫 土栖昆虫在土壤中生活必须以有机质或植物的根系为食料。因此,在土壤中施用有机肥料对土壤昆虫产生很大影响。施肥不当,如施用未腐熟的厩肥常常导致地下害虫发生。

4.1.2 生物因素与昆虫

生物因素包括作为食物的动物、植物以及与昆虫发生联系的所有其它生物,包括昆虫本身。生物因素常常通过捕食、寄生、竞争和共生的方式影响昆虫的生长、发育、繁殖、分布和种群的动态。

4.1.2.1 食物对昆虫的影响

昆虫是异养生物，它必须利用植物或其它动物制成的有机物来取得所需要的能量。因此，食物成为决定昆虫生存，影响昆虫生长、发育、繁殖和种群数量的重要生态因素之一。昆虫在长期的进化过程中与食物形成了复杂、多样化的关系。

(1) 昆虫的食性及其特化　昆虫种类不同，其食物种类不同；即使取食同一类食物的昆虫，在种间也存在喜爱程度的差异。食性是指昆虫在自然情况下的取食习性，包括食物的种类、性质、来源和获取食物的方式等。按照食物性质的不同可将昆虫归为4类。

植食性昆虫（phytophagous insect）　是以活体植物为食的昆虫类群。包括很多农林业害虫和少数用于消灭有害杂草或为人类提供工业原料或药物的昆虫。

肉食性昆虫（carnivorous insect）　是以活体动物为食的昆虫类群。包括动物的内寄生或外寄生昆虫、捕食性昆虫，大多数为害虫的天敌，少数为卫生害虫。

腐食性昆虫（saprophagous insect）　是取食已死亡或腐烂的动物或植物的昆虫。

杂食性昆虫（omnivorous insect）　是能以各种植物或动物为食的昆虫。

昆虫在进化过程中形成了对食物的一定要求，即食性的专门化。不同昆虫的食性专门化的程度不同。据此又可将昆虫划分为3类。

单食性昆虫（monophagous insect）　是食性高度特化，仅以一种或近缘的少数几种植物或动物为食的昆虫。如澳洲瓢虫只取食吹绵蚧。

寡食性昆虫（oligophagous insect）　是食性比较特化，只取食少数属的植物、动物或嗜好其中少数几种植物、动物的昆虫。如落叶松毛虫只取食落叶松属、松属、云杉属等针叶树种，但嗜食落叶松和红松。

多食性昆虫（polyphagous insect）　是以多种亲缘关系较远的植物或动物为食的昆虫。如舞毒蛾能取食蔷薇科、杨柳科、壳斗科、桦木科等近500种植物。

(2) 食物质量对昆虫的影响　食物的质量对昆虫的生长发育速度、成活率、生殖率均有影响。幼虫的食物与营养积累有关。大多数昆虫羽化后不再取食，但有些昆虫羽化后要求继续取食以补充营养。

(3) 昆虫对植物的选择性和植物对害虫的抗性　植食性昆虫对寄主的选择性和植物对害虫的抗性是一个问题的两个方面，是寄主植物和昆虫协同进化的表现。当一种植物被昆虫取食时，植物在形态和生理上向避免被其取食的方向演化，昆虫也相应地向适应植物演化的方向演化。

①植食性昆虫对寄主的选择性　从昆虫的成虫开始建立取食过程的序列为：产卵、幼虫孵化并取食、要求营养、要求含有特殊生理物质，选择性在上述每一个环节中皆有表现。

产卵的选择　寄主植物的生境与昆虫的要求一致，其颜色、气味对成虫的刺激作用引起昆虫趋向这种植物上产卵。

取食选择　植物表面的物理状态常常对昆虫是否开始取食起着重要作用；植物组织中化学物质和物理状态对是否继续取食起着重要作用。

营养的选择　昆虫取食后的营养效应对幼虫期的生长发育速度、变态、生殖力等方面都会发生影响，对昆虫种群数量的增减起着重要作用。

特殊物质的选择　不同种类植物中的特殊物质，除对昆虫的行为起刺激作用外，还有一些特殊物质对一些昆虫是必需的。例如，合成激素物质的缺乏，将对昆虫的发育产生不利的影响；如果植物含有对昆虫有毒的物质，或在昆虫取食后植物产生的有毒物质或其它不良反应，可能引起昆虫不取食甚至死亡。

②植物对害虫的抗性　植物在长期进化过程中形成的抵御害虫取食的能力即为抗虫性。其抗虫机制表现在不选择性、抗生性和耐害性3个方面。

不选择性　植物不具备产卵或刺激取食的特殊化学物质或物理性状；或植物有拒避产卵或抗拒取食的化学物质或物理性状；或昆虫的发育期与植物的发育期不同步等而使昆虫不产卵、不取食或少取食。

抗生性　昆虫因某些植物产生对它有害的次生代谢物质而不危害该种植物的现象。

耐害性　植物在遭到昆虫危害后所表现出的忍耐被害或再生补偿能力。例如，禾本科植物的分蘖力较强，当主蘖被害后的分蘖使被害后的损失甚低；又如，大多数落叶阔叶树能忍耐食叶害虫取食其叶量的40%左右。

植物的抗虫性是普遍存在的，但植物的抗虫机制可能各不相同。有的植物可能表现上述3种抗虫机制，也可能表现为其中之一或二。同种植物的不同品种往往具有不同的抗虫性，因而，植物的抗性育种在害虫综合治理中具有重要的意义。但抗性亦有其局限性，对1种或几种害虫具有抗性，但可能对其它某些害虫则不具有抗性。

4.1.2.2　昆虫的天敌

天敌是控制害虫种群数量的重要生态因子。自然界中，昆虫的天敌种类众多，大致可分为病原微生物、天敌昆虫、捕食昆虫的其它动物或植物。

(1) 病原微生物　病原微生物主要包括病毒、细菌、真菌、立克次体、线虫、原生动物等。

①病毒　病毒是没有细胞的生命体。全世界已发现的昆虫病毒1 100余种。其中DNA病毒862种，RNA病毒331种。昆虫病毒中常见的是核型多角体病毒NPV、质型多角体病毒CPV、颗粒体病毒GV等。昆虫病毒因其专化性很强，在生物防治中很有发展前景。如松毛虫NPV、松毛虫CPV、舞毒蛾NPV等在生产实践中均取得了很好的防治效果。

②细菌　与昆虫有关的细菌已发现数百种。大致可分为形成芽孢的芽孢杆菌和不形成芽孢的无芽孢杆菌。在芽孢杆菌中还可分为不形成伴孢晶体的和形成伴孢晶体的2个类群。

无芽孢杆菌的寄主范围很广，这类细菌一般存在于昆虫消化道中，多缺乏进入中肠肠壁的能力，常常不引起疾病。但如果中肠受损，细菌则可进入体腔而引起败血症。

不形成伴孢晶体的芽孢杆菌从口腔进入消化道后，可在肠内萌发，形成营养细胞进入体腔内分裂增殖，破坏体内组织而形成败血症。如蜡样芽孢杆菌 *Bacillus cereus* 和日本金龟子芽孢杆菌 *B. popilliae*。

产生伴孢晶体的芽孢杆菌所产生的蛋白质伴孢晶体在碱性溶液中可被蛋白质酶分解成对昆虫有毒的内毒素。在增殖的过程中还分泌出 3 种以上的外毒素，因此这类细菌不但破坏昆虫组织而引起昆虫的死亡，所产生的外毒素也可将昆虫迅速杀死。如著名的苏云金杆菌 *Bacillus thuringiensis*（简称 Bt）及其变种。

③真菌 寄生昆虫的真菌大约有 750 余种。

真菌孢子或菌丝接触昆虫体壁后，在体壁上发芽而穿入昆虫体内，最终贯穿于各组织中而导致昆虫死亡。担子菌纲的真菌寄生虫体后，菌丝充满虫体致使死虫体僵硬，称为"僵病"。一些菌丝穿出体壁甚至包围整个虫体，外表可以看到白色、绿色或其它颜色的绒状物。如白僵菌导致的"白僵病"，绿僵菌导致的"绿僵病"等。还有一些真菌可以产生毒素而导致昆虫死亡，如白僵菌产生的白僵素，绿僵菌产生的绿僵素等。

④线虫 线虫属于线形动物门线虫纲（Nematoda）。寄生昆虫的线虫主要属于索线虫 Mermithidae 和新线虫 Neoaplectanidae 两个类群。线虫分卵、幼虫和成虫 3 个虫态。多数线虫以幼虫直接穿透昆虫表皮和中肠而侵入虫体，进入血腔后，幼虫迅速发育并离开寄主进入土壤，再脱一次皮，即为成虫。

线虫虽然是重要的害虫天敌，但线虫的侵袭受到湿度等外界环境的影响很大。

(2) 天敌昆虫 能寄生或捕食昆虫或其它动物的昆虫叫天敌昆虫，可分为捕食性和寄生性两类。

①捕食性天敌昆虫 昆虫纲中有 18 目近 200 余科中有捕食性天敌昆虫。其中以植食性昆虫为捕食对象的多属于害虫的天敌。捕食性昆虫在生产实践中应用成功的例子很多，例如，用澳洲瓢虫 *Rodolia cardinalis* 防治吹绵蚧 *Icerya purchasi*。

②寄生性天敌昆虫 包括内寄生和外寄生 2 个类群。按寄主的发育阶段可划分为卵寄生、幼虫寄生、蛹寄生和成虫寄生。

寄生性天敌昆虫的发育期占寄主 2 个以上发育阶段的叫跨期寄生。如广黑点瘤姬蜂 *Xanthopimpla punctata* 在寄主体内跨幼虫和蛹两个虫期。1 个寄主体内只有 1 个寄生物的寄生现象称为单寄生，如姬蜂科昆虫；1 个寄主体内有 2 头以上同一种寄生物的寄生现象称为多寄生，如赤眼蜂；1 个寄主体内有 2 种以上寄生物寄生的现象为共寄生，如落叶松毛虫卵内常有赤眼蜂、黑卵蜂同时寄生；1 个寄主被第 1 种寄生物寄生，第 2 种寄生物又寄生在第 1 种寄生物的现象称为重寄生。

(3) 其它捕食性天敌 捕食昆虫的其它动物种类很多，主要包括鸟纲、蛛形纲和两栖纲等动物类群。

4.2 森林昆虫种群及其动态

种群（population）是在特定时间内占据特定空间的同种有机体的集合。种群的边界有时是非常清楚的，如一片孤立人工落叶松林中的落叶松毛虫，有时是非常模糊的，其边界常根据调查的目的来划分。种群由相互间存在交互作用的个体组成，在总体上存在着一种有组织、有结构的特性。

生物种群一般具有3个特征：① 空间特征，即具有一定的分布区域和分布形式；② 数量特征，单位面积（或空间）内的个体数量（密度）及其随时间的变化；③ 遗传特征，即具有一定的基因组成，以区别于其它种群，但基因组成同样处于变动之中。种群是物种的存在形式，在一个物种的分布区内，由于生境的异质性，适宜于生物种生存和繁衍的场所往往是不连续的，每个物种都在分散的场所中居住着大小不一的种群（图4-1）。

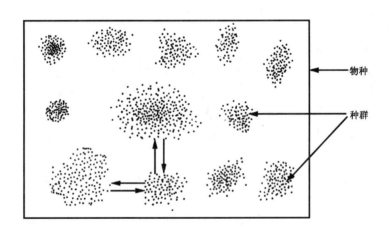

图4-1 物种与种群关系示意图
小点代表生物个体；箭头表示种群间的交流

虽然同一物种各种群间也常常存在基因交流，但种群还是物种实际的生活单元和繁殖单元。因此，种群成为生态学研究中的基本生物单元。

4.2.1 种群的数量特征

种群动态分析在昆虫种群生态学中具有重要的地位，而种群数量特征（种群统计学特征）是种群数量动态分析的基础。种群的数量特征包括种群密度、出生率、死亡率、增长率、迁移率和种群平均寿命等。

4.2.1.1 种群密度（population density）

昆虫的种群密度是指单位空间内昆虫的个体数，常以单位面积或单位空间内的虫数表示,如每平方米林地内越冬虫数,每株树上的虫数等,称为绝对密度(absolute density)。在实际工作中,由于密度的测定是很困难的,而且有时知道种群大小的变动往往比知道种群的大小更为重要,因此种群的相对密度(relative density)有时就显得更为重要和方便。相对密度是人为的标准指标,是表示昆虫数量多少的相对指标。

(1) 种群绝对密度的估计

①总数量调查(total count)　计数某一空间内生活的全部昆虫的数量,如一片草地上全部粉蝶数量。但对于绝大多数昆虫难以做到。

②取样调查(sampling methods)　在大多数情况下,总数量调查比较困难,研究者只须计数种群的一小部分,即可估计种群整体数量,称为取样调查法。

样方法　在整个种群分布的空间内抽取少量样方,仔细计数每个样方中的个体数,再求出平均一个样方中的虫数,以此推算整个空间内的总个体数。将在取样方法中详细介绍。

标记重捕法　先捕捉一定数量的个体,用人工标记后,再释放到自然界中,被标记的个体均匀地分布到自然群体中,和未标记的混合在一起,再捕捉时,已标记和未标记的个体被捕捉的机会相等。根据再捕捉到的标记个体所占比例,估计自然种群的全体。标记可采用喷染料、饲食颜料、荧光物质、示踪原子等方法。估计公式:

$$N = M \times n/m$$
$$S = N[(N-M)(N-n)/Mn(N-1)]^{1/2}$$

式中:N 为全部个体数;M 为标记个体数;n 为再捕到个体数;m 为再捕到个体中的标记个体数;S 为标准差。

(2) 种群相对密度的估计　可以用时间表示,如单位时间内灯诱或网捕到的昆虫,也可用百分比表示,如有虫株率等。

4.2.1.2 种群出生率(natality)和死亡率(mortality)

种群出生率和死亡率是影响昆虫种群动态的两个重要因素。出生率是指种群增长的固有能力,它描述昆虫种群产生新个体的情况。分为生理出生率和生态出生率,生理出生率是指昆虫种群在理想条件下产生新个体的理论上最大数量,对于特定昆虫种群,它是一常数。生态出生率是指特定生态条件下的实际出生率。

种群死亡率与种群出生率相对应,是描述昆虫种群个体的死亡情况。也分为生理死亡率和生态死亡率。生理死亡率是指种群在理想环境条件下,种群中个体均因年老而死亡,即昆虫个体都活到了生理寿命后才死亡的情况。生理寿命是指种群在理想条件下的平均寿命。生态死亡率是指特定生态条件下的实际死亡率。

种群出生率常用单位时间内种群新出生的个体数来表示,即:

$$B = \Delta N/\Delta t$$

式中:B 为种群出生率;ΔN 表示在 Δt 内新出生的个体数。

种群出生率也可用单位时间内平均每一个体所产的后代个体数来表示,称为种群的特定出生率,即:

$$b = \Delta N / \Delta t \cdot N$$

式中：b 为种群的特定出生率；N 为种群个体数量。

种群死亡率常用单位时间内种群死亡个体数来表示，即：

$$M = N_d / \Delta t$$

式中：M 为种群死亡率；N_d 为在 Δt 内种群死亡的个体数。也可用在特定时间内种群死亡个体数与种群总个体数之比来表示，即：

$$m = N_d / N$$

式中：m 为种群特定死亡率；N_d 为死亡个体数；N 为种群总个体数。

4.2.1.3 内禀增长率（innate capacity for increase）

内禀增长率是指在最适环境条件下，维持最适生活水平的动物种群所具有的最大增长能力，即在食物极丰富，空间无限制，气候条件适宜，无天敌袭击和其它物种竞争的情况下，具有稳定年龄结构和最适密度的动物种群表现出的最大瞬时增长率。常用 r_{max}、r_m 或 r 表示，常被用做考察物种在繁殖上生态对策的一个指标。r_m 值越大，意味着该物种在自然状态下的死亡率可能越高。

4.2.1.4 种群迁移率

迁入（immigration）和迁出（emigration）是昆虫种群的常见现象，尤其在成虫期。迁移率是指一定时间内种群迁入数量与迁出数量之差占总体的百分率。它影响昆虫种群变动，也描述了种群之间进行基因交流的过程和频度。

4.2.2 种群的结构特征

组成昆虫种群的个体，由于性别、年龄、大小等的不同，其生物学特征也不相同。例如多数蛾类成虫不取食，仅担负繁殖功能，而幼虫危害林木却不具有繁殖能力。可见，在昆虫种群动态研究中对昆虫种群结构的研究是十分重要的。

4.2.2.1 性比（sex ratio）

性比是反映种群中雌性个体和雄性个体比例的参数。一般用雌虫占种群总个体数的比率来表示。大多数物种的性比趋向于1:1，但也随种类而异。同一种群的性比会因环境条件的变化而改变，从而引起种群数量的消长。例如，在食物短缺时，赤眼蜂雌性比率下降。迁飞昆虫雌雄迁飞能力不同，影响迁入地昆虫的性比。一些营孤雌生殖的昆虫，如蚜虫、蚧虫等在种群结构分析时可不考虑性比。种群的性比对种群的出生率和死亡率均有影响。

4.2.2.2 年龄组配（age distribution）

种群的年龄组配是指昆虫种群中各年龄组（各虫期、各虫态）个体数的相对比例。在自然昆虫种群内，世代重叠的现象比较普遍，一般种群内均包含不同年龄的个体。

种群的年龄组配与出生率和死亡率密切相关。一般而言，如果其它条件相同，种群中具有繁殖能力的个体比例越大，种群的出生率越高；老龄个体的比率越大，种群死亡率越高。

利用年龄组配可以预测未来种群的动态。如果幼体较多而成体较少，种群呈上升趋势；如果成体多而幼体少，种群呈衰落趋势；如果种群具有大致均匀分布的年龄结构，表示出生率和死亡率大致相等，种群趋于稳定。若以不同发育阶段，各年龄组的个体在总体中所占的百分比为横坐标，以年龄组为纵坐标，即可绘制成年龄金字塔（age pyramid）（图 4-2）。

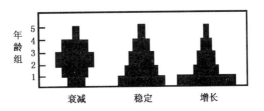

图 4-2　种群不同发育阶段的年龄组配

4.2.3　昆虫种群的空间分布

由于生境的多样性，以及昆虫种内、种间个体之间的竞争，每一种群在一定空间中都会呈现出特有的分布形式。种群在空间扩散分布的形式称为种群的空间分布型。昆虫的种群空间分布型因种而异，同种昆虫不同阶段的分布型也会有所不同。

研究昆虫的空间分布型可以了解昆虫的扩散行为、生物学特性，而且为正确处理昆虫种群研究的数据和改进取样方法提供依据。

4.2.3.1　空间分布类型

昆虫的空间分布型一般分为均匀分布（uniformity distribution）、随机分布（random distribution）和聚集分布（aggregated distribution）（图 4-3）。

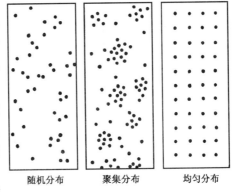

图 4-3　昆虫种群的空间分布形式

(1) 均匀分布　个体间彼此保持一定的距离，通常是在资源均匀的条件下，由于种群内竞争所引起。现实中，均匀分布的昆虫种群较罕见。

(2) 随机分布　每个个体在种群领域中各个点出现的机会均等，且某一个体的存在不影响其它个体的分布。随机分布比较少见，因为只有在环境资源分布均匀，种群内个体间没有彼此吸引或排斥的情况下，才易于产生。例如，森林地被物中的一些蜘蛛，落叶松树冠上的落叶松毛虫卵块等。

(3) 聚集分布　较常见，原因在于环境资源分布的不均匀、富饶与贫乏镶嵌、昆虫的生物学特性。例如，初孵的落叶松毛虫幼虫常集聚在卵块周围，蚜虫聚集在植株顶部取食等。

4.2.3.2　空间分布型的判定方法

昆虫的空间分布型可以通过频次分布法和集聚度指标法来确定。

(1) 频次分布法　频次分布法是判定昆虫空间分布型的一种比较经典的方法。通过 x^2 检验方法检验实测昆虫种群频次与各分布型理论频次的符合程度，凡是吻合的，即可判断为实测组合属于该种分布型。一般说来，均匀分布的理论分布是正二项分布；随机分布的理论分布为泊松分布（Poisson distribution）；聚集分布的理论分布为负二项分布（Negative binomial distribution）和奈曼分布（Neyman distribution）。

(2) 方差/平均数比率 (s^2/m) 方法 对于均匀分布，所有取样样本的个体数均相等，方差等于0，那么方差/平均数等于0；对于随机分布，方差等于平均数，那么方差/平均数等于1；对于聚集分布，在取样时就会发现，含有很少个体数和很多个体数的样本出现的频率比泊松分布的期望值高；而含接近平均数的中等大小的样本的出现频率比泊松分布的期望值低。因此，其方差/平均数比率必然明显地大于1。

根据以上分析，可知用方差/平均数之比，即 s^2/m 来判断种群的分布形式。

若 $s^2/m = 0$ 均匀分布
若 $s^2/m = 1$ 随机分布
若 s^2/m 明显 > 1 聚集分布

其中：
$$m = \sum fx / N$$
$$s^2 = [\sum (fx)^2 - (\sum fx)^2/N]/(N-1)$$

式中：x 为样本中含有昆虫的个体数；f 为出现频率；N 为样本总数。

4.2.4 森林昆虫种群的数量变动

种群的数量动态是种群生态学的核心内容，涉及种群的密度有多少、种群数量如何变动以及为何变动等内容。研究森林昆虫种群的数量变动有助于揭示害虫爆发的原因和找到有效的控制途径。种群动态的研究方法一般包括野外观察法、实验研究法和数学模型法。

4.2.4.1 表征单种种群增长的基本模型

在现实中，任何昆虫的种群都不是孤立的，均与生物群落中的其它生物紧密联系。因此，严格意义上的单种种群只有在实验室内方能存在。研究种群的动态规律往往从单种种群入手。

(1) 种群的离散增长模型 有些昆虫种类1年只有1次生殖，寿命只有1年，世代不相重叠。其种群增长模型多采用差分方程。

①模型假设 种群增长是无界限的，即种群增长不受资源与空间等限制；昆虫世代不重叠；种群无迁入和迁出；种群无年龄结构。

②数学模型 最简单的增长率不变的离散增长模型可用下式表示：
$$N_{t+1} = \lambda N_t$$

式中：N_{t+1} 为 $t+1$ 世代昆虫种群大小；N_t 为 t 世代昆虫种群大小；λ 为内禀增长率。

当 $\lambda > 1$ 种群上升
$\lambda = 1$ 种群稳定
$0 < \lambda < 1$ 种群下降

$\lambda = 0$　　　　　　　　　　雌体无繁殖,种群在下一代灭绝

(2) 种群连续增长模型

① 种群在无限环境下的数量动态模型　假设某一世代重叠的种群孤立地生活在稳定的环境之中,其净迁移率为零,瞬时增长率 r 既不随时间序列而变化,也不受种群密度影响,那么该种群的数量动态可用微分方程表示为:

$$dN/dt = rN$$

式中:dN/dt 为种群瞬时增长率;r 为内禀增长率;N 为种群在 t 时刻的种群数量。其积分式为:

$$N_t = N_0 e^{rt}$$

式中:N_t 为种群在 t 时刻的种群数量;N_0 为种群在 t_0 时刻的种群数量;e 为自然对数的底,r 为内禀增长率。

当 $r>0$ 时,种群呈无限制的指数增长;当 $r<0$ 时,种群下降;当 $r=0$ 时,种群数量不变。

该模型比较简单,在种群初始数量较小,需要预测时间较短时比较准确,但在种群初始数量较大,预测时间较长时,准确性较低。

② 种群在有限环境下的数量动态模型　现实中不受限制的种群增长几乎是不可能的,种群总会受到资源和空间的限制,亦即资源总有一个上限。随着生物种群数量的增加,个体间对有限资源的竞争将进一步加剧,种群的出生率将逐渐降低,死亡率将逐步增加,从而使得种群不能充分发挥内禀增长能力所允许的增殖速度。种群增长越接近这个上限,其增长越慢,直至停止增长。这个上限在生态学中称为环境容量（carrying capacity）,记为 K。它取决于食物、空间等的影响。种群瞬时增长速率 r 随种群密度的增加而下降,乘上一个阻尼因子 $(K-N)/K$,即可用来描述种群在有限环境下的增长行为。微分式为:

$$dN/dt = rN(K-N)/K$$

式中:dN/dt 为种群瞬时增长率;r 为内禀增长率;N 为种群在 t 时刻的种群数量;K 为环境容量。其积分式为:

$$N_t = K/(1+e^{a-rt})$$

式中:N_t 为种群在 t 时刻的种群数量;e 为自然对数的底;r 为内禀增长率;a 为常数。

这就是著名的逻辑斯蒂（logistic）方程,解为一条 S 型曲线。曲线在 $N=K/2$ 处有拐点,此时 dN/dt 最大。在到达拐点前,dN/dt 值随种群数量增加而上升;在拐点以后,dN/dt 值逐渐下降,趋近于零。该方程揭示了种群瞬时增长率与种群密度间的负反馈机制（图4-4）。

4.2.4.2　森林害虫的发生类型

(1) 低发型　当森林害虫发生于其分布

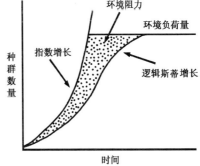

图 4-4　种群增长型比较

区的边缘地带或临近发生地时，或因遗传特性及环境条件的影响而繁殖率低，或死亡率高，种群基数小，保持在很低的水平；此时不论环境条件如何变化，其种群的变幅不大，难以形成明显的种群消长，对森林不造成明显的危害。

(2) 偶发型　有些森林害虫在一般年份数量较少，属于低发型；个别年份偶然出现可促使其大量发生的有利因素时猖獗危害，但扩展范围不大，延续时间较短，往往只经过少数几代即衰落。

(3) 常发型　有些森林害虫的种群密度在林分中保持较高的水平，经常造成严重危害，形成发生基地或虫源地。如油松球果小卷蛾 *Gravitarmata margarotana*、白蜡大叶蜂 *Macrophya fraxina* 等。

4.2.4.3　影响森林害虫种群动态的因素

影响森林害虫种群动态的因素十分复杂，主要包括种群外部因素及种群内部因素。

气候　气候因素同时作用于昆虫、天敌及其寄主植物，并调整三者之间的关系，从而直接或间接地影响昆虫的生长、发育、繁殖和存活。

食物　食物的质和量对昆虫的存活、生长、发育和繁殖均有显著的影响。寄主植物的物候与昆虫发育的吻合程度、寄主植物种类、分布以及密度与昆虫种群数量变动密切相关。

天敌　生境中昆虫天敌的种类和数量对昆虫种群数量及其变动影响甚大。天敌种群数量增加，害虫种群数量减少；随着害虫种群数量的减少，天敌的种群数量也相应地减少，对害虫的控制减弱，因而害虫种群数量又上升；随后害虫天敌的种群数量又由于食物的丰厚而上升，对害虫的控制能力提高，害虫种群数量下降。

林分　林分的组成、结构、林龄、郁闭度、卫生状况等影响昆虫种群的数量动态。幼龄林以食叶害虫、嫩枝幼干害虫种群数量较高，中龄林中食叶害虫种群数量较高，成、过熟林中蛀干害虫种群数量较高。郁闭度较小的林分，易暴发喜温和强光的种类，而郁闭度大的林分喜阴的种类易暴发。

立地　林分所处的地形、地势、坡度、坡向、海拔、土壤等因子直接影响环境中的光、温、水、气、热的再分配，直接或间接地作用于昆虫或林分本身，进而影响昆虫的生长发育、繁殖和存活等。

干扰　森林采伐、抚育、化学防治等干扰活动常常改变森林的林分组成、郁闭度、生物群落的结构等要素，从而间接地影响昆虫的生长发育和繁殖。

4.2.5　昆虫生命表

生命表（life table）是系统描述同期出生的一昆虫种群在各发育阶段存活过程的一览表，或系统地描述一个昆虫种群在各连续时段（发育阶段）内的死亡数量，死亡原因以及繁殖数量，按照一定格式详细列出而构成的表格。

昆虫生命表具有系统性、阶段性、综合性和主次分明的特点，完整地展现了昆虫种群在整个生活周期中数量变化的过程，使影响种群动态各因子的作用具体化、数量化，且能分辨出其中的关键因子。在实践中，可用于建立种群生命过程的数学模型，害虫种群的预测，以及选择防治对策和评价各种防治措施的实施效果等。

4.2.5.1 生命表的类型

根据研究目的和研究内容的不同，可分为特定时间生命表和特定年龄生命表。

（1）特定时间生命表（time-specific life table） 又称垂直生命表或静态生命表，是在年龄组配稳定的前提下，以特定时间（如天、周、月等）系统调查并记载在 x 时刻开始时种群的存活数量（存活率）或 x 期间的死亡数量，有时也包括产雌数量（m_x）。特定时间生命表适用于世代重叠的昆虫种群，特别适用于实验种群。又可进一步分为生命期望表和生殖力表。

①生命期望表（life expectation table） 是专门用于描述昆虫种群死亡率，不考虑生殖率，着重估计进入各年龄组的个体的生命期望或平均余生。对个体寿命较长的昆虫较为合适。下面以假设的生命期望表来说明生命期望表的组成（表4-3）。

表4-3 一个假设的生命期望表

x	l_x	d_x	L_x	T_x	e_x	$1\,000 q_x$
1	1 000	300	850	2 180	2.18	3 000
2	700	200	600	1 330	1.90	285
3	500	200	400	730	1.46	400
4	300	200	200	330	1.10	666
5	100	50	75	130	1.30	500
6	50	30	35	55	1.10	600
7	20	10	15	20	1.10	500
8	10	10	5	5	0.50	1 000

生命期望表包括以下项目：x 代表单位时间内年龄等级的中值；l_x 代表在 x 年龄开始时的存活数量；d_x 代表在 x 年龄期间死亡数量；e_x 代表进入 x 年龄个体的生命期望或平均余生；L_x 代表在 x 和 $x+1$ 年龄期间还活着的个体数；T_x 代表年龄只超过 x 年龄的总个体数。以上各项中，只有 l_x 或 d_x 是实际观察值，其余各项均为计算所得。

其中：
$$L_x = (l_x + l_{x+1})/2$$
或
$$L_x = l_x - 1/2 d_x$$
$$T_x = L_x + L_{x+1} + \cdots + L_{x+w}$$

$x+w$ 为最高年龄，在实际计算中，可将 L_x 栏自上而下累加即可。

$$e_x = T_x/l_x$$

$1\,000 q_x$ 为每个年龄间隔的死亡率，一般常折算成1000个个体在该年龄期间的死亡率。

$$1\,000 q_x = d_x \times 1\,000/l_x$$

②生殖力表（reproductive table） 与生命期望表不同，一般不再计算生命期望，所以除保留基本的 l_x 栏外，其余各栏均被取消，而增加了 m_x 栏。m_x 是年

龄 x 期间每雌产雌数。假设性比为 1∶1，则 $m_x = N_x/2$，N_x 是在 x 年龄每雌的总生殖数，$l_x m_x$ 为每个年龄期间雌虫的生殖数。下面以丽金龟 *Phyllopertha* sp. 的生殖力表加以说明（表4-4）。

表4-4　丽金龟 *Phyllopertha* sp. 的生殖力表

x（周）	l_x	m_x	$l_x m_x$	$l_x m_x x$
0	1.00	—	—	—
49	0.49	—	—	—
50	0.45	—	—	—
51	0.42	1.0	0.42	21.42
52	0.31	6.9	2.13	110.76
53	0.05	7.5	0.38	20.14
54	0.01	0.9	0.01	0.54
∑			2.94	152.86

根据表中数据可以求出整个世代的净增殖率：$R_0 = \sum l_x m_x = 2.94$。这表明每个雌性个体在经历一个世代后，可产生 2.49 个雌性后代。显然，当 $R_0 > 1$，则表示种群上升；当 $R_0 < 1$，则表示种群下降；当 $R_0 = 1$，则表示种群维持不变。

(2) 特定年龄生命表（age-specific table）　又称水平生命表或动态生命表。是以种群的年龄阶段（如虫态或虫龄）作为划分的标准，系统观察并记录不同发育阶段或年龄期间的死亡数量、死亡原因以及成虫阶段的繁殖数量。它适用于世代离散的昆虫种类，特别适用于自然种群。下面以落叶松毛虫的生命表来说明特定年龄生命表的组成（表4-5）。

表4-5　落叶松毛虫自然种群生命表

x	l_x	$d_x F$	d_x	$100 q_x$	S_x
卵期	3 717	松毛虫黑卵蜂等寄生	1 170.48	31.49	0.685 1
	2 546.52	未受精	196.63	7.73	0.922 7
1龄幼虫	2 349.89	降温，鸟类捕食	687.46	29.26	0.707 4
越冬前期	1 662.43	越冬死亡	139.93	8.42	0.915 8
越冬后期	1 522.50	松毛虫绒茧蜂寄生，鸟类捕食，细菌病	1 054.50	69.27	0.307 3
蛹期	468.00	寄生蝇寄生	379.08	81.00	0.190 0
成虫期	88.92	性比	14.40	16.20	0.838 0
♀×2	74.52	鸟类捕食及成虫死亡	46.60	62.54	0.374 6
世代总计			3 689.08	99.25	

期望卵量：74.52/2 × 208 = 7 750
实际卵量：(74.52 − 46.60)/2 × 208 = 2 904
种群趋势：期望值 I = 7 750/3 717 = 2.09
　　　　　实际值 I = 2 904/3 717 = 0.78

表中 x 为虫期或取样时的年龄间隔；l_x 为年龄间隔 x 开始时的存活个体数；d_x 为年龄间隔 x 到 $x+1$ 的死亡数；$d_x F$ 为与 d_x 相对应的死亡因子；$100 q_x$ 为年龄间隔 x 到 $x+1$ 的死亡率×100；S_x 为年龄间隔 x 到 $x+1$ 的存活率。

以上各项，除由文字说明外，其余各项数据的关系为：

$$l_{xi} - d_{xi} = l_{xi+1}$$

$$d_x / l_x \times 100 = 100 q_x$$

$$1 - q_x = S_x$$

4.2.5.2 生命表分析

生命表分析是通过生命表研究昆虫种群数量动态的必经途径。可以透过表面现象找到昆虫种群数量变动的内在规律,预测昆虫种群的发展趋势,揭示影响昆虫种群数量动态的关键因子等,对控制森林害虫种群具有重要意义。

(1) 种群发展趋势指数 I 种群发展趋势指数是估计未来或下一代种群数量增减的指标。用当代某一虫态与下一代同一虫态的种群数量之比表示,即 $I = N_{n+1}/N_n$。当 $I<1$ 时,下代种群数量下降;当 $I=1$ 时,下代种群数量与当代相同;当 $I>1$ 时,下代种群数量上升。用生命表中的数据表示,则

$$I = S_1 S_2 \cdots S_i \cdots S_n P_♀ F P_F$$

式中:S_i 为幼虫各龄或各虫态的存活率;$P_♀$ 为雌虫占成虫总数的百分比;F 为标准产卵量;P_F 为达到标准产卵量成虫的百分比。

为了分析诸组分对 I 值的贡献,常常比较抽出各组分后对 I 值的影响程度。如从 I 中抽出 S_i,则 I 值变为 $I(S_i) = S_1 S_2 \cdots S_{i-1} S_{i+1} \cdots S_n P_♀ F P_F$,那么抽出 S_i 后引起 I 值的变化可用 $M_{(S_i)}$ 来表示。

$$M_{(S_i)} = I(S_i)/I = 1/S_i$$

可见,S_i 越大,则 $M_{(S_i)}$ 越小,表示 S_i 所对应的死亡原因对 I 值的作用较小;反之 S_i 越小,$M_{(S_i)}$ 越大,表示 S_i 所对应的死亡原因对 I 值的作用较大。

(2) 关键因子分析 关键因子是指对下一代种群数量变动起主导作用的因子。关键因子分析是生命表研究中的重要方面。

①Morris-Watt(1959)回归分析法 根据种群趋势指数公式:$I = S_1 S_2 \cdots S_i \cdots S_n P_♀ F P_F$

两端取对数,则 $\lg I = \lg S_1 + \lg S_2 + \cdots + \lg S_i + \cdots + \lg S_n + \lg P_♀ + \lg F + \lg P_F$

如果有若干张生命表,则可以以等式右边的各项为自变量,以 $\lg I$ 为因变量,分别作回归求其 r^2 值。r^2 越小,则 S_i 对 I 的影响越小,反之,S_i 对 I 的影响越大。对 I 影响最大的 S_i 所对应的虫态称为关键虫期,所对应的死亡因子称为关键因子。r^2 可用下式求得。

$$r^2 = [\sum xy - (\sum x \sum y)/n]^2 / [\sum x^2 - (\sum x)^2/n][\sum y^2 - (\sum y)^2/n]$$

式中:r^2 为决定系数;x、y 为变量;n 为样本数。

②K 值法(Varley & Gradwell,1960) K 值即前后相邻的两个阶段种群存活数比值的常用对数;或前阶段存活数的对数与相邻后一阶段存活数对数的差。

$$k_i = \lg(l_{x_i}/l_{x_i+1}) = \lg l_{x_i} - \lg l_{x_i+1}$$

或

$$k_i = \lg(l_{x_i}/l_{x_i+1}) = \lg 1/S_i = \lg M_{(S_i)}$$

因此,各期的也可以定义为其存活率倒数的对数值。

全世代的 K 值为各虫态 k_i 值之和,$k = \sum k_i$ $i = 1, 2, \cdots, I, \cdots, n$

或

$$K = \lg x_1 - \lg x_n$$

根据生命表资料求出各虫态的 k_i 和全世代的 K 值后,即可进行 K 值图解分析。只须以纵坐标表示 k_i 和 K,以横坐标表示年份或世代,将连续若干代中各因

子或虫期的 k_i 及 K 值标在坐标纸上，然后按先后顺序连接，看各 k_i 曲线和 K 值曲线的相似程度。k_i 曲线与 K 值曲线变化趋势最相近的，则该 k_i 所代表的因子为关键因子。

4.3 森林昆虫群落

森林昆虫群落是指在一定森林环境内生活的彼此关联、相互影响的各种昆虫种群的集合体。它是一个边界松散的概念。群落中可能包含分类阶元截然不同或亲缘关系相差甚远的昆虫种类，这些种类并非杂乱无章的组合，而是各物种的种群间相互依存、相互联系，构成了生态系统中有生命的结构单元。

4.3.1 森林昆虫群落的一般特征

森林昆虫群落并非组成昆虫种群的简单组合，而是表现出了昆虫种群组合的更高层次上的群体特征。

(1) 物种多样性 区别不同昆虫群落的首要特征是群落的物种组成。组成群落的物种名录及各物种种群大小或数量是衡量群落多样性的基础。

(2) 优势现象 组成群落的各物种在决定群落的结构和功能上，其作用是不相同的。在组成群落的昆虫中，可能只有很少的种类能凭借自身的大小、数量和活力对群落产生重大的影响，这些种类称为优势种。这种现象称为优势现象。优势种常常在很大程度上决定着群落内部的环境条件，对其它种类的生存和生长有很大的影响。一旦优势种发生变动，整个群落的结构和功能都将改变。

(3) 物种相对多度 组成群落的各物种，其个体数量可能相差很大。相对多度是指群落中各物种的个体数量占群落总个体数量的比例。

(4) 群落的结构 包括空间结构、时间结构和营养结构等。

4.3.2 森林昆虫群落的结构

森林昆虫群落除了具有一定的物种组成外，还具有空间的分布格局、季相、捕食和被食的关系等结构特征。这些结构特征并不像其它动植物构造那样清晰，称之为松散的结构。

4.3.2.1 空间结构

昆虫群落的空间结构包括垂直结构和水平结构。空间结构的形成是昆虫物种的生物生态学特性与环境要素共同作用的结果。昆虫群落的空间结构是选择群落取样技术的基础。

(1) 垂直结构 群落的垂直结构包括不同类型群落的垂直分化和同一群落的垂直分层两个部分。前者指海拔高度的变化，常常导致植物群落类型的更替，相应地生活其中的昆虫类群也发生更替。例如 Whittaker (1967) 在美国大烟山国家公园中发现的昆虫群落随海拔高度的变化(图 4-5)。后者指在同一森林群落内部

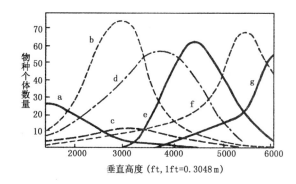

图 4-5 在中湿性生境中，沿海拔高度 7 种昆虫的分布

a. 叶蝉（*Graphocephala coccinea*）
b. 啮虫（*Caecilius* sp.）
c. 叶蝉（*Agalliobpsis novella*）
d. 啮虫（*Polypso cuscorruptus*）
e. 花蚤（*Anaspis rufa*）
f. 叶蝉（*Cicadella flavoscuta*）
g. 宽头叶蝉（*Oncopsis* sp.）

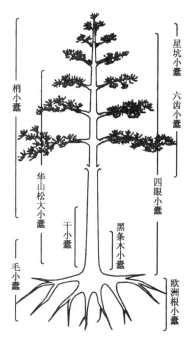

图 4-6 华山松上小蠹虫的分布

的垂直分层。森林群落植株高大，物种组成复杂，垂直分层现象明显。一般分为枯枝落叶层、草本层、灌木层和乔木层等，结构复杂时还可分亚层。相应地生活在林分中的昆虫由于对取食环境和生活环境选择等的差异而呈现分层现象。如食叶的鳞翅目、同翅目昆虫大多生活于树冠层；蛀干的鞘翅目昆虫生活于树干部；而捕食性的步甲则主要生活在地表的枯落层中。蛀食华山松的小蠹虫在华山松上的垂直分布也是一个昆虫群落垂直分层的好例子（图 4-6）。群落内昆虫垂直分布的生态意义在于通过分层利用资源，可以扩大资源利用范围，弱化或避免种间的资源竞争。

（2）**水平结构** 水平结构是指组成群落的各物种在水平方向上的分布模式或分布格局。现实群落中均匀分布的格局非常少见，而物种在群落中常呈聚集分布。群落水平结构的形成取决于一系列内外因素的综合，主要有如下 3 个方面的因素：

①亲代的分布习性 很多昆虫是以卵块的方式产卵，由卵块孵出的幼虫常常集中在一定范围的生境内，从而形成该种昆虫在林地上的块状分布。群落内不同的昆虫物种就形成了一定的复杂交错的小块状分布。

②环境的异质性 群落中的土壤、湿度、温度、寄主植物等因子的水平异质性，必然影响昆虫种群的水平分布。

③种间相互关系的作用 植食性昆虫依赖其寄主植物的分布，捕食性和寄生性昆虫依赖寄主昆虫的水平分布。生态位相同或相近的种，在资源充足时倾向于水平分布相近，而资源不足时，趋向于水平分布相异。此外互利共生、偏利共生

也影响昆虫群落的水平结构。

4.3.2.2 时间结构

群落的时间结构是群落的动态特征之一。它包括两方面的内容：一是由自然环境因素（光、温等）的时间节律所引起的群落各物种在时间结构上的周期性变化。如昼夜节律、季节动态、年变化；二是群落在长期历史发展过程中，由一种类型转变为另一种类型的过程，也就是群落的演替。

(1) 昼夜节律 典型的是昆虫的日出性和夜出性。一些昆虫在白天特别活跃，称日出型，如鳞翅目蝶类、膜翅目蜂类、双翅目蝇类、鞘翅目叶甲类和象甲类等；而另一些昆虫在夜间特别活跃，称夜出型，如在夜晚灯下常见的鳞翅目夜蛾科、螟蛾科、尺蛾科，部分鞘翅目金龟子类等。这使得昆虫群落结构的昼夜相迥然不同。

(2) 季节动态 昆虫群落的季节变化受环境条件周期性变化的制约，并与昆虫的生活周期相关联。在温带地区，气候的季节性变化极为明显。木本和草本植物在早春发芽、生长，然后开花、结实，到冬季则休眠或死去。相应地昆虫也是在早春出蛰，开始取食、发育、繁殖，秋末冬初休眠。这种变化，年年如此。除气候条件导致的昆虫发育节律的差异外，食物的可得性也影响昆虫群落的组成。如开花植物在与传粉昆虫的协同进化中，传粉昆虫的成虫期往往与特定植物的花期相一致。从早春到夏末，陆续有植物开花，传粉昆虫群落结构也随季节而改变。组成群落的各种昆虫的季节动态规律不同，导致昆虫群落的季节相的不同。如落叶松林中优势食叶害虫的季节动态（图4-7）。

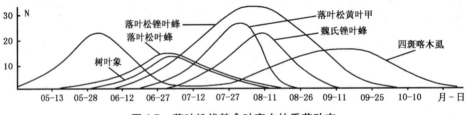

图4-7 落叶松优势食叶害虫的季节动态

研究昆虫群落的季节动态一般有两种途径：一是着眼于群落中单种昆虫种群，特别是优势昆虫种群的季节消长。二是将昆虫群落作为一个整体，以物种数及各物种的个体数作为指标，按时间顺序进行分析，从而将群落的季节变化客观地划分为几个能相互区分的阶段。

(3) 演替 群落的演替又称生态演替，是指群落经过一定的历史时期，由一种类型转变为另一种类型的顺序过程，或指在一定区域内群落的替代过程，或指群落中的物种组成连续而单方向有顺序地变化。这一顺序称为一个演替序列，最后达到的阶段称为顶极群落。早期的演替阶段，具有先锋物种、低生物量和低营养水平的特征。随着演替的进行，群落的复杂性增加，通常在演替的中期阶段，复杂性最大。一个中期的演替群落具有高生物量、高有机营养水平和高的物种多样性。

①演替的基本类型　按演替的发展进程可以分为世纪演替、长期演替和快速演替。

世纪演替：延续时间相当长久，一般以地质年代计算。常伴随气候的历史变迁或地貌的大规模改变而发生。

长期演替：延续几十年，有时达数百年。如云杉林采伐后的恢复演替。

快速演替：延续几年或几十年。草原弃耕地的恢复可以作为快速演替的例子。

按演替发生的起始条件，可分为原生演替和次生演替。

原生演替：开始于原生裸地上的群落演替叫做原生演替。

次生演替：开始于次生裸地上的群落演替叫做次生演替。

按控制演替的主导因素，又可分为内因性演替和外因性演替。

内因性演替：群落中生物的活动结果首先使它的生境得到改造，然后被改造的生境又反作用于群落本身，如此相互促进，使演替不断向前发展。一切源于外因的演替最终都是通过内因生态演替来实现。内因演替是群落演替的最基本和最普遍的形式。

外因性演替：由于外界环境因素的作用所引起的群落变化。其中包括气候发生演替、土壤发生演替、火成演替和人为发生演替。

②群落演替的一般过程　群落的演替过程一般可分为3个阶段。

侵入定居阶段　群落建立之初，先是一些先锋物种侵入并成功定居。这些物种改造了环境条件，为后来物种的侵入、定居奠定了基础。

竞争平衡阶段　随着群落的发展、种群数量的增长，生境逐渐得到改造，物种之间竞争激烈，一些种定居并得以繁殖，而另一些种则被排斥，种间关系渐趋平衡。

顶极平衡阶段　种间关系通过竞争平衡发展为协同进化，使得对自然资源的利用更为有效，群落的结构更趋完善，整个群落与环境之间保持着一种动态平衡，群落演替达到最终状态，称为顶极。

③森林昆虫群落演替的研究途径　森林昆虫群落的演替常常伴随其赖以生存的植物群落的演替，森林植物群落的演替深刻影响森林昆虫群落，森林昆虫群落的演替反过来作用于森林植物群落。二者相互影响，协同发展。

研究群落的演替一般有两条途径。一是定位观察特定群落的连续变化过程，二是采用空间代替时间的途径，即在一定地域内的群落往往处于演替系列的不同阶段，在确定各群落所处演替阶段的前提下，观察不同演替系列的组成结构，即可洞察群落的演替过程。前者更直接和准确，但群落演替周期长，观察困难；后者虽间接，但更便于操作。

如重庆缙云山，植物群落的演替序列为草地—针叶林—针阔混交林—常绿阔叶林。随着森林演替，昆虫群落也随之发生明显的演替。现以缙云山鳞翅目中的优势蛾蝶类群加以说明，见表4-6。

表 4-6 缙云山不同森林演替阶段螟蛾科优势物种组成

优势节肢动物物种		草地	针叶林	针阔混交林	常绿阔叶林
褐纹水螟	*Cataclysta blandialis*	√			
竹绒野螟	*Crocidophora evenoralis*	√	√	√	
二化螟	*Chilo suppressalis*	√			
双纹螟	*Herculia nanalis*	√			√
桃蛀螟	*Dichocrocis punctiferalis*		√	√	√

4.3.2.3 营养结构

群落的营养结构是指群落中处于不同营养阶层物种的构成方式。包括食物链、食物网和生态金字塔，它是了解群落内不同营养阶层间能量流动规律的重要方面。

(1) 食物链和食物网　食物一直是生态学中重要的甚至是中心的问题。群落或生态系统中各种生物之间往往通过直接或间接的食与被食的关系彼此相连。分析群落中的营养联系，即可了解群落内的能量流动规律。

食物链是指在群落（生态系统）中，自养生物、食草动物、肉食动物等不同营养阶层的生物，后者依次以前者为食而形成的单向链状关系。

在森林群落中，自养生物指森林植物；食草动物包括植食性昆虫和其它食草动物；肉食动物包括捕食性昆虫、寄生性昆虫及其它肉食动物。森林中食物链如落叶松—落叶松毛虫—赤眼蜂。

食物网是指群落中食物链各环节彼此交错联结，将群落中各种生物直接或间接地联系在一起形成的网状关系。例如在森林群落中，一个树种可能被多种植食性昆虫取食，一种昆虫可能取食多种植物，同样一种害虫可能存在多种天敌昆虫，而一种天敌昆虫可能捕食多种害虫，天敌昆虫可能被其它天敌昆虫捕食。这样就形成了一个以食物为中心的复杂的食物网（图 4-8）。显然群落中没有脱离食物网而单独存在的生物。

(2) 营养级　营养级是指生物在食物链中所处的层次，或能量在沿食物链流

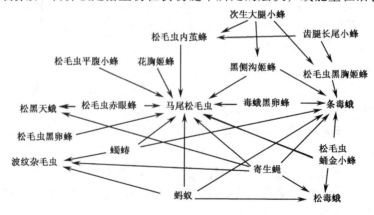

图 4-8　马尾松林昆虫群落的一个食物网

动的过程中，物质和能量暂时停留的位置。它将食物网中错综复杂的种间关系简化为营养层次之间的关系。根据生物的营养关系，可以将群落内的生物归纳到一定的营养级中。这样群落中的每一生物均处于特定的营养级中。在森林群落中，处于第一营养级的生物都是绿色植物；构成第二营养级的都是以植物为食的动物，植食性昆虫处于这一营养级；以植食性昆虫为食的捕食性昆虫和寄生性昆虫位于第三营养级；以这些捕食性和寄生性昆虫为食的昆虫或动物位于第四营养级。

能量在沿食物链流动的过程中呈急剧的递减态势，一般从一个营养级到下一个营养级的能量传递效率约为 10%～20%，亦即约有 80%～90% 的能量在传递的过程中耗费掉了。

4.3.3 森林昆虫群落的数量分类

群落的数量分类就是通过对群落或环境的多种数量或数量化因素的分析，找出群落间的相互关系，并按一定的规则将相似的群落归为一类。一般包括聚类和排序两种途径。聚类分析是将群落看成离散的或不连续的单位，根据群落的多种变量定量地确定群落间的相互关系，逐步将关系紧密的群落归结成群的方法。排序分析是将群落看作连续变化的实体，将多维空间中群落的相互关系，通过一定的方式在降维的空间中表示出来的方法。排序方法包括极点排序、主成分分析、主坐标分析、对应分析、判别分析、典范分析等。

4.4 昆虫地理分布

陆地昆虫种类繁多，每一种昆虫均具有一定的分布范围，而一定的空间范围内都有一定昆虫组成的昆虫类群。这种昆虫在长期演化过程中形成的适应地理条件的分布格局称为昆虫地理分布。对昆虫地理分布的研究不仅可以揭示昆虫的演化史，而且可以预测重大害虫侵入的可能性等。

4.4.1 世界动物地理区划及昆虫区系

动物界可分为陆地动物和海洋动物两大区系，在此仅讨论陆地动物的地理区划。

世界陆地动物区系通常分为 6 个区（界），即古北区、东洋区、新北区、澳洲区、新热带区、非洲区或埃塞俄比亚区（图 4-9）。

六大区系界之间都有海洋或沙漠（撒哈拉沙漠）、高山（喜马拉雅山脉）阻隔，形成明显的地理分界线。只有中国东部的古北区与东洋区之间缺乏明显的自然分界标志。昆虫区系的划分采用动物区系划分方案。区是区系划分的最高单位，区下再分亚区。

(1) 古北区（Palearctic region） 包括欧洲的全部、非洲北部、地中海沿岸，

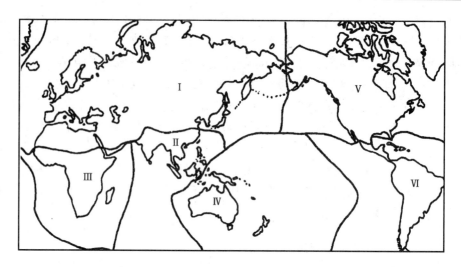

图 4-9 世界陆地动物地理区划
Ⅰ. 古北区　Ⅱ. 东洋区　Ⅲ. 非洲区　Ⅳ. 澳洲区　Ⅴ. 新北区　Ⅵ. 新热带区

以撒哈拉大沙漠与非洲区为界；以及亚洲大部分，以喜马拉雅山脉至黄河长江地带与东洋区相连。该区的昆虫区系非常一致。

舞毒蛾 *Lymantria dispar*、莎草丝蟌 *Lestes sponsa*、黄凤蝶 *Papilio machaon*、斑蛾 *Zygaena* spp.、五月鳃金龟 *Melolontha melolontha*、西班牙月蛾 *Graellsia isabellae*、山眼蝶 *Erebia pandrose*、沙漠蝗 *Schistocerca gregaria*、神圣金龟 *Scarabaeaus sacer* 为其特有种或代表种。

(2) 新北区（Nearctic region）　包括格陵兰、加拿大、美国（包括阿拉斯加和阿留申群岛，但不包括夏威夷）、墨西哥的沙漠和半沙漠地区，南到南回归线。该区的气候和动物区系与古北区极为相似，尤其是鳞翅目蛾、蝶类。

周期蝉 *Magicicada* spp.、森林蟋蟀 *Gryllus vernalis*、沙地蟋蟀 *G. firmus*、落基山蚱蜢 *Melanoplus spretus*、马铃薯甲虫 *Leptinotarsa decemlineata*、云杉色卷蛾 *Choristoneura fumiferana*、甘蓝斑色蝽 *Murgantia histrionica*、意蜂 *Apis mellifera* 等为其代表种，其中落基山蚱蜢曾经是北美农业上的大害虫，云杉色卷蛾是危害云杉、冷杉、落叶松、松类等的重要土著害虫。

(3) 东洋区（Oriental region）　包括自亚洲的喜马拉雅山脉至黄河长江之间的地带以南的热带亚洲，包括亚洲南部的半岛及岛屿，可分为印度和马来西亚 2 个亚区。该区动物区系复杂而多样，仅次于新热带区和非洲区，但与上两区相比，特有种较少。

排蜂 *Megapis dorsata*、蜜蜂 *Apis florea*、织叶蚁 *Oecophylla smaragdina*、大乌柏天蚕 *Attacus atlas*、布氏巨凤蝶 *Trogonopetera brookiana*、印度枯叶蛱蝶 *Kallima paraceletes*、花螳螂 *Hymenopus coronatus* 等为其代表种。

(4) 非洲区（Afrotropical region）　包括撒哈拉大沙漠及其以南的非洲地区、阿拉伯半岛南部和马达加斯加。撒哈拉沙漠形成了一条与古北区相连的过渡带。

该区动物区系与北部的东洋区最为接近，许多科、属，甚至种是共有的。如金斑蝶 *Danaus chrysippus*、马齿苋蛱蝶 *Hypolimnas misppus* 等。

舌蝇 *Glossina* spp.、非洲飞蝗 *Locusta migratoria migratorioides*、红翅蝗 *Nomadacris septemfasciata*、黑土墩白蚁 *Amitermes hastatus*、撒哈拉大白蚁 *Macrotermes natalensis*、卡氏沙潜 *Lepidochora kahani*、非洲巨凤蝶 *Papilio antimachus* 等为其代表种。

(5) 新热带区（Neotropical region） 包括墨西哥的热带部分、大安的列斯群岛以及中美和南美。该区动物区系的特点是多样性、特有性和原始性。其现代地理环境复杂多样，大部分地区雨量丰沛，流经的亚马逊河形成了巨大的集水盆地，孕育了世界上最大的连续成片的热带雨林，蕴藏着十分多样而又高度特有的新热带昆虫区系。

大翅蝶科 Brassolidae、新斑蝶科 Ithomiidae、纯蛱蝶科 Heliconiidae 等是其特有科。巨大犀金龟 *Dynastes* spp.、南美棕榈隐喙象甲 *Rhynchophorus palmarum*、麦蜂 *Melipona* spp. 等是其特有的或有代表性种属。

(6) 澳洲区（Australian region） 包括新几内亚及其邻近各岛、澳洲大陆、塔斯马尼亚及新西兰。该区是现在地球上最古老的动物区系，在很大程度上仍保存着中生代晚期动物区系的特征。存在着一些昆虫"活化石"。

古蜓科 Petaluridae 的一些种类是现存的最古老的蜻蜓。该科已知9种中有4种产于澳洲区。蝙蝠蛾是现存最原始的蛾类之一，全世界已知200余种，而澳洲区就有100余种。鞘喙蝽科 Peloridiidae 是另一类古老的昆虫类群。

亚历山大巨凤蝶 *Ornithoptera alexandrae*、翠绿巨凤蝶 *O. priamus*、澳弄蝶 *Euschemon raffesia* 是其特有种或代表种。

4.4.2 中国森林昆虫地理分布

我国动物地理和昆虫地理区的划分一般分为4级，分别为区、亚区、地区和省。区是由于历史因素，海洋、高山、沙漠等隔离而形成的；亚区的划分主要依据极端温度的阻限作用；地区和省的划分主要依据地貌、温度带以及植被类型。

我国昆虫地理区划（表4-7）分为古北、东洋两区，古北区划分为2个亚区4个地区，东洋区划分为1个亚区3个地区。省级的划分尚存较大的分歧。

(1) 古北区

①东北地区 包括大小兴安岭、张广才岭、老爷岭、长白山以及松花江和辽河平原，南面约自41°N起。气候寒温而湿润。大兴安岭冬长无夏，长白山冬季有5~7个月。本区虽地处古北区，但属于温带湿润森林气候类型。暖季受海洋季风气候的影响，温暖多雨；冷季受蒙古高压影响，寒冷干旱，森林植被茂密，昆虫区系复杂。

森林主要分布在山地，大兴安岭北部森林主要是兴安落叶松林，长白山和小兴安岭主要分布着红松阔叶林或其次生阔叶林，昆虫多为能耐寒冷的种类。包括以落叶松为寄主的落叶松毛虫 *Dendrolimus superans*、兴安落叶松鞘蛾 *Coleophora*

表 4-7　中国森林昆虫地理区划

古北区	中国东北亚区	Ⅰ 东北地区	ⅠA 兴安岭北部山地省 ⅠB 长白山地省 ⅠC 松辽平原省 ⅠD 大兴安岭南部山地省
		Ⅱ 华北地区	ⅡA 辽东和山东山地丘陵省 ⅡB 黄淮平原省 ⅡC 黄土高原和燕山太行山山地省
	中亚亚区	Ⅲ 蒙新地区	ⅢA 东部草原省 ⅢB 西部荒漠省 ⅢC 高山山地省
		Ⅳ 青藏地区	ⅣA 羌塘高原省 ⅣB 青海藏南省
东洋区	中国—缅甸亚区	Ⅴ 西南地区	ⅤA 喜马拉雅省 ⅤB 横断山脉省
		Ⅵ 华南地区	ⅥA 滇南山地省 ⅥB 闽广沿海省 ⅥC 南海诸岛省 ⅥD 海南岛省 ⅥE 台湾省
		Ⅶ 华中地区	ⅦA 西部山地高原省 ⅦB 东部丘陵平原省

dahurica、落叶松球蚜 Adelges laricis、落叶松八齿小蠹 Ips subelongatus、云杉小黑天牛 Monochamus sutor、落叶松尺蛾 Erannis ankeraria、落叶松种子小蜂 Eurytoma laricis 等；以红松为寄主的红松大蚜 Cinara pinikoraiensis、六齿小蠹 Ips acuminatus、十二齿小蠹 I. sexdentatus、松梢象 Pissodes nitidus、松皮天牛 Stenocerus inquisitor japonicus 等；次生林中以阔叶树为寄主的种类，主要有舞毒蛾 Lymantria dispar、天幕毛虫 Malacosoma neustria testacea、山楂粉蝶 Aporia crataegi、稠李巢蛾 Yponomeuta evonymellus、柑橘凤蝶 Papilio xuthus、黑胸扁叶甲 Gastrolina thoracica 等。平原地区天然林已经绝迹，主要植被为草原和农田。林地主要以行道树、农防林和半自然状态的阔叶林为主。林木主要包括杨树、家榆等。昆虫主要有分月扇舟蛾 Clostera anastomosis、杨雪毒蛾 Stilpnotia candida、白杨透翅蛾 Paranthrene tabaniformis、白杨叶甲 Chrysomela populi、杨干象 Cryptorrhynchus lapathi、榆毒蛾 Ivela ochropoda、榆斑蛾 Illiberis ulmivora、榆紫叶甲 Ambrostoma quadriimpressum 等。

② 华北地区　该区大体上位于 32°～42°N 之间，西邻青藏高原，东濒黄海和渤海，北面与东北地区和内蒙古地区相接，南面以秦岭北坡和淮河为界，是我国自然地理上一条温带和亚热带重要分界线。

该区山地、丘陵的原始植被已被破坏殆尽，仅存少量的次生阔叶林、油松林和华北落叶松林，阔叶林树种主要以辽东栎、山杨、刺槐等为主；其余的森林为人工林，造林树种有油松、侧柏、落叶松、杨、柳、榆、刺槐等。昆虫主要包括日本松干蚧 *Matsucoccus matsumurae*、松沫蝉 *Aphrophora flavipes*、赤松毛虫 *Dendrolimus punctatus spectabilis*、油松毛虫 *D. punctatus tabulaeformis*、赤松梢斑螟 *Dioryctria sylvestrella*、油松球果螟 *D. pryeri*、松梢小卷蛾 *Rhyacionia pinicolana*、双条杉天牛 *Semanotus bifasciatus*、侧柏毒蛾 *Parocneria furva*、斑衣蜡蝉 *Lycorma delicatula*、柿星尺蛾 *Percnia giraffata* 等。

平原地区主要是农田景观，天然林早已绝迹，森林主要是农防林、行道树、片林等。树种主要是毛白杨、加拿大杨、青杨、旱柳、槐树、刺槐等。昆虫主要包括蚱蝉 *Cryptotympana atrata*、杨白片盾蚧 *Lophoeucaspis japonica*、杨扇舟蛾 *Clostera anachoreta*、光肩星天牛 *Anoplophora glabripennis*、桑天牛 *Aprriona germari*、槐蚜 *Aphis sophoricola*、槐尺蛾 *Semiothisa cinerearia*、槐羽舟蛾 *Pterostoma sinicum*、刺槐种子小蜂 *Bruchophagus philorobiniae*、草履蚧 *Drosicha corpulenta* 等。

③蒙新地区 本区包括内蒙古东北部高平原、阿拉善高平原和鄂尔多斯高平原，青海的柴达木盆地，新疆塔里木盆地和准噶尔盆地。境内也有高山，存在森林。气候为典型的大陆性气候。山地森林面积不大，为亚高山针叶林景观。

东部草原主要由典型的草原昆虫种类组成，草天牛族 Dorcadionini 种类是其典型的代表。西部荒漠区分布着柠条、多枝柽柳、北沙柳等荒漠灌丛及较大面积的天然胡杨林。杨、柳、榆也是当地的重要造林树种。昆虫主要包括缀黄毒蛾 *Euproctis karghalica*、黄古毒蛾 *Orgyia dubia*、合目天蛾 *Smerinthus kindermanni*、杨十斑吉丁 *Melanophila picta*、榆潜蛾 *Bucculatrix thoracella*、沙柳木蠹蛾 *Holcocerus arenicola*、胡杨木蠹蛾 *H. consobrinus*、沙柳窄吉丁 *Agrilus ratundicollis*、柽柳白盾蚧 *Adiscodiaspis tamaricicola*、沙枣木虱 *Trioza magnisetosa*、柠条豆象 *Kytorhinus immixtus* 等。山地森林主要以云冷杉林、落叶松林、落叶阔叶林和灌丛为主。昆虫主要以针叶树害虫为主，包括云杉八齿小蠹 *Ips typographus*、天山星坑小蠹 *Pityogenes spessivtsevi*、泰加大树蜂 *Urocerus gigas taiganus*、云杉叶小卷蛾 *Epinotia aquila*、云杉梢斑螟 *Dioryctria schuetzeella*、云杉阿扁叶蜂 *Acantholyda piceacola* 等。

④青藏地区 本地区包括青海、西藏和四川西北部，东自横断山脉的北端，南自喜马拉雅山脉，北自昆仑、阿尔金和祁连山脉所包围的青藏高原。海拔高度平均在4 500m 以上。气候属于长冬而无夏的高寒类型。植被包括高山草甸、高山草原和高山荒漠。昆虫区系比较贫乏，代表种有长翅白边痂蝗 *Bryodema luctuosum*、云杉粉蝶尺蛾 *Bupalus vestalis*、青缘尺蛾 *Bupalus mughusaria*、杉针黄叶甲 *Xanthonia collaris*、高山毛顶蛾 *Eriocrania semipurella alpina*。

(2) 东洋区

⑤西南地区 本区包括四川西部，北起青海、甘肃南缘，南抵云南东北部（大约26 °N为南界）。向西直达藏东喜马拉雅南坡针叶林带以下山地，基本上是南北平行走向的高山和峡谷。本区气候比较复杂，冬春晴朗多风，干旱季明显，月平均温度在6～22℃，年降水量1 000～1 500mm。

该区昆虫区系复杂而又丰富。多数为东洋区系的印度—马来亚种类，也有部分古北区系的中国—喜马拉雅种类，还有少数中亚区系成员和地区特有种。喜马拉雅松毛虫 *Dendrolimus himalayanus*、云南松毛虫 *D. houi*、材小蠹 *Xyleborus* spp. 、挫小蠹 *Scolytoplatypus* spp. 、中华缺翅虫 *Zorotypus sinensis*、山谷象白蚁 *Nasutitermes cherraensis vallis*、巨蝉 *Tosena melanoptera*、缅蝉 *Polyneura ducalis*、栎黄枯叶蛾 *Trabata vishnou*、细角榕叶甲 *Morphosphaera gracilicornis*、高山小毛虫 *Cosmotriche saxosimilis*、云南松梢小蠹 *Cryphalus szechuanensis* 等。

⑥华中地区　四川盆地及长江流域各省，西部北起秦岭，东半部为长江中、下游，包括东南沿海丘陵的半部南部与华南区相邻。气候属于亚热带暖湿类型，年降水量在 1 000 ~ 1 750mm。

本区昆虫种类繁多，多数与华南区和西南区相同，但又有自身的特点。中国—喜马拉雅种类和印度—马来亚种类在数量上各占一定比例，后者占优势，极少西伯利亚成分，绝无中亚细亚成分。华山松大小蠹 *Dendroctonus armandi*、松刺脊天牛 *Dystomorphus notatus*、柏木丽松叶蜂 *Augomonoctenus smithi*、马尾松干蚧 *Matsucoccus massonianae*、马尾松毛虫 *Dendrolimus punctatus*、纵坑切梢小蠹 *Tomicus piniperda*、杉肤小蠹 *Phloeosinus sinensis*、黄脊竹蝗 *Rammeacris kiangsu*、竹蝉 *Platylomia pieli*、中华竹粉蠹 *Lyctus brunneus*、樟蚕 *Eriogyna pyretorum cognata*、樟青凤蝶 *Graphium sarpedon* 等。

⑦华南地区　本区包括广东、广西和云南南部、福建东南沿海、台湾、海南及南海诸岛。属南亚热带及热带，植被为热带雨林。全年无冬，夏季长达 6 ~ 9 个月，降水量在 1 500 ~ 2 000mm。

本区属于典型的东洋区，昆虫以印度—马来亚种占明显的优势，其次为古北区系东方种类中的广布种，区系成分极为复杂。堆沙白蚁 *Cryptotermes domesticus*、材小蠹 *Xyleborus* spp. 、十二齿小蠹 *Ips sexdentatus*、棉蝗 *Chondracris rosea*、大袋蛾 *Clania variegata*、大蟋蟀 *Tarbinskiellus portentosus*、海南松毛虫 *Dendrolimus kikuchii hainanensis*、龙眼蚁舟蛾 *Stauropus alternus*、凤凰木夜蛾 *Pericyma cruegeri*、栎黄枯叶蛾 *Triabala vishnou*、海南木莲叶蜂 *Cladiucha manglietiae* 等为代表种。

4.5　生物多样性与森林害虫控制

生物多样性（biological diversity，或 biodiversity）是地球上最珍贵的自然资源，它提供了人类赖以生存的全部基本物质，包括全部的粮食、绝大多数药品，同时它对稳定人类生存环境起着至关重要的作用，并影响着未来人类的生存及生存质量。然而由于人类无节制的开发利用，生物多样性正以前所未有的速度消亡，许多物种在人类还未来得及认识它之前就已灭绝了，而这些物种中很可能包含着影响人类未来生存及生存质量的重要基因。

地球上生物多样性的加速消亡，环境质量的急剧下降已威胁到人类自身的生存，人类已认识到了研究和保护生物多样性的重要性和迫切性。正是在这种背景下，1992年6月在巴西里约热内卢召开的联合国环境与发展大会上，包括中国在内的150多个国家的政府首脑在生物多样性保护公约上签字。这标志着全球范围内保护生物多样性的行动已揭开了序幕，使生物多样性成为当前生态学领域的重要研究内容和热点之一，并为全世界所关注。

4.5.1 生物多样性的概念

生物多样性是指生态系统内现存的相互作用的植物、动物和微生物物种的总和；或指生命的种类及其过程，包括所有的有机体的种类、它们间的遗传差异及相关的群落和生态系统，多样性各个生物阶元（物种、生态系统等）的数量及相对频率。由于有机体存在着不同的组织层次，相对应的生物多样性在概念上也包含不同的组织层次，即遗传多样性、物种多样性、群落或生态系统多样性等。

4.5.1.1 遗传多样性

遗传多样性是指物种内个体间基因的变异性，它可用等位基因及其结合的数量与频率来度量。分类学上的"种"实际包括了千百个基因型，因而研究遗传多样性首先应研究种下及种内的变异。

4.5.1.2 物种多样性

物种多样性是一个应用最广泛的概念，是指在"种"的水平上的多样性，是指在一个群落或一个地区物种组成的复杂程度。物种多样性是群落内物种数和各个物种个体所占的比例的函数。

4.5.1.3 群落或生态系统多样性

群落或生态系统多样性是指在群落这一组织层次上反映的有机体组织的复杂性，是一个地理区内群落或生态系统的种类及数量比例。

4.5.2 生物多样性的测度

依据生物多样性研究尺度的差异，生物多样性可分为 α 多样性、β 多样性和 γ 多样性等。

4.5.2.1 α 多样性的测度

α 多样性是测度均质群落内或生境内物种组成状况的指标，包括物种丰富度指数（species richness index）、物种多样性指数（species diversity index）和均匀度指数（index of evenness）等。

(1) 物种丰富度指数 物种丰富度是指群落中所含的物种的数目，它是最直观最简单的描述物种多样性的指标。Whittaker（1972）等人还提出了用物种数与样方大小或个体数的比值来度量物种丰富度。经典的公式有：

$$D = S$$
$$D_{Gl} = S/\log a \quad \text{(Gleason, 1962)}$$
$$D_{Ma} = (S-1)/\log a \quad \text{(Margalef, 1958)}$$

式中：D、D_{Gl}、D_{Ma} 代表物种丰富度指数；S 代表物种数；a 代表样方的面积。

(2) 物种多样性指数

①Simpson 多样性指数 Simpson（1949）首次提出了包含物种数和均匀度两个变量的多样性指数。假定从包含 S 个物种，N 个个体的集合中随机抽出 2 个个体（不放回），观察 2 个个体属于同一种的概率大，则认为该集合多样性低，反之则高。公式为：

$$\lambda = \sum N_i (N_i - 1) / N (N - 1) \quad (i = 1, 2, \cdots s)$$

$$D = 1 - \lambda = 1 - \sum N_i (N_i - 1) / N (N - 1)$$

式中：λ 代表同种个体相遇的概率；N_i 代表第 i 个物种的个体数；N 代表总个体数；S 代表物种数；D 代表多样性指数。

②Shannon-Wiener 多样性指数 MacArthur（1955）首次把 Shannon-Wiener（1948）提出的度量信息含量的公式引入生态学领域，用来测度多样性。公式为：

$$H' = - \sum P_i \log P_i$$

式中：S 为物种数；P_i 为物种的权重，一般用某物种个体数占总个体数的比例表示；H' 为多样性指数。

(3) 均匀度指数 均匀度是测度群落中个体数在各物种上分配状况的指标，个体在各物种上分配得越平均，均匀度则越高。在多样性的测度中，用 $H' = f (S, J)$ 公式难以把均匀度和物种丰富度的贡献分开，为此提出了一些均匀度的测度公式：

①Pielou 均匀度指数

$$E = H'_{实测} / H'_{max} = - \sum P_i \log P_i / \log S \quad (\text{Pielou}, 1966)$$

$$H'_{max} = - \sum (1/S) \log (1/S) = \log S$$

式中：E 代表均匀度指数；P_i 代表第 i 个物种的比重；S 代表物种数；$H'_{实测}$ 代表物种多样性；H'_{max} 代表物种多样性最大值。

②Hurlbert 均匀度指数 Hurlbert（1971）认为当集合中的一个种有（$N - S + 1$）个个体，而其它的（$S - 1$）个物种各有 1 个个体，认为该集合均匀度最小，该均匀度指数公式为：

$$R = (D_{实测} - D_{min}) / (D_{max} - D_{min})$$

4.5.2.2 β 多样性的测度

β 多样性是 Whittaker（1960，1967）提出的术语，它测度沿环境梯度的变化物种的替代程度或物种的周转率。β 多样性最简单的测度是观察沿一个梯度中的丰富度如何变化或比较不同群落的组成，不同环境上共有的种越少则 β 多样性越高。依据数据的属性可分为二元数据和数量数据测度法。

(1) 二元数据的 β 多样性的测度

①Whittaker 指数

$$\beta_W = S / m_a - 1 \quad (\text{Whittaker}, 1960)$$

式中：S 为研究系统中记录的物种总数；m_a 为各样方中的平均物种数。

②Cody 指数
$$\beta_C = [g(H) + l(H)]/2 \quad (Cody, 1975)$$
式中：$g(H)$ 为沿生境梯度增加的物种数；$l(H)$ 为沿生境梯度减少的物种数。

(2) 数量数据的 β 多样性的测度　Bray-Curis 指数
$$CN = 2jN/(aN + bN) \quad (Bray\ and\ Cruris, 1957)$$
式中：aN 为样地 a 中的个体数；bN 为样地 b 中的个体数；jN 为样地 A (jNa) 和 B (jNb) 共有种中个体数较小者之和。即 $jN = \min(jNa, jNb)$

4.5.2.3　γ 多样性的测度

γ 多样性是指一个景观内各群落 α、β 多样性所形成的多样性，也可称为总体多样性，它的数据是来自各均质群落的样本，可以用多样性指数测度。但在景观生态学中被赋予了新的含义，它用景观斑块代替物种作为测度单位来测度，在方法上也基于 Shannon-Wiener 多样性指数。

4.5.3　昆虫生物多样性的生态系统功能

生物多样性是生态系统的重要结构特征。生物多样性的改变如何影响生态系统的功能？这种影响在什么层次上发挥作用？怎样研究生物多样性对生态系统功能的影响？如何通过调整生物多样性来调整生态系统的功能等是生物多样性研究的核心内容。

4.5.3.1　生态系统的功能群

功能群（Functional group）是指在生态系统或群落中具有相同生态系统功能的物种组成的种团。它们可能由分类地位相近或相差很远的物种组成。昆虫群落是由不同的功能类群形成的一个功能子系统。食性往往是划分昆虫功能群的重要依据之一。可分为植食性昆虫功能群、捕食性昆虫功能群、寄生性天敌功能群、层间功能群等。森林生态系统中昆虫类群子功能是由植食性类群子功能、天敌类群子功能和层间类群子功能共同执行的，而它们中的每个子功能又是由一个或几个子功能类群共同执行的，如天敌子功能是由捕食性昆虫子功能群、寄生性天敌子功能群组成。每个子功能类群又是由食性一致，作用方式相同或相近的各昆虫种所构成。

4.5.3.2　昆虫物种多样性在生态系统功能中的地位

生态系统内的各种生物共同组成了生态系统的生物环境，并共同执行生态系统的功能（能量流动和物质循环）。生物组分不同的昆虫群落所表现出的生态系统的功能是不同的。森林生态系统中节肢动物群落物种多样性的组分、功能如图 4-10 所示。

4.5.3.3　生物多样性影响生态系统功能的机制

生物多样性的变化表现为影响生态系统的功能，那么生物多样性究竟是如何影响生态系统功能的呢？即生态系统内不同的物种的增加或丢失，生态系统的功能如何变化？这涉及到物种在生态系统中的地位问题。这种机制的本质目前还知

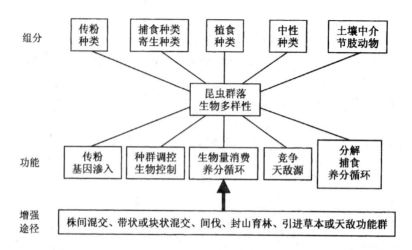

图 4-10　森林节肢动物群落生物多样性组成、功能和增强策略

之甚少。针对这种机制有 3 种主要的假说，即铆钉假说、物种冗余假说和关键种假说。

(1) 铆钉假说（rivet hypothesis）　认为生态系统中的物种犹如飞机上的铆钉，所有的铆钉都以一个小而明显的方式作用于生态系统，每个物种在生态系统完整性方面都起某种作用。因而，这些铆钉的脱落量达到一定程度时生态系统就要崩溃。

(2) 物种冗余假说（species redendancy hypothesis）　认为生态系统内的物种丰富度是不重要的，相对少的物种就能维持生态系统的正常运转。这就意味着在生态系统或功能群内物种并无主次之分，可能存在数个物种执行同一生态系统功能，如多种天敌作用于一种害虫。在此，生物多样性是靠物种这一"部件"的备用来增加生态系统的可靠性的，即一种天敌失效其它的天敌还在起作用。

(3) 关键种假说（keystone species hypothesis）　关键种的概念是由 Paine 在 1966 年首次提出的。关键种就是那些与其多度相比，对生态系统功能或其它种的生存直接或间接作用十分巨大的种；或指那些在维护生态系统平衡和生物多样性方面起巨大作用的种，它们的削弱或消失，整个生态系统会发生根本性的变化；或通过与其它种相互交织的方式对生态系统产生更深远的影响，并成为其它物种生存的基础。Walker（1991）形象地把关键种比喻为公共汽车中的司机，所有这些概念都说明关键种在生态系统中的不可替代性。

这 3 种假说从不同的侧面反映了生物多样性的生态系统功能。这给生物多样性的保护及通过调控生物多样性来改善生态系统功能的实践带来了困难，且需要针对不同的生态系统进行具体的研究。

4.5.4 生物多样性与害虫控制

4.5.4.1 生物多样性与生态系统稳定性

稳定性是指生态系统经扰动后所有考察对象都能回到干扰前的状态的能力。它可以从生态系统的弹性（resilience）、持久性（persistence）、抗性（resistance）及变异性（variability）等生态系统的内在特性的角度去考察，也可从生态系统的全局稳定性（global stability）或局部稳定性（local stability）以及相对稳定性（relative stability）、结构稳定性（structure stability）的角度来考察。

生态系统多样性和稳定性关系的实质是生态系统的结构和功能的关系，它一直是近代生态学争论的焦点之一。应该把多样性—稳定性的关系放在实践中去考察。并应把稳定性局限在生态系统的某一特定的功能上来研究才有意义。即针对研究对象的某一方面特征而言，如种类成分、种群密度、生产力、害虫控制力以及其它各功能过程上的稳定性。

4.5.4.2 生态系统的多样化与害虫控制

植物群落的多样化导致害虫种群稳定性的机制一直是生态学家和害虫防治工作者努力探索的课题之一。害虫综合管理和森林保健理论都十分强调森林对害虫的自然控制力。森林避免害虫危害的机制从本质上说是通过两条途径来实现的：一条是被动的逃避。包括时间和空间的逃避；另一条是积极主动的适应，包括生物联合、对抗和适应。

空间上的逃避包括寄主植物的分布型和分布特性。植物利用这种不同的分布策略来逃避植食性昆虫的危害。例如，热带森林中桃花心木的分布密度很低，其幼苗受桃花心木斑螟 *Hypsiphyla grandella* 的危害很少，而人工林则往往被该种害虫所毁灭，其原因可归咎为寄主林木空间上的逃避机制被破坏了。营造混交林来提高对害虫的控制能力是这种机制的最好的利用。

时间上的逃避是指林木及其构件与植食性昆虫发育不同步。

生物联合是指植物利用生物联合，如互惠共生来防止植食性昆虫的危害。有时，一种特定的植物可以从现在的伴生植物中获益，这些伴生植物可以增加有益昆虫和天敌昆虫的活力或数量。例如美西杉林中引入适当的草木可以控制舞毒蛾的数量。因为舞毒蛾的许多寄生物的第二寄主是草本上的害虫，或者一些感虫树种的存在可使其它树种逃避危害。

适应和对抗主要是通过植物结构和构件上的特化或化学的方式表现出耐害性和抗害性。

植物逃避虫害的机制可能是物种长期进化所产生的适应或是物种在环境压力（昆虫危害）下产生的暂时性生态适应。但无论这些适应是遗传或物种水平，还是群落水平都是通过物种这一基本成分起作用，实质是群落物种多样性生态系统功能的一种表现形式。群落的生物多样性（物种、格局多样性）既是群落具有对害虫自然控制力的本质，又是其外在表现。无论森林群落是以何种抗虫机制来实现对害虫的控制，它最终都是以影响森林昆虫群落的组成，或是植食性昆虫种类、数量和天敌昆种类、数量的对比关系来实现的。基因和种群的多样性也说明生态系统中种对环境胁迫、自然选择压力的适应能力或生存能力。

现实自然界中的物种是以种群或群落的方式存在的，而群落又是一个具有一定结构和功能的高度的自组织系统。这样的系统结构是多样化的，这种多样化又是以生物多样性的不同组成水平而有机结合起来的。这种多样化的结构决定生态系统的功能，也包括森林害虫种群的波动或森林对害虫自然控制的潜力。实际上属于群落或生态系统稳定性的范畴。

目前群落多样性与害虫自然控制潜力假说主要有3种，即联合抗性假说、天敌假说及资源集中假说。联合抗性假说认为，由多种植物组成的植物群与具有单一植物组成的植物群相比对害虫的侵害具有更强的抗性，害虫发生的数量较少。天敌假说认为不论是广谱性还是专一性天敌，在多作环境中会更加丰富，相对单作环境中天敌对害虫种群的抑制能力更强，从而降低害虫的发生。资源集中假说认为多数害虫，尤其食性窄的种类易在由单一的寄主植物组成的植物类群上发生，而在多样化的环境中由于寄主植物分散而降低害虫的发生。

封山育林是减轻人为干扰，使森林休养生息的一种办法。封山林分的组成和结构都发生了深刻的变化。封山的早期可使林内植物种类数和个体数大幅度增加，同时群落的垂直结构和层次复杂性也显著升高。封山后森林昆虫群落种类数量增多而个体数相对下降，没有突发性；天敌类群所占比重增加，从而使群落内食物网络更加复杂和完善，进而使群落增加对害虫的控制能力。封山的森林所诱发产生的营养效应不仅影响害虫的种群数量，而且更深刻地影响到害虫的种群质量，是一种有效控制害虫的生态学途径。

4.5.4.3 多样性指标在害虫管理中的应用

(1) 作为评价害虫自然控制力的指标 害虫自然控制力是指群落或生态系统对害虫干扰的抗御力和免疫力。它是通过生态系统对昆虫群落内各类群间数量关系的影响来实现的，是通过昆虫群落自身的结构特征来表现的。害虫暴发时群落的外在表现是个体数在昆虫种上的分布不均匀，一种或少数害虫种群数量占绝对优势，天敌与害虫间数量的对比关系严重失调，相应的多样性指数和均匀度指数较低，因而用昆虫群落内各功能类群的多样性指数来评价害虫自然控制力是可行的。

(2) 作为害虫管理措施的评价指标 作为引进、移植和释放天敌的参考指标，天敌的引进和释放的成功率受节肢动物群落多样性的影响。天敌类群多样性高，引进的天敌作为外来种很难在群落中定居。应在害虫—天敌关系严重失调，天敌类群多样性低时引进才易于成功。

作为防治效果的评价指标，防治措施的效果，不仅要看害虫种群的降低程度，还应看对节肢动物群落的干扰程度，即对群落，特别是天敌类群种群多度和多样性的影响，防治应以不降低或较少降低天敌类群多样性为准则。

4.6 森林害虫的预测预报

森林害虫的预测预报是森林害虫防治和检疫的基础，是进行各种相关规划的依据。在森林害虫暴发之前尽早知道哪些害虫将在何时、何地发生何种程度，就可尽早采取预防措施，将害虫危害控制在灾害发生之前或及时采取治理措施，将灾害损失控制在最低限度。

4.6.1 森林昆虫的调查技术

昆虫的种群数量常用单位空间（面积、体积、植株等）上昆虫的平均密度（如头/m^2或头/株等）及相对密度（即在取样单位的总数中，出现该种昆虫的取样单位的百分比，如有虫株率等）来表示。调查方法有全查法和取样调查法。由于森林辽阔，树木高大，时间和人力、物力等的限制，往往不可能也没有必要应用全查法，一般采用科学的抽样方法。

4.6.1.1 总体与样本

在统计学上常称一群性质相同的事物的总和为总体。在森林害虫调查统计中，也常将一片林地中的某种害虫当作总体。在调查一片森林中某一种害虫的种群数量时，常常根据害虫的空间分布型，采用一定的取样方法，在调查对象的总体中，抽取一定数量的个体，将这个有限的个体称作样本，根据样本所测得的结果，推测总体。其间必定存在差异，这种差异称为取样误差。它主要来自2个方面：

（1）取样方式 取样方式的选择与昆虫的空间分布格局有关，不同的空间分布，应该选择不同的取样方式，才能使调查的结果基本符合实际情况。

（2）取样的数量 一般而言，取样的数目越多，越能代表总体，但增加取样数目，就得增加人力和物力，为此，应根据调查精度的要求，选取适当的取样数目。

此外，也应考虑每一取样单位中的某种昆虫的数量是否准确查明；每个取样单位的单位、大小、边界是否准确弄清。

4.6.1.2 取样单位

昆虫的种类和生境的不同，所采用的调查单位往往不同，森林昆虫调查中常用的取样单位包括：

长度单位 常用于调查一些虫口密度较大的小型昆虫。例如，调查落叶松鞘蛾常用样枝为调查单位。

面积单位 调查地下害虫、枯枝落叶层下越冬的害虫常用一定面积为取样单位。例如，调查苗圃地下害虫、落叶松毛虫越冬幼虫均用面积为取样单位。如15头/m^2。

体积单位 调查木材害虫时常用体积单位。例如，10头/m^3。

重量单位 调查种实害虫常用重量单位。例如，50头/kg。

时间单位 用于调查活动性大的害虫，观察单位时间内经过、起飞或捕获的虫数。例如，100头/h。

植株单位 常用于食叶害虫。例如，落叶松毛虫的虫口密度可表示为150头/株。

诱集物单位 对于有趋性的昆虫，常用一定时间内，一定诱集物诱集到的虫数为计算单位。如灯诱中的灯，色盘诱集中的色盘等。

网捕单位 一般用一定口径、一定柄长的捕虫网，以网来回摆动一次（一定网程），称为一网单位。

4.6.1.3 取样方法

为了保证取样结果的准确性，常常根据昆虫水平分布格局差异，将样方排部在样地上。常用的取样方法如下（图4-11）。

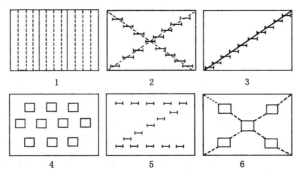

图4-11 调查取样方式示意图
1. 平行线取样 2. 双对角线取样 3. 单对角线取样
4. 棋盘式取样 5. Z字型取样 6. 五点式取样

五点式取样 适合于密集的或成行的植物以及害虫分布为随机分布型的情况，可按一定的面积、长度或株数选取样点。

对角线取样法 适宜密集的或成行的植物和随机分布的结构，有单对角线和双对角线2种。

棋盘方式取样法 适宜密集的或成行的植物、害虫为随机分布的结构。

平行线取样法 适宜于成行的植物、害虫为核心分布的结构。

Z字形取样法 适宜于嵌纹分布的结构。

4.6.1.4 各类森林害虫的调查

(1) 食叶害虫的调查 在树上结茧化蛹或产卵（卵块）的昆虫，可根据昆虫的分布型和昆虫的理论取样数，按对角线法等排布样点或样株。调查有虫株率、树冠上或树冠上一定部位一定长度枝条上的昆虫数。

在枯枝落叶层下或土壤中越冬或化蛹的害虫，块状样方大小一般为0.5m×2m，0.5m的一边应靠近树干。

在害虫活动期的调查，往往以整株树为单位。在幼树或虫体较大时较为容易。但高大乔木树冠上的昆虫调查有难度，幼虫期往往用机械振落法，或用冠层喷雾法等振落害虫。对活动力强的成虫，常用冠层拦截器收集或采用灯光诱集等方法。

(2) 蛀干害虫的调查 在样地内调查统计有虫株率；选取 3 株虫害木，伐倒后由干基至树梢剥去一条 10cm 宽左右的树皮，分别记载不同部位出现的害虫种类，然后在害虫寄居部位的中央，选取大小为 1 000cm^2 的样方，统计害虫种群数量。对于小蠹虫，分别计穴数、母坑数、幼虫、蛹、新成虫数或羽化孔数。对于天牛或吉丁虫，则计算其幼虫、侵入孔和羽化孔数；象鼻虫则计数其幼虫、成虫和蛹数。

(3) 苗圃地下害虫调查 调查应在害虫活动季节进行。春末至秋初，地下害虫大多在土壤浅层活动，便于调查。每 10～20hm^2 设样地一块，每块样地 10～20 个样方（1m^2）。确定好样方的边界后，用铁锹将样方周围的边界切出，然后以每 20cm 深为一层，逐层取出土壤，计数害虫的数量。

另外，对于个体小的蚧虫、蚜虫或螨类，可根据害虫所占据的叶面积或枝条的比例进行统计。

4.6.2 森林害虫预测预报的类型与方法

森林害虫的预测预报就是根据害虫生物、生态学特性，结合林木的物候、气象预报资料，进行全面分析，对害虫未来的发生趋势（发生期、发生量、危害程度等）作出预测，并及时提供虫情报告，以便提前做好防治准备。

4.6.2.1 森林害虫预测预报的类型

根据预测的内容和预测时间的长短不同，将预测预报分为以下几种类型。

(1) 按预测内容分

发生期预测　预测某种森林害虫的某一虫态或虫龄的出现期或危害期；对具有迁飞、扩散习性的害虫，预测迁出或迁入本地的时间。为害虫防治时期的选择提供依据。

发生量预测　预测害虫的发生数量或林间虫口密度。主要用于估计害虫种群未来的消长趋势，以便作为害虫未来是否大发生的依据。

危害程度的预测　在发生期和发生量预测的基础上，根据林木的生长发育和害虫的猖獗发生情况，进一步预测林分受害程度和造成经济损失的大小。为选择合适的防治方法和防治次数提供依据。

(2) 按预测时间的长短分

短期预测　短期预测的期限大约在 20d 以内，一般只有几天到十几天。其准确性高，应用范围广。一般根据害虫前一虫期发生状况，推测后一虫期的发生期和发生量。为未来防治适期、次数和防治方法提供依据。

中期预测　中期预测的期限一般为 20d 到一个季度，通常在 1 个月以上。但时间的长短可根据害虫的种类而定。主要是根据害虫前一世代的发生状况，预测下一世代的发生动态，以便确定害虫的防治对策。

长期预测　长期预测的期限常在一个季度以上。预测时间的长短仍视害虫种类和生殖周期的长短而定。生殖周期短，预测期限短，否则就长，有时可以跨年。通常根据越冬后或年初某种害虫的越冬有效虫口基数及气象预测资料等做出，于年初展望其全年发生动态和灾害程度。

4.6.2.2 害虫预测的方法

根据害虫预测的基本做法，可将其分为 3 类。

统计法 根据多年的气候、物候等因素与害虫某一虫态发生期、发生量之间的关系资料，或害虫种群本身前、后不同发生期、发生量之间的关系资料，进行回归分析、数理统计计算，组建各种预测式。

实验法 应用实验生物学方法，主要求出害虫各虫态的发育速率和有效积温，然后应用当地的气象资料预测其发生期。也可探讨营养、气候和天敌等因素对害虫生存、繁殖能力的影响，提供发生量预测的依据。

观察法 直接观察害虫的发生期和作物物候的变化，明确其虫口密度、生活史与作物生育期的关系，应用物候现象、发育进度、虫口密度和虫态历期等观察资料进行预测。主要用于预测发生期、发生量和灾害程度。

4.6.3 森林害虫发生期预测

害虫的发生时期按各虫态可划分为始见期、始盛期、高峰期、盛末期和终见期。预报时着重始盛、高峰和盛末 3 个时期。在数理统计学上常将上述 3 个时期分别定义为：出现 16%——始盛期；出现 50%——高峰期；出现 84%——盛末期。

4.6.3.1 发育进度预测法

发育进度预测也称历期推算预测，是根据害虫在林间发育进度的系统调查结果，参照当地的气温预报，加上各虫态的相应历期，从而推算出以后诸虫态的发生期。

进行害虫发育进度预测，应该查准害虫的发育进度和发育历期。利用实际调查的结果，作出害虫发育进度或虫龄分布曲线，以此曲线作为预测的起始线，叫做"基准曲线"。自该线各点加上害虫某一、二个虫态的发育历期，向后顺延，就可作出与基准曲线平行的未来某虫态的发育进度曲线，称为"预测曲线"。再根据实际调查结果，作出某一预测虫态的实际发育进度曲线，称为"实测曲线"（图 4-12）。实测曲线是用来检测预测曲线的准确程度的。

基准曲线所需的数据常常通过如下途径获得。

林间调查法 在害虫发生阶段，定期、定点（甚至定株）调查其发生数量，统计各虫态的百

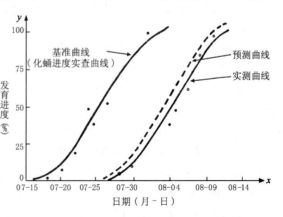

图 4-12 化蛹进度预测成虫羽化进度

分比,将逐期统计的百分比顺序排列,便可以看出害虫发育进度的变化规律,发生的始、盛、末期和各个期距。

人工饲养法 对于一些在林间难以观察的害虫或虫态,可以在调查的基础上结合进行人工饲养观察。根据各虫态(及龄期)发育的饲养记录,求出平均发育期,必要时计算标准差,估计置信区间。

诱集法 一般用于能够飞翔、活动范围较大的成虫。利用它们的趋性进行诱集。每年从开始发生到发生终了,长期设置,逐日计算,同时应注意积累气象资料,以便对照分析。

获得符合当地情况的昆虫发育历期或期距资料是发育历期预测准确程度的另一关键。害虫发育历期资料一般通过如下途径获得。

搜集资料 从文献上搜集有关主要森林害虫的历期与温度关系的资料,作出历期与温度的关系曲线。在预测时,可结合当地的气温资料,求出适合的历期。

实验法 在人工控温条件下,或在自然变温条件下饲养昆虫,观察、记载各世代、各虫期的发育情况。总结出各虫态、各级卵巢等的历期与温度的关系。

统计法 根据当地的实验观察、林间调查等获得的多年资料,应用数理统计方法进行分析,找出害虫各世代、虫态和各级卵巢的历期。

(1) 历期预测法 该方法是通过林间某种害虫前一二个虫态发生数量的调查,查明其发育进度,如化蛹率、羽化率、孵化率等,并确定其发育百分率达到始盛期、高峰期和盛末期的时间,在此基础上分别加上当时、当地气温下各虫态的平均历期,即可推算出后一虫态发生的时期。

(2) 分龄分级预测法 根据各虫态的发育与内外部形态或解剖特征的关系细分等级,进行预测。如卵的发育、虫龄、蛹和雌蛾的发育可再细分等级,分别叫做卵分级、蛹分级、雌成虫卵巢分级。此种方法在害虫发生期的中、短期预报中,准确度较高。其具体做法是:不需要定期、系统地检查害虫的发育进度,而只要选择害虫某一虫态的关键时期做 2~3 次发育进度检查,在检查时仔细分龄或分级,并计算出各龄各级占总虫数的百分比;再按发育先后将各百分率进行累加,当累加到 16%、50% 和 84% 时,即可分别得出始盛期、高峰期和盛末期的数量标准;然后加上该虫龄和蛹的历期,即可推测出下一虫龄或虫态的始盛期、高峰期和盛末期。分龄分级预测法,一般适用于各虫态历期较长的害虫。

(3) 卵巢发育分级预测法 在害虫发生期预报上,常常应用害虫卵巢发育的程度等内部解剖特征来预测害虫的发生期。卵巢发育分级预测的做法一般是首先解剖雌虫的卵巢,观察卵巢管的发育状况,以此了解雌虫产卵的规律。再根据昆虫卵巢的分级特征,既可预测产卵盛期等。

4.6.3.2 期距预测法

根据当地多年积累的有关害虫发生规律的资料,总结出害虫前后世代之间或同一世代不同虫龄之间高峰期的间隔,即为期距。期距并不等同于害虫各虫态的历期,它是一个统计值和经验值。

此法简便易行,准确率也较高。但不同地区、季节、世代的期距差别很大,每个地区应以本地区常年的数据为准,其它地区不能随便代用。这需要在当地有代表性的地点或田块进行系统调查,从当地多年的历史资料中总结出来。有了这些期距的经验或历年平均值,就可以依此来预测发生期。也应注意在气候异常年份或林分受到重大的干扰,往往预测的偏差较大,应辅以其它中、短期预报加以校正。

4.6.3.3 有效积温预测法

在适宜害虫生长发育的季节里,温度的高低是左右害虫生长发育快慢的主导因素。只要我们了解了一种害虫某一种虫态或全世代的发育起点温度和有效积温及当时田间的虫期发育进度,便可以根据近期气象预报的平均温度条件,推算这种害虫某一虫态或下一世代的出现期。

4.6.3.4 物候预测法

物候是指各种生物现象出现的季节规律性,是季节气候(例如温度、湿度、光照等)影响的综合表现。各种物候之间的联系是间接的,是通过气候条件起作用的。但是要进行预报,仅仅注意与害虫发生在同一时间的物候是不够的,必须把观察的重点放在发生期以前的物候上。为了积累这方面的资料,测报工作人员应该在观察害虫发育进度的同时经常留意记录各种动植物的物候期(如吐芽、初花、盛花、展叶等),用简明符号标出,经过多年积累,从中找出与害虫发生期联系密切,可用作预报的物候指标。

4.6.4 害虫的发生量预测

预测害虫的发生量是确定害虫防治次数和防治方法的依据。一般而言,昆虫的发生量预测比发生期预测复杂。因为食物的质和量、气候条件、天敌的作用和人为干扰等诸多因素直接或间接作用于昆虫,影响害虫的生长发育和繁殖,常常导致害虫种群数量发生波动。

害虫发生量的预测方法包括有效虫口基数预测法、气候图法、经验指数预测法和形态指标预测法等。

4.6.4.1 有效虫口基数预测法

害虫的发生量常常与前一世代种群基数密切相关。种群基数大,下一代发生量可能也大,反之,则可能小。尤其是早春的有效基数,常用做第1代害虫发生量的重要依据。

根据害虫前一世代的有效基数推测后一世代发生量的公式为:

$$p = p_0 \left[e \frac{f}{m+f} (1-M) \right]$$

式中:p 为下一代种群数量;p_0 为上一代种群基数;e 为每雌平均产卵量;f 为雌虫数;m 为雄虫数;M 为死亡率;$(1-M)$ 为存活率,可分为 $(1-a)(1-b)(1-c)(1-d)$;其中 a、b、c、d 分别为卵、幼虫、蛹和成虫生殖前的死亡率。

此种方法的工作量较大,要真正查清前一代的虫口密度也非易事。对于单食性的和越冬场所单纯的害虫,如落叶松毛虫,虫口基数较易查清;但对一些多食性害虫和越冬虫源复杂的种类则较为困难。

4.6.4.2 生物气候图预测法

生物气候图（bioclimatic graph，bioclimatograph）是描述昆虫种类、数量、分布与气温、雨量等气候因子关系的图形。通常以月（旬）总降雨量或相对湿度为纵坐标，以月（旬）平均温度为横坐标，将各月（旬）的温度、湿度或雨量的组合绘成坐标点，然后用直线按月（旬）的先后顺序连接成闭合曲线。并配合目标昆虫的最适温湿度范围，既可比较某一地区不同年份、或不同地点的常年温湿度变化趋势间的差异，从而找出影响该害虫大发生的关键月份及主要气候要素，为预测森林害虫提供依据。

4.6.4.3 经验指数预测

经验指数是在深入分析影响害虫猖獗发生的主导因素的基础上总结出来的，可以用于害虫发生量预测。常用的经验指数有温雨系数、温湿系数、天敌指数等。

$$温雨系数 = P/T 或 P/(T-C)$$
$$温湿系数 = RH/T 或 RH/(T-C)$$

式中：P 为月或旬的总降雨量（mm）；T 为月或旬的平均温度；C 为该虫的发育起点温度；RH 为月或旬平均相对湿度。

在应用中可根据不同地区、不同虫种的实际情况加以应用。如温湿系数大于某一数值时，某一害虫可能大发生，而小于某一数值时则发生较轻。

4.6.4.4 形态指标预测

环境条件对昆虫的影响都要通过昆虫本身的内因而起作用；昆虫对外界环境条件的适应也会从内外部形态上表现出来。如虫型、生殖器官、性比的变化以及脂肪的含量与结构等均会影响到下一虫态的数量和繁殖力。为此，可根据这些形态指标作为数量预测指标以及迁飞预测指标，来推算害虫的未来种群数量。

例如，蚜虫处于不利的条件下，常表现为生殖力的下降，此时蚜群中的若蚜比率及无翅蚜的比率下降。可以根据有翅蚜比率的增减或若蚜与成蚜比率的变化来估算有翅成蚜的迁飞扩散和数量消长。

4.6.5 森林害虫种群监测

森林害虫系统监测调查是为了及时准确地掌握监测对象的发生发展规律和种群动态信息，以便进行害虫预测预报而展开的调查活动。监测对象通常是当地曾经大发生过或目前在局部地区大发生的害虫；或在其它省区或邻近地区大发生，而本地区是该种的适生区的害虫以及疫区周边地区及适生区内的检疫害虫。

4.6.5.1 监测林分与标准地

监测林分内的标准地主要用于监测对象的发生数量、林木受害程度的监测调查。监测标准地以外的监测林分主要用于监测对象的发生期及害虫存活率的监测调查。

监测林分的选择应以害虫常发地和具有代表性为基本原则。监测林分除正常的抚育间伐等经营措施外，一般不采取防治措施。监测林分内标准地一般应设在下木及幼树较少、林分分布均匀、代表性较强的地域。同一监测林分内两块标准地应有一定的距离。监测标准地选定后，要标明其边界，并对林木统一编号，绘制平面坐标图。

4.6.5.2 监测调查内容

监测调查的内容主要根据监测的目的和监测的对象而定。

(1) 森林害虫发生期监测

孵化进度监测　对于卵期较长的害虫种类，从成虫开始产卵起直至全部孵化为止，每隔 1d 在监测林分内调查一定数量的卵粒，并按公式计算孵化率。

$$孵化率 = \frac{初孵幼虫数}{总卵数} \times 100\%$$

越冬幼虫活动进程监测　在越冬幼虫复苏或进入越冬前，在监测林分内，选择一定数量的监测样株，按虫种分别逐日调查幼虫上树和下树的数量，直至全部上树和下树为止。分别统计其始盛、高峰和盛末期。

羽化进度监测　从结茧盛期始直至全部羽化止，每天在监测林分内观察一定数量的茧。按公式统计羽化率。

$$羽化率 = \frac{蛹壳数}{(幼虫数 + 蛹数 + 蛹壳数)} \times 100\%$$

灯光诱集监测　监测对象成虫期即将临近时，在监测点每晚 19:00～21:00 时开灯诱集。并逐日统计诱虫数量。诱虫灯的瓦数、设灯距离与数量要统一。

性诱剂监测　监测对象成虫期即将临近时，在监测点设性诱捕器诱集，并逐日统计数量。诱捕器的规格，性诱剂的种类、规格，诱捕器的设置距离与数量要统一。

(2) 种群密度监测

卵密度监测　成虫产卵始见期后，在监测林分的标准地内，根据害虫的分布型，采取相应的取样方法选取 20～50 株调查样株，统计样株及树冠投影范围内植被或样枝上的卵数。

幼虫密度监测　在幼虫暴食期、越冬前、越冬后，在监测标准地内，随机选取 20～50 株调查样株，统计样株、样方和样枝上的幼虫数。

蛹密度监测　幼虫始见期后，在监测林分内，随机选取 20～50 株调查样株，统计样株及树冠投影范围内植被或样枝上的蛹数。

成虫期监测　于羽化终见期，在监测林分内按蛹密度调查方法，调查羽化蛹壳数量，也可以用灯光诱集或性诱捕器诱集法，逐日统计诱集的数量。

(3) 害虫成活率监测

卵成活率监测　于幼虫孵化终见期，对于卵期长的种类可在不同时期分别观测，在监测林分中采集一定数量的卵粒（块），分别计算孵化卵数、被寄生卵数及未孵化卵数。

幼虫存活率监测　在进行幼虫各时期密度监测调查的同时，在调查样株上，采集 100 头健康幼虫就地在活枝上套笼或带回室内饲养观察，统计各期存活头数及化蛹、羽化虫数。

蛹存活率监测 在化蛹终见期，在监测林分内采集一定数量的蛹，记录已羽化数并将其捡出，剩余部分置于纱笼内直至羽化结束时，统计羽化蛹数、寄生蛹数。

生殖力监测 在进行蛹存活监测时，将刚羽化的成虫拣出 20~25 对，成对放入带有新枝叶的养虫笼中，直至成虫全部死亡，统计产卵数和遗腹卵数。

复习思考题

1. 如何理解环境因子对昆虫个体和种群的综合作用？
2. 试述昆虫种群动态研究在害虫控制中的地位。
3. 如何理解生物多样性的生态系统功能？
4. 评述并展望害虫预测预报的方法和技术。
5. 应用昆虫地理分布的理论，阐述我国应如何防控重大危险性森林害虫。

第 5 章 害虫管理的策略及技术方法

【本章提要】 森林害虫综合管理涉及生态学、经济学、环境保护学和系统科学等领域,并与社会生产技术水平有密切关系。本章主要介绍害虫管理策略的发展历史,害虫管理的原理、技术方法和程序,以及系统分析技术和专家系统在害虫管理中的应用等内容。

随着系统学、控制论、信息论的发展和不断渗透,昆虫学家、林学家和生态学家们已逐渐认识到害虫管理问题是一个极其复杂的系统工程。害虫管理的观念也从过去单纯以害虫为对立面进行"头痛医头、脚痛医脚"的被动式防治模式逐步转变为从系统观点的整体出发,注重森林生态系统的长期稳定和森林健康,以达到林业可持续发展的目的。害虫管理的策略思想正不断趋向成熟、完善,各种防治技术和措施也随着信息技术、生物技术和电子计算机技术等的广泛应用和不断交叉,得到了极大的发展。

5.1 害虫管理策略及其发展历史

随着社会发展和经济技术条件的改善,害虫的管理策略处于不断发展变化中。从人类控制害虫策略的本质上讲,害虫的管理大致经历了 4 个主要的发展历程。

5.1.1 初期防治阶段

19 世纪后期至 20 世纪 40 年代初。这一阶段虽然也有了各种防治害虫的方法,都能抑制害虫数量到一定程度,减少一定的危害,但一般来说都不是十分有效的。为此,当时提出了综合防治(integrated control)的原则,就是把各种防治方法配合起来一同防治害虫。这是根据各种防治方法都有其优缺点,把它们配合起来,取长补短,就能发挥最大的效力。因此,在这一时期对一种害虫,往往一方面用农业技术防治(如灌溉、轮作、选用抗虫品种等),另一方面使用农药(当时都是天然的植物性和矿物性农药)或引入天敌等,有时还配合人工捕捉、机械捕捉等。美国于 1888 年首次从澳大利亚引进天敌澳洲瓢虫防治柑橘吹绵蚧,一举成功,掀起了生物防治的热潮。在 1940 年以前,害虫防治都是应用综合防治的原则,并且十分强调害虫的生物学、生态学习性的研究,因为许多防治方法都与害虫的习性有关。可以说,这一阶段已包含着生态学的观点,是现代综合管理方案的雏形。遗憾的是，它没有引起人们的足够重视，没过多久，人工合成杀虫剂问世了，这一阶段随即宣告结束。

5.1.2 化学防治阶段

20 世纪 40 年代至 70 年代中期。第二次世界大战期间，大部分战场用昆虫传播疟疾、伤寒等而严重影响了部队的战斗力。美国筛选出 DDT，成功地防治了传病昆虫。战后 DDT 用于防治农业害虫也十分有效。特别是从 1946 年开始大面积使用 DDT，从而进入了化学防治阶段，这一阶段又可分为两个时期：

①1946～1962 年被认为是"农药时代"的前期　在此期间，除 DDT 外，英、法又发现了六六六（其合成较 DDT 更早），后又相继出现了氯丹、毒杀芬等一系列高效、持久的有机氯杀虫剂，在害虫防治上曾一度发挥过巨大的作用。这些杀虫剂防治害虫的效率极高，并且对各种害虫均有效，有些被当时农民称为"一扫光"。这一时期，人们曾十分乐观地认为，害虫防治的问题已经基本上得到解决，只要喷洒 DDT 等杀虫药剂就能彻底消灭害虫，从而把人们引入了农药万能的境地。

这一时期，害虫的防治确实收到了极好的效果，各种杀虫药剂也得到了极大的发展，许多其它防治害虫的方法已很少有人研究，甚至害虫的基础生物学研究也被放松了。

②1962 年至 70 年代中期是"农药时代"的后期　由于当时人们错误地认为"打药"是惟一的方法，于是"有虫打三遍，无虫打三遍"，单纯使用农药和不合理滥用农药在国内外十分普遍，因而产生了"农药合并症"，即害虫产生抗药性，害虫再增猖獗以及农药在人体内的积累和环境污染。

美国生物学家 Carson 在 1962 年出版了《寂静的春天》（*Silent Spring*）一书，作者以文学的笔调、科学的事实，描述了大规模长期使用化学农药带来的不良后果，立即引起了美国公众和总统的重视。美国农业部统计了数十年的虫害损失情况，发现虫害损失并没有因长期大规模使用农药而下降，反而，从 1904 年起，杀虫剂用量增加了 10 倍，药剂种类由几种增加到 1978 年的 300 多种，而作物的虫害损失却从 1904 年的 7% 增加到 1978 年的 13%。这些事实使化学防治常引为自豪的巨大效力受到了挑战。应用杀虫剂带来的这些不良后果，迫使人们不得不重新考虑害虫防治的策略。

5.1.3 害虫综合管理阶段

20 世纪 70 年代中期至 90 年代中期为害虫综合管理阶段。在 60 年代末至 70 年代初，开始酝酿并先后提出了很多害虫防治的新策略，主要包括害虫综合管理、全部种群管理、大面积种群管理等，其共同特点是企图改变及消除单独依靠杀虫剂所产生的副作用，主张以生物学为基础，强调各种防治方法的配合等。

5.1.3.1　害虫综合管理（integrated pest management，简称 IPM）

Stern 等于 1959 年最早提出害虫综合防治（integrated pest control，简称 IPC）

一词。1967年在联合国粮农组织（FAO）在罗马召开的"有害生物综合防治"会议上给IPC下了一个定义："害虫综合防治是一套害虫管理系统，它按照害虫的种群动态及与之相关的环境关系，尽可能协调地运用适宜的技术和方法，把害虫种群控制在经济危害水平之下"。当时已具有IPM的初步概念，但IPC毕竟与IPM不同，因此，在1972年又将IPC改为IPM，其意义为："害虫综合管理就是明智地选择及应用各种防治方法来保证有利的生态、经济及社会方面的后效"。

我国已故著名昆虫生态学家马世骏（1979）对IPM解释为：综合防治是从生物与环境的整体观念出发，本着"预防为主"的指导思想，和安全、有效、经济、简易的原则，因地、因时制宜，合理运用农业的、化学的、生物的、物理的方法，以及其它有效的生态学手段，把害虫控制在不足危害的水平，以达到保证人畜健康和增加生产的目的。这是一个全新的概念，主要是从生态学角度出发，全面考虑生态平衡、社会安全、经济效益及防治效果。主要包含3个基本观点：

(1) 生态学观点 害虫是其所在生态系统的一个组分，把森林昆虫和它所处的环境作为一个整体看待。与农业生态系统相比较，森林生态系统具有稳定性、复杂性和自然调节能力更强的特点，因此，测定林木生长及受害程度后，决定是否要改变害虫种群数量，如果害虫数量不引起经济、生态、社会效益的损害时，就没有必要调节它们的数量。

(2) 经济学观点 综合管理的目的是将昆虫大发生的危害减低到经济容许水平之下。如果害虫种群密度超过了经济容许水平，则需要进行人为干预。一般表达式为：净活动收益＝挽救资源的价值－活动费用。实际上，估计害虫危害对各类森林造成的损失、评价各种有效防治措施的费用、选择最经济实用的措施，是一个比较复杂的问题。

(3) 辩证的观点 昆虫的"益"和"害"不是绝对的。一些经常大发生，给国民经济造成损失的昆虫被称为害虫。但就是这些昆虫，只要其数量不达到经济危害水平，它们的存在不仅没有害，而且还会有好处，它们能维持生态的多样性和遗传的多样性，同时这些残存的害虫可以成为天敌的食物和寄主，使天敌得以存活，以加强及维持自然控制力。

由此可见，IPM对害虫采取容忍哲学（philosophy of containment）的思想，不求彻底消灭害虫。强调自然控制，只求调节害虫数量，在IPM中占首位；营林措施、抗虫品种的利用和生物防治是辅助自然控制的，占第二位；化学和物理防治占第三位。

国内外关于害虫综合管理成功的事例很多。例如，20世纪50～60年代山东省昆嵛山林场松毛虫频频发生，由于连年使用六六六，虽然暂时压制了松毛虫，但也将天敌普遍杀灭，故之后又在60～70年代暴发了日本松干蚧，使大批松林衰退死亡。1974年起开始对该虫进行综合管理，引进抗虫、抗逆、速生等优良树种110个，因地制宜，适地适树，扩大阔叶树比例，营造大面积混交林。10年后对赤松纯林及赤松栎类混交林的松毛虫天敌数量调查中发现，后者比前者高出 34.8%。并合理修枝和间伐降低虫源，使山东省的昆嵛山和北海林场有虫不成灾。

5.1.3.2　全部种群管理（total population management，简称 TPM）

TPM 是企图寻找替代单一的化学防治的另一种治虫策略，其发展过程大致与 IPM 平行。TPM 策略是在意大利 Knippling 设计对棉花害虫采取繁殖—滞育防治与不育技术相结合措施的基础上形成的。所谓繁殖—滞育，是尽量压低越冬前棉铃虫种群以减少来年的种群数量，最后以不育技术控制低密度种群，达到全部消灭这一害虫的目的。其所以提出上述设想，是 Knippling 从一个简单的数学模型导出一个有趣的结论：化学防治对控制高密度种群最为有效，在低密度种群情况下则相反；而不育技术，则以低密度种群下应用最为有效，因此，两者的结合可以达到全部种群控制的最佳效果。由此可见，其基础哲学是消灭哲学（philosophy of eradication）。

TPM 主要针对人类真正的害虫，这类害虫有时造成人畜死亡，如跳蚤、蚊子、家蝇、螺旋锥蝇（羊体上的一种寄生虫）等，对这些害虫人们往往要求彻底消灭。早在 1953 年，昆虫学家于委内瑞拉北面 40 英里①的 Curacao 岛 170 平方英里土地上，释放了用钴^{60}处理过的不育雄蝇，彻底消灭了羊群体上的螺旋锥蝇。TPM 这一策略也可用于很少数几种危害严重的森林大害虫，如三北防护林区毁灭性蛀干害虫光肩星天牛、森林检疫害虫杨干象等。

我国已故著名昆虫学者张宗炳教授（1988）曾就 IPM 和 TPM 进行比较认为：①TPM 是针对卫生害虫，而对大多数农林害虫则应采取 IPM，原因之一是目前尚无可行的消灭措施，但 IPM 在特殊情况下也是可行的。②对化学防治的态度，虽然两种策略都反对单纯依赖杀虫剂，但 IPM 则考虑尽量避免使用，而 TPM 则主张将杀虫剂作为消灭害虫的一种主要手段，因不育释放技术一般需要有化学防治配合先行压低虫口。③对生物防治态度也有差异，IPM 强调自然控制，而生物防治则是助增自然控制。TPM 虽不反对生物防治，却对之持怀疑态度。④在费用和收益问题方面，TPM 更注重长期效益，而 IPM 则多考虑短期收益。⑤TPM 注重消灭技术，而 IPM 着重于生态学原则。

5.1.3.3　大面积种群治理（areawide population management，简称 APM）

大面积种群管理是对 IPM 和 TPM 作某种调和的产物，其目标是控制大面积内的害虫种群，使之在一个较长时期内保持在经济阈值之下，并尽可能设法使之继续降低。在技术措施上采用所有的防治方法，特别是害虫全部种群管理的方法，在理论上采用综合管理理论的生态系统和经济阈值的概念，但在经济上着重长期效益，面向整个社会。

5.1.4　森林保健与林业可持续发展

在 20 世纪 20 年代，美国曾先后提出"可持续发展农业"（sustainable agri-

---

①　1 英里 = 1 609.344m

culture）及"可持续发展林业"（sustainable forestry）的新概念，并开始对此进行了探索。1992 年 6 月联合国环境与发展大会的召开，标志着人类对环境与发展关系认识方面的质的飞跃，这一会议的原则声明发表以来，立即在世界各国引起了强烈的反响，日益引起人们对"人类可持续发展"的不断认识，同时相继提出了一些害虫的管理新策略、新思想。

这一阶段提出的主要策略有森林保健（forest health protection，简称 FHP）、害虫生态管理（ecological pest management，简称 EPM）、害虫可持续控制（sustainable pest management，简称 SPM）或森林有害生物可持续控制（sustainable pest management in forest，简称 SPMF）等，但它们的实质是相同的。它们都把包括森林害虫在内的森林生态系统看作是一个具有高度组织层次的生命实体，强调维持系统的长期稳定性和提高系统的自我调控能力，并从生态系统结构完整、功能完善出发，充分发挥系统自身对病虫害的免疫机能，通过有效的病虫监测，及时准确地预报森林害虫的暴发趋势，并在初期采取适当的方法（林业措施、生物防治等），将害虫的种群密度控制在该生境、社会及经济效益可容许的范围内。主要内容包括：良种选育、栽培技术、经营措施、病虫害监测、及时发现虫源地并对害虫加以消灭。其主要理论依据是森林生态系统的多样性、稳定性和森林害虫种群动态的可预测性。

森林保健，必须从保持系统的长期稳定入手，一切防治措施都必须有利于系统的长期稳定。在长期进化中形成的自然生态系统具有较强的自我调节能力，系统的各组分之间是相互平衡的。我们常可看到，顶极群落的原始森林和处于进展演替中的天然次生林从未发生大面积的森林病虫害，相反，大面积的人工纯林、不合理的采伐方式、过度放牧、采脂、破坏林相等人为经营活动常导致森林免疫机能下降使病虫害频繁发生。

过去的防治主要着重于降低害虫的数量，其结果是虽然害虫数量暂时降低了，但没有损害害虫种群的增长率，反而由于数量降低减轻了种间竞争而增加了种群增长率，这样种群数量在一定时期内又迅速上升，导致害虫反复发生，所以不能以杀死害虫的数量为防治的目标，必须着重实施森林保健，降低害虫的增长率。其主要途径是：探索掌握各种森林中植物、昆虫、其它动物及病原微生物等功能类群的种类组成及多样性与稳定性的关系，重点研究主要易于或潜在易于成灾的害虫种群和与天敌的动态机制，在此基础上，应用各种林业措施，使森林生态系统各组分，在结构上达到完整，功能上达到完善，系统中的能流、物流及信息流畅通，系统抗干扰能力强，对森林病虫害具有很强的防疫机能。如定期封山育林，可使植物种类增多，植物的垂直和水平结构复杂，导致昆虫区系复杂，能流、物流通道增多且畅通，从而使森林抗虫害能力加强。林中适当地配置灌木层和草本可以增加寄生性天敌昆虫，如再配合林木抗性树种的利用可有效地控制害虫。也就是利用"干涉"作为一种影响和调控生态系统组成的方式和过程，从而改变森林生态系统中植物、植食性昆虫和天敌之间数量动态关系，使森林能长期地稳定高效生长，实现森林生物多样性保护和森林的可持续经营。

森林保健、害虫生态管理或害虫可持续控制，在观念上是一个飞跃，其关键在于把以前对森林害虫"被动的防治"变为充分利用、促进、完善森林生态系统和对病虫害的防疫机能，实现"主动的预防"，并将森林病虫害监测作为必要手段，及早准确地采取措施控制害虫种群。

5.2 害虫管理的原理及技术方法

5.2.1 森林害虫种群数量调节的基本原理

森林害虫是森林生态系统的组成成分之一。在森林生态系统中，树木与其周围环境中的动物、植物、昆虫、微生物等生物因素和水、土、光、热、气等非生物因素，彼此间关系不是孤立的、隔离的，而是相互联系、相互依赖、相互制约的，往往动一隅而影响全局，森林生物群落，随着环境的不断变化、发展、进化，构成一个自然协调和相对的自然平衡状态。从这个观点出发，防治工作面临的任务就不仅是个别害虫的问题，所涉及的对象是整个生态系统，在使用农药时要考虑生物种群之间的关系，要考虑到对森林生态系统其它有益动物和树木的影响。

每一个生态系统，均具有内稳定机制，即自我调控机制，才使整个生态系统维护相对稳定性，生态系统内部都表现为生产者、消费者、分解者的密切关系，在一个相对稳定的生态系统中，生物种群之间具有自我调控机制，这是由于能流、物流、信息流中的负反馈作用。例如寄生昆虫和捕食动物它们的数量通常在寄主或猎物多时因营养食料丰富，便大量繁殖而增多；当寄生昆虫和捕食动物大量增加后，寄主又会因大量被寄生和捕食而减少，随之，寄生性与捕食性动物种群也下降。我们进行生物防治就是利用这种负反馈机制。当在一定时间、一定空间条件下生物间的繁殖达到相对稳定，即通常所说的系统处于平衡状态时，一般不会出现害虫的大发生和造成灾害，我们对这种生物之间保持相对平衡的力量，称之为生物潜能（biotic potential）。如果能充分利用生物潜能就可以避免害虫猖獗成灾，这就是我们通常所说的利用自然天敌控制虫害。鉴于这个基本原理，害虫综合管理的理论认为：①综合治理并非以消灭害虫为准则，容许害虫存在，也允许寄主受害，甚至容许有损失，只要危害不达到经济危害水平。②害虫是相对的，可变的。昆虫本身无所谓害虫和益虫，当它损害人及其生活资料时才划分为害虫和益虫，实际上留一部分所谓害虫，还有好处，它可以作为寄生者的贮存库，可以作为其它生物的食料，使天敌可以保存下来。③只控制害虫到一定的低水平，而不要求过高的防治率。

生态系统的稳定与平衡，主要靠生物种类的多样性，食物链关系的复杂性以及各物种之间恒定及共同适应的相互关系作用。因此，原始森林的生态系统较人工林稳定，混交林较纯林稳定。在不同稳定性的生态系统中，天敌利用的效果也不同，果园和森林生物防治的效果往往较农田的效果持久稳定。只要我们重视预防工作，使害虫数量保持在维持生态系统相对平衡的水平，虽有害虫也不致成灾。一旦生态系统失去平衡，害虫大发生，非采取措施不可，也只是将害虫数量压低到不造成经济损失的水平即可。

不论采取何种防治措施，都不要杀伤天敌、污染环境、伤害人畜。由于森林多位于较高山地，水源缺乏，所用方法以不用水或少用水为宜。防治措施除安全有效外，还必须是价廉易行的。

5.2.2 森林对害虫种群的自然控制机制

在一般情况下，森林昆虫除非处于生存环境发生激烈的变化或受人为措施的干扰，其密度一般不会发生大幅度的急剧变化，而是以平衡密度为中心来回变动，这一过程称为自然控制，可分为3类。

（1）调节过程 当有害生物种群数量在平衡密度以下时，则存在促进个体数增加的反馈机制，这种作用过程称调节过程。调节过程是由密度制约因素起作用的。所谓密度制约因素就是作用强度的变化与密度有关的因素。如害虫的生殖能力、死亡率、迁移率等。高密度时，繁殖率下降，死亡率增加，迁移率提高；低密度时，繁殖率提高，死亡率减少，迁移率下降。

（2）扰乱过程 促使有害生物密度离开平衡密度的过程。扰乱过程主要由非密度制约因素和逆密度制约因素所引起。所谓非密度制约因素是指其作用的强度变化与密度无关的因素。所谓逆密度制约因素是指随密度增加而促进繁殖的因素。气候因素的作用方式通常是非密度制约的。它在森林害虫种群数量变动中，作为扰乱过程有重大作用。交配率和非聚集效应在扰乱过程中常以逆密度制约因素起作用，种群密度大，个体间相遇机会增加，交配率提高，繁殖率增大。有些种类密度增大时对其繁殖率有刺激作用。

（3）条件过程 指栖息场所的物理化学条件、结构、食物量及供给率等构成了环境的负载力，决定密度上限，这种具有界限作用，规定调节密度水平的因素，其作用过程称为条件过程。

5.2.3 森林昆虫的生态对策

森林昆虫种群由于生境不同，各种群的世代存活率变化差别较大，这种变化既是其对该环境特有的适应性特征及死亡年龄分布特征的反映，也是在该生境下求得生存的一种对策，即生态对策。生态对策（bionomic strategy）是昆虫种群在进化过程中，经自然选择获得的对不同栖境的适应方式。种群的生态对策与其生态学特征和遗传性密切相关，当处于不同生境时，种群通过改变其个体大小、年龄组配、扩散力、基因频率以使其与环境条件相适应。

5.2.3.1 生态对策的类型及其一般特征

在自然条件下，有机体的环境条件很不相同，就其栖境的程度而论，有的极为短暂（例如雨后的临时积水坑），有的相对持久（如热带雨林）。在这些栖境中生活的有机体向着两个不同的方向演化，形成两类截然不同的适应。一类是 K-选择（K-selected），K-选择的生物称为 K-对策者（K-strategists），属于这类的有机体称为 K 类有机体。K 类有机体适应于稳定的栖境，它的世代（T）与栖境保持有利期的长度（H）之比值，通常 $T/H < 1$，所以它们的进化方向是使种群数量维持在平衡水平 K 值附近，以及不断地增加种间竞争的能力。它们的食性比较专一，并且与同一分类单位的其它成员相比，它们的体型较大，寿命与世代也较长，但内禀增长能力小。这种生态对策的优点是：使种群数量比较稳定地保持在 K 值附近，但不超过 K 值，若超过 K 值，就将导致生境退化；若明显下降到 K 值以下时，则不大可能迅速地恢复，甚至可能灭绝。出生率减少，必须增加其存活率以相适应。因此，一般说来，K 类有机体常有较完善的保护后代的机制。

另一类进化正好相反，常称为 r-选择（r-selected），r-选择的生物称为 r-对策者（r-strategists），属于这类的有机体称为 r 类有机体。r 类有机体所具有的栖境由于常常是临时的、多变的和不稳定的环境条件，所以自然选择了向内禀增长能力提高的方向演化，而提高内禀增长能力的途径，可通过提高增殖率和缩短世代历期来实现。此外，个体小、寿命短也有利于内禀增长能力的提高。r 类有机体常能填补生态真空，在微小的生态空隙处建立种群。一般而论，其竞争能力不强，对捕食者的防御能力较弱，死亡率较高。由于 r 类有机体既具有较高的内禀增长能力，又具有较高的死亡率，因此，其种群密度经常剧烈变动，种群数量经常处于不稳定状态。然而，种群的不稳定性并不一定就是进化上的不利因素。当种群数量很低时，高的内禀增长能力是有用的，它能迅速增殖其个体，以逃脱种群灭绝的危险。当种群密度很高时，虽然由于过分拥挤和资源的枯竭，但由于 r 类有机体通常具有较强的迁移扩散能力，以一个小的集群侵入某一新的、没有密度制约效应的栖境中，建立起新的种群。由于 r 类有机体生育力强、死亡率高、迁移扩散能力强，以及经常处于环境变化之中，使得它们有更多的机会发生变异，为新种的形成提供了丰富的资源。

5.2.3.2 生态对策与管理对策

以上根据生态对策将害虫相应地划分为 r-害虫（r-pests）和 K-害虫（K-pests）。由于这两种类型的害虫各有不同的种群特征，因此在实施害虫管理时，应根据害虫的不同生态对策相应地采取不同的防治策略。

r 类害虫通常以巨大数量的大发生方式出现，具有频繁的或不频繁的发生间隔期，通常危害作物的叶和根。在这类害虫造成严重危害之前，其天敌的作用是很小的。由于 r 类害虫具有高的内禀增长能力，它对环境的扰动具有弹性，甚至在种群大量死亡之后，种群密度仍会迅速回升。因此，尽管农药有其内在的缺点，只有它具备所需要的速度和灵活性，以对付 r 类害虫猖獗成灾的挑战。所以我们对付 r 类害虫所采取的防治策略是，以抗虫品种为基础，化学防治为主，生物防治为辅的综合管理措施。

对于 K 类害虫来说，它具有低的内禀增长能力，较大的竞争能力，更专一的食性,与同一分类单位的其它成员相比,体型较大。K类害虫种群密度常处于较低的水平,但因为K类害虫往往直接危害植物的产品,如果实和种子,而不是叶和根,所以仍能造成相当大的损失。当天敌少,死亡率低时,种群密度可以回升;但在死亡率很高的情况下,种群很难恢复原状,从而有可能灭绝。因此,K类害虫是遗传防治的最适对象。当果实直接被害时,也可使用化学防治,但最优的防治策略是林业技术措施和培育抗虫品种,以及采用不育交配技术来根除它。

基于目前国内、外有关害虫生态对策的研究现状,尤其是利用生态对策来制订害虫的防治策略方面还处于起步阶段,其中有许多问题有待于进一步研究。显然,在制订害虫防治策略的过程中,仅根据生态对策是远远不够的,但可以肯定,研究害虫及其天敌的生态对策对于制订害虫防治策略必将起着很大的推动作用,而且可以预料,随着昆虫生态学研究的深入,尤其是随着种群生态学研究的深入,生态对策的研究将会占有越来越重要的地位。

5.2.4 经济危害水平与经济阈限

Stern等人于1959年根据经典的经济学原理提出了经济危害水平与经济阈值的概念。经济危害水平(economic injury level,简称EIL)是指将会引起经济损失的最低害虫种群密度。经济阈值(或经济阈限)(economic threshold,简称ET)是为防止害虫达到经济危害水平应进行防治的害虫种群密度。防治指标是国内害虫防治工作者在生产实践中提出的一个通俗性概念,是ET的代名词。

5.2.4.1 经济阈值的研究方法

我国对森林害虫防治指标的研究始于20世纪80年代后期,现已研究的种类达110多种,其中食叶害虫约75种,枝梢害虫约22种,种实害虫约5种,蛀干害虫约8种。目前,在森林害虫的ET研究工作中,由于生态环境复杂多样,树体高大,不像研究农业害虫那样易于控制试验对象,所以主要采用人工模拟危害和直接调查危害两种方法进行研究。

(1) 人工模拟危害法 是指通过人为方式除去林木某一器官的部分或全部组织来模拟害虫危害的方法。由于它具有操作方便、易于控制试验条件和危害量,以及对害虫危害造成的直接损失能有效地进行测定等优点,目前已广泛应用于食叶害虫的研究中。

食叶害虫的取食是一个随机、不连续的过程,不同的取食时间、取食部位和取食方式对林木生长所造成的影响差异很大。因此,在利用人工去叶方式模拟害虫危害时,应充分考虑去叶时间、去叶部位和去叶方式,以使模拟危害尽可能地接近害虫的实际危害情况。

(2) 直接调查危害法 是指在自然环境中,在相似的林地条件下,直接考察不同密度的害虫种群对林木生长发育所造成影响的情况。这种方法能直观、真实地揭示害虫危害与林木产量、质量损失之间的关系,因而所得结果相对模拟研究具有更大的可靠性。但利用这种方法进行研究时,需采取一定措施控制林木上的害虫种群密度，使其具有一定的梯度关系，否则难以获得预期的害虫密度和产量损失之间的相关资料。目前，枝干害虫、球果害虫和某些食叶害虫的防治指标研究，采用的就是这一方法。

5.2.4.2 一般平衡位置

一般平衡位置（equilibrium place，简称 EP）是指害虫在长时期内没有受到干扰影响时的平均种群密度。由于与密度有关的因素（如寄生性昆虫、捕食者、疾病等）影响的结果，害虫种群密度在中间水平周围变动。经济危害水平可能处于一般平衡位置上下的某一水平上。据此，可将昆虫分为4大类（图5-1）：

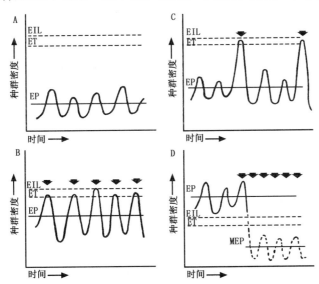

图 5-1　经济危害水平和经济阈值
EIL——经济危害水平；ET——经济阈限；EP——平衡位置；
MEP——已修正的平衡位置；箭头表示防虫干预

(1) 所谓"非害虫"（non pest）　由于自身的繁殖力及自然控制等的作用，种群密度永远达不到经济危害的程度，也没有变为害虫的潜在能力，是一类最多的植食性昆虫。如大多数灰蝶、弄蝶等（图5-1-A）。

(2) 偶发性害虫（occasional pest）　当其种群密度在环境适合、天敌减少、食物增多、气候异常或杀虫剂使用不当时，会超过经济危害水平。如美国白蛾（图5-1-B）。

(3) 周期性害虫（periodic pest）　一般平衡位置略低于经济危害水平，其发生原因可能与自然控制因子的削弱有关，当种群数量向上变动时，需要进行人为干预。如舞毒蛾、松毛虫等（图5-1-C）。

(4) 主要害虫（primary pest）　这类昆虫的一般平衡位置高于经济危害水平，亦即此类昆虫永远需要防治，自然控制因子不能控制其危害。如苹果蠹蛾、美洲棉铃虫等（图5-1-D）。

测定经济危害水平和经济阈限通常是复杂的事情，它是以害虫生态的详细运用为基础的，而且与气候、捕食、疾病、寄主植物抗性的影响和防治后的环境等有关系。经济危害水平的概念是灵活的，它随地区、林木品种甚至不同用途的两块相邻林地之间都可能有所差异。经济危害水平同林木的价值成反比，而同防治费用成正比。

5.2.5 害虫种群数量调节的技术方法

5.2.5.1 森林植物检疫

森林植物检疫是依据国家法规，对森林植物及其产品实行检验和处理，以防止人为传播蔓延危险性病虫的一种措施。它是一个国家的政府或政府的一个部门，通过立法颁布的强制性措施，因此又称法规防治。国外或国内危险性森林害虫一旦传入新的地区，由于失去了原产地的天敌及其它环境因子的控制，其猖獗程度较之在原产地往往要大得多。例如松突圆蚧、美国白蛾、杨干象等传入我国后对我国林木造成了非常严重的灾害。因此，严格执行检疫条例，阻止危险性害虫的入侵是防治害虫头等重要的工作。

确定检疫对象的原则是：凡危害严重，防治不易，主要由人为传播的国外危险性森林害虫应列为对外检疫对象。凡已传入国内的对外检疫对象或国内原有的危险性害虫，当其在国内的发生地还非常有限时应列入对内检疫对象。前者如欧洲榆大小蠹、欧洲榆小小蠹、美国榆小蠹等，后者包括杨干象等下列 19 种。

①杨干象 *Cryptorrhynchus lapathi* L.

②杨干透翅蛾 *Sesia siningensis*（Hsu）

③黄斑星天牛 *Anoplophora nobilis* Ganglbauer［= 光肩星天牛 *Anoplophora glabripennis*（Motschulsky）］

④松突圆蚧 *Hemiberlesia pitysophila* Takagi

⑤日本松干蚧 *Matsucoccus matsumurae*（Kuwana）

⑥湿地松粉蚧 *Oracella acuta*（Lobdell）

⑦落叶松种子小蜂 *Eurytoma laricis* Yano

⑧泰加大树蜂 *Urocerus gigas taiganus* Beson

⑨大痣小蜂 *Megastigmus* spp.

⑩柳蝙蛾 *Phassus excrescens* Butler

⑪双钩异翅长蠹 *Heterobostrychus aequalis*（Waterhouse）

⑫美国白蛾 *Hyphantria cunea*（Drury）

⑬锈色粒肩天牛 *Apriona swainsoni*（Hope）

⑭双条杉天牛 *Semanotus bifasciatus*（Motschulsky）

⑮苹果绵蚜 *Eriosoma lanigerum*（Hausmann）

⑯苹果蠹蛾 *Laspeyresia pomonella*（Linnaeus）

⑰梨圆蚧 *Quadraspidiotus perniciosus*（Comstock）

⑱枣大球蚧 *Eulecanium gigantea*（Shinji）［= 槐花球蚧 *Eulecanium kuwanai*（Kanda）］

⑲杏仁蜂 *Eurytoma samsonovi* Wassiliew

凡检疫对象发生区经人为划定为疫区，今后在该区采取限制受检植物的调运、种植、加工和使用，并严禁输出，要采取防治、消毒或伐除等措施，争取就地肃清。尚未发现同种检疫对象但有可能为其所传播蔓延的地区应划定为保护区，今后对该地区应严格限制受检植物的输入。

植物检疫按其具体工作任务，分为对外植物检疫（简称外检）和国内植物检疫（简称内检）两种。外检是对进出口植物、植物产品及其运载工具实施检疫，经检疫合格，才准许进出口；不合格者，根据情况分别作熏蒸、消毒，控制使用，退回或销毁处理。经过处理，检查合格者才准许进出口。内检是防止局部地区发生的或新传入而扩散未广的危险病、虫，在国内各地区间传播蔓延。植物检疫又可分为产地检疫和调运检疫。

产地检疫是指国内调运、邮寄或出口的应施检疫的森林植物及其在原产地进行的调查检验、除害处理，并得出检疫结果过程中，所采取的一系列旨在防止检疫对象传出的措施。

调运检疫是在森林植物及其产品调离原产地之前、运输途中以及到达新的种植或使用地点之后，根据国家和地方政府颁布的检疫法规，由法定的专门机构对森林植物及其产品携带的检疫对象所采取的检疫检验和除害处理措施。

检疫对象的除治方法主要包括药剂熏蒸处理、高热或低温处理、喷洒药剂处理以及退回或销毁处理。

5.2.5.2 林业技术

林业技术防治是防治森林害虫的基本方法，是应用林业技术措施来防止害虫的发生。即在选种、育苗、造林、经营管理、采伐、运输、贮藏等各种林业措施中都要考虑防虫的问题。

(1) 选种　种子是树木繁衍和苗壮成长的基础。对种子如不加以选育，不择优而用（包括抗虫品种），无异于自毁基础。因此必须重视良种培育，建立母树林、种子园；重视种子检验，凡是不合规格的种子包括有虫种子，一概不能使用。

(2) 育苗　良种出壮苗，壮苗具有较强的抗虫能力。有虫苗木必须加以处理后才能出圃使用。

(3) 造林　造林时必须考虑土壤中的害虫问题，如果土壤中蛴螬等地下害虫过多，必须对土壤进行消毒后才能考虑造林。又如在江南地区造林应改变全垦造林整地方法，以免土粒及养分流失。适地适树是造林时必须考虑的另一问题。不同树种生长发育所需要的最适条件是不完全相同的，只有在适宜的条件下树木才能茁壮生长、具有较强的抗病虫能力。如果条件不适宜，树木的生长情况不良，抗病虫能力降低，许多病虫害可能会相继发生。尽可能多营造混交林，要考虑树种搭配比例和配置方式，尤其提倡营造针阔混交林。混交林可使不同种类的树木充分利用环境中的养分，促进林木的生长，并对病虫害有天然的阻隔作用，有利于天敌昆虫的繁衍。但也有些树种，如落叶松和云杉混交，易导致落叶松球蚜大发生，要避免这种混交。封山育林事实上就是使纯林变为混交林的方法之一。实践证明，只要切实实行封山育林，可有效防止森林害虫的大发生。造林密度的大小直接影响虫害的发生与否，应根据树种的不同而采用既能使林木生长良好而又不易发生虫害的密度。适当密植不但可使林木干形生长良好，还可影响林分的环境，例如温度、湿度、光和通风等，可有效阻止喜光性害虫的发生，而且还可使许多不耐荫的杂草及灌木不易生长，从而减少某些害虫的中间寄主。

(4) 经营管理 造林后，树木长到一定阶段必须进行疏伐。疏伐可促进林木生长，减少虫灾。适当修枝也可减少部分害虫的危害，例如将杨树树冠下部的枝条适当修除可减少光肩星天牛的产卵。有些害虫如透翅蛾、木蠹蛾等有产卵于伤口的习性，所以，修枝最好在产卵期后进行。施肥灌水可使树木生长组织迅速增加，从而可使某些虫态的害虫死亡；清除林内杂草、灌木，以切断某些害虫的中间寄主，也可减少林内虫害。

(5) 采伐运输 林木达到采伐年龄应及时采伐更新，否则林木过熟容易招致次期性害虫大发生，影响林木材质及尚未到成熟年龄林木的生长。采伐方式不同对害虫发生的影响也不同。例如落叶松林在皆伐后第一、第二年松树皮象对林内存留的幼树危害极为严重，应引起注意。择伐应首先伐除树冠差的最老的树木，以清除虫害。对于小蠹虫的危害可以进行卫生伐。林内枯枝叶层太厚，将会妨碍某些林木种子的发芽，因此采伐后必须对枯枝落叶层采取措施，以促进种子的发芽。采伐后的原木必须及时运出林外，并加以处理。采伐剩余物要及时清除处理，以免次期性害虫大发生。水运可以杀死原木中一部分或全部害虫。

(6) 贮藏 贮木场木材应及时进行除虫处理，以免害虫孳生。

5.2.5.3 生物控制技术

一切利用生物有机体或自然生物产物来防治林木病虫害的方法都属于生物控制的范畴。森林生态系统中的各种生物都是以食物链的形式相互联系起来的，害虫取食植物，捕食性、寄生性昆虫（动物）和昆虫病原微生物又以害虫为食物或营养，正因为生物之间存在着这种食物链的关系，森林生态系统具有一定的自然调节能力。结构复杂的森林生态系统由于生物种类多较易保持稳定，天敌数量丰富，天然生物防治的能力强，害虫不易猖獗成灾；而成分单纯、结构简单的林分内天敌数量较少，对害虫的抑制能力差，一旦害虫大发生时就可能造成严重的经济损失。了解这些特点，对人工保护和繁殖利用天敌具有重要指导意义。

(1) 天敌昆虫的利用 森林既是天敌的生存环境，又是天敌对害虫发挥控制作用的舞台，天敌和环境的密切联系是以物质和能量流动来实现，这种关系是在长期进化过程中形成的。在害虫综合治理过程中，就是要充分认识生态系统内各种成员之间的关系，因势利导，扬长避短，以充分发挥天敌控制害虫的作用，维护生态平衡。因此，生物控制的任务是创造良好的生态条件，充分发挥天敌的作用，把害虫的危害抑制在经济允许水平以下。害虫生物控制主要通过保护利用本地天敌、输引外地天敌和人工繁殖优势天敌，以便增加天敌的种群数量及效能来实现。

①保护利用本地天敌　在不受干扰的天然林内，天敌的种类和种群数量是十分丰富的。它们的生息繁殖要求一定的生态环境，所以必须深入了解天敌的生物、生态学习性，据此创造有利于它们栖息、繁殖的条件，最大限度地发挥它们控制害虫的作用。

人工补充中间寄主。有些天敌昆虫往往由于自然界缺乏寄主而大量死亡，减少了种群数量，大大降低了对害虫的抑制能力，尤其是那些非专化性寄生的天敌昆虫。人工补充寄主是使其在自然界得以延续和增殖必不可少的途径。一种很有效的关键天敌，如在某一种环境中的某些时候缺少中间寄主，则其种群就很难增殖，也就不能发挥它的治虫效能。补充中间寄主的功能主要是改善目标害虫与非专化性天敌发生期不一致的缺陷，其次是缓和天敌与目标害虫密度剧烈变动的矛盾，缓和天敌间的自相残杀以及提供越冬寄主等。例如，浙江省常山曾作过试验，于4月下旬分别将3批松毛虫卵放入林间，每隔20m放100~150粒作为松毛虫黑卵蜂的补充寄主，结果处理区第一代松毛虫卵的寄生率比对照区高1.43倍。国外也有类似的报道，5月将一批松毛虫卵放入松林内作为松毛虫黑卵蜂的补充寄主，结果松毛虫黑卵蜂的数量可增加20~50倍。6月放第二次，松毛虫黑卵蜂数量可增加500~600倍。

增加自然界中天敌的食料。许多食虫昆虫，特别是大型寄生蜂和寄生蝇往往需要补充营养，才能促使性成熟。因此，在有些金龟子的繁殖基地，特别像苗圃地分期播种蜜源植物，吸引土蜂，可以得到较好的控制效果。

在林间的蜜源植物几乎对需要补充营养的天敌昆虫都是有益的，只要充分了解天敌昆虫与这些植物的关系，研究天敌昆虫取食习性，在天敌昆虫生长发育的关键时期安排花蜜植物对保护天敌、提高它们的防治效能是十分重要的。

直接保护天敌。在自然界中，害虫的天敌可能由于气候恶劣、栖息场所不适等因素引起种群密度下降，我们可以在适当的时期采用适当的措施对天敌加以保护，使它们免受不良因素的影响。有些寄生性天敌昆虫在冬季寒冷的气候条件下，死亡率较高，对这样的昆虫可考虑将其移至室内或温暖避风的地带，以降低其冬季死亡率，第二年春季再移至林间。如内蒙古红花尔基地区寄生樟子松球果象甲幼虫的曲姬蜂类，其自然寄生率较高，但冬季死亡率很高。据调查，1986~1990年冬季死亡率为23.0%~51.2%，严重影响其种群数量和对樟子松球果象甲的寄生率。该局防治站于每年9月收集含有曲姬蜂的球果，对球果中未被寄生樟子松球果象甲成虫，待其羽化后集中消灭，将含有曲姬蜂的球果放入球果库内保护，这样可使曲姬蜂的死亡率降低至2.5%以下，第二年释放于母树林内，可提高寄生率近1倍。

很多捕食性天敌昆虫，尤其是成虫，冬季的死亡率普遍较高，在冬季采取保护措施，可降低其死亡率，如吉林省在每年9~10月把聚集于石洞等处越冬的异色瓢虫收集后带回室内进行保护，第二年释放，提高了对介壳虫类的捕食率。

②人工大量繁殖与利用天敌昆虫　当害虫即将大发生，而林内的天敌数量又非常少，不能充分控制害虫危害时，就要考虑通过人工的方法在室内大量繁殖天

敌，在害虫发生的初期释放于林间，增加其对害虫的抑制效能，达到防止害虫猖獗危害的目的。在人工大量繁殖之前，要了解欲繁殖的天敌能否大量繁殖和能否适应当地的生态条件，对害虫的抑制能力如何等。既要弄清天敌的生物、生态学特性、寄主范围、生活历期、对温湿度的要求以及繁殖能力等，还要有适宜的中间寄主。中间寄主应具备下列条件：

a. 中间寄主能为天敌所寄生或捕食，而且是天敌所喜爱的。

b. 天敌在寄主体内或捕食后能顺利完成发育。

c. 寄主的内含物质对天敌发育时期的营养质量要好，数量要充足。

d. 寄主的体积要大。

e. 如果天敌是卵寄生蜂，则寄主的卵壳要坚韧，不要扁缩，而且寄主产卵量要大。

f. 寄主昆虫的食料可常年供应，而且价格低廉。

g. 寄主昆虫每年世代数量要多。

h. 寄主易于饲养管理。

在我国已经繁殖和利用的天敌昆虫种类较多，但大量繁殖和广为利用的当属赤眼蜂类。另外，松毛虫平腹小蜂、管氏肿腿蜂、草蛉、异色瓢虫、蠋蝽等也有一定规模的繁殖和利用。

在人工繁殖天敌时，应注意欲繁殖天敌昆虫的种类（或种型）、天敌昆虫与寄主或猎物的比例、温湿度控制和卫生管理。对于寄生性天敌应注意控制复寄生数量和种蜂的退化、复壮等；对于捕食性天敌昆虫应注意个体之间的互相残杀。在应用时应及时做好害虫的预测预报，掌握好释放时机、释放方法和释放数量。

③天敌的人工助迁　人工助迁是一种使用较早的生物防治方法，这种方法既经济、简便、易行，往往又能取得良好的防治效果。天敌昆虫的人工助迁是利用自然界原有天敌储量，从天敌虫口密度大或集中越冬的地方采集后，运往害虫危害严重的林地释放，从而取得控制害虫的目的。

(2) 病原微生物的利用　病原微生物主要包括病毒、细菌、真菌、立克次体、原生动物和线虫等，它们在自然界都能引起昆虫的疾病，在特定的条件下，往往还可导致昆虫的流行病，是森林害虫种群自然控制的主要因素之一。

①昆虫病原细菌　在农林害虫防治中常用的昆虫病原细菌杀虫剂主要有苏芸金杆菌和日本金龟子芽孢杆菌等。苏芸金杆菌是一类广谱性的微生物杀虫剂，对鳞翅目幼虫有特效，可用于防治松毛虫、尺蛾、舟蛾、毒蛾等重要林业害虫。苏芸金杆菌目前能进行大规模的工业生产，并可加工成粉剂和液剂供生产防治用。日本金龟子芽孢杆菌主要对金龟子类幼虫有致病力，能用于防治苗圃和幼林的金龟子。细菌类引起的昆虫疾病之症状为食欲减退、停食、腹泻和呕吐，虫体液化，有腥臭味，但体壁有韧性。

②昆虫病原真菌　昆虫病原真菌主要有白僵菌、绿僵菌、虫霉、拟青霉、多毛菌等。白僵菌可寄生7目45科的200余种昆虫，也可进行大规模的工业发酵生产；绿僵菌可用于防治直翅目、鞘翅目、半翅目、膜翅目和鳞翅目等的200多

种昆虫。真菌引起昆虫疾病的症状为食欲减退、虫体颜色异常（常因病原菌种类不同而有差异）、尸体硬化等。昆虫病原真菌孢子的萌发除需要适宜的温度外，主要依赖于高湿的环境，所以，要在温暖潮湿的环境和季节使用，才能取得良好的防治效果。

③昆虫病原病毒　在昆虫病原物中，病毒是种类最多的一类，其中以核型多角体病毒、颗粒体病毒、质型多角体病毒为主。昆虫被核型多角体病毒或颗粒体病毒侵染后，表现为食欲减退、动作迟缓、虫体液化、表皮脆弱、流出白色或褐色液体，但无腥臭味，刚刚死亡的昆虫倒挂或呈倒"V"字型。病毒专化性较强，交叉感染的情况较少，一般1种昆虫病毒只感染1种或几种近缘昆虫。昆虫病毒的生产只能靠人工饲料饲养昆虫，再将病毒接种到昆虫的食物上，待昆虫染病死亡后，收集死虫尸捣碎离心，加工成杀虫剂。

(3) 捕食性鸟类的利用　食虫益鸟的利用主要是通过招引和保护措施来实现。招引益鸟可悬挂各种鸟类喜欢栖息的鸟巢或木段，鸟巢可用木板、油毡等制作，其形状及大小应根据不同鸟类的习性而定。鸟巢可以挂在林内或林缘，吸引益鸟前来定居繁殖，达到控制害虫的目的。林业上招引啄木鸟防治杨树蛀干性害虫，收到了较好的效果。在林缘和林中保留或栽植灌木树种，也可招引鸟类前来栖息。

5.2.5.4　物理器械措施

应用简单的器械和光、电、射线等来防治害虫的技术，称为物理器械防治。

(1) 捕杀法　根据害虫生活习性，凡能以人力或简单工具例如石块、扫把、布块、草把等将害虫杀死的方法都属于本法。如将金龟甲成虫振落于布块上聚而杀之；或当榆蓝叶甲群聚化蛹期间用石块等将其砸死；或剪下微红梢斑螟危害的嫩梢加以处理等方法。

(2) 诱杀法　即利用害虫趋性将其诱集而杀死的方法。本法又分为：① 灯光诱杀：即利用普通灯光或黑光灯诱集害虫并杀死的方法。例如应用黑光灯诱杀马尾松毛虫成虫已获得很好的效果。② 潜所诱杀：即利用害虫越冬、越夏和白天隐蔽的习性，人为设置潜所，将其诱杀的方法。例如于树干基部缚纸环诱杀越冬油松毛虫等。③ 食物诱杀：利用害虫所喜食的食物，于其中加入杀虫剂而将其诱杀的方法。例如竹蝗喜食人尿，以加药的尿置于竹林中诱杀竹蝗；又如桑天牛喜食桑树及构树的嫩梢，于杨树林周围人工栽植桑树或构树，在天牛成虫出现期中，于树上喷药，成虫取食树皮即可致死。此外利用饵木、饵树皮、毒饵、糖醋诱杀害虫，均属于食物诱杀。④ 信息素诱杀：即利用信息素诱集害虫并将其消灭或直接于信息素中加入杀虫剂，使诱来的害虫中毒而死。例如应用白杨透翅蛾、杨干透翅蛾、云杉八齿小蠹、舞毒蛾等的性信息素诱杀，已获得较好的效果。⑤ 颜色诱杀：即利用害虫对某种颜色的喜好性而将其诱杀的方法。例如以黄色胶纸诱捕刚羽化的落叶松球果花蝇成虫。

(3) 阻隔法　即于害虫通行道上设置障碍物，使害虫不能通行，从而达到防治害虫的目的。例如用塑料薄膜帽或环阻止松毛虫越冬幼虫上树；开沟阻止松树皮象成虫从伐区爬入针叶树人工幼林和苗圃；在榆树干基堆集细砂，阻止春尺蛾爬上树干等。此外，于杨树周围栽植池杉、水杉，阻止云斑天牛、桑天牛向杨树林蔓延；又在杨树林的周缘用苦楝树作为隔离带防止光肩星天牛进入。

(4) 射线杀虫 即直接应用射线照射杀虫。例如应用红外线照射刺槐种子1~5min，可有效地杀死其中小蜂。

(5) 高温杀虫 即利用高温处理种子可将其中害虫杀死。例如利用80℃温水浸泡刺槐种子可将其中刺槐种子小蜂杀死；又如用45~60℃温水浸泡橡实可杀死橡实中的象甲幼虫；浸种后及时将种实晾干贮藏，不致影响发芽率。以强烈日光曝晒林木种子，可以防治种子中的多种害虫。

5.2.5.5 不育技术

应用不育昆虫与天然条件下害虫交配，使其产生不育群体，以达到防治害虫的目的，称为不育害虫防治。包括辐射不育、化学不育和遗传不育。如应用2.5万~3万R的$Co^{60}\gamma$射线处理马尾松毛虫雄虫使之不育，羽化后雄虫虽能正常地与雌虫交配，但卵的孵化率只有5%，甚至完全不孵化。同样处理油茶尺蛾的蛹，使其羽化的成虫与林间的成虫交配，绝育率达100%。

5.2.5.6 化学防治

化学防治作用快、效果好、使用方便、防治费用较低，能在短时间内大面积降低虫口密度，但易于污染环境，杀伤天敌，容易使害虫再增猖獗。近年来由于要求化学药剂高效低毒、低残留、有选择性，因此化学药剂对环境的污染已有所降低。

化学农药必须在预测害虫的危害将达到经济危害水平时方可考虑使用，并根据害虫的生活史及习性，在使用时间上要尽量避免杀伤天敌，同时应遵循对症下药、适时施药、交替用药、混合用药、安全用药的原则。

(1) 农药的分类 农药的品种很多，随着科学的发展和生产实际的需求，其品种也在不断增加。由于农药的用途、成分、防治对象、作用方式和作用机理的不同，农药的分类方法也不尽相同，按防治对象可分为：杀虫剂、杀菌剂、除草剂、杀螨剂、杀线虫剂以及杀鼠剂等。

杀虫剂按其成分和来源可分为：无机杀虫剂和有机杀虫剂。无机杀虫剂是一类无机物杀虫剂，如砷酸钙、砷酸铝、氟化钠等。有机杀虫剂是一类有机物杀虫剂，如鱼藤、除虫菊、有机氯类杀虫剂、有机磷类杀虫剂、拟除虫菊酯类杀虫剂等。

按杀虫剂对昆虫的毒性和作用方式分为：触杀剂、胃毒剂、熏蒸剂、内吸剂、拒食剂、忌避剂、引诱剂等。

①触杀剂 只需触及昆虫的体表或昆虫在喷洒有这类杀虫剂的植物表面爬行，杀虫剂就可通过昆虫的体壁进入虫体而毒杀昆虫。主要作用于昆虫的神经系统。如辛硫磷、氰戊菊酯等。

②胃毒剂 必须在害虫取食之后，才能通过肠壁进入血腔，发挥其毒力。例如，砷酸铅、砷酸钙等矿物杀虫剂。

③熏蒸剂　此类杀虫剂易于挥发，以气态分子充斥其作用空间，通过昆虫体壁及气孔等进入虫体而毒杀昆虫。在密闭的场合下易于最大限度地发挥其作用。如氯化苦、磷化铝、溴甲烷等。

④内吸剂　此类杀虫剂易于被植物组织吸收、传输，昆虫在取食这些植物组织时摄入而中毒。例如，有机磷类的乐果、久效磷等。

⑤拒食剂、忌避剂、引诱剂　这几类农药的特点均是农药本身对昆虫并无太大的毒性，只是由于其化学特性使昆虫在其作用下拒绝取食，如拒食胺、三苯基醋酸锡等；或使昆虫因其被迫离开这一生境，如雷公藤根皮粉、香茅油等；或者昆虫被大量吸引前来，如舞毒蛾性诱剂、白杨透翅蛾性诱剂等。

(2) 农药的剂型　目前使用的农药大多是有机合成农药，工厂生产的农药未经加工前均称为原药。固体的原药称为原粉，液体的原药称为原油。原药除了熏蒸剂及水溶性农药外，一般不宜直接使用，必须根据原药的性质、使用方式及防治对象等配用适当的助剂（如填充剂、湿展剂、乳化剂、增效剂、溶剂、分散剂、粘着剂、稳定剂、防解剂、发泡剂等），经过加工制成适宜的剂型（称为农药制剂），以增加其分散性，便于充分发挥其药效，同时也减少单位面积的用药量，降低防治费用，增加其对森林植物的安全性。主要有 4 种剂型：粉剂、可湿性粉剂、乳油、粒剂；还可进一步分为：可溶性粉剂、胶悬剂、微胶囊剂、油剂、液剂、胶体剂、雾剂、烟剂、片剂、块剂等多种剂型。

①粉剂　毒剂的有效成分和填充料经过机械粉碎而制成粉末状机械混合物。粉剂一般含有 0.5% ~ 10% 的有效成分。粉剂不易被水所湿润，不能分散和悬浮于水中，不能加水喷雾使用。低浓度的粉剂可供喷粉使用，高浓度的粉剂可供拌种、制作毒饵、毒谷和土壤处理用。

②可湿性粉剂　由固体的原药、填料、湿润剂经机械粉碎加工成 $70\mu m$ 以下的混合物。可湿性粉剂可被水湿润而悬浮于水中供喷雾使用。由于可湿性粉剂分散性能差，浓度高，易于产生药害，故不适于喷粉用。

③乳油　由原药、溶剂和乳化剂经过溶化、混合制成的透明单相油状液体制剂。乳油加水稀释可自行乳化，分散成不透明的乳液（乳剂），当乳剂被喷雾器喷出时，每个雾滴含有若干个小油珠，油珠微滴的直径为 $0.1 \sim 2.0\mu m$ 时为半透明状乳液；直径为 $2.0 \sim 10.0\mu m$ 时为白色乳液。小油珠落在植物或害虫表面时，水分蒸发，剩下的小油珠随即在平面上展布，形成一个油膜。乳油是农药制剂中的主要剂型之一。

④粒剂　粒剂是用农药原药、辅助剂和载体制成的粒状制剂。粒剂可分为遇水解体及遇水不解体两种。根据制成固体颗粒的大小可分为块粒剂、颗粒剂、微粒剂等。

⑤可溶性粉剂　由农药、水溶性填料及少量吸收剂制成的水溶性粉状制剂，要加水后才能使用。这种制剂是高浓度可溶性粉剂或水溶性制剂，具有使用方便、分解损失小、包装和贮运经济、安全，又无有机溶剂和表面活性剂对环境的污染。如敌百虫可溶性粉剂、乙酰甲胺磷可溶性粉剂等。

⑥超低容量喷雾剂　是一类含农药有效成分20%~50%的油剂，不需要稀释而直接喷洒使用。国内常用的超低容量喷雾剂有敌敌畏、马拉硫磷、乐果、百菌清、辛硫磷等。

⑦烟剂　是用农药原药、燃料、氧化剂等配制而成的粉状制剂。点燃时药剂受热气化，在空气中凝结成固体微粒而起杀虫、杀菌和杀鼠作用。如敌敌畏插管烟剂、百菌清烟剂等。

(3) 农药的使用方法　不同的农药剂型有其不同的使用方法，各种使用方法又有其各自的特点。森林害虫防治常用的方法主要有：

①喷粉法　适于干旱、交通不便和水源缺乏的山区、林区使用。要求喷粉均匀周到，使带虫的植物体表面均匀地覆盖一层极薄的药粉。可用手指按叶片来检查，如看到只有一点药粒在手指上即为比较合适。如看到植物叶面发白说明药量过多，不仅造成浪费，又易引起药害。喷粉的时间一般以早晨和晚间有露水时效果较好，因为药粉可以更好地粘附于植物上。喷粉应在无风、无上升气流时实施，喷粉后一天内遇雨，最好重喷。喷粉人员应该在上风头顺风喷药（1~2级风速下可以喷粉）。

由于粉剂的沉降率仅为20%左右，喷粉法飘移性强，造成药粉的浪费，污染环境严重，因此国外已趋于以喷雾法为主，特别是飞机喷粉已基本淘汰。

②喷雾法　喷雾法是药物在使用时以液态或与一种液态介质相混合用喷雾机具喷雾施用的施药方法。农药制剂中除超低量油剂不需加水稀释而直接喷洒外，可供液态使用的其它农药制剂如乳油、可湿性粉剂、水溶剂、胶体剂和可溶性粉剂等，均需加水调成乳液、悬浮液、胶体液或溶液后才能供喷洒用。喷雾的技术要求是使药液雾滴均匀覆盖在带虫植物体的表面或害虫体上，对常规喷雾一般应使叶面充分湿润，以不使药剂从叶上流下为宜。

喷雾法的药剂沉降率比喷粉法高，可达40%左右，雾滴在植物受药表面覆盖面积大，比较耐雨水冲刷，残毒期长，用于防治对象广泛，因此内吸杀虫剂的喷洒多用此法。

③超低容量喷雾与低容量喷雾　使用常规喷药方法大约有70%~80%的农药损失掉，而这些被浪费的药剂则全部成为环境污染源。低容量和超低容量喷雾法由于喷液量少，药液在植物上的有效沉积率大为增加，不仅提高了工效，也减少了对环境的污染。

超低容量喷雾是指每公顷喷药量在5 000ml以下的喷雾方法。它是利用特别高效的喷雾机械将极少量的药液雾化成为直径在100μm以下极小的雾滴，并使之均匀分布在植物体上。供地面超低容量喷雾的油剂主要有25%敌百虫油剂、25%杀螟松油剂、25%辛硫磷油剂、25%乐果油剂等。

低容量喷雾是指每公顷喷药量为7 500~15 000ml的一种喷雾方法。雾滴直径在100~150μm之间。低容量喷雾用的农药剂型同常规喷雾用的剂型，只是兑水要少得多，药液浓度高，喷量小，比大容量喷雾节省用药20%~30%，而药效不减。

另外还可用飞机进行高容量、低容量和超低容量喷雾。高容量防治飞机喷洒量每公顷大于75 000ml。

④烟雾法　烟雾法适用于树高、林密、交通不便、水源缺乏的林区。由于药剂转变成烟以后，颗粒变得非常小，能够到达茂密的树冠、叶子的正反面、树皮缝隙等处，大大提高了防治病虫害的效果。施放烟剂的效果常常受到气象、地形等条件的限制。气象条件中以气温逆增和风速为主。气温逆增是上层的气温高于下层气温，到一定高度以上气温又开始降低，这时放烟，烟在上升过程中遇冷，一般到最高点以下时就不再继续上升而呈低垂状态，可收到良好的防治效果。一般在早晨或晚间容易出现这种逆增现象。在林内放烟时，如风速太大会把烟吹散，失去防治作用。完全无风又不利于烟的扩散。一般来说，林内风速为0.3~1.0m/s最适于放烟。地形对放烟的影响主要是风向，山地放烟时主要受山风和谷风的影响。夜间常出现从山顶向山下吹的风叫山风；而白天从山谷向山顶吹的风叫谷风。所以，在山地傍晚放烟时，发烟线应布置在山上，但应距山脊5m左右的坡上设置。在山风的控制下使烟云顺利沿坡下滑。早晨放烟时，则发烟线应紧靠山脚设置，利用谷风使烟云沿坡爬上山。确定好放烟线后，在放烟线上每隔5~7m远设一发烟点，如果坡长超过300m时，可在坡下300m处适当增设补助发烟点。

⑤熏蒸法　利用能在一般温度下可以气化的药剂，蒸发成气体以毒杀害虫或病原菌，称为熏蒸法。使用溴甲烷（30~40g/m^3）、磷化铝（10g/m^3）熏蒸3d防原木天牛、小蠹虫等均可获得较好的杀虫效果。熏蒸法常用于防治危害仓库中贮藏的农林产品的害虫、害螨、鼠或病原菌，因为仓库里的有害动物或病菌多隐藏在不易发现和无法接触的地方，使用一般药剂难以收到好的效果，只有熏蒸药剂的气体才能渗入，起到毒杀作用。但此法需要有封闭的条件，使用时也要特别注意安全。

⑥拌种法　将药粉或药液与种子按一定重量比例放在拌种器内混合拌匀，防治地下害虫。拌种的方法有：干拌种（农药为粉剂）；湿拌种（农药为液体或先用水把种子浸湿，然后拌粉剂农药）；闷种（用较大量的液体药剂闷种24h，阴干后播种）。拌种用的药量应根据药剂的种类、种子种类及防治对象而定。

⑦土壤处理法　将农药施在土壤的不同深度或范围内防治害虫。该法持效期长、不飘移，适于防治生存在土壤中的有害生物。

⑧毒饵法　将农药与饵料及其它填加剂混匀制成毒饵，撒在害虫经常活动的地方，使其食入中毒而死。此法用以防治地下害虫和害鼠。

⑨种苗浸渍法　用稀释一定的药浸渍种子或苗木，以消灭其中的病虫害，或使它们吸收一定量的有效药剂，在出苗后达到防治的目的。一般浸种后的种子需要清水洗净后再催芽或晾干后播种，此法对侵入种苗内部的病虫害防治效果较好。浸渍种苗的防治效果与药剂浓度、温度、浸渍时间等关系密切，应根据种子的种类和防治对象来选择所用药剂、浓度和处理时间。

⑩毒环法　将毒剂配制成油剂或毒胶，涂抹在树干周围，使地面上的害虫向

树干爬行时接触毒剂而致死。该法适用于以幼虫在地下越冬的害虫种类。如落叶松毛虫可在上树前用此法防治。

(4) 常用杀虫剂的性能及使用方法

敌百虫 高效、低毒，有强烈胃毒和触杀作用。有50%可湿性粉剂，50%、80%和95%可溶性粉剂，25%和50%超低容量制剂，5%粉剂，2.5%和5%颗粒剂，90%晶体。防治蛾类及叶蜂可用90%敌百虫晶体加水1 000~1 500倍喷雾；防治蛀梢或蛀果蛾类和食叶甲虫则可用500~800倍液喷雾。

敌敌畏 高效、中等毒性；有强烈的触杀、熏蒸和胃毒作用。有50%、80%乳油，50%、70%油雾剂，5%、10%烟雾剂。防治蛾类可用50%乳油加水1 000~1 500倍，或80%乳油加水2 000~3 000倍进行喷雾，还可用敌马油雾剂（敌敌畏与马拉硫磷混合制剂），每公顷用药2 500~3 500ml进行喷雾。

乐果 高效、中等毒性；有内吸及触杀作用。有40%乳油，60%可湿性粉剂，25%超低容量制剂。防治象甲、叶甲及微红梢斑螟成虫可用300~800倍液喷雾；防治木蠹蛾初孵幼虫可加水1 000~1 500倍喷雾；防治各种卷蛾幼虫可用2 000~3 000倍液喷雾。防治各种食叶害虫幼虫可用25%乐果超低容量制剂，每公顷3 000~4 000ml，进行超低容量喷雾。

氧化乐果 高效、高毒；有触杀及内吸作用。有40%乳油。防治松干蚧可用刮皮涂药法，浓度为3~5倍液；或打孔注入5~10倍液5ml；防治红蜡蚧可用500~1 000倍液喷雾。

马拉硫磷 高效、低毒；有触杀和胃毒作用。有50%乳油和25%超低容量制剂。防治蝶、蛾幼虫可用50%乳油800~1 000倍液喷雾；防治松毛虫、舟蛾、林螨可用25%超低容量制剂，每公顷3 000~4 000ml，进行超低容量喷雾。对天牛幼虫可用50%乳油加柴油（1:20）滴入天牛虫孔。

杀螟松 高效、中等毒性；有强烈触杀作用。有2%粉剂，50%乳油，25%超低容量制剂。防治松褐天牛、叶甲成虫可用50%乳油500倍液喷雾或用25%超低容量制剂进行超低容量喷雾。

亚胺硫磷 高效、中等毒性；有触杀及胃毒作用。有2.5%粉剂，25%可湿性粉剂，25%乳油，25%亚胺硫磷和25%乐果混合乳油；防治云南松叶甲及豆荚螟幼虫可用25%乳油400~600倍液喷雾。

对硫磷（又称1605） 高效、剧毒；有强烈触杀和胃毒作用。有1%~2%粉剂，25%、50%乳油，25%微胶囊剂。对咀嚼和刺吸式口器害虫均有效；防治蛾类用50%乳油2 000~3 000倍液喷雾或用25%微胶囊剂进行超低容量或低容量喷雾，每公顷有效成分600~750g加水稀释使用；防治地下害虫可用50~100倍液拌种。

辛硫磷 高效、低毒、低残留；有较强的触杀和胃毒作用。有50%、75%乳油、5%颗粒剂，25%超低容量制剂。防治蛾类幼虫可用75%乳油1 000~2 000倍液喷雾；用25%超低容量制剂喷雾时每公顷用药2 300~3 000ml。

久效磷 高效、剧毒；有内吸及触杀作用。有50%乳油，50%水溶剂，5%

颗粒剂。防治日本松干蚧可刮皮涂药；15年生以下树每株涂50%水溶剂5~10倍液2~3ml；20年生以上树5ml；防治大袋蛾可于树干基部或树干分叉处打孔注入50%久效磷水溶剂，每株用药3~5ml。

乙酰甲胺磷 高效、低毒、无残留；有内吸、胃毒、触杀和杀卵作用。有25%可湿性粉剂，80%可溶性粉剂，25%乳油。防治蚜虫、蓟马、叶蜂、潜叶蝇和鳞翅目幼虫一般使用浓度为0.05%~0.1%（有效成分），每公顷450~900g有效剂量。

磷胺 高效；有50%、80%乳油。能防治咀嚼及刺吸式口器害虫。防治潜叶蝇、蚜虫、红蜘蛛用50%乳油1 000~2 000倍液喷雾。

灭蚜松 低毒而具有选择性的内吸剂，对各种蚜虫有特效，可用70%可湿性粉剂1 000~1 500倍液喷雾。

西维因 高效、低毒；有5%粉剂，25%、50%可湿性粉剂，防治叶蝉、蛾类、龟蜡蚧可用50%可湿性粉剂500~800倍液喷雾。

呋喃丹 高效、剧毒、低残留；有内吸、触杀、胃毒作用。有3%颗粒剂，75%可湿性粉剂。能杀昆虫及线虫，叶面施药，每公顷用有效成分250~1 000g；土壤施药每公顷用有效成分500~2 500g。

杀虫脒 高效、中等毒性；有内吸、忌避、拒食、熏蒸作用。有2%粉剂，5%颗粒剂，50%乳油，25%盐酸盐水剂。能杀昆虫和螨；防治鳞翅目初孵幼虫，一般使用浓度为500mg/kg（有效成分），每公顷500~1 000g有效剂量。

杀虫双 高效、低毒；有胃毒、触杀和强内吸作用。有25%水剂，3%颗粒剂。防治蚜虫、梨星毛虫用25%水剂800~1 000倍液喷雾；防治杨扇舟蛾可用25%水剂500倍液喷雾，还可于其中加入1%洗衣粉。

二氯苯醚菊酯 高效、低毒、低残留；有强烈触杀作用。有3.2%、10%、20%乳油，3%、6.7%、10%超低容量制剂。用10%乳油加水1 500倍（含有效成分0.0066%）可防治松毛虫、刺蛾幼虫。可用10%乳油20~50倍液滴注蛀孔防治蝙蝠蛾幼虫。

溴氰菊酯 超高效、中等毒性、低残留；有极强触杀作用，并有胃毒、忌避和一定杀卵作用。有2.5%乳油（敌杀死），2.8%可湿性粉剂（凯素灵），0.05%、0.1%、0.2%粉剂，2.5%胶悬剂，1%超低容量制剂，2.5%热雾剂。已知可用来防治140多种害虫，对鳞翅目幼虫及同翅目害虫有特效。防治马尾松毛虫3~4龄幼虫每公顷用2.5%乳油7.5ml，4~5龄幼虫15ml，5~6龄30ml，加水稀释1 000~2 000倍进行飞机低容量喷雾；500~1 000倍进行飞机超低容量喷雾；2 000~5 000倍地面低容量或超低容量喷雾，均可达到95%以上效果。应用本种药剂毒笔、毒纸防治松毛虫，效果很好。

氯氰菊酯 有强烈的触杀和胃毒作用。有5%、10%、20%乳油，1.5%超低容量制剂。对蝶、蛾幼虫防效很好；用10%乳油5 000~8 000倍液可防治松毛虫、木橑尺蠖、茶毒蛾等。

氰戊菊酯（速灭杀丁、杀灭菊酯） 高效、低毒；有强烈的触杀和胃毒作用。有10%、20%、30%乳油。对马尾松毛虫3~4龄幼虫每公顷用20%乳油15ml，5~6龄幼虫30ml，稀释1 000~2 000倍飞机低容量喷雾；500~1 000倍飞机超低容量喷雾；2 000~5 000倍液地面低容量或超低容量喷雾均可达95%以上防效。

三氯杀螨醇 高效、低毒；有强烈触杀作用。有20%乳油。用20%乳油的1 000倍液可防治红蜘蛛；1 500~2 000倍可防治锈壁虱。

磷化铝 吸湿后产生磷化氢气体起熏蒸和触杀作用。有56%磷化铝片，每片重3g，约可产生磷化氢毒气1g。用此药配制的"熏蒸毒签"可以防治多种蛀干害虫。

硫酰氟 广谱性熏蒸剂，对昆虫的胚胎后期特别有效。有99%原液（装在钢瓶中）。防治家白蚁，用量30g/m³，48h全歼；黑翅土白蚁用药0.75kg/巢，2~18d全歼。对天牛、木蠹蛾、透翅蛾幼虫及蛹，按用塑料薄膜围住有孔的树干的长短及树干大小计算体积，在20℃下用药量40g/m³。对木材可在塑料帐幕内熏蒸，用药量也为40g/m³，熏蒸时间为1~2d。对种子害虫在17.5~19℃下用药25g/m³，在密闭种子箱中处理1d即可。

松酯合剂 用生松香2份、烧碱（或碳酸钠）1.5份、水12份，先将清水与碱放入锅中煮沸，溶化后，再把碾成细粉的松香慢慢撒入共煮，边煮边搅拌，并注意用热水补充，使保持原来水量，直至熬成黑褐色液体为止，约需半小时。可防治蚧、粉虱。冬季稀释10~20倍，夏季稀释20~25倍。

灭幼脲1号、灭幼脲2号（虫草脲）、灭幼脲3号（苏脲1号） 是一类昆虫几丁质合成抑制剂。生物活性高，用量小，对人畜安全、低残毒，对天敌较安全，害虫不会产生交互抗性，对一些害虫有负交互抗性，是较好的选择性杀虫剂。但杀虫作用较慢，化学性能不太稳定。主要是胃毒作用。对松毛虫、舞毒蛾每公顷用量为120~150g（有效成分），地面或飞机超低容量喷雾均可。

性信息素 以杨干透翅蛾 *Sphecia siningensis* Hsu 性信息素（顺3，顺13-十八碳二烯醇）800μg 剂量设饵的诱捕器诱捕杨干透翅蛾雄成虫，诱捕率为42.8%。由于此虫雌、雄性比为1：1.06，雌、雄成虫一生只交配1次，因此诱捕率实际接近交配率。虫口密度下降38.15%。在同一地区连年采用此法捕蛾，虫口密度可以连年降低，从而达到防治目的。又应用以含400μg E-3，Z-13-C_{18}：OH 合成的硅橡皮塞作为诱芯的双层船形粘胶诱捕器诱捕白杨透翅蛾 *Paranthrene tabaniformis* Rottemburg，自发蛾日开始，1hm² 悬挂25个，对照区与试验区相距1 000m，结果试验区交配率下降程度大大增加。进一步试验结果表明：防治中轻度危害林地每公顷要悬挂15个诱捕器；防治严重危害林地每公顷可悬挂30个诱捕器；当虫口密度下降到0.01~0.02条/株时则每2~4亩①可悬挂1个诱捕器，以作为控制虫口的预防措施。

---

① 1亩 = 1/15hm²，下同

5.3 害虫管理的技术程序

一种害虫管理的技术程序是由一系列相互联系的过程所组成,其中应包括从生态系统中收集必要的(害虫和环境)信息;从而足以做出判断和决策;以便对害虫采取最合理(最优化)的行动。

森林生态系统与其它生态系统一样,由许多生物和非生物成分所组成,其中某种或某些成分都可能受到其它因素的影响,因此,要制定森林害虫的管理规则,必须依赖于很多变量——害虫的复合体、被保护的资源、经济价值和利用价值等。森林害虫管理的步骤及方案如下:

(1) 害虫种群动态的监测 主要监测害虫种群的分布与丰富度在时间和空间过程中的变化。由于害虫种群的空间结构范围可以数平方米至数公顷,而时间结构的变化则由几分钟至数年。所以可以根据这个时间和空间结构的范围,把种群的注意力集中到一个栖息单元、一个林分或一片森林。

在具体制订监测方案时,既要包括对现存种群大发生水平及其危害状况的了解,也要包括预测种群达到大发生的长期计划。为了确定何时使用或缓和各种控制措施,必须对害虫种群及与其动态有关的环境条件进行调查。只有通过调查,才能知道是否确实需要进行防治;也只有通过监测,才能在害虫管理中最大限度地利用自然控制因素。

(2) 林分动态的监测 林分动态是害虫综合管理的基本成分,它是保护和防治害虫侵害的资源。在林分动态监测过程中,要注意两种情形:一是害虫在寄主植物种群动态中的作用;二是寄主在害虫种群动态中的影响。对于前者,关心的是害虫对于林分生物量和生长量的影响;对于后者,关心的是寄主的种类、大小、树龄、营养成分等是如何通过害虫的食性来影响其种群的行为和数量大小。

为了便于进行林分动态的分析,可根据研究的目的和收集的资料,组建以林分为单元的生命表,这是今后值得研究的一个重要课题。

(3) 确定关键害虫的经济阈值 一般来说,一种寄主植物常常受到多种害虫的危害,但是定期地发生,且能进行预测,并造成严重损失的种类是很少的。害虫管理的主要目标是针对那些如果不进行控制,种群数量就能定期上升,并达到受害允许密度的害虫,它们被称之为关键性害虫。

关键性害虫在每年的发生量虽有变化,但其平均密度常超过寄主受害允许水平。判断一种害虫是否真正有害,常用其种群密度的某个水平(经济阈值)作为标准,如果害虫种群密度低于这个水平,那么防治成本将超过害虫所造成的损失。

如果考虑植物或其它资源同时遭受几种害虫复合体的危害,经济阈值的确定就更复杂了。假设一种植物受到 4 种害虫危害,其中没有一种害虫种群达到它的经济阈值,而只达到 1/2~3/4 经济阈值的水平,那么怎么办?这几种害虫的侵害是相互增强、相互配合或是相互抵消呢?这些基本问题至今很少引起人们的注意,目前尚未发展一套研究害虫复合的经济阈值的试验技术。应该加强实质性的研究,以填补这方面的空白。

(4) 制定压低关键性害虫平衡位置的方案 根据害虫综合管理的要求,努力控制其环境条件,以便降低关键性害虫的平衡位置,使其长久地保持在经济阈值水平以下,为此,可以协调以下几种控制措施:

考虑保护或建立新的自然天敌种群,如寄生者、捕食者和病原微生物等。

采用抗虫品种或拒虫品种。

加强营林措施(例如营造混交林、中耕除草、抚育间伐、封山育林等),改善生态环境,促进林木长势,破坏森林害虫繁殖、取食和隐蔽场所,使其不利生存。

5.4 害虫管理中的系统分析技术

5.4.1 系统及系统分析的概念

5.4.1.1 系统的概念和特征

系统(system)是由相互作用和相互依赖的若干组分按一定规律结合成的、具有特定功能的有机整体。如森林生态系统、害虫管理系统等。系统具备的特征有:整体性、有序性、关联性、目的性及适应性。

森林害虫管理系统属于生态系统,在该系统中害虫与环境不断进行着物质、能量、信息等的交换,且必须适应环境的变化。它具有如下特征。

(1) 可测性 了解系统的状态,往往通过对系统的某些数量特征进行测量,然后根据数据加以判断,确定系统的状态,即系统的可测性。若系统在任何时候都是可以观测的,则称之为全可测系统。

(2) 可控性 为使系统达到一定的目的,必须对系统加以控制。但如果控制变量选择不当,就不能按预定目的对系统进行控制。因此,必须了解对系统的哪些状态加以控制,就可以将系统引向预定的目的,这就是系统的可控性问题。若在每种状态下都可控,则称该系统是全可控的。

(3) 稳定性 系统随时间的推移,其状态变化常为0,这时系统处于平衡态。当系统受到外部干扰使平衡态发生变化时,系统有恢复到原来状态的能力,则称该系统在平衡状态是稳定的。

(4) 系统的最优控制与系统的最优化 最优控制是使系统的行为,达到期望行为的输入的最优化;而系统的最优化,则是求系统结构的最优化。系统的最优化问题是解极值问题,也就是使系统的某些经济指标、性能指标或参数指标达到最大或最小。

5.4.1.2 系统分析

系统分析(system analysis)不是一种数学技术,甚至也不是一类数学技术,它是一种广义的研究工作的策略,肯定要涉及到应用数学技术和概念,但以一种系统的、科学的方法对复杂问题的求解。因此,它提供了旨在帮助决策人选择一种合理路线的思路,预测一种或多种合乎决策人意图的行动路线的后果。在特别有利的情况下,由系统分析所指出的路线应该是在某些特定或明确的方式中最佳的选择。

从上述定义中,可以明确以下3点:系统分析是一种研究工作的策略;系统分析应用数学技术;系统分析能给决策提供最佳的选择。

就其本质来说,所谓系统分析,是指对现存的生物对象拟定模型的过程,即模型化的过程。具体地说,就是根据研究的任务与预定目标,首先把所研究的现实情况划分成为系统与环境,再把系统划分成为若干成分,并对每一成分作充分的生态学研究(包括观察、测量和资料的综合与分析),对各个成分的行为表现以数学模型进行概括,形成子模型,然后把各子模型综合成为一个总的模型。

现代害虫管理无不渗透系统分析方法,害虫管理更离不开数学模型,随着计算机模拟技术和计算机辅助决策技术在害虫管理中的应用,更促进了这一领域的深入发展。

5.4.2 系统分析的方法和步骤

系统分析就是把数据和资料有次序和有逻辑地组建为模型,然后便是对模型进行有效性的检验。因此,可以说系统分析的基础是建立系统模型。要模拟一个系统,就要构造一个模型去表示一个系统,以及用模型去检查那个系统的变化。系统分析的过程包括如下步骤:

(1) 分析模型使用的目的和要求,并确定模型的功能 在开始研究之前,必须明确如下一系列问题:为怎样的对象建立模型?需要建立什么类型的模型?要用模型去解决什么问题?从模型中需要得到什么信息?为了检验所建模型是否符合要求,怎样同真实系统进行比较?以及怎样变换模型的输入和参数,以便更好地了解和掌握真实系统的行为?这些都是系统设计需要考虑的有关问题。

(2) 根据确定的目的,从时间和空间上明确系统和环境等的边界条件 这就是说,对系统的输入和输出的变量及其性质必须非常清楚,对系统所处的环境必须合理规定。因为系统的定义大多依赖边界的设置,所以确定边界是为了明确研究的范围。

(3) 确定构成系统的最小功能单位 亦即根据需要对系统进行适当的分解,使其既有利于建立模型,又易于今后对系统的合成。

(4) 分析和掌握模型对象的特征,主要因素和逻辑结构,最后建立模型 这一步即系统的辨识,即掌握系统的静态和动态特征,确定组建模型的各种要素,如常数的种类和数量,参数的特性、种类和数量。其次,讨论可供采用的数学公式或函数类型,以确定函数关系。最后,将变量分为可控与不可控两大类,根据函数关系组建数学模型。

(5) 模型的验证 验证包括检验和评价。模型要比较精确地模拟真实系统,完成建立模型的目的。当确信模型是满意的时候,正常的验证过程则结束。一个验证的正常过程是反复评价的。从正常的验证模型的应用这段时间,将进行多次评价和修改。许多精确的统计检验在一定的显著水平条件下，可用于确定模型是否不同于真实系统。而可接受的置信水平往往通过一系列的评价和修改，直至用模型进行决策才能确定下来。

(6) 灵敏度分析 灵敏度分析是在已完成验证的模型上进行的一个过程。通过不断修改参数值，分析模型输出的结果，确定哪个参数主要引起模型输出的变化，从而确定模型对那个参数的敏感性。灵敏度分析是根据模型的目的进行的。如果一个参数的灵敏度是不重要的，就没有必要去说明它的灵敏度。

(7) 模型的应用 对要求有管理控制的应用系统，例如森林生态系统，其系统模型的应用主要有2个方面：① 建立一个模型表示一个森林生态系统，咨询人员将用这个模型向用户表明这一森林生态系统对各种不同管理措施的反应方式，而用户将从这种模型中得到各种有用的信息。② 在评价管理措施以及在系统的控制上具有很大的应用价值，它将直接为用户提供决策的依据以及对系统控制的方向。

5.4.3 系统分析应用实例——马尾松毛虫综合管理系统模型

近年来，随着对害虫问题研究的深入及历史资料的长期积累，尤其是系统分析理论、思想和方法以及计算机技术的发展及普及，使得森林害虫管理逐步向科学化管理迈进。下面以中国林业科学研究院和北京大学在"七五"计划期间建立的马尾松毛虫综合管理系统模型为例，简要说明系统分析在森林害虫管理中的应用。

该系统模型的建立是根据森林害虫综合管理的定义，将综合管理系统分为3个子系统：①马尾松毛虫预测预报子系统；②针叶及材积生长预测子系统；③综合管理优化决策子系统来进行研究的，对各子系统的结构、功能和目的进行系统分析，依据历史资料和最新研究成果建立了各自的子模型和子子模型，并通过建立计算机软件系统将各个子系统模型联结成松毛虫综合管理系统模型，使得用户仅需提供比较简单的基本虫情信息即可预测虫害的发生量、发生面积以及对松林的危害，并据此做出综合管理优化决策。该系统模型的各个子模型或子子模型均通过实践验证了其相对可靠性。

5.4.3.1 预测预报子系统模型

根据松毛虫生物学特性，将其生命过程划分为5个阶段：卵孵化为幼虫；1龄至4龄幼虫；4龄幼虫至蛹；蛹羽化为成虫；成虫产下一代卵。将影响松毛虫种群动态的因子归纳为林相、植被、食料、天敌和气候5类，而将天敌的作用用林相、植被和气象条件来体现。子系统模型建立在用位置坐标表示的小方格（初定为$100m \times 100m$）基础上，其背景信息和变量包括：历史虫情信息、林相、植被、郁闭度、平均单株针叶荷载量、松林密度、光源信息、平均温度、平均相对湿度、平均降水量、突发性气候变化、针叶损失率、虫口密度共13个因子。在建立了5个阶段各自的存活率估计模型的基础上，组建了时间域上种群数量动态模型。根据成虫迁飞情况，建立了空间域上种群迁移扩散模型。将时间和空间域的种群动态模型结合起来，即可预测松毛虫在一定时间后的发生量和发生面积。

5.4.3.2 针叶及材积生长预测子系统模型

在建立针叶生长模型、自然落叶模型和正常情况下针叶总量的估计模型，考虑了在 2 次抽梢和修枝等特殊情况下的针叶总量的估计模型及松毛虫危害时的针叶量估计模型之后，模拟了针叶损失与材积损失的关系，组建了总材积损失率的估计模型。可用于估计材积的损失量。

5.4.3.3 松毛虫综合管理优化决策子系统模型

以经济利益为目标，允许松毛虫在一定范围内存在，在一定程度上发生，寻求一个最佳的管理组合。管理策略组合中，考虑了防治密度限、杀虫剂、药量、防治方法等因子，同时按一定的规划期，对管理策略的影响进行预测，预估防治的成本和挽回的损失，计算其净效益。管理决策的结果受到稳定的林分背景条件、变化的气象条件、林产品的市场价格等影响。

5.4.3.4 模型的求解和验证

给出了建立的各个模型的求解方法，在安徽省潜山县试验区对各个模型的预测和模拟结果进行了验证，结果与实际情况相符合。

5.5 害虫管理的专家系统

专家系统（expert system，简称 EXS）起源于 1965 年 E. A. Feigenbaum 等开发的 DENDRAL（一个推断化学分子结构的计算机系统），经过几十年的发展，专家系统技术逐步趋向成熟，其应用范围得到迅速扩展，涉及到化学分析、医疗诊断、过程控制、管理决策等 10 多个领域，有的已进入商品化实用阶段，开始产生巨大的经济效益。在害虫管理领域，目前也已开发出不少实用的专家系统，其应用涉及害虫诊断、虫情预测、杀虫剂选择、系统设计以及人员培训等许多方面，大大拓宽了害虫管理技术。

5.5.1 专家系统简介

5.5.1.1 专家系统的概念

专家系统是通过模拟人类推理过程，利用源于人类专家的知识解决复杂的特定问题的计算机程序，也称为知识库系统（knowledge-based system）。

专家系统是人工智能研究的一个应用领域，目前和自然语言理解、机器人一起并列为人工智能研究最活跃的三大领域。

5.5.1.2 专家系统的特点

专家系统不同于一般的应用程序，它主要处理的是非结构化的知识，而不是数据，它将专家积累的知识或经验进行汇集、总结，使知识形式化并传播之，是知识活化和应用的有力工具。

一般地说，专家系统有 3 个特点：即启发性、透明性和灵活性。启发性是指用判断性知识来进行推理；透明性指能解释自己的推理过程，能回答用户提出的问题；灵活性是指能不断增加自己的知识，修改原有的知识。其中，专家系统的透明性是一个重要特征，由于专家系统的最终应用取决于用户对它的信任程度，无疑，专家系统的可信任度将由于它的透明性特点而提高。

5.5.1.3 专家系统的组成

专家系统主要由两部分组成，即知识库和推理机。其中知识库存储从专家那里得到的关于某个领域的专门知识；而推理机具有依据一定策略进行推理的能力。

5.5.1.4 专家系统的表现形式

专家系统是应用专家们长期积累的知识有效地解决实际问题的工具。解决问题需要准确、完备的知识和良好的推理思路，推理的结果要能为现实存在的问题提供切实可行的选择方案。基于这种目的，专家系统可以采用不同的形式。常用的形式有 2 种：①图表形式，即将规则或推理框架打印成图表或装订成手册提供给用户作参考；②在微机中形成知识库和推理机并提供用户接口，以人机交互的形式回答用户的问题。目前的用户界面有 DOS 和 WINDOWS 两种，DOS 界面的专家系统以字符的形式处理用户的请求和输出结果，界面不太友好，使用受很大限制；而 WINDOWS 界面由于采用面向对象的编程软件如 VB、C^{++} 等，以菜单或图形的形式显示输入和输出，操作简单，界面友好，所以很受用户欢迎。

5.5.1.5 推理机制

由于产生式规则系统的知识机构接近于人类思维和会话形式，易于理解；规则表示形式一致，易于控制和操作；高度模块化，易于增删和修改；因此，目前害虫管理中的专家系统多使用这种规则系统。产生式规则系统中经常使用的推理方式有前向推理和后向推理。前向推理是由事实推出结论，而后向推理是首先做出假设，然后逐步推导出假设成立的条件或证据。前向推理和后向推理有时亦称为正向推理和逆向推理。

5.5.1.6 发展专家系统的步骤

(1) 确定问题 明确要解决的问题是设计和发展专家系统的第一步。问题往往源于用户或实际的需要，对问题的本质、可供选择、用户的背景和要求了解得越详细，设计和发展专家系统越容易。

(2) 系统的设计 根据问题设计整个系统的发展思路和框架。可以将问题分解为多个组成部分或功能模块，这样容易组建、调试和修正。

(3) 知识的获取 专家系统的质量取决于规则和组建系统的专家所提供的知识或信息的质量。知识和信息要尽可能全面，规则要符合逻辑和实际。为此，组建专家系统时要邀请领域专家以座谈、讨论的形式就组建系统的知识和规则进行全面的讨论，最终达成共识，以取得最优效果。

(4) 知识工程和编码 运用计算机程序将知识和规则有机地组织起来。这可以通过计算机语言如 LISP、PROLOG、FORTRAN、PASCAL、VB、C 语言或 C^{++} 直接组织编写。也可以用表格的形式以 IF 陈述语句或框架结构的形式表示。

(5) 系统的检测、完善和应用　一个专家系统要能够应用需要做3方面的工作：首先检查系统各个部分在逻辑上是否合理、完整并结合得很好，系统运行是否正常；其次进行模拟检验，提出问题让系统回答，检查结果的正确性；最后将系统应用于实际，通过用户的反馈对系统作进一步的修正和完善。

5.5.2　专家系统在害虫管理中的应用

5.5.2.1　研究的几个方面

根据以往的研究和害虫管理的过程，专家系统的研究主要集中在5个方面，即害虫诊断、预测预报、管理决策、设计和培训。

(1) 害虫诊断　认识和了解目标害虫，有针对性地进行研究和管理，是害虫管理的前提。由于林间的昆虫种类很多，有些种还存在亚种或近缘种，对其进行分类和鉴定显然不是一件容易的事。仅仅依据危害症状和粗略地识别就进行防治难以达到理想的效果。因此，发展一种害虫诊断专家系统显得尤为重要。

研制害虫诊断专家系统要根据人们认识事物的习惯，由浅入深、由表及里、由现象到本质的过程进行。对于研究人员可以采用前向推理的方式将检索表以"IF-THEN"的形式规则化，一步步地将目标害虫鉴定到种。对于基层林业工作者则可以通过对比危害症状、易辨的体形特征先进行粗略分类，然后再以检索表的形式对细节作对比区分，直至鉴定到种。这两种方法皆可通过面向对象的编程语言并结合多媒体以图、文、声、乐的方式形象地表达。

(2) 预测预报　用于测报的专家系统可分为定性和定量2种类型。定性预测的专家系统一般通过"IF – THEN"式的推理规则将害虫的危害症状和参数数据列成等级标准，根据用户的输入进行判断。这一类型的专家系统只能作简单的趋势预测或管理咨询，难以对害虫的未来动态作比较准确的判断。定量测报专家系统将专家系统与测报模型相结合。模型处理输入的数据并将结果通过内部控制程序（接口）输出，专家系统为用户提供交互式界面并解释模型的运行结果。

(3) 管理决策　害虫管理的目的是通过采取适当的措施如林业的、化学的、遗传的或天敌的等使害虫数量保持在经济允许水平之下。既要使害虫数量保持动态平衡，又要使防治措施不危害环境。

进行害虫管理，首先要了解当前的目标害虫及其数量，评估其危害程度及未来的风险性，根据评估的结果做出适当的管理选择。怎样进行评估、如何进行选择涉及到害虫管理的3个方面，即监测、预报和预控。监测害虫数量，确定是否达到防治指标，如果现在还不需要防治，则需通过模型模拟害虫动态，评估未来的风险性，确定现在是否需要采取预控措施。归根到底是要作出适当的管理决策。作出管理决策本身又涉及到预测和评估等多方面的问题，因此建造这种专家系统可以设计多个功能模块，然后将它们集合成为一个大型的管理决策专家系统。亦可以将多个小型的专家系统集成为一个统一的害虫管理专家系统。

管理决策型专家系统为害虫管理提供了一种有力的工具。研究生态系统的综合管理时，由于害虫和天敌众多，加上环境因子以及相互之间的关系复杂，不确定因素很多，要应用系统工程方法组建这样一个大系统的管理决策模型是很困难的。而且，决策人是害虫综合管理和生态系统综合管理成败的关键。因此，专家系统技术能够充分发挥其优越性，有着良好的应用前景。

马尾松毛虫防治决策专家系统是以综合管理为指导思想，以松毛虫种群动态为理论基础，广泛收集了多年来各地松毛虫研究的资料及最新成果，吸收很多有关方面在长期工作实践中积累起来的宝贵经验，并运用了研制者掌握的大量第一手资料，在对所有知识进行整理、总结、提高的基础上研制而成的。使用该系统时，只要向计算机输入松毛虫、松树及环境条件的基础数据，系统就能像专家一样根据情况进行综合分析判断，推导出结论，告诉经营者是否需要防治，如何防治，什么时候防治，并给出最佳防治方案。该系统建立以后，研制者从湖南、广西等地收集了大量实际例子进行运行，均得到满意的结果。

在对樟子松球果象甲的研究过程中，经过 10 年的努力研究完成了樟子松球果象甲防治决策专家系统，根据樟子松球果象甲防治决策的特点，系统在设计和实践中采用了"规则架+规则体"的知识表示方法，正、反向混合推理的控制策略，具有完整的知识库维护模块和解释模块。该系统的应用有效地提高了樟子松球果象甲的防治水平和科学决策能力，具有很好的推广应用价值。

(4) **设计** 设计型专家系统就是按照给定的要求，为待确定的问题构造模式。专家系统在生态学问题的设计中有着良好的潜在研究价值，并就利用专家系统设计害虫模拟模型进行了有意义的探讨。组建害虫模拟模型的专家系统，也就是将组建模拟模型的一般过程用专家系统的形式表达出来，其目的是为那些缺乏建模经验的测报或研究人员提供方便。除此之外，设计型专家系统还可应用于农药的使用、抽样方案的确定等方面。

(5) **人员培训** 与一般的多媒体教学光碟不同，人员培训专家系统有良好的推理机制，它能够根据用户提出的不同问题分别予以解答，而一般的教学光碟往往以流水线的方式讲解研制者认为重要的内容，不能解决用户遇到的具体问题。当然，人员培训专家系统也可以结合多媒体进行研制。既然大多数害虫管理专家系统能够解释"为什么？"和"怎样？"之类的问题，因而也可以很好地充当培训工具。

总之，目前专家系统的研究表现在 3 个方面：第一，开展和应用的国家、领域呈增加趋势；第二，实用性增强；第三，新技术、新方法层出不穷。

5.5.2.2 存在问题

①解决问题的深度和广度不够。由于缺乏完备、详尽的知识库和完善的控制程序，许多专家系统只能向用户提供一些基本的或常识性的解释、判断，无法详尽、准确地解决用户提出的问题。

②与其它程序或模块的接口还未彻底解决。这表现在系统缺乏模型、数据库管理系统、GIS 等的支持，使得系统的功能很受局限。

③科研和应用脱节。由于不重视实际应用，缺乏足够的调查研究，多数专家系统仅停留在科研阶段或应用的初级阶段，真正应用于实际的专家系统还很少。

复习思考题

1. 害虫管理主要经历哪几个主要阶段？各种策略的主要含义是什么？
2. 害虫的种群数量调节主要有哪些技术方法？
3. 生态对策的类型及特征是什么？
4. 何谓经济危害水平、经济阈限和一般平衡位置？根据它们之间的关系昆虫可分为哪几大类？
5. 系统分析的概念、方法及步骤是什么？
6. 论述专家系统的特点及其应用。

总论部分可供参考书目

普通昆虫学（上、下册）. 中国农业大学主编. 中国农业出版社，1996

普通昆虫学. 牟吉元主编. 中国农业出版社，1996

普通昆虫学. 彩万志，庞雄飞，花保祯，梁广文，宋敦伦编著. 中国农业大学出版社，2001

林果病虫害防治学. 孙绪艮主编. 中国科学技术出版社，2001

昆虫形态分类学. 忻介六，杨庆爽，胡成业编著. 复旦大学出版社，1985

昆虫学（上册）. 南开大学等合编. 高等教育出版社，1986

昆虫分类学. 袁锋主编. 中国农业出版社，1996

昆虫学通论（上册）. 管致和主编. 农业出版社，1980

害虫综合管理. 陈杰林主编. 中国农业出版社，1993

经济林昆虫学. 中南林学院主编. 中国林业出版社，1997

中国森林昆虫. 萧刚柔主编. 中国林业出版社，1992

森林昆虫学. 张执中主编. 中国林业出版社，1997

森林昆虫学（第2版）. 张执中主编. 中国林业出版社，1993

森林昆虫学通论. 李孟楼主编. 中国林业出版社，2002

森林昆虫生态学. 郑汉业，夏乃斌主编. 中国林业出版社，1995

普通昆虫学. 雷朝亮，荣秀兰主编. 中国农业出版社，2003

各 论

第6章 苗圃及根部害虫

【本章提要】 地下害虫以成虫或幼虫取食播下的种子、苗木的幼根、嫩茎等，给苗木带来很大危害，严重时常常造成缺苗、断垄等。本章介绍苗圃及根部主要害虫的分布、寄主、形态、生活史及习性和防治方法。

地下害虫种类繁多，我国地下害虫计有9目、38科约320余种。我国南北气候差异很大，苗木种类繁多，加之各地苗圃用地及其周围环境、地势、土壤理化性质、茬口、施肥、苗木覆盖物等管理情况不同，各地的地下害虫种类有很大差异。我国西北以地老虎、蛴螬为主，秦岭、淮河以北以蝼蛄、蛴螬为主，以南以地老虎为主；江浙一带蝼蛄、蛴螬、地老虎危害均较重；华南则以大蟋蟀危害较突出。局部地区灰种蝇的危害也比较严重。

地下害虫的分布、发生量及危害与土壤的理化性质，特别是土壤的质地、含水量、酸碱度有密切的关系。如金针虫、蛴螬等主要发生在地下水位较高、土壤湿度较大的地方；地老虎在砂壤土上发生量较大；蝼蛄、金针虫在有机质丰富的土壤中危害最重；蛴螬则喜中性或微酸性土壤，而在碱性土壤中发生轻。地下害虫的发生常与苗圃的前茬作物也有很大关系，如在蔬菜地建立苗圃后地老虎发生就多，在采伐迹地上则金龟子危害较重。所以划定苗圃用地时首先应进行地下害虫调查，并根据需要进行土壤杀虫处理；所用厩肥必须腐熟，施用需均匀，要施入土壤不外露，以免招引害虫或把厩肥内的害虫，主要是金龟子的卵和幼虫带入苗床内。

由于地下害虫长期生活于土壤环境中，因而土壤耕作、施肥和灌溉等措施，可抑制并减轻其危害；在土壤中施药防治时还可兼治其它地上害虫，药剂处理种子及施用毒饵亦有兼治之效。在苗圃地及其附近，尽量少安装灯光以避免将地下害虫诱至苗地，但可设置人工鸟巢招引和保护食虫鸟类。对地下害虫的治理必须采取综合性的保护措施，采用地下害虫地上治、成虫和幼虫结合治、苗圃内外选择治的策略，以预防其危害。

6.1 白蚁类

白蚁属等翅目昆虫,在各大洲均有分布,尤其在热带、亚热带地区危害严重。我国已知约100种,主要分布在长江以南及西南各省,是园林树木的重要害虫。在南方危害苗圃苗木的白蚁主要有黄翅大白蚁和黑翅土白蚁。

黄翅大白蚁 *Macrotermes barneyi* Light (图6-1)

分布于我国江苏、浙江、安徽、福建、台湾、江西、湖北、湖南、广东、广西、四川、贵州、云南等地;国外分布于越南。为土栖性白蚁,被害林木有桉树、杉木、橡胶、刺槐、樟树、檫树、泡桐、板栗等100多种。

形态特征

有翅成虫 体长14~16mm,翅长24~26mm。体背面栗褐色,足棕黄色,翅黄色。头宽卵形。复眼及单眼椭圆形,复眼黑褐色,单眼棕黄色。触角19节,第3节微长于第2节。前胸背板前宽后窄,前后缘中央内凹,背板中央有一淡色的"十"字形纹,其两侧前方有一圆形淡色斑,后方中央也有一圆形淡色斑,前翅鳞大于后翅鳞。

卵 乳白色,长椭圆形。长径0.60~0.62mm,一面较平直;短径0.40~0.42mm。

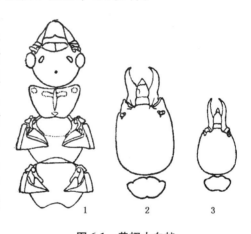

图6-1 黄翅大白蚁
1. 有翅成虫头、胸部 2. 大工蚁头、前胸背面
3. 小工蚁头、前胸背面

大工蚁 体长6.00~6.50mm。头棕黄色,近垂直;胸腹部浅棕黄色。触角17节,第2~4节大致相等。腹部膨大如橄榄状。

小工蚁 体长4.16~4.44mm,体色比大工蚁浅,其余形态基本同大工蚁。

大兵蚁 体长10.51~11.00mm。头深黄色,上颚黑色。头及胸背板上有少数直立的毛。腹部背面毛少,腹面毛较多。囟很小,位于中点之前。上颚粗壮,镰刀形。左上颚中点之后有数个不明显的浅缺刻及1个较深的缺刻;右上颚无齿。上唇舌形,先端白色透明。触角17节。前胸背板略狭于头,呈倒梯形,四角圆弧形,前后缘中间内凹。中后胸背板呈梯形,中胸背板后侧角成明显的锐角。

小兵蚁 体长6.80~7.00mm,体色较淡。头卵形,侧缘较大兵蚁更弯曲,后侧角圆。上颚与头的比例较大兵蚁为大,并较细长而直。触角17节,第2节长于或等于第3节。

生活史及习性

营群体生活，整个群体包括许多个体，其数量大小随巢龄的大小而不同。婚飞的时间因地区和气候条件不同而异。据观察，在江西、湖南婚飞在5月中旬至6月中旬；广州地区3月初蚁巢内出现有翅繁殖蚁，婚飞多在4、5月份。在一天中，江西多在23:00至第二天2:00，广州地区多在4:00~5:00婚飞。婚飞前由工蚁在主巢附近的地面筑成婚飞孔。婚飞孔在地面较明显，呈肾形凹入地面，深1~4cm，长1~4cm。孔口周围撒布有许多泥粒。一巢白蚁有婚飞孔几个到100多个。有翅成虫婚飞后，雌雄脱翅配对，然后寻找适宜的地方入土营巢。营巢后约6d开始产卵。初建群体发展很慢，以后随着时间推移和群体的扩大巢穴逐步迁入深土处，一般到第4或第5年才定巢在适宜的环境和深度，不再迁移。在巢内出现有翅繁殖蚁婚飞时，此巢即称成年巢。

黄翅大白蚁对林木的危害有一定的选择性。一般对含纤维质丰富，糖分和淀粉多的植物危害严重，对含脂肪多的植物危害较轻。白蚁的危害和树木体内所含的保护物质如单宁，树脂、酸碱化合物的状况以及树木生长好坏有十分密切的关系。树木本身对白蚁有一定的抗性，即使是白蚁嗜好的树种，若生长健壮，白蚁也极少危害。一般危害幼苗较大树严重，旱季危害较雨季严重。

黑翅土白蚁 *Odontotermes formosanus* （Shiraki）（图6-2）

分布于我国南自海南，北抵河南，东至江苏，西达西藏东南部；国外分布于缅甸、泰国、越南。危害乔、灌木及杂草，取食苗木的根、茎，被害苗木生长不良或整株枯死。也危害园林植物、果树、甘蔗、黄麻、药材以及地下电缆、水库堤坝等，是农林和水利方面的重要害虫。

形态特征

有翅成虫　体长12~14mm，翅长24~25mm。头、胸、腹背面黑褐色，腹面棕黄色。全身密被细毛。触角19节，第2节长于第3、4、5节中的任何一节。前胸背板略狭于头，前宽后狭，前缘中央无明显的缺刻，后缘中部向前凹入。前胸背板中央有两个淡色"十"字形纹，纹的两侧前方各有一椭圆形的淡色点，纹的后方中央有带分枝的淡色点。前翅鳞大于后翅鳞。

卵　乳白色，椭圆形，长径0.6mm，一边较平直；短径0.6mm。

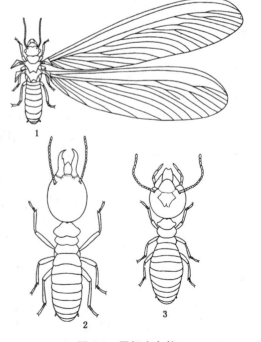

图6-2　黑翅土白蚁
1. 成虫　2. 兵蚁　3. 工蚁

工蚁 体长 5~6mm。头黄色，胸腹灰白色。头后侧缘圆弧形。囟位于头顶中央，呈小圆形的凹陷。后唇基显著隆起，长相当于宽之半，中央有缝。触角17节，第2节长于第3节。

兵蚁 体长 5.44~6.03mm。头暗黄色，被稀毛。胸腹部淡黄色至灰白色。头部背面卵形，上颚镰刀形，左上颚中点前方有一显著的齿。右上颚有一不明显的微齿。触角 15~17 节，第 2 节长等于第 3、4 节之和。前胸背板前狭后宽，前部斜翘起。前后部在两侧交角之前有一斜向后方的裂沟，前后缘中央皆有凹刻。

生活史及习性

栖于生有杂草的地下。有翅成虫于3月初出现于蚁巢内，4~6月间在靠近蚁巢附近的地面出现成群的分群孔。

黑翅土白蚁当年羽化，当年婚飞。纬度越小，婚飞越早，一般在3月下旬到5月下旬在气温达22℃以上、相对湿度达95%以上的闷热天气或雨前。婚飞开始前由工蚁修筑婚飞孔，在靠近蚁巢附近的地面出现成群的婚飞孔。孔突高约 3~4cm，底径 4~8cm，外形呈不规则的小土堆。每个群体的婚飞孔数量不等，几个至几十个，多的可超过 100 个。婚飞通常发生在 18:00~20:00。群飞和脱翅后雌雄成对钻入地下建新巢，成为新巢的蚁王和蚁后。

蚁巢深 0.3~2m。初建新巢不断发展，3 个月后巢内出现菌圃。一个大巢群内，工蚁、兵蚁和幼蚁的数量可达 200×10^4 头以上。兵蚁在每遇外敌既以上颚进攻，并能分泌黄褐色液体。工蚁数量最多，担负筑巢、修路、抚育幼蚁、寻找食物等，在树木上采食和取食时所做泥被或泥线可高达数米，有时泥被环绕整个树干形成泥套。婚飞时有强烈的趋光性。黑翅土白蚁活动虽然比较隐蔽，但在活动中常受到各种蚂蚁、蜘蛛和穿山甲的捕食，有翅成虫婚飞时常被蝙蝠、青蛙、蟾蜍、蜥蜴等捕食。

白蚁类的防治方法

(1) 选择壮苗，加强幼林抚育 白蚁通常危害生长衰弱的植株，所以造林时首先要选择壮苗，并严格按造林技术规程行事。栽植后加强管理，使苗木迅速恢复生机，增强抵抗力。对一些萌芽力强的树种，如桉树、池杉等，在遭白蚁危害后，根际下部被白蚁咬成环状剥皮，地上部分开始凋萎。可截去部分枝干，在根部淋透药液，驱除白蚁，培上较多的土，使苗木在根颈部萌出新的不定根，逐渐恢复生机。

(2) 毒饵诱杀 苗圃地中如有大量白蚁危害，可以用桉树皮、松木、蔗渣等作诱饵，设诱杀坑防治。也可用甘蔗渣粉或桉树皮粉、食糖、灭蚁灵粉按 4:1:1 的比例均匀拌和，每4g一袋。投药时，在林地或苗圃内白蚁活动处，将表土铲去一层，铺一层白蚁喜食的枯枝杂草，放上毒饵后仍用杂草覆盖，上面再盖上一层薄土。每公顷放毒饵 900g，便能收到显著的防治效果。

(3) 挖窝灭蚁 土栖白蚁的巢虽筑在地下，在外出活动取食时留有泥被、泥线、婚飞孔等外露迹象，跟踪追击即可找到蚁道。在蚁道内插入探条，顺蚁道追挖，便可找到主道和主巢。每年芒种、夏至时节，凡是地面上生长有鸡纵菌的地方，地下常有土栖白蚁的窝。

(4) 灯光诱杀 黑翅土白蚁、黄翅大白蚁的成虫都有较强的趋光性。可在每年 4~6 月间有翅成虫婚飞期，采用黑光灯和其它灯光诱杀。

(5) 化学防治 在种植经济价值较高的林木、药材、果树时，为了防治白蚁危害，可考虑在种植坑中和填土上喷撒 5% 毒杀酚粉等，保苗率可提高 20%~30%，并可兼治其它地下害虫，有效期长达 3~5 个月。对能直接找到白蚁活动的标志，如婚飞孔、蚁路、泥被线等，可直接喷撒灭蚁灵粉，在难于找到外露迹象和蚁巢时，可采用土栖白蚁诱饵剂诱杀。找到通向蚁巢的主道后，将压烟筒的出烟管插入主道，用泥封住道口，以防烟雾外逸，再将杀虫烟雾剂放入压烟器内点燃，扭紧上盖，烟便从蚁道自然压入巢内。

6.2 蝼蛄类

属直翅目蝼蛄科，是常见的地下害虫之一。此类昆虫喜居于温暖、潮湿、多腐殖质的壤土或砂土内，昼伏夜出活动危害。成虫、若虫均喜食刚发芽的种子，危害林木、果树及农作物的幼苗根部、接近地面的嫩茎，被害部分呈丝状残缺，致使幼苗枯死；同时成虫、若虫在表土层内钻筑隧道，使幼苗根土分离失水而枯死。

东方蝼蛄 *Gryllotalpa orientalis* Burmeister（图 6-3）

分布于我国各地；国外分布于朝鲜、日本、东南亚、澳大利亚和非洲。我国辽宁及长江以南等地发生量大；食性杂，对针叶树播种苗、多种农作物和经济作物苗期危害甚重。

形态特征

成虫 体长 30~35mm，近纺锤形，黑褐色，密生细毛。前胸背板卵圆形，长 4~5mm，中央有 1 个暗红色长心脏形凹斑。前翅甚短，后翅纵褶成条，突出腹末。前足腿节下缘平直，后足胫节背面内侧有 3~4 个能动的棘刺。

卵 椭圆形，长 2~2.4mm，宽 1.4~1.6mm，初产时灰白色，有光泽，后渐变为灰黄褐色，孵化前呈暗褐或暗紫色。

若虫 初孵若虫乳白色，复眼

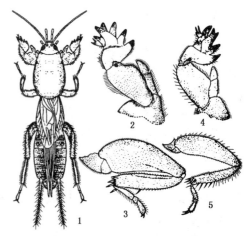

图 6-3 两种蝼蛄
华北蝼蛄 1. 成虫 2. 前足 3. 后足
东方蝼蛄 4. 前足 5. 后足

淡红色，体长约4mm。头、胸及足渐变暗褐色，腹部淡黄色。2～3龄以上同成虫，6龄若虫体长24～28mm。

生活史及习性

华北以南及西北地区1年1代，东北2年1代。西北以成虫或6龄若虫越冬，翌年3月下旬越冬若虫开始上升至表土取食活动，4～5月份是危害盛期，5～6月羽化为成虫，5月中旬至6月下旬产卵，若虫7、8月份孵化。越冬成虫4～5月在土深5～10cm深处作扁椭圆形卵室产卵，5月下旬至6月上旬为产卵盛期，6月下旬为末期，每雌每室产卵30～60粒；9月中下旬为第二次危害高峰。若虫孵出3d后能跳动，渐分散危害，昼伏夜出，以21:00～23:00为取食高峰，共6龄。11月上旬陆续潜至60～120cm深处越冬。

有较强的趋光性，嗜食有香、甜味的腐烂有机质，喜马粪及湿润土壤。土壤质地与虫口密度也有关系，在轻盐碱地虫口密度最大、壤土次之、黏土地最少。

华北蝼蛄 *Gryllotalpa unispina* Saussure（图6-3）

又名单刺蝼蛄，分布于我国北纬32°以北的河北、山西、内蒙古、辽宁、吉林、江苏（北部）、山东、河南、陕西；国外分布于俄罗斯西伯利亚、土耳其。危害植物同东方蝼蛄。

形态特征

成虫　体长36～55mm。黄褐色，近圆桶形。前翅覆盖腹部不到1/3，前足腿节下缘弯曲，后足胫节背面内侧有棘刺1～2个或消失。

卵　椭圆形，长1.6～1.8mm，宽1.1～1.3mm。初产乳白有光泽，后变黄褐色、暗灰色。

若虫　初孵若虫乳白色、体长2.6～4mm；5～6龄后体色与成虫相似，末龄若虫体长36～40mm。

生活史及习性

约3年1代，若虫13龄，以成虫和8龄以上的各龄若虫在150cm以上的深土中越冬。翌年3～4月，当10cm深土温达8℃左右时若虫开始上升危害，地面可见长约10cm的虚土隧道，4、5月份地面隧道大增即危害盛期；6月上旬当隧道上出现虫眼时已开始出窝迁移和交尾产卵，6月下旬至7月中旬为产卵盛期，8月为产卵末期。越冬成虫于6～7月间交配，产卵。

初孵若虫最初较集中，后分散活动，至秋季达8～9龄时即入土越冬；第2年春季，越冬若虫上升危害，到秋季达12～13龄时，又入土越冬；第3年春再上升危害，8月上中旬开始羽化，入秋后以成虫越冬。成虫虽有趋光性，但飞翔能力差，灯下的诱杀率不如东方蝼蛄高。华北蝼蛄在土质疏松的盐碱地、砂壤土地发生较多。

该虫在1年中的活动规律和东方蝼蛄相似，即当春天气温达8℃时开始活动，秋季低于8℃时则停止活动；春季随气温上升危害逐渐加重，地温升至10～13℃时在地表下形成长条隧道危害幼苗；地温升至20℃以上时则活动频繁、进入交尾产卵期；地温降至25℃以下时成、若虫开始大量取食积累营养准备越冬，秋播作物受害严重。土壤中大量施用未腐熟的厩肥、堆肥，易导致蝼蛄发生，受害较重。当深10~20cm处土温在16~20℃、含水量22%~27%时，有利于蝼蛄活动；含水量小于15%时，其活动减弱；所以春、秋有两个危害高峰，在雨后和灌溉后危害常常加重。

蝼蛄类的防治方法

(1) **诱杀** 蝼蛄的趋光性很强，在羽化期间，晚上7:00~10:00可用灯光诱杀；或在苗圃步道间每隔20m左右挖一小坑，将马粪或带水的鲜草放入坑内诱集，再加上毒饵更好，次日清晨可到坑内集中捕杀。

(2) **保护天敌** 可在苗圃周围栽植杨、刺槐等防风林，招引红脚隼、戴胜、喜鹊、黑枕黄鹂和红尾伯劳等食虫鸟以利控制虫害。

(3) **林业措施** 施用厩肥、堆肥等有机肥料要充分腐熟；深耕、中耕也可减轻蝼蛄危害。

(4) **化学防治** 作苗床（垅）时用40%乐果乳油或其它药剂0.5kg加水5kg拌饵料50kg，傍晚将毒饵均匀撒在苗床上诱杀。饵料可用多汁的鲜菜、鲜草以及蝼蛄喜食的块根和块茎，或炒香的麦麸、豆饼和煮熟的谷子等。用25%西维因粉100~150g与25g细土均匀拌和，撒于土表再翻入土下毒杀。也可用药剂处理拌种。

6.3 蟋蟀类

属直翅目蟋蟀科，危害苗木的主要有大蟋蟀、油葫芦等，均以成、若虫危害叶片和顶芽，或咬断刚出土的嫩茎。

大蟋蟀 *Tarbinskiellus portentosus* (Lichtenstein)（图6-4-1）

分布于我国西南、华南、东南沿海、台湾；国外分布于日本、东南亚、印度。杂食性，常咬断农林植物幼苗茎部，有时还爬上1~2m高的苗木或幼树上部，咬断顶梢或侧梢，造成严重缺苗、断苗、断梢等现象。

形态特征

成虫 体长30~40mm，体暗黑色或棕褐色，头部较前胸宽，复眼间具"Y"形纹沟，触角比虫体稍长。前胸背板中央具1条纵线，两侧各有一横向圆锥状纹。后足腿节强大；胫节粗，具2排刺，每排有刺4~5枚。腹部尾须长，雌虫产卵器短于尾须。

若虫 与成虫相似，体较小，色较浅。共7龄。翅芽在2龄后出现。

生活史及习性

1年1代，以3~5龄若虫在土穴中越冬。翌年2~3月恢复活动，出土危害各种苗木和农作物幼苗；5~7月羽化，6月间成虫盛发，7~8月间为交尾盛期，7~10月产卵，8~10月孵化，卵期20~25d。10~11月若虫仍常出土危害，11月初若虫开始越冬。若虫期7~9个月，共7龄。成虫寿命2~3个月，于8~9月间陆续死亡。

大蟋蟀通常昼伏夜出，白天穴居于洞中取食以前储备的食物，傍晚再出外咬食附近的嫩苗，还将嫩茎切断或连枝叶拖回洞内。若虫和成虫均喜欢在疏松的砂土地里营造土穴而居，常1穴1虫，不群居，性凶猛，能自相残杀，雌雄交尾期间才同居一穴。

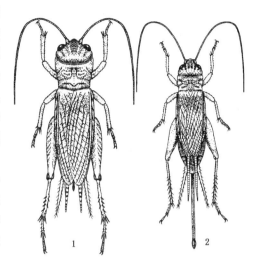

图6-4 两种蟋蟀
1. 大蟋蟀　2. 油葫芦

雌虫产卵于洞穴底部，一次可产150~200粒，20~30粒一堆。初孵若虫常二三十头暂时群居于母穴中，取食雌虫储备于洞中的食料，稍大后即分散营造土穴独居。

穴道深度因虫龄、土温、土质而异。一般幼龄洞浅，老龄和成虫的洞深，低温季节的洞较深；1龄若虫的洞深约3~7cm，2龄深约10~20cm，且分布较集中，老龄及成虫洞穴可深达80cm多，分布也较分散；砂质土壤表土层厚的洞可深达1.5m。通常5~7d出穴一次，多在19:00~20:00出洞，但7~8月交尾盛期外出较频繁，如遇惊扰即迅速缩回洞内。成虫和若虫都喜干燥，每逢雨后或久雨不晴，多移居于近地面的洞穴上段，出穴最多；阴雨、风凉的夜晚则很少出穴，外出活动回穴后，即用洞内泥土堆塞洞口，每个洞口都堆积一堆松土，这是洞穴内有大蟋蟀的标志。

土质疏松，植被稀少或低洼、撂荒的砂壤旱地，或山腰以下的苗圃和全垦林地、沿海台地等发生量大。其危害与气候关系密切，如秋旱冬暖有利于幼龄若虫的生长发育，常给秋播冬种作物及苗圃幼苗带来较大灾难；3~6月间如遇春旱及气温偏高的年份，有利于越冬后的若虫和成虫活动。6~7月正是成虫交尾产卵前的大量取食期，故常对当时作物和苗木造成严重的危害。此虫对霉、酸、甜的物质相当喜好。

油葫芦 Teleogryllus mitratus（Burmeister）（图6-4-2）

分布于我国华北、华东、西北、西南等地，尤以河北、山东、山西、安徽、河南等地最多。危害农作物和苗木的叶、茎、枝、种子及果实，缺乏食物时亦可互相残杀取食。

形态特征

成虫 体长 18～24mm，黑褐色或黑色。头方形，与前胸等宽。触角细长，前胸背板两侧各有 1 个近月牙形斑纹。后足胫节特长，有刺 5～6 对。雌虫产卵管细长，褐色，微曲。

若虫 共 6 龄，翅芽出现较迟，雄虫 5 龄时出现，而雌虫翅芽还未出现，其产卵管已达第 10 腹节后缘，直到 6 龄时雌雄翅芽均已发达，产卵管超过尾端。

生活史及习性

1 年 1 代，以卵在土壤内越冬，翌年 4 月下旬开始孵化。6 月中旬至 8 月上旬为若虫、成虫活动期。成虫白天多躲在杂草丛内及洞穴中，一般适生于湿润而疏松的土壤中。成虫有相互残杀的习性，雄虫善鸣好斗。8～9 月间交尾产卵，卵多产于杂草丛生且向阳的土壤中。一雌可产卵 34～114 粒，成虫寿命约为 145d。

蟋蟀类的防治方法

(1) **毒饵诱杀** 用炒过的麦麸、米糠或炒后捣碎的蔬菜残叶作饵料，掺拌 90% 的敌百虫 10 倍液制成毒饵，于傍晚在有松土堆的洞口附近放 1～2 团花生米大小的毒饵，或直接放在苗圃的株行间诱杀。

(2) **地面施药** 秋播耕地后，可参考防治蛴螬方法，地面施药毒杀若虫。

(3) **药液灌洞** 找到大蟋蟀洞穴后，扒去封土，灌入 80% 敌敌畏 1000 倍液毒杀（也可用辛硫磷或其它药剂）。

6.4 金龟类

属鞘翅目金龟总科，其中对林木有危害的大多属于鳃金龟科 Melolonthidae、丽金龟科 Rutelidae 和花金龟科 Cetoniidae。

蛴螬种类多，分布广，食害多种农、林、牧草、药用和花卉植物的幼苗和环剥大苗、幼树的根皮。幼虫食量大，在土内取食萌发的种子，咬断根、茎，轻则造成缺苗断垄、重则毁圃绝苗。成虫出土取食叶、花蕾、嫩芽和幼果，常将叶片食成缺刻和孔洞，残留叶脉基部，严重时将叶全部吃光。

华北大黑鳃金龟 *Holotrichia oblita* (Faldermann)（图 6-5）

分布于我国东北、华北、西北、华中、华东等地；国外分布于日本、蒙古、前苏联。成虫取食杨、柳、榆、桑、核桃、苹果、刺槐、栎等多种林木和果树的叶片，幼虫危害针、阔叶树根部及幼苗。过去记载的东北大黑鳃金龟 *H. diomphalia* (Bates)，经杂交试验及 DNA 研究证明与本种是同种。

形态特征

成虫 长椭圆形，体长 16～23mm、宽 8～12mm，黑色或黑褐色有光泽。

胸、腹部生有黄色长毛，前胸背板宽为长的2倍，前缘角钝，后缘角几乎成直角。每鞘翅具3条纵隆线。前足胫节外侧具3齿，中、后足胫节末端有2根距。雄虫末节腹面中央凹陷，雌虫隆起。

卵　乳白色，椭圆形。

幼虫　体长35~45mm，乳白色。头部前顶毛每侧3根。肛孔3裂状，腹末钩毛区约占腹毛区的1/3~1/2。

蛹　黄白色至红褐色，椭圆形，尾节具突起1对。

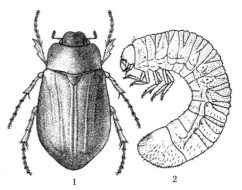

图6-5　华北大黑鳃金龟
1. 成虫　2. 幼虫

生活史及习性

东北、西北和华东地区2年1代，华中及江浙等地1年1代，以成虫或幼虫越冬。在河北越冬成虫约4月中旬出土活动直至9月份入蛰，前后持续达5个月，5月下旬至8月中旬产卵，6月中旬幼虫陆续孵化，危害至12月以第2龄或第3龄越冬；第2年4月越冬幼虫继续发育危害，6月初开始化蛹，6月下旬进入盛期，7月始羽化为成虫后即在土中潜伏、相继越冬，直至第3年春天才出土活动。

成虫白天潜伏土中，黄昏活动，8:00~9:00为出土高峰，有假死及趋光性。出土后尤喜在灌木丛或杂草丛生的路旁、地旁群集取食、交尾，并在附近土壤内产卵，故地边苗木受害较重。成虫有多次交尾和陆续产卵习性，产卵次数多达8次，雌虫产卵后约27d死亡。卵多散产于6~15cm深的湿润土中，每雌产卵32~193粒，平均102粒，卵期19~22d。幼虫3龄、均有相互残杀习性，常沿垄向及苗行向前移动危害。幼虫随地温升降而上下移动，春季10cm处地温约达10℃时幼虫由土壤深处向上移动，地温约20℃时主要在5~10cm处活动取食，秋季地温降至10℃以下时又向深处迁移，越冬于30~40cm处。土壤过湿或过干都会造成幼虫大量死亡（尤其是15cm以下的幼虫），幼虫的适宜土壤含水量为10.2%~25.7%。当低于10%时，初龄幼虫会很快死亡；如遇降雨或灌水则暂停危害下移至土壤深处，若遭水浸则在土壤内作一穴室，如浸渍3d以上则常窒息而死，故可灌水减轻幼虫的危害。老熟幼虫在土深20cm处筑土室化蛹，预蛹期约22.9d，蛹期15~22d。

东方绢金龟 *Serica orientalis* Motschulsky（图6-6）

又名黑绒鳃金龟、天鹅绒金龟。分布于我国东北、华北、华东、西北，福建、河南、台湾、云南、四川、贵州；国外分布于朝鲜、日本、前苏联、蒙古。食性杂，可危害140余种植物。成虫喜食杨、柳、榆，苹果、梨、桑、杏、枣、梅等的叶片；幼虫取食苗木及幼林的根系。

形态特征

成虫 体长 7~8mm，宽 4.5~5mm；卵圆形，前狭后宽；雄虫略小于雌虫。初羽化为褐色，后渐转黑褐至黑色，体表具丝绒般光泽。唇基黑色，有强光泽，前缘与侧缘均微翘起，前缘中部略有浅凹，中央处有一微凸起的小丘。前胸背板宽为长的 2 倍，前缘角呈锐角状向前突出，侧缘生有刺毛，前胸背板上密布细小刻点。鞘翅上各有 9 条浅纵沟纹，刻点细小而密，侧缘列生刺毛。前足胫节外侧生有 2 齿，内侧有 1 刺。后足胫节有 2 枚端距。

幼虫 乳白色，3 龄幼虫体长 14~16mm。头部前顶毛每侧 1 根，额中毛每侧 1 根。臀节腹面钩状毛区的前缘呈双峰状；刺毛列由 20~23 根锥状刺组成弧形横带，位于复毛区近后缘处，横带的中央处有明显中断。

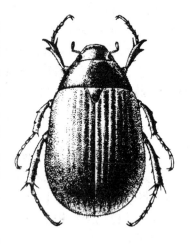

图 6-6 东方绢金龟

生活史及习性

河北、宁夏、甘肃等地均为 1 年 1 代，一般以成虫在土中越冬。翌年 4 月中旬出土活动，4 月末至 6 月上旬为成虫盛发期，在此期间可连续出现几个高峰。高峰出现前多有降雨，故有雨后集中出土的习性。6 月末虫量减少，7 月份很少见到成虫。成虫活动适温为 20~25℃。日均温 10℃ 以上，降雨量大、温度高有利于成虫出土。

成虫有假死性和趋光性。飞翔能力强，傍晚多围绕发芽开花的苹果树、梨树、杏树、柳树、桃树、榆树等的树冠飞翔，取食幼芽及嫩叶。雌、雄交尾呈直角形，交尾时雌虫继续取食，交尾盛期在 5 月中旬。雌虫产卵于 10~20cm 深的土中，卵散产或 10 余粒堆产。产卵量与雌虫取食寄主种类有关，以榆叶为食的产卵量大。一般 1 雌产卵数约 10 粒，卵期 5~10d。

幼虫以腐殖质及少量嫩根为食，对农作物及苗木危害不大。幼虫共 3 龄，约需 80d。老熟幼虫在 20~30cm 较深土层化蛹，预蛹期约 7d，蛹期 11d。羽化盛期在 8 月中下旬。当年羽化成虫个别有出土取食的，但大部分不出土即蛰伏越冬。

铜绿异丽金龟 Anomala corpulenta Motschulsky（图 6-7）

我国除西藏、新疆外遍及全国；国外分布于朝鲜和日本。成虫危害柳、榆、枫、杨、核桃、板栗、乌桕、油茶、油桐、落叶松以及果树、豆类等几十种树木和植物的叶部，幼虫则食害植物及苗木的根部。

形态特征

成虫 体长 15~21mm，体背铜绿色有金属光泽，前胸背板及鞘翅侧缘黄褐色或褐色。唇基褐绿色且前缘上卷。复眼黑色。触角 9 节，黄褐色。前胸背板前缘弧状内弯，侧、后缘弧形外弯，前角锐而后角钝，密布刻点。鞘翅黄铜绿色且纵隆脊略见，合缝隆起较明显。雄虫腹面棕黄且密生细毛，雌虫腹面乳白色，末节横带棕黄色，臀板黑斑近三角形。足黄褐色，胫、跗节深褐色，前足胫节外侧具2齿，内侧有1棘刺，2跗爪不等大，后足大爪不分叉。

幼虫 3龄幼虫体长29～33mm。头部暗黄色，近圆形；头部前顶毛每侧8根，后顶毛10～14根，额中侧毛两侧各2～4根。前爪大，后爪小。臀部腹面具刺毛列，多由13～14根长锥刺组成，两列刺尖相交或相遇，其后端稍向外岔开，钩状毛分布在刺毛列周围。肛门孔横裂状。

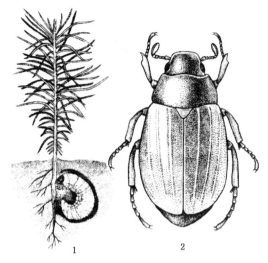

图6-7 铜绿异丽金龟
1. 幼虫及危害状 2. 成虫

生活史及习性

1年1代，以3龄或少数以2龄幼虫在土中越冬。次年4月份越冬幼虫上升表土危害，5月下旬至6月上旬化蛹，6～7月份为成虫活动期，9月上旬停止活动；成虫高峰期开始见卵，7～8月份为幼虫活动高峰期，10～11月进入越冬。如5、6月份雨量充沛，成虫羽化出土较早，盛发期提前，一般南方的发生期约比北方早月余。

成虫趋光性强，有多次交尾及假死习性；白天隐伏于地被物或表土，黄昏出土后多群集于杨、柳、梨、枫杨等树上先交尾，再大量取食。气温25℃以上、相对湿度为70%～80%时活动较盛，闷热无雨、无风的夜晚活动最盛，低温或雨天较少活动；21:00～22:00为活动高峰；食性杂、食量大，群集危害时林木叶片常被吃光。

卵多散产于果树下或农作物根系附近5～6cm深的土中，每雌产卵约40粒，卵期10d。土壤含水量在10%～15%，土壤温度为25℃时孵化率几达100%。幼虫主要危害果木和农作物根系部分，多在清晨和黄昏由土壤深层爬到表层咬食，被害苗木根茎弯曲、叶枯黄甚至枯死。1、2龄食量较小，9月份进入3龄后食量猛增，越冬后3龄又继续危害至5月，因此一年春秋两季均为危害盛期。老熟幼虫在土深20～30cm处作土室经预蛹期化蛹，预蛹期13d，蛹期9d。

红脚异丽金龟 *Anomala cupripes* Hope（图6-8）

分布于我国浙江、福建、台湾、广东、海南、广西、云南；国外分布于越南、老挝、柬埔寨、泰国、马来西亚、印度尼西亚。成虫危害小叶榕、大叶榕、油茶、柯树、荔枝、龙眼、阳桃、橄榄等多种林木及果树；幼虫危害幼苗根部。

形态特征

成虫　椭圆形，体长 18~26mm。体背绿色，腹面紫红色，具金属光泽。触角褐红色，具光泽。柄节基部细小，前端肥大，外缘生 1 列黄色绒毛。前胸背板两侧边缘稍有紫红色光泽，前缘向前呈半圆形弯曲。小盾片钝三角形，后缘具紫红色光泽。鞘翅满布圆小刻点，边缘稍向上卷起，且带紫红色光泽，末端各有一突起。前足基节密生黄色绒毛，胫节扁宽，外缘具 2 锐齿，内侧有棘状距 1 枚。中足各节细长，稀生黄毛。后足各节稀生黄绒毛，腿节扁宽、肥大，侧边生黄毛 1 列，胫节外缘横生 2 列刺，内侧有 2 距。腹部可见 6 节，臀板三角形。腹部露出翅鞘外 2 节。雄虫第 6 腹板后缘具一黑褐色带状膜，雌性则无此膜。

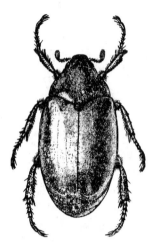

图 6-8　红脚异丽金龟

幼虫　共 3 龄，第 3 龄乳白色，老熟时黄色，体长 40~50mm。臀节腹面复毛区的刺毛列由 2 种毛组成，前段为尖端微向中央弯曲的短锥状刺毛，每列 11~16 根；后段为长针状刺毛，每列 13~19 根，长针状刺毛中常夹有极少短锥状刺毛；刺毛列前段稍靠近，后段略宽，但长针状刺毛的尖端相遇或交叉；刺毛列的前端超出钩毛区的前沿。

生活史及习性

在广东湛江及海南 1 年 1 代，以 3 龄幼虫越冬，翌年 3~4 月，老熟幼虫在土中 20~30mm 深处作蛹室化蛹，如蛹室破坏，可导致大多数蛹的死亡。4~5 月羽化出土，6~7 月为出土盛期。成虫出土后昼夜取食嫩叶或花，约 1 个月后开始交尾产卵，9~10 月成虫已极少见到。一般卵期 11~16d，幼虫期 1 龄 30~40d，2 龄 40~60d，3 龄 200~280d，蛹期 9~21d，成虫期 50~80d。成虫交尾多于上午 7:00~10:00 在树叶浓密处进行。一般一生交尾 1 次，少数 2 次。交尾后 3~7d 产卵，卵散产于土中，每天产卵 20~40 粒，一生产卵 60~80 粒，产卵后 4~7d 死亡。

成虫最喜于新腐熟堆肥中产卵。每天黎明及黄昏时作短时间飞行，旋即落回寄主上。到产卵时，白天在土中产卵，夜晚仍出土取食。此外，大部分时间无入土现象。有假死性，一般在 7:00~9:00 较明显。成虫有趋光性，但不太强。

苹毛丽金龟 *Proagopertha lucidula*（Faldermann）（图 6-9）

分布于我国华北、东北、华东，河南、四川、贵州、陕西、甘肃；国外分布于俄罗斯远东地区。危害杨、柳、榆、刺槐、苹果、梨、山楂等。

形态特征

成虫　体长 8~10.9mm。头、前胸背板、小盾片褐绿色，带紫色闪光。头部较大，头顶多刻点，唇基前缘略向上卷。复眼黑色。触角9节，鳃状部3节。雄虫鳃状部十分长大，较额宽为长，雌虫只及额宽之半。前胸背板密被刻点及绒毛，前缘内弯有膜状缘，沿前缘角生有灰黄色长毛，侧缘弧形，后缘角较钝，略呈直角，具边框，后缘中央微呈圆形凸出，无边框。鞘翅短宽光滑，棕黄色，有闪绿光泽，翅上有9条刻点列，列间尚有刻点散布。胸部腹面密生灰黄色长毛，中胸具有伸向前方的尖形突起。前足胫节外缘具2齿，雌虫内缘有距。前、中足均着生1对不等大的爪，大爪端部分叉。腹部黑褐色，分节明显，可见6节，具紫光泽及粗大刻点，臀板密被长毛。

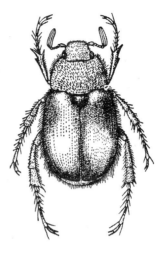

图 6-9 苹毛丽金龟

幼虫 体长12~16mm，头黄褐色，足深黄色，上颚端部黑褐色。头部前顶毛每侧7~8根，1纵列，后顶毛各10~11根，排列成不太整齐的斜列，额中毛各5根成一斜向横列。臀节腹面复毛区的钩状毛群中间的刺毛列前段由短锥刺、后段由长锥刺组成。

生活史及习性

1年1代。4月中旬越冬成虫出土活动。成虫出现高峰第1次在4月下旬，占总虫数的30%；第2次在5月中旬，占总虫数的65%以上。5月上旬开始产卵，卵散产于植被稀疏、土质疏松的表土层中，5月中旬为产卵盛期，5月下旬产卵完毕。卵于5月下旬开始孵化。幼虫共3龄，经55~69d，蜕皮2次后于8月间化蛹，化蛹前老熟幼虫下迁到80~120cm深处（东北西部）或40~50cm深处（河南、山东）作长椭圆形蛹室，蛹期16~19d，9月上旬左右羽化。成虫羽化后当年不出地面，即于蛹室中越冬。

成虫出现和活动与温度及降雨量有密切关系，当地表温度达12℃，平均气温达10℃以上时，常在雨后有大量成虫出现。出现初期，气温达20℃左右时，多在向阳处沿地表成群飞舞或在地面上寻求配偶，至14:00以后当气温下降，又潜入土中。成虫无趋光性，有假死性。成虫喜食花、嫩叶和未成熟的种实，并随寄主植物物候迟早而转移危害。在辽宁彰武地区先集中在早期开花的黄柳上危害花和未成熟的果实。至4月下旬、5月初，旱柳、梨、小叶杨等陆续开花和展叶时，成虫即依次转移到旱柳、小叶杨、梨、榆树上。5月中旬苹果花盛开，又集中到苹果上危害。在没有苹果的地区，成虫常分散在欧美杨等寄主上危害。

大云鳃金龟 *Polyphylla laticollis* Lewis（图6-10）

又名大理石金龟子，分布于我国华北、辽宁、吉林、安徽、山东、河南、四川、贵州、云南、陕西、宁夏、青海；国外分布于朝鲜、日本。危害油松、落叶松、樟子松、杨、柳、榆等树种。

形态特征

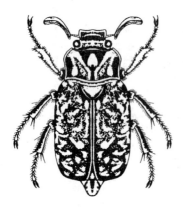

图 6-10 大云鳃金龟

成虫 体长约 40mm。红褐色至黑褐色，密生淡褐色及白色鳞毛，组成不规则的云状斑。头部密布淡黄色茸毛。小盾片与前胸背板间白毛较多。唇基前缘平直，侧缘向后方斜切，触角 10 节（鳃状部 7 节），雄虫鳃状部大，且呈波状弯曲，鳃角片共 7 片，雌虫触角鳃状部短小，共 6 片。胸部腹板密生黄色长毛，腹部腹板分节明显，臀板三角形。雄虫前足胫节外侧有 2 齿，雌虫则有 3 齿。

幼虫 体长 50～60mm，头部红褐色，前顶毛每侧 6～7 根，后顶毛每侧 3 根。背板淡黄色，臀板腹面刺毛列每列由 9～11 根短锥刺组成，排列不整齐，肛门孔为横裂状。

生活史及习性

通常 3 年完成 1 代，有时能延续 4 年，以幼虫在地下 100cm 附近土中越冬。春季当气温达 10℃，10cm 深地温达 12℃时，幼虫在 20cm 深处危害；秋季当气温下降到以上指标时，幼虫即向土层深处移动。6 月上旬开始化蛹于土室中，经 20～28d 羽化为成虫，6 月下旬开始羽化，7～8 月上旬成虫大量出现；8 月中旬出现第 1 代幼虫。成虫有假死性，趋光性极强，活动多集中在下午 7:00～10:00。成虫羽化出土数量与地温和降雨量密切相关。如果地温在 25～26℃，又有一定的雨量，就有大量成虫羽化出土。白天成虫躲在土中或树上。傍晚雄虫的鞘翅与臀板摩擦能发生"吱吱"声，故有"读书郎"之称，雌虫闻声而来交尾。交尾后 1 周产卵，一般散产在植物茂盛以及 1～2 年生幼苗根系多的砂壤土和砂土中，所以砂壤土和砂土地上的苗木受害严重。8 月中旬出现新孵化幼虫。

此外，金龟子类重要种还有：

大栗鳃金龟 *Melolontha hippocastani* Fabricius：分布于内蒙古、四川、青海、陕西等地，危害杉、桦、杨、云南松等，5～6 年发生 1 代，以成虫和幼虫越冬。

小云鳃金龟 *Polyphylla gracilicornis* Blanchard（图 3-12-5）：分布于西北、华北、四川、河南等地，食性杂，在青海 4 年 1 代，以幼虫越冬。

毛黄齿爪鳃金龟 *Holotrichia trichophora*（Fairmaire）：分布于河北、山西、河南、山东等地，危害杨、泡桐、水杉等。1 年 1 代，10 月下旬入土以蛹越冬。

暗黑齿爪鳃金龟 *H. parallela* Motschulsky：分布于河北、辽宁、山东及江南等地，危害榆、柳、核桃、桑等及农作物，1 年 1 代，以老熟幼虫和少数羽化的成虫在土中越冬。

棕色齿爪鳃金龟 *H. titanis* Reitter：分布于山西、辽宁、山东、河南等地，取食危害榆、刺槐、紫藤等。在陕西 2 年发生 1 代，以成虫或幼虫在土中越冬。

中华弧丽金龟 *Popillia quadriguttata* Fabricius（图 3-12-6）：又名四纹丽金龟。分布于华北、东北、西北、河南、山东、江苏、浙江、云南、贵州。危害栎、榆、杨、紫穗槐、苹果、梨等。1年发生1代，以3龄幼虫在土中越冬。

金龟类的防治方法

（1）林业技术防治 在蛴螬密度大的宜林地，造林前应先适时整地，以降低虫口密度。苗圃地秋末深耕可增加蛴螬的越冬死亡率；避免使用未腐熟的厩肥；在蛴螬危害高峰期灌水，可溺死部分幼虫；秋末大水冬灌可减轻翌春的危害。及时清除田间及地边杂草可减少虫口数量；在成虫产卵期及时中耕也可消灭部分卵和初孵幼虫。

（2）人工防治 在成虫羽化盛期用黑光灯，或其它引诱物诱杀。利用成虫的假死习性于傍晚振落捕杀成虫。秋季耕翻时人工捕捉幼虫。

（3）化学防治 种子与50%~75%辛硫磷2 000倍液按1∶10拌种防治蛴螬。用辛硫磷等在播种前将药剂均匀喷撒地面，然后翻耕或将药剂与土壤混匀；或播种时将颗粒药剂与种子混播，或药肥混合后在播种时沟施，或将药剂配成药液顺垄浇灌或围灌防治幼虫。成虫盛发期喷25%西维因粉或15%的乐果粉1 000~1 500倍液或其它药剂防治。

（4）生物防治 招引食虫鸟；采用蛴螬乳状杆菌乳剂、大黑臀土蜂防治幼虫，可利用金龟子性腺粗提物或未交配的雌活体诱杀成虫。

6.5 叩甲类

属鞘翅目叩甲科，在土壤中危害树木及许多农作物种子刚发出的芽，或刚出土幼苗的根和嫩茎，造成成片的缺苗现象。主要有2种，即细胸锥尾叩甲和沟线角叩甲。

细胸锥尾叩甲 *Agriotes subvittatus* Motschulsky （图6-11）

又名细胸金针虫，分布于我国华北、东北，江苏、福建、山东、河南、湖北、甘肃、陕西、宁夏；国外分布于俄罗斯、日本。危害杨、桑、竹笋等多种苗木种子的幼芽及幼苗的根和嫩茎。

形态特征

成虫 体长8~9mm，宽约2.5mm。体形细长扁平，被黄色细卧毛。头、胸部黑褐色，鞘翅、触角和足红褐色，光亮。触角细短，向后不伸达前胸后缘，第1节最粗长，自第4节起略呈锯齿状，各节基细端宽，彼此约等长，末节呈圆锥形。前胸背板长稍大于宽，后角尖锐，顶端多少上翘；鞘翅狭长，末端趋尖，每翅具9行深的刻点沟。

幼虫 淡黄色，光亮。老熟幼虫体长约32mm，宽约1.5mm。头扁平，口器深褐色。第1胸节较第2、3节稍短。1~8腹节略等长，尾节圆锥形，近基部两侧各有1个褐色圆斑和4条褐色纵纹，顶端具1个圆形突起。

生活史及习性

在东北约需 3 年完成 1 个世代。在内蒙古河套平原 6 月见蛹，蛹多在 7~10cm 深的土层中。6 月中下旬羽化为成虫，成虫活动能力较强，对禾本科草类刚腐烂发酵时的气味有趋性。6 月下旬至 7 月上旬为产卵盛期，卵产于表土内。在黑龙江克山地区，卵历期为 8~21d。幼虫要求偏高的土壤湿度；耐低温能力强。在河北 4 月平均气温 0℃时，即开始上升到表土层危害。一般 10cm 深土温 7~13℃时危害严重。黑龙江 5 月下旬 10cm 深土温达 7.8~12.9℃时危害，7 月上中旬土温升达 17℃时即逐渐停止危害。

沟线角叩甲 *Pleonomus canaliculatus* (Faldermann)（图 6-12）

又名沟金针虫，为亚洲特有种，分布于我国山西、河北、内蒙古、辽宁、河南、山东、江苏、安徽、湖北、陕西、甘肃、青海。在土壤中危害松柏类、刺槐、青桐、悬铃木、元宝枫、丁香、海棠等苗木种子的幼芽及幼苗的根和嫩茎，曾是平原旱作区重要的地下害虫，近些年很少发生。

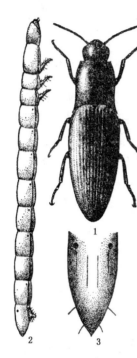

图 6-11 细胸锥尾叩甲
1. 成虫　2. 幼虫
3. 幼虫尾部

形态特征

成虫　栗褐色。雌虫体长 14~17mm，宽约 5mm；雄虫体长 14~18mm，宽约 3~5mm。体扁平，全体被金灰色细毛。头部扁平，头顶呈三角形凹陷，密布刻点。雌虫触角短粗，11 节，第 3~10 节各节基细端粗，彼此约等长，约为前胸长度的 2 倍。雄虫触角较细长，12 节，长及鞘翅末端；自第 6 节起渐向端部趋狭略长，末节顶端尖锐。雌虫前胸较发达，背面呈半球状隆起，后缘角突出外方；鞘翅长约为前胸长度的 4 倍，后翅退化。雄虫鞘翅长约为前胸长度的 5 倍。足浅褐色，雄虫足较细长。

幼虫　老熟幼虫体长 25~30mm，体形扁平，全体金黄色，被黄色细毛。头部扁平，口部及前头部暗褐色，上唇前缘呈 3 齿状突起。由胸背至第 8 腹节背面正中有 1 条明显的细纵沟。尾节黄褐色，其背面稍呈凹陷，且密布粗刻点，尾端分叉，各叉内侧各有 1 个小齿。

生活史及习性

完成 1 个世代约需 2、3 年以上，以幼虫和成虫越冬。河南南部越冬成虫于 2 月下旬开始出蛰，3 月中旬至 4 月中旬为活动盛期。成虫白天多潜伏于表土内，夜间交尾产卵。雌虫无飞翔能力，每头产卵 32~166 粒，平均 94 粒。雄虫善飞，有趋光性。卵于 5 月上旬开始孵化，卵历期 33~59d，平均 42d。初孵幼虫体长约 2mm，在食料充足的条件下，当年体长可达 15mm 以上；到第 3 年 8 月下旬，老熟幼虫多于16～20cm深的土层内作土室化蛹，蛹历期12～20d，平均16d。9月中旬开始羽化，当年在原蛹室内越冬。在北京，3月中旬10cm深土温平均为6.7℃时，幼虫开始活动。3月下旬土温达9.2℃时开始危害，4月上中旬土温为15.1～16.6℃时危害最烈。5月上旬土温为19.1～23.3℃时，幼虫则渐趋13～17cm深土层栖息。6月间10cm深处土温升达28℃，最高达35℃以上时，幼虫下移到深土层越夏。9月下旬至10月上旬，土温下降到18℃左右

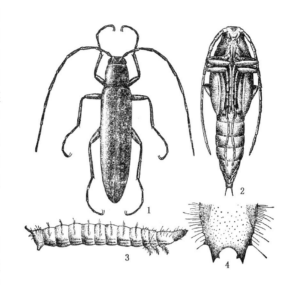

图6-12　沟线角叩甲
1. 成虫　2. 蛹　3. 幼虫　4. 幼虫尾部

时，幼虫又上升到表土层活动。10月下旬土温持续下降后，幼虫开始下移越冬。11月下旬10cm深土温平均为1.5℃时，幼虫多在27～33cm深的土层越冬。

叩甲类的防治方法

（1）在整地播种前，特别是前作为苜蓿或新垦的荒地，要测查土壤。根据各地经验，每亩有幼虫1 000头以上或每平方米有虫2～3头即须防治。

（2）在做床育苗时，用5%辛硫磷颗粒剂按30～37.5kg/hm² 施入表土层防治。

（3）用辛硫磷或其它药剂与种子混合播种，种苗出土或栽植后如发现幼虫危害，可用毒土逐行撒施并随即用锄掩入苗株附近表土内，也能取得良好效果。

（4）苗圃地精耕细作，以便通过机械损伤或将虫体翻出土面让鸟类捕食，以减低幼虫密度。此外，加强苗圃管理，避免施用未腐熟的草粪等诱来成虫繁殖。

6.6　象甲类

属鞘翅目象甲科。幼虫危害幼苗细根，或在地下根茎及插条上啃食皮层，造成苗木枯死。成虫喜食幼苗的幼芽、嫩叶及嫩茎。

大灰象 *Sympiezomias velatus*（Chevrolat）（图6-13）

分布于我国山西、内蒙古、河北、东北、陕西、山东、河南、湖北；国外分

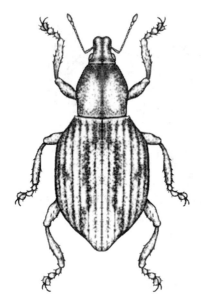

图 6-13 大灰象

布于日本。食性杂，能危害 40 余科 100 余种农林植物。成虫取食初出土的林木幼苗、幼林嫩芽等，幼虫食害根系，主要在成虫期造成重要的损失。

形态特征

成虫 体长约 10mm，黑色，全体密被灰白色鳞毛。前胸背板中央黑褐色，两侧及鞘翅上的斑纹褐色。头部较宽，复眼黑色，卵圆形。头管粗而宽，表面具 3 条纵沟，中央 1 沟黑色，先端呈三角形凹入。鞘翅卵圆形，末端尖锐，基部急剧形成边缘，鞘翅上各具 1 条近环形的褐色斑纹和 10 条刻点列，后翅退化。腿节膨大，前胫节内缘具 1 列齿状突起。

幼虫 老熟幼虫体长 14mm。乳白色，头部米黄色。上颚褐色，先端具有 2 齿，后方有 1 钝齿，内齿前缘有 4 对齿状突起，中央有 3 对齿状小突起，后方的 2 个褐色纹均呈三角形，下颚须和下唇须均 2 节。第 9 腹节末端稍扁，先端轻度骨化，褐色。肛门孔暗色。

生活史及习性

在辽宁南部 2 年 1 代，以幼虫和成虫在土壤中越冬。4 月中下旬成虫出土活动，5 月下旬产卵，6 月上旬幼虫开始陆续孵化，9 月下旬幼虫筑土室越冬；翌年春暖后继续取食，6 月下旬化蛹；蛹历期约 15d，7 月中旬成虫羽化即在原处越冬。

成虫不能飞翔，4 月下旬温度较低时很少活动，多潜伏在土缝中或植物残株下面。随气温升高活动也增多，以日均温 20℃ 以上最为活跃，但在 6～7 月也惧高温，常在 10∶00 前及 15∶00 后活动，地面匍匐植物叶下常有成虫潜藏，甚至离开地面爬到叶背或枝干荫蔽处。成虫有隐蔽性和假死性。成虫喜取食幼苗、幼芽，尤以早春早期出土的幼苗受害最重。成虫交尾时间长，产卵时用足将叶片正向合拢，在叶缝中产卵并用分泌物粘合。卵成块，以 30～50 粒为多，每雌产卵可达 374～1 172 粒，卵期 10～11d。雌虫寿命较长。幼虫孵出后，迅速潜入松土中，仅取食腐殖质及微细的根，不造成大的损害。9 月下旬幼虫开始移向 60～80cm 深处越冬。次年 6 月上旬开始化蛹，新羽化的成虫当年蛰伏土中不外出。

蒙古土象 *Xylinophorus mongolicus* Faust（图 6-14）

分布于我国华北、东北，山东等；国外分布于前苏联、蒙古、朝鲜。能危害 80 余种农、林植物，如紫穗槐、刺槐、板栗、核桃、桑、加杨、甜菜、大豆等最为嗜食，常造成大面积缺苗、断垄，甚至毁种。主要以成虫啃食幼苗等危害。

形态特征

成虫 体长 4.4~5.8mm。体被褐色或白色鳞片。头部吻状部在眼前无深凹陷。鞘翅略呈卵形，末端稍尖，表面密被黄褐色绒毛。第3、4纵行的基部有白斑，鞘翅基部逐渐倾斜，不急剧形成边缘。

幼虫 体长 6~9mm。内唇侧后方2个三角形褐色纹于基部连结在一起，并延长呈舌形。

生活史及习性

在辽宁、吉林地区2年1代，以成虫和幼虫在土中越冬。4月中旬日平均气温达10℃左右时成虫即出土活动，5月上旬产卵，下旬幼虫孵化，9月下旬幼虫作土窝休眠，继而越冬；翌年6月中旬化蛹，7月上旬成虫羽化，在原处越冬。成虫有假死和群集取食习性。卵散产于表土中，每雌产卵80~90粒。卵历期约13d，幼虫孵化后钻入土中取食腐殖质及植物根系。蛹历期17~20d，雌成虫寿命57~157d，雄成虫46~96d。成虫活动习性与大灰象类似。

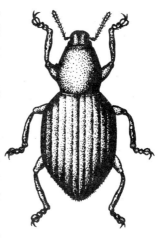

图 6-14 蒙古土象

象甲类的防治方法

因成虫出现早、寿命长，危害严重，应集中防治成虫。

（1）**人工捕杀** 早春集中危害初出土的幼苗时，或利用在田间植株附近土块地面叶下，匍匐植物叶下集中潜伏及假死习性，进行人工捕杀。

（2）**喷洒药剂** 成虫活动盛期，可选用90%敌百虫晶体、80%敌敌畏乳油、75%辛硫磷、50%马拉硫磷、50%杀螟松等乳油1 000倍液，2.5%溴氰菊酯10 000倍液喷雾。

6.7 地老虎类

地老虎是鳞翅目夜蛾科切根虫亚科一些种类的幼虫总称，俗称地蚕、切根虫和土蚕等。危害农林植物的幼苗，切断根茎部，造成缺苗断行，是一类危害严重的地下害虫。在我国分布的主要有小地老虎、大地老虎、黄地老虎等，尤以小地老虎发生普遍和严重。

小地老虎 *Agrotis ypsilon* Rottemberg（图6-15）

国内、外都广泛分布。以幼虫危害苗木，夜出活动，将幼苗茎干距地面1~2cm处咬断，拖入土穴中取食；也爬至苗木上咬食嫩茎和幼芽，造成缺苗或严重影响幼苗生长。

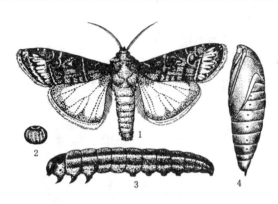

图 6-15 小地老虎
1. 成虫 2. 卵 3. 幼虫 4. 蛹

形态特征

成虫 体长 17~23mm，翅展 40~54mm。头部与胸部褐色至灰黑色，额上缘有黑条，头顶有黑斑，颈板基部及中部各有 1 条黑横纹。腹部灰褐色。前翅红褐色，前缘区色较深，基线双线黑色，波浪形；内横线双线黑色，剑形纹小，暗褐色，黑边，环形纹小，扁圆形，有 1 个圆灰环，肾形纹黑色黑边，外侧中部有 1 条楔形黑纹伸至外横线；中横线黑褐色，波浪形；外横线双线黑色，锯齿形，齿尖在各翅脉上为黑点；亚外缘线微白，锯齿形，内侧 M_3-M_1 间有 2 条楔形黑纹，内伸至外横线，外侧为 2 个黑点，外缘线由 1 列黑点组成。后翅白色，翅脉褐色，前缘、顶角及外缘线褐色。

卵 馒头形，直径约 0.5mm，高约 0.3mm，表面有纵横隆线。初产乳白色，后渐变为黄色，孵化前卵顶上呈现黑点。

幼虫 圆筒形，体长 37~50mm。头部褐色，具有黑褐色不规则网状纹，额中央亦有黑褐色纹。体灰褐至暗褐色，体表粗糙，布满大小不均匀而彼此分离的颗粒，这些颗粒稍微隆起。背线、亚背线及气门线均黑褐色，但不甚明显。前胸背板暗褐色，臀板黄褐色，其上具有 2 条明显的深褐色纵带。胸、腹足黄褐色。

蛹 体长 18~24mm，赤褐色，有光泽。口器末端约与翅芽末端相齐，均伸达第 4 腹节后缘。腹部前 5 节呈圆筒形，几与胸部同粗，第 4~7 腹节各节背面前缘中央深褐色，且有粗大的刻点，两侧尚有细小刻点，延伸至气门附近，第 5~7 腹节腹面前缘也有细小的刻点。腹部末端臀棘短，具短刺 1 对。

生活史及习性

各地发生代数随气候不同而异。大致为长城以北，1 年 2~3 代；长城以南，黄河以北 1 年 3 代；黄河以南至长江沿岸，1 年 4 代；长江以南 1 年 4~5 代；南部亚热带地区包括广东、广西、云南南部，1 年 6~7 代。无论年发生代数多少，造成严重危害的均为第 1 代幼虫。在长江流域及其以南地区，小地老虎以蛹及幼虫在土壤及枯枝落叶层中越冬。南部亚热带地区，由于气候温暖，冬季无休眠现象，各虫态都能正常活动。

越冬代成虫在南方最早于 2 月间出现，全国大部分地区发蛾盛期在 3 月下旬至 4 月上中旬；宁夏、内蒙古地区则在 4 月上旬；华南有些地区从 10 月到次年 4 月都有小地老虎发生危害。成虫白天潜伏于土隙、枯叶、杂草等隐蔽物下，夜晚飞翔、觅食、交尾、产卵，以 22:00 前后活动最盛。成虫羽化后经 3~5d 开始产卵，卵多散产于低矮密集的杂草上，少数产于枯叶下及土隙内，一般以靠近土面的杂草叶片上产卵最多。成虫产卵量较大，平均 2 400 粒，最多可达 3 000 余粒。

幼虫共 6 龄，少数 7~8 龄。1~2 龄幼虫多群集于杂草、林木幼苗顶芽及苗株嫩叶上取食危害。3 龄以后分散活动，白天潜伏于杂草及幼苗根部附近的表土干、湿层之间，夜出咬断苗茎，尤以黎明前露水多时更烈。3 龄前的取食量仅占幼虫期取食量的 3% 左右，4 龄后食量逐渐增大。当食料缺乏或环境不适时，常导致幼虫夜间成群迁移危害。老熟幼虫约在 5cm 深表土层筑土室化蛹，蛹历期约 15d。

影响小地老虎发生数量和苗木被害程度的因素虽然很多，但最主要的是土壤湿度。长江流域各省雨量较充沛，常年土壤湿度较大，因而危害较重。北方沿河、靠湖滩地、低洼内涝区以及常年灌溉地区发生严重，丘陵及旱地发生极轻。发生面积和当地前一年积水面积有关，积水面积大，害虫发生面积也大。危害程度与积水地区的退水迟早也有关，凡是在前一年晚秋至当年早春退水的地区受害严重。高温对小地老虎的生长发育与繁殖不利，因而夏季发生数量较少。温度在 30℃ 以上时，幼虫难以完成发育。冬季温度过低，小地老虎幼虫的死亡增多；冬季气温愈低，次春蛾量愈少。越冬成虫当旬平均气温达 7℃ 时开始活动，16~20℃ 是成虫活动的最适温区。小地老虎的分布危害也受制于土壤类型，一般砂壤土、壤土、黏壤土地的虫口密度都较砂土地为多。此外，播种前苗圃地杂草也能诱集较多的小地老虎成虫产卵，受害偏高。成虫对普通灯光趋性不强，但对黑光灯有很强的趋性；喜食糖、醋等酸甜及有芳香气味的食料。

小地老虎有迁飞现象。据测定，一次迁飞距离可达到 1 000km 以上，估计需时 6d 左右，除了能在南北方向或东西方向水平迁飞外，还可以向上迁飞到海拔 3 000~4 000m 地区。

大地老虎 *Agrotis tokionis* Butler（图 6-16）

全国各地均有分布，以长江流域的局部地区危害严重，北方较轻，有时与小地老虎混同发生；国外分布于日本、前苏联、朝鲜、缅甸。大地老虎食性很杂，除林木及果树的幼苗和农作物苗株外，也危害蔬菜。

形态特征

成虫　体长 20~23mm，翅展 42~52mm。前翅前缘自基部至 2/3 处呈灰黑色，肾状纹及环状纹明显，其周围有黑褐边。肾状纹外侧有一不规则的黑纹，亚基线、内横线、外横线均为明显的双曲线，中横线、亚缘线不明显，无剑状纹。后翅灰褐色，外缘污黑色。雄蛾触角双栉状，分枝达末端。

幼虫　体长 40~60mm，黄褐色，多皱纹，光滑无颗粒。腹背毛片前后一样大小；幼虫额为阔三角形，底边大于斜边。臀板深褐色、无斑纹。腹足趾钩一般在 20 根以下。

图 6-16　大地老虎成虫

生活史及习性

1年1代,以幼虫在土中越冬。在北京越冬幼虫于4月中下旬陆续开始危害,南方一般于3月中旬至4月上旬开始活动取食。5~6月间以老熟幼虫行夏眠,夏眠的时期在南京、杭州分别为5~9月及6~7月。夏眠结束后,即在土壤内筑椭圆形蛹室化蛹,历期27~32d。成虫于10月上旬出现,白天潜伏于枯叶、杂草丛中,夜间活动,具趋光性和趋化性。成虫补充营养后3~5d即交尾、产卵。卵散产于杂草和幼苗上,也产于落叶上及土缝中。产卵量的多少与成虫期获得补充营养的质量及幼虫期营养状况成正相关。幼虫孵出后于11月中旬进入越冬。幼虫共7龄,1~3龄幼虫多群集于杂草及林木幼苗的顶心嫩叶上,昼夜取食,4龄后扩散危害,昼伏夜出;但其活动远较小地老虎迟钝。

此外,地老虎类重要种还有:

黄地老虎 *Agrotis segetum* Schiffermuller(图3-17-2):分布于华北、东北、西北、中南、西南等地。危害多种林木及农作物幼苗。在新疆1年2代,河北、陕西、甘肃2~3代,山东3~4代,黄淮地区3代,以蛹及幼虫在土中越冬。

地老虎类的虫情监测和预报

地老虎幼虫在3龄以前群集危害,抗药力小,是防治的关键时期,因此,做好地老虎测报的同时做好防治准备工作,对及时控制地老虎危害具有重要意义。现以小地老虎为主介绍虫情测报与防治。

(1) 虫情调查

①监测越冬代蛾量　越冬代蛾量的大小,是预测第1代幼虫发生数量的重要依据。一般用黑光灯和糖醋液诱蛾(糖醋液的配制是:红糖、醋、酒、水按6:3:1:10的比例配合并加少量农药均匀混合而成),糖醋液在容器内深度通常为3.5~5cm,置于空旷田间,并使高出地面约70~100cm处;每隔1~2d诱蛾1次,次日清晨检查记载诱到的蛾数;每5d补充1次糖醋液,10d换新液1次。诱蛾时间在黄淮地区约于3月中旬开始,南方要适当提早。

②查卵　发蛾盛期后,开始调查苗圃地及其周围杂草上的卵量和孵化情况。当进入盛孵期就应发出预报,准备及时清除卵的寄主杂草或喷药防治。

③查幼虫　卵孵化后,选择具有代表性的苗圃地,检查苗木和杂草心叶及嫩叶,以及受害植株附近的干湿土层之间的虫数;分别记载各龄期的幼虫数,同时调查苗木被害株的百分率。当大部分幼虫进入2龄时,就应发出预报,组织普查。在苗木定植以前,平均每平方米有虫0.5~1.0头,苗木被害率达10%时,或定苗后,平均每平方米有虫0.1~0.3头,苗株被害率在5%时,即应及时进行防治。

(2) 预报　根据对当地5年以上的上述测报资料的分析,可得出越冬代第一次发蛾高峰期与防治适期(田间卵孵化80%或幼虫2龄盛期)之间的平均期距,就可用期距法提前于发蛾高峰期预测幼虫防治适期。

地老虎类的防治方法

(1) 诱杀成虫 在越冬代发蛾期用黑光灯或糖醋液诱杀成虫，可有效压低第1代虫量。

(2) 清除杂草 杂草是地老虎的产卵寄主和幼龄幼虫的食料。在苗圃地幼苗出土前或1、2龄幼虫期清除圃地及附近杂草并及时运出沤肥或烧毁，可防止杂草上的幼虫转移到林木幼苗上危害。

(3) 药剂防治 用90%敌百虫1 000倍液，20%乐果乳油300倍液，75%辛硫磷乳油1 000倍液喷于幼苗或四周土面上；或将90%敌百虫1kg加水5~10kg，拌鲜草100kg，于傍晚撒于苗圃地上，可诱杀4龄以上幼虫；2.5%溴氰菊酯1 000倍喷雾防治，保苗效果良好。

(4) 人工捕捉 在苗圃地于清晨进行检查，如发现新鲜被害状，则在苗株附近刨土，捕杀幼虫，可收到显著效果。

复习思考题

1. 地下害虫的主要类群和重要种类有哪些？
2. 地下害虫的发生危害特点与土壤条件的关系？苗圃地如何进行处理防治地下害虫？
3. 蝼蛄、地老虎、金龟类有哪些主要习性，如何根据其习性进行防治？

第 7 章 顶芽及枝梢害虫

【本章提要】 顶芽及枝梢害虫主要包括刺吸类和钻蛀类害虫，危害幼树的顶芽、嫩叶、嫩梢以及幼干，导致树干分叉、枝芽丛生、卷叶、产生瘿瘤等。本章介绍其主要种类的分布、寄主、形态、生活史及习性和防治方法。

7.1 刺吸类害虫

刺吸性害虫是森林害虫中的一个重要类群，主要包括同翅目的蝉类、木虱类、蚜虫类、蚧类、半翅目的蝽类和蜱螨目的螨类。其共同特点是口器均为刺吸式，以吸收植物的营养和水分为食。此类昆虫取食时，以喙接触植物表面，上、下颚交替刺入植物组织内，吸取植物的汁液，给植物造成病理或生理伤害，使被害部位呈现褪色的斑点、卷曲、皱缩、枯萎或畸形；或因部分组织受唾液的刺激，使细胞增生，形成局部膨大的虫瘿。严重时，可使植物营养不良，树势衰弱，甚至整株死亡。

7.1.1 蚧类

俗称介壳虫，属同翅目蚧总科。目前，我国已知 15 科 1000 余种，其中与林业关系密切的类群有珠蚧、蜡蚧、粉蚧、毡蚧、绛蚧和盾蚧等。蚧类的 1 龄若虫足发达，活动性强，称为"爬虫"，为扩散的主要虫态；其它龄则很少移动，或完全营固着生活。该类昆虫除以雌成虫和若虫在枝、干、叶、果上刺吸植物汁液对寄主造成直接危害外，还排泄大量蜜露诱发煤污病，影响寄主的光合作用。少数种类还能传播植物病毒病，从而对寄主产生更大的伤害。常与蚂蚁形成共生关系。

7.1.1.1 珠蚧类

草履蚧 *Drosicha corpulenta*（Kuwana）（图 7-1）

又名日本履绵蚧、草履硕蚧、草鞋蚧等。分布于我国华北、华东，辽宁、福建、河南、四川、贵州、云南、西藏、陕西；国外分布于朝鲜、日本、俄罗斯远东。危害柿树、核桃、杨树、白蜡、悬铃木等 30 余种植物。

形态特征

成虫　雌成虫无翅，被白色薄蜡粉，分节明显。扁平椭圆形，背面略突，有褶皱，似草鞋状。体长 7~10mm，宽 4~6mm。背面暗褐色，背中线淡褐色，周缘和腹面橘黄色至淡黄色，触角、口器和足均黑色。触角 8 节，丝状。胸足 3 对，粗壮。胸气门 2 对，大；腹气门 7 对，较小。腹部腹面有脐斑 3 个。雄成虫紫红色，体长 5~6mm，翅展约 10mm。头、胸淡黑色至深红褐色。复眼 1 对，突出，黑色。

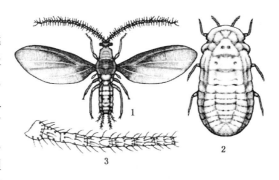

图 7-1 草履蚧
1. 雄成虫 2. 雌成虫 3. 雄成虫触角

触角 10 节，黑色，丝状，除基部 2 节外，其余各节各有 2 处缢缩，非缢缩处生有 1 圈刚毛。前翅紫蓝色，前缘脉深红色，其余脉白色。后翅为平衡棒，顶端具钩状毛 2~9 根。腹末有尾瘤 2 对，呈树根状突起。

卵 椭圆形，初产时淡黄色，后渐呈赤褐色。产于棉絮状卵囊内。

若虫 外形与雌成虫相似，但体较小，色较深。触角节数因虫龄而不同，1 龄 5 节，2 龄 6 节，3 龄 7 节。

雄蛹 长 4~6mm，触角可见 10 节，翅芽明显。茧长椭圆形，白色蜡质絮状。

生活史及习性

1 年 1 代，以卵在卵囊内于树木附近建筑物缝隙里、砖石块下、草丛中、根颈处和 10~15cm 土层中越冬，极少数以初龄若虫过冬。在江苏北部，越冬卵于翌年 2 月上旬至 3 月上旬孵化，初孵若虫暂栖于卵囊内。2 月中旬若虫开始上树，2 月底达到盛期，3 月下旬结束。若虫出蛰后，爬上寄主主干，在树皮缝或背风处隐蔽，于 10:00~14:00 在树的向阳面活动，并爬至嫩枝、幼芽等处取食。初龄若虫行动不活泼，多在树洞或树杈等背风隐蔽处群居。若虫于 4 月初第 1 次脱皮。脱皮前，虫体密被白色蜡粉，体呈暗红色；脱皮后虫体增大，活动力加强，开始分泌蜡质物。4 月下旬第 2 次脱皮后，雄若虫不再取食，潜伏于树缝、树皮下、土缝或杂草处，分泌大量蜡丝作茧化蛹。蛹期约 10d。5 月上中旬雄虫大量羽化。雄成虫不取食，有趋光性，傍晚群集飞舞，觅偶交尾。阴天整日活动，寿命约 10d。4 月底至 5 月中旬，雌若虫第 3 次脱皮变为成虫。雌、雄交尾盛期在 5 月中旬，交尾后雄虫即死去，雌虫继续吸食危害。6 月中下旬雌成虫开始下树，爬入墙缝、土缝、石块下、树根颈、表土等处，分泌白色棉絮状卵囊，产卵于其中，越夏、越冬。雌虫产卵后即干瘪死去。每雌一般可产卵 40~60 粒，多者可达 120 余粒。

卵期天敌有弓背蚁 *Camponotus* sp. 和大红瓢虫 *Rodolia rufopilosa*；若虫期天敌有红环瓢虫 *R. limbata*、暗红瓢虫 *R. concolor*、黑缘红瓢虫 *Chilocorus rubidus* 等。

吹绵蚧 *Icerya purchasi* Maskell（图7-2）

又名绵团介壳虫、白条介壳虫。分布于我国南方各省；国外分布于朝鲜、日本、菲律宾、印度尼西亚、斯里兰卡、澳大利亚、新西兰、葡萄牙、西班牙、英国、德国、瑞士、意大利、法国、美国、非洲。危害柑橘、小叶黄杨、海桐、山茶、棕榈等250余种植物。

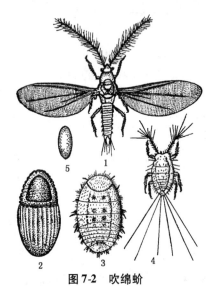

图7-2 吹绵蚧
1. 雄成虫 2. 雌成虫（带有卵袋） 3. 雌成虫（除去蜡粉） 4. 1龄若虫 5. 卵

形态特征

成虫 雌成虫椭圆形，长5~6mm，宽约4mm，橘红色或暗红色。体表生有黑色短毛，在体缘明显密集成毛簇。触角、眼、喙和足均为黑褐色。腹面平，背面被有白色而略带黄色的蜡粉及细长透明的蜡丝并向上隆起，而以背中央向上隆起较高。产卵期腹部有隆起的白色蜡质卵囊，囊面有明显的15条纵条纹。触角11节。眼发达，具硬化的眼座。足3对，较强劲。腹气门2对。脐斑3个，椭圆形，中间者较大。雄成虫体长约3mm，翅展8mm。胸部黑色，腹部橘红色。触角10节，轮毛状。前翅狭长，紫黑色，有翅脉2条，后翅退化为平衡棒。腹部末端有2个肉质突起，其上各生有4根刚毛。

卵 长椭圆形，橘红色，密集于卵囊内。

若虫 初龄若虫椭圆形，长约0.6mm，橘红色，体背被有少量黄白色蜡粉。触角、眼、足黑色。触角6节，末节膨大，顶端生有4根长毛，腹末有6根细长毛。2龄若虫橙红色，体缘出现毛簇。3龄雌若虫同雌成虫，但体较小，触角9节。

雄蛹 椭圆形，橘红色，腹末凹入呈叉状。预蛹和蛹皆藏于白色椭圆形茧内。

生活史及习性

发生世代数因地区而异。在广东、四川南部1年3~4代，冬季可见各虫态；长江流域2~3代，以若虫和雌成虫越冬；北京温室4~5代，无越冬现象。在浙江黄岩2代区，世代重叠，在同一环境内往往同时存在多个虫态。第1代卵始见于3月上旬，5月最盛。若虫发生于5月上旬至6月下旬，若虫期平均48.7~54.2d。成虫盛发于7月中旬。产卵期平均为31.4d。第2代卵盛产期在8月上旬，若虫发生于7月中旬至11月下旬，以8~9月最盛。雄成虫量少，多行孤雌生殖，每雌产卵量200~679粒。卵期平均13.9~26d。初孵若虫很活跃，多寄生在新梢和叶背主脉两侧，2龄后向枝、干转移。成虫喜集居在小枝上，特别是阴面及枝叉处，并分泌卵囊产卵，不再移动。雄若虫2龄后常爬到枝干裂缝处作白色薄茧化蛹。温暖高湿环境有利于此蚧发生，过于干旱及霜冻则对其不利。

天敌主要有澳洲瓢虫 Rodolia cardinalis、大红瓢虫、红环瓢虫及小草蛉等，其中澳洲瓢虫能有效抑制该蚧的大发生。

日本松干蚧 Matsucoccus matsumurae (Kuwana)（图7-3）

分布于我国辽宁、吉林、上海、江苏、浙江、安徽、山东；国外分布于韩国和日本。危害马尾松、赤松、油松和黑松，造成树干倾斜弯曲或枝条软化下垂，树皮翘裂，针叶枯黄，芽梢萎蔫。为国内森林植物检疫对象。部分学者认为国内分布的种应为辽宁松干蚧 M. liaoningensis Tang。

形态特征

成虫 雌成虫体卵圆形，腹末肥大，体长2.5~3.3mm，橙褐色。体壁柔软，分节不明显。触角9节，基部2节粗大，其余各节念珠状，其上生有鳞纹。口器退化仅留痕迹。足3对，转节三角形，胫节弯曲，跗节2节，腿节以下具鳞纹。腹气门7对。腹部2~7节背面有圆形疤排成横列。腹末有一"∧"形臀裂。雄成虫体长1.3~1.5mm，翅展3.5~3.9mm。头胸部黑褐色，腹部淡褐色。复眼大而突出，紫褐色。触角丝状，10节。前翅发达，膜质半透明，翅面上有明显的羽状纹。腹部第7节背面有1马蹄形的硬化片，其上排列有12~18个腺管，由此分泌白色长蜡丝。

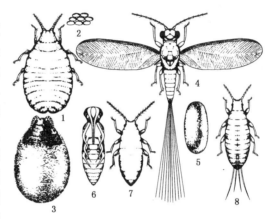

图7-3 日本松干蚧
1. 雌成虫 2. 卵 3. 卵囊 4. 雄成虫 5. 茧
6. 雄蛹 7. 3龄雄若虫 8. 初孵若虫

卵 椭圆形，长约0.24mm，初产时为橙黄色，后变为暗黄色，包被于白絮状卵囊中。

若虫 初孵若虫长0.26~0.34mm，长椭圆形，橙黄色。触角6节。胸足发达，腹末具长短尾毛各1对。1龄寄生若虫梨形或心脏形，虫体背面有成对白色蜡条。2龄若虫触角和足退化，因而称作无肢若虫，口器特发达，虫体周围有白色长蜡丝。雌雄分化明显。无肢雌虫体较大，圆珠形或扁圆形，橙褐色；无肢雄虫体较小，椭圆形，黑褐色。3龄雄若虫体长约1.5mm，橙褐色，口器退化，触角和足发达。外形和雌成虫相似，但腹部较窄，无背疤，末端无"∧"形臀裂。

雄蛹 雄预蛹与雄若虫相似，惟胸部背面隆起，形成翅芽。蛹为裸蛹，长1.4~1.5mm，褐色，外被椭圆形白色蜡茧。

生活史及习性

1 年 2 代，以 1 龄寄生若虫在树皮缝隙、翘皮下越冬。在山东，越冬代寄生若虫于来年 3 月开始取食，4 月下旬至 6 月上旬出现茧蛹，5 月上旬至 6 月中旬可见成虫；5 月下旬至 6 月下旬第 1 代若虫寄生，7 月中旬至 10 月中旬出现第 1 代成虫；第 2 代若虫寄生后于 12 月上旬越冬。若虫孵化后沿树干向上爬行，扩散于树皮缝隙、翘裂皮下和叶腋处，插入口针开始固定寄生。寄生后的 1 龄若虫头、胸愈合增宽，背部隆起，体形由长椭圆形变为梨形或心脏形。1 龄寄生若虫脱皮后，触角和足等附肢全部消失，成为无肢若虫。此时，雌雄已分化。无肢雌虫再次脱皮后进入成虫期，交配后，喜沿树干向下爬行，于轮枝桠下、粗皮裂缝及球果鳞片等隐蔽处，分泌白色蜡丝，包被虫体，形成卵囊，产卵于其中。每雌平均产卵 223～268 粒，最多可达 621 粒。卵期约 15d。无肢雄虫脱皮后变成具附肢的 3 龄雄若虫，沿树干爬行寻找皮缝、球果鳞片、树干根际及地面杂草、石块等隐蔽处，分泌蜡质絮状物，结茧化蛹。蛹期 6～14d。雄成虫羽化后寻找雌成虫，并与之交尾后死去。1 龄若虫体很小，且又在枝条皮缝中寄生，不易被发现，称为"隐蔽期"。2 龄以后虫体迅速增大，且由气门腺分泌的长蜡丝显露于皮缝外，易被发现，称作"显露期"。若虫多寄生在 3～4 年生枝条，阴面较多。

捕食性天敌有 100 多种，其中以异色瓢虫 Harmonia axyridis、蒙古光瓢虫 Exochomus mongol、隐斑瓢虫 Harmonia obscurosignata、松干蚧花蝽 Elatophilus nipponensis、松蚧益蛉 Sympherobius matsucocciphagus、大赤螨 Anystis sp. 为主，捕食作用较大。

中华松针蚧 Matsucoccus sinensis Chen（图 7-4）

又名中国松梢蚧。分布于我国浙江、安徽、福建、河南、湖南、四川、贵州、陕西等地。寄主有马尾松、黄山松、油松和黑松。

形态特征

成虫 雌成虫体纺锤形，头端略大而宽圆，腹部变窄且末端内陷。体长约 2mm，橙褐色。触角 9 节，念珠状。单眼 1 对，黑色。口器无。胸足趋于退化。胸气门 2 对，腹气门 7 对。背疤总数 203～242 个，成片分布于第 3～9 腹节背面并在腹末节向腹面延伸。雄成虫头胸部黑色，腹部淡褐色。体长 1.3～1.8mm。触角丝状，10 节。复眼紫褐色，大且突出。口器退化，胸足细长。前翅膜质，半透明，翅面具有羽状纹；后翅为平衡棒，端部生有钩状毛 3～7 根。末前腹节背有腺管 10～12 个，由此分泌出 1 束白蜡丝。交尾器钩状，位于腹部末端。

若虫 初孵若虫长椭圆形，金黄色。单眼黑色。口器和足发达。腹气门 7 对，腹部末端圆锥状。1 龄寄生若虫长椭圆形，深黑色，被有白色蜡质层。2 龄若虫为无肢的珠体，黑色。触角和足退化。口器特别发达。雌、雄分化明显。雌若虫较大，倒卵形，雄若虫较小，椭圆形。3 龄雄若虫似雌成虫，但长椭圆形，腹部背面无背疤，腹末不内陷。

生活史及习性

在陕西、福建 1 年 1 代，以 1 龄寄生若虫越冬。翌年 3 月下旬至 4 月中旬，越冬若虫脱皮后，附肢全部消失，成为 2 龄无肢若虫。此时，雌雄分化明显，虫体迅速膨大，进入显露期。2 龄无肢雄若虫于 4 月中旬至 5 月中旬脱壳变为 3 龄雄若虫后，常沿树干往下爬行，于树皮裂缝、球果鳞片、树干根际及地面杂草、落叶、石块下等隐蔽处分泌蜡丝结茧化蛹，蛹期 5~7d。4 月下旬至 7 月上旬出现成虫，盛期在 5 月中旬至 6 月中旬。雄成虫羽化后在树下停留一段时间后即沿树干向上爬行或做短距离飞行到树冠上觅雌交尾，然后死去。雌成虫终生隐藏在无肢若虫的蜕壳内，仅在交尾期将腹部末端从蜕壳末端的圆裂孔伸出等待交尾。交尾后臀部缩回蜕壳内并分泌蜡丝形成白色小卵囊，产卵于其中。每雌平均产卵 56 粒，最多可达 104 粒。卵于 5 月中旬开始孵化，7 月中旬结束。初孵若虫很活跃，从蜕壳末端的圆裂孔爬出后，沿树干爬行至当年新梢的嫩叶上插入口针固定寄生，危害一段时间后即停止发育进入越冬状态。

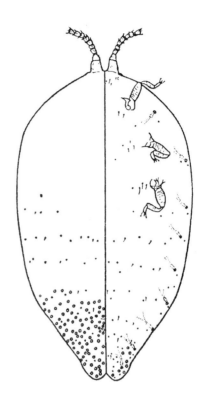

图 7-4　中华松针蚧雌成虫

此虫只寄生在当年生新梢的针叶内侧，且头朝下尾朝上，而不寄生老针叶。由于该蚧体型很小，本身的活动能力有限，其扩散、蔓延及远距离传播主要通过风力、雨水和人为活动等途径，其中风是最重要的传播因子。

7.1.1.2　粉蚧类

湿地松粉蚧 *Oracella acuta*（Lobdell）（图 7-5）

分布于我国广东、广西；国外分布于美国。危害火炬松、湿地松、萌芽松、长叶松、矮松、裂果沙松、黑松、加勒比松和马尾松，为 1988 年传入我国的危险性害虫，是国内森林植物检疫对象。

形态特征

成虫　雌成虫体梨形，中后胸最宽，腹部向后尖削，粉红色，长 1.5~1.9mm，宽 1.0~1.2mm。触角 7 节。单眼有。前、后背孔存在。刺孔群 4~7 对，在腹末几节背面两侧。末对刺孔群由 2 根锥刺、几根附毛和少数三格腺组成，且位于浅硬化片上，其余各对无附毛，也不在硬化片上。肛环在背末，由 2~3 圈小孔和 6 根刚毛组成。足 3 对，正常，发达，爪下无齿。腹脐 1 个，椭圆形，位于第3、4腹节腹板间。三格腺和短毛散布背、腹两面。多格腺分布于第3~8腹节腹板和第4~8腹节背板上。雄成虫分有翅型和无翅型2种。有翅型粉红色，触角基部和复眼朱红色，中胸黄色。前翅白色，脉纹简单。腹末有1对白色长蜡丝。体长0.88~1.06mm，翅展1.50~1.66mm。无翅型浅红色，第2腹节上有一明显的白色蜡质环，腹末无白色蜡丝。

卵　长椭圆形，浅黄色至红褐色，长0.32~0.36mm，宽0.17~0.19mm。

若虫　椭圆形至梨形，浅黄色至粉红色，长0.44~1.52mm，宽0.18~1.03mm。足3对，腹末有3条白蜡丝。中龄若虫体上分泌白色颗粒状蜡质物；高龄若虫营固着生活，分泌的蜡质物包盖虫体。

雄蛹　粉红色，复眼朱红色，足浅黄色。长0.89~1.03mm，宽0.34~0.36mm。

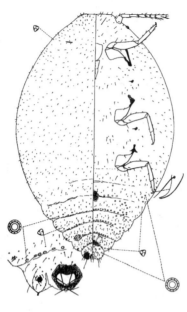

图7-5　湿地松粉蚧雌成虫

生活史及习性

在广东1年4~5代，以4代为主，以1龄若虫在老针叶的叶鞘内越冬。全年的种群数量消长规律表现为：上半年虫态整齐，种群密度大；下半年世代重叠，种群密度小。5月中旬虫口密度最大，7月下旬至9月上旬虫口密度最小。在广东省台山市、鹤山市，越冬代历期分别为177（167~182）d和185（182~197）d，其余各代历期为54~82d。雌成虫寄生在松针基部或叶鞘内取食，分泌的蜡质物形成蜡包覆盖虫体，并将卵产在蜡包内。产卵期20~24d。产卵量因代而异，越冬代最多，为213~422粒，其它代52~372粒。卵期8~18d。初孵若虫先在蜡包停留2~5d，然后从蜡包边缘的裂缝爬出，于松梢上四处爬动。1~4d后，主要聚集、固定在老针叶束的叶鞘内，少数寄生在球果靠松梢侧、未展开的春梢新针叶束之间。1龄若虫发育10~13d后蜕皮变为2龄若虫。2龄若虫发育7~10d后，群体开始表现雌雄分化。雌若虫爬向松梢顶端，在梢顶新针叶基部固定寄生，泌蜡形成蜡包。雄若虫则虫体变长，在老针叶束的叶鞘间或枝条、树干上爬行，2龄末期聚集在老针叶叶鞘内或枝条、树干的裂缝等隐蔽处，分泌蜡丝形成白色绒团状茧，并在其中经预蛹和蛹羽化为雄成虫。无翅型雄成虫仅于越冬代出现。有翅型雄成虫在非越冬代均可见到，体弱，寿命1~3d。

此外，本类群还有以下重要种类：

槭树绵粉蚧 *Phenacoccus aceris* (Signoret)：分布于山西、辽宁、浙江、安徽、山东、河南、云南、甘肃，危害柿树、桑树、白蜡树、臭檀、臭椿、苹果等。在山西1年发生1代，雌虫以3龄若虫，雄虫以蛹在寄主枝干上成群越冬。

橘臀纹粉蚧 *Planococcus citri* (Risso)：分布于华北、华中，辽宁、江苏、浙江、安徽、福建、四川、云南、西藏、陕西、宁夏、台湾、香港。主要危害柑橘、柚、橙、茶、桑、构树、柿和松科植物。在长江流域1年发生3~4代，多在枝干缝隙等处越冬；华南或温室条件下可终年繁殖。

7.1.1.3 绛蚧类

华栗绛蚧 Kermes castaneae Shi et Liu（图7-6）

又名栗绛蚧、栗红蚧、栗球蚧、黑斑红蚧。分布于我国华东、华中，福建、四川、贵州、云南。危害板栗、锥栗、茅栗等。以若虫和雌成虫群集在枝条上刺吸汁液，导致树势衰弱，栗实严重减产，甚至整株死亡。

形态特征

成虫 雌成虫近球形或半球形，直径4.0~6.5mm，体色由嫩绿色至淡黄白色变为褐色或紫色。体表有4~5条黑色或深褐色的横条纹，有的呈不连续的斑点。臀部分泌白色蜡粉和2条卷曲的蜡丝。触角6节，第3节最长。气门发达。足细长。背缘毛28~32对。雄成虫体细长，黄褐色。体长约1.2~1.6mm；翅展3~4mm。触角丝状，10节，每节具数根刚毛。翅土黄色、透明。腹末具1对细长的蜡丝。

若虫 1龄若虫扁椭圆形，体长0.15~0.31 mm，淡红褐色，复眼深红色。触角丝状，6节。足淡橘红或淡橘黄色，腹末具2根细长的刚毛。2龄雌若虫纺锤形，暗红褐色，体长0.27~0.39mm，背面稍凸起，前腹背两侧各具1个白色蜡点，被有白色蜡粉及蜡质刚毛。触角6节。雄若虫卵圆形，黄褐色，体长0.22~0.35mm。触角7节。3龄雌若虫卵圆形，红褐色，体长0.37~0.54mm。触角6节，基节最宽，第3节最长。足发达。

图7-6 华栗绛蚧雌成虫

生活史及习性

1年1代，以2龄若虫在枝条芽基或伤疤处越冬。在浙江，翌年3月上旬当平均气温达10℃时，越冬若虫开始活动并取食。3月中旬，雌若虫在原处继续脱皮变3龄若虫，进而羽化为成虫，并继续吸食汁液，此时为主要危害期。雄若虫迁移至树皮裂缝、树干基部、树洞等处结茧化蛹。雄成虫于4月上旬开始羽化，4月下旬为盛期。雄成虫羽化后即可交尾，寿命约2.5d。交尾后的雌成虫发育很快，背面凸起呈球形。卵产于母体下，每雌平均产卵2 053粒。卵期约7d。5月中旬为孵化盛期。初孵若虫从母壳下的缝隙爬出，在树上爬行分散，2~3d后找到合适部位定居，以1~2年生枝条上的虫量最多，定居在叶柄芽基的若虫发育为雌虫，寄生枝上的发育为雄虫。5月下旬开始脱皮变为2龄，发育极缓慢，取食一段时间后开始越夏，接着越冬。降雨量少、气候干燥常引起该蚧的大发生。

捕食性天敌有黑缘红瓢虫、蒙古光瓢虫、红点唇瓢虫 Chilocorus kuwanae、异色瓢虫、隐斑瓢虫、盲蛇蛉 Inoccellia crassicornis、球蚧象 Anthribus kuwanai，其中黑缘红瓢虫为优势种；寄生性天敌有中国花角跳小蜂 Blastothrix chinensis、绛蚧

细柄跳小蜂 *Psilophrys tenuicornis*、桑花翅跳小蜂 *Microterys kuwanae*、啮小蜂 *Tetrastichus* sp.、金小蜂 *Merisus* sp.、宽缘金小蜂 *Pachyneuron* sp.、尾带旋小蜂 *Eupelmus urozonus* 等;致病微生物有枝孢霉 *Cladosporium cladosporiodes*,在江西宜春地区对蚧卵的寄生率可达 4%~20%。

7.1.1.4 蜡蚧类

水木坚蚧 *Parthenolecanium corni*(Bouchè)(图 7-7)

又名糖槭盔蚧、褐盔蜡蚧、东方盔蚧、扁平球坚蚧、东方胎球蚧等。分布于我国东北、华北、华东、华中、西北、四川;国外分布于亚洲、欧洲、大洋洲、美洲,广布于温带、亚热带和热带地区。寄主植物据报道有 49 科 129 种之多,尤以槐属、槭属和白蜡树属植物受害最重。

形态特征

成虫　雌成虫阔椭圆形,体长 4.0~6.0mm,宽 3.0~5.3mm。黄褐色至暗褐色。前期体壁稍软有弹性,产卵后体壁硬化而较扁平。体背中央有一光滑而发亮的宽纵脊,两侧有 4 纵列断续的凹陷,中间两列凹陷较大,边缘有放射状皱褶。腹末肛裂明显。触角 7 节,少数 6 节或 8 节。足细长,爪下有齿。气门路狭,气门刺 3 根。体缘刺细长,为不规则双列。管状腺在亚缘区密集成带。雄成虫体长 1.2~1.5mm,翅展 3.0~3.5mm。红褐色,头红黑色。触角丝状,10 节。前翅透明土黄色。腹末有 2 根细长的白蜡丝。

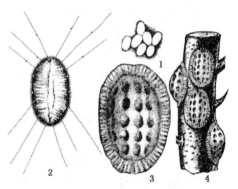

图 7-7　水木坚蚧
1. 卵　2. 初孵若虫　3. 雌成虫　4. 危害状

若虫　1 龄若虫椭圆形,扁平,淡黄色,体背中央有 1 条灰白色纵线。触角 6 节。眼黑色。足发达,气门小。腹末有 2 根细长的白尾毛。2 龄若虫体长约 1mm,外被极薄蜡壳,灰黄色或浅灰色。体背缘内方有突起的蜡腺,分泌放射状排列的长蜡丝 12 根。3 龄若虫黄褐色,体缘淡灰色,体背纵轴隆起较高,亚周缘出现皱褶。

生活史及习性

1 年发生代数因气候和寄主而异。在东北、华北多发生 1 代,糖槭、刺槐、葡萄上发生 2 代;在黄河故道区多为 2 代;在南方、北京市区和新疆吐鲁番地区 1 年 3 代。以 2 龄若虫在嫩枝条、树干嫩皮上或主干或粗枝的裂缝内越冬。在山西南部,以 2 龄若虫在枝条上越冬。翌年 3 月中旬,越冬若虫恢复吸食,同时排出大量黏液,污染叶面和枝条。4 月中旬雌成虫开始产卵,4 月下旬至 5 月上旬为产卵盛期。卵产在母体下,每雌平均产卵 867~1653 粒。卵壳上覆有白蜡粉。卵期约 20d。若虫孵化后,在母体下逗留 2~3d 才爬出,扩散至叶片背面和嫩枝上固定取食。1 年 1 代者,若虫发育缓慢,至 10 月份脱皮变为 2 龄,迁移回枝条上越冬。1年2代者,6月中旬2龄若虫由叶片迁移到枝条上发育为成虫,7月中下旬产卵,8月中旬若虫孵化并多扩散到叶片背面危害,到10月份以2龄若虫迁回枝条越冬。该蚧主要行孤雌生殖,雄虫极少见。

天敌主要有黑缘红瓢虫、红点唇瓢虫、蒙古光瓢虫、红粉蛉、黄蚂蚁和寄生蜂等,其中盔蚧花角跳小蜂 *Blastothrix longipennis* 为优势寄生蜂。

日本龟蜡蚧 *Ceroplastes japonicus* Green (图7-8)

又名枣龟蜡蚧,分布于我国华东、华中、北京、天津、河北、山西、福建、台湾、广东、西藏、陕西;国外分布于日本、朝鲜、格鲁吉亚、英国、意大利。危害法国梧桐、悬铃木、海桐、黄杨、枣、柿、雪松等41科71属103种植物。

形态特征

成虫 雌成虫体背被有白色、蜡质介壳,蜡壳表面有龟甲状凹纹,周缘蜡层厚而弯曲,内周缘有8组小角突。虫体椭圆形,紫红色。触角6节。足3对,细小。前期虫体表皮膜质,略隆起,体长约2mm;后期背部隆起呈半球形,体长约3mm。雄蜡壳椭圆形,星芒状,中间为一长椭圆形突起的蜡板,周缘有13个大蜡角。雄成虫体红褐色,体长约1.3mm。触角丝状,10节。前翅膜质,半透明,具2条明显脉纹。

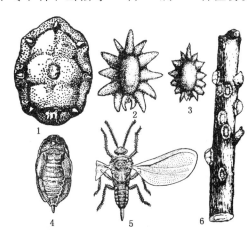

图7-8 日本龟蜡蚧
1. 雌成虫蜡壳 2. 雄成虫蜡壳 3. 若虫蜡壳
4. 雄蛹 5. 雄成虫 6. 危害状

卵 椭圆形,长约0.3mm。初产时浅黄褐色,后渐变深,至孵化时为紫红色。

若虫 初孵若虫扁椭圆形,淡红褐色,长约0.5mm。眼黑色,触角、足淡白色。腹末有臀裂,两侧各有1根长毛。1、2龄蜡壳同雄成虫蜡壳,为星芒状;3龄雌若虫的蜡壳同雌成虫蜡壳,呈龟甲状。

雄蛹 梭形,长约1.2mm,棕褐色,翅芽色稍淡。

生活史及习性

1年1代,以受精雌成虫在寄主1~2年生枝条上越冬。在山西南部,越冬雌成虫于次年春天树木萌芽时开始取食,虫体迅速膨大隆起。5月10日左右开始产卵,5月底为产卵盛期。卵产在母体下,随着产卵,母体向上隆起,使腹壁贴近背壁。产卵量300~500粒。卵期约20d。6月上旬若虫开始孵化,高峰期在7月上旬,8月上旬进入末期。初孵若虫先在母体下逗留2~3d后爬出蜡壳,沿枝条爬向叶片正面,寻找适宜位置,固定取食。雄若虫经脱皮3次,于8月中旬开始化蛹,8月底9月初为盛期。8月下旬为雄虫羽化始期,9月中旬达高峰。

雄成虫羽化后即从蜡壳尾部退出，寻找雌虫交尾。寿命仅约 2d。雌若虫经 3 次脱皮变为成虫后，从叶片迁移至 1～2 年生枝条上固定，交尾受精后危害至 11 月越冬。该蚧主要分布于树冠的中、下部，上部枝条很少。

天敌种类很多，捕食性天敌主要有红点唇瓢虫、异色瓢虫、七星瓢虫 Coccinella septempunctata（L.）和大草蛉 Chrysopa septempunctata；寄生性天敌主要有赛黄盾食蚧蚜小蜂 Coccophagus ishii 和长盾金小蜂 Tomocera sp.。

红蜡蚧 Ceroplastes rubens Maskell（图 7-9）

又名红玉蜡虫、红粉介壳虫。分布于我国华北、华东、华中、华南、西南，辽宁、陕西、青海；国外分布于日本、印度、菲律宾、斯里兰卡、缅甸、印度尼西亚、美国、大洋洲。危害柑橘、枸骨、茶、苏铁、雪松、罗汉松、大叶黄杨、茶、山茶、桂花等 100 余种植物。在长江以南危害陆生植物，在长江以北危害温室植物。

形态特征

成虫　雌成虫蜡壳坚厚，暗红色至红褐色，背面观近椭圆形，侧面观半球形。长 1.5～5.0mm，寄生针叶树者小，寄生阔叶树者大。蜡壳边缘向上翻卷，形成大的缘褶。头、尾和 4 个气门白色蜡带处向外突出，使周缘成近 6 边形。背壳呈 5～6 块。蜡芒位于缘褶与背壳交界处，头部 3 个，尾部 2 个。虫体亦椭圆形，暗红色。触角 6 节，第 3 节最长。口器发达。足短小。气门洼深。雄蜡壳长椭圆形，暗紫红色。雄成虫暗红色，体长约 1mm。头部较圆。单眼 6 个，颜色较深。触角 10 节，淡黄色。前翅白色半透明，沿翅脉常有淡紫色带状纹。足细长。交尾器色浅，淡黄色。

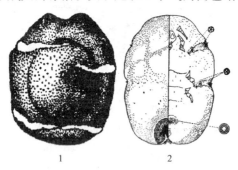

图 7-9　红蜡蚧
1. 雌成虫蜡壳　2. 雌成虫

若虫　1 龄若虫椭圆形，较扁平，淡红褐色，体长约 0.4mm。触角 6 节。足和口器发达。腹末有 2 根长毛。2 龄雌若虫体长约 0.9mm，椭圆形红褐色至紫红色；2 龄雄若虫长约 1.5mm，紫红色。

生活史及习性

在海南 1 年 1.5～2 代，无越冬现象；其它地区 1 年 1 代，以受精雌成虫在寄主枝条上越冬。在浙江杭州，越冬雌成虫于 5 月中旬至 6 月中旬产卵。卵期 2～4d。若虫发生期在 5 月下旬至 8 月上旬。8 月中旬出现成虫。1 龄若虫历期 15～20d，2 龄雌若虫历期 20～25d，3 龄雌若虫 30～35d；2 龄雄若虫 35～40d，预蛹期 2～3d，蛹期 3～5d。雄成虫寿命 1～2d。卵产在蜡壳下，每雌可产卵 100～500 余粒。初孵若虫从蜡壳母体下爬出后，移至新梢，群集于新叶和嫩枝上，多在受阳光的外侧枝梢上寄生危害。

寄生性天敌有黑色食蚧蚜小蜂 Coccophagus yoshidae、夏威夷食蚧蚜小蜂 C. hawaiiensis、日本食蚧蚜小蜂 C. japonicus、赛黄盾食蚧蚜小蜂 C. ishii、蜡蚧啮小蜂 Tetrastichus ceroplastes、双带无软鳞跳小蜂 Anabrolepis bifasciata、红蜡蚧扁角跳小蜂 Anicetus beneficus、红帽蜡蚧扁角跳小蜂 A. ohgushii、蜡蚧花翅跳小蜂 Micropterys speciosus。

槐花球蚧 Eulecanium kuwanai（Kanda）（图7-10）

又名皱大球蚧、皱球坚蚧、桑名球坚蚧。分布于我国东北、西北、华北、华东，河南、四川、贵州、云南；国外分布于日本、俄罗斯远东地区。危害多种阔叶树，在华北、西北地区以槐树、枣、核桃、小叶杨、白榆，东北地区以山杏、家榆受害最重。我国已往记载的枣大球蚧 E. gigantea（Shinji）（又名瘤坚大球蚧、枣球蜡蚧等，为国内森林植物检疫对象）与本种为同种异型。

形态特征

成虫 雌成虫半球形，表现为2型。一种体表光滑，长12.5～18.0mm，红褐色。产卵前灰黑色的背中带和锯齿状的缘带间有8个灰黑色斑，并覆盖毛绒状薄蜡被；产卵后体背硬化，棕褐色，斑纹和蜡被消失。另一种体壁皱缩，较小，长和宽均6.0～6.7mm。产卵前体淡黄褐色，光亮，具虎皮状的斑纹；卵孵化后体壁皱缩，颜色暗淡，花纹消失。2型显微特征相似，触角7节，第3节最长。足小。气门盘大，气门凹和气门刺不明显。缘毛刺状。雄成虫头部黑褐色，复眼大而明显。触角10节。前胸、腹部和足均黄褐色，中后胸黑褐色。前翅乳白色，后翅小棍棒状，端部有2根钩状毛。交尾器细长，淡黄色。腹末有2根白色的长蜡丝。

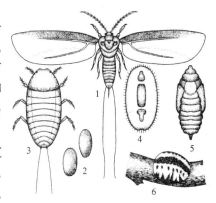

图7-10 槐花球蚧
1. 雄成虫 2. 卵 3. 初孵若虫
4. 2龄雄若虫 5. 雄蛹 6. 雌成虫

卵 卵圆形，长约0.38mm，宽0.2mm。初产时乳白色，渐变为粉红色或橙色。

若虫 初孵若虫椭圆形，肉红色，长0.3～0.5mm。触角6节。单眼红色。足发达。气门刺3根。腹末有2根长刺毛。1龄寄生若虫体扁平，草鞋形，淡黄褐色。体被白色透明蜡质。2龄若虫椭圆形，黄褐至栗褐色。体长1.0～1.3mm。触角7节。足发达。雌性虫体外被一层灰白色半透明呈龟裂状的蜡层，蜡层外附少量白色蜡丝。雄性虫体背具一层污白色毛玻璃状蜡壳。

雄蛹 预蛹近梭形，长1.5mm。黄褐色，具有触角、足、翅芽的雏形。蛹长约1.7mm，深褐色。触角和足可见分节，翅芽和交尾器明显。

生活史及习性

1年1代,以2龄若虫在1~3年生枝条的下方、分叉或裂缝处群聚越冬。在山西太原,翌年3月底至4月上旬,越冬若虫出蛰危害,此时雌雄分化明显。4月中旬,雌虫脱皮变为成虫,虫体迅速膨大,食量大增,形成危害高峰。雌虫在取食过程中常排出大量的蜜露。雄虫经2个蛹期于4月下旬羽化,前后持续12~15d。雌虫于4月下旬开始产卵,5月上旬达到高峰。产卵前,雌虫先向腹下分泌蜡粉蜡丝,随着卵的排出,虫体腹壁向上贴于背壁,留下的腹下空腔则被卵粒充满。光滑型产卵量大,每雌产卵2 212~10 921粒,平均6 324粒;皱缩型产卵量小,每雌产卵1 465~6 835粒,平均4 237粒。卵期约25d。若虫于5月下旬孵化后,由母体臀裂翘起处爬出,迁移至枝梢和叶片上寻找适宜位置固定刺吸危害。叶片正、反面均有,但主要集中在正面主脉两侧。若虫在叶片上发育至2龄后期,于10月上、中旬树叶脱落前,从叶片迁移回枝条上越冬。

捕食性天敌有北京举肢蛾 *Beijing utila*,1头幼虫可取食4、5粒卵。此外,还有黑缘红瓢虫。寄生性天敌有球蚧花翅跳小蜂 *Microterys lunatus*、柯氏花翅跳小蜂 *M. clauseni*,球蚧花角跳小蜂 *Blastothrix sericae*、刷盾短缘跳小蜂 *Encyrtus sasakii*、绵蚧阔柄跳小蜂 *Metaphycus pulvinariae*。

此外,本类群还有以下重要种类:

日本卷毛蚧 *Metaceronema japonica* (Maskell):分布于浙江、江西、湖南、四川、贵州、云南。危害油茶、茶、山茶、冬青、蔷薇、苹果等。1年发生1代,以受精雌成虫在寄主的枝、干或杂草覆盖的干基越冬。

油桐大绵蚧 *Megapulvinaria maxima* (Green):分布于台湾、湖南、广西、四川等地。主要危害油桐。1年发生2代,以若虫在枝条上越冬。

7.1.1.5 盾蚧类

松突圆蚧 *Hemiberlesia pitysophila* Takagi(图7-11)

分布于我国福建、台湾、广东、香港、澳门;国外分布于日本。危害马尾松、湿地松、光松、加勒比松、南亚松和黑松等10余种松属植物,为我国危险性森林植物检疫对象之一。

形态特征

成虫 雌成虫介壳孕卵前近圆形,扁平,灰白色,壳点位于中央,或略偏,橘黄色;孕卵后介壳变厚,呈雪梨状。雌成虫体阔梨形,长0.7~1.1mm,淡黄色。第2~4腹节侧缘向外稍突。触角疣状,上有刚毛1根。臀板硬化,臀叶2对。中臀叶突出,宽略大于长,端圆,每侧各有1缺刻;第2臀叶小。硬化棒1对,位于中臀叶和第2臀叶间。腺刺细且短,其长度不超过中臀叶,在中臀叶间有1对,中臀叶与第2臀叶间各1对,第2臀叶前各3对。背腺管细长,中臀叶间有1个,中臀叶与第2臀叶间每侧各3个,第2臀叶前有2纵列,分别为4~8个和5~7个。腹腺管细小,分布在头胸部和前5腹节边缘。肛孔位于臀板基部。围阴腺无。雄介壳长椭圆形,灰白色,壳点褐色,突出于一端。雄成虫体纺锤形，橘黄色，长约 0.8mm。触角 10 节。单眼 2 对。前翅膜质，有 2 条翅脉；后翅退化为平衡棒，顶端有钩状毛 1 根。腹末交尾器发达，长而稍弯曲。

若虫 初孵若虫体椭圆形，长 0.2～0.3mm，淡黄色。单眼 1 对。触角 4 节，端节最长，其长约为基部 3 节之和的 3 倍。足和口器发达。中胸到体末的背缘有管腺分布。臀叶 2 对，中臀叶发达，外缘有缺刻，第 2 臀叶小。中臀叶间有长、短刚毛各 1 对。

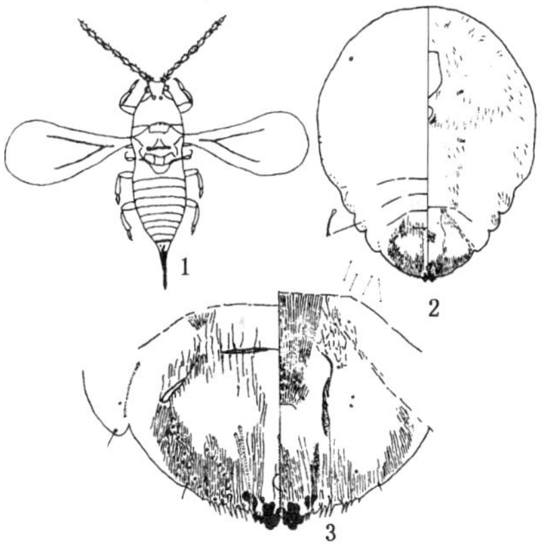

生活史及习性

在广东南部 1 年发生 5 代，无明显越冬期。世代重叠严重，每年 3～5 月是该蚧发生的高峰期，9～11 月为低谷期。3 月中旬至 4 月中旬，6 月初至 6 月中旬，7 月底至 8 月中旬，9 月底至 11 月中旬是初孵若虫出现的高峰期。多数卵生，少数卵胎生。初孵若虫一般先在母体介壳内停留一段时间，待环境条件适宜时爬出。刚出壳的若虫非常活跃，在松针上来回爬动，寻找合适的部位将口针插入固定取食。一般从出壳到固定需经 1～2h。固定后 5～19h 开始泌蜡，20～30h 可遮盖全身，再过 1～2d 蜡被增厚变白，形成圆形介壳。2 龄若虫后期，雌雄开始分化，一部分若虫蜡壳颜色加深，尾端伸长，虫体前端出现眼点，继续发育为预蛹，再脱皮成为蛹，进而羽化为雄成虫；另一部分虫体和蜡壳继续增大，不显眼点，脱皮后成为雌成虫。寄生在叶鞘内的蚧虫多发育为雌虫，寄生在针叶上和球果上的则多发育为雄虫。羽化后的雄成虫一般要在介壳内蛰伏 1～3d，出壳后经数分钟，待翅完展开后，沿松针爬行或做短距离飞翔，寻找合适雌虫交尾，数小时后即死去。雄虫有多次交尾的习性。雌成虫一般于交尾后 10～15d 后开始产卵，产卵期因季节而异，少则 1 个月，多则 3 个月以上；产卵量亦随季节、代别而不同，以第 1 代和第 5 代为最多，约 64～78 粒，第 3 代最少，约 39 粒。气温是影响松突圆蚧种群数量消长的主要因子。

天敌有 20 余种，捕食性天敌以红点唇瓢虫为优势种，寄生性天敌以花角蚜小蜂 *Coccobius azumai* 最为重要。

图 7-11 松突圆蚧
1. 雄成虫 2. 雌成虫 3. 雌成虫臀板

梨圆蚧 *Quadraspidiotus perniciosus*（Comstock）（图 7-12）

又名梨笠圆盾蚧、梨齿盾蚧。分布于我国华北、东北、华东、西北，福建、台湾、河南、湖南、四川、贵州、云南、西藏；国外分布于朝鲜、日本、欧洲、大洋洲、北美洲。危害苹果、梨、枣、核桃、毛白杨、刺槐、樱花、柳、榆等 236 种植物，我国和许多国家将其列为检疫对象。

形态特征

成虫 雌介壳圆形,中央隆起,直径约 1.8mm。活虫介壳蟹青色,死虫介壳灰白色;壳点黄色,位于中央,其周围有同心轮纹。雌成虫体长约 0.9mm,阔梨形,鲜黄色或黄白色,臀板黑褐色。触角瘤状,上生 1 根刚毛,两触角距离较近。气门附近无盘状腺。臀板较小,尖削,近三角形。臀叶 3 对;中臀叶大且紧靠,外缘有明显的凹刻,顶端钝圆;第 2 臀叶较小,向中臀叶倾斜;第 3 臀叶退化,仅留三角形突起。背管腺细长,沿臀板每侧节痕各有 4 纵列。围阴腺无。雄介壳较小,长 1.2~1.5mm,椭圆形,灰白色。壳点黄色,偏向一端。雄成虫体长约 0.7mm,橙黄色。触

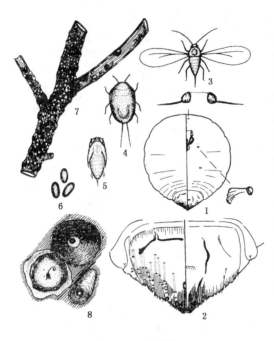

图 7-12 梨圆蚧
1. 雌成虫 2. 臀板放大 3. 雄成虫 4. 1 龄若虫
5. 雄蛹 6. 卵 7. 危害状 8. 雌雄介壳

角 10 节。单眼 2 对,黑紫色。前翅无色透明。腹末交尾器极细长。

若虫 初产若虫椭圆形,背腹极扁平,鲜橘黄色。触角 5 节。足 3 对,发达。腹末有 2 根长毛。2 龄雌若虫倒梨形,橘黄色,腹末数节黄褐色。触角和足退化。2 龄雄若虫长椭圆形,黄白色,腹末黄褐色。

雄蛹 预蛹长椭圆形,橘黄色,眼点紫色,触角、足和翅芽白色透明,腹末具 2 根短刚毛。蛹体较预蛹稍长,眼点变黑,触角、足、翅芽均长成,无色。腹末交尾器明显。

生活史及习性

在浙江武义梨树上,1 年发生 4 代,以若虫和部分受精雌成虫越冬;在山东和辽宁苹果树上,1 年 3 代,同一地区梨树上每年只有 2 代,多以 2 龄若虫越冬。在山东泰安地区刺槐和榆树上,1 年越 3 代,以 1 龄若虫在寄主枝条上越冬。翌年 3 月,随着树液的流动,越冬若虫即开始在原固定处取食发育,随即脱皮变为 2 龄。2 龄后期雌雄分化,至 4 月中旬再次脱皮,雌性变为雌成虫;雄性则经预蛹、蛹,于 4 月底 5 月初羽化为雄成虫,持续约 3~5d。雄成虫脱离介壳后即寻觅雌虫交配,交配后即死去,寿命 2~3d。该蚧两性生殖和孤雌生殖并存,卵胎生,单雌平均产仔 51~72 头。1 龄若虫先在母体下静伏 1~2h 方爬出介壳,靠爬行扩散,寻找适宜场所固着危害,这一时期称作涌散期。若虫多固着在枝干上,尤以 2~5 年生枝上为多,且喜群集于阳面;叶上亦有固着者,一般雄虫较多,多在叶背主脉两侧。固着后经 1~2d 取食,便分泌绵毛状蜡丝形成介

壳。第1代若虫涌散高峰期在6月上旬，第2代在7月下旬，第3代在9月下旬。末代若虫固定后发育缓慢，多数发育到1龄后期即进入越冬状态，少数个体能发育到2龄但不能渡过严冬。温湿度对幼龄若虫影响较大，高温干燥或暴风雨常造成其大量死亡。

天敌多达50余种，捕食性天敌主要有红点唇瓢虫、肾斑唇瓢虫 Chilocorus renipustulatus、双斑唇瓢虫 Ch. bijugus、黑背唇瓢虫 Ch. gresstti 和日本方头甲等；寄生性天敌主要有梨圆蚧恩蚜小蜂 Encarsia perniciosi 和红圆蚧恩蚜小蜂 E. aurantii 等。

杨圆蚧 Quadraspidiotus gigas（Thiem et Gerneck）（图7-13）

又名杨笠圆盾蚧。分布于我国华北、东北、西北；国外分布于前苏联、意大利、西班牙、前南斯拉夫、荷兰、瑞士、德国、匈牙利、捷克共和国、保加利亚、土耳其、阿尔及利亚。危害各种杨树，也危害旱柳、白皮柳等。

形态特征

成虫　雌介壳近圆形，直径约2.0mm，略突，有3圈明显轮纹。中心淡褐色，内圈深褐色，外圈灰白色。壳点褐色，居中或略偏。雌成虫倒梨形，长约1.5mm，浅黄色，臀板黄褐色。老熟时体壁硬化。触角瘤状，生有刚毛1根。气门腺无。臀叶3对，各具1个外凹切。臀栉小。背腺在臀板上排成4纵列。围阴腺5群。雄介壳椭圆形，长约1.5mm，宽约1.0mm。壳点居于一端，黄褐色。壳点周围淡褐色，外圈黑褐色，较低的一端灰色。雄成虫体橙黄色，长约1mm。触角9节，丝状。单眼2对。前翅透明。腹末交尾器细长，约占体长的1/4。

卵　长椭圆形，长约0.13mm，淡黄色。

若虫　初孵若虫体淡黄色，长椭圆形，长约0.13mm。触角5节。足和口器发达。臀叶1对。腹末生有2根长毛。2龄雌若虫似雌成虫，但体较小，长约0.58~0.84mm。围阴腺无。2龄雄若虫似2龄雌若虫，但体椭圆形，长约0.87mm。

雄蛹　预蛹体前窄后宽，长0.93mm，浅黄色。触角、翅和足的器官芽可见。眼点4个，黑色。蛹体略细长，长0.96mm，黄色。各器官芽比预蛹更明显。交尾器圆锥状。

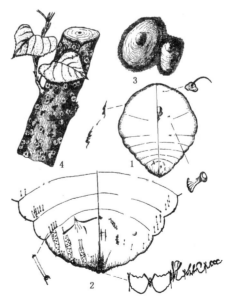

图 7-13　杨圆蚧
1. 雌成虫　2. 雌成虫臀板　3. 雌雄介壳
4. 危害状

生活史及习性

在我国北方地区1年1代，以2龄

若虫越冬。在内蒙古包头，翌年4月中旬树液流动时恢复取食。雄若虫于4月底开始化蛹，5月上中旬羽化为成虫。雄成虫日羽化高峰在17：00～18：30。飞翔力弱，但爬行活跃，交尾后即死去，寿命平均29.2h。6月上旬，雌成虫开始将卵产在介壳内尾部。产卵量70～137粒，平均92粒。卵经1～2d即孵化。初孵若虫从母介壳下爬出后沿树干向上爬行扩散，约经1d固定。固定后脱去尾毛并分泌蜡质形成介壳。7月下旬，1龄若虫开始脱皮，8月上旬为脱皮盛期。2龄若虫继续取食到9月陆续越冬。该蚧发育不甚整齐，各虫态出现期可延续1～2月。一般发生在平地的人工片林、行道树和林带，尤以幼林、郁闭度小的林分受害较重。

捕食性天敌主要有红点唇瓢虫、龟纹瓢虫、二星瓢虫等；寄生性天敌主要有杨圆蚧恩蚜小蜂 Encarsia gigas、桑盾蚧黄蚜小蜂 Aphytis proclia、长棒四节蚜小蜂 Pteroptrix longiclava、双带巨角跳小蜂 Comperiella bifasciata。其中红点唇瓢虫和杨圆蚧恩蚜小蜂为优势种。

柳蛎盾蚧 Lepidosaphes salicina Borchsenius（图7-14）

分布于我国东北、西北、华北，山东；国外分布于朝鲜、日本、蒙古、俄罗斯远东地区。主要危害杨、旱柳、家榆、核桃楸、花曲柳、黄波罗、稠李、暴马丁香、忍冬、椴树等。

形态特征

成虫　雌成虫介壳长牡蛎形，长3.2～4.3mm，栗褐色，背部突起。壳点2个，淡褐色，突出于前端。虫体黄白色，长纺锤形，前狭后宽，长约1.6mm，宽约0.76mm。第2～4腹节两侧向外突出。第1～4腹节间各有1个尖且硬的齿。触角瘤状，生有2根长毛。前气门腺6～17个，后气门后有2～3根腺锥。臀板宽大，后缘浑圆。臀叶2对。中臀叶大，两侧有凹切，二中臀叶间距小于半叶宽。第2臀叶双分，内叶大于外叶，分叶端均近圆形。腺刺发达，9对，中臀叶间的1对最短。缘腺管大，在臀板每侧4组，各为1、2、2、1个。背腺管小，很多，在臀板上第6、第7腹节排成2纵列，其余腹节每节每侧形成2横带。围阴腺5群。雄介壳形状、色泽和质地同雌介壳，但较小，壳点1个。雄成虫黄白色，长约1mm。触角念珠状，10节。眼黑色。中胸黄褐色。前翅透明。腹末交尾器长。

卵　长0.25mm，椭圆形，黄白色。

若虫　初孵若虫椭圆形，扁平，淡黄色，长约0.2mm。触角6节，末节细

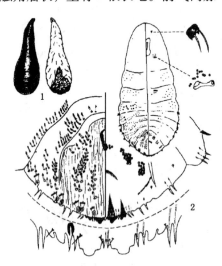

图7-14　柳蛎盾蚧
1. 雌介壳背、腹面　2. 雌成虫及臀板

长且具横纹和长毛。口器和足发达。臀叶 1 对。腹末有 1 对长毛。2 龄雌若虫长约 0.33mm，淡黄色。触角退化，足和眼消失。臀叶 2 对。背腺管和腺刺出现。2 龄雄若虫体狭于雌性。

雄蛹 黄白色，长约 1mm。口器消失，触角、复眼、翅、足、交尾器等雏形可见。

生活史及习性

1 年 1 代，以卵在雌介壳下越冬。在辽宁沈阳，翌年 5 月中旬越冬卵开始孵化，6 月初为孵化盛期。初孵若虫从母介壳尾端爬出后，沿树干和枝条向上迁移、扩散，寻找适当位置插入口针吸汁取食，3~4d 后分泌白色蜡丝形成介壳。1 龄若虫于 6 月中旬脱皮进入 2 龄。整个若虫期 30~40d。2 龄若虫后期雌、雄分化。2 龄雌若虫于 7 月上旬再次脱皮变成雌成虫。2 龄雄若虫经预蛹、蛹，于 7 月上旬脱皮后羽化成雄成虫。雄成虫飞翔力不强，多在树干上迅速爬行，觅雌交尾，产卵后很快死去，寿命仅 3~4d。雌雄两性均能多次交尾。雌成虫于 7 月下旬开始产卵，直至 8 月中旬。产卵时，雌成虫边产卵边向介壳前端收缩，将卵产在虫体收缩后腾出的介壳空间内。产卵完毕后，母体在介壳内前端干瘪缩成一团死亡。每雌产卵量 60~110 粒。

天敌有红点唇瓢虫、龟纹瓢虫 *Propylea japonica*、蒙古光瓢虫、日本方头甲、半疥螨 *Hemisarcoptes salicina*、桑盾蚧黄蚜小蜂等，以半疥螨最为重要。

桑白盾蚧 *Pseudaulacaspis pentagona*（Targioni-Tozzetti）（图 7-15）

又名桑白蚧、桃白蚧、桑盾蚧、油桐蚧、桑拟轮盾蚧。分布于我国各地，国外分布于亚洲、欧洲、美洲、大洋洲。寄主植物众多，主要有桑、桃、杏、苹果、茶、油桐、槐树等多种果树和林木。

形态特征

成虫 雌介壳圆形或近圆形，略隆起，直径 1.8~2.5mm，白色或灰白色。壳点橘黄色，偏向一边。雌成虫体宽梨形，淡黄色至橘黄色，臀板红褐色。分节明显，两侧略突出。触角瘤状，相互靠近，各生有 1 根弯毛。前气门附近有 1 大群盘状腺，后气门腺无。臀叶 3 对，中臀叶大，近三角形，基部轭连；第 2 和第 3 臀叶各双分，但第 2 臀叶外分叶很小。背腺粗短，排成 4 列。围阴腺 5 群。雄介壳细长，长约 1.2mm，丝蜡质，背面有 3 条纵脊。壳点黄色，在前端。雄成虫橙黄色，长约 0.7mm。单眼 6 个，黑色。触角丝状，10 节。前翅膜质，灰白色。交尾器细长。

卵 椭圆形，长约 0.23mm，初产时淡粉红色，渐变淡黄色，孵化前为橘红色。

若虫 初孵若虫扁椭圆形，淡黄褐色。触角 6 节。足发达。腹末具臀叶和 1 对尾毛。2 龄雌若虫橙褐色，触角、足和尾毛均退化消失。2 龄雄若虫淡黄色，体较窄。

雄蛹 预蛹长椭圆形，具有触角、足、翅和交尾器的芽体，触角芽为体长的

1/3。蛹的芽体延长,触角芽为体长的1/2。

生活史及习性

在陕西、宁夏、山西、北京 1 年发生 2 代,山东、江苏、浙江、湖北、四川 3 代,广东、台湾 5 代。各地均以末代受精雌成虫在枝条上越冬。在山西中部 2 代区,翌年 3 月寄主植物萌动后,越冬雌成虫恢复取食,虫体迅速膨大,于 4 月下旬开始产第 1 代卵,4 月底 5 月初为产卵盛期。每雌产卵量 54～183 粒。卵期约 15d。卵于 5 月上旬开始孵化,5 月中旬为孵化盛期。初孵若虫从翘起的介壳边缘爬出活动,在寄主上爬行约 1d,寻找芽、叶痕周围及 2～5 年生枝条的分杈处和阴面固定取食,

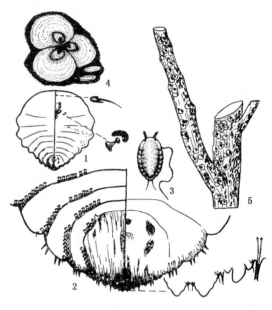

图 7-15 桑白盾蚧
1. 雌成虫 2. 臀板放大 3. 1 龄若虫 4. 雌雄介壳
5. 危害状

约经 5～7d 后开始分泌绵状蜡被覆盖虫体。雌性经过 2 个龄期,脱皮变为成虫。2 龄雄若虫则分泌蜡丝作茧,在茧内经过预蛹和蛹期羽化为成虫,6 月中下旬为羽化盛期。雄成虫交配活动在中午前后最为活跃,交配后即死去,寿命不超过 1d。雌虫继续取食并于 7 月中旬产第 2 代卵,盛期在 7 月下旬,每雌产卵 20～114 粒。卵经 10d 左右孵化为若虫,盛期在 7 月末。若虫经 30～40d 发育,于 9 月上旬羽化为第 2 代成虫。交尾后雌成虫继续危害至 9 月下旬进入越冬状态。该蚧喜欢阴暗潮湿,所以一般在地势低洼、地下水位高、通风透光差、密植郁闭的林间发生较重。

天敌种类很多,其中红点唇瓢虫、黑缘红瓢虫、日本方头甲 *Cybocophalus nipponicus* 和桑盾蚧恩蚜小蜂 *Encarsia berlesei* 为优势种。

日本单蜕盾蚧 *Fiorinia japonica* Kuwana(图 7-16)

又名日本围盾蚧、松针蚧。分布于我国北京、天津、河北、山西、江苏、福建、台湾、山东、河南、广东、四川;国外分布于日本、印度、斯里兰卡、菲律宾、毛里求斯、美国。寄主有油松、马尾松、樟子松、雪松、黑松、罗汉松、白皮松、圆柏、云杉。

形态特征

成虫 雌介壳长卵形,两侧近平行,长 1.0～1.5mm,黄褐色,由第 2 壳点形成。背面被一薄层白色蜡质物,周围有 1 圈白蜡缘。壳点突出于前端,淡黄褐色,椭圆形。虫体亦长卵形,前端圆,后端尖,长约 0.8mm,淡橙黄色。除臀

板外，体壁膜质，第3、4腹节两侧突出。触角瘤状，彼此靠近，端部具1个针状突。前气门腺3～15个，后气门腺无。臀叶2对。中臀叶凹入臀板内，互相轭连呈拱门状。第2臀叶双分，内叶大，外叶小而尖。背腺管分布腹部边缘，有大小2种。大缘腺4对，在臀板边缘。围阴腺5群。雄介壳长形，白色，蜡质。壳点黄色，在端部。雄成虫橘红色。单眼黑色。触角10节。足发达。前翅大而透明。交尾器长。

若虫 1龄若虫卵圆形，浅黄色。单眼红色。触角5节，端节最长，生有环纹和6根毛。2龄若虫长椭圆形，黄褐色。

生活史及习性

北京、河北、河南、陕西均1年2代，北京和河北主要以雌成虫，河南和陕西主要以若虫在针叶上越冬。越冬雌成虫于翌年4月初恢复取食，4月下旬开始产卵，5月初为产卵盛期。每雌产卵6～53粒。5月上中旬第1代若虫大量孵化。初孵若虫爬行1d左右选择在针叶基部内侧固定刺吸危害。固定1～2d后分泌蜡质形成介壳。6月中旬第1代成虫羽化、交尾。7月中下旬为第2代若虫孵化盛期。8月下旬第2代成虫开始羽化。10月份雌成虫及部分若虫进入越冬状态。以若虫越冬者，次春3月开始取食并两性分化，4月中旬至5月下旬雄虫羽化，4月下旬至5月下旬第1代若虫孵化，6月中旬出现第1代成虫。7月上旬为第2代若虫孵化盛期，若虫孵化后一直危害到10月越冬。该蚧世代重叠现象严重，各世代极不整齐。喜在隐蔽、潮湿的树冠下部内膛的针叶上定居危害。

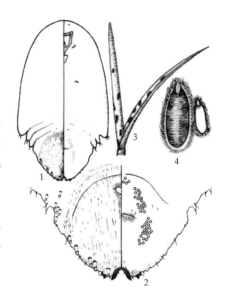

图7-16 日本单蜕盾蚧
1. 雌成虫 2. 臀板 3. 危害状
4. 雌、雄介壳

天敌在陕西杨凌有松蚧阿错小蜂 *Azotus* sp. 和蚧虫棒小蜂 *Signiphorina* sp.。

此外，本类群还有以下重要种类：

卫矛矢尖蚧 *Unaspis euonymi*（Comstock）：分布于华北，辽宁、山东、广东、广西、四川。危害大叶黄杨、卫矛、木槿、忍冬等。在山东1年发生3代，以受精雌成虫在寄主枝干上越冬。

檫木白轮蚧 *Aulacaspis sassafris* Chen：分布于安徽、江西和湖南。危害檫树和山苍子。在湖南湘潭地区1年发生3代，以2龄若虫和雄蛹在嫩梢上越冬。

樟白轮蚧 *Aulacaspis yabunikkei* Kuwana：分布于浙江、台湾、江西、湖南、广东、广西、四川、贵州、云南等地。危害樟树、钓樟、肉桂、胡颓子等。在广西每年发生5代，世代重叠，多以受精雌成虫在树干上越冬。

突笠圆盾蚧 *Quadraspidiotus slavonicus*（Green）：分布于河北、山西、内蒙古、辽宁、江苏、浙江、安徽、山东、河南、湖北、甘肃、宁夏、新疆。危害杨树和柳树。在宁夏1年发生2代，以2龄若虫在寄主枝干上越冬。

中国晋盾蚧 *Shansiaspis sinensis* Tang：分布于山西、内蒙古、陕西、宁夏，主要危害旱柳。在宁夏1年发生2代，以1龄若虫固定在寄主嫩枝的腋和皮层的幼嫩部位越冬。

蚧类的防治方法

(1) 加强检疫 在引进和调出苗木、接穗、果品等植物材料时，要严格执行植物检疫措施，防止日本松干蚧等检疫性蚧的传入或传出。对于带虫的植物材料，应立即进行消毒处理。常用的熏蒸剂有溴甲烷，用药量 $20\sim30g/m^3$，时间24h。

(2) 林业措施 通过栽植抗虫品种、营造混交林、封山育林、施肥灌水等营林措施，改善林区的生态环境，促进树木的健康生长，从而增强植物对蚧的抗性。

(3) 人工防治 在虫量少时，可结合修剪，剪除带虫枝条；或用麻布刷、钢刷等工具刷去虫体。对草履蚧可在秋冬季节挖除树干周围土中的卵囊，集中销毁；于早春若虫上树前，在树干离地约60cm处，缠绕1周30～40cm宽的光滑塑料薄膜带，或涂20cm宽的粘虫胶，阻止若虫上树。

(4) 生物防治 蚧的天敌种类多，数量众，是抑制蚧大发生的主要因素。因此，减少或避免在天敌发生盛期使用农药，保护天敌的越冬场所，为天敌的生长和繁育创造良好的条件等是防治蚧的一项重要措施。引进和释放蚧天敌亦是控制蚧的有效方法。

(5) 化学防治 ①涂干法：于幼龄若虫发生期，在树干上刮1个宽20～30cm宽的树环，老皮见白，嫩皮见绿，然后涂上40%氧化乐果，或50%久效磷原液或2倍液。用40%氧化乐果和G型缓释油制成的杀虫缓释剂药膏，在胸高处涂以宽10cm的药膏环，柳蛎蚧死亡率在95%以上。②喷雾法：在初孵若虫发生盛期，使用化学农药喷洒树冠1～3次。常用的药剂有10%吡虫啉乳油1 000倍液、40%速扑杀乳油1 000～2 000倍液、0.9%爱福丁乳油4 000～6 000倍液、40%乐斯本乳油1 000倍液、20%速灭杀丁1 500倍液、5%高效安绿宝4 000倍液、25%灭幼脲2 000倍液加害利平1 000倍液。对于在枝干上越冬的蚧，可在早春树液开始流动时，使用3～5°Be石硫合剂，或95%机油乳剂80倍液，或70%索利巴可湿性粉剂50～100倍液防治越冬蚧虫。对杨圆蚧和柳蛎盾蚧还可于固定若虫期喷洒1%～2%的抑食肼油剂。③注射法：蚧危害期，使用40%氧化乐果乳油、或50%久效磷乳油打孔注入受害株基部，每株用药0.5～3ml，注入后用湿泥或胶带封住注孔。

7.1.2 蚜虫类

属同翅目蚜总科。大多体型微小，繁殖能力强，1年可发生数个世代。生殖方式特殊，常具有世代交替和转主寄生的习性；生活史复杂，有干母蚜、干雌蚜、迁移蚜、侨蚜、性母和性蚜等不同的生活型。以成虫和若虫群集在寄主的嫩梢、嫩叶上吸食危害，使芽梢枯萎卷缩，或组织增生，形成虫瘿，同时排泄大量蜜露，诱发煤污病。有些种类还是植物病毒的传播者。

刺槐蚜 *Aphis robiniae* Macchiati（图7-17）

又名槐蚜、豆蚜、洋槐蚜。分布于我国华北（除内蒙古）、华东、西北（除青海）、辽宁、福建、台湾、河南、湖北、四川；国外分布于欧洲、北非。危害刺槐、槐树、紫穗槐、花生、大豆等多种豆科植物，以刺槐受害最重。

形态特征

成虫　有翅胎生孤雌蚜体长卵圆形，黑色至黑褐色。体长1.6mm。翅透明。腹管细长，黑色。腹部色浅，有黑色横斑纹。无翅孤雌蚜体卵圆形，漆黑色，有光泽。体长2.3mm。较肥胖。

若虫　长约1mm，黄褐色或黑褐色，腹管较长。

生活史及习性

刺槐蚜在北京、河北、山东1年发生20多代，主要以无翅胎生雌蚜，少数以卵在杂草的根际处越冬。翌年3~4月在越冬寄主上大量繁殖，4月中下旬产生有翅胎生雌蚜，迁飞扩散到刺槐、槐树、豌豆等豆科植物上危害，并胎生小蚜虫。随着气温的升高，蚜量激增，5~6月进入危害盛期。5月下旬开始飞迁到杂草、农作物等其它寄主上生活。7月份以后槐树上的种群数量明显下降，只有生长在阴凉处刺槐上的蚜虫仍在继续繁殖危害。8月下旬以后，如

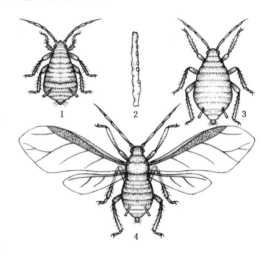

图7-17　刺槐蚜
1. 无翅若蚜　2. 有翅雌蚜触角第3节
3. 无翅胎生蚜　4. 有翅雌蚜

雨水较少，又可见到槐蚜飞迁到槐树上危害。10月下旬，在扁豆、紫穗槐等寄主上的蚜虫，逐渐产生有翅蚜迁飞到越冬寄主上繁殖危害并越冬。温度和降雨是决定该蚜种群数量变动的主要因素。相对湿度在60%~75%时，有利于其繁殖，当达到80%以上时则繁殖受阻，种群数量下降。

天敌种类较多，常见的有瓢虫、食蚜蝇、草蛉、小花蝽和蚜茧蜂等。

白毛蚜 *Chaitophorus populialbae* (Boyer de Fonscoloube)（图7-18）

分布于我国北京、河北、山西、辽宁、吉林、山东、河南、陕西、宁夏；国外分布于西欧和北非。寄主有毛白杨、银白杨、大官杨、河北杨、唐柳，其中以毛白杨受害较重。

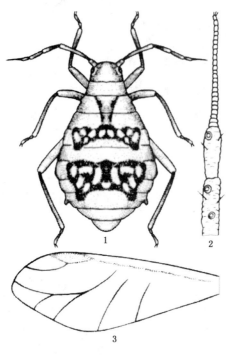

图 7-18 白毛蚜
1. 无翅孤雌胎生蚜 2. 有翅孤雌蚜触角
3. 有翅孤雌蚜前翅

形态特征

成虫 分有翅型和无翅型。有翅孤雌胎生蚜（干母）翠绿色，体长 2.4～2.6mm。触角浅黄色，但第 5 和第 6 节端部黑褐色。复眼赤褐色。喙浅绿色，其端部色较深。足的跗节和爪黑褐色，其余部分浅黄色。前胸背板中央有 1 条黑横带。中、后胸黑色。翅痣灰褐色。腹部背面有 6 条黑横带，中间 2 条较粗，前、后 2 条较细并与其邻近的黑带相距较远。无翅孤雌胎生蚜长椭圆形，绿色，体长 1.8～3.0mm。头部和前胸浅黄绿色。足与触角同有翅孤雌胎生蚜。腹部背面中央有 1 个深绿色的"U"字形斑，有时此斑中央色浅。

若虫 初产时体长 0.6～0.8mm，白色，以后渐变为绿色。老熟时腹部背面显现斑纹。

生活史及习性

在河北、山东 1 年发生 18～20 代，以卵在当年枝条芽腋处越冬。各代的历期有所不同，一般 7～14d，夏季 11～12d。次春，当叶芽萌发时越冬卵开始孵化。干母多在新叶背面，常见每叶 1 头，少数每叶 2 头。干母出现后约 15～20d，大量有翅胎生蚜飞迁到附近的毛白杨幼林、苗圃里的当年留茬苗和插条苗上，产仔繁殖。往往在 1 片叶背满幼蚜后，又转移到另 1 片叶上繁殖。其后各代均生产无翅和有翅的孤雌胎生蚜，但前者所占比例较高。每头孤雌胎生蚜可产仔 25～54 头，平均 41 头。白毛蚜种群数量在 1 年内有两个高峰期，分别在 5 月下旬和 8 月中下旬。其发生与湿度关系密切，干旱年份危害重，多雨年份数量少。

天敌种类较多，有异色瓢虫、七星瓢虫、龟纹瓢虫、丽草蛉、中华草蛉、杨腺溶蚜茧蜂。在河北正定，杨腺溶蚜茧蜂为优势天敌，其寄生率为 36%～42%。

苹果绵蚜 *Eriosoma lanigerum* (Hausmann) （图 7-19）

又名血色蚜、赤蚜、绵蚜。国内分布于天津、河北、辽宁、江苏、安徽、山东、河南、云南、西藏、陕西；国外分布于朝鲜、韩国、日本、印度、欧洲、大洋洲、美洲（原产于美国）、非洲。寄主包括苹果属、梨属、山楂属、花楸属、李属等多种植物，为国内森林植物检疫对象。

形态特征

有翅胎生雌蚜 暗褐色。长 1.7～2.0mm，翅展 5.5mm。头和前胸黑色。复眼暗红色，有眼瘤。触角6节，第3节特别长。翅透明，翅脉和翅痣棕色，前翅中脉有1个分枝。腹管退化为环状黑色小孔。

无翅胎生雌蚜 卵圆形，肥大。长1.7~2.2mm，黄褐色至赤褐色。复眼有3个小眼，暗红色。触角6节，粗短，暗灰色，有微瓦纹。足粗短，光滑少毛。腹管退化，呈半圆形裂口，位于第5、6腹节间，围绕腹管有短毛11~16根。体背有明显4纵列蜡腺，分泌大量白色绵状长蜡毛。

有性雌蚜 淡黄褐色。长约1mm。触角5节。口器退化。腹部赤褐色，稍被绵状毛。

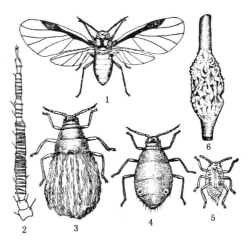

图7-19 苹果绵蚜
1. 有翅胎生雌蚜 2. 有翅雌蚜触角腹面观
3. 无翅雌蚜（除去胸部蜡毛） 4. 无翅雌蚜（除去全部蜡毛） 5. 若虫 6. 危害状

有性雄蚜 黄绿色。体长约0.7mm。触角5节。口器退化。腹部各节中央隆起，有明显的沟痕。

卵 椭圆形，长约0.5mm。初产时为橙黄色，后变为褐色。表面光滑，外覆白粉。较大的一端精孔突出。

若虫 共4龄。身体略呈圆筒形，赤褐色，被有白色绵状物。触角5节。

生活史及习性

在我国无转换寄主现象。在东部地区1年发生12~18代，西藏7~23代，主要以若蚜在树干伤疤裂缝和近地表根部越冬。春季树液开始流动时，蚜虫活动加剧。5月上旬，越冬若蚜成长为成蚜，开始胎生第1代若蚜，多在原处危害。5月下旬至6月是全年繁殖盛期，1龄若蚜四处扩散、蔓延危害。7~8月受高温和寄生蜂影响，蚜虫数量大减。9月中旬至10月，气温下降，此蚜繁殖并产生大量有翅蚜迁飞扩散，虫口密度又有回升，出现第2次危害高峰。在西藏，有翅成蚜一般发生在8月中旬，此时种群数量大，在晴朗的下午可见到15m以上空中的有翅蚜飞翔。到11月中旬，若蚜进入越冬状态，在根部越冬的为无翅的若虫、成虫。此蚜的近距离传播以有翅蚜迁飞和作业人员携带为主，远距离传播主要靠苗木、接穗、果实和包装物传播。

天敌主要有苹果绵蚜蚜小蜂 *Aphelinus mali*，多种瓢虫和食蚜蝇等。

松大蚜 *Cinara pinitabulaeformis* Zhang et Zhang（图7-20）

分布于我国华北、西北、东北，福建、台湾、山东、河南、广东、广西；国外分布于日本、朝鲜、欧洲和北美洲。危害红松、油松、赤松、樟子松、马尾松。

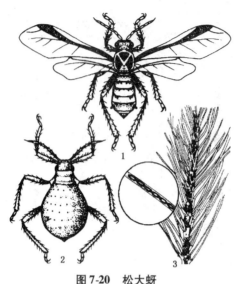

图 7-20 松大蚜
1. 有翅成虫　2. 无翅成虫　3. 危害状及卵

形态特征

成虫　体形较大。触角6节，第3节最长。复眼黑色，突出于头侧。雌性分有翅型和无翅型2种。有翅孤雌蚜体长2.8～3.0mm，黑褐色。体上有黑色刚毛，足上最多。翅膜质透明，前缘黑褐色。腹末稍尖。无翅孤雌蚜较有翅蚜粗壮，腹部散生黑色颗粒状物，并被有白色蜡质物，末端钝圆。雄成虫似无翅孤雌蚜，但体较小，腹部稍尖。

若虫　共4龄。体态与无翅成虫极相似。由干母胎生出的若虫为淡红褐色，体长约1mm。4～5d后变为黑褐色。

生活史及习性

1年可发生10多代，以卵在针叶上越冬。在辽宁，越冬卵于次年4月下旬至5月上旬孵化为若虫，在松枝上危害，吸液时常头部朝下，后足抬起，当受到外来刺激时，即迅速爬开，隐藏于松针基部。5月中旬出现干母，并进行孤雌胎生繁殖。1头干母可生产30多头雌若虫。若虫取食、发育，长成后继续胎生繁殖。6月中旬，出现侨蚜，飞往附近松树上繁殖危害，直到10月中旬出现性蚜（有翅雄、雌成虫）。性蚜交尾后，雌蚜产卵越冬。卵常8粒，偶有9～10粒，最多22粒，成行排列在松针上。松大蚜的繁殖力很强。在辽宁阜新地区，4月下旬孵化的第1代松大蚜发育历期为19～22d；5月下旬，由于气温升高，发育历期缩短为16～18d。

天敌主要有多种瓢虫、食蚜蝇、蚜小蜂、蜘蛛等。

柏大蚜 *Cinara tujafilina*（del Guercio）（图7-21）

柏大蚜分布于我国河北、辽宁、江苏、浙江、福建、台湾、江西、山东、河南、广东、广西、云南、陕西、宁夏；国外分布于朝鲜、日本、尼泊尔、巴基斯坦、土耳其，欧洲、大洋洲、非洲、北美洲。寄主有侧柏、金钟柏、铅笔柏。

形态特征

成虫　咖啡色。触角端部、复眼、喙第3至第5节、足腿节末端、跗节和爪及腹管均为黑色。触角6节，第3节最长。雌性分有翅型和无翅型2种。有翅孤雌蚜体长3.0～3.5mm，翅展7.5～9.0mm。体毛白色，在足及背侧较密。中胸背板骨片凹陷形成"X"型斑。翅面亦有白绒毛，前翅前缘脉黑褐色，近顶角有2个小暗斑。腹部背面前4节各节整齐排列2对褐色斑点，腹末稍尖。无翅孤雌蚜体色较有翅型稍浅，体长3.7～4.0mm。胸部背面有黑色斑点组成的"八"字形条纹。腹背有 6 排黑色小点，每排 4~6 个。腹部腹面覆有白粉，腹末钝圆。雄成虫与无翅孤雌蚜很相似，体长约 3.0mm，腹末稍尖。

若虫　体长约 1.8mm。初产时橘红色，3d 后变为咖啡色，形态似无翅孤雌成虫。

生活史及习性

在北京 1 年发生 10 余代，以

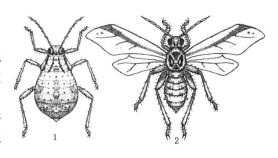

图 7-21　柏大蚜
1. 无翅雌成虫　2. 有翅成虫

卵在柏叶上越冬。在河南新乡地区 1 年 17~22 代，以卵和无翅胎生雌蚜越冬。翌年 2 月中旬，越冬卵孵化为无翅胎生雌蚜，3 月中旬出现干母成蚜，干母多集中于有叶的小枝上。1 头干母可胎生 19~30 头孤雌若蚜，平均 22 头。5 月上旬出现有翅孤雌蚜，飞迁扩散，繁殖危害到 10 月底出现雌、雄性蚜。性蚜交配后，雌性蚜于 11 月上中旬产卵越冬。卵多产于小枝鳞叶上，极少数产于树皮缝内。每雌蚜产卵 9~17 粒，平均 12 粒。林间卵历期 63~85d。也有少量无翅孤雌蚜于树皮缝和密生枝丛的背风处越冬。从 4 月中旬到 10 月可以同时看到不同世代、不同龄期的成、若蚜。4~6 月种群数量最大，危害也最严重。

天敌有异色瓢虫、七星瓢虫、草蛉、食蚜蝇等。

落叶松球蚜指名亚种 *Adelges laricis laricis* Vallot（图 7-22）

在我国分布较广，从东北大兴安岭到新疆天山山脉，及至山东泰安地区、四川西北部均有分布。危害云杉和落叶松，其中云杉为第一寄主。

形态特征

落叶松球蚜是一种多型性昆虫，一生主要有如下虫型。

干母　生活在第 1 寄主上，源于有性蚜所产的受精卵。卵橘红色，被浓密的白色絮状物所包围。越冬若虫长椭圆形，棕黑色至黑色，体长 0.4~0.7mm。触角 6 节，第 3 节最长。体表被有蜡孔分泌的 6 列整齐竖起的分泌物，蜡孔群位于骨化程度较强的蜡片上。成虫黄绿色，密被一层很厚的白色絮状分泌物。

伪干母　生活在第 2 寄主上，源于瘿蚜所产的无性卵。卵初产时橘黄色，孵化前呈暗褐色。越冬若虫黑褐色至黑色。体表裸露，无分泌物，骨

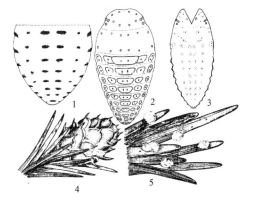

图 7-22　落叶松球蚜指名亚种
1. 性母成虫腹背腺板　2. 停育型若虫　3. 进育型若虫　4. 虫瘿　5. 侨居蚜若虫及危害状

化程度很强。蜡孔消失。触角 3 节，端节最长。腹气门无。成虫半球形，黑褐色，长 1~2mm，宽 0.7~1.1mm。背面有 6 纵列明显的疣。仅腹末端 2 节有少量分泌物。

瘿蚜　越冬干母的后代，羽化后飞往第 2 寄主。卵初产时淡黄色，孵化前暗褐色。1 龄若蚜淡黄色，体表裸露；2 龄以后，体表色泽逐渐加深，并出现白色粉状蜡质分泌物。4 龄若蚜紫褐色，翅芽显著。

侨蚜　生活在第 2 寄主上，是伪干母营孤雌生殖产生的大部分无翅型后代。若虫有 2 种类型：进育型和停育型。进育型若虫初孵时暗棕色，长约 0.6mm。体表裸露，蜡孔缺如。触角长。自 2 龄起，体表出现白色分泌物，并随着虫体的增长，分泌物愈加丰富。3 龄后，分泌物把虫体完全覆盖。成虫外观呈一绿豆粒大小的"棉花团"，长椭圆形，棕褐色，长约 1.5mm。停育型若虫形态上与伪干母的越冬若蚜完全相同。

性母　是伪干母营孤雌生殖产生的另一部分有翅蚜，羽化后迁回第 1 寄主。卵初产时橘黄色，孵化前灰褐色。卵的一端具丝状物，彼此相连。初孵若虫至 2 龄体表无分泌物。3 龄若虫红褐色，胸侧微微隆起。4 龄体色更淡，胸侧翅芽明显，背面 6 纵列疣清晰可见。成虫黄褐色至褐色，腹部背面蜡片行列整齐、明显。

有性蚜　为性母的后代。卵黄绿色。雌虫橘红色，雄虫色泽较暗，触角和足较长。

生活史及习性

在东北和甘肃需经 2 年方能完成全部生活史。在第 1 寄主云杉上以干母若虫在冬芽上越冬，在第 2 寄主落叶松上以伪干母若虫在冬芽腋和枝条皮缝中越冬。在东北，寄居云杉上的干母若虫于翌年 4 月中下旬开始活动，5 月发育为成虫并产卵。卵多产在冬芽腋处，每雌产卵 520~980 粒。孵化前，云杉冬芽已经萌动，由于干母的取食刺激，云杉的新芽变形并膨大，形成长约 15mm 的球状虫瘿，初为淡绿色，后被白色分泌物。孵化后的若虫即生活在虫瘿内，至 8 月中旬，多数虫瘿变为淡紫色，沿开裂线开裂，具翅芽的若虫从瘿内爬出停留在附近的针叶上，随即脱皮羽化为有翅瘿蚜飞离云杉，迁移到落叶松针叶上，营孤雌生殖，将卵产在虫体末端的针叶背面，为屋脊状停息的翅所覆盖。产卵量平均 30 粒左右。卵于 8 月中旬孵化为伪干母若蚜，爬至新梢皮缝中等处，于 9 月中旬起进入越冬状态。次年 4 月下旬，越冬伪干母若蚜开始活动，脱皮 3 次后于 5 月发育为伪干母成虫。同期进行孤雌产卵，产卵量为 59~142 粒。在伪干母所产的卵堆中，一部分停育型若蚜于 5 月末羽化为具翅的性母成虫，飞回云杉，停留在云杉叶背靠近叶尖部开始产卵。每 1 性母产卵 10 粒左右。卵于 6 月上旬孵化，至 6 月下旬长成性蚜。7 月初，在云杉幼树主干和大树粗枝下方的皮裂下，即可见到性蚜所产的受精卵。每雌仅产卵 1 粒。受精卵 8 月初孵化，于 9 月在云杉冬芽上越冬。另一部分进育型的若蚜最终长成无翅孤雌生殖的侨蚜，在落叶松上不断繁殖，每年可发生 4~5 代，是危害落叶松的主要阶段。

天敌有异色瓢虫、七星瓢虫、食蚜蝇等。

此外，本类群还有以下重要种类：

板栗大蚜 *Lachnus tropicalis*（van der Goot）：分布于我国北京、河北、辽宁、吉林、江苏、浙江、台湾、江西、山东、河南、湖北和西南各地。危害板栗和其它栎类。在山东泰安地区1年发生10余代，以卵在枝干背阴面越冬。

秋四脉绵蚜 *Tetraneura akinire* Sasaki：分布于我国华北、东北，上海、江苏、浙江、台湾、山东、河南、湖北、云南、新疆。主要危害各种榆树。第1寄主是榆，第2寄主为高粱、玉米等禾本科作物。在华北地区以卵在榆树枝干的粗糙部位越冬。

柳瘤大蚜 *Tuberolachnus salignus* Gmelin：分布于我国东北，北京、内蒙古、江苏、浙江、福建、台湾、山东、河南、云南、宁夏。危害各种柳树。在宁夏每年发生10代以上，以成虫在柳树主干下部皮缝内越冬。

蚜虫类的防治方法

（1）加强检疫，严防苹果绵蚜等危险性蚜虫随苗木、接穗和果实的调运传入。

（2）对于在转换寄主上越冬的蚜虫，清除其越冬寄主或在越冬寄主上集中防治，是降低虫口密度的有效方法。

（3）加强林木的抚育管理。当蚜虫初侵染危害时，剪除带虫萌芽或枝条，并予以消灭，防止其扩散。在云杉种子园，于虫瘿开裂前，剪掉虫瘿并烧毁，可控制落叶松球蚜指名亚种的蔓延。

（4）保护和助迁天敌。

（5）在成蚜、若蚜发生期，特别是第1代若蚜期，使用40%乐果乳油、或25%对硫磷乳油、或50%马拉硫磷乳油、或25%亚胺硫磷1 000～2 000倍液，或20%氰戊菊酯乳油3 000倍液，或10%吡虫啉可湿性粉剂1 000倍液，或50%辟蚜雾可湿性粉剂7 000倍液喷雾，均有良好防效。亦可在树干基部打孔注射或涂药防治，具体防治可参照蚧类防治。

7.1.3 蝉类

属同翅目头喙亚目，与林业关系密切的类群主要有蝉、叶蝉、沫蝉、蜡蝉等。蝉体大型，常数年完成1代，若虫在土中吸食寄主根系汁液，成虫产卵时在枝梢上造成多个切口，使枝梢枯死或风折。雄虫善鸣，量大时可造成严重的噪音污染。叶蝉、沫蝉和蜡蝉能飞善跳，成、若虫均能刺吸危害。叶蝉产卵于植物枝、干的皮层组织，使其伤痕累累，常造成幼树和枝条因大量失水枯死或遭冻害。沫蝉若虫常分泌大量泡沫物，并藏身其中，易被发现。

大青叶蝉 Cicadella viridis (Linnaeus)（图7-23）

又名青叶跳蝉，分布几乎遍及全国各地；国外分布于朝鲜、日本、马来西亚、印度、加拿大、欧洲。寄主植物很多，已知39科102属166种，主要有杨、柳、刺槐、槐树、榆、桑、枣、竹、臭椿、核桃、梧桐、构树、沙枣、桃、李、苹果等多种林木和果树，以及豆类、禾本科农作物和蔬菜、花卉等。

形态特征

成虫 雌成虫体长9.4~10.1mm，雄成虫体长7.2~8.3mm。青绿色，头冠、前胸背板及小盾片淡黄绿色。头冠前半部左右各有1组淡褐色弯曲横纹，近后缘有1对不规则的黑斑。触角窝上方、两单眼间亦有1对黑斑。复眼绿色。前翅绿色带有青蓝色泽，前缘淡白，端部透明，边缘具有淡黑色的狭带，翅脉青黄色。后翅烟黑色，半透明。胸、腹部腹面及足橙黄色。后足胫节内侧有细纹，刺列的每1刺基部为黑色。雌虫腹末可见锯状产卵器，雄虫腹末有1条细缝，其末端有刺状突起。

卵 白色微黄，香蕉状，长1.6mm。一端稍细，中间微弯曲。表面光滑。

若虫 共5龄。1、2龄若虫体色灰白略带黄绿色，头冠部有2条黑色斑纹。3龄黄绿色，除头冠部2个黑斑外，胸、腹部背面出现4条暗褐色条纹。4龄若虫亦黄绿色，翅芽发达，中胸翅芽已达中胸节基部，腹部末端出现生殖节片。5龄若虫前、后翅翅芽等齐，超过腹部第2节，腹部末端有2个生殖节片。

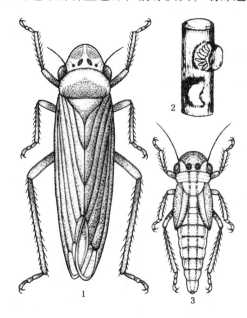

图7-23 大青叶蝉
1. 成虫 2. 卵 3. 若虫

生活史及习性

甘肃、新疆、内蒙古、吉林1年2代，各代的发生期分别为4月下旬至7月中旬、6月中旬至11月上旬；河北以南各省份1年发生3代，各代的发生期分别为4月上旬至7月上旬、6月上旬至8月中旬、7月中旬至11月中旬，均以卵在阔叶林木树干和枝条的皮层内越冬。越冬卵的孵化与温度关系密切。近孵化时，卵的顶端常露出产卵痕外。孵化时间均在早晨，以7:30~8:00为孵化高峰。初孵若虫性喜群集，常栖息于叶背危害，以后逐渐分散到矮小植物和农作物上。成虫及若虫均善跳跃。成虫趋光性很强，喜潮湿背风处，多集中在生长茂密、嫩绿多枝的杂草与农作物上昼夜刺吸取食。一般需经1个多月的补充营养后才交尾产卵。交尾产卵均在白天进行。产卵时，雌成虫先用锯状产卵器刺破寄主植物的表皮形成月牙形的产卵痕,再将卵成排产于表皮下。每雌产卵 3~10 块,每块 2~15 粒。夏季卵多产在小麦、玉米、早熟禾、拂子茅等禾本科植物的茎秆和叶鞘内;越冬卵产于阔叶树幼嫩光滑的枝条和主干上,以直径 15~50mm 的枝条上密度最大。

卵期天敌有小枕异绒螨 *Allothrombium puluinum*、双刺胸猎蝽 *Pygolampis bidenlara*、华姬猎蝽 *Nabis sinoferus*;成虫和若虫期的天敌有亮腹黑褐蚁 *Formica gagatoides*、罗恩尼氏斜结蚁 *Plagiopepis rothneyi*、蟾蜍和麻雀等。

蚱蝉 *Cryptotympana atrata*(Fabricius)(图 7-24)

分布于我国华北、华东、华中,福建、广东、广西、四川、陕西、甘肃;国外分布于日本、菲律宾、马来西亚、印度尼西亚、美国。危害杨、柳、榆、苦楝、白蜡、桑、丁香、苹果、梨、桃等 144 种植物。

形态特征

成虫 体长 38~40mm,翅展 116~120mm。黑色,密生淡黄色绒毛。复眼与触角间生有黄褐色斑纹。前胸背板中央有一黄褐色"X"形隆起。前、后翅透明,其基部 1/3 烟黑色。足黑色,有不规则黄褐色斑。腹部除第 8、9 节外,各节侧缘及后缘均为黄褐色。雄虫腹部第 1、2 节有鸣器。

若虫 共 4 龄。1 龄若虫乳白色,密生黄褐色绒毛。前足明显开掘足。

图 7-24 蚱 蝉

体呈"虱"形。腹部显著膨大,侧缘有 1 列疣状突起。2 龄若虫前胸背板出现不明显的倒"M"形纹。3 龄若虫前胸背板倒"M"形纹明显,前翅芽显现。4 龄若虫棕褐色,翅芽前半部灰褐色,后半部黑褐色,脉纹明显。

生活史及习性

在山西南部 4 年 1 代,以卵和若虫分别在被害枝木质部和土壤中越冬。老熟若虫于 6 月下旬出土羽化,7 月上旬至 8 月上旬达到高峰。成虫于 7 月中旬开始产卵,8 月中下旬为盛期。越冬卵于 7 月上旬开始孵化,7 月中旬达到高峰。若虫的平均发育历期为 1 127d。老熟若虫出土后常在附近徘徊,遇物则爬上去固定、脱皮羽化。成虫羽化后,栖息于树木枝干上,约经 15~20d 补充营养后,开始交尾产卵。交配多集中在 9:00~14:00,一生可交尾 3~4 次。雌虫产卵多选择当年萌发的、直径 4~6mm 的枝条,产卵时,先用产卵器刺破枝条木质部,然后把卵产在枝条髓心部分。卵槽多呈梭形。每雌平均产卵 500~700 粒。经产卵的枝条,产卵部位以上部分很快萎蔫。成虫具有一定的趋光性和趋火性,对后者更为明显。亦具群居性和群迁性,上午成群由大树向小树迁移,晚上又成群从小树向大树集中。雄成虫善鸣。卵期平均 334d。降雨多,湿度大,卵孵化早,孵化率高;气候干燥,卵孵化期推迟,孵化率也低。若虫孵化后即坠地钻入土,以刺吸植物根系养分为食。1、2龄若虫多附着在细根或须根上，而3、4龄若虫多附着在粗根上。若虫在土壤中越冬、脱皮和危害均筑一椭圆形土室。土室四壁光滑，紧靠根系，1虫1室。

成虫天敌有红尾伯劳、灰椋鸟、布谷鸟、喜鹊等多种鸟类和蝙蝠、螳螂、蜘蛛、蜈蚣等捕食性动物以及寄蛾等；卵有1种寄生蜂；若虫有蚂蚁、螳螂、蠼螋、瓢虫等。

此外，本类群还有以下重要种类：

松沫蝉 *Aphrophora flavipes* Uhler：国内分布于河北、辽宁和山东。主要危害赤松和油松。1年发生1代，以卵在当年生的松针叶鞘内越冬。

柳尖胸沫蝉 *Aphrophora costalis* Matsumura：国内分布于河北、山西、内蒙古、吉林、黑龙江、陕西、甘肃、青海、新疆，危害柳树和杨树。1年发生1代，以卵在枝条上或枝条内越冬。

斑衣蜡蝉 *Lycorma delicatula*（White）（图3-5-5）：国内分布于北京、河北、江苏、浙江、台湾、山东、河南、广东、四川、陕西，危害臭椿、香椿、刺槐、苦楝、枫树等。在北方每年发生1代，以卵在树皮上越冬。

蝉类的防治方法

（1）**营林措施** 加强林木管理，增强树势。营造混交林。

（2）**人工防治** 冬季结合修枝，剪去被产卵枝；夏季成虫羽化期组织群众人工捕捉，或在树干基部包扎一圈宽8cm的塑料薄膜带，用图钉钉牢，阻止老熟若虫上树脱皮，并在树干基部设置陷井（用双层薄膜做成，高8cm）和陷杯（埋入靠近树干基部的地下，杯与地面平）捕捉若虫，用于防治蚱蝉。

（3）**诱杀防治** 在成虫发生期，利用黑光灯、高压汞灯诱杀大青叶蝉，利用举火诱杀蚱蝉成虫。

（4）**涂干防治** 秋季大青叶蝉产卵前，在枝干上喷刷涂白剂或防啃剂；在沫蝉若虫群集危害期，刮去寄主粗树皮，涂刷40%氧化乐果10倍液。

（5）**化学防治** 于大青叶蝉秋季成虫迁回果林后但尚未产卵前，喷施菊酯类乳油4 000~5 000倍液或40%氧化乐果乳油1 000~1 500倍稀释液；沫蝉若虫危害期，向树冠喷洒2.5%敌百虫粉剂或乐果乳油1 000倍液；蜡蝉若虫期可喷洒40%马拉硫磷1 000倍液，50%乐果乳油1 000~2 000倍液；春季当土壤湿度较大时，每株撒施3%呋喃丹颗粒剂100~150g，对蚱蝉有良好防效。

7.1.4　木虱类

属同翅目木虱总科。体小型，能飞善跳，若虫群栖。常以成虫在杂草中越冬，早春在嫩叶上产卵。成虫和若虫均可刺吸嫩枝嫩叶危害。

沙枣木虱 *Trioza magnisetosa* Log. (图 7-25)

分布于我国内蒙古、陕西、甘肃、宁夏、新疆。寄主有沙枣、沙果、梨、李、枣等,但以沙枣受害最重。

形态特征

成虫 体长 2.2~3.5mm。黄绿色或麻褐色。头浅黄色,颊锥呈三角形突出。触角浅黄色,端部 2 节黑色,顶端有 2 根黑色剑状刚毛。复眼灰褐色。单眼鲜红色。前胸背板前后缘黑褐色,中间有 2 条橘黄色纵带;中胸背板有 4 条黄色纵带;

图 7-25 沙枣木虱

后胸腹板中央近后缘有 1 对乳白色或色较深的小锥形突起。足浅黄色,爪黑色。腹部腹面白色,背面各节有褐色纵纹。雌虫腹末急剧收缩,背产卵瓣尖形突出弯向背面前方;雄虫腹末数节膨大并弯向背面。

若虫 共 5 龄。体长 2.0~3.4mm。体椭圆形,扁平。初孵时体白色,后变绿色,老熟时呈灰绿色。

生活史及习性

1 年 1 代,以成虫在沙枣卷叶内、树皮裂缝中、落叶杂草间和房舍墙缝内越冬。翌年 3 月初,越冬成虫开始活动,并在枝梢上吸食危害。3 月中旬开始交尾,4 月上旬开始产卵。产卵期较长,可延续至 6 月上旬。产卵部位随寄主的生长发育而异,4 月上中旬树木开始萌芽时,卵产在树芽上,排列很密;5 月份以后,沙枣开始展叶,产卵于叶片上。卵期 8~30d。5 月中旬,若虫大量出现,群集在嫩梢及叶背面取食,被害叶片逐渐向背面弯曲,呈长筒形。在此情况下,若虫完全营隐蔽生活,常分泌白色蜡质物于卷叶内。至 3、4 龄时,因危害加重,叶片卷曲更甚,嫩梢也开始弯曲,蜡质分泌物亦增多并不断撒落地面。5 龄时虫体显著增大,前期可因食料缺乏转叶危害,后期则由卷叶迁至叶背及枝条上羽化为成虫。成虫不能飞翔,只会跳跃。白天栖息于叶背,傍晚向密林迁移取食。10 月底至 11 月初,当日平均温度下降到 0℃以下时,即开始越冬。

天敌有蜘蛛、二星瓢虫 *Adalia bipunctata*、啮小蜂和真菌等。

梧桐木虱 *Thysanogyna imbata* Enderlein (图 7-26)

又名青桐木虱。分布于我国河北、山西、江苏、浙江、安徽、福建、山东、河南、湖南、贵州、陕西。仅危害梧桐。

形态特征

成虫 体黄色,具褐斑。体长 5.6~6.9mm,翅展 13mm。头端部明显下陷。复眼半球状突起,红褐色。单眼 3 个,橙黄色。触角 10 节,褐色,基部 3 节的基部黄色,端部 2 节黑色。前胸背板横条形,中央、后缘和凹陷处均为黑色。中胸隆起,前盾片有 1 对褐斑。盾片中央凹,有 6 条黑褐色纵纹,两侧有圆斑。小

图 7-26 梧桐木虱

盾片黄色；后小盾片黑褐色，有 1 对突起。足黄色，胫节端部及跗节褐色。前翅透明，后缘有间断的褐纹。腹部褐色。雄虫第 3 腹节背板及腹端黄色；雌虫腹面及腹端黄色。

若虫 共 3 龄。末龄若虫身体近圆筒形，茶黄色常带绿色，腹部有发达的蜡腺，分泌白色的絮状物覆盖虫体。触角 10 节。翅芽发达，可见脉纹。

生活史及习性

在陕西武功 1 年 2 代，湖南零陵 1 年 2~3 代，贵州铜仁 1 年 4 代，均以卵越冬。在陕西关中地区，枝干上的越冬卵于翌年 4 月底 5 月初陆续孵化，多群集于嫩梢和叶背危害。若虫行动迅速，无跳跃能力，潜居在自身分泌的白色蜡质絮状物中。第 1 代成虫于 6 月上中旬出现，约经 10d 补充营养后，进行交尾、产卵。交尾以 8：00 前和 17：00 左右为最多，卵多产在叶背面。卵散产，每雌产卵约 50 粒。第 2 代若虫于 7 月中旬开始出现，8 月上中旬羽化为成虫，8 月下旬开始产卵于主枝下面靠近主干处、侧枝下方和主侧枝表皮粗糙处，以备越冬。此虫发生极不整齐，在同一时期可见各种不同虫态。

天敌有异色瓢虫、姬赤星瓢虫 *Chilocorus simillis*、黄条瓢虫 *Calria* sp.、黑食蚜盲蝽 *Deraeocoris punctulatus*、大草蛉、中华草蛉 *Chrysopa sinica*、绿姬蛉、深山姬蛉、食蚜蝇和 2 种寄生蜂。

槐豆木虱 *Cyamophila willieti*（Wu）（图 7-27）

又名槐木虱、国槐木虱，分布于我国北京、河北、山西、辽宁、湖北、湖南、贵州、陕西、甘肃、宁夏。危害槐树和怀槐。

形态特征

成虫 体长约 3.3~3.5mm，翅展 6.4~6.9mm。黑褐色。触角黄褐色，10 节，第 5~8 节基部黄褐色，端部黑色；第 9~10 节黑褐色。复眼紫红色。前胸背板前后缘黑褐色，中央红褐色；中胸盾片有 4 块红褐色长斑。翅膜质透明，略带黄色，翅脉黄褐色。前翅外缘有 3、4 个黑褐色斑点。足腿节黑褐色，胫、跗节黄褐色。腹部黑褐色。雌虫末端尖。雄虫末端圆钝，交配器弯向背面。

若虫 共 6 龄。体扁，长椭圆形，体长 0.40~2.66mm。复眼红色。初孵若虫乳白色，后渐变为绿色。4 龄以后翅芽明显。

生活史及习性

在辽宁抚顺地区 1 年 1 代，北京 1 年数代，均以成虫越冬。越冬场所在辽宁为枯枝落叶层；在北京则为树洞和树皮缝。在辽宁抚顺，越冬成虫于翌年 5 月中旬开始活动，待补充营养后于 5 月中下旬交配产卵。卵多

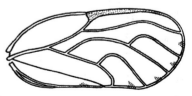

图 7-27 槐豆木虱前翅

产于当年生小枝顶端嫩叶背面，中脉两侧较多。卵散产、裸露，每雌产卵66～310粒，平均268粒。卵期7～9d。5月下旬若虫孵化，多在叶背或嫩梢、嫩叶上刺吸危害，并在叶片上分泌大量黏液。若虫期18～22d。6月中旬出现成虫。成虫不交配产卵，逐渐进入越冬状态。

天敌有异色瓢虫、七星瓢虫、龟纹瓢虫和草蛉等。

木虱类的防治方法

（1）加强检疫，严禁木虱随苗木的调运传入或传出。
（2）清理林下杂草和枯枝落叶，破坏木虱的越冬场所，降低越冬虫口基数。
（3）注意保护天敌，在天敌数量多时少用或不用广谱性化学农药。
（4）在若虫发生期，可采用40%氧化乐果、50%杀螟松1 000倍液；10%敌虫菊酯3 000倍液、20%杀灭菊酯2 000～3 000倍液、25%敌百虫晶体800倍液，均有良好的防治效果。

7.1.5 蝽类

属半翅目，与林业关系密切的类群有蝽科、盾蝽科、网蝽科和长蝽科。成虫、若虫均可刺吸危害，常造成寄主叶色变黄，提早脱落，植株生长缓慢，甚至枝梢枯死。

小板网蝽 *Monoteira unicostata* （Mulsant et Rey）（图7-28）

又名杨网蝽、柳网蝽。分布于我国内蒙古、甘肃、宁夏、新疆；国外分布于前苏联、叙利亚、摩洛哥，欧洲南部、非洲北部。危害多种杨、白柳、梨、李、山楂、樱桃、扁桃和棉花，以小叶杨、箭杆杨、钻天杨和多种杂交杨受害较重。

形态特征

成虫　体长1.9～2.3mm，宽0.8～1.1mm。头和胸部灰黑色。复眼圆形，红黑色。触角棒状，4节；第1、2节粗短，第3节细长，第4节膨大；基部和顶端黑褐色。头上生有4个刺状突起，中间有1个椭圆形斑块。前胸背板两侧向上隆起并具网纹刻点。前翅和足黄褐色。小盾片和前翅具有清晰的网状纹。翅面折合后中部呈现"X"或"大"字形灰褐色斑纹。虫体腹面黑色。

卵　长椭圆形，上端略平稍弯曲，下端椭圆。长0.2mm，宽0.07mm。卵壳上有微显的网状纹。

若虫　共3龄。1龄浅黄色；2龄浅黄褐色；3龄若虫浅灰色或黄色，体长1.6～1.9mm，体宽0.9～1.1mm。头上有4个突起，后2个较大。前胸背板中部色较深，向外渐变淡黄。翅芽中段灰黄色，两端灰黑色。腹部边缘凹凸明显，在凸起的分节处均有1个肉刺。腹部第4、7、10节背中部各有1个黑斑，其中第7节者较大。

生活史及习性

在新疆1年发生5代,以成虫在树皮裂缝内和落叶层下越冬。翌年4月中旬越冬成虫上树活动并不断补充营养,吸食12~15d后开始交尾。5月初产第1代卵,卵期7~8d。若虫期平均12d。以后每完成1个世代约需30d,但前后2个世代的历期较长。成虫于9月底10月初进入越冬状态。成虫不飞或少飞,活动主要靠爬行。若受惊动迅速逃逸,或坠地假死。交尾多在夜晚进行,雄成虫有多次交尾的习性,一生可交尾2~4次,雌成虫大多只交尾1次。卵主要散产在叶背主脉两侧的叶肉内,有卵盖的一端约有1/3外露。每雌平均产卵量为11.4粒。1、2龄若虫常数十个群集在叶背吸食,并有成群转移的习性。3龄后分散成若干小群体,并有少数单个活动。若虫一生能危害5~11个叶片,从树下部向上蔓延。一年中对林木有两个危害高峰期,分别在第3代和第5代的若虫期。

天敌有捕食成虫的灰蜘蛛和咬食若虫的黑蚂蚁。

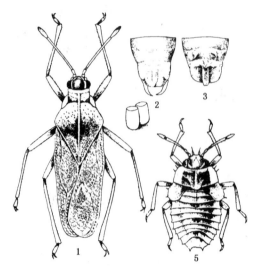

图7-28 小板网蝽
1. 成虫 2. 雄成虫腹末 3. 雌成虫腹末
4. 卵 5. 若虫

梨冠网蝽 *Stephanitis nashi* Esaki et Takeya (图7-29)

又名梨网蝽、梨花网蝽、军配虫等。分布于我国华北、华东、华中、辽宁、吉林、福建、台湾、广东、广西、四川、云南、陕西、甘肃;国外分布于朝鲜、日本。寄主有梨、苹果、花红、杏、樱桃、月季、樱花、山茶、茉莉、紫藤等。以成、若虫群集在叶背刺吸取食,受害叶正面呈现黄白色斑点,随着危害加重,斑点可扩大至全叶苍白;叶背有黏性分泌物和粪便形成黄褐色的锈状斑并杂有黑点,导致早期落叶。

形态特征

成虫 体长约3.5mm,扁平,暗褐色。头小,复眼暗黑色。触角4节,丝状。前胸背板中央纵向隆起,向后延伸如扁板状,盖住小盾片,两侧向外突出呈翼片状。前胸和前翅面呈密网纹状。前翅长方形,半透明,具黑褐色斑纹,静止时两翅叠起黑褐色斑纹构成"X"状;后翅膜质白色。胸部腹面黑褐色。足黄褐色。腹部金黄色,有黑色斑纹。

卵 长椭圆形,一端弯曲,长约0.6mm,淡黄色。

若虫 共5龄。初孵若虫乳白色,后渐变为深褐色。3龄时翅芽明显,外形似成虫,腹部两侧及后缘有1个黄褐色刺状突起。成长若虫头、胸、腹部均有锥状刺突。

生活史及习性

在华北地区 1 年 3~4 代，长江流域 4~5 代，华南地区 5~6 代，各地均以成虫在枯枝落叶、杂草、树皮裂缝以及土、石缝中越冬。在华北地区，越冬成虫于次年 4 月上中旬开始活动，飞到寄主叶背集中刺吸危害。4 月下旬至 5 月上旬为出蛰盛期。4 月下旬成虫开始产卵，卵产于叶背面叶肉内，每次 1 粒。常数粒至数十粒相邻产于主脉两侧。每雌产卵 15~60 粒。卵期约 15d。初孵若虫不甚活动，有群集性，2 龄后逐渐扩大活动范围。由于成虫出蛰期不整齐，5 月中旬以后出现世代重叠。一年中以 7~8 月危害最重。10 月中旬以后成虫陆续越冬。天敌有瓢虫、草蛉等。

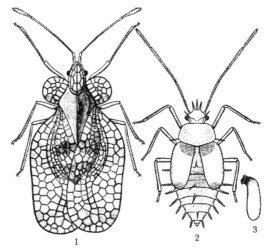

图 7-29　梨冠网蝽
1. 成虫　2. 若虫　3. 卵

此外，本类群还有以下重要种类：

小皱蝽 *Cyolopelta parva* Distant：分布于内蒙古、辽宁、江苏、福建、江西、山东、湖北、湖南、广东、广西、四川、云南，危害刺槐和多种豆科植物。在山东 1 年发生 1 代，以成虫在杂草里及石块下越冬。

麻皮蝽 *Erthesina fullo*（Thunberg）：分布于华东、华南、华北、西北和四川，危害油桐、臭椿、桑、刺槐、杨树、榆树。在北方 1 年发生 1 代，南方 1 年 3 代，均以成虫在落叶下或潜入建筑物内越冬。

油茶宽盾蝽 *Poecilocoris latus* Dallas：分布于浙江、福建、江西、广东、广西、贵州、云南。危害油茶和茶树的果实。在广西 1 年 1 代，以老熟若虫在叶背或地面杂草中越冬。

长脊冠网蝽 *Stephanitis svensoni* Drake：分布于福建、湖南和广东。危害檫树和八角属植物。在广东 1 年发生 6~7 代，世代重叠，以成虫在枯枝落叶及地被物中越冬。

红足壮异蝽 *Urochela quadrinotata* Reuter：分布于北京、河北、山西、东北、陕西。危害白榆。在山西 1 年发生 1 代，以成虫在向阳山崖缝、墙缝和堆集物内越冬。

黑门娇异蝽 *Urostylis westwoodi* Scott：分布于河北、山西、浙江、山东、四川。仅危害麻栎和栓皮栎。在山东 1 年发生 1 代，以卵在粗树皮缝越冬。

螨类的防治方法

（1）进行冬耕，将落叶、杂草深埋，破坏螨类的越冬场所，减少来年种群基数。

（2）对茎干粗糙的植株冬季涂白，可防治小板网蝽等危害。

（3）保护和利用各种天敌，发挥自然控制能力。

（4）树冠喷雾，多在越冬成虫出蛰活动到第1代若虫孵化阶段，使用药剂有：80%敌敌畏乳油1 000倍液，或40%氧化乐果1 000～1 500倍液，或50%杀螟松1 000倍液，或20%杀灭菊酯乳油2 500倍液；量大时，每隔10～15 d喷施1次，连喷2～3次，消灭成虫和若虫。

7.1.6 螨类

山楂叶螨 *Tetranychus viennensis* Zacher（图7-30）

又名山楂红蜘蛛。属真螨目叶螨科。广泛分布于我国东北、华北、西北、华东、华中地区。寄主植物有山楂、苹果、杏、桃、李、梨、海棠、樱花、樱桃、月季、玫瑰以及黑莓、草莓、榛、栎、核桃、刺槐等。其中以苹果、桃、樱桃、梨等受害严重。叶片被害后表面呈现灰白色失绿的斑点，早春在刚萌发的芽、小叶和根蘖处危害，随着叶片生长，逐渐蔓延全树。受害严重者，6月上中旬叶片脱落，常造成二次开花，大量消耗树体营养。

形态特征

雌螨　体长0.45～0.5mm，宽0.25mm，椭圆形，深红色，足及颚体部分橘黄色，越冬雌成螨橘红色。须肢端感器短锥形，其长度与基部宽度略相等；背感器小枝状，其长略短于端感器。口针鞘前端略呈方形，中央无凹陷。气门沟末端具分支，且彼此缠结。背毛正常。肛侧毛1对。

雄螨　体长0.35～0.43mm，宽0.2mm，橘黄色。须肢端感器短锥形，但较雌螨细小；背感器略长于端感器。足I跗节爪间突呈1对粗壮的刺毛；足I跗节双毛近基侧有4根触毛和3根感毛，其中1根感毛与基侧双毛位于同一水平。阳具末端与柄部呈直角弯向背面，形成与柄部垂直的端锤，其近侧突起短小，尖利，远侧突起向

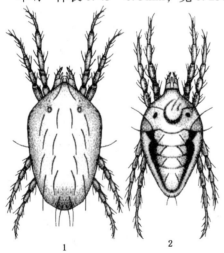

图7-30　山楂叶螨
1. 雌成螨　2. 雄成螨

背面延伸，其端部逐渐尖细。

生活史及习性

在山东、山西、河北、河南等地一般1年发生9~11代，南方可达10代以上。以受精雌成螨在树皮裂缝、虫孔、枯枝落叶杂草内、根茎周围的土缝等处越冬。越冬雌成螨多在3月下旬苹果花芽萌动时开始出蛰，4月中旬为出蛰盛期。在根茎处越冬的个体出蛰略早，出蛰后先在附近早萌发的根蘖芽、杂草等的叶片上吸食，随着气温升高，逐渐转移至树上刚萌发的新叶、花柄、花萼上吸食危害。常造成嫩芽枯黄，不能开花展叶。当日平均气温达15℃以上时开始产卵。梨树盛花期第1代幼螨开始孵化。发生盛期在盛花期后1个月左右。此后世代重叠。山楂叶螨在27.5℃下，卵期为5.2d，幼若螨期6.8d。营两性生殖，也可孤雌生殖。雄螨一生可与多个雌螨多次交配。单雌产卵量平均约70粒。该螨种群数量消长与春季的气温和7~8月份的雨量有关。一般6月上旬以前种群增长缓慢；中旬开始数量激增。进入雨季后，种群密度骤降。雨季过后8月下旬至9月中旬出现第2个小高峰。自9月下旬开始部分成螨进入越冬状态，10月底至11月上旬可全部进入越冬。

针叶小爪螨 *Oligonychus ununguis* (Jacobi)（图7-31）

又称板栗红蜘蛛、杉木红蜘蛛。属真螨目叶螨科。国内主要分布于华东和华北地区。主要危害松科、柏科、杉科、壳斗科、蔷薇科植物。我国北方的板栗产区受该螨危害严重。被害叶轻者呈现灰白色小点，重者全叶变为红褐色，硬化，甚至焦枯，宛如火烧状，致使树势衰弱，严重影响板栗树生长发育和果实产量。

形态特征

雌螨　体长0.4~0.49mm，宽0.31~0.35mm。椭圆形，褐红色，足及颚体橘红色。须肢端感器顶端略呈方形，其长约为宽度的1.5倍；背感器小枝状，较细，短于端感器。口针鞘顶端圆钝，中央有一凹陷。气门沟末端膨大。背表皮纹在前足体为纵向，后半体第1、2对背毛之间横向；第3对背中毛之间基本呈横向，但不规则。背毛末端尖细，具茸毛，不着生于突起上，共26根，其长均超过横列间距。足Ⅰ跗节爪间突的腹基侧具5对针状毛。前双毛的腹面仅具1根触毛。

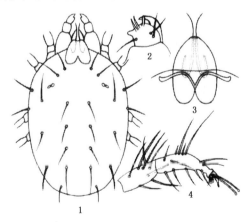

图7-31　针叶小爪螨
1. 雌成螨背面　2. 须肢跗节
3. 气门沟　4. 足Ⅰ胫节与跗节

雄螨　体长0.28~0.33mm，宽0.12mm。须肢端感器短锥形，其长与基部的宽度相等；背感器小枝状，与端感器等长。阳具末端与柄部呈弧形弯向腹面，其顶端逐渐收窄。

生活史及习性

一般1年发生6~12代。均以滞育卵在1~4年生枝条上越冬。山东、河北等地翌年4月中旬越冬卵开始孵化，孵化盛期一般在4月下旬至5月上旬。幼螨孵化后爬到新叶上吸食危害。林间种群消长因地区、年份而有差异。一般6月上旬至8月上旬是种群数量最大的时期。发育历期随温度增高而缩短，在平均气温20℃左右时，完成一代需20d左右；7~8月高温季节完成一代需10~13d。雌成螨交尾后1d左右开始产卵，第6~8天达产卵高峰。夏卵多产于叶片正面的叶脉两侧。平均产卵历期14.7d，平均单雌产卵量为43粒。雌成螨寿命一般约15d，雄成螨寿命一般约6d。滞育卵的出现受温度、光照、食物、降雨等多种因子的影响。产滞育卵的盛期一般在7月上旬至8月上旬，但在发生密度高时6月中旬即开始产滞育卵。滞育卵在树体上的分布，以上部枝条最多，中部次之，下部最少。

柏小爪螨 *Oligonychus perditus* Pritchard et Baker（图7-32）

又称柏红蜘蛛。属真螨目叶螨科。分布于我国华北、华东、华南、西南。危害多种柏树，如侧柏、线柏、福建柏、圆柏、龙柏、刺柏、鹿角桧等。树木受害后，鳞叶基部枯黄色，严重时树冠显黄色，鳞叶之间有丝网。

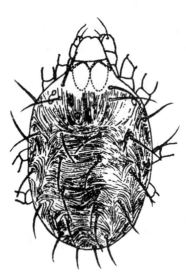

图7-32 柏小爪螨

形态特征

雌螨 体长0.35~0.4mm，宽0.25~0.35mm，椭圆形，褐绿色或红褐色。足及颚体橘黄色。须肢跗节端感器柱形，其长为宽的2倍，背感器小枝状，短于端感器。气门沟末端膨大，前足体背表皮纹纵向，后半体基本为横向，生殖盖及生殖盖前区表皮纹横向。

雄螨 体长0.3~0.35mm，宽0.20mm，近菱形。须肢端感器短小，背感器小枝状。阳具末端与柄部成直角弯向腹面，顶端渐尖，柄部的基部具宽的凹陷。

生活史及习性

柏小爪螨1年发生7~9代。以卵在枝条、针叶基部、树干缝隙等处越冬。越冬卵次年3月下旬4月上旬开始孵化。4月底5月上旬发育为第1代成螨，并开始产卵。种群数量逐渐增高。5月至7月上旬是该螨发生盛期，世代重叠。7月中旬至8月下旬，因气温高，雨水多等原因，种群密度较低。9~10月种群密度回升。10月中旬后开始产卵越冬。该螨的发生与环境温度和降雨关系密切，夏季的高温多雨是抑制种群数量的关键因子。

此外，本类群重要种类还有：

棒毛小爪螨 *Oligonychus clauatus* (Ehara)：分布于我国辽宁、江西、山东、广西，危害马尾松、油松、日本黑松、红松、落叶松。5~10 年生幼林受害较重。在辽宁辽阳地区 1 年发生 7 代，以卵在 1~2 年生枝条皮缝中越冬。

六点始叶螨 *Eotetranychus sexmaculatus* (Riley)：分布于我国台湾、江西、湖北、湖南、广东、广西、海南、四川、云南；危害油桐、橡胶、樱桃、梅、柑橘、槭、胡颓子、油梨等。在海南、广东一带 1 年发生约 23 代，四川约 17 代；高山地区以成螨，低山地区以成螨和卵越冬。

榆全爪螨 *Panonychus ulmi* Koch：分布于我国华北、辽宁、江苏、山东、河南、湖北、西北（除新疆），危害榆、椴、朴、枫、刺槐及多种果树。在辽宁 1 年 6~7 代；山东 4~8 代；河北 9 代，以滞育卵在 2~4 年生侧枝分叉处、果臺短枝等处越冬。

叶螨类的防治方法

（1）因地制宜，区别对待，树冠下耕草，增加天敌的种类、数量。水浇条件较好的经济林或果园，在树冠下种植矮秆作物或绿肥等草本植物，如苜蓿、燕麦、荞麦等。增加林内生物群落的多样性，为天敌提供栖息、繁殖场所，增加天敌的种类、数量。叶螨的天敌种类较多，常见的有中华草蛉 *Chrysopa sinica*、大草蛉 *Ch. septempunctata*、深点食螨瓢虫 *Stethorus punctillum*、塔六点蓟马 *Scolothrips takahashia*、小花蝽 *Orius minutus*、捕食螨等，食量较大，有较好的控制作用。

（2）不施高氮化肥，增施有机肥。氮肥施用过多，营养比例失调，不仅造成徒长，树势内虚，而且使叶螨繁殖能力增强，山楂叶螨表现尤为突出。因此，强调在山楂叶螨发生较重的林地或果园，不施用纯氮化肥，增施圈肥、绿肥等有机肥。

（3）树干绑草，诱集越冬。每年 8 月下旬至 9 月上旬期间，将杂草绑缚在树干主枝分叉或树皮粗糙处，秋后清除干净，对以雌成螨越冬的种类能够减少越冬螨口基数，效果较好。

（4）冬季全面清理林地和果园。落叶后，进行全面彻底的清理。重点清理杂草、枯枝落叶，刮除粗皮、翘皮。对枝干上的虫孔，用石硫合剂废渣堵塞，具有较好的防治效果。冬季清理果园不仅对叶螨类有良好的防治作用，而且对多种病、虫害也有很好的防治作用。

（5）叶螨的药剂防治。在预测预报的基础上，检测螨口密度发展状况。①春季越冬雌成螨出蛰盛期和越冬卵孵化盛期，可在树干或树冠喷布 0.5% 烟碱楝素乳油 500 倍液；或邦螨克 2 000 倍液，卵螨特 5 000 倍液，绿灵 600 倍液；或 1% 阿维菌素乳油 4 000~6 000 倍液，双阿微乳油 4 000 倍液，大力士乳油 4 000 倍液。对控制全年发生起着重要作用。②5 月下旬至麦收前是叶螨第一代成螨大量发生期。在发生密度大且有可能造成严重危害的地区，应及时使用农药，控制危害。决定是否用药的指标为平均每 100 叶或 50 叶螨口密度。调查方法是：5

月下旬至麦收前，在林内随机选择发生中等偏重的树 3 株，每株随机抽取内膛和外围叶各 30 片，调查叶片上的活动螨数（卵除外），计算平均每叶螨口数。当平均每叶活动螨达 3~5 头时，即可用药。可喷布 1% 或 3% 阿维菌素 4 000~6 000 倍液，或 10% 吡虫啉 2 000~2 500 倍液或 15% 达螨酮 1 500 倍液，或 20% 螨死净 1 500~2 000 倍液等，间隔 10d 再喷一次，可控制危害。③秋季无果期防治。苹果、桃、梨、山楂等果园，果实采收后，有部分发育较晚的个体仍在叶片危害，尚未进入滞育状态，此期及时全面细致喷布一遍杀螨剂或杀虫剂。对减少越冬螨口基数至关重要。可用 3% 或 1% 阿维菌素 4 000 倍液或 27.5% 油酸烟碱乳剂 300~500 倍液，或 20% 克螨氰菊乳油 1 500 倍液。

7.2 钻蛀类害虫

钻蛀类害虫大多以幼虫钻蛀幼树的枝梢、嫩芽危害，在木质部或髓部钻蛀隧道，造成嫩梢枯萎，甚至树木死亡。由于这类害虫的危害，刺激分生组织畸形增长，因而形成枝梢变形或形成瘿瘤，对幼树的树形和树势影响很大；有些不仅钻蛀枝梢，还在嫩梢头吐丝缀叶取食，并可蛀入幼果，影响果实产量和质量。

7.2.1 螟蛾类

微红梢斑螟 *Dioryctria rubella* Hampson （图7-33）

又名松梢螟。分布于全国各地；国外分布于朝鲜、日本、俄罗斯，欧洲。危害马尾松、黑松、油松、红松、赤松、黄山松、云南松、华山松、樟子松、火炬松、加勒比松、湿地松、雪松、云杉。幼虫蛀害主梢、侧梢、枝干，使松梢枯死；蛀食球果，影响种子产量。中央主梢枯死后，引起侧梢丛生，使树冠畸形成扫帚状，严重影响树木的生长，被害木当年生长的材积仅为健康木的 1/3；如连年受害，损失更严重。

形态特征

成虫 雌虫体长 10~16mm，翅展 26~30mm，灰褐色；雄虫略小。触角丝状，雄虫触角有细毛，基部有鳞片状突起。前翅灰褐色，有 3 条灰白色波状横带，中室有 1 个灰白色肾形斑，后缘近内横线内侧有 1 个黄斑，外缘黑色，径脉分为 4 支，R_3、R_4 基部合并。后翅灰白色，M_2、M_3 共柄。足黑褐色。

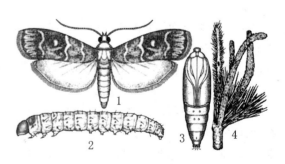

图7-33 微红梢斑螟
1. 成虫 2. 幼虫 3. 蛹 4. 危害状

卵 椭圆形，长约 0.8mm，一端尖，黄白色，有光泽，将孵化时樱红色。

幼虫 共 5 龄。老熟幼虫体长 20.6mm，体淡褐色，少数淡绿色。头、前胸背板褐色，中、后胸及腹部各节有 4 对褐色毛片，上生短刚毛。腹部各节的毛片，背面的 2 对小，呈梯形排列；侧面的 2 对较大。腹足趾钩双序环式，臀足趾钩双序缺环式。

蛹 长 11~15mm，黄褐色，羽化前黑褐色。腹部末节背面有粗糙的横纹，末端有 1 块深色的横骨化狭条，其上着生 3 对钩状臀棘，中央 1 对较长，两侧 2 对较短。

生活史及习性

在吉林 1 年 1 代，北京、辽宁、河南 2 代，长江流域 2~3 代。以幼虫在被害枯梢及球果中越冬，部分幼虫在枝干伤口皮下越冬。越冬幼虫于 3 月底 4 月初开始活动，在被害梢内继续蛀食，向下蛀到 2 年生枝条内，一部分爬出，转移到另一新梢内蛀食。新梢被蛀后呈钩状弯曲。老熟幼虫化蛹于被害梢蛀道的上端。化蛹前先咬 1 个圆形羽化孔，在羽化孔下面做一蛹室，吐丝连缀木屑封闭孔口，并用丝织成薄网堵塞蛹室两端。幼虫在室内头向上静伏不动，2d 后化蛹。蛹期约 15d。成虫羽化时穿破堵塞在蛹室上端的薄网而出，有趋光性，并需补充营养，寿命 3~4d。卵散产在被害梢枯黄针叶的凹槽处，少数产在被害球果鳞脐处或树皮伤口处。卵期约 6d。初孵幼虫爬到附近被害枯梢的旧蛀道内隐蔽，取食旧蛀道内的碎屑、粪便等。3~4d 进入 2 龄后从旧蛀道爬出，吐丝下垂，随风飘荡，并爬行到主梢或侧梢，少数至球果危害。危害时先啃咬嫩皮，形成约指头大小的疤痕，被害处有松脂凝聚，以后逐渐蛀入髓心。蛀口圆形，外有大量蛀屑及粪便堆积。3 龄幼虫从旧被害梢爬出迁移危害另一新梢，迁移率约 47%。

该虫大多发生在郁闭度小、生长不良的 4~9 年生幼林；一般情况下，国外松比国内松受害严重，其中火炬松被害最重。

赤松梢斑螟 *Dioryctria sylvestella* Ratzeburg（图 7-34）

分布于我国河北、辽宁、黑龙江、江苏；国外分布于日本、芬兰、意大利。危害红松、赤松。幼虫钻蛀红松、赤松球果及幼树梢头轮生枝的基部，致使被害部以上梢头枯死，使侧枝代替主梢，形成分叉，被害部位流脂，形成瘤苞，严重影响成林、成材。

形态特征

成虫 体长 15mm，翅展 28mm。触角丝状，密生褐色短茸毛。前翅银灰色，被黑白相间的鳞片；肾形斑明显，白色；外缘线黑色，内侧密覆白色鳞片；缘毛灰色。后翅灰白色。腹部背面灰褐色，被有白、银灰、铜色鳞片。足黑色，被有黑白相间的鳞片。

图 7-34 赤松梢斑螟

幼虫 体长21mm。淡灰褐色或灰黑色。头暗棕色，前胸背板黑色有亮光，背中线灰白色，每节着生黑色毛瘤3对。胸、腹部蜡黄色，有亮光，着生一圈长刚毛。腹足趾钩2序环式。

生活史及习性

在黑龙江1年1代，以幼虫越冬。4月开始活动，5月下旬幼虫老熟开始化蛹，6月中旬到7月上旬成虫羽化，6月下旬为产卵盛期，7月上旬幼虫孵化，危害至10月越冬。

4月气温上升，幼虫开始活动，危害嫩梢基部的轮生枝、干及球果。危害球果则从球果中、下部蛀入，被害部位流白色透明松脂和褐色虫粪。5月下旬老熟幼虫大量啃食枝梢木质部，咬出蛹室及蛹室上方的羽化孔，并吐丝粘住部分木屑封闭羽化孔，再在蛹室内吐丝作茧化蛹。预蛹期1d，蛹期17d。6月中旬成虫开始羽化，羽化期约20d。6月下旬为交尾、产卵盛期。7月幼虫危害，7月底、8月上旬天热少雨，受害球果流脂多，幼虫易被松脂粘死，如连续下雨、停止排脂，球果被害重。10月气温下降，幼虫在瘤苞下方作茧越冬。

该虫为喜光性害虫，郁闭度为0.7的阔叶树下的红松幼林不被害；郁闭度在0.3时被害株率0.1%，全透光时，被害株率达45%。

楸螟 *Ornphisa plagialis* Wileman（图7-35）

又名楸蠹野螟。分布于我国北京、河北、山西、辽宁、江苏、浙江、山东、河南、湖北、湖南、四川、贵州、云南、陕西、甘肃；国外分布于朝鲜、日本。危害楸树、灰楸、滇楸及梓树，偶尔危害臭梧桐。幼虫钻蛀寄主的嫩梢、枝干及荚果，尤以苗木及幼树受害最重。被害处形成瘤状虫瘿，造成枯梢、风折、断头及干形弯曲，不仅影响林木正常生长，而且降低木材的工艺价值。

形态特征

成虫 体长约15mm，翅展约36mm。体灰白色，头部及胸、腹各节边缘处略带褐色。翅白色，前翅基部有黑褐色锯齿状双线，内横线黑褐色，中室内及外端各有1个黑褐色斑点，中室下方有1个近方形的黑褐色大型斑，近外缘处有黑褐色波状纹2条，缘毛白色；后翅有黑褐色横线3条，中、外横线的前端与前翅的波状纹相接。

幼虫 老熟幼虫体长约22mm，灰白色，前胸背板黑褐色，分为2块，体节上有赭黑色毛片。

生活史及习性

在河南1年2代，以老熟幼虫在枝梢内或苗干中、下部越冬。翌年3月下旬开始化蛹，4月上旬为化蛹盛期。成虫于4月中旬开始羽化，4月底至5月

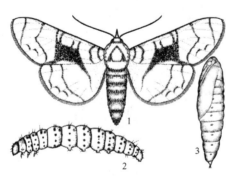

图7-35 楸螟
1. 成虫 2. 幼虫 3. 蛹

上旬为羽化盛期。第1代幼虫于5月孵化，5月上旬为孵化盛期；第2代幼虫于7月上旬至8月中旬孵化，7月中下旬为孵化盛期；后期世代重叠严重。幼虫危害至10月中下旬越冬。

成虫飞翔能力强，有趋光性，寿命2~8d。成虫羽化后当晚即可交尾，次日晚开始产卵，雌蛾产卵量约60~140粒。卵多产在嫩枝上端叶芽或叶柄基部隐蔽处，少数产于嫩果、叶片上。一般单粒散产，或2~4粒产在一起，卵期平均9d。幼虫孵化后，多在嫩梢距顶芽5~10cm处蛀入，蛀入孔黑色，似针尖大小。初孵幼虫在嫩梢内盘旋蛀食，随虫龄增大，开始由下向上危害，枝梢髓心及大部分木质部被蛀空，形成直径约1.5~2.6cm椭圆形或长圆形虫瘿，严重时瘿瘿相连。幼虫危害期，不断将虫粪及蛀屑从蛀入孔排出，堆积孔口或成串地悬挂于孔口。一般1头幼虫只危害1个新梢，但遇风折等干扰时也转枝危害。幼虫共5龄。第2代幼虫于9月底至10月底全部进入越冬状态。翌年老熟幼虫在虫道下端咬一圆形羽化孔，并在其上方吐丝粘结木屑构筑蛹室化蛹。

一般苗木及5年生以下的幼树受害重；树冠上部、粗壮、早发枝条以及长势旺植株受害重。

螟蛾类的防治方法

(1) **林业技术防治**　防微红梢斑螟时，做好幼林抚育，促使幼林提早郁闭；同时要加强管理，避免乱砍乱伐，禁牧，修枝留桩短、切口平，减少枝干伤口，以防止成虫在伤口上产卵；在越冬幼虫出蛰前剪除被害梢果，及时处理。防赤松梢斑螟时，在阔叶树林冠下营造幼林，将林分郁闭度控制在0.3以上。防楸螟时，尽可能截干造林，将带虫苗干烧毁。

(2) **人工防治**　防赤松梢斑螟时，对于红松人工幼林，可于春季剪除被害枝，集中烧毁。防楸螟时，冬春对苗圃、幼林及散生树进行普查，发现虫瘿立即剪除，集中烧毁。每年进行2次，并且要与比邻单位联防，以消灭该虫。

(3) **灯光诱杀**　利用黑光灯诱杀赤松梢斑螟成虫。

(4) **生物防治**　当虫口密度低时可释放长距茧蜂防治幼虫。在成虫产卵盛期，释放赤眼蜂，共放蜂3次，每公顷放蜂量22.5万头。

(5) **化学防治**　用85%~90%敌敌畏乳剂30~80倍液喷射被害梢，毒杀微红梢斑螟和赤松梢斑螟幼虫。防楸螟，在1~2年生幼林，可于4月下旬根施3%呋喃丹颗粒剂，每株用药25g。施药方法：在树干基部周围约30cm范围内进行三点埋药，入土深20cm，每点浇水500ml，然后封土。

(6) **检疫**　加强检疫措施，以防止楸螟的进一步蔓延。

7.2.2 卷蛾类

松梢小卷蛾 *Rhyacionia pinicolana*（Doubleday）（图7-36）

分布于我国东北、华北；国外分布于欧洲。主要以幼虫蛀食油松新梢，使梢部枯萎而易于风折，影响油松生长。

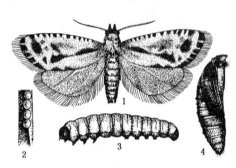

图7-36　松梢小卷蛾
1. 成虫　2. 卵　3. 幼虫　4. 蛹

形态特征

成虫　翅展19～21mm，体红褐色，复眼黄色。触角丝状。下唇须前伸，第2节长，中间膨大呈弧形，末节亦长，末端尖。前翅狭长，红褐色，有银色条纹和钩状纹。后翅深褐色，有灰白色缘毛。

幼虫　头及前胸背板褐色。胸、腹部红褐色。趾钩单序环式，趾钩数32～50不等。老熟幼虫体长约9mm。

蛹　黄褐色，羽化前灰黑色。第2～7腹节背面各有2列齿突，第8腹节背面只有1列齿突，腹部末端有臀棘12根。

生活史及习性

1年1代，以幼虫在被害梢内越冬。翌年4月下旬至5月上旬开始活动，大多数聚集在雄花序取食，5月中旬全部蛀入当年生新梢内取食髓部，在蛀孔处常吐丝粘连松脂构成覆盖物。1梢仅有1虫。6月上旬至7月中旬为蛹发生期。幼虫化蛹于被害梢内，蛹期约20d，7月上旬开始出现成虫。成虫羽化2d后即交尾，交尾多在16：00～18：00，交尾后2d多在黄昏时产卵，白天及夜间很少产卵。卵单产或3～4粒成排产于松针内侧。卵期约10d，8月上旬出现新幼虫。幼虫孵化后爬至危害过的蛀孔内或尚未脱落的雄花序内隐蔽，取食新梢表皮，然后蛀入梢内取食，至10月中旬开始越冬。

杉梢小卷蛾 *Polychrosis cunninghamiacola* Liu et Pai（图7-37）

分布于我国江苏、浙江、安徽、福建、江西、湖北、湖南、广东、广西、四川。幼虫专食杉树的主、侧枝的嫩梢。幼树主梢最易被害，被害主梢年高生长减少50%，并常萌生几个枝条，使杉木不能形成通直的主干。

形态特征

成虫　体长4.5～6.5mm，翅展12～15mm。触角丝状，各节背面基部杏黄色，端部黑褐色。下唇须前伸、杏黄色，第2节末端膨大，外侧有褐色斑，末节略下垂。前翅深黑褐色，基部有2条平行斑，向外有"X"形条斑，沿外缘还有1条斑，在顶角和前缘处分为三叉状，条斑都呈杏黄色，中间有银条。后翅浅褐黑色，无斑纹，前缘部分浅灰色。前、中足黑褐色，胫节有灰白色环状纹3个；后足灰褐色，有4个灰白色环状纹。

幼虫 体长8～10mm。头、前胸背板及肛上板暗红褐色，体紫红褐色，每节中间有白色环。

蛹 长4.5～6.5mm。腹部各节背面有2排大小不同的刺，前排大，后排小。腹末具大小、粗细相等的8根钩状臀棘。

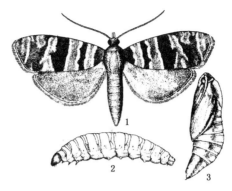

图7-37 杉梢小卷蛾
1. 成虫 2. 幼虫 3. 蛹

生活史及习性

在江苏、安徽等地1年2～3代，江西2～5代，湖南6～7代，均以蛹在枯梢内越冬，翌年3月底4月初羽化。第1代和第2代发生数量较多，危害较重。第1代幼虫于4月中旬至5月上旬活动危害；第2代幼虫在5月下旬至6月下旬危害，在6月上中旬危害最烈。

成虫羽化后，蛹壳留在羽化孔上，一半外露。成虫夜间活动，有趋光性。羽化后第2天傍晚开始交尾，交尾后第2天开始产卵。卵散产在嫩梢叶背主脉边缘上，1梢1粒，少数2～3粒，每雌可产卵约40粒。成虫寿命4～12d。卵期约1周。幼虫共6龄。初孵幼虫先在嫩梢上爬行，后蛀入嫩梢内层叶缘取食。1～2龄只食部分叶缘，食量小；3龄后幼虫蛀入梢内取食，食量增大。3～4龄幼虫爬行迅速，有转移危害习性，各代幼虫一生可转移1～2次，危害2～3个梢头，但多为2个。一般1个梢内只有1条幼虫，但危害严重时，也有2～3条的。幼虫在梢内蛀道长约2cm，被害嫩梢枯黄或呈火红色。幼虫老熟后在离被害梢的尖端6mm处咬一羽化孔，在孔下部吐丝做长8mm的蛹室化蛹。

该虫大都发生在海拔300m以下的平原丘陵区，在500m以上的山区发生较少。3～5年生杉木受害率高，7年生以上一般不受害；阳坡受害重于阴坡，林缘重于林内，疏林重于密林，纯林重于混交林。

松瘿小卷蛾 *Laspeyresia zebeana* (Ratzeburg) （图7-38）

分布于我国吉林、黑龙江，华北；国外分布于欧洲、俄罗斯西伯利亚。以幼虫危害落叶松当年生主梢和主干上新生侧枝基部的皮层及韧皮部，引起流脂和瘿状膨大。幼树自被害部以上枯死，主干分叉，干形不良，或形成多梢现象。

形态特征

成虫 翅展14～16mm。前翅橄榄绿褐色到灰绿褐色，前缘有4对黑白相间的钩状纹，顶角有1条黑色斑纹。肛上纹区有4块小黑斑，中室顶端有1近三角形的黑斑，翅外缘毛蓝色。后翅深褐色，外缘毛绿色。

幼虫 体长7～8mm。污白色。头和前胸背板暗褐色，有光泽。小盾片呈凸

图 7-38 松瘿小卷蛾

形，褐黄色。

生活史及习性

在黑龙江 2 年 1 代，以幼虫在蛀道中的丝茧内越冬。翌年 4 月中旬越冬幼虫破茧而出，将皮层蛀食成宽阔坑道，后期可达韧皮部及木质部表层，很少有蛀入木质部的。有的环绕枝、干蛀食，蛀道中松脂凝聚。除侵入孔外，尚有若干排粪孔，在孔口外有条状或堆状褐色蛀屑及松脂，被害部位组织增生形成虫瘿。7~8 月幼虫危害加剧，虫瘿外排出大量的虫粪和流出一堆堆松脂，被害主梢及侧枝逐渐枯死。1 条幼虫一般只危害 1 个嫩梢，偶尔也有转梢危害的。10 月份幼虫第 2 次越冬。第 3 年 5 月初越冬 2 次的幼虫老熟，在虫瘿内吐丝作茧化蛹，蛹期约 1 个月。5 月末 6 月初成虫开始羽化，6 月上旬为羽化盛期。成虫羽化后，蛹壳残留在羽化孔处，与虫瘿垂直。成虫羽化以上午为多，羽化后喜欢在阳光照射、生长较为丰满的树冠中、下层栖息和活动，有时在树冠周围或树间作短距离飞翔。成虫19:00 以后在林内交尾。6 月上旬产卵，卵产于当年生嫩枝基部第 2 层针叶背面的中、下部。卵单产。成虫寿命 2~7d。幼虫 7 月中旬孵化，直接自当年生嫩梢基部侵入危害，侵入孔排出褐色蛀屑，并流出乳白色松脂。10 月份天气变冷时，在蛀道中作灰白色茧越冬。

幼虫一般以危害幼树为主，苗圃大苗及 40 年生以下的树木均可受害。此虫多在阳坡、林缘及疏林发生。高 10m 左右的树木中、下部嫩枝受害多，幼树以主梢受害最烈。

此外，小卷蛾类重要种还有：

松枝小卷蛾 *Laspeyresia coniferana* Ratzeburg：分布于我国东北，主要危害油松、樟子松、红松、冷杉等。在辽宁 1 年 1 代，以 3~4 龄幼虫在蛀道内吐丝做网巢越冬。

松皮小卷蛾 *Laspeyresia gruneriana* (Ratzeburg)：分布于我国东北，危害落叶松。在黑龙江 1 年 1 代，以 6~7 龄幼虫在落叶松皮下吐丝作薄网越冬。

夏梢小卷蛾 *Rhyacionia duplana* (Hübner)：分布于辽宁，华北，危害油松、赤松、黑松。1 年 1 代，以蛹在树干基部或轮枝基部茧内越冬。

云南松梢小卷蛾 *Rhyacionia insulariana* Liu：分布于四川、云南。危害云南松、高山松、思茅松以及华山松、马尾松等。1 年 1 代，以幼虫越冬。

卷蛾类的防治方法

(1) 营林措施防治 对于杉梢小卷蛾加强杉木林的抚育管理，以促进林分的生长和提早郁闭；适地适树，营造混交林，或在立地条件差，生长不良的杉木纯林中，套栽马尾松等其它松树改造成混交林，都可减轻受害。

（2）**人工防治**　在冬季或幼虫危害期，剪除被害梢放于寄生蜂保护器中，待天敌羽化飞出后集中烧毁。对被杉梢小卷蛾危害的主梢，可捏杀害虫而不要剪除，如有几个主梢，可择其粗壮的保留1个。在成虫盛发期的无风夜晚，设置马灯于林地高处，灯下放一盛水的容器，滴少量煤油，每公顷点灯15~30盏诱杀；或用黑光灯、糖醋液诱杀。

（3）**生物防治**　保护及利用天敌，用人工合成的性信息素诱杀成虫。

（4）**化学防治**　对幼龄幼虫可用2.5%溴氰菊酯7.5~15g/hm^2、20%杀灭菊酯8000~10000倍液常规喷雾；对于成虫可用"741"烟雾剂或"741"烟雾剂加硫磺粉（8∶2），用量15~22.5kg/hm^2，熏杀。

7.2.3　尖翅蛾类

茶梢尖蛾 *Parametriotes theae* Kuznetzov（图7-39）

分布于我国江苏、浙江、安徽、江西、福建、广东、广西、四川、贵州、云南；国外分布于日本、印度、俄罗斯。危害油茶、茶、山茶。幼虫潜食叶肉、蛀食枝梢及叶柄基部，使枝梢枯萎。

形态特征

成虫　体长4~7mm，翅展9~14mm。体灰褐色。触角丝状，基部粗，与体长相等或稍短于前翅。唇须镰刀形、侧伸。头顶和颜面被平伏褐色鳞片。前翅灰褐色，有光泽，散生许多小黑鳞，翅中央近后缘有1个大黑点，离翅端1/4处还有1个小黑点。后翅狭长，基部淡黄色，端部灰黑色，缘毛黑灰色。

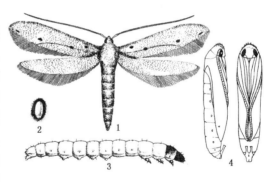

图7-39　茶梢尖蛾
1. 成虫　2. 卵　3. 幼虫　4. 蛹

幼虫　老熟幼虫体长7~9mm，被稀疏短毛。头部小，深褐色，胸、腹各节黄白色。趾钩呈单序环式，臀足趾钩呈缺环式。

生活史及习性

1年1代，在福建省南部某些地区1年2代，以幼、中龄幼虫潜入叶或枝梢内越冬。在浙江3月初越冬幼虫开始活动，在叶片内取食，4月转入新梢危害，8月中旬到9月下旬化蛹，8月下旬到10月中旬羽化。

成虫羽化以夜间为多，羽化后静伏，多在21:00~23:00交尾，有趋光性，飞翔力弱。喜在生长旺盛的稀疏林、林缘及树冠的外围产卵。卵多单产或2~5粒堆产于叶柄与腋芽之间、芽与枝干之间、小枝与干连接处或裂缝内。每只雌可产卵50~60粒。卵经14~16d孵化，孵化多集中在8:00~10:00。初孵幼虫多自叶背主脉与叶缘间蛀入，以蛀入孔为中心向外旋食叶肉，叶面上出现黄褐色近圆形潜斑。虫粪黄褐色，堆于潜斑的背面。每叶片有潜斑 1~3 个，偶见有 8 个的。幼虫有转叶蛀害习性。次年春季越冬幼虫爬出潜斑，蛀入萌动芽或展叶 2~3 片的嫩梢危害，钻蛀至嫩梢基部，使被害梢失水枯萎，形成早期枯梢。被害梢枯死后又转移它梢危害。老熟幼虫在化蛹前，将排粪孔扩大成直径为 0.8~1.2mm 圆形羽化孔，吐丝结网封住孔口，在羽化孔下方蛀道筑蛹室，3~5d 后结薄茧化蛹，蛹期 15~24d。

此虫在油茶盛果期危害严重，初果期和衰果期危害轻，疏林重于密林，低山重于高山，山脚重于山顶，阳坡重于阴坡，纯林重于混交林。普通油茶和攸县油茶受害重于浙江红花油茶、小果油茶。

捕食性天敌有蜘蛛、黄色小蚂蚁；寄生天敌有小茧蜂（幼虫体外寄生）、旋小蜂（寄生幼虫及蛹）、离缘姬蜂（寄生幼虫后期）、齿腿姬蜂（寄生蛹）、茶梢蛾肿腿蜂（寄生幼虫）及赤金小蜂（寄生蛹）。以上寄生蜂的寄生率达 67.58%。

防治方法

(1) 人工防治 于成虫羽化前修剪被害梢。

(2) 生物防治 每年 4 月中下旬越冬幼虫转梢危害时，用含孢子 2×10^8 个/ml 的白僵菌喷雾或喷粉；或用天敌昆虫防治幼虫或蛹。

(3) 化学防治 4 月下旬至 5 月中下旬，用 40% 乐果乳油或 40% 氧化乐果乳油加柴油和水（1:0.5~1:2），再掺适量细黄泥搅拌均匀，调成浆糊状，在树干分枝处环状涂刷，长约 30cm。

7.2.4 瘿蚊类

云南松脂瘿蚊 *Cecidomyia yunnanensis* Wu et Zhou（图 7-40）

分布于云南省东南部，危害云南松。受害林木枝条呈现瘿瘤，针叶枯黄卷曲，树势衰弱，严重时林木枯死。

形态特征

成虫　雄虫体长 2.9~4.0mm。头暗红色，复眼深红色、发达，几乎占有整个头部。触角念珠状，褐色，14 节；梗节较柄节稍短，约为第 1 鞭节长的 1/3；各鞭节呈双结状，两结之间的缢缩部分长小于宽，具 3 圈环丝和 2 圈放射状刚毛；第 5 鞭节上部长稍大于宽，下部宽大于长。下颚须 4 节、褐色，第 4 节长约为宽的 4 倍。胸部暗褐红色，足的基节、转节、跗节深褐色，其余部分浅褐色。腹部褐红色，近尾部黄褐色，尾部褐黑色，生殖节的基片大，端部圆形，密生鬃毛，尖端齿状；第 10 腹片明显宽于阳茎，端部凹刻浅。雌虫体长 3.4~4.5mm，体色同雄虫。触角各鞭节圆柱形，有 2 个环状连索，中间由 2 条纵向的连索相连，每一连索上有排列不整齐的小点。产卵管短，外露。

幼虫　老熟幼虫体长 3.2~5.8mm，纺锤形，橘红色。无胸骨片，腹部无背瘤，腹部气门深褐色，后气门刺短而钝。第 8 腹节后气门附近具 2 对背侧毛；腹端两侧各具4个乳突；其中2个各顶生1根刚毛，一个着生半球形钉状毛，另一个小刚毛退化。

生活史及习性

1年1代，以老熟幼虫在被害枝条的瘿瘤脂穴中越冬。1月下旬开始化蛹，蛹期约20d，2月中旬始见成虫，2月下旬和3月上旬为成虫羽化盛期。成虫羽化后黑色的蛹壳仍留于瘿瘤脂穴内或半个蛹壳露出羽化孔，羽化当天即交尾，产卵于当年新梢上，卵历期10~15d；雌成虫多只在一个新梢上产卵，卵多散产于新叶的叶鞘上，偶堆产；每雌产卵60~100粒，成虫寿命约24h。2月下旬幼虫开始孵化，初孵幼虫经3~5d后转移至新叶梢基部附近取食，约20d即被树脂包埋于松脂穴内固定取食，此后被害部逐渐膨大成瘿瘤，危害直至越冬。连年受害的枝条密布瘿瘤，肿大呈畸形。

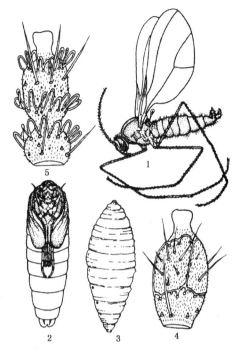

图7-40　云南松脂瘿蚊
1. 成虫　2. 蛹　3. 幼虫　4. 雌虫触角基盾　5. 雄虫触角第5鞭节

该虫在林分组成复杂的林地内危害率较低，山腰林分受害率比山上部林分高，郁闭度在0.7以下时，郁闭度越低受害率越高，树冠中、下部枝条受害重于上部。成虫的飞翔能力很弱，主要借助风力随风扩散。

天敌主要有小黑蚂蚁、七星瓢虫、异色瓢虫、草蛉等捕食卵和成虫；旋小蜂 *Eupelmus* sp.、分盾细蜂 *Trichacis* sp. 和金小蜂 *Eupteromalus* sp. 寄生于幼虫和蛹，寄生率为12%~39%。

常见的瘿蚊还有柳瘿蚊 *Rhabdophaga salicis*（Schrank），分布广，危害旱柳和垂柳等，1年1代，以幼虫在瘿瘤内越冬。

瘿蚊类的防治方法

(1) 营林技术防治　营造混交林，保护林下植被；或改造林分使成为针阔混交林。对柳瘿蚊避免直接用柳干扦插造林，杜绝带虫苗出圃，禁止未经处理的带虫干枝外运。同时注意保护天敌。

(2) 人工防治　对云南松脂瘿蚊危害严重的林分与未受害林分之间，修除受害林木中、下部受害枝，建立20~32m宽隔离带。对柳瘿蚊在成虫期后剪除干上瘿瘤。

(3) 化学防治　应用2.5%溴氰菊酯6 000倍液、或40%氧化乐果乳剂1 500~

2 000倍液喷杀幼虫。郁闭度在0.6以上中龄林应用741插管烟剂熏杀成虫。对柳瘿蚊于4月下旬至5月下旬在树干上打孔，注入40%氧化乐果乳油原液或2倍稀释液；或在树干上刮割2个宽15~20cm的交错半圆环至韧皮部，涂刷氧化乐果等药液。

7.2.5 象甲类

松树皮象 *Hylobius abietis haroldi* Faust（图7-41）

又名松大象甲。分布于我国东北，河北、山西、四川、云南、陕西；国外分布于朝鲜、日本、俄罗斯亚洲部分，欧洲。危害落叶松、红松、红皮云杉、油松、云南松等。主要以成虫危害，咬食幼树主干的韧皮部，形成块状疤痕，并流出大量树脂，造成梢头枯死，致多梢丛生，难以成材，严重者全株枯死。

形态特征

成虫 体长6~12mm，深褐色。头部背面布满大小不等的不规则刻点。触角膝状，着生于喙的前半部。前胸前部较狭，具明显的脊和不规则粗刻点，并且有由金黄色鳞片构成的圆点4个（背中线两侧各2个）。鞘翅红褐色，较前胸宽，上有近长方形成虚线状排列的刻点和金黄色鳞片构成的花纹，形成3条不规则的横带或构成"X"字形（外出活动较久的成虫由于鳞片脱落，花纹逐渐消失）。雌虫腹部背面7节，第1腹节腹面微凸；雄虫腹部背面8节，第1腹节腹面不凸。

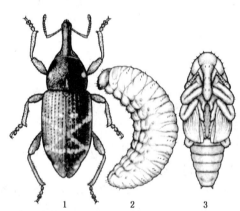

图7-41 松树皮象
1. 成虫 2. 幼虫 3. 蛹

幼虫 老熟时体长10~15mm。白色、无足、微弯。头部红褐色或黄褐色，两边近平行，后部圆形，具2个强大的齿形上颚。第1胸节与第1~8腹节上各有1对椭圆形气门。

生活史及习性

在小兴安岭林区2年1代，在陕西1年1代，以成虫和幼虫越冬。5月中下旬，越冬成虫开始活动，危害2年生以上的幼树，咬食树干韧皮部补充营养。6月中旬至7月底，成虫扩散到伐根下产卵，将卵产在松树和云杉的新鲜伐根皮层上或泥土中。每雌平均产卵60~120粒。

卵经2~3周孵化为幼虫，在伐根皮层或皮层与边材之间作虫道活动取食。幼虫约5龄。到9月末，大部分幼虫老熟，在皮层、皮层与边材间或全部在边材以内作椭圆形蛹室休眠；少数孵化较晚的幼虫，越冬时尚未老熟，翌春继续取食一段时间后才作蛹室休眠。上年秋末已经老熟的休眠幼虫，越冬后于7~8月化蛹，蛹期2~3周，成虫于7月末开始羽化。大部分新成虫潜伏蛹室中，约半月后，即自伐根爬出土面，寻找幼树取食危害，当年不交尾产卵，9月底后在松树幼树根际的枯枝落叶中越冬。少数羽化较晚的成虫不出土，在蛹室内越冬。成虫发生数量每年春、秋有两次高峰，危害主要是在春天。

与本种同属且具有相似习性的白毛树皮象 *Hylobius albosparsus* Boheman，分布于我国内蒙古、吉林、黑龙江；国外分布于日本、俄罗斯西伯利亚、蒙古。以成虫啃食落叶松嫩枝、嫩梢及顶芽，在大兴安岭塔河2年发生1代，以老熟幼虫在落叶松伐根及其根爪部树皮内越冬。

防治方法

（1）春秋时当成虫大量出现时，可用新鲜红松、红皮云杉树皮，内面朝下，用石头压紧，诱杀成虫。

（2）成虫发生期，可选用2.5%溴氰菊酯10 000倍液；50~100mg/kg的5%氟氯氰菊酯或20%氰戊菊酯等喷雾。

松梢象 *Pissodes nitidus* Roelofs（图7-42）

又名松黄星象、红木蠹象。分布于我国东北、河南；国外分布于朝鲜、日本、俄罗斯。危害红松、油松、樟子松、黑松和赤松。主要危害7~12年生人工林幼树的当年和前一年主梢，造成主梢枯死，引起分叉。

形态特征

成虫 体瘦长，8~9mm，暗赤褐色，混生白色鳞毛；头部和喙散布刻点，两眼之间洼。头部较小，喙稍向下方弯曲，复眼黑色；前胸背板长大于宽，散布深而密的刻点，中隆线略隆起，中部两侧有2个白色斑点。小盾片密布白色鳞片。鞘翅细长，两侧近平行，肩略明显，呈直角形，翅瘤明显。鞘翅上有2条向外上方倾斜的黄白色横带，前带呈橙色，后带主要为白色，但行间6为棕黄色，鞘翅末端收缩，合缝处及鞘翅末端散生白色鳞毛。

幼虫 老熟幼虫体长约8mm，乳白色，略弯曲；淡褐色；臀板上有1列弧形刚毛。

生活史及习性

在黑龙江省小兴安岭地区1年1代，以成虫在枯枝落叶下浅土层中越冬。第2年4月下旬越冬成虫开始出现，取食新梢补充营养，并在新梢上咬成很多直径约2mm的取食孔，常从孔中流出一小滴松脂。5月下旬开始交尾产卵，交尾多于10：00左右在阳光充足的树

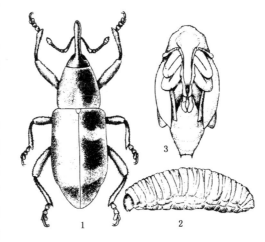

图7-42 松梢象

1. 成虫 2. 幼虫 3. 蛹

梢上进行。成虫主要产卵于当年或前一年生主梢。产卵时先在韧皮部与木质部之间咬成 1 个直径约 1mm 的产卵孔，在孔中产卵 1 粒，个别产 2~3 粒，并用分泌物将产卵孔堵住。每雌产卵 8~24 粒。6 月上旬幼虫开始孵出，先在韧皮部蛀食，坑道不规则且被虫粪所充塞，进而蛀入边材危害，致使树梢枯死。幼虫期约 30d。7 月上旬幼虫老熟，在坑道末端用木屑做一长约 9mm 的椭圆形蛹室化蛹。蛹期约 10d，于 7 月中旬羽化为成虫，咬 1 个圆形羽化孔外出，7 月下旬为羽化盛期。新羽化的成虫当年不交尾，只在侧枝和顶梢上进行补充营养，有假死性。8 月下旬即开始下树越冬。

防治方法

（1）利用假死性捕杀成虫。

（2）松梢象天敌较多，从红松被害枝梢中已饲养出的寄生性天敌多达 50 余种，其中以广肩小蜂科、茧蜂科种类最多，应注意保护利用。

（3）成虫发生期，可选用 2.5% 溴氰菊酯 10 000 倍液；50~100mg/kg 的 5% 氟氯氰菊酯或 20% 氰戊菊酯等喷雾。也可用 741 插管烟雾剂，用量 30~45kg/hm^2，流动放烟，熏杀成虫。在成虫上树危害或下树越冬时，可用 40% 氧化乐果 5 倍液在树干上涂 20cm 宽的毒环，或用 2.5% 溴氰菊酯 3 000 倍液作成毒绳围于树干上以毒杀成虫。

7.2.6 瘿蜂类

板栗瘿蜂 *Dryocosmus kuriphilus* Yasumatsu（图 7-43）

分布于我国华北（除内蒙古）、华东、华中、辽宁、福建、广东、广西、陕西；国外分布于日本。危害板栗、茅栗、锥栗的幼芽，使受害芽春季形成瘤状虫瘿，不抽新梢和开花结实；发生严重时，枝条也同时枯死，严重影响产量。

形态特征

成虫　雌虫体长 2.5~3.0mm，体黑褐色，具光泽。头横阔，与胸等宽。颅顶、单眼、复眼之间及后头上部密布细小圆形纹；唇基前缘呈弧形。触角丝状，14 节，着生稀疏细毛；柄节、梗节较粗，第 3 节较细，其余各节粗细相似。胸部光滑，中胸背板侧缘略具饰边，背面近中央有 2 条对称的弧形沟；小盾片近圆形，隆起，略具饰边，表面有不规则刻点，并被疏毛。后腹部光滑，背面近椭圆形隆起；腹面斜削。产卵管褐色。足黄褐色，末跗节及爪深褐色，后足较发达。

卵　椭圆形，乳白色，表面光滑，长 0.15~0.17mm，末端有细柄，柄的末端略膨大。

幼虫　老熟幼虫体长 2.5~3.0mm，乳白色，近老熟时黄白色。口器茶褐色，体光滑。

蛹　体较圆钝，胸部背面圆形突出，腹部略呈钝椭圆形，长 2.5~3.0mm。初乳白色，复眼赤色，口器茶褐色，近羽化时全体黑褐色，腹面略显白色。

生活史及习性

1年1代,以初孵幼虫在芽内越冬。在江苏南部,次年4月下旬开始活动,幼虫在瘿内生活30~70d。4月下旬逐渐老熟,5月上旬初见蛹,5月下旬为化蛹盛期。成虫最早于6月上旬羽化,中旬为羽化盛期,大部分6月下旬出瘿,不久即行产卵,8月下旬大部分幼虫孵出,10月下旬进入越冬期。

次年春季栗芽萌动时,幼虫活动取食,被害芽逐渐形成虫瘿,其颜色初翠绿色后变为赤褐色,略呈圆形,一般长1.0~2.5cm,宽0.9~2.0cm。每瘿内幼虫数1~16头,以2~5头为多,老熟后即在虫室内化蛹。成虫羽化后在瘿内停留10~15d,咬宽约1mm虫道外出。成虫出瘿后大部分时间在树上爬行,飞行能力不强。成虫寿命平均3.1d,无趋光及补充营养习性,行孤雌生殖。每次产卵2~4粒,每雌虫怀卵量约200粒。

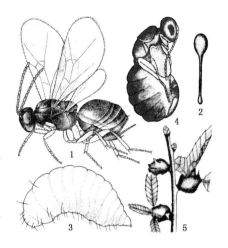

图7-43 板栗瘿蜂
1. 成虫 2. 卵 3. 幼虫 4. 蛹 5. 危害状

防治方法

(1) 板栗瘿蜂是以幼虫在芽内越冬,新发展板栗地区应避免在害虫发生区采集板栗接穗。根据板栗瘿蜂不产卵于休眠芽的习性,对于被害严重的板栗林,冬季可将1年生枝条休眠芽以上部分剪去,1年后即可恢复结果。及时摘除虫瘿。

(2) 保护利用中华长尾小蜂、葛氏长尾小蜂、尾带旋小蜂、杂色广肩小蜂、栗瘿蜂绵旋小蜂、双刺广肩小蜂等天敌,以抑制板栗瘿蜂虫口。

(3) 于4月下旬至5月上旬和7月下旬至8月上旬,在幼虫未形成虫瘿前、成虫出瘿前及卵孵化前,喷洒2次2.5%溴氰菊酯5 000倍液、天王星3 000倍液、氰戊菊酯2 000倍液、灭扫利2 000倍液,或苏脲I号1 500倍液,进行毒杀。

复习思考题

1. 林木刺吸性和钻蛀类枝梢害虫主要有哪些类群?其危害状表现为哪些形式?
2. 蚧虫的个体发育史有什么特点?为什么实施化学防治主要在1龄若虫期?
3. 蚜虫的年生活史中有哪些类型?其区别是什么?
4. 刺吸类害虫中哪些是国内森林植物检疫对象?如何识别并进行防治?
5. 常见的螟蛾及卷蛾类枝梢害虫有哪几种?如何进行防治?

第8章 食叶害虫

【本章提要】 本章主要介绍危害针、阔叶树叶部的食叶害虫，介绍其大发生指标、种群动态、主要种类的分布、寄主、形态、生活史及习性和防治方法。

食叶害虫是危害针、阔叶树最为常见和最重要的类群之一，由于它们能危害健康林木的叶子，所以一般又称为"初期害虫"，主要包括鳞翅目的枯叶蛾、毒蛾、尺蛾等10余个科；鞘翅目的叶甲、象甲；膜翅目的叶蜂；双翅目的潜叶蝇；直翅目的蝗虫；竹节虫目的竹节虫等。其中，一些种类能使林木遭受重大损害，甚至是毁灭性的灾害，如松毛虫、舞毒蛾等。

食叶害虫分布广，大多数营裸露生活方式，幼虫有迁移能力，成虫飞行能力强，繁殖率大，成虫期多数不需补充营养，其危害能引起树木枯死或生长衰弱，造成次期性蛀干害虫（小蠹虫、天牛等）寄居的有利条件。

(1) 食叶害虫大发生的指标 一般情况下树木失叶30%，甚至达40%，并不产生大的不利影响；但中等程度甚至严重失叶（50%~70%以上），连续2年或多年，径生长将减少70%~100%；如受害后害虫随即消退，在消退后的第二年树木会恢复到失叶前的水平。严重失叶（75%以上）连续2年，可能使树木增加对次期害虫或病害的敏感性，甚至引起死亡。

食叶害虫大发生的指标可分为直接指标与间接指标。

①直接指标 包括绝对虫口密度，如$1m^2$落叶层下或表土层内越冬幼虫或蛹的平均数，一株树上越冬卵平均数等和相对虫口密度，即林分内害虫分布状况的平均值，如所调查的样方或标准木中被害虫寄居的样方或标准木的百分数。其描述方法如下。

繁殖系数 当年绝对虫口密度与前一年绝对虫口密度之比叫繁殖系数，如这一系数小于1就意味着害虫种群数量在缩小，大于1则害虫数量在增长。如舞毒蛾在大发生的第一、二阶段，繁殖系数可达10~30以上，在第三阶段则低于10，而衰退阶段则小于1。

分布系数 当年相对虫口密度与前一年相对虫口密度之比为分布系数。若小于1，即林分内害虫的分布范围在缩小，反之则扩大。

繁殖强度 繁殖系数乘分布系数所得的积。

猖獗增长系数 当年繁殖强度（或绝对虫口密度）与大发生前一年的繁殖强度（或绝对虫口密度）之比。在大发生期内每年所求得的害虫猖獗增长系数可以说明害虫种群的增长速度，以及对林分的威胁程度。如较干旱的1959年舞毒蛾大发生时平均每株树上有健康卵为40粒，但1958年只有2粒，1960年则急剧增长到800粒，那么1959年的猖獗增长系数为40/2=20、1960年为800/2=400。

②间接指标　包括天敌的种群数量与活动程度，害虫的雌雄性比，蛹的重量与产卵量等。雌雄幼虫龄期相同的种类，通常有固定的雌雄性比；雌性幼虫龄期较长的种类如舞毒蛾、松毛虫等在大发生初始阶段雌性占优势，末期雄性占优势。某些害虫的产卵量在大发生的前期常显著大于末期，产卵量通常是用解剖虫体或称雌蛹重量的方法进行估算。

(2) 种群动态　食叶害虫的种类十分丰富，生活习性各异。一些种类，尽管繁殖潜能较大，但由于受各种天敌及气象因子等的调节作用，使其种群经常保持在较低数量的水平，另一些种类则偶尔达到猖獗成灾的数量（数十年1次）。某些重要害虫尽管种类较少，却具有强大的生殖潜能，产卵量大、保存率高，在适宜的条件下，能保持十分巨大的种群数量，经常猖獗成灾，能对林木造成十分严重的灾害。这类害虫往往也由于遭到种种不利因素的制约，使猖獗呈现间歇性波动状态，甚至呈现出某种节律，通常归纳为4个阶段：

①初始阶段　是害虫种群处于增殖最有利状态的初始期。此时食料充足（质和量），物理环境因素适宜，天敌跟随现象尚不明显，具备了充分发挥其生殖潜能的良好基础，但种群仍处于潜在的增殖初期，林木受害不明显，只有专门的调查观察才能发现这种现象。

②增殖阶段　是种群达到猖獗数量的前期，在上述有利的条件下，种群数量显著增多，且继续上升，林木已显现被害征兆，但仍易被忽视，有局部严重受害现象，害虫已开始向四周扩散，受害面积扩大，天敌也相应增多。

③猖獗阶段　可视为一灾变过程，害虫的增殖潜能得到最大的发挥，种群数量达到暴发增长的程度，迅速扩散蔓延，林木遭受十分严重的损害，往往使大面积林地片叶无存、状似被火焚烧。相继出现食料缺乏，幼虫被迫迁移造成大量死亡；或提前成熟致生殖力大为减退（雌性比减少、产卵量降低、后代存活率降低等）；天敌显著增多，起到明显的抑制作用。

④衰退阶段　是上一阶段的必然结果。由于种群数量得到调整，天敌也随之它迁，或伴随衰退的种群而数量大减，预示一次大发生过程的基本结束。

上述阶段性发生过程，往往"重复"出现而呈现一定的周期性。这种周期性出现的间隔期及每一"重复"持续的时间，因虫种及当时的有关环境因素而异。据报道，初始阶段往往历时1年；增殖阶段为1~3年；猖獗阶段1~2年；衰退阶段1~2年。每一大发生过程，1年1代的通常持续期约7年；2年1代的可长达14年；而1年2代则约为3年半。但上述持续的时间并非适用于所有的食叶害虫，且并不是可以依此推算的通用公式。因为害虫种群数量的增殖和衰退，往往会随时间的推移及各种生态因子的变动而出现较大的变化。尽管如此，上述阶段性现象的出现，仍表明其有规律可循，加以严密监测，可借以预示种群的发展趋势。

由于食叶害虫的突发性很强,一旦虫灾已经形成再采取应急的控制措施,即使局面得到控制,往往也会因此造成巨大的经济损失及对生态条件的不良影响,同时已大量伴随增殖或集聚的天敌被杀死而强烈削弱其调节作用。因此研究了解害虫种群动态,充分发挥森林生态系统的自控潜能,使害虫种群保持在相对稳定的状态,有虫而不成灾,是应遵循的最基本原则。

8.1 叶甲类

榆紫叶甲 *Ambrostoma quadriimpressum* Motschulsky(图8-1)

分布于我国东北、河北、山东、河南、贵州。严重危害家榆,轻则使之成为小老树,重的则成片枯死。

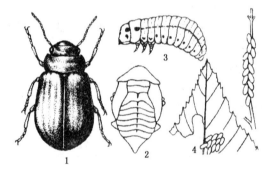

图8-1 榆紫叶甲
1. 成虫 2. 蛹 3. 幼虫 4. 卵

形态特征

成虫 体长8.5~11mm,长卵形,背面金绿色杂红铜色。头深紫色,触角深褐色。前胸背板矩形,侧边微弧,侧纵凹内刻点十分粗密。小盾片几乎半圆形、无刻点。鞘翅肩后明显横凹,凹后强烈拱隆,并有5条不规则的红铜色纵带纹。足深紫色。体腹面铜绿色。雄虫第5腹节腹板末端呈弧形凹入,形成1个向内凹的新月形横缝。雌虫第5腹节末端钝圆。

卵 长1.7~2.2mm,长椭圆形,色泽有咖啡色、茶色、鹿棕色、淡茶褐色及豆沙色等。

幼虫 体长约10mm,长楔形,白色,体有许多黑色毛瘤。头部褐色,头顶有4个黑斑。前胸背板有2个黑斑,背中线灰色,其下方具1条淡黄色纵带。

蛹 长约9.5mm,乳黄色,体略扁,近椭圆形、羽化前体色变深,背面观微现灰黑色。

生活史及习性

1年1代,以成虫在浅土层中越冬,翌年4月上中旬出蛰,4月下旬至5月中旬交尾产卵,5月上中旬孵化,6月上中旬化蛹,中下旬开始羽化,7月气温升高达30℃以上时,新、老成虫潜伏树干隐蔽处越夏,8月下旬至9月上旬气温下降后又上树危害,新羽化成虫夏眠后开始交尾孕卵,10月气温下降新、老成虫入土越冬。成虫不善飞翔,对环境的适应性强,寿命长。早春即出蛰啃食叶芽、花芽,展叶后食叶,对榆树的生长和成活的影响甚大。卵初产于枝梢末端,后成块产于叶片,每雌年可产卵 200~300 粒。幼虫取食习性和成虫相近。有迁移危害习性,4 龄幼虫危害较成虫严重,老熟后入土做蛹室化蛹。早春气温骤降并持续低温,可使出蛰成虫大量死亡。

榆夏叶甲 *Ambrostoma fortunei* Baly(图 8-2)

分布于我国河南、安徽、江苏、浙江、江西、湖南、贵州。危害家榆。由于出蛰成虫取食初萌嫩芽后啃食梢皮层,继而成、幼虫同期取食新叶,对榆树危害很大。

形态特征

成虫 长 10~11mm,椭圆形,背面隆起,蓝绿色,有金属光泽和紫红光泽。触角紫黑色,稀被黄色短绒毛。前翅状如覆舟,后翅桃红色。足紫蓝色。

幼虫 体长 10~11mm,黄绿色,背线绿色,头部有 6 个黑点,气门周围黑色,腿节与胫节相接处黄绿色。

生活史及习性

1 年 1 代,以成虫在土室中越冬。3 月底榆树萌芽时成虫出蛰,取食嫩芽,相继交尾,次数多,历时也较长,每日连续 2~3 次,产卵期亦不改变,延续可长达 1 个月,越冬成虫产卵后相继死亡。4 月

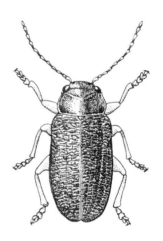

图 8-2 榆夏叶甲

上旬始见幼虫,4 月底或 5 月初开始化蛹,5 月上旬至 7 月上旬出现新成虫。有越夏习性,一般多至枯落物或枝杈下等蔽荫处潜藏。成虫产卵于小枝上,竖立,聚生成 2 行排列。幼虫孵出后多分散栖息于叶背面,初危害较轻,只啃食叶缘,后可食尽全叶而仅留下主脉。爬行迁移能力弱,老熟后沿树干下入土中化蛹。一般在树干周围 5~20cm 范围内,入土 2~6cm 深处作土室。成虫经越夏后继续活动危害,不善飞翔,靠爬行迁移,故一般呈点片发生。至 11 月中旬、下旬或 12 月初,才正式蛰伏越冬。

二斑波缘龟甲 *Basiprionota bisignata*(Boheman)(图 8-3)

又名泡桐二星叶甲。分布于我国陕西、甘肃,华北至华南、西南等大部分地区。危害泡桐、楸、梓树,是严重危害泡桐的害虫。

形态特征

成虫 体长 11~13mm。橙黄色、椭圆形。触角基部 5 节淡黄色,端部各节黑色。前胸背板向外延展。鞘翅背面凸起,中间有 2 条明显的淡黄色隆起线,鞘翅两侧向外扩展,形成明显的边缘,近末端 1/3 处各有 1 个大的椭圆形黑斑。

卵 橙黄色,椭圆形,竖立成堆。

幼虫 体长约 10mm,淡黄色,两侧灰黑色,纺锤形。体节两侧各有 1 个浅

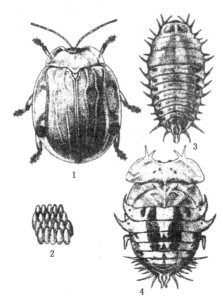

图 8-3 二斑波缘龟甲
1. 成虫 2. 卵 3. 幼虫 4. 蛹

黄色肉刺突，末端 2 节侧刺突较长，背面也有 2 个浅黄色肉刺突，向背上方翘起，上附着蜕。

蛹 淡黄色，体长 9mm，宽 6mm，体侧各具 2 个三角形刺片。

生活史及习性

在河南 1 年 2 代，以成虫越冬。翌年 4 月中下旬开始出蛰，飞到新萌发的叶片上活动取食、交尾产卵。幼虫孵化后啃食叶表皮及叶肉。5 月下旬幼虫开始老熟，6 月上旬出现第一代成虫。第二代成虫于 8 月中旬至 9 月上旬出现，10 月底至 11 月上中旬大部分成虫潜伏石块下、树皮缝内及地被物下或表土中越冬。成虫白天活动，产卵于叶背，数十粒聚集一起，竖立成块。幼虫孵化后，群集叶面，啃食叶肉，残留下表皮及叶脉，随后叶片变黄干枯。幼虫每次脱掉的皮，粘附尾部，向体后上方翘起，形似羽毛扇状，背在体后长期不掉。老熟幼虫将尾端粘附于叶面，然后化蛹。成虫羽化后，在叶面啃食表皮，5 月下旬至 6 月中旬，7 月下旬至 8 月上旬，成虫和幼虫同时发生，一起危害，形成 2 个危害高峰期，常把叶片啃光，树叶呈现焦黄，并造成大量落叶。

此虫主要发生在豫南、豫西和豫北山区。叶面绒毛少，或无黏腺的泡桐品种受害重，毛泡桐类受害轻。天敌主要有叶甲卵姬小蜂、瓢虫、蚂蚁。

白杨叶甲 *Chrysomela populi* L. （图 8-4）

分布于我国东北、西北、华东，湖南、贵州、四川。严重危害杨、柳，以幼树受害更为普遍。

形态特征

成虫 体长 10~15mm，长椭圆形，具刻点。头蓝黑色，额区具清楚"Y"形沟痕。触角短，1~6 节蓝黑色有光泽，7~11 节黑色，无光泽。前胸背板蓝紫色，有光泽，前缘内凹，前角突出，盘区两侧纵隆，其内侧低凹，形成纵凹沟，凹内刻点相当粗密。小盾片蓝黑色，舌形。鞘翅淡棕至棕红色，中缝顶端常有 1 个小黑斑，沿外侧边缘明显隆凸，紧靠缘折有 1 行粗刻点。足蓝黑色。体腹面蓝黑色。

幼虫 体长 16~18mm，头黑色，体橘黄色。前胸背板有"W"形黑纹，其它各节背面有黑点 2 列，第 2~3 节两侧各具 1 个黑色刺状突起，以下各节于气门上、下线上具黑色瘤状突起，受惊时这些突起溢出乳白色液汁。

蛹 长 9~14mm。羽化前为橙黄色。蛹背有成列黑点。蛹体末端留于蜕皮内，借幼虫臀足紧附于寄主嫩梢及叶片背面。

生活史及习性

1 年 1~2 代，以 1 代为多，以成虫在落叶层或浅土中越冬。4 月展新叶时出蛰危害，随即交尾、产卵于叶背，成块状，一般 30~50 粒，少则数粒。初孵幼虫密集取食卵壳，后群集危害叶。2 龄后分散取食，共 4 龄。幼虫受惊后自胸、腹背后分泌乳白色黏液，散发恶臭。老熟化蛹于叶背及小枝。月平均温度超过 25℃ 时，成虫下树蛰伏越夏，后又上树危害至 10 月中旬左右越冬。有假死习性。

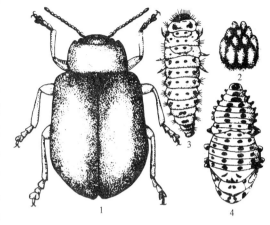

图 8-4 白杨叶甲
1. 成虫　2. 卵　3. 幼虫　4. 蛹

榆毛胸萤叶甲 *Pyrrhalta aenescens*（Fairmaire）（图 8-5）

又名榆蓝叶甲。分布于我国华北、东北、山东、河南、甘肃。成、幼虫均危害榆树，严重时使树冠一片枯黄，是榆树主要食叶害虫之一。

形态特征

成虫　体长 7~8.5mm，近长方形，黄褐色。鞘翅蓝绿色，有金属光泽。体密被柔毛及刺突。头小，头顶具 1 个三角形黑斑。触角 1~7 节，背面及 8~11 节全节黑色。前胸背板有 1 个倒葫芦形黑斑，两侧凹陷部分外侧有 1 条近卵形黑纹。小盾片黑色。鞘翅各具隆起线 2 条。

幼虫　末龄虫体长 11mm。体长形，微扁平，深黄色。中、后胸、腹部 1~8 节背面漆黑色。前胸背板近中央后方有 1 近方形黑斑。中、后胸背面各有 8 个毛瘤，两侧各有 2 个毛瘤。腹部 1~8 节背面各有 10 个毛瘤，两侧各有 3 个毛瘤，臀板深黄色。腹面吸盘后方有 2 个黑斑。

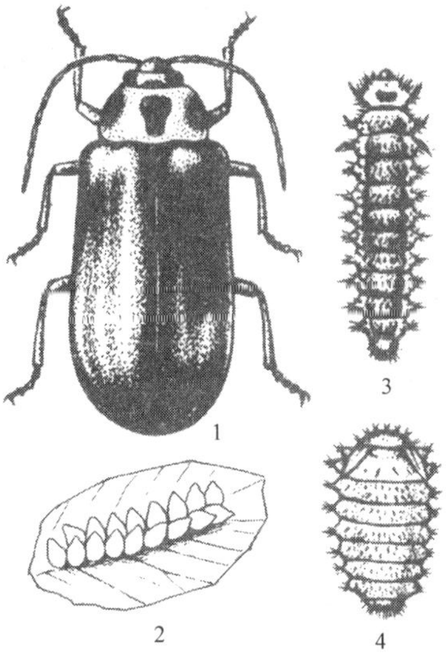

生活史及习性

1 年 2~3 代，以 2 代为多。以成虫在屋檐、墙缝、土中、石块下等处越冬。在 3 月下旬或 4 月上中旬开始活动，未萌叶时可啃食枝皮，产卵于叶背，成两行，4 月底 5 月初出现幼虫，5 月中旬至 6 月上旬为危害盛期。

图 8-5 榆毛胸萤叶甲
1. 成虫　2. 卵　3. 幼虫　4. 蛹

老熟幼虫集聚树干化蛹，下旬羽化、产卵，7月上中旬是第二代幼虫危害盛期。7、8月间幼虫老熟、化蛹、羽化，危害至8月下旬9月初越冬。因世代及分布区不同，各虫期出现时间较有差异。

花椒潜跳甲 *Podagricomela shirahatai* (Chujo)（图8-6）

分布于我国陕西、甘肃、四川、山西。只危害花椒。幼虫潜居花椒叶内蛀食叶肉使受害叶变黑脱落，成虫取食嫩叶作为补充营养。发生区受害株率在60%以上，单株有虫数可达千头以上，危害后的花椒产量及品质明显下降。

形态特征

成虫 椭圆形，长4~5mm，褐红色，无光泽。头、触角、复眼和足黑色。头部沟纹完整，上唇前缘凹陷。触角长达后足基部。前胸背板刻点小而密，鞘翅上刻点11行；前、中足腿节茸毛稀并无刻点，后足腿节宽为中足腿节的1.5倍、其后半部有刻点，后足胫节与跗节的毛密。爪单齿式。

幼虫 头部、足黑色，腿节和胫节及体腹面略淡黄色，老熟幼虫体长5~8mm。前胸背板及臀板各有1个褐斑。

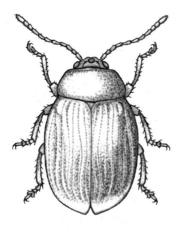

图8-6 花椒潜跳甲

生活史及习性

1年2~3代。华北、陕西、甘肃1年2代，以成虫在土中越冬，翌年4月上旬花椒发芽时出土活动取食椒叶，5月下旬至6月下旬产卵，卵期4~7d。幼虫蛀入叶内取食14~19d后于6月下旬落地入土化蛹，蛹期24~31d。第1代成虫7月中旬至8月上旬出土，上树取食椒叶补充营养，8~15d后交配产卵，9月下旬第2代成虫羽化出土，10月后陆续入土越冬。成虫善跳，飞行迅速，白天取食椒叶，晚间多隐匿。雌成虫产卵2~3块，每块14粒。幼虫孵出后先群集潜叶危害，2~3d后分散潜叶危害；被害叶初出现块状透明斑，当发黄枯焦时幼虫即迁移危害，1叶常有虫3头以上，黑褐色呈丝状弯曲的粪便从蛀食孔排出。幼虫4龄，体色由白转黄后即钻出潜道入土结茧化蛹。6月下旬之后严重受害树的椒叶即全部呈火烧状焦枯，使当年的果实难以成熟。

此外，本类群还有以下重要种类：

杨毛臀萤叶甲东方亚种 *Agelastica alni orientalis* Baly：又名杨蓝叶甲。主要分布于西北，以新疆发生最为普遍。危害杨、柳、榆、苹果、巴旦杏等。在新疆1年发生1代，以成虫在枯枝落叶下或2~4cm深土层中越冬。

樟萤叶甲 *Atysa marginata cinnamomi* Chen：分布于福建、浙江。为樟树的主要害虫之一，初危害嫩叶，并可啃食嫩枝皮引起枯梢，幼树被害严重时可引起死亡。在福建1年发生2代，以老熟幼虫在土内越冬。

中华波缘龟甲 *Basiprionota chinensis* Fabricius：又名中华叶甲。分布于江西、湖南、广东等省。危害泡桐。在湖南1年发生1~2代，以成虫越冬。

桤木叶甲 *Chrysomela adamsi ornaticollis* Chen：分布于四川、云南。危害桤木。树木受害严重后年生长量大受影响，幼树可因此而顶梢干枯。1年发生3代，以成虫于7月起潜藏越夏并越冬。

云南松叶甲 *Cleoporus variabilis*（Baly）：分布于四川、云南。主要危害云南松，其次为马尾松、栎类、桤木、马桑、胡枝子、大叶桉及桃、李、梨等。成虫啃食针叶使之枯黄，2~3年幼树可因此而致死。在四川1年发生1代。以卵在土壤中越冬。

核桃扁叶甲 *Gastrolina depressa* Baly：分布于江苏、浙江、安徽、福建、河南、湖北、湖南、广东、广西、四川、贵州、陕西、甘肃，危害核桃、枫杨。在江苏1年发生2代，以成虫越冬。

黑胸扁叶甲 *Gastrolina thoracica* Baly：分布于东北、河北、湖南、四川、甘肃，是核桃的主要害虫。在东北地区1年发生1代，以成虫在枯落物及干基粗糙裂缝的树皮内越冬。

杨梢叶甲 *Parnops glasunowi* Jacobson：分布于河北、山西、内蒙古、辽宁、河南、甘肃、新疆等地。危害杨、柳、梨树叶及嫩梢。1年发生1代，以幼虫在土壤中越冬。

柳蓝叶甲 *Plagiodera versicolora*（Laicharting）：又名橙胸斜缘叶甲。分布于我国东北、华北、西北、华东、西南。危害柳属、榛属植物。一年发生世代差异甚大，内蒙古1年3代，宁夏3~4代，北京6代，安徽8~9代，以成虫于枯落物、杂草及土壤中越冬。

花椒铜色潜跳甲 *Podagricomela cuprea* Wang：分布于四川、甘肃及陕西与甘肃毗邻的山区。以幼虫蛀食花椒花序的花梗及叶柄，亦蛀入果实内取食种子，使果实提早脱落，成虫仅食叶片。1年1代，以成虫在花椒树冠下及其附近5cm深土层中越冬。

漆树叶甲 *Podontia lutea*（Olivier）：分布于华东、华中、西南，台湾、陕西，危害漆树、野漆树及黄连木。1年1代，以成虫在寄主周围的石块下，土中或杂草中越冬。

榆黑肩毛胸萤叶甲 *Pyrrhalta maculicollis*（Motschulsky）：又名榆黄叶甲。分布于北京、河北、内蒙古、吉林、辽宁、江苏、浙江、福建、江西、山东、河南、广东、陕西、甘肃，常与榆毛胸萤叶甲伴随危害榆属植物。在辽宁1年发生2代，以成虫在屋檐、墙缝或石块及枯枝落叶层中越冬。

叶甲类的防治方法

（1）于取食危害活动期，尤其是成虫初上树期，喷洒80%敌敌畏乳油或90%敌百虫晶体1 000~2 000倍液；2.5%溴氰菊酯乳油8 000~10 000倍液；40%氧化乐果乳油 2 000 倍液；50% 马拉硫磷乳油或 25% 亚胺硫磷乳油 800 倍液。

（2）胸高处刮 15～20cm 宽环形带，以见黄白韧皮为度，涂 40% 氧化乐果乳油 1∶1 水剂；或于胸高处每隔 5cm 纵割一刀，深入形成层，总长度 20～30cm，伤口涂上述药剂，前者效果达 95%～100%，后者达 85% 以上。但后者操作较易，对树损伤少。

（3）根据树龄大小，于根基距树干 70～100cm 处，挖 25cm 宽环形沟，埋 3% 呋喃丹 50～150g，浇透水覆土，杀虫效果很好。

（4）对一些以幼虫或蛹在土中越冬的种类，越冬期间进行土壤翻耕、松土，并可同时施用 1% 对硫磷粉剂拌土混合，杀灭越冬幼虫和蛹。也可用溴氰菊酯毒笔（拟除虫菊酯∶防雨剂∶水∶石膏粉∶滑石粉 = 1∶2∶42∶40∶5）、毒绳等涂扎树干基部，以毒杀爬经毒环、毒绳的幼虫和成虫。

（5）成虫危害盛期振落捕杀。

（6）保护利用天敌，如益蝽、蠋蝽、猎蝽、大腿小蜂、蜘蛛、胡蜂、螳螂等。

8.2　象甲类

榆跳象 *Rhynchaenus alini* Linnaeus （图 8-7）

分布于我国华北、辽宁、江苏、安徽、山东、陕西、宁夏。成虫取食榆树叶片，幼虫潜叶危害，被害部位鼓起变黄，受害严重时全林如同火烧。

形态特征

成虫　体黄褐色，长 3.0～3.5mm，密被卧毛；头、小盾片、中后胸及腹部 1～2 节腹板黑褐色；触角、前胸和鞘翅黄色，鞘翅中区有 2 条褐色横带。头遍布大瘤突，复眼占头之大部，喙长而下折，触角生于喙基 1/3 处，索节 6 节，棒节卵圆形。前胸两侧和突出的鞘翅肩部有数根直立的长刚毛。前、中足短小，后足腿节粗壮，腹面有刺若干。

幼虫　体长约 3mm，乳白色，多皱褶无刚毛，密布细小黑色颗粒。老熟幼虫头部黄褐色，额中纵沟深色。前胸背板黑褐色，中央有一条乳白色纵带，腹板有 3 个排成倒三角的黑斑；腹部背中线下凹，背面与侧面的瘤突上生白色刚毛，腹末第 2 节为一黑色骨化环。

生活史及习性

1 年 1 代，以成虫在粗皮裂缝或伤疤翘皮下及枯枝落叶层、地表松土中越夏和越冬。在陕西关中，3 月中旬出蛰取食榆树嫩皮层、嫩芽和嫩叶，叶面可见 3～4mm 的椭圆形穿孔；4 月上旬

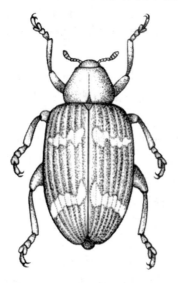

图 8-7　榆跳象

交尾产卵，4月中旬卵孵化，5月初幼虫开始在叶面的泡囊内结茧化蛹，5月下旬至6月上旬为成虫羽化盛期，成虫取食10~30d后于6月下旬潜伏越夏，秋末越冬。在山东约比陕西晚10~20d，在辽宁的则晚17~30d；在江苏北部的发生期约与陕西相同。卵期6~21d，幼虫3龄，幼虫期10~21d，蛹期6~12d。

成虫能飞善跳有假死、多次交尾、多次产卵、不断补充营养习性。卵多产于叶背主脉上，产卵前用喙在叶脉上蛀1个小洞，每洞产卵1粒，再用分泌物覆盖；每雌产卵12~25粒。幼虫孵化后潜食叶肉，叶面隧道呈轮纹状，并充满虫粪；后期被害处的上、下表皮各向外凸起成焦糊状泡囊。

该虫在榆树纯林，林地枯枝落叶多，阴凉、潮湿、郁闭度大的林地发生重；而在榆树与白蜡、杨树等混交林内，枯枝落叶少，耕翻林地，阳光充足、干燥、郁闭度小的林地发生轻。冬季低温可导致在树干越冬的成虫大量死亡。

天敌有蠋敌、蜘蛛、蚂蚁、柠黄姬小蜂、羽角姬小蜂以及麻雀。

枣飞象 *Scythropus yasumatsui* Kono et Morimoto（图8-8）

分布于我国河北、山西、江苏、山东、河南、陕西。危害枣、桃、苹果、梨、杨、泡桐等的嫩芽、幼叶，严重时将枣叶吃光，影响正常生长和产量。

形态特征

成虫 体长约4mm（头管除外），灰白色，雄虫色较深。喙粗，在两复眼间深陷；前胸背中部灰棕色。鞘翅弧形，各有细纵沟10条，沟间有黑色鳞毛，翅面有模糊的褐色晕斑，腹面银灰色。

幼虫 乳白色，长约5mm，略弯曲。

生活史及习性

1年1代，以幼虫在5~10cm深土中越冬。翌年3月下旬至4月上旬化蛹，4月中旬至6月上旬羽化、交尾、产卵。成虫有假死性，5月前成虫在无风天暖的中午前后群集上树危害幼芽和幼叶，早晚则多在近地面潜伏；5月以后成虫喜在早晚活动。雌虫寿命约43.5d，雄虫36.5d。产卵于枣树嫩芽、叶面、枣股翘皮下或脱落性枝痕裂缝内，每卵块3~10粒，每雌产卵约100粒。卵期约12d，幼虫孵出后沿树干下树潜入土中取食植物细根，9月以后下迁至30cm左右深处越冬；翌年春气温回升时，再上迁至10~20cm深处活动，化蛹时在距地面3~5cm深处做土室。

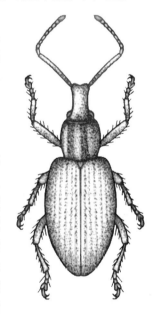

图8-8 枣飞象

此外，本类群还有以下重要种类：

桑象 *Baris deplanata* Roelofs：分布于我国江苏、浙江、安徽、台湾、山东、四川、贵州。只危害桑树。在浙江、江苏及四川1年1代，以成虫在桑树修剪后留下的半截枝（枯枝）的蛹室内越冬。

绿鳞象 Hypomeces squamosus Fabr.：又名蓝绿象、大绿象。分布于我国江苏、浙江、安徽、福建、台湾、江西、湖北、广东、广西。危害油茶、栎类、板栗、马尾松、桉、茶、柑橘等近百种林木、果树和农作物。在浙江1年1代，以成虫及老熟幼虫在土中越冬。

象甲类食叶害虫的防治方法

（1）在榆跳象成虫潜伏以前，将剪下的枝叶扎成小捆悬挂在枝间，可以诱集成虫，并集中消灭。

（2）40%氧化乐果2倍液，于10年生以下幼树涂宽10~15cm宽毒环；胸高处按不同方位打洞3个，注入相同浓度的氧化乐果；40%氧化乐果1000倍液喷雾等均可防治幼虫。

8.3 蛾类

8.3.1 袋蛾类

属袋蛾科。食性杂，分布面广，一些种类能给林木造成严重的灾害。幼虫终生负袋，防治不易，易随寄主植物传播。

大袋蛾 *Clania variegata* Snellen（图8-9）

又名大蓑蛾、大避债蛾。分布于我国江苏、浙江、安徽、福建、台湾、江西、山东、河南、湖北、湖南、广东、广西、四川、贵州、云南、陕西等地；国外分布于日本、印度、马来西亚。危害泡桐、悬铃木、杨、柳、榆、刺槐、核桃、苹果、梨、桃、柑橘、池杉、落羽杉、水杉。常将树叶食光而影响林木生长和绿化环境，是常见的食叶害虫。

形态特征

成虫　雄蛾体长15~20mm，翅展35~44mm。体黑褐色。前翅2A和1A脉在端部1/3处合并，2A脉在后缘有数条分枝；在R_4与R_5间基半部，R_5与M_1间外缘、M_2与M_3间各有1个透明斑，R_3与R_4、M_2与M_3共柄；后翅M_2与M_3共柄；前、后翅均为红褐色，中室内中脉叉状分枝明显。雌蛾体肥大，淡黄或乳白色，蛆状；头部较小，淡赤褐色；胸部中央有1条褐色隆

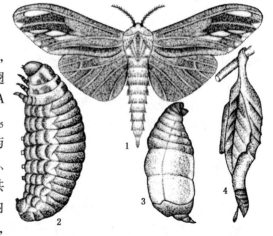

图8-9　大袋蛾
1. 成虫　2. 雄幼虫　3. 雌幼虫　4. 袋

脊;第7腹节后缘有黄色短毛带,第8腹节以下急剧收缩;外生殖器发达;足、触角、口器、复眼均甚退化。

卵 椭圆形,长0.8mm,宽0.5mm,黄色。

幼虫 3龄后可区别雌雄。雌老熟时体长32~37mm,头赤褐色,头顶有环状斑,胸部背板骨化强,亚背线、气门上线附近具大形赤褐色斑,呈深褐、淡黄相间的斑纹。胸部背面黑褐色,各节表面有皱纹。雄性幼虫体较小,黄褐色,蜕裂线及额缝白色。

蛹 雌蛹头、胸的附器均消失,枣红色。雄蛹为正常的被蛹,赤褐色,第3~8腹节背板前缘各具1横列刺突,腹末有臀棘1对,小而弯曲。

袋囊 老熟幼虫袋囊长40~70mm,丝质坚实,囊外附有较大的碎叶片,也有少数排列零散的枝梗。

生活史及习性

在华南1年2代,以老熟幼虫在袋囊内越冬。湖南1年1代,3月下旬化蛹;4月上中旬成虫羽化、交尾、产卵;5月底6月初出现幼虫危害,幼虫期长达240~260d,耐饥能力强,大龄虫可断食达半个月不死。雌虫羽化后将头、胸伸出囊外分泌性信息素;雄虫甚活跃,飞趋雌虫并绕袋囊飞行数周后停息囊外,雌虫探知其接近后部缩入虫体,雄虫将腹部伸入囊内交尾。卵产于囊内,平均3 000~6 000粒,最多达10 000余粒,雌虫在幼虫将孵出时才死亡。幼虫孵出2d后方出囊,不久即咬叶屑等吐丝缀织成护囊,袋囊终身背负,随虫龄增加而扩大体积;幼虫吐丝随风飘散群集危害,啃食嫩枝、叶肉,后食全叶;虫体小时袋竖立,后转为下坠,遇惊扰时虫体缩入囊口紧扣枝、干等。暴食期在7~9月。

初孵幼虫营造袋囊期间,如遇中到大雨,将使幼虫大量死亡;危害期长期有雨,幼虫易染病死亡。据南京地区观察,干旱年份最易猖獗成灾;6~8月总降水量300mm以下,将大发生,500mm以上则不易成灾。幼虫喜阳光,树冠、疏林、林缘发生多。

天敌主要有瓢虫、蚂蚁、蜘蛛、鸟、病毒、真菌及少数寄生蜂。越冬期间鸟啄开袋囊,取食幼虫,能使袋蛾囊空瘪率达20%左右。

茶袋蛾 *Clania minuscule* Butler (图8-10)

又名小窠蓑蛾。分布于我国江苏、浙江、安徽、福建、台湾、江西、湖北、湖南、广东、广西、四川、贵州等地;国外分布于日本。危害茶、悬铃木、木麻黄、柏、马尾松、槭、核桃、蔷薇科果树等70余种植物。

形态特征

成虫 雄虫体长10~15mm,翅展23~26mm。体、翅褐色,胸部有2条白色纵纹。前翅M_3与Cu_1间较透明,翅脉两侧色深,A脉与后缘间无横脉。后翅$Sc+R_1$与R_5在中室末端并接。雌虫体长15~20mm,黄白色。胸部有显著的黄褐色斑。

卵 椭圆形,米黄色或黄色,长约0.8mm。

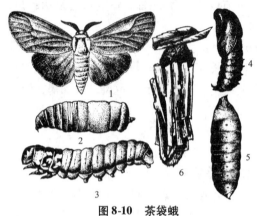

图 8-10 茶袋蛾
1. 雄成虫 2. 雌成虫 3. 幼虫
4. 雄蛹 5. 雌蛹 6. 袋

幼虫 老熟幼虫体长 16~18mm，头黄褐色，散布黑褐色网状纹，胸部各节有 4 个黑褐色长形斑，排列成纵带，腹部肉红色，各腹节有 2 对黑点状突起，呈"八"字形排列。

蛹 雌蛹纺锤形，长约 20mm，头小。腹部第 3 节背面后缘，第 4、5 节前后缘，第 6~8 节前缘各有小刺 1 列，第 8 节小刺较大而明显。

袋囊 长 25~30mm，囊外附有较多的小枝梗，平行排列。

生活史及习性

在浙江、贵州 1 年 1 代；福建、安徽、江苏、湖南 1~2 代；江西 2 代；广西、台湾 3 代。1 代区以老熟幼虫越冬。4 月下旬化蛹。5 月中旬羽化、产卵。6 月上旬幼虫开始危害，下旬至 7 月上旬危害最烈，至 10 月中下旬老熟越冬。2 代区以 3~4 龄幼虫越冬。2 月气温达 10℃ 左右开始活动，5 月上旬化蛹。中旬羽化产卵。6 月上旬第 1 代幼虫危害，下旬至 7 月上旬为 1 年内幼虫危害第 1 次高峰。8 月下旬第 2 代幼虫孵出，9 月中下旬出现第 2 次高峰，取食至 11 月下旬越冬。年 3 代区也以老熟幼虫越冬，3 月上旬成虫大量羽化，中旬为产卵盛期。第 1 代卵 3 月下旬开始孵化，4 月中旬为盛期；4~5 月出现第 1 次危害高峰。6 月上旬为化蛹盛期，中旬为羽化、产卵盛期。第 2 代卵孵化盛期在 6 月下旬，7~8 月出现第 2 代危害高峰。8 月下旬为蛹盛期，9 月上旬是羽化、产卵盛期。第 3 代幼虫于 9 月上旬大量孵出，危害至 11 月中下旬老熟过冬。

此外，本类群还有以下重要种类：

蜡彩袋蛾 *Chalia larminati* Heylaerts：分布于我国浙江、安徽、福建、江西、湖南、四川、贵州、云南等省。危害油桐、茶、侧柏、桉、黄檀、桑等 50 余种树木。在福建 1 年 1 代，以幼虫越冬。

白囊袋蛾 *Chalioides kondonis* Matsumura：分布于淮河以南各地。危害茶、油茶、油桐、侧柏等 70 余种树木，在广西 1 年 1 代，以老熟幼虫越冬。

8.3.2 潜蛾类

杨白潜蛾 *Leucoptera susinella* Herrich-Schäffer（图 8-11）

分布于我国华北、辽宁、山东、河南、新疆；国外分布于日本、前苏联。危害杨、唐柳，以毛白杨、欧美杨、唐柳受害最重，新疆杨、银白杨受害较轻。叶片被潜食变黑、焦枯，往往提前脱落，苗圃发生尤为普遍，受害严重。

形态特征

成虫 体长3~4mm，翅展8~9mm。体腹面及足银白色。头顶有1丛竖立的银白色毛；复眼黑色，触角银白色，其基部形成大的"眼罩"；唇须短。前翅银白色，近端部有4条褐色纹，1~2条、3~4条之间呈淡黄色，2~3条之间为银白色，臀角上有一黑色斑纹，斑纹中间有银色凸起，缘毛前半部褐色，后半部银白色；后翅披针形，银白色，缘毛极长。腹部腹面可见6节，雄虫第9节背板明显，易与雌虫区别。

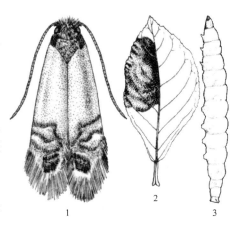

图8-11 杨白潜蛾
1. 成虫 2. 危害状 3. 幼虫

幼虫 老熟幼虫体长6.5mm，体扁平，黄白色。头部及臀部每节侧方生有长毛3根。前胸背板乳白色。体节明显，腹部第3节最大，后方各节逐渐缩小。

生活史及习性

河北、山西1年4代，辽宁1年3代，新疆1年3~4代，均以蛹在"H"形白色薄茧内、树干皮缝和落叶等处越冬。在河北4月中旬成虫开始羽化，5月下旬第1代羽化；7月上旬为第2代成虫；8月上旬为第3代；9月中旬可以出现第4代成虫，并产卵孵化幼虫，但均因寒冷而不能越冬。在山西各虫期出现期较上述约推迟1个月。成虫趋光，产卵于叶面主、侧脉两边，数粒成行。幼虫孵出后从卵底咬孔潜蛀叶内蛀食叶肉，常有多条幼虫同时蛀食，蛀道扩大连成一片，叶面呈现大的黑斑块。老熟幼虫在叶背结茧，但越冬茧多在树干缝隙、疤痕等处，很少数在叶片上；树干光滑的幼树树干则很少被结茧。

杨银叶潜蛾 *Phyllocnistis saligna* Zeller（图8-12）

分布于我国华北、辽宁、山东、河南、甘肃、新疆等地，国外分布于日本、印度、欧洲。危害多种杨树，苗木及幼树受害重，危害严重时几乎好叶全无，生长受损很人。

形态特征

成虫 体长3.5mm，翅展6~8mm。体纤细，银白色，复眼黑色。触角着生于复眼内侧上方，梗节大而宽，密被银白色鳞片，其它各节暗色；下唇须3节。前翅中央有2条褐色纵纹，其间金黄色，上纵纹外方有1条出于前缘的短纹，下纵纹末端有1条向前弯曲的褐色弧形纹；顶角的内方有2条斜纹；外缘有1个三角形的黑色斑纹，其下方有1条向后缘弯曲的斜纹，其内方呈现金黄色。后翅窄长，先端尖细，灰白色。前、后翅缘毛细长。腹部腹面可见6节。雌蛾腹部肥大，雄蛾尖细。

幼虫 浅黄色，扁平而光滑，足退化。体节明显，以中胸及腹部第3节最

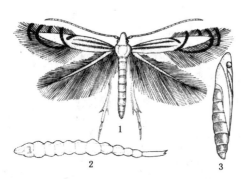

图 8-12 杨银叶潜蛾
1. 成虫 2. 幼虫 3. 蛹

大。头小，口器褐色，触角 3 节，2 单眼微小褐色。腹部第 8、9 节侧方各生 1 个突起，末端分成二叉。老熟幼虫体长 6mm。

生活史及习性

在新疆、辽宁均 1 年 4 代，以成虫在地表缝隙及枯枝落叶中，或以蛹在被害叶上越冬。成虫于次年春暖后开始活动，白天多潜藏于近地面叶背或枯落物中，17：00～20：00 飞翔于苗木间寻找适合场所进行交尾、产卵，卵多单产于嫩梢或嫩叶柄两侧。幼虫孵出后自卵底潜入叶内蛀食叶肉，潜痕不规则、长而弯曲，叶面呈现银灰色；老熟后在潜道末端形成褶皱，在其中化蛹。在山西以蛹越冬时为 3 代，各代成虫出现期为：4 月下旬至 5 月上旬；6 月中旬至 7 月上旬；7 月下旬至 9 月下旬。

8.3.3 鞘蛾类

兴安落叶松鞘蛾 *Coleophora dahurica* Falkovitsh（图 8-13）

分布于我国东北，河北、内蒙古、新疆；国外分布于俄罗斯远东地区。危害落叶松。

形态特征

成虫　触角 26～28 节，雌虫常少 1 节。翅展 8.5～11mm，灰白色。前翅顶角域色稍浅，后翅色稍深，腹末端具浅色鳞片丛。雌虫色浅，前翅超过腹端部分短，腹部较粗大。雄蛾外生殖器小瓣宽大，端缘倾斜，下角明显；小瓣中域丘突上绒毛稀少，抱器轻度弯曲，并向末端渐窄。

卵　半球形，黄色，表面有棱起 11～13 条。

幼虫　老熟幼虫黄褐色；前胸盾黑褐色，闪亮光，具"田"字形纹。

蛹　黑褐色，长约 3mm。雄蛹前翅明显超过腹端，雌雄蛹前翅一般不超过腹端。

生活史及习性

1 年 1 代。多以 3 龄、少数以 2 龄幼虫在短枝、小枝基部、树枝粗糙及开裂等处越冬。次年春 4 月下旬落叶松萌芽时越

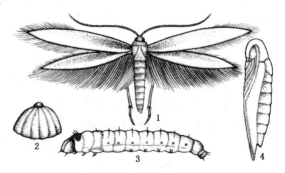

图 8-13 兴安落叶松鞘蛾
1. 成虫 2. 卵 3. 幼虫 4. 蛹

冬幼虫苏醒，蜕皮后开始取食，出蛰盛期为5月上旬。第4龄幼虫期12~17d，约于5月上旬至下旬化蛹，5月中旬为盛期，蛹期约16~19d。成虫早、晚羽化，6月上旬为盛期，雌、雄比约1∶1。成虫寿命约3~7d。6月中旬为产卵盛期，卵散产于针叶背，每叶多具1卵，最多9粒，每雌产卵量约30粒，卵期约15d；6月下旬开始孵化，7月上旬为孵化盛期。孵化的幼虫从卵底中央直接钻入叶内潜食，直至9月下旬、10月上旬第3龄幼虫（少数为2龄幼虫）开始制鞘为止。负鞘幼虫爬行蛀食针叶，当叶枯黄、凋落而气温约达0℃时则寻找适宜场所越冬。

4龄后有明显的向光习性，食量剧增，虫体外的越冬旧筒鞘在虫体增大时以各种方式扩大，每幼虫可食新叶39.7~48.5枚；早春遭鞘蛾危害的落叶松林，最初一片灰白，继而呈枯黄色。树冠上越冬的幼虫以中、下层多于上层，当年生枝虫口少于先年生枝；8~150年生的落叶松均有鞘蛾发生，其中以15~35年生的受害重；人工纯林受害重于原始林及混交林；林缘、林间空地及郁闭度较小的林分受害严重。春季大风能使1/4以上的4龄幼虫落地而死，但部分掉落的老熟幼虫能在灌木或地被物上化蛹甚至羽化；"早霜"和"晚霜"能迫使幼虫吐丝下垂向外扩散或因饥饿而死。

捕食性天敌有鸟类、蜘蛛、蚂蚁，寄生性天敌主要是寄生蜂。

8.3.4 巢蛾类

稠李巢蛾 *Yponomeuta evonymellus*（Linnaeus）（图8-14）

分布于我国华北、东北地区；国外分布于日本、朝鲜、蒙古、欧洲。危害稠李、山花楸、夜合花、酸樱桃等。常在次生林缘、城市绿化林内严重发生，可把树叶全部吃光，拉网成大丝巢。

形态特征

成虫 体长7.6mm，翅展11.4mm。头部、触角、下唇须白色，胸部背面有4个黑点，前翅白色，共有45~50个黑点；除翅端区约有12个黑点外，其余大致分5行排列；外缘缘毛白色；后翅灰褐色，翅间缘毛灰白色，其它部分灰褐色。雄性外生殖器的抱器瓣长为宽的2.3倍，阳茎长约为囊形突长的3.5倍。

幼虫 老熟幼虫体长15.7mm，淡绿色。停食后进入预蛹的幼虫体色呈淡黄或黄绿色。头部单眼Ⅲ、Ⅳ和Ⅴ排列成"1"字形，三者间距大致相等，Ⅰ和Ⅱ接近，单眼6枚，都不十分圆，大致为卵圆或亚卵圆形。上颚明显分4齿，

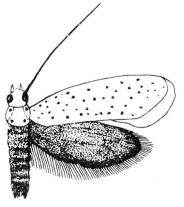

图8-14 稠李巢蛾

第1、2齿尖，第3、4齿钝。

生活史及习性

在黑龙江五营地区1年1代，以1龄幼虫在卵壳内越冬。越冬幼虫于5月中旬至下旬寄主发芽时开始出壳活动危害，初危害时群集嫩叶，取食叶肉，留下表皮，卷缩干枯，幼虫在内吐丝做巢栖息。随着寄主植物的生长及幼虫的增大，丝巢逐渐扩大，将全枝甚至全树冠用丝巢笼罩，把巢内的叶食光，只留下枝干，此时看来好似笼罩一层尼龙纱。幼虫于6月下旬老熟，并集中在一起结茧化蛹，蛹质厚不透明。7月上旬成虫羽化。成虫羽化出壳后约需20min翅才能完全伸展，再经过约60min翅才能硬化。成虫不活泼，有趋光性。

8.3.5 刺蛾类

黄刺蛾 *Cnidocampa flavescens*（Walker）（图8-15）

我国除贵州、西藏、宁夏、新疆尚无纪录外，几乎遍布全国各地；国外分布于日本、朝鲜、俄罗斯西伯利亚。危害数十种林木及果树，尤喜取食枫杨、核桃、苹果、石榴，是林木、果树的重要害虫。

形态特征

成虫 体长13~17mm，翅展30~39mm。体橙黄色。前翅黄褐色，自顶角向后缘基部与端部斜伸2条红褐色细线，内侧1条止于后缘近基部1/3处，此线内侧为黄色，外侧为褐色；外侧1条止于近臀角处。翅的黄色部分有2个深褐色斑，以雌虫尤为明显。后翅灰黄色，外缘色较深。

卵 扁椭圆形，一端略尖，长1.4~1.5mm，宽0.9mm，淡黄色，具龟状刻纹。

幼虫 老熟幼虫体长19~25mm，粗壮。头黄褐色，隐藏于前胸下，胸部黄绿色，体自第2节起各节背线两侧有1对枝刺，以第3、4、10节的为大，枝刺上长有黑色刺毛；体背有紫褐色大斑纹，其前后宽大而中部狭细呈哑铃形，末节背面有4个褐色小斑；体两侧各有9个枝刺，体侧中部有2条蓝色纵纹，气门上线淡青色，气门下线淡黄色。

蛹 椭圆形，长13~15mm，淡黄褐色，头、胸部背面黄色，腹部各节背板褐色。茧椭圆形，质坚硬，黑褐色，有灰白色不规则纵条纹，极似雀卵。

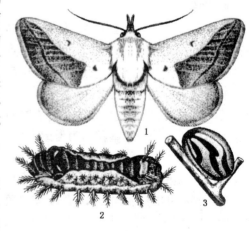

图8-15 黄刺蛾
1. 成虫 2. 幼虫 3. 茧

生活史及习性

辽宁、陕西1年1代,北京、安徽、四川1年2代,均以老熟幼虫在树干和枝桠处结茧越冬。在陕西越冬幼虫于次年5月下旬化蛹,6月中旬至7月上旬羽化、产卵,幼虫7月上中旬孵化,9月下旬越冬。安徽淮南市1年2代,次年5月中下旬化蛹;5月中下旬开始羽化产卵,第1代幼虫在6月上中旬发生,7月中下旬羽化第1代成虫;第2代幼虫在8月上旬发生,9月上旬开始结茧越冬。成虫具有趋光性,昼伏叶背,夜间活动、交配产卵。卵散产于叶背面,每叶产2~4粒。初孵幼虫先食卵壳,后取食叶片表皮和叶肉,形成圆形透明的小斑,稍大则把叶片吃成不规则的缺刻,严重时仅留有中柄和主脉。

天敌有上海青蜂、刺蛾广肩小蜂、姬蜂、螳螂、核型多角体病毒。

褐边绿刺蛾 *Parasa consocia* Walker(图8-16)

又称青刺蛾、绿刺蛾。几乎遍布我国各地;国外分布于日本、朝鲜、前苏联。危害悬铃木、枫杨、柳、榆、槐、油桐、苹果、桃、李、梨等50余种林木和果树。发生普遍,危害严重。

形态特征

成虫 翅展20~43mm。头和胸背绿色,胸背中央有1条红褐色纵线。雌蛾触角丝状,雄蛾触角近基部十几节为单栉齿状,均为褐色。前翅绿色,基角有略呈放射状的褐色斑纹,外缘有1条浅黄色宽带,带内有红褐色雾点,带的内缘和带内翅脉红褐色。后翅及腹部浅黄色。

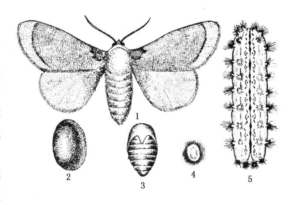

图8-16 褐边绿刺蛾
1. 成虫 2. 茧 3. 蛹 4. 卵 5. 幼虫

卵 扁椭圆形,长1.2~1.3mm,浅黄绿色。

幼虫 老熟幼虫体长24~27mm,头红褐色,前胸背板黑色,体翠绿色,背线黄绿至浅蓝色。中胸及腹部第8节各有1对蓝黑色斑,后胸至第7腹节,每节有2对蓝黑色斑;亚背线带红棕色;中胸至第9腹节,每节着生棕色枝刺1对,刺毛黄棕色,并夹杂几根黑色毛。体侧翠绿色,间有深绿色波状条纹。自后胸至腹部第9节侧腹面均具刺突1对,上着生黄棕色刺毛。腹部第8、9节各着生黑色绒球状毛丛1对。

蛹 卵圆形,长14~17mm,棕褐色。茧近圆筒形,长14.5~16.5mm,红褐色。

生活史及习性

1年发生1~3代,因分布区而异。东北地区1年1代,南方广大地区1年

2~3代，均以老熟幼虫结茧越冬。东北地区6月化蛹；7、8月成虫羽化产卵，幼虫相继孵化危害，8月下旬至9月下旬相继老熟下树结茧越冬。河南、贵州均1年2代。在贵州，4月化蛹，5~7月见越冬代成虫，6月初至7月末第1代幼虫危害；8~9月出现成虫。9~10月第2代幼虫危害，11月老熟结茧越冬。成虫趋光，成块产卵于叶背主脉附近，呈鱼鳞状排列，卵期5~7d。1龄幼虫不取食，以后剥食叶肉并食蜕皮；3~4龄穿叶表皮取食；6龄后危害最烈，幼虫期约30d。3龄前具群栖性，老熟后结茧于树下草丛、疏松土层中化蛹，蛹期5~46d。成虫寿命3~8d。

纵带球须刺蛾 *Scopelodes contracta* Walker （图8-17）

分布于我国河北、浙江、湖南、广州；国外分布于日本、锡金。危害柿、板栗、油桐、大叶紫薇、三球悬铃木、枫香、八宝树等。危害严重时能食尽全株叶片。

形态特征

成虫　雌蛾翅展43~45mm，触角丝状；雄蛾翅展30~33mm，触角栉齿状。下唇须端部毛簇褐色，末端黑色。头和胸背面暗灰，腹部橙黄，末端黑褐，背面每节有1条黑褐色纵纹。雄蛾前翅暗褐到黑褐，雌蛾褐色，翅的内缘、外缘有银灰色缘毛。雄蛾前翅中央有

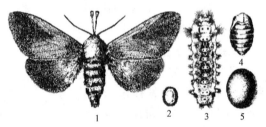

图8-17　纵带球须刺蛾
1. 成虫　2. 卵　3. 幼虫　4. 蛹　5. 茧

1条黑色纵纹，从中室中部伸至近翅尖，雌蛾此纹则不明显。后翅除外缘有银灰色缘毛外，其余为灰黑色；雌蛾后翅灰色。

卵　椭圆形，长1.1mm，宽0.9mm，鱼鳞状排列成块。

幼虫　幼虫的特征和大小随寄主和世代的不同而略有差异。幼龄幼虫体色淡黄，亚背线上有11对刺突，体侧气门下线上有9对刺突，各刺突上生有刺毛。老熟幼虫体长20~30mm。体上出现许多黑斑，使体色变暗，各刺突上的刺更黑。体背出现9对淡褐斑，分别在第1~10对刺突之间；体背中央还有6个绿点，在第3~8对刺突之间。

蛹　长8~13mm，长椭圆形，黄褐色。茧卵圆形，长10~15mm，灰黄至深褐色。

生活史及习性

在广州1年3代，但由于第1、2代有极少数幼虫老熟结茧后滞育，当年不羽化，致出现极少数1年1代或2代现象。第1代卵期为3月下旬至4月下旬，幼虫期4月上旬至6月上旬，蛹期5月中旬至6月下旬，成虫期6月上旬至7月上旬。第2代卵期为6月上旬至7月上旬，幼虫期6月中旬至7月下旬，蛹期7月中旬至8月中旬，成虫期8月上旬至下旬。第3代卵期为8月，幼虫期8月中

旬至次年2月，成虫期9月上旬至10月上旬，老熟后在土中结茧越冬。

成虫白天静伏，夜间活动，卵多成块产于树冠下部嫩叶背面，每卵块500～600粒（300～1000粒）。初孵幼虫群集卵块附近，1～5d内停食；1～3龄幼虫取食叶肉及叶背表皮，使叶显现白色斑块，或全部白色；4龄后食全叶仅留叶脉，除末龄幼虫外，其余各龄虫都有群集性，每次蜕皮均停食1～1.5d，幼虫老熟后随咬断的叶坠地，在石块下或0.5～4.0cm土壤中结茧。

天敌主要是核多角体病毒，常形成流行病，是控制此虫种群的最主要因素。

白痣姹刺蛾 *Chalcocelis albiguttata*（Snellen）（图8-18）

分布于我国福建、江西、广东、广西、海南、贵州等地；国外分布于缅甸、印度、新加坡、印度尼西亚。危害油桐、八宝树、秋枫、柑橘、茶、咖啡、刺桐。是我国南方阔叶树上一种常见的害虫，大发生时将树叶吃光，严重影响树木生长。

形态特征

成虫 雌雄异色。雌蛾黄白色，体长10～13mm，翅展30～34mm；触角丝状。前翅中室下方有1条不规则的红褐色斑纹，其内缘有1条白线环绕，线中部有1个白点，斑纹上方有1个小褐斑。雄蛾灰褐色，体长9～11mm，翅展23～29mm。触角灰黄色，基半部羽毛状，端半部丝状。下唇须黄褐色，弯曲向上。前翅中室中央下方有1个黑褐色近梯形斑，内窄外宽，上方有1白点，斑内半部棕黄色，中室端横脉上有1个小黑点。

幼虫 1～3龄黄白色或蜡黄色，前后两端黄褐色，体背中央有1对黄褐色的斑。4～5龄淡蓝色，无斑纹。老龄幼虫体长椭圆形，前宽后狭，体长15～20mm，体上覆有一层微透明的胶蜡物。

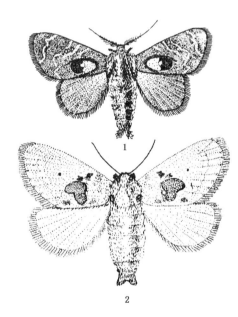

图8-18 白痣姹刺蛾
1. 雄成虫 2. 雌成虫

生活史及习性

在广州1年4代，以蛹越冬。次年3月底4月初出现危害。成虫以19:00～20:00羽化最多。大部分于次日晚交尾，第3晚产卵。卵单产于叶面或叶背。第3代成虫每雌产卵12～274粒，平均108粒。成虫有趋光性，寿命3～6d。

第1代卵期4～8d，受寒潮影响较大；第2、3代卵期4d；第4代5d。1～3龄幼虫多在叶面或叶背啃食表皮及叶肉，4～5龄幼虫可取食整叶，幼虫脱皮前1～2d固定不动，脱皮后少数幼虫有食蜕现象。幼虫脱皮4次，化蛹前从肛门排出一部分水液才结茧。幼虫期 30~65d，第 1 代历期 53~57d；第 2 代 33~35d；第 3 代 28~30d；第 4 代 60~65d。幼虫常在两片重叠叶间或在枝条上结茧。第 1~3 代蛹期 15~27d；越冬代蛹期 90~150d，平均 143d。

该虫在林缘、疏林和幼树发生数量多，危害严重。在树冠茂密，或郁闭度大的林分受害较轻。在华南地区雨季（3~8 月）发生较轻，旱季危害严重。

天敌，幼虫期主要有螳螂，蛹期主要有一种刺蛾隆缘姬蜂寄生。

此外，本类群还有以下重要种类：

枣奕刺蛾 *Iragoides conjuncta*（Walker）：分布于我国华东、西南（除西藏），河北、辽宁、福建、台湾、湖北、广东。危害枣、柿、核桃、苹果、梨、杏等果树和茶树。在河北阜平 1 年 1 代，以老熟幼虫在树干根颈部附近土内 7~9mm 深处结茧越冬。

双齿绿刺蛾 *Parasa hilarata*（Staudinger）：分布于我国东北，河北、山西、江苏、台湾、山东、河南、湖南、四川、陕西，危害栎、槭、桦、枣、柿、核桃、苹果、梨、杏、桃、樱桃等。在河北 1 年 1 代，以老熟幼虫在树干基部或树干伤疤、粗皮裂缝中结茧越冬。

丽绿刺蛾 *Parasa lepida*（Cramer）：分布于我国河北、江苏、浙江、江西、广东、四川、贵州、云南，危害香樟、悬铃木、红叶李、桂花、茶、咖啡、枫杨、乌桕、油桐等阔叶树木。在江苏、浙江 1 年 2 代，广东 1 年 2~3 代，以老熟幼虫在茧内越冬。

迹斑绿刺蛾 *Parasa pastoralis* Butler（图 3-15-9）：分布于我国吉林、浙江、江西、四川、云南，危害鸡爪槭、板栗、七叶树、沙朴、重阳木、香樟、樱花等。在杭州 1 年 2 代，以老熟幼虫结茧越冬。

桑褐刺蛾 *Setora postornata*（Hampson）：分布于我国河北、江苏、浙江、福建、台湾、江西、湖北、湖南、广东、云南，危害香樟、苦楝、木荷、麻栎、杜仲等多种阔叶树及果树。在江苏、浙江 1 年 2 代，以老熟幼虫在茧内越冬。

扁刺蛾 *Thosea sinensis*（Walker）：分布于我国华东、华中，河北、辽宁、吉林、台湾、广东、广西、四川、云南，危害枣、柿、核桃、苹果、泡桐等多种林木和果树。在长江以南 1 年 2~3 代，以老熟幼虫结茧越冬。

8.3.6 斑蛾类

榆斑蛾 *Illiberis ulmivora* Graeser（图 8-19）

又称榆星毛虫。分布于我国北京、天津、河北、山西、山东、河南、甘肃。危害榆，以幼虫取食榆树叶片，危害严重时将树叶食尽，削弱树势，影响次年开花结实。

形态特征

成虫 体长 10~11mm，翅展 27~28mm。淡褐至黑褐色。触角双栉齿状，雄蛾栉齿分枝长，雌蛾的则短。翅半透明。前翅 R_4 与 R_5 在基部共柄，个别的不共柄；后翅 $Sc+R_1$ 与 R_5 平行，在中室中部以横脉相连。雄蛾翅缰 1 根，粗而长；雌蛾翅缰常为 4 根，细而短。腹部背面各节后缘有黄褐色鳞片。腹侧及腹面末端为黄褐色，后逐渐呈淡褐色。雄虫外生殖器的抱握器外拱，宽而扁，背脊较骨化，顶端具钝齿，中部具 1 个内向的大尖齿；阳具细长，呈棒锤状。

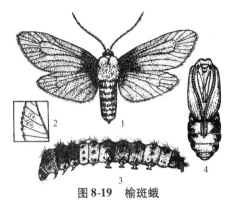

图 8-19 榆斑蛾
1. 雌成虫 2. 卵 3. 幼虫 4. 蛹

幼虫 老熟幼虫体长 14~18mm。体粗短，长筒形，黄色。头小并缩入前胸，中、后胸呈黑色。第 3 腹节后半部及第 8、9 腹节均为黑色，有的第 4、5 腹节亦为黑色。每体节两侧各有 5 个毛疣，其中，足上有 2 个，在背中线两侧的 3 个最发达，疣上生有长短、粗细不等的淡黄色刚毛多根。腹足粗而短，趾钩为单序纵带。

生活史及习性

1 年 1 代，以老熟幼虫结茧越冬。次春 5 月下旬、6 月上旬开始羽化，7 月结束；6 月上中旬开始产卵，6 月中下旬幼虫开始孵出，7 月下旬至 8 月上旬为危害盛期，10 月上中旬老熟至落叶层、砖、土等缝隙或其它孔洞结茧越冬。成虫白天活动，常绕树冠缓慢飞行求偶，产卵于新梢嫩叶背面，单层整齐排列成块，每雌产卵约 150 粒。初孵幼虫食卵壳，后群栖剥食叶肉，3 龄后分散危害，随后食量大增，可食尽叶片，造成灾害。

此外，本类群还有以下重要种类：

松针斑蛾 *Eterusia leptalina* Koll.：分布于我国四川、云南。危害云南松、高山松、华山松。在四川雅安地区 1 年 1 代，以 2~3 龄幼虫越冬。

重阳木斑蛾 *Histia rhodope* Cramer：分布于我国江苏、浙江、福建、台湾、湖北、湖南、广东、广西，危害重阳木。在福建、湖北 1 年 4 代，以老熟幼虫越冬。

大叶黄杨斑蛾 *Pryeria sinica* Moore：分布于我国华北、东北及华东东部。危害大叶黄杨及卫矛科植物。在浙江 1 年 1 代，以卵越冬。

8.3.7 卷蛾类

枣镰翅小卷蛾 *Ancylis sativa* Liu（图 8-20）

又名枣黏虫。分布于我国河北、山西、山东、河南、湖北、陕西。危害枣和酸枣，常使大片枣林一片枯黄；轻者减产 40%，严重时可达 80%~90%。

形态特征

成虫 体长 6~7mm，翅展约 14mm。体灰褐黄色。触角褐黄色，复眼暗绿色。下唇须下垂，第 2 节鳞毛长大，第 3 节小，部分隐藏在第 2 节鳞毛中。前翅褐黄色，前缘有黑白相间的钩状纹 10 余条，在前数条纹的下方，有斜向翅顶角的银色线 3 条；翅中央有黑褐色纵纹 3 条，其它斑纹不明显。

卵 扁圆形或椭圆形，长 0.6mm，初产时乳白色，渐变黄色至紫红色，近孵化时为灰黄色。

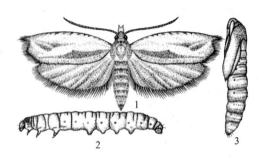

图 8-20　枣镰翅小卷蛾
1. 成虫　2. 幼虫　3. 蛹

幼虫 初孵幼虫头黑褐色，腹部黄白色，取食后变为绿色。老熟幼虫体长 15mm，头淡黄褐色，胸、腹部黄白色，前胸背板和臀板均为褐色，体疏生黄白色短毛。

蛹 纺锤形，长约 7mm。刚化蛹时绿色，后渐变为黄褐色，近羽化时黑褐色。每腹节背面有 2 列锯齿状刺突伸达气门线。尾端有 5 个较大刺突和 12 根钩状长毛。越冬茧薄，灰白色。

生活史及习性

河南、山东 1 年 4 代；山西晋中地区 1 年 3 代，均以蛹越冬。世代重叠。在河南，成虫于 3 月中下旬羽化、产卵；4 月中旬第 1 代幼虫出现；5 月中旬开始化蛹；5 月下旬至 6 月上旬羽化并交尾、产卵。以后各代成虫期分别为：5 月下旬至 6 月上旬，7 月中旬，8 月下旬至 9 月下旬，幼虫也相继老熟化蛹越冬。

成虫白天羽化，栖息枣叶间不动，夜间交尾产卵，趋光性较强；越冬代卵产于光滑的枣枝上，其余各代产在叶片上，多散产，以第 1 代产卵量最多，每雌平均产 200 粒。各代幼虫均吐丝连缀枣花、叶及枣吊，隐藏危害，受惊动即迅速逃出吐丝下坠；第 1 代幼虫主要啃食未展开的嫩芽，致被害芽枯死而再次萌芽，展叶后卷叶成筒状而在卷内食叶肉；第 2 代幼虫连缀枣花或叶，啃食叶肉；第 3、4 代幼虫除啃食叶肉外，还常将 1~2 叶片粘连在枣上，在其中危害果皮及果肉而造成落果。1~3 代幼虫结白色茧化蛹，越冬蛹多在主干老树皮下，其次为主枝皮下。此虫的大发生与年降雨量大，5~7 月阴雨连绵，大气湿热等关系很密切。

松针小卷蛾 *Epinotia rubiginosana* Herrich-Schäffer（图 8-21）

分布于我国北京、河北、河南、陕西、甘肃；国外分布于前苏联，欧洲。危害油松。

形态特征

成虫 体长 5~6mm，翅展 15~20mm。全体灰褐色。前翅灰褐色，有深褐色基斑、中横带和端纹，但界限不明显，臀角处有 6 条黑色短纹，前缘白色钩状纹清楚。后翅淡褐色。雄蛾前翅无前缘褶。

卵 初产时白色,近孵化时灰白色。长椭圆形,长约1mm。有光泽,半透明,表面有刻纹。

幼虫 老熟幼虫体长8~10mm,黄绿色。头部淡褐色,前胸背板暗褐色,臀板黄褐色。

蛹 长5~6mm,浅褐色,羽化前为深褐色。第2~7腹节前后缘各有1列小刺,腹部末端有数根细毛。
茧长7~8mm,土灰色,长椭圆形,由幼虫缀土粒、杂草和枯叶而成。

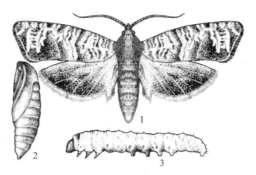

图8-21 松针小卷蛾
1. 成虫 2. 蛹 3. 幼虫

生活史及习性

北京、河南1年发生1代,以老熟幼虫于地面结茧越冬。翌年3月底至4月初化蛹。3月下旬开始羽化,4月中旬达盛期。成虫在傍晚前后最活跃,常成群围绕树冠飞舞,夜间多集中在松针上取食蜜露;趋光性不强;喜在15~25年生幼树、林缘或稀疏的林木上产卵,多单粒散产于针叶上,每雌产卵约50粒。初孵幼虫多选择2年生老针叶危害,多从针叶近顶端蛀入,可将叶肉食尽,使针叶中空枯黄;蛀空针叶后咬孔外出,将6~7束针叶缀连在一起,在针丛内蛀食,使被害叶枯黄脱落。每年晚秋至早春,被害树呈现一片枯黄。老熟幼虫吐丝下垂,至地面缀枯落物结茧越冬。树冠下有浮土、碎叶处越冬幼虫最多。

落叶松小卷蛾 *Ptycholomoides aeriferanus* Herrich-Schäffer (图8-22)

分布于我国东北;国外分布于日本、俄罗斯西伯利亚、欧洲。主要危害落叶松,也危害尖叶槭及桦树。严重危害时能将针叶食尽,全林一片枯黄,被害后次年发叶晚,叶色浅,枝条脆弱易断。幼树连年受害后干枯死亡。

形态特征

成虫 翅展19~23mm。头部灰褐色,密布棕色鳞片。下唇须前伸,第2节末端不显著膨大,末节稍向上举。前翅有4条斑纹,由基部向外,第1条棕色至黑褐色,上有银白色横纹及黑褐色小斑;第2条杏黄色,较宽,杂有黑色鳞片;第3条为黑褐色宽带,即中带,两翅合拢时呈明显的倒"八"字形;第4条在最外方,杏黄色,形成一杏黄色三角区。外缘灰褐色至黑褐色,缘毛灰黑色。后翅棕褐色,无斑纹。腹部背面灰褐色,末端有杏黄色毛丛。

幼虫 老熟幼虫体长10~18mm。

图8-22 落叶松小卷蛾

头部淡黄褐色,有褐色斑纹。前胸背板有明显褐色斑 2 对。亚背线深绿或浅绿色。

生活史及习性

1 年 1 代,以初孵幼虫在树皮缝隙、芽苞内或枯落物下越冬。次年 4 月中下旬蛀入树冠下部的芽苞中,吐丝缀 2~3 片嫩叶危害叶心基部,2 龄幼虫每日可食叶 18~32 片,3 龄后树冠下部针叶食尽后转移至中部危害,幼虫遇惊扰进退爬行或吐丝下坠逃避,5 月下旬老熟,在叶丛、树皮缝隙或枯落物下化蛹。6 月下旬成虫大量羽化,产卵于叶面,多呈单行或双行排列,一般 2~6 粒,最多可达 15 粒。亦有成堆或成块状。初孵幼虫不取食即寻找场所越冬。郁闭度大的纯林受害重,头年雨雪少、较干旱,则次年将猖獗成灾。

8.3.8 螟蛾科

黄翅缀叶野螟 *Botyodes diniasalis* Walker(图 8-23)

分布于我国东北、华北、华中、华南、西北;国外分布于日本、朝鲜、印度、缅甸。危害杨、柳。

形态特征

成虫 翅展约 30mm,体翅黄褐色。头部两侧具白条,下唇须前伸,其下面白色,其余褐色。翅面散布有波状褐纹,外缘带褐色,前翅中室端部环状纹褐色,其环心白色。

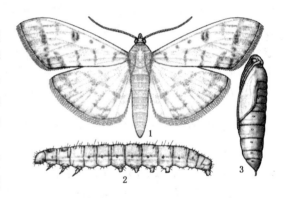

图 8-23 黄翅缀叶野螟
1. 成虫 2. 幼虫 3. 蛹

幼虫 体长 15~22mm,黄绿色。头两侧近后缘的黑褐色斑与胸部两侧的黑斑相连成一纵纹,体两侧沿气门各具一浅黄色纵带。

蛹 体长 15mm,淡黄褐色。茧白色薄丝状。

生活史及习性

在河南 1 年 4 代,以初龄幼虫在落叶、地被物及树皮缝隙中结茧过冬;翌年 4 月初出蛰危害,5 月底 6 月初幼虫老熟化蛹,6 月上旬成虫开始羽化、中旬为盛期。2~4 代成虫盛发期为 7 月中旬、8 月中旬、9 月中旬,10 月中旬仍可见少数成虫。

成虫白天多隐藏于棉田、豆地及其它的灌木丛中,夜晚活动,趋光性极强。卵成块状或长条形产于叶背面,以中脉两侧最多,每块有卵 50~100 余粒。幼虫孵化后分散啃食叶表皮,并吐出白色黏液涂在叶面,随后吐丝缀嫩叶成饺子状,或在叶缘吐丝将叶折叠在其中取食。大幼虫群集顶梢吐丝缀叶取食,多雨季节最为猖獗，3～5 日内即将嫩叶吃光，形成秃梢。幼虫极活泼，稍受惊扰即从卷叶内弹跳逃跑或吐丝下垂。老熟幼虫在卷叶内吐丝结白色稀疏的薄茧化蛹。

缀叶丛螟 Locastra muscosalis Walker（图 8-24）

又名核桃缀叶螟。分布于我国华东、西南（除西藏）、北京、天津、河北、辽宁、福建、台湾、湖北、湖南、广东、陕西；国外分布于日本、印度、锡金、斯里兰卡。危害漆树、核桃、黄连木、栲木、枫香、盐肤木、阴香。幼虫缀叶为巢，取食其中。是漆树的主要害虫，危害使树势削弱、甚至死亡。

形态特征

成虫 体长 14～19mm，翅展 34～39mm。体红褐色，前翅栗褐色，后翅灰褐色。前、后翅 M_2 及 M_3 脉从中室下角放射状向外伸，R_2 脉自中室上角伸出。前翅基斜矩形、深褐色，内横线锯齿形、深褐色，中室具一深黑褐色鳞片丛；褐色外横线波状弯曲，其外侧色浅。内、外 2 横线间栗褐色。雄蛾前翅前缘 2/3 处有 1 个腺状突起。后翅外横线不明显，外缘色较深，近外缘中部具 1 个弯月形黄色白斑。

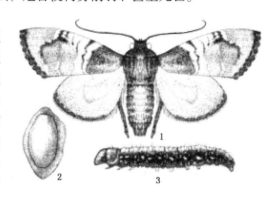

图 8-24 缀叶丛螟
1. 成虫 2. 茧 3. 幼虫

幼虫 老熟幼虫体长 34～40mm；头黑色，有光泽，散布细颗粒。前胸背板黑色，前缘具 6 个白斑，中间 2 斑较大。背线褐红色，亚背线、气门上线及气门线黑色；体有纵列白斑，气门上线处白斑较大。腹部腹面、腹足褐红色，气门黑色，黑色臀板两侧具白斑。全体疏生刚毛。

生活史及习性

1 年 1 代，个别地区 2 代。在贵州 1 年 1 代，以老熟幼虫结茧越冬。翌年 4 月下旬至 5 月上旬开始化蛹，5 月下旬至 6 月上旬开始羽化，盛期为 6 月下旬到 7 月上旬；6 月中旬至 7 月中旬为产卵盛期。卵于 6 月中旬开始孵化，7 月中旬至 8 月中旬为孵化盛期；8 月下旬还有初龄幼虫出现。9 月中旬后，老熟幼虫在根际周围的杂草、灌丛、枯落物下或疏松表土层中入土 5～10cm 结茧越冬。该虫蛹期 18～25d，卵期 10～15d，幼虫危害期从 6 月中旬到 10 月，成虫寿命 2～5d。

成虫多于夜间羽化，具趋光性，喜栖于树冠外围向阳面，卵多产于树冠顶部向阳面和树冠外围叶面的主脉两侧。每雌产卵一般 70～200 粒，多者可达 1 000～1 200 粒，卵聚集成鱼鳞状。初孵幼虫群集于卵壳周围，吐丝结网幕，并在其中取食叶表皮和叶肉使其呈网状；3～5d 后吐丝拉网，缀小枝叶为大巢；随着虫龄增大，由 1 巢分为几巢，咬断叶柄、嫩枝，食尽叶片后，又重新缀巢危害；老熟幼虫1头拉1网，卷叶成筒，白天静伏叶筒内，多于夜间取食或转移。待整株叶片食光后，又转株危害。此虫可耐饥饿7～10d。

卵期天敌有螳螂、瓢虫；幼虫期有茧蜂、姬蜂、山雀、麻雀、灰喜鹊、画眉、黄鹂、拟青霉属真菌、白僵菌等。

螟蛾类重要种还有：

黄杨绢野螟 *Diaphania perspectalis* (Walker)：广泛分布于我国南方地区。危害黄杨、瓜子黄杨、雀舌黄杨、冬青、卫矛等。在上海1年3代，以3～4龄幼虫在虫苞内结茧越冬。

8.3.9 尺蛾科

春尺蛾 *Apocheima cinerarius* Erschoff（图8-25）

分布于我国西北、华北、山东；国外分布于前苏联。危害沙枣、桑、榆、杨、柳、槐、核桃、苹果、梨、沙果等，是我国北部地区主要食叶害虫之一。

形态特征

成虫　淡黄至灰黑色，寄主不同体色差异较大。雄翅展28～37mm，灰褐色，触角羽状；前翅淡灰褐至黑褐色，有3条褐色波状横纹，中间1条弱。雌无翅，体长7～19mm，触角丝状，体灰褐色，腹部背面各节有数目不等的成排尖端圆钝的黑刺，臀板有突起和黑刺列。

卵　椭圆形，长0.8～1mm，有珍珠光泽，卵壳刻纹整齐；灰白或赭色，孵化前深紫色。

幼虫　老熟时体长22～40mm，灰褐色。腹部第2节两侧各具1个瘤突，腹线白色，气门线淡黄色。

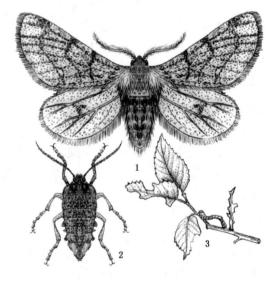

图8-25　春尺蛾
1. 雄成虫　2. 雌成虫　3. 被害状

蛹　长12～20mm，灰黄褐色，臀棘分叉，雌蛹体背有翅痕。

生活史及习性

1年1代，以蛹在树冠下周围土壤中越夏、越冬。2月底、3月初当地表3～5cm处地温约达0℃时开始羽化出土，3月上中旬见卵，4月上旬至5月初孵化，5月上旬至6月上旬幼虫老熟，入土化蛹越夏、越冬。桑树芽膨大及杏花盛开为卵始孵期，雌蛾发生高峰与孵化高峰期距20～39d，预蛹期4～7d，蛹期9个月。

成虫多在19:00羽化出土，雄虫有趋光性，白天多潜伏于树干缝隙及枝杈等处，夜间交尾、产卵；羽化率约 89.1%，雌雄比 1.1∶1，雌虫寿命较长，约 28d。卵 10 至数十粒成块产于树皮缝隙、枯枝、枝杈断裂等处，每雌产卵 200～300 粒，最多 600 粒；卵期 13～30d，孵化率约 80%。幼虫 5 龄；初孵幼虫取食幼芽和花蕾，较大则食叶片；4～5 龄耐饥能力最强；可吐丝借风飘移传播到附近林木危害，受惊后吐丝下坠，旋又收丝攀附上树。老熟后在树冠下尤其是低洼处的土壤中分泌黏液硬化土壤作土室化蛹，入土深度 1～60cm，16～30cm 处约占 65%。

幼虫期天敌有蛀姬蜂，寄生率为 27%，春尺蠖 NPV 病毒对防治幼虫很有效。

槐尺蛾 *Semiothisa cinerearia* Bremer et Grey（图 8-26）

分布于我国北京、河北、江苏、浙江、台湾、江西、山东、西藏、陕西、甘肃、新疆；国外分布于日本。幼虫危害槐树，常将叶片食尽。食料不足时，也少量取食刺槐。

形态特征

成虫 体长 12～17mm、翅展 30～45mm；雌雄相似，体灰黄褐色，触角丝状，下唇须长卵形。前翅亚基线及中横线深褐色，近前缘处均急弯成一锐角，黑褐色亚外缘线由 3 列长黑褐色斑组成，但在 M_1～M_2 脉间消失，近前缘处具 1 个褐色三角斑；后翅亚基线不明显，近弧状的中横线及亚外缘线深褐色，中室外缘具 1 个黑斑，外缘显锯齿状。足上杂有黑色斑点，前足胫节短小、无距，内侧有长毛，中足胫节具 2 端距，外侧端距短，后足胫节除端距外在近基部 1/3 处又有 2 距，外侧者亦小。雄虫后足胫节最宽处为腿节的 1.5 倍，基部与腿节约等；雌虫后足胫节最宽处等于腿节，但基部明显窄于腿节。

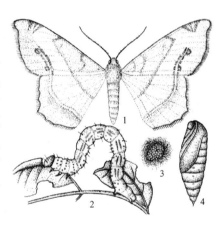

图 8-26 槐尺蛾
1. 成虫 2. 幼虫 3. 卵 4. 蛹

幼虫 初孵幼虫黄褐色，取食后绿色。幼虫异型，2～5 龄直至老熟前均为绿色，另一型则 2～5 龄各节体侧具黑褐色条状或圆形斑块。老熟时体长 20～40mm，体背紫红色。

生活史及习性

1 年 3～4 代，以蛹越冬。在陕西 4、5 月间成虫羽化。各代幼虫出现期为 5 月上旬、6 月下旬、8 月初、9 月中旬，幼虫发生盛期为 5 月下旬、7 月中旬、8 月下旬、10 月上旬，化蛹盛期分别为 5 月下旬至 6 月上旬、7 月中旬、8 月下旬至 9 月上旬、10 月下旬；10 月底仍有幼虫入土化蛹越冬。越冬蛹滞育，在 6℃处理 54d 后可在室温下发育羽化。

成虫多于傍晚羽化，当天即可交尾，第 2 天后产卵。卵散产于叶片及叶柄和小枝上，以树冠南面最多。各代平均产卵量为 155～213 粒。幼虫以 19：00～21：00 孵化最多，孵化后即开始取食，幼龄食痕呈网状，3 龄后取食叶肉仅留中脉，4～5 龄取食量大、仅留主脉；一生可食 1 个全复叶。小幼虫能吐丝下垂，随风扩散和爬行，而老熟幼虫已不能吐丝，多于白天沿树干下爬或掉落地面，多在树冠投影范围内的东南向入土 3～6cm 化蛹，少数可深达 12cm；在城市多在绿篱或墙根浮土中化蛹。成虫寿命 2.5～19d，卵期 7d，幼虫期约 15d，共 5 龄。

幼虫期天敌常见有胡蜂、1 种小茧蜂，蛹期有白僵菌，家禽也是其重要天敌。

黄连木尺蛾 *Culcula panterinaria*（Bremer et Grey）（图 8-27）

分布于我国华北、台湾、山东、河南、广西、四川、云南、陕西；国外分布于日本、朝鲜。幼虫危害黄连木、核桃等 30 余科 170 多种植物。

形成特征

成虫 体长 18～22mm，翅展 72mm。复眼深褐色，雌蛾触角丝状、雄蛾羽状。胸背面后缘、颈板、肩板边缘、腹部末端均被棕黄色鳞片，颈板中央具 1 条浅灰色斑纹。足灰白色，胫节和跗节具浅灰色斑纹。翅底白色，具灰色和橙色斑点；前翅和后翅外横线上各有一串橙色或深褐色圆斑，前翅基部有 1 个大圆橙斑，圆斑及灰斑变异大。

卵 扁圆形，长 0.9mm，绿色，孵化前黑色。卵块覆黄棕色绒毛。

幼虫 老熟幼虫体长 70mm，体色常与寄主颜色相近似，散生灰色斑点。头部正面略呈四边形，头顶凹陷，头、胸、腹部表面除上唇、唇基及傍额片外满布颗粒；傍额区具 1 条深棕色倒"V"字形纹。单眼 6 个，其中 4 个呈半圆形排列，3 个具黑色环纹。前胸盾具峰状突及 7 根毛；椭圆形气门两侧各有 1 个白斑。腹足趾钩双序中列，32～42 个。臀板前缘中央凹陷，后端尖削。

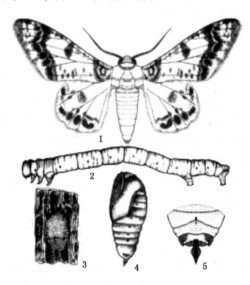

图 8-27 黄连木尺蛾
1. 成虫 2. 幼虫 3. 卵块 4. 蛹 5. 蛹腹末

蛹 长 30mm，宽 8～9mm。化蛹初翠绿色，后变黑褐色。体表布满小刻点。

生活史及习性

河北、河南、山西 3 省太行山一带 1 年 1 代，以蛹在土中越冬。越冬蛹 5 月上旬开始羽化，7 月中下旬为盛期；成虫 6 月下旬开始产卵，7 月中下旬为盛期。幼虫 7 月上旬孵化，7 月下旬至 8 月上旬为盛期；老熟幼虫 8 月中旬开始化蛹。

成虫羽化多在20:00~23:00，昼伏夜出，趋光性强，寿命4~12d。羽化后即行交尾、产卵。卵多聚产于寄主植物的皮缝里或石块上，每雌产卵1 000~1 500粒，最多3 000粒，卵期9~10d。幼虫孵化后迅速分散，受惊即吐丝下垂，借风力转移危害，一般在叶尖取食叶肉；2龄则渐在叶缘危害，将叶食成网状，静止时多直立伸出于叶缘、形如小枯枝；3龄后常将整叶食尽方转移危害，静止时攀附在2叶或2小枝之间，此时虫体颜色和寄主颜色相似。幼虫共6龄，幼虫期约40d，脱皮前停食1~2d，有食蜕现象。幼虫老熟即坠地或吐丝下垂或顺树干下爬，多在土壤松软、阴暗潮湿处化蛹，大发生年份常见几十头到几百头幼虫聚集化蛹，入土深度一般约3cm。越冬蛹以土壤含水率为12%最适宜，低于10%则不利其生存；所以冬季少雪，春季干旱时死亡率高。5月份降雨较多时成虫羽化率高，幼虫发生量大。

油茶尺蛾 *Biston marginata* Shiraki（图8-28）

分布于我国台湾、江西、湖北、湖南、广西。危害油茶、油桐、乌桕、茶、马尾松等10余种树木，是油茶的重要害虫，发生严重时可食尽全株叶片，使未成熟的油茶果干枯脱落，连续危害2~3年可使油茶树枯死。

形态特征

成虫 体长13~18mm，翅展31~36mm，灰白色杂以黑、灰黄及白色鳞毛。雌蛾体色淡，触角丝状，雄蛾羽状。前翅狭长，外横线和内横线清楚，呈波状，中横线和亚外缘线隐约可见，较翅底色略浅；后翅外横线较直。前翅外缘有6~7个褐色斑点，缘毛灰白色。雌蛾腹末有黑褐色毛丛，雄蛾腹末则较尖细。

卵 圆形，长约0.3mm，初草绿色、渐变绿色至深绿色，卵块被黑褐色绒毛。

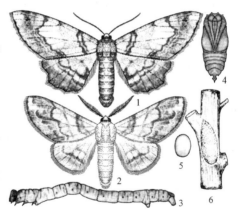

图8-28 油茶尺蛾
1. 雌成虫 2. 雄成虫 3. 幼虫
4. 蛹 5. 卵 6. 卵块

幼虫 老熟幼虫体长50~55mm，枯黄色，密布黑褐色斑。胸腹部红褐色。头部额区下陷，具"八"字形黑斑，两侧有角状突起。

蛹 长11~17mm，暗红褐色；头顶两侧各有1个小突起；腹末尖细，具臀棘1根，先端分叉。

生活史及习性

1年1代，以蛹在茶树周围的疏松土内越冬。2月中旬至3月下旬羽化出土、交尾、产卵，3月下旬幼虫孵化，4月上旬至6月上旬为幼虫危害期，6月上中旬老熟幼虫下树入土化蛹越夏、越冬。幼虫共6龄，蛹期约262d，成虫寿命4~

6d，卵期 15～30d。

成虫多在 19:00～23:00 羽化，有趋光性，抗寒能力强，可耐 0.5℃ 低温；夜间交尾、产卵。羽化后第 2 天产卵于树干阴凹面或分叉处，每雌产卵 412～1 234 粒；5:00～13:00 幼虫孵化。初孵幼虫有群集性，能吐丝下垂，随风扩散；2 龄后分散取食；4 龄后食量增大；6 龄食量最大，占总食量 50%；老熟幼虫受惊后坠地。

枣尺蛾 *Chihuo zao* Yang（图 8-29）

分布于我国河北、山西、浙江、安徽、山东、河南、陕西。主要危害枣、苹果、梨。

形态特征

成虫 雌蛾无翅，体长 12～17mm，灰褐色，触角丝状。各足胫节有 5 个白环。雄蛾体长 10～15mm、翅展 35m，体淡灰色，翅面灰色，触角双栉形；前翅外横线、内横线与基线较清晰，后翅外横线内侧有 1 个黑点。

幼虫 老熟幼虫体长 40mm。初孵化时黑色，后渐变青灰色。1 龄前胸前缘和腹部背面第 1～5 节各有 1 条白色环带，2 龄体具 1 条白色纵条纹，3 龄具 13 条白色纵条纹，4 龄具 13 条黄白与灰白相间的纵条纹，5 龄有 25 条断续的灰白色纵条纹。

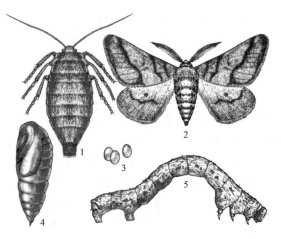

图 8-29 枣尺蛾
1. 雌成虫 2. 雄成虫 3. 卵 4. 蛹 5. 幼虫

生活史及习性

在河南 1 年 1 代，少数 2 年 1 代，以蛹多在树干基部 10～20cm 深的土中越冬。翌年 3 月中旬开始羽化，3 月下旬至 4 月中旬为盛期。卵于 4 月中旬开始孵化，盛期在 4 月下旬至 5 月上旬，幼虫共 5 龄。老熟幼虫于 5 月中旬开始入土化蛹、越夏、过冬。

成虫多在下午羽化，雄虫出土后多静伏于大枝背阴面，寿命约 2～3d，雌虫则多潜伏在土表下或地面阴暗处，寿命约 20d，黄昏雄虫飞翔并与雌虫交尾。雌虫于交尾后次日开始产卵，2～3d 后产卵最多；卵聚产于枝杈粗皮缝隙内，每块卵几十粒至数百粒，每雌产卵约 1 200 粒，卵期 15～25d。幼虫喜散居，有假死性，遇惊即吐丝下垂，常借风力垂丝扩散蔓延；1～2 龄幼虫的爬迹吐有虫丝，嫩芽常受丝缠绕难以生长。幼虫食嫩叶幼芽，如将花蕾吃光则严重影响产枣量。该虫也是靠近枣区的苹果及梨树的主要害虫之一。

幼虫期天敌有枣尺蛾肿跗姬蜂、家蚕追寄蝇和枣尺蛾寄蝇等，总寄生率可达

$15\% \sim 20\%$。

八角尺蛾 *Dilophodes elegans sinica* Prout（图8-30）

分布于我国内蒙古、台湾、广西、云南。幼虫危害八角树叶和茴香，在广西常大发生，吃光树叶，啃食嫩枝、花蕾和幼果，使八角产量大减，甚至整株枯死。

形态特征

成虫　体长 $20 \sim 25$ mm，翅展 $55 \sim 60$ mm。触角丝状，体、翅灰白色，密布黑斑。雌蛾腹端无绒毛簇，后翅后缘中部有1个"Λ"形黑斑；雄蛾腹端簇生灰黑色绒毛，后翅后缘中部有1个近圆形的黑斑。

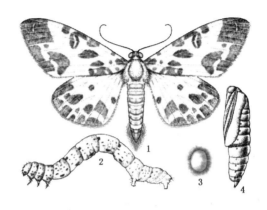

图8-30　八角尺蛾
1. 成虫　2. 幼虫　3. 卵　4. 蛹

幼虫　$1 \sim 2$ 龄红褐色，密集的小斑因节间膜相隔而成淡褐相间的环；$3 \sim 4$ 龄青绿或黄绿色，斑点大；$5 \sim 6$ 龄淡黄绿色，斑块及"十"字形黑斑明显。老熟时体长 $35 \sim 40$ mm，体光滑而胖，淡黄绿色，第 $1 \sim 4$ 腹节背中部各有1"十"字形大黑斑，体侧和腹面各有2排较大的黑斑，各斑中有1根毛。

蛹　暗红褐色，近羽化时暗褐色，显黑斑，腹端有1根分叉的臀刺。

生活史及习性

在广西西北部1年3代，以蛹在土中越冬；在桂南玉林、南宁等地1年 $4 \sim 5$ 代，以蛹和幼虫越冬；除1月份无成虫和卵外，其它虫态全年可见，世代重叠严重。以幼虫越冬者，次年2月恢复活动，3月中旬化蛹，3月下旬羽化；各代幼虫发生期为 $4 \sim 5$ 月、$6 \sim 7$ 月、$8 \sim 9$ 月、$10 \sim 11$ 月；11月下旬至12月上旬，部分中、幼龄阶段的幼虫静伏于树冠下部的叶背或叶缘下越冬，而老熟幼虫则吊丝落地或下爬至树冠下在 $3 \sim 4$ cm 深的松土中化蛹越冬。以蛹越冬者翌年2月下旬羽化，各代幼虫发生期比前者约早1个月，10月上中旬第4代幼虫陆续老熟化蛹，部分以蛹越冬，部分蛹则羽化、交尾产卵，于10月下旬至11月上旬孵化产生第5代幼虫，继而越冬。该虫卵期 $3 \sim 13$ d；幼虫6或7龄；成虫寿命 $7 \sim 20$ d。

卵散产于树冠中、下部的叶背，1叶常落卵1粒，少数 $3 \sim 8$ 粒。1、2龄幼虫在叶背食叶肉，致膜状的上表皮干枯穿破成洞；3龄自叶缘咬食，后随虫龄及食量的增大而吃尽全叶，该幼虫亦食花蕾、嫩果和嫩枝皮。成虫多于下午羽化，飞翔力弱，白天潜伏，多在晚间活动，趋光性甚强，喜吸食水、露水和花蜜。羽化 $1 \sim 3$ d 后多在 $1:00 \sim 5:00$ 交尾，每雌产卵 $85 \sim 500$ 粒。幼虫喜食嫩叶，大龄则多吃老叶。凉爽、通风、透光、郁闭度较小的阳坡受害较重。

卵期天敌有赤眼蜂和黑卵蜂等，幼虫和蛹期有姬蜂、小茧蜂、大腿小蜂、寄生蝇和白僵菌、苏云金杆菌等；捕食性天敌有螳螂、猎蝽、蚂蚁、山蛙、树蛙、雨蛙、蟾蜍、蜥蜴，以及山鸡、画眉、绣眼、山雀等多种鸟类。

落叶松尺蛾 *Erannis ankeraria* Staudinger（图8-31）

分布于我国河北、内蒙古、陕西；国外分布于匈牙利。幼虫危害落叶松和栎类，是落叶松的重要害虫，如连年发生，对林木生长的影响极为显著。

形态特征

成虫　雌体长12~16mm，纺锤形、灰白色，黑斑不规则翅退化；头黑褐色，头顶有1个白色鳞毛斑，触角、复眼黑色，触角丝状；胸部各节背面各有1对黑斑，第1腹节1对黑斑特别大，其余各节的背中线及其两侧密布不整齐的黑斑。自复眼起至尾部具1条侧黑线；足细长、黑色，各节有1~2个白色环斑。雄体长14~17mm，翅展38~42mm，浅黄褐色；头浅黄色，复眼黑色，

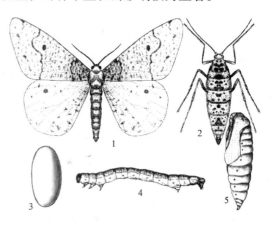

图8-31　落叶松尺蛾
1. 雄成虫　2. 雌成虫　3. 卵　4. 幼虫　5. 蛹

触角短栉齿状，触角干淡黄色，其余黄褐色；胸部密被长鳞片，翅浅黄色。前翅褐色斑点密，中横线、肾状纹、亚基线均褐色。后翅中横线略见其内侧1个褐色圆斑。

幼虫　体长27~33mm，黄绿色，体多皱褶。头黄褐色，头壳粗糙，具红褐色花纹；上唇淡褐色，缺切边缘色较深。触角黄白色，内侧具1个黑褐色圆点。背、腹面各有10条断续黑纹，气门线、腹中线黄绿色。气门长圆形，边缘黑色。

生活史及习性

在大兴安岭1年1代，以卵越冬。翌年5月底幼虫孵化，幼虫共5龄，危害期35~37d。老熟幼虫7月上旬入土化蛹，蛹期68~79d，9月成虫羽化。成虫多在早晨羽化，雌虫善爬行，雄虫有假死性，受惊即坠地，夜间交尾产卵，卵产于张开的球果鳞片中。

郁闭度大的林分受害重；人工纯林受害重于混交林；山洼及林内立木被害多重于林缘。

刺槐眉尺蛾 *Meichihuo cihuai* Yang（图8-32）

分布于我国陕西。危害刺槐、香椿、臭椿、黄栌、杜仲、银杏、苦楝、漆树、皂荚、白蜡、栎、楸、杨、枣、栗、核桃以及多种果树和农作物。具有暴发成灾特性。

形态特征

成虫 雄翅展 33~42mm，红褐色；触角羽状、红褐色，主干灰白色；胸、腹部深棕色，具长毛；前翅褐黄色，内、外横线黑褐色，两线之间色深，两线外侧镶边白色，近前缘有 1 条黑纹，中室有 1 个小黑点；后翅灰黄色，中室上有 1 个小黑点，点外具 2 条褐色横线。雌蛾无翅，体长 12~14mm，黄褐色，绒毛密集；丝状触角和足色较浅。

卵 圆筒形，长 0.8~0.9mm，宽 0.5~0.6mm。暗褐色，孵化时黑褐色，表面光滑，卵块排列整齐。

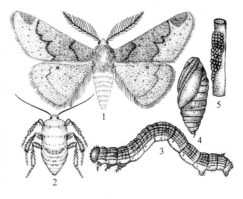

图 8-32 刺槐眉尺蛾
1. 雄成虫 2. 雌成虫 3. 幼虫 4. 蛹 5. 卵块

幼虫 老熟时体长约 45mm，颅侧区黑斑大小不等，胴部淡黄色。背、亚背、气门上线和下线及亚腹线灰褐色或紫褐色，各线边缘淡黑色，气门线黄白色，腹线淡黄色，气门圆形、黑色。第 8 腹节背面有 1 对深黄色突起。

蛹 暗红褐色，纺锤形，长 12~18mm；各节上半部密布圆形刻点，下半部平滑，黑褐色末节突向背面，臀棘末端并列 2 个斜下伸的刺。茧椭圆形，长 15~22mm。

生活史及习性

1 年 1 代，以蛹在土茧内越夏、越冬。2 月下旬至 4 月下旬成虫羽化，3 月下旬到 4 月上旬为盛期，成虫发生期长达 50d。4 月上旬卵开始孵化，中旬达盛期，下旬结束，卵期 10~31d；4 月上旬至 6 月下旬为幼虫期；5 月中旬开始下树，7 月下旬至 8 月中旬化蛹，前蛹期约 40d，蛹期约 8 个月。

成虫耐寒，地表解冻时即开始羽化。雄成虫白天静伏树干或草丛间，趋光，雌成虫羽化当晚即可交尾产卵，有多次交尾习性；雌雄比 2:1，雌蛾寿命 4~9d，雄蛾 3~6d；卵产于 1 年生枝梢阴面，平均产卵量 462 粒，最多 920 粒。初孵幼虫耐饥能力强，有吐丝下垂、随风扩散、日夜取食习性，4 龄后食量大增，抗药力增强，受惊后坠地，随后又上树；老熟幼虫多在树基周围约 30cm 内的土缝或松土中结茧，入土深度 3~6cm。

天敌众多，包括寄生蜂、捕食性昆虫、白僵菌以及鸟类等。其中卵期黑卵蜂寄生率约 18%；幼虫和蛹期屏腹茧蜂寄生率约 10%。

桑尺蛾 *Phthonandria artilineata* Butler（图 8-33）

分布于我国河北、华东、华中、台湾、广东、四川、贵州、陕西；国外分布于朝鲜、日本。幼虫专害桑树，常年可见；以春季桑芽萌发时危害最烈，桑芽被食尽后芽周的桑枝皮层亦遭食害，严重影响春叶产量。

形态特征

成虫 体长 16~20mm，翅展 60~76mm。全体灰黑色，复眼黑色，触角双栉齿状，雌蛾栉齿较短。翅灰色，密布不规则黑色短纹；前翅外缘钝锯齿形，缘毛灰褐色；黑色外缘线细、波浪形；翅中部有 2 条黑色曲折横线，外方的起自后缘中部并斜向翅尖，在至距翅尖 3~4mm 处折向前缘，内方的起自后缘约 1/4、斜向前缘 1/2 处，两横线间及其附近深灰黑色；后翅外缘线细而黑色、波浪形，外横线外方颜色较深。

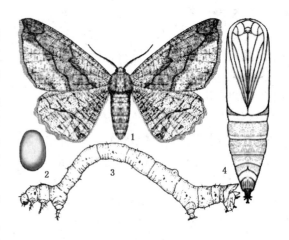

图 8-33 桑尺蛾
1. 成虫 2. 卵 3. 幼虫 4. 蛹

卵 扁平，椭圆形，长约 0.8mm。褐绿色，孵化前暗紫色。

幼虫 老熟幼虫体长 45~50mm，灰绿色至灰褐色，毛片稍突起，呈黑色颗粒状。头较小，淡褐色，冠缝侧黑斑不规则；各纵线间波状纹黑色，胸部各节的黑色横带较宽，第 1 腹节背面具 1 对月牙形黑斑，第 5 节背面隆起成峰、黑色，第 8 节背面有 1 对黑色乳状突。气门灰黄色，围气门片黑色。胸足灰褐色，前侧方黑斑近三角形，腹足与体色相似，外侧有 1 个黄褐色斑。

蛹 长 19~22mm，深酱红色，腹部第 4~6 节的后部黄色。头、胸部、翅芽和足布满短皱纹。翅芽伸达第 4 腹节后缘。臀棘略呈三角形，黑色，表面多皱纹，末端具钩刺。茧质地粗糙疏松，黄褐色。

生活史及习性

在江苏省 1 年 4 代。产卵期分别为 5 月中旬、6 月下旬、8 月上旬和 9 月中旬。以第 4 代 3 龄左右的幼虫在树皮裂缝、树皮外、枝干分叉处的阴面越冬。早春当冬芽转色时幼虫开始活动，日夜蛀害桑芽；当定芽被食光后，再食害新萌发的潜伏芽，远看全株光秃，宛如枯死株。春季伐条后幼虫白天常紧伏于树皮外，因其体色与桑皮颜色极相似，难以辨认。静止时腹足固着，斜立于桑枝，并口吐一丝与桑枝相连，少数以腹足立于桑枝顶端，宛如小枝。老熟幼虫在近根际土内或桑树附近的隐蔽处结薄茧化蛹，蛹期 7~20d，成虫多在下午羽化，昼伏夜出，白天两翅展开附于桑枝，其体色与桑色极相似，亦难辨识。雌蛾寿命可达 16d，雄 9d。

卵多散产于叶背，但常相对集中，历期约 4~8d。幼虫孵化后在叶背啃食叶下表皮及组织，仅留上皮，迎光可见叶片具无数透光小点。虫龄增大后，咬食叶片成缺刻。幼虫白天静伏，不易见其危害。

天敌以桑尺蛾脊茧蜂最为常见，被寄生致死的幼虫仍固着于桑枝上，但体变黑硬；蛹期天敌有广大腿小蜂。

此外，尺蛾类重要种还有：

马尾松点尺蛾 Abraxas flavisnuata Warren：分布于湖南、贵州、云南。危害马尾松和云南松。在贵州1年1代，以初龄幼虫在松针叶鞘处越冬。

油桐尺蛾 Buzura suppressaria Guenée：分布于江苏、浙江、江西、湖北、湖南、广东、广西、四川、贵州。主要危害油桐、乌桕、茶、油茶、山核桃、杉、板栗、樟、松、柏、柑橘等。在江西、湖南1年发生2~3代，以蛹在干基周围土壤中越冬。

丝棉木金星尺蛾 Calospilos suspecta Warren：又名卫矛尺蠖。分布于东北、华北、华中、华南。危害丝棉木。1年发生2~3代，以蛹在土中越冬。

栓皮栎波尺蛾 Larerannis filipjevi Wehrli：分布于陕西。危害植物众多，但以栓皮栎受害最为严重。在陕西1年发生1代，以蛹在土内越冬。

8.3.10 枯叶蛾类

马尾松毛虫 Dendrolimus punctatus (Walker)（图8-34）

典型的东洋区系种类，广泛分布于长江以南马尾松分布区，向北分布至4 500℃等积温线或1月份平均0℃等温线，秦岭以南是马尾松毛虫的重灾区。主要危害马尾松，其次危害湿地松、油松、加勒比松、火炬松和云南松。

形态特征

成虫 灰褐、黄褐、茶褐或灰白色，雌蛾体色较浅。雄成虫翅展36.1~62.5mm，触角羽状，雌成虫翅展42.8~80.7mm，触角栉齿状。前翅亚外缘斑列深褐或黑褐色，近长圆形，其内侧有3~4条不很明显而向外弓起的褐色横纹，中室端有1个白色小斑；后翅无斑纹。雄性外生殖器的阳具呈短剑状，前半部密布细刺，小抱针长度为大抱针的1/4~1/3，抱器末端高度骨化，并向上弯曲。

卵 椭圆形，长约1.5mm，宽约1.1mm。初产淡红色，近孵化时紫褐色。

幼虫 3龄前体色变化较大。老熟幼虫体长38~88mm，体色棕红或灰黑色，贴体纺锤形倒伏鳞片银白或金黄色。头黄褐色，胸部2~3节间背面簇生蓝黑或紫黑色毒毛带，带间银白或黄白色。腹部各节毛簇杂生窄而扁平的片状毛，先端有齿，成对排列；体侧生有许多灰白色长毛，近头部处特别长。由中胸至腹部第8节气门上方的纵带上各有一白色斑点。

蛹 长22~37mm，纺锤形，

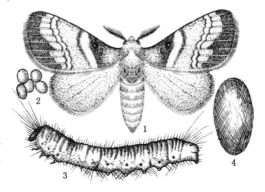

图8-34 马尾松毛虫
1. 成虫 2. 卵 3. 幼虫 4. 茧

栗褐或棕褐色，密布黄色绒毛。臀棘细长，黄褐色，末端卷曲呈钩状。茧长椭圆形，长30～46mm，灰白色，羽化前呈污褐色，表面覆有稀疏黑褐色毒毛。

生活史及习性

1年2～4代，发生代数随地区而异，幼虫共6龄，部分世代可达10龄。在我国南部以4龄幼虫在树冠顶端松针丛或树干的皮裂内越冬。越冬幼虫翌年2月上旬至3月下旬开始活动、取食，结茧于越冬场所、灌木或地被物中。4月中旬至10月均可见成虫，成虫羽化、交尾、产卵都在夜间进行，性比约1:1。卵聚产于松针或小枝上，每卵块10～800粒，平均200～400粒。初孵幼虫嚼食卵壳后在附近的针叶上群集取食，1、2龄幼虫受惊后吐丝下垂，并可随风传播，3、4龄幼虫分散危害，遇惊即弹跳掉落，5、6龄幼虫有迁移习性，4龄以后幼虫食叶量占幼虫期食量的70%～80%。

天敌种类总计多达300余种，主要有寄生蜂、寄蝇、白僵菌、病毒、捕食性昆虫及食虫鸟类，在生物防治中广泛应用的有病毒、白僵菌和松毛虫赤眼蜂等。

油松毛虫 *Dendrolimus punctatus tabulaeformis* Tsai et Liu（图8-35）

分布于1月份平均-8℃与0℃等温线之间的我国暖温带落叶阔叶林区，即北起内蒙古库伦旗、南至贵州的贵阳，包括河北、山西、陕西、甘肃南部的油松分布区，其危害区呈岛状分布在海拔800～1 800m的高原和山地。危害油松、樟子松、黑松、白皮松、华山松、侧柏等。

形态特征

成虫　翅展45～75mm、体长20～30mm。体、翅淡灰褐至深褐色，花纹清楚。雌蛾前翅中横线内侧和锯齿状外横线外侧有1条颇似双重的浅色线纹，中室端白斑小；后翅中央隐现深色弧形斑；外生殖器的中前阴片略呈长圆形，侧前阴片略呈方形。雄虫色深，前翅亚缘斑列内侧具淡褐色斑纹；外生殖器的小抱针长度约为大抱针的1/3～1/2，阳具弯刀状，刀背基部弧度大，端部膨大后又紧缩，尖端有长的弯钩，表面约占3/5面积密布有骨化小刺。

卵　椭圆形，长1.75mm，宽1.36mm。精孔一端淡绿色，另一端粉红色。

幼虫　老熟时体长55～72mm，灰黑色，体侧具长毛，花纹明显。头褐黄色，额区中央具1个深褐色斑；胸部背面毛带明显，腹部背面无贴体纺锤形鳞毛，各节前亚背毛簇的片状毛窄而扁平、纺锤形，毛簇基部有短刚毛。体两侧各有1条时有间断的纵带，纵带上

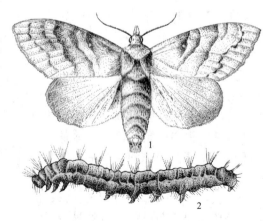

图8-35　油松毛虫

1. 成虫　2. 幼虫

白斑不显，每节前方由纵带向下有1个斜斑伸向腹面。

蛹 长20~33mm，栗褐或棕褐色。臀棘短，末端卷曲排成近圆形。茧灰白色或淡褐色，附有黑色毒毛。

生活史及习性

1年1代或2~3代。1代区以3~4龄幼虫在树干基部背风向阳面的树皮裂缝、距树干基部30~65cm的枯枝落叶层、石块下越冬，越冬幼虫死亡率约10%。翌年3月下旬至4月上旬，日均温约10℃时越冬幼虫上树取食，5月上旬至6月中旬为危害盛期；5月中下旬至8月上旬老熟幼虫多在石缝、杂草及枯枝落叶层中结茧化蛹，蛹期15~23d；6月上旬至8月中旬成虫羽化，7~8月上中旬为羽化盛期，以20:00~22:00羽化最多。成虫昼伏夜出，有趋光性。雌虫多成堆或成串产卵于针叶上，每雌产卵300~400粒，卵期约10d。初孵幼虫群集于卵块附近的针叶上，数小时后开始啃食针叶边缘，使针叶枯萎；2龄开始分散取食，能咬断针叶。1~2龄幼虫受惊吐丝下垂、借风力传播，3龄后能取食整个针叶；4龄后食量剧增，食叶量占总食量的70%左右，因此，防治适期宜掌握在4龄以前。幼虫取食至10月下旬或11月上旬即下树越冬。

2~3代区，第1代幼虫6~7龄，幼虫期45d；越冬代8~9龄，幼虫期长达10个多月。该虫各虫态的天敌很多，寄生性天敌的寄生率达10%~40%。

赤松毛虫 *Dendrolimus punctatus spectabilis*（Butler）（图8-36）

分布于我国辽宁、河北、山东、江苏北部的沿海地区；国外分布于朝鲜、日本。主要危害赤松，其次危害黑松、油松、樟子松等。

形态特征

成虫 雄蛾翅展48~69mm、雌70~89mm，体灰白、灰褐或赤褐色。前翅中横线与外横线白色，亚外缘斑列黑色，呈三角形，雌蛾亚外缘斑列内侧和雄蛾亚外缘斑列外侧的斑纹白色，雄蛾前翅中横线与外横线之间具深褐色宽带。雄性外生殖器的阳具刀状，较粗短，小抱针退化或仅留针尖状。雌成虫前阴片略呈椭圆形，侧阴片较小，呈鸭梨形。

卵 椭圆形，长1.8mm，宽1.3mm。初产淡绿色，后渐变为粉红色至紫褐色。

幼虫 初孵幼虫头黑色，体背黄色，体毛不明显；2龄体背现花纹，3龄后体背花纹黄褐、黑褐或黑色。老熟幼虫体长80~90mm，体背第2、3节丛生黑色毒毛，毛片束明显。

蛹 纺锤形，长30~45mm，暗红褐色。茧灰白色，附有毒毛。

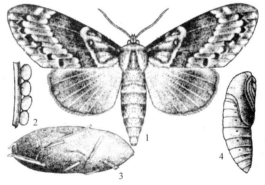

图8-36 赤松毛虫
1. 成虫 2. 卵 3. 茧 4. 蛹

生活史及习性

1年1代,以幼虫越冬。在山东半岛3月上旬开始上树危害,7月中旬结茧化蛹,7月下旬羽化和产卵,盛期为8月上中旬;8月中旬卵开始孵化,盛期为8月底至9月初,10月下旬幼虫开始越冬。

成虫多集中在17:00~23:00羽化,羽化当晚或翌日晚开始交尾,成虫寿命7~8d,以18:00~23:00产卵最多,多产卵1次,少数2~3次,未交尾的产卵少而分散,卵不能孵化,每雌产卵241~916粒,平均622粒。卵期约10d,初孵幼虫先吃卵壳,然后群集附近松针上啃食,1、2龄幼虫有受惊吐丝下垂习性;2龄末开始分散,至3龄始吃整个针叶,老龄幼虫不取食时多静伏在松枝上;幼虫8~9龄,雌性常比雄性幼虫多1龄。幼虫取食至10月底11月初,即沿树干下爬蛰伏于树皮翘缝或地面石块下及杂草堆内越冬,多蛰伏于向阳温暖处。15年生幼龄松林因树皮裂缝少,所以全部下树越冬。老熟幼虫结茧于松针丛中,预蛹期约2d,蛹期13~21d、平均17d。

此虫在山东多发生在海拔500m以下的低山丘陵林内,在河北省300m以下的山区松林被害最重,500~600m受害显著轻,800m以上不受害,纯林受害重于混交林。

落叶松毛虫 Dendrolimus superans (Butler)(图8-37)

分布于我国北部自大兴安岭,南至北纬约40°的北京延庆县,大概与我国3 500℃等积温线相符,即包括东北三省、内蒙古、河北北部、新疆北部阿尔泰的针叶、针叶落叶及针阔叶混交林区。落叶松及红松为该害虫的嗜食树种。

形态特征

成虫 雌翅展70~110mm,雄翅展55~76mm。体色灰白至黑褐色。前翅较宽而外缘波状,内、中及外横线深褐色,外横线锯齿状,亚外缘线的8个黑斑略呈3字形排列,最后两斑若连成1直线,则几乎与外缘平行,中室端白斑大而明显,翅面斑纹变化较大;后翅中区具淡色斑纹。雄性外生殖器之阳具尖刀状,前半部密布骨化小齿,小抱针长为大抱针长的2/3;雌成虫前阴片略呈等腰三角形,侧前阴片近四方形。

卵 近圆形,长约1.8mm,宽约1.6mm,淡绿色,排列零乱。

幼虫 老熟时体长55~90mm,体色烟黑、灰黑或灰褐。头褐黄色,额区及额傍区暗褐色,额区中央有1个三角形深褐色斑。中、后胸背面各有1束蓝黑色毒毛带。腹部背毛黑色,侧毛银白色,斑纹有时不明显,第8腹节背面有1对暗

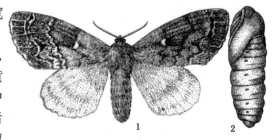

图8-37 落叶松毛虫
1. 成虫 2. 蛹

蓝色毛束。胸、腹部毛片束长而尖，多呈纺锤形，先端无齿。

蛹 长 40~60mm，黄褐或黑褐色，密被金黄色短毛。茧灰白或灰褐色，缀毒毛。

生活史及习性

在东北 2 年 1 代或 1 年 1 代；新疆 2 年 1 代为主，1 年 1 代占 15%，幼虫 7~9 龄。1 年 1 代的以 3~4 龄幼虫，2 年 1 代的则以 2~3 龄、6~7 龄幼虫在浅土层或落叶层下越冬，翌年 5 月可同时见到大小相差悬殊的幼虫，其中大幼虫老熟后于 7~8 月在针叶间结茧化蛹、羽化、产卵、孵化，后以小幼虫越冬（1 年 1 代）；而小幼虫当年以大幼虫越冬，第 2 年 7~8 月化蛹、羽化；如此往复，年代数多由 1 年 1 代转为 2 年 1 代，2 年 1 代的则有部分转为 1 年 1 代。1~3 龄幼虫日取食针叶 0.5~8 根，4~5 龄 12~40 根，6~7 龄 168~356 根。成虫羽化后昼伏夜出，可随风迁飞至 10km 以外，卵堆产于小枝及针叶上，每雌产卵 128~515 粒、平均 361 粒。

该虫危害有周期性，多发生于背风、向阳、干燥、稀疏的落叶松纯林。在新疆约 13 年大发生 1 次，常在连续 2~3 年干旱后猖獗危害，猖獗后由于天敌大增、食料缺乏，虫口密度陡降。多雨的冷湿天气及出蛰后的暴雨和低温对该虫的大发生有显著的抑制作用。

该虫天敌种类很多，其中落叶松毛虫黑卵蜂对卵的寄生率高达 83.5%。

云南松毛虫 *Dendrolimus houi* Lajonquière（图 8-38）

分布于我国福建、湖北、四川、贵州、云南；国外分布于印度、缅甸、斯里兰卡、印度尼西亚。主要危害思茅松，亦危害云南松、圆柏、侧柏及柳杉。该虫是云南南部山区经常性周期发生的害虫，幼树被害后死亡率达 22%，成龄木受害后平均径长生长降低 45%，产脂量降低 30%。

形态特征

成虫 雌虫体长 36~50mm，翅展 110~120mm，灰褐色。触角栉齿状，触角干黄白色。前翅具 4 条深褐色弧线，其中 2 条外横线前端为弧形，后端略呈波状，新月形亚外缘斑 9 个、灰黑色，自顶角往下第 1~5 斑列成弧状，第 6~9 斑呈直线排列，中室斑点不显；后翅无斑纹。雄体长 34~42mm，翅展 70~87mm，赤褐色，触角羽状；翅面斑纹与雌同，惟中室斑点较明显。

卵 圆球形，直径约 1.5~1.7mm，灰褐色，表面具黄白色环状带纹 3 条，中环带两侧各有 1 条灰褐色圆点。

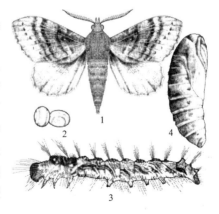

图 8-38 云南松毛虫
1. 雄成虫 2. 卵 3. 幼虫 4. 蛹

幼虫　1龄幼虫灰褐色，头部褐色，胸部各节背面条纹深褐色，其两侧密生黑褐色毛丛，腹部各节背面具黑褐色斑点1对，其上簇生黑色刚毛束。2龄橙黄色，头部深褐色，中、后胸背面各有1条深褐色斑纹，其间生白色毛丛，腹部各节背面带状斑纹褐色，第4~5节背面各有1个灰白色蝶形斑。3龄体色和毛丛鲜明。4龄腹部各节具呈方形排列的白色小点4个。5龄体色加深，黑褐色斑纹增多，腹部各节背面黑色刚毛丛2束，体侧密生白色长毛。老熟幼虫（6~7龄）体长90~116mm，黑色，腹部背面的蝶形斑不及以上各龄清晰。

蛹　纺锤形，长35.5~50.5mm；初产为淡褐色，后渐呈黑褐色；各节皆稀生淡红色短毛，腹末具钩状臀棘。茧长椭圆形，长60~80mm；初灰白色，后变枯黄色，附黑色刚毛。

生活史及习性

在云南南部地区1年2代，以卵和幼虫越冬。越冬幼虫于翌年4月下旬至5月中旬开始结茧化蛹，5月下旬至6月下旬出现成虫，7月中旬出现第1代幼虫，该代幼虫9月上中旬结茧化蛹；10月上中旬第1代成虫羽化，12月中旬出现第2代幼虫，未孵化的卵于次年春孵化。

成虫多于傍晚羽化，当晚即交尾产卵，少数个体3~7d后才产卵。成虫昼伏夜出，趋光性弱，寿命约7~9d。每雌产卵400~600粒，每卵块3~300粒，以当年松针落卵较多，20年生以下立木和林缘立木落卵最多，在松针被食尽的林分中极少数产卵于树枝或杂草上。初孵化的幼虫有群集性及吐丝下垂习性。3、4龄后食量剧增，9~11时为取食高峰期，中午气温较高时常潜伏于松针丛基部；5、6龄以至近老熟幼虫食量最大。老熟幼虫常在针叶丛或树枝上结茧化蛹，重害林分树皮裂缝、阔叶树或杂草灌木上均可见蛹。

幼虫和蛹期寄蝇的寄生率可达60%，姬蜂、茧蜂、小蜂及卵蜂的寄生率约20%，总寄生率可高达80%。捕食性天敌有杜鹃、乌鸦、松鼠、螳螂和肉食性蠡斯等。

油茶枯叶蛾 *Lebeda nobilis* Walker（图8-39）

又名油茶毛虫。分布于我国江苏、浙江、台湾、江西、湖南、广西。主要危害油茶、马尾松、湿地松、白栎、板栗、杨梅，也危害苦槠、锥栗、麻栎等。被害油茶树小枝常枯死，降低产量；在部分地区也严重危害马尾松，常将老叶食尽，影响其生长。

形态特征

成虫　雌蛾翅展75~95mm，雌蛾翅展50~80mm。体色变化较大，有黄褐、赤褐、茶褐、灰褐等色，雄蛾体色常较深。前翅有2条淡褐色斜横带，中室末端有1个银白色斑点，臀角处具2枚黑褐色斑纹；后翅赤褐色，中部有1条淡褐色横带。

卵　灰褐色，球形，直径约2.5mm，上下球面各有1个黑色圆斑，圆斑外有1个灰白色环。

幼虫　1龄幼虫黑褐色，头深黑色有光泽，疏生白色刚毛；胸背棕黄色，腹背蓝紫色，腹侧灰黄色；每腹节背面生黑毛2束，以第8节的较长。2龄蓝色，间有灰白色斑纹，胸背见黑黄2色毛丛。3龄灰褐色，胸背毛丛较2龄宽。4龄第1~8节腹背增生浅黄与暗黑相间的毛丛2束，静止时前毛束常覆盖后毛束。5龄麻色，胸背黄黑色，毛丛蓝绿色。6龄灰褐色，腹下方浅灰色并密布红褐色斑点。7龄体长113~134mm，色斑同6龄。

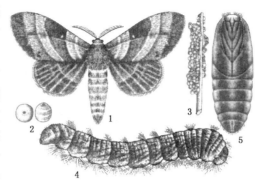

图8-39　油茶枯叶蛾
1. 雄成虫　2. 卵　3. 幼块　4. 幼虫　5. 蛹

蛹　长37~57mm，长椭圆形，暗红褐色，头顶及腹部各节密生黄褐色绒毛。茧黄褐色，附毒毛，茧面有不规则的网状孔。

生活史及习性

在湖南1年1代，以幼虫在卵内越冬。翌年3月上中旬开始孵化。幼虫共7龄。老熟幼虫于8月开始吐丝结茧、化蛹；预蛹期约7d，蛹期20~25d。9月中下旬至10月上旬羽化、产卵。

卵内幼虫吃掉1/3~1/2卵壳后方孵出，日出前后及日落时孵化最多，初孵幼虫群集取食，3龄后渐分散日夜取食，6~7月进入6龄后在黄昏和清晨取食，白天停食，静伏于树干基部阴暗处，脱皮前1天和脱皮当天不活动。老熟幼虫多在油茶树叶、松树针叶丛或灌丛中结茧化蛹。成虫羽化后6~8h即在凌晨交尾，白天静伏，趋光性较强，多在夜间产卵于油茶、灌木的小枝上或马尾松的针叶上，每雌产卵约170粒，分2~3次产完。

该虫多发生在低矮的丘陵地带。一般山脚的虫口密度大于山腰，海拔300m的山顶虫口锐减，500m以上的山地少见；在油茶与马尾松的混交林中发生较严重，而在纯油茶林中虫口密度反而较小。

卵期天敌有松毛虫赤眼蜂、油茶枯叶蛾黑卵蜂、平腹小蜂、啮小蜂、金小蜂等；幼虫期有油茶枯叶蛾核型多角体病毒；蛹期有松毛虫黑点瘤姬蜂、松毛虫匙鬃瘤姬蜂、螟蛉瘤姬蜂、松毛虫缅麻蝇等。

黄褐天幕毛虫 *Malacosoma neustria testacea* Motschulsky（图8-40）

分布于我国华北、东北、华东、华中、四川、陕西、甘肃。危害山楂、苹果、梨、杏、李、桃、海棠、樱桃、沙果、杨、榆、栎类、落叶松、黄波罗、核桃等。常将成片山杏及杨树林的叶子吃光，使受害木长势衰弱，影响山杏产量和林木的生长。

形态特征

成虫 雄翅展 24~32mm，雌翅展 29~39mm。雄蛾黄褐色；前翅中部有 2 条深褐色横线，两线间色稍深，形成上宽下窄的宽带，宽带内外侧衬淡色斑纹；后翅中区褐色横线略见；前、后翅缘毛褐色与灰白色相间。雌蛾褐色，腹部色较深；前翅中部具 2 条深褐色横线，两线间形成深褐色宽带，宽带外侧有黄褐色镶边。后翅淡褐色，斑纹不明显。

卵 椭圆形，灰白色，顶部中间凹下；卵块呈顶针状围于小枝上。

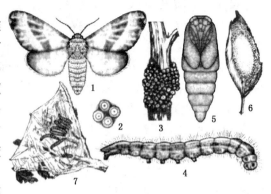

图 8-40 黄褐天幕毛虫
1. 成虫 2. 卵 3. 卵块 4. 幼虫 5. 蛹
6. 茧 7. 危害状

幼虫 老熟幼虫体长 55mm，头部蓝灰色，有深色斑点。体侧色带蓝灰、黄或黑色，各节生淡褐色长毛；体背色带白色，其两侧横线橙黄色，各节具黑色长毛；腹面毛短，气门黑色。

蛹 长 13~20mm，黑褐色，被毛金黄色。茧灰白色，丝质双层。

生活史及习性

1 年发生 1 代，以卵越冬。北京地区 4 月上旬孵化，5 月中旬幼虫老熟，5 月下旬结茧化蛹，蛹期约 15d，6 月份羽化产卵；黑龙江带岭和海拔较高的山西太岳山区（海拔 1 500m），7 月下旬羽化；江南地区 5 月份羽化。第 2 年春树木吐芽时，初孵幼虫群集在卵块附近小枝上食害嫩叶，后移向树杈吐丝结网，夜晚取食，白天群集潜于天幕状网巢内。幼虫脱皮于丝网上，近老熟时开始分散活动，食量大增，易暴食成灾，但白天仍群集静伏于树干下部或树杈处，晚间爬上树冠取食。成虫羽化后即交尾产卵，卵多产于被害木当年生小枝梢端；每雌产 1~2 个卵块，共产卵 200~400 粒。卵发育至小幼虫后，即在卵壳中休眠越冬。

幼虫期核型多角体病毒（NPV）常流行，一些地区天幕毛虫抱寄蝇寄生率高达 86.3%~93.6%。

枯叶蛾类重要种还有：

思茅松毛虫 *Dendrolimus kikuchii* Matsumura：国内分布于浙江、安徽、福建、台湾、江西、湖南、湖北、广东、广西、云南。危害云南松、思茅松、马尾松、黄山松、海岸松、海南五针松、华山松、黑松、金钱松、落叶松及云南油杉等。在浙江 1 年 2 代，广西 1 年 1 代，均以幼虫越冬。

栗黄枯叶蛾 *Trabala vishnou* Lefebure：国内分布于江苏、浙江、福建、台湾、湖南、广东、海南、四川、云南、陕西。危害榄仁树、桉树、蒲桃、相思树、三球悬铃木、栎类、柏树、油桐、马桑、核桃、茅栗、柑橘、石榴、苹果等。在长江流域 1 年 2 代，以卵越冬；在海南 1 年 5 代，无越冬现象。

杨枯叶蛾 *Gastropacha populifolia* Esper：分布几乎遍及全国。危害杨、旱柳、苹果、梨、桃、樱桃、李、杏等。在河南1年发生1~2代，以幼虫在树干上越冬。

8.3.11 天蚕蛾类

银杏大蚕蛾 *Dictyoploca japonica* Moore（图8-41）

又名白果蚕、核桃楸大蚕蛾等。分布于我国东北、华北、华东、华中、华南、西南，陕西；国外分布于日本、朝鲜、前苏联。食害银杏、核桃、漆树、枫杨、栗、栎、楸、榛、榆、樟、柳、柿、李、梨、苹果、枫香等。暴食银杏、漆树、核桃叶使其产量锐减或枯死。

形态特征

成虫 翅展雌95~150mm、雄90~125mm，灰褐至紫褐色。前翅紫褐色内横线与暗褐色外横线近相接于后缘处，两线间的淡色区较宽；中室端部的月牙形透明斑眼珠状，顶角靠前缘处有1个半圆形黑斑，臀角月牙形纹白色。后翅基部至外横线间的红色区较宽，亚外缘线区橙黄色，外缘线灰黄色，中室端具1个大眼斑，后角具1个月牙形白斑。前、后翅亚缘线为2条赤褐色的波浪纹。

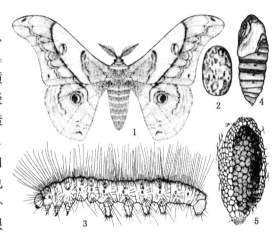

图8-41 银杏大蚕蛾
1. 成虫 2. 卵 3. 幼虫 4. 蛹 5. 茧

卵 椭圆形，被黑褐色胶质，长约2~2.5mm，宽约1.2~1.5mm。

幼虫 末龄体长65~110mm。黑色型从气门线至腹中线两侧黑色、杂褐黄色小点，亚背部至气门上部各节毛瘤卜牛黑色长刺毛3~5根和褐色短刺毛。绿色型上述部位淡绿色，毛瘤有黑色长刺毛1~2根，余为白色短刺毛。趾钩双序中带。

蛹 黄褐色，雌长45~60mm、雄长30~45mm，4~6腹节后缘具暗褐色环带；腹末两侧的臀棘束各具刺7枚。茧长椭圆形，大网眼状，黄褐色，长40~70mm。

生活史及习性

1年1代，以卵越冬。辽宁越冬卵5月上旬孵化，幼虫5~6月危害，6月中旬至7月上旬化蛹，8月中下旬羽化、产卵。纬度约减少6°，发生期约提前1个月，越冬期约推迟1个月。成虫寿命5~7d，卵期5~6个月，幼虫期36~72d，预蛹期5~13d，蛹期115~147d。幼虫5~6龄。

成虫多在17:00~20:00羽化，白天静伏于羽化处，傍晚活动或借助风力飘散，趋光性不强；雌蛾腹部沉重，活动力弱。羽化当晚或次晚交尾，约半天后产卵，产卵量100~600余粒；卵多产于茧内或蛹壳及树干的各种隐蔽处，卵块疏松，每块数十粒至300粒不等。初孵幼虫栖息于孵化地，白天温度适宜时才爬上枝条取食新叶；1~2龄常群集于叶背，头向叶缘排列取食，耐寒力较强；3龄较分散，食量增加，脱皮时亦常数条或10余条排列于叶背；4~6龄分散蚕食，常将树叶吃光，中午炎热时多停息于树冠下部阴凉处；老熟时多在树冠下部或地被植物的枝叶间成串缀叶结茧化蛹，蛹于6月下旬进入滞育期，直到8月中旬后才羽化、交尾、产卵。

卵期天敌有赤眼蜂、黑卵蜂、平腹小蜂、白趾平腹小蜂，幼虫期有家蚕追寄蝇，其寄生率达15%，捕食幼虫的鸟类约33种，蛹期有松毛虫黑点瘤姬蜂及核型多角体病毒。

樗蚕 *Philosamia cynthia* Walker et Felder（图8-42）

又名乌桕樗蚕蛾。分布于我国东北，北京、江苏、浙江、江西、山东、广东、广西、四川；国外分布于朝鲜、日本、法国、美国。幼虫危害乌桕、臭椿、冬青、悬铃木、盐肤木、香樟、柑橘、含笑、梧桐、核桃、枫杨、刺槐、花椒、泡桐、蓖麻。常吃光乌桕、花椒叶，降低乌桕及花椒产籽量。

形态特征

成虫　体长20~30mm，翅展115~125mm。体青褐色，头部四周、颈板前端、前胸后缘、腹部背线、侧线及末端白色。前翅褐色，顶角圆而突出、粉紫色，具1个黑色眼状斑，眼斑上缘白色弧形；前、后翅中央各有1个新月形斑，该斑上缘深褐色，中部半透明，下缘土黄色；新月斑外侧具1条纵贯全翅的宽带，宽带中部粉红色，外侧白色，内侧深褐色，基角褐色；翅外缘有1条白色曲纹。

卵　扁椭圆形，长约1.5mm，灰白色，具褐色斑。

幼虫　老熟幼虫体长55~60mm，青绿色，被有白粉。各体节亚背线、气门上线、气门下线处各具1排枝刺，亚背线上的较大；在亚背线与气门上线间、气门后方、气门下线、胸足及腹足的基部具黑色斑点；气门筛浅黄色，围气门片黑色，胸足黄色；腹足青绿色，端部黄色。

蛹　暗红褐色，长26~30mm，宽14mm。茧灰白色，橄榄形，长

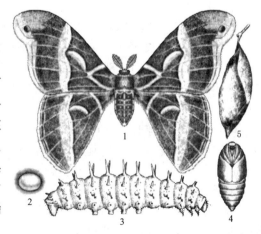

图8-42　樗蚕
1. 成虫　2. 卵　3. 幼虫　4. 蛹　5. 茧

约 50mm，上端有孔，茧柄长 40~130mm，茧半边常为叶包被。

生活史及习性

1 年 2~3 代，以蛹越冬。1 年 2 代者，越冬代成虫 5 月上中旬羽化并产卵，卵期约 12d；第 1 代幼虫 5 月中下旬孵化，幼虫期约 30d；6 月下旬结茧化蛹。8 月至 9 月上中旬第 1 代成虫羽化、产卵，成虫寿命 5~10d。第 2 代幼虫危害期为 9~11 月，以后陆续化蛹越冬。

成虫有趋光性，雌蛾性引诱力甚强，飞翔力强，产卵量约 300 粒。室内饲养不易交尾，但剪去雌蛾双翅后能促进交尾。卵堆产于寄主叶背，初龄幼虫有群集性，幼虫脱皮后常将蜕食尽或仅留少许。老熟幼虫在树干上缀叶结茧，越冬代常在杂灌木上结茧。

幼虫期天敌有绒茧蜂、喜马拉雅聚瘤姬蜂、稻苞虫黑瘤姬蜂、樗蚕黑点瘤姬蜂。

此外，本类群重要种还有：

绿尾大蚕蛾 Actias selene ningpoana Felder（图 3-16-7）：又名水青蛾。分布于东北、华东、华中、西南、北京、福建、广东、台湾、陕西、甘肃。危害杨、柳、枫等多种阔叶树及果树。1 年发生 2 代，福建 4 代，结茧化蛹越冬。

樟蚕 Eriogyna pyretorum（Westwood）：又称枫蚕。本种在国内有 3 个亚种：E. pyretorum pyretorum（Westwood），分布于东北及华北一带。以蛹越冬。E. pyretorum cognata Jordan，分布于华东一带，以卵或蛹越冬。E. pyretorum lucifera Jordan，分布于四川，浙江，食性较杂，主要危害枫杨、枫香、香樟、麻栎、板栗、核桃、喜树、乌桕、银杏、槭、冬青及几种果树。在浙江 1 年 1 代，以卵或蛹越冬。

8.3.12 天蛾类

南方豆天蛾 *Clanis bilineata bilineata*（Walker）（图 8-43）

分布于除西藏外我国的各地；国外分布于朝鲜、日本和印度。幼虫危害刺槐和大豆，大发生时常将树叶食尽。

形态特征

成虫 体翅灰黄色；体长 40~45mm，翅展 100~120mm。胸背线紫褐色，腹背灰褐，两侧枯黄，5~7 节后缘横纹棕色。中后足胫节外侧银白色。前翅灰褐，前缘中央三角斑灰白色；内、中、外横线及顶角前缘斜纹棕褐色，R_3 脉处的纵带棕黑色。后翅棕黑色，前缘及后角近枯黄色，中央有 1 条较细的灰黑色横带。

幼虫 老熟幼虫淡绿色，体长 80~90mm，头深绿色，口器与胸足橙褐色；前胸颗粒突黄色，中、后胸皱褶分别为 4、6 个；1~8 腹节两侧斜纹黄色，背部具小皱褶与白色刺状颗粒，尾角弯向后下方，黄绿色；气门筛淡黄色，围气门片黄褐色。头冠缝两侧上隆成单峰，正视近三角形。

生活史及习性

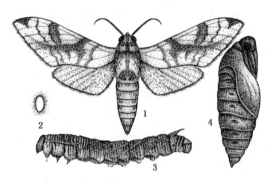

图 8-43　南方豆天蛾
1. 成虫　2. 卵　3. 幼虫　4. 蛹

湖北以南 1 年 2 代，以北 1 年 1 代，以老熟幼虫入土近 10cm 越冬。1 代区 6 月上中旬开始化蛹，7 月中旬为盛期，蛹期 10～15d；7 月中下旬为羽化盛期，成虫有趋光性，傍晚开始活动，寿命 7～10d，产卵期约 3d，每雌产卵 200～450 粒，平均 350 粒。卵期 6～8d，6 月下旬或 7 月上旬幼虫开始孵化，初孵幼虫吐丝自悬，死亡率高，8 月上中旬为幼虫危害盛期，9 月上旬进入末期；幼虫共 5 龄，幼虫期约 39d；老熟幼虫多在 9 月下旬入土，呈马蹄形蜷缩越冬。幼虫有避光和转株危害习性，4 龄前多藏匿叶背，5 龄后体重增加则迁移于枝干；夜间取食最烈，阴天可全天取食。该害虫卵期黑卵蜂的寄生率可达 50%，越冬幼虫白僵菌的寄生率可达 70%。

蓝目天蛾 *Smerinthus planus planus* Walker（图 8-44）

又名柳天蛾，广泛分布于我国东北、西北、华北，河南；国外分布于朝鲜、日本、前苏联。危害杨、柳、苹果、桃等多种果树。与本亚种近似的有分布于吉林、河北、山东的北方蓝目天蛾 *S. planus alticola* Clark；分布于四川（康定）的四川蓝目天蛾 *S. planus junnanus* Clark；分布于湖南、广东的广东蓝目天蛾 *S. planus kuantungensis* Clark。

形态特征

成虫　翅展 85～92mm。体、翅黄褐色，胸背中部具 1 个深褐色大斑。前翅外缘浅锯齿状，缘毛极短；亚外缘线、外横线、内横线深褐色，肾形纹灰白色，基线较细、弯曲，外横线、内横线下段被灰白色剑状纹切断。后翅淡黄褐色，中央有 1 个蓝色大眼状斑，斑外圈灰白色，其外围蓝黑色，斑上方粉红色。

幼虫　老熟时体长 70～80mm；头绿色、近三角形，两侧淡黄色；胸部青绿色，各节均有细横褶，前胸有 6 个粒突排成横列，中胸 4 个、后胸 6 个小环的两侧各具一大粒突；

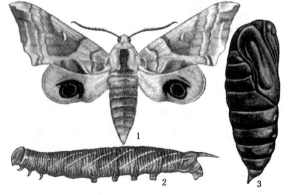

图 8-44　蓝目天蛾
1. 成虫　2. 幼虫　3. 蛹

腹部黄绿色，1~8节两侧具淡黄色斜纹，最后1条直伸尾角。气门淡黄色，黑色围气门片的前方具1个紫色斑。胸足褐色，腹足绿色。

生活史及习性

在辽宁、北京、兰州一带1年2代，在陕西、河南1年3代，江苏1年4代；均以蛹在土中越冬。2代区成虫发生期为5月中下旬、6月中下旬，3代区为4月中下旬、7月、8月，4代区为4月中旬、6月下旬、8月上旬及9月中旬。成虫多夜间羽化、活动及产卵，具趋光性，飞翔力强；羽化后第2天交尾，第4天产卵，卵单产于叶背、枝及枝干，偶见卵成串，每雌产卵200~400粒，卵期7~14d。初孵幼虫食卵壳，1~2龄食嫩叶，4~5龄幼虫取食量极大，被害枝常成光秃状。老熟幼虫下树入土55~155mm营土室化蛹越冬。

天蛾类重要种还有：

榆绿天蛾 *Callambulyx tatarinovi* (Bremer et Grey)（图3-16-8）：分布于东北，宁夏、河北、河南、山东、山西。危害榆、刺榆及柳。1年1~2代，以蛹在土中越冬。

霜天蛾 *Psilogramma menephron* (Cramer)：又名泡桐灰天蛾，除西北尚无记载外，广泛分布于全国各地；危害泡桐、梓、楸、梧桐、女贞等多树种。在河南1年发生2代，以蛹在土中越冬。

8.3.13 舟蛾类

杨扇舟蛾 *Clostera anachoreta* (Fabricius)（图8-45）

又名白杨天社蛾。分布于我国东北、华北、西北、华中、华南、西南、华东；国外分布于朝鲜、日本、前苏联、印度、斯里兰卡、欧洲。危害杨、柳、毛生。

形态特征

成虫 雄翅展23~37mm，雌38~42mm，体灰褐色。前翅具4条灰白色波状横纹，顶角有1褐色扇形斑，外横线通过扇形斑处时双齿形斜伸，外衬2~3个锈褐色斑，扇斑下方具1个黑斑。后翅灰褐色。

幼虫 老熟时体长32~40mm。头部黑褐色；胸部灰白色，侧面墨绿色。腹背灰黄绿色，两侧有灰褐色宽带；每节具环状排列的橙红色瘤8个，其上具长毛，两侧的黑瘤上生白细毛1束，第1、8腹节背中央各具1个枣红色瘤，臀板赭色。胸足褐色。

生活史及习性

辽宁、吉林1年3代，河北、河南3~4代，安徽、陕西4~5代，江西、湖南5~6代，以蛹在枯落物等隐蔽处越冬；海南岛8~9代，无越冬现象。成虫出现的时

图8-45 杨扇舟蛾

间各地不一,东北为4月下旬至5月初,随着分布区的南移,出现期也渐次提前。

成虫傍晚羽化最多,有趋光性,白天静伏,有多次交尾习性,上半夜交尾,下半夜产卵,寿命6~9d。未展叶前卵产于小枝,以后则产于叶背,卵块单层,数粒至600粒,每雌产卵100~600粒。初孵幼虫群集啃食叶肉,2龄后群集缀叶成枯黄虫苞,3龄后分散尽食全叶,可吐丝随风飘迁他处危害;末龄食量占总食量70%左右,老熟幼虫卷叶化蛹。

卵期黑卵蜂寄生率达36%以上;幼虫期有毛虫追寄蝇、绒茧蜂,颗粒体病毒对3龄以上幼虫有很高的致病力,鸟类对幼虫也具有控制作用;蛹期可见广大腿小蜂寄生。

分月扇舟蛾 *Clostera anastomosis* (Linnaeus)(图8-46)

又名银波天社蛾。分布于我国河北、内蒙古、东北、上海、江苏、湖北、湖南、广东、广西、四川、云南;国外分布于印度、印度尼西亚、斯里兰卡、日本、朝鲜、蒙古、前苏联、欧洲和北美。危害杨、柳、白桦。

形态特征

成虫 雌虫翅展39~47mm,雄虫翅展32~41mm,体灰褐色,头顶和胸背中央黑棕色。前翅暗灰褐色,具3条灰白色横线,外缘近顶角处略显棕黄色,扇形斑近红褐色;亚外缘线由1列褐色点排成波浪形,$Cu-R_5$脉间有暗褐色波浪形带;翅中区圆形暗褐色斑中央由1条灰白色线将其分成两半。后翅色较淡。雄虫腹部较瘦细,尾部有1长毛丛,体色较雌虫深。

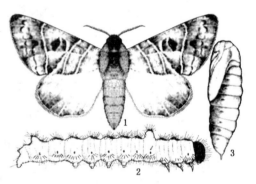

图8-46 分月扇舟蛾
1. 成虫 2. 幼虫 3. 蛹

幼虫 老熟幼虫体长35~40mm,纺锤形。头部褐色,胸、腹部暗褐色,亚背线鲜黄色,气门上线淡褐色;中、后胸和腹部第2节背面各有红色瘤状突2个;腹部第1节有1个黑色大瘤状突;第8节有黑色瘤状突4个,其前方具1对鲜黄色突起;前、中胸具4个红点;2条亚背线之间除前胸、腹部第1、8节外,每节有白色突起1对。

蛹 长15~18mm,红褐色,略呈圆锥形,尾部有臀棘。

生活史及习性

在东北1年1代,以3龄幼虫做白色椭圆形薄茧在树下枯枝落叶层内越冬。翌年5月下旬越冬幼虫出蛰,群栖危害,6月中下旬结茧化蛹,7月上旬羽化、交尾、产卵。7月中旬卵孵化,8月上旬结茧越冬,整个幼虫期326~338d,蛹期17~19d,成虫寿命4~19d,卵期10~11d。在上海1年6~7代,以卵在杨树枝干上越冬,少数以3~4龄幼虫和蛹越冬。越冬卵于第2年4月上旬开始孵化,幼虫啃食芽鳞和嫩枝皮，随后取食叶片。5月中下旬幼虫老熟化蛹，5月中旬至6月上旬成虫羽化、交尾、产卵，此后连续繁殖危害。至11月部分生长缓慢的以3~4龄幼虫在枯枝落叶层中越冬，另一部分则在11月底至12月初羽化、产卵，以卵过冬。

卵产在杨树叶片背面，多在早晨4:00~6:00孵化，初孵幼虫群栖叶片取食叶肉，使其呈箩底状、枯黄；2龄后自叶片边缘咬食，4龄后咬食整个叶片；幼虫老熟后，吐丝卷叶并在其内化蛹。幼龄幼虫吐丝下垂，随风传播，大龄幼虫受惊后极易落地，不取食时多数栖息在嫩枝上，取食时再爬至叶片。成虫羽化多集中在白天，数小时后即交尾、产卵，白天栖息在杨树或灌木枝叶上，晚上活动，有趋光性。每雌产卵约500粒，最多1682粒，卵排列呈块状。该虫在分散而稀疏的林内发生较重，在整枝的叶片被吃光后常转移到邻近的大黄柳和白桦上取食。

幼虫期的天敌有寄生蝇，蛹期常受鸟和蚂蚁侵击。

杨二尾舟蛾 *Cerura menciana* Moore（图8-47）

又名双尾天社蛾。分布于我国东北、华东、华中、河北、内蒙古、福建、台湾、四川、西藏、陕西、甘肃、宁夏；国外分布于朝鲜、日本、越南、前苏联，欧洲。危害杨柳科树种，能暴发成灾。

形态特征

成虫 体长28~30mm，翅展75~80mm。下唇须黑色，头和胸部紫灰褐色，腹背黑色。胸背6个黑点排成2列，翅基片具黑点2个。第1~6腹节中央有1条灰白色纵带，每节两侧各有1个黑点。腹末2节灰白色，两侧黑色，中央具4条黑纵线。前翅灰白微呈紫褐色，翅脉黑褐色，所有斑纹黑色，基部鼎立黑点3个，亚基线由1列黑点组成；内横线3条，最外1条在中室下缘以前断裂成4黑点，其下段与其余2条平行，内2条在中室内呈环形，在近前缘处呈弧形分开；横脉纹月牙形，中横线和外横线双道、深锯齿形，外缘线由脉间黑点组成。后翅灰白微带紫色，翅脉黑褐色，横脉纹黑色。

卵 馒头状，直径3mm，赤褐色，中央具1个黑点，边缘色淡。

幼虫 老熟幼虫体长50mm，体叶绿色。头褐色，两颊具黑斑。第1胸节背面前缘白色，后有1个紫红色三角斑，其尖端向后伸过峰突，峰突后的纺锤形宽带伸至腹背末端。第4腹节近后缘有1条白色条纹，纹前具褐边；体末端有2个褐色长尾角。

蛹 赤褐色，宽12mm，长

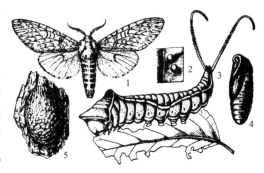

图8-47 杨二尾舟蛾
1. 成虫 2. 卵 3. 幼虫 4. 蛹 5. 茧

25mm。尾端钝圆,有颗粒突起。茧椭圆形,长 37mm,宽 22mm,灰黑色,坚实,紧贴树干,与树皮同色,其上端有 1 个胶体密封的羽化孔。

生活史及习性

在辽宁和宁夏 1 年 2 代,西安 1 年 3 代,以蛹在茧内越冬。2 代区越冬代成虫 4 月下旬出现,5 月下旬幼虫孵化,6 月下旬至 7 月上旬幼虫盛发,7 月上中旬幼虫老熟结茧,7 月中下旬第 1 代成虫羽化,8 月上中旬第 2 代幼虫发生,8 月中下旬是危害盛期,9 月幼虫老熟结茧越冬。3 代区的各代成虫发生期分别为 4 月中旬至 5 月中下旬,6 月中旬至 7 月上中旬,8 月中旬至 10 月上旬;幼虫危害期分别为 4 月下旬至 6 月上旬,7 月上旬至 7 月下旬,8 月下旬至 10 月上中旬。9 月下旬至 10 月上中旬老熟幼虫陆续结茧化蛹越冬。

成虫多在 16:00~21:00 羽化,有趋光性,羽化 5~8h 后交尾,一般只交尾 1 次;当夜产卵,产卵 4~9 次,卵多产在叶片上,1 叶常有卵 1~2 粒。每雌产卵 132~403 粒,以第 3 代产卵最多,第 2 次之,第 1 代最少。卵以 4:00~9:00 孵化为多,初孵幼虫在卵附近叶面上爬动、吐丝,约 3h 后取食。3 龄前食叶量占总食叶量的 4%,4 龄食量占总食叶量的 10%,5 龄暴食期常将树叶吃光,食量占总食叶量的 86%。2、3 代老熟幼虫多在枝干分叉处,而越冬代在树干基部或树皮裂隙内,咬破枝干、吐丝粘连枝干碎屑作茧、化蛹。

杨小舟蛾 *Micromelalopha troglodyta*(Graeser)(图 8-48)

又名杨天社蛾。分布于我国东北、华北、华东、华中、陕西、四川;国外分布于朝鲜、日本。危害杨、柳。

形态特征

成虫 翅展 24~26mm。体黄褐、红褐、暗褐色。前翅具 3 条灰白色横线,每线两侧均具暗边;基线不清,内横线在亚中褶下分叉,外横线波浪形,波浪形亚外缘线由脉间黑点组成,横脉为 1 个小黑点。后翅臀角有 1 个赭色或红褐色小斑。

幼虫 1 龄体鲜黄色或黄褐色,头黑色;2 龄黄绿色,头黑色,腹背 1、3、7、8 节红斑中具黑色毛片;3 龄黄绿色,头顶单眼区黑色,腹部仍具红斑;4 龄黄色,头黄绿色但头顶具"八"字形黑纹,各节毛瘤和毛片显著,前胸 2 对黑纹,腹部仍有红斑,体侧色带灰黑色;5 龄灰褐色,头顶具"八"字形黑纹,体侧黄色纵带中具黑色纵纹,前胸 2 对黑色横斑,腹部具黑色月牙形、V 形斜纹,各节毛瘤和毛片增大;腹部 1、8 节背面肉瘤

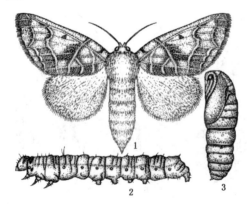

图 8-48 杨小舟蛾
1. 成虫 2. 幼虫 3. 蛹

较大。老熟幼虫体长约23mm。

生活史及习性

在吉林1年2代，河南3~4代，陕西4~5代，江西5代；以蛹越冬。在陕西关中以第2~3代危害严重，次年4月中旬成虫开始羽化。预蛹期1~2d，蛹期6~10d，产卵前期1~4d，卵期5~6d，幼虫期17~24d，成虫寿命3~12d。各代幼虫发生期为4月下旬至6月上旬、5月下旬至7月下旬、6月下旬至8月上旬，越冬代7月下旬至10月中旬缀叶或在树皮缝或地面杂物下结薄茧化蛹越冬，局部世代8月中旬至10月上旬。成虫发生期5月下旬至6月下旬、6月下旬至7月下旬、7月下旬至8月下旬、局部世代8月中旬至9月中旬。

成虫昼伏夜出，有趋光性和多次交尾习性，20:00后卵多产于叶上；每雌产卵70~410粒，卵块单层，有卵70~329粒，散产卵多不孵化。幼虫5龄，初孵幼虫在叶背群集取食，被害叶具箩网状透明斑，稍大后分散蚕食，仅留叶脉，4龄后进入暴食期，7、8月高温多雨季节危害最烈。幼虫行动迟缓，白天隐伏于树皮缝隙或枝杈间，夜出取食，黎明又潜伏；老熟后下树化蛹。各虫态发育起点温度为卵6.18℃、幼虫6.54℃、蛹7.67℃、成虫14.37℃，有效积温卵为80.27℃、幼虫379.96℃、蛹143.56℃、成虫57.79℃。

该虫嗜食黑杨派树种，白杨派受害轻微，青杨派几乎不受害；大龄树受害重于小树，树皮粗糙者受害重，树下杂物、杂草多者受害重。

天敌有蜘蛛、蠋蝽、毛虫追寄蝇，而舟蛾赤眼蜂、杨扇舟蛾黑卵蜂与扁股小蜂在第4代的混合寄生率可达85%~96%，广大腿小蜂对越冬蛹的寄生率达70%以上。

苹掌舟蛾 *Phalera flavescens*（Bremer et Grey）（图8-49）

又称苹果舟形毛虫。分布于华北、辽宁、山东、河南、陕西及甘肃等地。危害苹果、梨、海棠、桃、梨等多种果树，在严重发生的果园，常将大部分叶片吃光，引起二次开花，影响来年产量。

形态特征

成虫 体长22~25mm，翅展50mm，体浅黄色。雌虫触角背面灰白色，雄虫触角各节两侧生淡黄色毛丛。前翅淡黄白色，近基部具银灰与褐紫色组成的混合斑，外缘有相同的大型色斑1列6个。后翅淡黄色。腹部背面被黄褐色绒毛。

幼虫 老熟幼虫体长50mm。头黑褐色，有光泽。体被黄白色

图8-49 苹掌舟蛾
1. 成虫 2. 幼虫

长软毛,胴部背面紫褐色,腹面紫红色,体侧有紫红色并稍带黄色的条纹。

生活史及习性

1年1代,以蛹在土中越冬。第2年7月上旬至8月上旬羽化出土,以雨后黎明出土最多,成虫白天隐藏于树叶或杂草丛中,有趋光性,夜间活动。羽化数小时至数天后交尾,交尾后1~3d产卵,卵数十粒或百余粒成块产于树体的东北面。卵期6~13d,初孵幼虫多群栖叶背,取食时排列整齐,幼龄幼虫受惊扰后成群吐丝下坠,稍大后渐分散取食并转移危害。幼虫白天多栖于叶柄,头尾上翘如舟,故称舟形毛虫,老熟后沿树干下地入土化蛹越冬。

栎蚕舟蛾 *Phalerodonta albibasis*(Chiang)(图8-50)

又名麻栎天社蛾。分布于我国东北,江苏、浙江、安徽、山东、湖北、湖南、四川、陕西。危害麻栎、栓皮栎、小叶栎、白栎、槲栎。幼虫取食栎叶,大发生时吃光栎叶,残留枝条,影响被害木的生长与结实。

形态特征

成虫 体长15~20mm,翅展39~50mm。灰褐色。触角黄褐色,栉齿状。下唇须黑褐色。前翅灰褐色,前缘及基部黑褐色,亚基线锯齿状;内横线双道,内道不明显,外道呈锯齿状;外横线锯齿状,弓形。后翅灰褐色、外横线色淡。腹端绒毛丛三色,即黄褐、黑褐和黑褐色。雄蛾体色较深,腹端无绒毛丛。

幼虫 头部橘红色,胸、腹部淡绿色,背、侧面有紫褐色斑纹,趾钩单序中列。

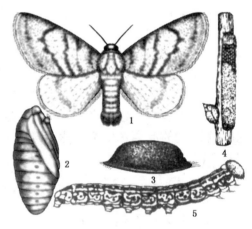

图8-50 栎蚕舟蛾
1.成虫 2.蛹 3.茧 4.卵块 5.幼虫

生活史及习性

江苏1年1代,以卵越冬。第2年4月上中旬越冬卵开始孵化,出卵幼虫群集于小枝条上取食嫩叶叶肉,使其枯萎;3龄以后日夜取食全叶,群集量大时常将小枝压弯;4龄后每头幼虫日食栎叶2片,当将被害株树叶吃光后,则转移危害;略受惊动,即昂首翘尾,口吐黑液。幼虫共5龄,幼虫期42~52d。5月下旬至6月上旬老熟幼虫下树在树干基部杂草及根际疏松土中入土3~10cm作茧化蛹,蛹期4个月。10月下旬至11月上旬成虫羽化,以13:00~18:00羽化较多,羽化后当天即可交尾,交尾1次,有趋光性,寿命3~6d;成虫白天静伏于灌木、草丛或树干基部,黄昏后活动、产卵。卵产于树冠中、下部的小枝条上,每雌可产卵1~3块,多数卵沿枝条排列4~6行。卵块被黑褐色绒毛,每块卵46~545粒,平均232粒。

此外,舟蛾类重要种还有:

黑带二尾舟蛾 *Cerura vinula felina*（Butler）：分布于我国东北，危害杨、柳。在吉林1年2代，以蛹越冬。

柳扇舟蛾 *Clostera rufa*（Luh）：分布于云南、四川，是杨柳的重要害虫。1年发生1代，以2～3龄幼虫群集缀叶苞于枝上越冬。

栎黄掌舟蛾 *Phalera assimilis*（Bremer et Grey）（图3-16-9）：分布于我国东北，陕西、河北、河南、江苏、浙江、江西、湖北、湖南、四川。危害栎类。在河南、浙江1年1代，湖北1年2代，以蛹在土中越冬。

榆掌舟蛾 *Phalera fuscescens* Butler：分布于东北、华北，江苏、浙江、福建、江西、湖南、云南。危害榆树。在我国北方1年1代，以蛹在土中越冬。

8.3.14 灯蛾类

美国白蛾 *Hyphantria cunea*（Drury）（图8-51）

为世界性检疫害虫，分布于我国辽宁、山东、天津、河北、上海、陕西；国外分布于朝鲜、韩国、日本、前苏联、匈牙利、前南斯拉夫、捷克、斯洛伐克、罗马尼亚、奥地利、意大利、土耳其、波兰、保加利亚、法国、美国、加拿大、墨西哥。在美国受害的阔叶树达100多种，欧洲、日本以及我国辽宁被害植物分别为230、317、100多种。以糖槭、白蜡、桑、樱花树，及蔷薇科植物受害最重，杨、柳、臭椿、悬铃木、榆、栎、桦、刺槐、桃、五叶枫等次之，5龄后分散转移可食害树木附近的农作物、观赏植物和杂草。

形态特征

成虫 雌翅展34～42.4mm、雄25.8～36.4mm，雄触角双栉齿、雌锯齿状。复眼黑色，前足基节及腿节端部橘红色，前足胫节具1对短齿，后足胫节具1对短距。翅白色，但雄蛾前翅常有黑斑点；前翅 R_{2-5} 及前、后翅 M_{2-3} 共柄。雄性外生殖器爪突钩状下弯、基部宽，抱器瓣端部细，阳具端有许多小刺。

卵 球形，0.4～0.5mm。初淡黄绿或灰绿色，后灰褐色。卵块行列整齐，被鳞毛。

幼虫 分红头与黑头2型，我国多为黑头型。老熟幼虫体长28～35mm，黄绿至灰黑色，背部色深，体侧和腹面色淡；背部毛瘤黑色，体侧毛瘤多橙黄色，毛瘤生黑白2色刚毛。趾钩单序中列，中部的长。

蛹 长8～15mm，暗红褐色；臀棘8～17根，排成扇

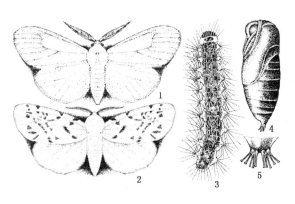

图8-51 美国白蛾
1. 雌成虫 2. 雄成虫 3. 幼虫 4. 蛹
5. 蛹的臀棘

形。茧薄,灰色杂有体毛。

生活史及习性

在辽宁1年2代,陕西2代、有不完全的第3代,以蛹在墙缝、7~8cm浅土层内、枯枝落叶层等处越冬。翌年4月初至5月底越冬蛹羽化,4月中旬至6月上旬为卵期;4月下旬至7月下旬为幼虫期,盛期5月中旬至6月下旬,6月上旬至7月下旬为蛹期。第2代成虫出现于6月中旬至8月上旬、盛期7月中下旬;幼虫6月下旬至9月中旬、盛期7月中旬至8月中旬,8月上旬开始下树化蛹,大多数以蛹越冬,少数羽化。第3代成虫8月下旬至9月下旬发生,9月初出现幼虫并造成一定的危害,但到4~5龄时因不能化蛹越冬而死亡。幼虫期6龄35d、7龄42d;预蛹期2~3d,蛹期9~20d、越冬蛹8~9个月。产卵量360~1 242粒。成虫寿命4~8d。

成虫白天静伏,一般远飞约1km,在海边借助风力可扩散20~22km,趋光性较弱,灯下诱到的多为雄虫。凌晨0:30~1:00交尾,但常持续8~36h,每雌产1卵块历时约3d。卵多在阴天或夜间湿度较大时孵化。幼虫耐饥能力强,5龄后耐饥饿达5~13d。1~4龄为群聚结网阶段,初孵幼虫在叶背吐丝缀叶1~3片成网幕,在其中食叶下表皮和叶肉而使叶片透明;2龄后网内食物不足而分散为2~4小群再结新网,3~4龄食量和网幕不断扩大,其中常有1~4龄幼虫数百头,个别网幕可长达1.5m;5龄后脱离网幕分散生活;6~7龄食量占幼虫期的56%以上,进入蚕食叶片期,食净叶组织只留主脉,树上无叶后即转移食害其它阔叶树和植物。第1代蛹多集中在树干老皮缝隙、枯枝落叶层、杂物或2~3cm的表土层内,越冬蛹可分散距寄主数百米的建筑物与树干缝隙及其它隐蔽处。

越冬代成虫羽化与小麦抽穗、泡桐及刺槐开花期相吻合,1龄幼虫盛发期与小麦蜡熟和桑椹成熟期吻合,小麦收割期与4~5龄幼虫盛期吻合。

卵期天敌有草蛉、瓢虫和姬蜂类;幼虫期有蜘蛛、草蛉、螳螂及蜂类,1~3龄幼虫由蜘蛛引起的致死率约30%~90%;蛹期有白蛾周氏啮小蜂 *Chouioia cunea* Yang、寄生蝇。

灯蛾类重要种还有:

褐点粉灯蛾 *Alphaea phasma* (Leech):又名粉白灯蛾。分布于湖南、贵州、四川、云南,危害樟树、滇杨、女贞、桃等55科110余种植物。在云南昆明1年1代,以蛹越冬。

花布灯蛾 *Camptoloma interiorata* (Walker):又名黑头栎毛虫。分布于东北、华东、华中、华南、河北。危害槲、栎、板栗、苦槠、乌桕、柳等多树种。1年1代,以3龄幼虫在树干或枝叉处结苞群集越冬,或在干基枯落层下群集越冬(吉林)。

8.3.15 毒蛾类

舞毒蛾 *Lymantria dispar* (Linnaeus)（图 8-52）

分布于我国东北、华北、华东、西北、华中、西南、东南沿海；国外分布于日本、朝鲜，欧洲及美洲。为林木大害虫，能取食 500 余种植物，在我国以栎、杨、柳、榆、桦、槭、楸、油松、云杉、柳杉、柿及蔷薇科果树受害重。

形态特征

成虫　雄翅展 37～57mm，雌 58～80mm。雄虫头黑褐色，触角栉齿状，褐色；胸、腹及足红褐色；前翅灰褐色，翅基及中室中央具 1 个黑点，横脉上具黑褐色弯月纹，波浪形内、中横线及锯齿形外横线与亚外缘线黑褐色；后翅黄棕色，缘毛棕黄色；前后翅外缘各有 1 列黑褐色点，翅反面黄褐色。雌虫前翅黄白色，中室横脉具 1 "<" 形黑褐色斑，腹末毛丛黄褐色；其它同雄成虫。

图 8-52　舞毒蛾
1. 雌成虫　2. 雄成虫

卵　扁圆形，1.3mm，初期杏黄色，后紫褐色，卵块被黄褐色绒毛。

幼虫　1 龄黑褐色，刚毛长，其中具泡状毛；2 龄黑褐色，胸腹具 2 个黄色斑；3 龄黑灰色，斑纹增多；4～5 龄褐色，头面具 2 条黑条纹；6～7 龄黄褐色，淡褐色头部散生黑点，"八"字纹宽大，老熟时体长 50～70mm，头黄褐色，体黑褐色，亚背线、气门上线与下线处的毛瘤成 6 列，第 1～5 和 12 节背毛瘤蓝色，第 6～11 节橘红色，体侧小瘤红色；足黄褐色。

蛹　长 19～34mm，红褐或黑褐色，各腹节背毛锈黄色。臀棘钩状。

生活史及习性

1 年 1 代，以完成胚胎发育的幼虫在卵内越冬。4 月下旬至 5 月上旬孵化，初孵幼虫群集于卵块上食卵壳，后上树取食嫩芽及叶，并可吐丝下垂，随风传播距离较长，体毛起"风帆"作用。2 龄后白天潜伏于落叶、树缝等处，黄昏后上树危害；食料缺乏时大龄幼虫成群爬迁。6 月中旬老熟幼虫在枝叶间、树干缝隙与孔洞、地面杂物等隐蔽处吐薄丝化蛹，以 6 月下旬至 7 月上旬化蛹最多；6 月底开始羽化，7 月中下旬为盛期。幼虫期约 45d，雄幼虫 5 龄；雌幼虫 6 龄，食物不良时 7 龄。蛹期 12～17d。

雄虫活跃，白天于林间飞舞觅偶，故称舞毒蛾；雌虫较呆滞，所分泌的性信息素对雄虫有强烈的吸引力，交尾后在化蛹场所，甚至墙壁、屋檐下、树干等处产卵；每雌可产卵 400～1 500 粒。该虫多发生在郁闭度 0.2～0.3、无林下木的通风透光或新砍伐的阔叶林中，郁闭度大的复层林很少成灾。其猖獗周期约为8年，即准备期1年、增殖期2~3年、猖獗期2~3年、衰亡期3年。

舞毒蛾核型多角体、质型多角体病毒有利用价值。其它天敌有：3种寄蝇、2种寄生蜂、1种线虫，及步甲、蜘蛛、鸟等捕食性天敌。

松茸毒蛾 *Dasychira axutha* Collenette（图8-53）

又名松毒蛾。分布于我国东北、华中、华南、西南；国外分布于日本。危害松属树木及油杉，以马尾松及油松受害最重。在广西常与马尾松毛虫同时或间隔发生，大面积吃光松针，严重影响林木生长和松脂生产，危害程度不亚于马尾松毛虫，是广西松林的第二大害虫。幼虫毒毛触及人体皮肤可引起红肿辣痛，影响健康和生产活动。

形态特征

成虫 体灰黑色。雌蛾翅展40~60mm，雄翅展30~40mm。前翅灰褐色，亚基线褐黑色，锯齿状折曲，褐黑色内、外横线前半直而后半钝齿状，波浪形亚外缘线褐色，其内侧的晕影带状，外缘线黑褐色，缘毛褐灰色与黑褐色相间。后翅雌蛾灰白色，雄灰褐色；横脉纹和外横线黑褐色。

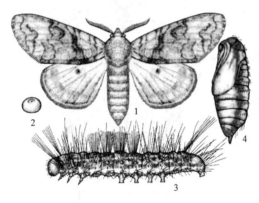

图8-53 松茸毒蛾
1. 雌成虫 2. 卵 3. 幼虫 4. 蛹

卵 灰褐色，半球形，约1mm；中央凹陷处具1个黑点。

幼虫 老熟时体长35~45mm。头红褐色；体棕黄色，杂不规则的褐黑色斑，密生黑毛。胸、腹部各节毛瘤密生棕黑色长毛；前胸背板两侧及第8腹节背中央的一长黑毛束分别伸向头及腹端。第1~4腹节背面的黄褐色毛簇刷状。毒腺位于第7腹节背面中央。

蛹 长14~28mm；暗红褐色，散生黄毛，背面密生黄褐色毛簇，臀棘坚硬。茧长20~35mm，椭圆形，灰褐色，丝稀松，附毒毛，常从茧外可见蛹体。

生活史及习性

在华南及广西北部1年3代，以蛹越冬；次年4月中下旬成虫羽化，各代幼虫危害期为5~月、7~8月及9月中旬至10月，成虫期7月上旬、9月中旬；第3代幼虫于11月上中旬结茧化蛹越冬。广西南部1年4代，以蛹和大龄幼虫越冬，第4代蛹次年3月中至4月上旬羽化，以后各代成虫期为6月中旬、8月中旬、10月中旬；幼虫期为4~5月、7~8月、9~10月、11~12月。12月中旬部分老熟幼虫结茧化蛹越冬，5~6龄则在针叶丛中蛰伏越冬，冬季晴暖时仍微量取食并陆续结茧化蛹至2月上旬结束，但3、4、5龄阶段的幼虫遇到气温骤降时多大量死亡。卵期约4~10d，幼虫共8龄，部分越冬幼虫9龄，幼虫期约

40～65d，越冬幼虫 100～120d。蛹期约 13～18d，越冬蛹 80～120d。成虫寿命 3～8d。

成虫多在傍晚羽化，昼伏夜出，有趋光性，飞翔力强。羽化当晚或次晚交尾，交尾后就地产卵或飞到生长良好的松林产卵，产卵量 250～500 粒。卵常在马尾松针叶上堆积成不规则的疏松卵块，每块有卵 10～300 粒。大发生时，卵块随处可见。盛孵多在 4：00～12：00，幼虫孵化后多群集取食部分卵壳，数小时后爬上针叶取食而使受害叶渐弯曲枯萎。1、2 龄体毛长而密，能借风力飘散它处；3 龄后分散取食全叶，大龄虫多从针叶中间咬断而使受害林地面出现大量断叶。幼虫老熟后即落地或沿树干爬下寻找隐蔽场所结茧化蛹，如林下地被物稀少时多在树干上和针叶丛中结茧，反之多在灌丛枝叶上结茧；茧常成堆。

该虫多在背风向阳、郁闭度较大、隐蔽湿润的山腰间的马尾松林成灾，如当年越冬虫口密度大，寄生率低，春、夏少雨时，4～6 月有可能局部成灾，形成虫源地；8～9 月间扩大成片状的发生中心或大面积成灾。

卵期天敌有黑卵蜂、赤眼蜂、平腹小蜂；幼虫期有黑足凹眼姬蜂、内茧蜂；蛹期有松毛虫黑点瘤姬蜂、大腿小蜂、蚕饰腹寄蝇、松毛虫狭额寄蝇。有时白僵菌对蛹的寄生率达 95%。

茶毒蛾 *Euproctis pseudoconspersa* Strand（图 8-54）

又名茶毛虫。分布于国内茶产区；国外分布于日本。危害油茶、茶、乌桕、油桐、柿、枇杷、柑橘、玉米等。先食嫩梢后食叶、嫩枝皮及果皮，使茶籽减产，影响树木生长。

形态特征

成虫 雄翅展 20～26mm，雌 30～35mm。雄成虫翅棕褐色，布黑色鳞片；前翅橙黄色，中部有 2 条黄白色横带，顶角和臀角各具 1 个黄色斑，顶角黄斑内有 2 个黑色圆点；内、外横线橙黄色。雌成虫腹末有黄毛簇。春秋季体翅黑褐色。

幼虫 老熟幼虫体长 18～25mm，黄棕色，头部有褐色小点；气门上线褐色，具 1 条白线，第 1～8 腹节亚背线上的黑褐色毛瘤上生黄白色长毛。

生活史及习性

在江苏、浙江、安徽、四川、贵州及陕西 1 年 2 代，江西、湖南、广西 1 年 3 代，福建 1 年 3～4 代，台湾 1 年 5 代。以卵在树冠中、下层萌芽条上或叶背越冬。

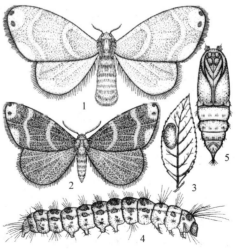

图 8-54 茶毒蛾
1. 雌成虫 2. 雄成虫 3. 卵块
4. 幼虫 5. 蛹

成虫夜间活动，有趋光性，性诱能力强烈；交尾当天或次晚产卵，喜产于生长茂盛的茶林及较矮的植株、萌条上，卵块椭圆形，2~3层排列，有卵30~200粒，上覆体毛。3龄前幼虫群集取食叶肉，被害叶呈网状而枯萎，受惊即吐丝下坠；3龄后成群迁至树冠食叶，常群集结网；老熟幼虫群集下树于枯落物下、树干间缝及表土层下结茧化蛹，以阴暗潮湿处为多。幼虫怕光及高温干旱，中午及脱皮前常吐丝下坠或迁至树冠下阴凉处，约16:00又上树危害。

天敌中以核型多角体病毒最有利用价值。卵期有黑卵蜂、赤眼蜂；幼虫期有绒茧蜂、日本黄茧蜂、3种姬蜂、2种寄蝇，及步甲、螳螂、蜘蛛、两栖类。

条毒蛾 *Lymantria dissoluta* Swinhoe（图8-55）

分布于我国江苏、浙江、安徽、台湾、江西、湖北、湖南、广东、广西。食性杂，主要危害马尾松、黑松、湿地松、火炬松、油松、黄松、板栗、栓皮栎、小叶栎、槲栎等。猖獗时大面积松林的针叶被害达90%以上，严重影响林木生长。

形态特征

成虫 雌体长18~24mm，雄体长12~16mm；雌翅展44~52mm，雄蛾34~40mm。体灰色，雌蛾色较深，雌雄蛾颈片和雌蛾腹背粉红色，腹部下方灰色。前翅外缘线和亚外缘线近平行、黑褐色、锯齿状；中横线和内横线波状纹、黑褐色，在近前缘处色深，向内渐不清晰；横脉纹黑色，缘毛灰白与黑点相间；后翅色较浅。

图8-55 条毒蛾

幼虫 老熟幼虫体长28~32mm，扁圆筒形，体簇生细长刚毛。前胸背板生黑毛，胸侧着生斜前伸的长毛束。臀板毛瘤3对，上生长短不一的黑刚毛。腹部第6、7节背中央各有1个红色近透明的翻缩腺，背线和气门上线灰黑色，亚背线为白色宽纵带。

生活史及习性

安徽1年3代，以卵越冬。越冬卵于4月下旬或5月上旬开始孵化，幼虫共5龄，5月下旬至6月上旬化蛹，蛹期7~10d，6月中下旬成虫羽化。以后各代卵期为6月中旬、7月下旬至8月上旬、9月下旬至10月上旬。

幼虫由树冠下部渐向上危害，喜食老针叶，白天多不活动，傍晚后上树取食，黎明前躲藏。1、2龄幼虫多群居于枝梢、叶鞘丛和树皮缝等处，能吐丝下垂，随风传播，仅食针叶一侧；3龄后白天分散或数条至十多条栖居于立木隐蔽处，咬断针叶，残留叶基，猖獗成灾时常爬迁数米至数百米危害临近的林分。幼虫老熟后吐丝数根，兜身于枝、干、叶丛、花序或灌木及杂草上化蛹。成虫多于日落时羽化，交尾2~3次，昼伏夜出，趋光性较强；羽化第2天日落时开始产卵，共3~4次，每雌产卵约210粒；卵块多见于树皮缝、针叶等处，每块几粒至百粒以上，卵以中午孵化较多。

该虫在郁闭度为 0.6~1.0 的松栎混交林，尤其 20 多年生的马尾松纯林发生严重；在丘陵、缓坡、阳坡发生量大，山下比山上虫口密度高。大面积猖獗成灾一般可持续 3~6 年，且猖獗成灾世代多为 5 月下旬至 6 月中旬的越冬代。

卵期天敌有毒蛾黑卵蜂；幼虫期有黑足凹眼姬蜂、单齿腿长尾小蜂、长尾小蜂、绒茧蜂及寄生性真菌；蛹期有舞毒蛾黑瘤姬蜂、广大腿小蜂、羽角姬小蜂、狭颊寄蝇、麻蝇。捕食性天敌有猎蝽、蚂蚁及多种鸟类。

木麻黄毒蛾 *Lymantria xylina* Swinhoe （图 8-56）

又名木毒蛾。分布于我国福建、广东、台湾；国外分布于日本、印度。危害普通木麻黄、坚木麻黄、紫穗槐、相思树、南岭黄檀、栓皮栎、板栗、枫杨、柳、柠檬桉、油桐、重阳木、梧桐、油茶、杧果、枇杷、梨、无花果等 21 科 39 种林木和果树。在福建主要危害木麻黄，幼虫可将木麻黄整片小枝食光秃，影响其生长。

形态特征

成虫 雌体长 22~33mm，翅展 30~40mm，体、翅黄白色；头顶被红色及白色长鳞毛；前翅具亚基线，内横线仅前缘处明显，外横线宽、灰棕色；前、后翅缘毛灰棕色与灰白色相间，各具 7~8 个灰棕色斑；足被黑色毛，基节端部及腿节外侧被毛红色，中后足胫节各有 2 距；腹部鳞毛黑灰色，第 1~4 节背板后半部及侧面被毛红色。雄蛾体长 16~25mm，翅展 24~30mm，灰白色，触角羽毛状、黑色；前翅近顶角处具 3 个黑点，中横线、外横线明显，内横线明显或部分消失；前、中足胫节及腹部背面被毛白色。

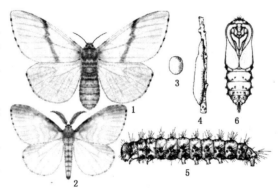

图 8-56 木麻黄毒蛾
1. 雌成虫 2. 雄成虫 3. 卵 4. 卵块
5. 幼虫 6. 蛹

幼虫 老熟幼虫体长 38~62mm，黑灰或黄褐色。冠缝两侧黑斑"八"形，单眼区黑斑"C"形。胸、腹各节生毛瘤 3 对；亚背线毛瘤在胸部第 1~2 节蓝黑色，偶紫红色，第 3 节黑色，第 4~11 节紫红色，末节长牡蛎形、紫褐色。腹部黄褐至红褐色，翻缩腺圆锥形、红褐色，顶端凹入。趾钩单序中列，体腹面黑色。

生活史及习性

1 年 1 代，以幼虫在卵内越冬。翌年 3~4 月越冬幼虫出卵、危害，幼虫多数 7 龄，少数 6 或 8 龄，历期 45~64d。老熟幼虫 5 月中下旬在枝条、枝干分叉处或树干上吐丝固定虫体进入预蛹期，1~3d 后化蛹，蛹期 5~14d。5 月下旬至

6月上旬成虫开始羽化、产卵，成虫寿命2~9d。卵于9月发育为幼虫，并留在卵内越冬。

出卵幼虫群集于卵块表面及附近，一至数天后爬行、或吐丝下垂随风扩散到枝条上食小叶使呈缺刻。3龄后从小枝一侧的中下部向上啃食直至顶端，再从顶端向下啃食另一侧，常将小枝从中部咬断，除中午烈日时分停食外、全天均可取食；4龄以上幼虫在食完小枝时即下树向光迁移、转株觅食。幼虫耐饥饿力强，停食后4龄6~10d死亡，5~6龄7~14d死亡。成虫多在12~24时羽化，雌蛾羽化较早，傍晚后活动，趋光性强；成虫羽化0.5~1.5d后于夜间交尾，雄蛾交尾2~3次，交尾后即产卵；每雌产卵块1个354~1 517粒，卵大多产于枝条上，少数产在树干上。该虫一般只在没有下木、地被物和枯枝落叶的木麻黄纯林内猖獗危害。

卵跳小蜂、松毛虫黑点瘤姬蜂、红尾追寄蝇、日本追寄蝇、七星瓢虫、澳洲瓢虫等寄生或捕食率极低，木麻黄毒蛾核型多角体病毒可发病流行，芽孢杆菌、白僵菌等亦常见。

侧柏毒蛾 *Parocneria furva* Leech （图8-57）

分布于我国北京、河北、江苏、浙江、安徽、山东、河南、广西、四川、贵州、陕西、青海。危害柏类。大发生时危害很大。

形态特征

成虫　体灰褐色，长10~20mm，翅展19~34mm。雌蛾触角短栉齿状，灰白色；前翅浅灰色，鳞片薄，略透明，翅面齿状波纹略见，近中室处具1个暗色斑，翅外缘色较暗、具若干黑斑。雄蛾触角羽毛状，色较深，前翅斑纹模糊，Cu_2脉下方近中室处的暗色斑较显著。

卵　扁圆形，0.7~0.8mm。初绿色，有光泽，渐变黄褐色，孵化前黑褐色。

幼虫　老熟幼虫体长20~30mm。体绿灰或灰褐色，腹面黄褐色。头部灰黑或黄褐色，有茶色斑点；各体节棕白色毛瘤上着生黄褐和黑色刚毛，背线黑绿色，第3、7、8、11节背面灰白色，亚背线在第4~11节黑绿色，亚背线与气门线有白色斑纹；腹部第6~7节背面各具1淡红色翻缩腺。

蛹　长10~14mm。青绿色，羽化前褐色，各腹节有白斑8个，白斑生少数细白毛，气门黑色；臀棘钩状，暗红褐色。

生活史及习性

在青海1年1代，北京、山东、陕西1年2代，江苏1年2~3代，均以卵在侧柏鳞叶或小枝上越冬。1

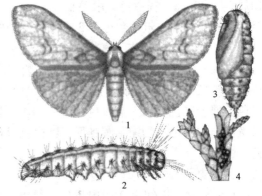

图8-57　侧柏毒蛾
1. 成虫　2. 幼虫　3. 蛹　4. 卵

代区，3月下旬至4月中旬越冬卵孵化，幼虫危害至8月中旬，7月上旬至8月下旬幼虫老熟化蛹，7月下旬至9月中旬成虫羽化、产卵越冬。2代区，3月中旬至下旬越冬卵孵化，幼虫危害至5月中下旬，5月上旬至下旬为蛹期，5月中旬至6月下旬成虫羽化，5月下旬至6月上旬产卵；6月中旬卵开始孵化，危害至8月上旬至9月初化蛹，成虫8月底至9月初羽化、产卵越冬。2～3代区，2月下旬越冬卵开始孵化，5月中旬开始化蛹，6月上中旬越冬代成虫羽化；第1代成虫7月至9月中旬羽化，7月下旬产卵，8月下旬以后产的卵即进入越冬状态；第2代成虫9月下旬至10月中旬羽化、产卵、越冬。

卵期16～21d、越冬卵历期达4～5个月，越冬代幼虫5龄，历期42～62d。第1代幼虫5～7龄，历期40～85d。第2代幼虫5～6龄，历期29～35d。越冬代蛹期7～11d，第1代6～10d，第2代10～16d。成虫寿命11～18d。

幼虫多在夜间取食，白天隐藏，初孵幼虫食鳞叶尖端和边缘，3龄后食全叶。老熟幼虫在叶丛吐丝作茧，经1～3d预蛹期后化蛹。成虫多在夜间至上午羽化，白天静伏枝叶上，趋光性较强，傍晚后飞翔交尾、产卵，发生量大时白天亦飞翔。卵堆产于侧柏鳞叶上，每雌产卵40～193粒，每块卵3～32粒。干旱对其数量有明显的抑制作用，虫灾常发生在郁闭度较大的林分或枝叶茂密的立木上，纯林比混交林发生重。

卵期天敌有跳小蜂，幼虫期有家蚕追寄蝇、狭颊寄蝇，蛹期广大腿小蜂寄生率36.2%，而黄绒茧蜂寄生率很低。捕食性天敌有蠋蝽、鸟类、蜘蛛、蚂蚁、螳螂、胡蜂等。

杨、柳毒蛾 *Stilpnotia* spp. （图8-58）

杨毒蛾 *S. candida* Staudinger、柳毒蛾 *S. salicis* (Linnaeus) 多混合发生。分布于国内各地；国外分布于地中海沿岸、加拿大。危害杨、柳、白桦及榛子。大发生时大面积杨树林叶全被吃光，形如火烧，使长势衰弱甚至成片死亡。各地优势种不同，如新疆以后一种发生量大。该2种害虫生物学极相似，现以杨毒蛾为例介绍如下。

形态特征

成虫　翅展35～52mm，全身被有光的白绒毛。复眼漆黑；雌蛾触角栉齿状，雄蛾触角羽状，触角主干黑色，环纹白或灰白色。足黑色，胫、跗节具黑白相间的环纹。

卵　馒头形。初灰褐色，孵化前黑褐色。卵块覆盖灰色胶壳。

幼虫　老熟幼虫体长30～

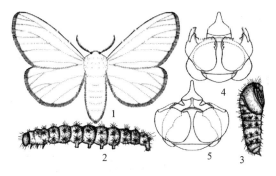

图8-58　杨、柳毒蛾
1. 杨毒蛾成虫　2. 杨毒蛾幼虫　3. 杨毒蛾蛹　4. 杨毒蛾雄外生殖器　5. 柳毒蛾雄外生殖器

50mm，黑褐色。头浅褐色，单眼区、冠缝两侧的纵纹黑色。黑色的背中线两侧黄棕色，其下各具1条灰黑色纵带。1、2、6、7腹节背横带黑色，气门线灰褐色；气门棕色，围气门片黑色。每体节均横列8个黑或棕色毛瘤，上密生黄褐色长毛及少数黑色短毛。腹部青棕色。胸足棕色。

蛹　长16~26mm。暗红褐色，毛瘤疤痕处密生黄褐色长毛，黑色臀棘1组。

生活史及习性

黑龙江、陕西、新疆北部1年1代，以3龄幼虫越冬。翌年4月下旬杨树展叶时上树取食叶肉，留下叶脉；4龄以后能食尽整个叶片，大发生时数日即将树叶吃光；脱皮前后各停食1~3d。6月上旬老熟幼虫在各类隐蔽场所群集作茧化蛹（柳毒蛾主要在树上卷叶内化蛹），6月下旬为化蛹盛期，预蛹期3d，蛹期11~16d。6月中旬成虫开始羽化、产卵，卵期15d。7月上旬幼虫孵化，危害至8月下旬或9月上旬在树冠下隐蔽处越冬。

成虫多在18：00~22：00羽化，白天静伏叶背及杂物中，趋光性较强；18：00至次日5：00~6：00飞翔、交尾，雄蛾可多次交尾，雌蛾只1次；交尾后当晚可产卵，卵产于树冠下部枝条的叶背、小枝和树干甚至其它杂物上，每雌产卵329.4（61~535）粒，每块有卵99（23~165）粒；雌成虫寿命6~8d，雄3~6d。卵以6：00~12：00孵化最多。初孵幼虫静伏隐藏约1d后才开始活动、取食，小幼虫受惊扰时常吐丝下垂随风飘往他处，老龄幼虫则很少吐丝下垂及坠落；避光性强烈，初龄幼虫4：00~5：00下树群集潜伏于各种阴湿的隐蔽处，15：00上树取食，老龄幼虫2：00下树、18：00~20：00上树；幼虫耐饥力很强。林下灌草杂物多者发生重。柳毒蛾白天仍在树上取食危害。

幼虫和蛹期天敌有寄生蝇、寄生蜂及菌类，寄生率达24.4%；卵有赤眼蜂、黑卵蜂。

此外，毒蛾类重要种还有：

乌桕黄毒蛾 *Euproctis bipunctapex*（Hampson）：又名枇杷毒蛾。分布于我国河南、江苏、浙江、福建、江西、湖北、湖南、四川、西藏。主要危害乌桕，其次为油桐、油茶、桑、樟等多种林木、果树及农作物。在浙江1年2代，以幼虫越冬。

榆毒蛾 *Ivela ochropoda*（Eversmann）：又名榆黄足毒蛾。分布于我国东北，北京、河北、山东、山西、河南、陕西、宁夏。危害榆树。在北京、辽宁、河南1年发生2代，以幼龄幼虫在树皮缝隙、孔洞结薄茧越冬。

模毒蛾 *Lymantria monacha*（Linnaeus）：又名松针毒蛾。分布于我国东北，浙江、贵州、四川、云南、台湾。在我国西南地区危害油杉、云南松等。在云南1年1代，以完成发育的幼虫在卵内越冬。

古毒蛾 *Orgyia antiqua*（Linnaeus）（图3-17-3）：分布于我国东北、西北，内蒙古、河北、山西、山东、河南、西藏。危害落叶松、杨、柳、栎、松、云杉等多种针、阔叶树及果树。在大兴安岭1年1代，河南1年2代，以卵越冬。

8.3.16 夜蛾类

旋皮夜蛾 *Eligma narcissus* Cramer（图8-59）

又名臭椿皮蛾。分布于我国北京、河北、江苏、浙江、福建、山东、湖北、湖南、四川、贵州、云南、陕西、甘肃；国外分布于日本、印度、印度尼西亚、马来西亚、菲律宾。危害臭椿、桃。

形态特征

成虫 体长23mm，翅展70mm。头、胸部淡紫灰褐色，下唇须端部黄褐色，外侧有黑条；额黄色，有黑点，上部有一黑条；颈板具2对黑点，翅基片基、端部各有1个黑点，胸背具3对黑点。腹部杏黄色，毛簇端部黑色，各节背中央具1个黑斑。前翅前缘区黑色，其后缘呈弧形，衬白色，翅其余部分紫褐灰色；翅基部具4个黑点，其外方有3个黑点，后缘近基部具1个黑点；中室端部至后缘中部有1条波浪形黑线，自顶角至臀角的外横线双线白色，亚外缘线为1列黑点。后翅大部杏黄色，端区有1条蓝黑色宽带，向后渐窄，其上具1列粉蓝色晕斑，亚中褶前缘毛白色，亚中褶后黄色。

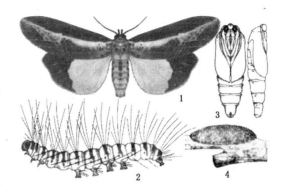

图8-59 旋皮夜蛾
1. 成虫 2. 幼虫 3. 蛹 4. 茧

幼虫 体长39~41mm。头黑色，冠缝及额缝灰白色，头顶有黑色颗粒。前胸背板及臀板褐色，体背淡红色、腹面橘黄色，每体节背面褐色横斑不规则，背线与亚背线由不连续的褐点组成。胸足与腹足均灰色。毛突上的长刚毛白色，中、后胸足上方刚毛2根，第1~4腹足外侧4根。气门椭圆形，黄色，围气门片褐色，第8腹节气门倾斜。

蛹 长25~27mm，土黄色至暗红褐色，体扁，各腹节前缘均具一细齿棱；后4腹节相愈合，骤狭，末端粗。茧土黄色，甚薄，扁纺锤状，长52~64mm。

生活史及习性

在四川、陕西南部1年2代，在江西1年3~4代，以蛹越冬。在四川越冬蛹4月下旬至5月上旬羽化，5月上旬成虫产卵。5月中旬第1代幼虫孵化，6月下旬化蛹，7月中旬成虫羽化、交尾、产卵。7月下旬第2代幼虫孵出，9月上旬（在陕西、河北为9月中下旬）老熟幼虫作茧化蛹越冬。

成虫昼伏夜出，有趋光性。幼虫多栖息在叶背，蚕食树叶，遇惊扰常弹跳逃避或脱落体毛。老熟幼虫在2~3年生枝干上咬嫩皮、吐丝作茧，茧内有体毛，茧常1~6个聚集一起，与树皮同色，羽化后即由茧上端破孔而出。该虫对苗木及幼树危害最重，常在星散立木上聚集危害，食光叶片。

蛹期天敌有野蚕黑瘤姬蜂及羽角姬小蜂和寄生蝇，其寄生率颇高。

焦艺夜蛾 *Hyssia adusta* Draudt（图8-60）

分布于我国福建、广东、浙江、湖南。危害马尾松。大发生时幼虫可将整片松林针叶吃光，仅残留针叶基部，使林木材积生长量减少，树势削弱。

形态特征

成虫 体长14~17mm，翅展36~42mm。头部黑灰色，前翅、胸部暗棕色，杂有银灰色斑。前翅缘毛红褐色，内横线黑色，在近翅前缘处不明显，黑色外弯的外横线锯齿状，外缘线由8~9个金三角形的黑斑组成；环状纹大，斜椭圆形，灰白色，有不完整的黑边；肾状纹棕黄色，内缘黑色；顶角及外横线后外侧均带银白色。后翅黄白色，端区灰黑色，缘毛灰白色。前、后翅反面在中室端部均有1个黑斑。

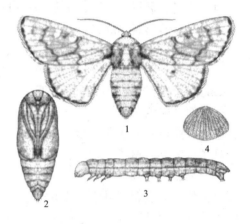

图8-60 焦艺夜蛾
1.成虫 2.蛹 3.幼虫 4.卵

卵 半球形，高0.56~0.61mm，宽0.70~0.80mm。初产米黄色，渐变褐色。花冠4层，第1层菊花瓣15~17个，其余3层多角形瓣19~21个。29~32条纵棱直达底部，双序式，纵棱间具27~31个横道。

幼虫 老熟幼虫体长20~28mm。体有青绿、红褐2种色型。头黄棕色，额区红褐色，唇基及上唇黄白色；上唇缺切约为上唇高的1/3，上颚5齿，白齿突脊状。背、亚背、气门线均白色，气门上线深红褐色。气门椭圆形，第1腹节气门小，为其余气门的1/2；气门筛黄褐色，围气门片黑色。体腹面灰黄色，腹足草绿色，趾钩单序中列。虫体纵纹似针叶。

蛹 长15~19mm，棕褐色。中胸背面中部有横形皱纹，腹部第3~8节背面近前缘处各具1列纵刻纹，腹末端有2个大乳突，其两侧各具1个小突，臀棘6根。

生活史及习性

1年1代，以蛹在土中越冬。翌年3月上旬至5月上旬成虫羽化，卵期3月中旬至5月中旬，幼虫期4月上旬至7月中旬，6月下旬幼虫开始入土化蛹。

成虫多于9：00~18：00羽化，白天停息在松梢、松针基部或地被物上，傍晚活动，有强趋光性；有多次取食花蜜、树液、露水补充营养习性；羽化5~10d后多在夜间交尾1~2次，交尾后几小时到5d内多在上半夜产卵，卵分多次产出；卵块单行排列于针叶上，3~71粒。每雌产卵25~1 948粒，成虫寿命11~24d。孵化多集中在14：00~19：00，卵期7~13d。幼虫6~7龄，历期49~77d。初孵幼虫群集啃食卵壳，然后爬行或吐丝下垂随风飘散至当年新梢上，在针叶束基部蛀孔取食嫩叶，使嫩叶枯萎脱落，5龄后食尽全叶，残留叶基；幼虫昼夜均可取食。老熟幼虫沿树干爬下，钻入疏松土2~5cm处，构筑椭圆形土室化蛹，预蛹期6~8d，蛹期约250d。蛹多分布在树兜100cm范围以内，且在下坡方向较多。

蛾类的防治方法

(1) 松毛虫的防治方法

营林技术措施　a. 营造混交林、合理密植、封山育林。松毛虫多在纯林地区及通风透光的疏林、郁闭度小的中幼林猖獗成灾，林相复杂的针阔叶混交林区不易成灾。因此，造林时可选用壳斗科植物、木荷、木楠、樟、檫、木莲、杨梅、相思树、桉树、云南油杉、旱冬瓜等作为混交林树种，采用株间、带状或块状混交；并要适当密植，同时适时适度间伐修枝。采取封山育林以逐步增植和保护蜜源植物、改变林分组成、丰富森林生物群落，可创造有利于天敌栖息的环境、抑制松毛虫的发生。b. 选育优良树种。火炬松、湿地松、长叶松、短叶松、晚松对马尾松毛虫有一定抗性，其中火炬松的抗性为马尾松的9倍。马尾松抗11号植株对马尾松毛虫成虫有拒降落性、拒产卵性和拒食性。赤松林中个别植株对赤松毛虫的抗性很强，应进行选育利用。

生物防治　a. 保护利用天敌。营造混交林、封山育林是保护天敌的最好方式。卵期利用松毛虫赤眼蜂，寄生率约达30%；黑卵蜂、平腹小蜂的寿命长、抗逆性强，也可加以利用。幼虫期在水分充足、郁闭度大、植被多的松林里，于冬季引移双齿多刺蚁使$1hm^2$保持约1窝，松毛虫就不易成灾；螳螂也有一定的捕食作用。保护和招引有益食虫鸟类，如大山雀对控制松毛虫有一定的作用，可设置人工巢箱招引，严禁猎杀。b. 利用昆虫病原微生物防治。质型多角体病毒CPV——在早晨或黄昏用$50×10^8$~$200×10^8$多角体悬浮液，采用12m的条带间隔式喷洒，可获得较高的幼虫死亡率。如CPV与Bt或微量化学农药（如1/200 000氯氰菊酯）混用效果更好。苏云金杆菌Bt——对3~4龄幼虫，可用$0.5×10^8$~$1×10^8$孢子/ml的松毛虫杆菌液，$1×10^8$~$2×10^8$孢子/ml青虫菌液，$0.35×10^8$~$1×10^8$孢子/mlBt武汉变种104，$15×10^8$孢子/g粉剂，$1×10^8$孢子/mlBt天门变种7216，$3×10^8$孢子/ml Bt菌液7402；如在$0.2×10^8$孢子/mlBt武汉变种菌液中加入0.1%的2.5%敌百虫粉有速效作用，但化学药剂以在使用时加入为宜。白僵菌——地面常规喷撒$20×10^8$/g粉剂或$0.5×10^8$~$2×10^8$/ml菌液（加0.01%洗衣粉），飞机常规喷洒每公顷用3.75~7.5kg菌粉或$1×10^{12}$左右的白僵菌孢子粉，超低容量喷雾每公顷喷2 250~3 000ml约$15×10^{12}$孢子的白僵菌纯孢子粉油剂、或$50×10^8$~$100×10^8$孢子/ml乳剂。使用适期在粤、桂、闽、浙南为11月中下旬或2~3月，黄淮以南、长江流域为梅雨季节或12月，黄淮以北为7、8月份阴雨天。

化学防治　下述药剂可供选择：敌敌畏原液、马拉硫磷原油、二线油按1:

1∶3配成超低容量制剂，或敌-马、敌-丙、敌-双等油雾剂用柴油稀释1~2倍按1 500~2 250ml/hm²。25%马拉硫磷、25%乐果、25%辛硫磷等3 000~3 750ml/hm²，25%对硫磷或25%杀螟松微胶囊剂2 500~3 750ml/hm²，2.5%溴氰菊酯乳油15~30ml/hm²，20%氰戊菊酯乳油30~60ml/hm²，20%氯氰菊酯乳油30~45ml/hm²或20%灭幼脲Ⅲ号胶悬剂240~300ml/hm²低容量或超低容量喷雾防治3~5龄幼虫。用溴氰菊酯粉剂防治时15~22.5kg/hm²。每公顷用柴油3 000ml加2.5%溴氰菊酯75ml或20%氯氰菊酯、20%氰戊菊酯75~150ml用喷烟雾机喷烟防治3~4龄幼虫。也可采取用拟除虫菊酯类药剂制成的毒笔、毒纸、毒绳等在树干上划毒环、缚毒纸、毒绳，毒杀下树越冬和上树危害的幼虫。

(2) 其它蛾类的防治方法

　　检疫　　涉及到的检疫害虫，应严格执行各项检疫措施。

　　营林与管理措施　　a. 应根据各害虫危害与立地条件、环境的关系，或害虫的化蛹与越冬场所和习性，选择使用抚育、合理间伐、中耕灭蛹和幼虫、清除林下木与杂草、破坏幼虫隐蔽场所，以及封山育林或营造混交林改善林分条件。b. 对个体大又有受惊落地习性的可进行人工捕杀，幼虫期具有群集结网或形成明显虫袋、虫苞、虫叶的可人工摘除之；卵块显见的可予以清除，但最好将所收集的卵放入寄生蜂保护器中使寄生蜂飞出。c. 对有上下树习性的可在树干基部绑以5~7cm宽的塑料薄膜带阻止上树，或在其下树季节在树干基部捆绑草环诱于其中集中处理，或在树干靠基部涂一毒涂胶环杀虫。d. 特殊的如在刺槐林内放猪可以消灭80%以上桑褶翅尺蛾的蛹；油茶林内放鸭子可吃食落地幼虫。

　　诱杀　　对趋光性强的、或有性诱剂的、或对特殊物有趋性的均可根据实际情况诱杀。

　　保护和利用天敌　　各种害虫的有效天敌不一，应根据现有技术和利用的难易情况确定使用方式。如人工繁殖周氏啮小蜂控制美国白蛾等。

　　生物防治　　用$0.5×10^8$~$0.7×10^8$孢子/ml的苏云金杆菌、$1×10^8$~$2×10^8$/ml的青虫菌乳剂、$100×10^8$/g的白僵菌粉剂或$1×10^8$/ml的白僵菌液防治尺蛾类幼虫。用$0.13×10^8$/ml油桐尺蠖核多角体病毒防治油桐尺蛾。用白僵菌、苏云金杆菌等防治舟蛾幼虫。用白僵菌、苏云金杆菌、青虫菌、舞毒蛾核型多角体病毒等防治毒蛾幼虫。用$100×10^8$孢子/g以上的青虫菌粉1 000倍液防治刺蛾幼虫。用$0.5×10^8$/ml青虫菌防治枣镰翅小卷蛾幼虫，也可用性信息素进行测报和防治。$1×10^8$孢子/ml的青虫菌防治大袋蛾幼虫，$100×10^8$孢子/ml以上的苏云金杆菌600倍液防治4龄以上天蛾幼虫也有效。

　　化学防治　　a. 在确定了防治适期后可选用2.5%溴氰菊酯乳油2 500~5 000倍液、30%增效氰戊菊酯6 000~8 000倍液、10%百树菊酯或5%高效氯氰菊酯5 000~7 000倍液；50%马拉硫磷、40%乐果、50%辛硫磷及50%杀螟松乳油1 000~1 500倍液，5%来福灵乳油2 000~3 000倍液；25%西维因可湿性粉剂300~500倍液；用20%灭幼脲Ⅲ号胶悬剂2 000~3 000倍液防治幼龄幼虫。也用6kg/hm²的50%杀虫净油剂与柴油1∶1混配超低容量喷雾。b. 成、幼虫期密度大时可使用烟剂熏杀，15~23kg/hm² 的敌敌畏插管烟雾剂。c. 用含溴氰菊酯毒笔画双环或用毒环、毒纸、毒笔等阻杀群集上下树的幼虫。d. 在树干基打孔注射 40% 乐果或久效磷乳油原液，每株用量 2~3ml、4~5ml、6~7ml，8 年生以上用量各为 2ml、3ml、5ml、7ml；或使用树大夫注射液。对桑尺蛾喷药防治时应在早春芽期及伐条后的芽期进行，喷药后隔 7d 可采桑喂蚕。

生物制剂和化学药剂混用　如应用春尺蠖 NPV 进行防治时，防治阈值为 2 龄幼虫 4~6 头/50cm 枝，1~2 龄及 2~3 龄幼虫占 85% 时为防治适期；当树高于 6m 时，以 $1.75 \times 10^6 \sim 2.00 \times 10^6$ PIB/ml、$6.45 \times 10^{11} \sim 7.50 \times 10^{11}$ PIB/hm²，可选用金锋 -40 机具按 375kg/hm² 喷洒；当树高小于 6m 而面积又较小时，以 $1.50 \times 10^6 \sim 2.00 \times 10^6$ PIB/ml、$2.25 \times 10^{11} \sim 3.00 \times 10^{11}$ PIB/hm²，可选用泰山 -18 型机具按 150kg/hm² 喷洒；使用该病毒制剂时按 150g/hm² 加入粉末状活性碳作为光保护剂，如添加农药可按正常防治用量的 1/100~1/10 加入。当口密度 <4 头/50cm 枝时，不宜防治，可加强虫情监测与林木管护；如虫口密度为 10~19 头/50cm 枝，在施用 NPV 时可添加正常用量 1/5~1/10 的化学农药；虫口密度 >19 头/50cm 枝，可根据当地条件使用以化学农药为主的措施进行防治。

8.4　蝶类

山楂绢粉蝶 *Aporia crataegi* Linnaeus（图 8-61）

分布于我国东北、西北、华北、河南、山东、四川。危害山楂、桃、苹果、春榆、山杨、毛榛、花楸等多种果树及林木，可在局部地区造成严重灾害。

形态特征

成虫　体长 22~25mm，翅展 64~76mm，体黑色。触角末端淡黄白色。头、胸部及各足的腿节均杂有灰白色细毛。翅白色，雌成虫翅灰白色，翅脉黑色，前翅外缘除臀脉外各脉末端均有 1 个烟黑色三角形斑纹。

卵　鲜黄色，瓶形，上端似瓶口，周缘有纵脊 7~12 条，其中 7 条伸达精孔区，瓣饰 7 个，无横脊。长约 1.5mm，宽约 0.5mm。

幼虫　头黑色，疏生白色长毛和较多的黑色短毛。唇基淡黄色。胴部腹面紫灰色，两侧灰白色，背面紫黑色，亚背线上有由每节的黄斑串连而成的纵纹。体躯各节有许多小黑点，并疏生白色长毛。气门黑色，略呈椭圆形。老熟幼虫体长约 40mm。

蛹　长 23~24mm。有 2 型，一个为黑色型，体黄白色，其上缘有 1 个黄斑点；头、口器、足和触角皆为黑色，头顶部有 1 个黄色瘤状物；复眼黑色，其上缘有 1 个黄斑；胸部背面隆起的纵脊、翅缘及腹部腹面均为黑色。另一个为黄色型，体黄色，黑色斑点较少且小，体较黑色型为小，其它特征与黑色相似。

生活史及习性

1年1代，以3龄幼虫在树上的虫巢内群集越冬，翌年4月中旬出蛰，5月上旬开始化蛹。5月下旬成虫羽化，6月中旬为末期，5月下旬开始产卵至7月上旬。6月中旬开始孵化，7月中下旬以3龄幼虫越冬。成虫喜在白天阳光下活动，常飞趋十字花科蔬菜等处觅食花蜜，有在潮湿处吸水的习性。卵多成块产于叶片上，每雌产卵200~500粒。幼虫5龄，有吐丝群集及转株危害的习性。出蛰幼虫取食花苞、芽等，影响甚大，多在白天气温高时活动，5龄进入暴食期，从4龄开始不再吐丝下垂，受惊时坠落，化蛹于树上或杂草、灌木等处。

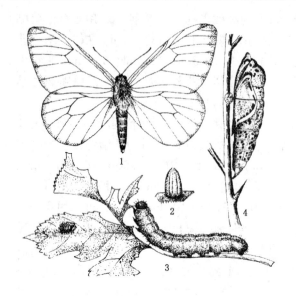

图 8-61 山楂绢粉蝶
1. 成虫 2. 卵 3. 幼虫 4. 蛹

柑橘凤蝶 *Papilio xuthus* Linnaeus（图 8-62）

又名花椒凤蝶、黄波罗凤蝶。分布于我国东北、华中、华南，河北、江苏、浙江、山东、广西、四川、贵州、云南、陕西；国外分布于日本、朝鲜、前苏联、印度、缅甸、越南、斯里兰卡、马来西亚、菲律宾、澳大利亚。危害柑橘、花椒、野花椒、枸橘、枳壳、柚子、黄柏、黄波罗、吴茱萸。幼虫取食寄主嫩芽、嫩叶和嫩梢，严重时可将整株叶片吃光，影响柑橘和花椒生长发育和结实。

形态特征

成虫 分春、夏2型。春型：体长21~29mm，翅展70~95mm。雌虫黄色比雄虫浓，体背有纵行宽大的黑纹，两侧黄白色；翅面底色黄白，具有黑色斑纹，翅脉边缘部分为黑色；前翅中室端部有2个黑斑，内部有4条黑色纵线；前后翅外缘均有黑色宽带，前翅黑带中有8个黄色新月形斑，后翅黑带中具散生蓝色鳞粉，具6个黄色新月形斑，臀角具橙黄色圆纹，圆纹中常具小黑点。夏型：体较大，体长

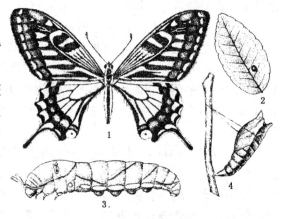

图 8-62 柑橘凤蝶
1. 成虫 2. 卵 3. 幼虫 4. 蛹

25~32mm，翅展 80~110mm。体和翅面底色较黄，黑色部分也较春型为少。

卵　球形，下面略扁，直径 1.2~1.4mm。初为淡黄白色，渐变为深黄色，近孵化时淡紫色至黑灰或黑褐色。

幼虫　初龄幼虫黑色，体多毛。2~4 龄体暗褐色，具肉状突起和白色斜带纹，似鸟粪状。老熟幼虫全体绿色，体表光滑，体长 35~48mm。后胸背面两侧有蛇眼纹，中间有 2 对马蹄形纹；第一腹节背面后缘有 1 条粗黑带；第四、五腹节和第六腹节两侧各有蓝黑色斜行带纹 1 条，在背面相交。翻缩腺橙黄色。

蛹　体长 28~32mm。初为淡绿色，后呈暗褐色。头顶角状突间凹入较深；中胸背面突起较长而尖锐。

生活史及习性

在横断山脉高寒地区 1 年 1 代，东北地区 1~2 代，黄河流域 2~3 代，长江流域 3~4 代，福建、台湾 4~5 代，广西、广东、海南 5~6 代。均以蛹在寄主枝条、叶柄及比较隐蔽场所越冬。在发生 3 代的四川、浙江、湖南，4、5 月间羽化的成虫即为春型。第二代成虫在 7、8 月出现，第三代成虫于 9、10 月出现，即为夏型。发生 6 代的广州各代成虫的发生期分别为：3~4 月，4 月下旬至 5 月，5 月下旬至 6 月，6 月下旬至 7 月，8~9 月，10~11 月。

成虫白天活动，飞翔力强，吸食花蜜。交尾后雌虫当日或隔日即开始产卵。卵散产于寄主嫩芽、幼叶尖端、枝梢上，1 处 1 粒。晴天 9:00~12:00 产卵量最多。每只雌蝶能产卵 5~48 粒。卵期因地区不同而异，或 7~12d，或 14~20d。

幼虫孵出后先食卵壳，然后啃食叶肉，再取食嫩叶边缘。随着虫龄的增大，食量也逐渐增加。幼虫一般夜出取食，先吃嫩芽和幼叶，然后吃老叶；先危害树冠上部，然后再危害树冠下部。幼虫 3 龄后食量增大，1 头 5 龄幼虫 1d 能取食 4~5 片大叶。春梢、夏梢和秋梢均能受到不同程度的危害，以 4~10 月受害最重。老熟幼虫化蛹时，先吐丝作垫，以尾钩着丝垫，然后吐丝在胸、腹间环绕成带，体斜悬于空中化蛹。夏季和秋初蛹期 15~20d，秋末冬初幼虫在枝叶上化蛹越冬。山地或接近山区的柑橘和花椒园中发生较多，苗木和幼树受害较严重。

幼虫和蛹跨期寄生的天敌有凤蝶金小蜂和广大腿小蜂，寄生率均较高。

蝶类的防治方法

(1) 营林措施　因地制宜，选择多树种营造混交林；培植保护天敌的蜜源植物，同时结合抚育清除引诱物。

(2) 人工防治　人工摘除卵块、蛹、虫苞或捕捉老龄幼虫及群集期的幼龄幼虫。捕捉的幼虫和蛹如果被寄生率高，应先将其放入纱笼内，使寄生蜂、寄生蝇等天敌羽化后再清除，以保护天敌。

(3) 生物防治　在幼虫发生期用 $100\times10^8/g$ 孢子的青虫菌、苏云金杆菌 100~1 000 倍液，或 1×10^8~$2\times10^8/ml$ 的白僵菌孢子悬浮液喷雾；或用 $5\times10^8/ml$ 孢

子的乳剂、油剂进行超低容量或低容量喷雾,用量 2.5~3kg/hm², 或 4.5~6kg/hm²。在毛毛细雨天,也可喷洒 $20 \times 10^8 \sim 50 \times 10^8$ 孢子/g 白僵菌孢子粉。保护和利用食虫鸟类、螳螂、蚂蚁及寄生性天敌。

(4) 化学防治 大面积暴发成灾时,可用 90% 敌百虫晶体、50% 马拉硫磷乳油、50% 敌马合剂 800~1 000 倍液,或用 20% 杀灭菊酯乳油 3 000~5 000 倍液,40% 乐果乳油 800~1 000 倍液,50% 杀螟松乳油 1 000~1 500 倍液,40% 水胺硫磷乳油 500 倍液,50% 甲胺磷乳油 500 倍液,2.5% 溴氰菊酯乳油 10 000 倍液喷杀幼虫。对有些林间活动时间长的蝶类成虫,可在害虫羽化盛期和来春出蛰期,每公顷用 10~15kg 的 10% 敌马烟剂熏杀成虫。

8.5 叶蜂类

本类群包括的种类很多,生活习性也不尽相同,大多为裸露危害,但也有结成虫巢并有丝道相通的如扁叶蜂,潜叶危害的潜叶蜂,甚至有的种类能形成虫瘿。卵单产或成行排列,幼虫单独活动或集聚成团。

叶蜂中以锯角叶蜂科 Diprionidae 和叶蜂科 Tenthredinidae 所属的种类危害性最大,严重危害针、阔叶树。一些叶蜂往往具突发性,种群的增长和消退过程较不稳定。

云杉阿扁叶蜂 *Acantholyda piceacola* Xiao et Zhou (图 8-63)

分布于我国甘肃、青海。危害青海云杉及华北落叶松等。1983 年在甘肃首次发现,1987~1989 年连续大发生,使受害树针叶光秃,树势濒于死亡,严重影响林木生长。

形态特征

成虫 雌虫体长 14~15mm。触角第 1 节黄色,第 2 节深黄,3 节以上愈向上愈黑。头黑色。触角侧区黄色;唇基、上唇、上颚大部、须、颊等均深黄色。颈片深黄色,胸部黑色,但有黄色部。翅透明,翅基片深黄色,翅痣黑色。足红黄色;基节、转节及腿节外侧各有 1 个黑斑。腹部背板褐黄色,第 1、7、8 节背板前端一部分黑色;第 2~7 腹板前端有黑色部分。雄虫体长 11~12mm,腹部 1~2 节背板黑色,其余红黄色,额缝明显。

幼虫 老熟体长 10~20mm,灰绿色。头黑褐色,有光泽;触角黄褐色。前胸盾片黑色,胸部其余部分及腹部墨绿色。2

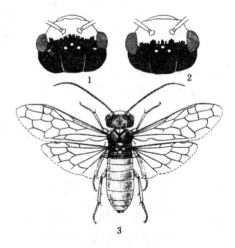

图 8-63 云杉阿扁叶蜂
1. 雌虫头部正面 2. 雄虫头部正面
3. 成虫

龄以上幼虫有 1 条绿色背线，3 条褐色腹线。

生活史及习性

在甘肃 2 年 1 代，以老熟幼虫入土作土室化为预蛹滞育，第三年 5 月上旬化蛹，中旬达盛期。6 月中旬开始羽化，盛、末期为下旬及月底；6 月中旬开始产卵；7 月上旬幼虫孵出，8 月上旬开始老熟坠地入土，9 月上旬结束。

成虫羽化后在地面交尾，喜在通风透光的林缘活动，夜间栖息于针叶上。卵多产于 2 年生针叶上端边缘。幼虫吐丝连缀针叶成网，并将食剩的残叶及粪粒粘结成虫巢，取食巢附近针叶，吃尽针叶后将虫巢扩大至它枝再营新巢，巢间有丝道相通，一般 2~3 个虫巢串连一起，幼虫腹面向上沿丝迹向前蠕动。老熟幼虫坠地入土营土室化为预蛹静伏，入土深度为 2~14cm，视枯落物土质疏松程度而异。

鞭角华扁叶蜂 *Chinolyda flagellicornis* (Smith)（图 8-64）

国内分布于福建、浙江、湖北、四川。危害柏木、柳杉、千头柏、日本扁柏、日本细叶花柏，是三峡水库周围柏木林大害虫。

形态特征

成虫　雌体长 11~14mm。体红褐色。上颚尖端、触角鞭节两端、中窝两旁及单眼区、中胸基腹片、中胸前侧片全部或一部分黑色。足红褐色。翅半透明，黄色，前翅端部约 1/3 烟褐色；翅痣基部黄色，端部黑褐色；翅脉暗黄色，前端约 1/3 黑褐色；顶角有凸饰如韧革。唇基中央部高

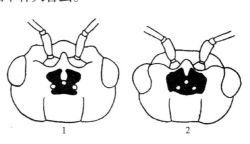

图 8-64　鞭角华扁叶蜂
1. ♀头部色斑　2. ♂头部色斑

度隆起，向前突出；两侧凹入，向中央倾斜。额脊近锥形。触角鞭节基部及中部各节高度扁平，长只为宽的 1.5 倍或稍小。中胸小盾片高度隆起，其后缘及后背片很陡。中胸前侧片刻点甚小，几近光滑。眼后头部不收缩。头顶及眼上区刻点小而稀，横过单眼区两眼间刻点粗、密，触角侧区下部无刻点，唇基刻点粗疏。头部细毛稀短，前胸背板细毛较多而长，前缘室细毛颇多。有后颊脊。触角 28~33 节。雄体长 9~11mm。除颈片一部分或全部、前胸基腹片、中胸前盾片、中胸盾片前部为黑色外，其余色泽同雌虫。头部刻点较粗、深。触角 30 (28)~32 节。

幼虫　体长 18~23mm。头部红褐色；胸、腹部具几条白色纵纹。

生活史及习性

在四川 1 年 1 代，老熟幼虫入土做土室，以预蛹越夏越冬。翌年 2 月下旬当气温在 15℃时开始化蛹，2 月中旬为盛期，3 月中旬为羽化盛期，3 月中下旬为卵期，4 月上中旬至 5 月中下旬为幼虫危害期，约 35d；5 月下旬至 6 月初幼虫老熟，下树入土，翌年 2 月下旬化蛹，在土中长约 280d。雌雄性比为 1∶2。成

虫期约30d。成虫羽化后在土室内停留1~2d，出土后即可进行交尾和飞行。一天中羽化、活动最盛时间为10：00~16：00，阴雨天成虫停息在枝条背面，可重复交尾，交尾后即可产卵。每雌产卵15~49粒，平均18.6粒，约在4~5d产完。雌成虫寿命4~6d，雄虫2~4d。卵多产于柏木幼嫩鳞叶上，偶尔产于老叶。一般每一针叶产卵5~7粒，多到9粒，也有2~4粒者。卵经13~17d孵化。初孵幼虫群集于孵化处鳞叶上，吐丝结网，群居其中，1~3h后开始取食鳞叶、幼树树皮、嫩枝，食剩残叶及粪便粘附于丝网上。幼虫随虫龄增长而食量增大，附近鳞叶吃光后，扩大丝网，并与其他丝网相连。幼虫3龄前取食嫩叶，4~5龄食量大增，取食嫩叶及老叶，并做许多丝道通向老叶、嫩叶，将叶咬断拖回网内取食。幼虫5龄，老熟幼虫入土后做椭圆形、光滑土室，粘有一层极稀的丝状物。入土幼虫大多分布于树冠垂直投影下2~30cm深土壤中。化蛹迟早因坡向不同而异，阳坡早于阴坡，入土浅者早于入土深者。

落叶松叶蜂 *Pristiphora erichsonii* (Hartig)（图8-65）

分布于我国东北、山西、内蒙古、陕西、甘肃；国外分布于前苏联、欧洲、北美。危害落叶松。除针叶受害外，因成虫产卵于梢部，造成梢头失水，弯曲而干枯。

形态特征

成虫　雌体长8.5~10.0mm，黑色有光；头黑色具小刻点及白短毛，上唇黄色，上颚深褐色，触角褐色具短毛；前胸背板两侧、翅基片黄褐色，中后胸黑色，翅黄色，痣黑色；腹部2~5、6节背板前缘、2~5节腹板中央橘黄色，1、6节大部及7~9节背片黑色；足黄色，前和中足基节、中足胫节端部、后足基节基部和胫节端部及跗节均黑色，爪褐色、内齿小；锯鞘黑褐色有长毛。雄体长7.5~8.7mm，腹部3~6节缩狭，足基节、中足胫节、后足腿节及胫节端部、跗节黑色。

幼虫　老熟幼虫体长12~21mm，黑褐色；前胸背板、气门线至足基部灰黄色，胸部和腹部背面黑绿色，体腹面浅灰色，除臀节外每体节均有2横行具毛的浅灰色线纹，每体节具3个环节；胸足黑褐色，腹足黄白色。气门扁椭圆形。

生活史及习性

1年1代，以老熟幼虫结茧于落叶层下越冬。在秦岭翌春当平均气温达0℃以上时越冬幼虫开始化蛹。在海拔1 600m处4月下旬为化蛹盛期，蛹期16.7~40d；成虫羽化高峰期为5月上旬，羽化后3~4h产卵，卵期10~20d，5月下旬孵化。幼虫期18~25d，共5龄，6月中旬后进入落地结茧盛期。山西、东北的发生期比秦岭约晚1个月。

雌成虫营孤雌生殖，雄虫极少。刚羽化的雌成虫先爬行约1h后，喜在强光下飞翔，11:00~14:00为活动高峰期；卵成纵列集产于落叶松当年生嫩枝一侧的表皮下，落卵部位由于组织受损而枯干，使新梢向一侧弯卷或枯死；每枝卵量2~110粒、平均12.9粒，每雌平均产卵52粒。1龄幼虫不善活动，只将针叶咬成大小不同的缺刻，针叶后期干枯变黄；2龄以后将整个针叶吃光，4龄后食量剧增，5龄后分散取食，老熟幼虫下树在落叶层中结茧进入滞育期；整个群体中约有5%的个体为2年1代。

幼期持续高温干旱可导致虫口数量明显下降，但在成虫期则能使产卵量增加；纯林比混交林的虫口密度大，日本落叶松对该蜂的抗性>华北落叶松>朝鲜落叶松。

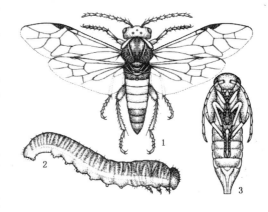

图 8-65　落叶松叶蜂
1. 成虫　2. 幼虫　3. 蛹

天敌有黄腿透翅寄蝇 *Hyalurgus flavipes* Chao、姬蜂、核型多角体病毒、白僵菌；捕食性天敌有日本弓背蚁、叩头甲幼虫、蜘蛛、蠋蝽和鸟类等。其中以核型多角体病毒最具利用价值，蠋蝽对预蛹的捕食率可达89%。

此外，本类群还有以下重要种类：

松阿扁叶蜂 *Acantholyda posticalis* Matsumura：分布于我国山西、黑龙江、山东、河南、陕西；危害油松、赤松、欧洲赤松、欧洲黑松、樟子松，常造成严重的灾害。在山西、陕西1年1代，以预蛹在树下土室中越冬。

云杉腮扁叶蜂 *Cephalcia abietis* (Linnaeus)：分布于内蒙古、吉林、黑龙江，危害沙地云杉、欧洲云杉。在内蒙古白音敖包1年或1年以上发生1代，以预蛹越冬。

贺兰腮扁叶蜂 *Cephalcia alashanica* (Gussakovskij)：分布于内蒙古、黑龙江，危害沙地云杉、红皮云杉、青海云杉。在内蒙古白音敖包1年发生1代。

榆三节叶蜂 *Arge captiva* Smith（图3-18-1）：分布于北京、河北、辽宁、吉林、江西、山东、河南，危害榆树，以幼林及苗圃发生较多。河南、山东1年2代，以老熟幼虫在土壤中结茧越冬。

杨锤角叶蜂 *Cimbex taukushi* Marlatl：分布于我国东北，危害小叶杨、中东杨、爆竹柳、旱柳。在黑龙江1年1代，以5龄老熟幼虫于枯落物层中或土中结茧越冬。

靖远松叶蜂 *Diprion jingyuanensis* Xiao et Zhang：分布甘肃、山西，危害油松。在山西沁源县1年1代，以茧内预蛹在枯枝落叶层、杂草丛或石块下越冬。

松黄新松叶蜂 *Neodiprion sertifer* (Geoffroy)：分布于黑龙江、辽宁、陕西，危害油松、红松、华山松等。1年1代，以卵在当年生针叶内越冬。

油茶史氏叶蜂 *Dasmithius camellia* (Zhou et Huang)：分布于江西、湖南、福建，危害油茶。1年1代，以蛹或预蛹越冬。

祥云新松叶蜂 *Neodipron xiangyunicus* (Xiao et Zhou)：分布于四川、云南、贵州，危害云南松。在四川1年发生1代，以老熟幼虫在土壤中结茧变为预蛹越冬。

樟叶蜂 *Mesoneura rufonota* Rohwer：分布于浙江、福建、江西、湖南、广东、广西、四川，危害樟树。一年发生世代文献记载出入较大，据记载广东、广西 1 年 1~3 代，四川为 1~2 代，但另有记载江西南昌为 1 年 1~5 代。以老熟幼虫在土中结茧越冬，有滞育现象。

叶蜂类的防治方法

(1) 营林措施 扁叶蜂等均多发生于纯林，林木生长稀疏更有利于大发生，在造林及抚育管理时应予重视；油茶史氏叶蜂结茧化蛹于林地浅土中，冬、夏加强抚育甚有利于除虫。

(2) 人工捕杀 一些种类幼龄幼虫群集危害期，可人工捕杀；明显有假死性的种类，可酌情考虑振落捕杀。

(3) 药剂防治 ①用1%绿色威雷Ⅱ号200~300倍液地面喷雾，毒杀羽化出土成虫。②用5%氟虫脲1 000倍液喷杀松阿扁叶蜂幼虫；用3%多效杀虫灵粉剂防治鞭角华扁叶蜂幼虫，37.5kg/hm^2，收效均很好。③林地郁闭条件好的情况下考虑采用缓释杀虫烟剂。

(4) 注意保护利用天敌。

复习思考题

1. 食叶害虫的大发生分哪几个阶段？造成食叶害虫间歇性大发生的原因是什么？
2. 食叶害虫主要有哪几大类？其发生、危害及防治有何特点？
3. 蛾类食叶害虫的测报主要有哪些方法？

第 9 章 蛀干害虫

【本章提要】本章主要介绍危害树木枝干韧皮部及木质部的钻蛀性害虫，包括危害健康木和衰弱木的种类，并介绍其发生发展的主要原因，主要种类的分布、寄主、形态、生活史及习性和防治方法。

蛀干害虫主要包括鞘翅目的小蠹科、天牛科、吉丁虫科、象甲科，鳞翅目的木蠹蛾科、拟木蠹蛾科、蝙蝠蛾科、透翅蛾科、织蛾科，膜翅目的树蜂科等。其中，部分种类如杨干象、青杨楔天牛、白杨透翅蛾、柳蝙蛾等，可危害幼树及健康林木，不仅使输导组织受到破坏、引起树木死亡或风折，而且降低了木材的经济价值；另一部分种类，如大多数的小蠹虫、吉丁虫以及部分天牛等则危害成熟林内的衰弱木、濒死木，导致树木加速死亡，木材品质下降，因而又称其为次期性害虫。

引起树木衰弱并造成次期害虫发生的主要原因有：①不良的生长条件。如土壤条件不适宜或恶化，林内下层受压木光照不足，密度过大的人工林等；②自然灾害。如风、雪、火、水、冻害、日灼、病虫等灾害；③不当的经营措施。如不适地适树，不当的采伐方式，伐根过高，不及时清理风倒木、风折木、雪折木，伐区未及时清理，过度采脂、放牧，未及时防治病虫害，带皮原木在林内过夏等。

蛀干害虫除成虫在树体外裸露活动外，其余虫态均在寄主树木的木质部或韧皮部内隐蔽生活，因而，天敌种类较少且寄生率低，种群数量相对稳定，其生境也很少受外界环境的影响。

9.1 小蠹虫类

小蠹类属于鞘翅目小蠹科，全为树栖。世界已知林木小蠹虫 3 000 余种，我国已知 500 余种，其中 126 种普遍发生。此类害虫分布广、数量大，往往在树株内密集成群，终生蛀食树皮或树干，造成树木衰弱或迅速枯死。

小蠹虫类多 1 年 1 代，仅少数种类或在南方 1 年 2 代，多以成虫越冬，少数以幼虫或蛹越冬。由于雌虫能多次产卵、立地条件常使发生期差异较大，故各虫态重叠现象普遍，区别世代不易。

小蠹的配偶和繁殖有 1 雄 1 雌及 1 雄多雌两类。前者雌虫侵入寄主后咬蛀母坑道，再招致雄虫配偶繁殖；后者雄虫蛀入后咬筑交配室，诱雌虫进行交配，雌虫最多可达 90 头。雌虫在交配室内再蛀 1 至多条母坑道（随配偶雌虫数而异），在母坑道两侧咬卵室产卵。幼虫孵出后自母坑两侧向外蛀食，逐渐形成明显的子坑道；老熟后在坑道末端咬蛹室化蛹，羽化后咬羽化孔外出。1 个完整的坑道系统常包括侵入孔、侵入道、交配室、母坑、卵室、子坑、蛹室、通气孔及羽化孔（图 9-1），有些种类再自母坑向外咬交配孔；虫种不同，坑道各异。

母坑道大致有以下类型：①纵坑型，包括单纵坑和复纵坑；②横坑型，包括单横坑和复横坑；③星形坑型；④梯坑型；⑤共同坑型。前 4 种类型为分散产卵型种类所具有，这类小蠹的卵逐渐成熟，逐次产下；共同坑型为卵同时成熟，成堆产下，幼虫孵出后聚集蛀食所致；少数种类如微小蠹则借用其它虫种的坑道繁殖。这种有固定形式的坑道，也是进行种类鉴别的特征之一（图 9-2）。

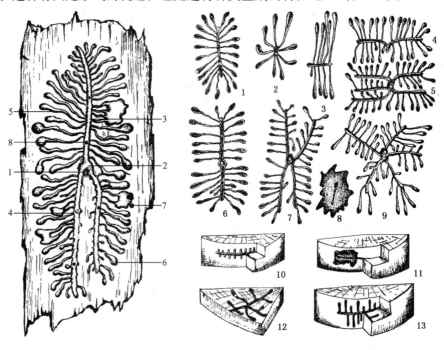

图 9-1 小蠹虫坑道系统示意图
1. 侵入孔 2. 交配室 3. 母坑 4. 卵室 5. 子坑 6. 蛹室 7. 羽化孔 8. 通气孔

图 9-2 小蠹虫的坑道类型
1. 单纵坑 2. 加深坑 3. 单横坑 4. 复横坑 5. 星形复横坑 6. 复纵坑 7. 星形复纵坑 8. 皮下共同坑 9. 星形坑 10. 梯形坑 11. 木质部共同坑 12. 水平坑 13. 垂直分枝坑

小蠹类食性较单一，树木种类、树势、高度不同其种类、危害特点也有区别，对树皮、韧皮部或木质部均有选择危害性，但也受其生存策略的影响。据其取食部位可将其分为韧皮部小蠹和木材小蠹（也称食菌小蠹）两类；前者主要取食针叶林木树干和枝条的次生皮层组织，可导致被害树木迅速死亡；后者主要危害林木木质部，还以自身携带和在木质部内培养的真菌为食物。即使在同一树种的同一立木上，不同虫种选择的侵害部位也不同。如梢小蠹等多在树冠或树梢等部位危害，根颈或根部则是干小蠹等寄居场所，而立木的其它部分则为另外种类所侵害，因而垂直分层和水平分布形成了小蠹类特殊的区系特征。

小蠹虫的发生还与立木的生理状态有密切的关系，树木被害后，常有增强松脂分泌量的保护性反应，因此泌脂量的多少是受害立木健康状况的一种标志。一般衰弱木最易招致小蠹聚集危害，加速树木的死亡；产生这种现象与衰弱树木散发的某些挥发性萜类物质有关，被该物质诱至的同种个体又分泌外激素，既招集了大量的异性个体，也能招致少数同性个体，当虫口增至一定密度后这些激素又可成为阻止其它个体继续聚集的抑制因素。这是小蠹自聚集，再向周围扩散危害的原因之一。

华山松大小蠹 *Dendroctonus armandi* Tsai et Li（图9-3）

分布于我国陕西、四川、湖北、甘肃、河南。危害华山松的健康立木，属于先锋种。为我国陕西秦岭林区、大巴山南北坡华山松大量枯死的主要原因。

形态特征

成虫 体长4.4～6.5mm，长椭圆形，黑色或黑褐色，有光泽。触角锤状部近扁圆形，宽大于长，有明显横缝3条。额表面粗糙，呈颗粒状，被有长而竖起的绒毛。前胸背板宽大于长，基部较宽，前端较窄；背面密布大小刻点及长短绒毛；中央有1条隐约可见的光滑纵线，前缘中央向后凹

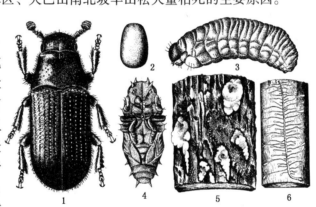

图9-3 华山松大小蠹
1. 成虫 2. 卵 3. 幼虫 4. 蛹 5. 坑道口凝脂 6. 坑道

陷，后缘两侧向前凹入，略呈"S"型，中央向后突出成钝角。鞘翅基缘有锯齿状突起，两侧缘平行，背面粗糙，点沟显著，两侧和近末端处点沟逐渐变浅，有粗糙横皱褶，沟间除1列竖立的长绒毛外，还有不甚整齐而散生的短绒毛。腹面有较密布倒伏的绒毛和细小的刻点。

卵 椭圆形，长约1mm，宽0.5mm，乳白色。

幼虫 体长约6mm，乳白色。头部淡黄色，口器褐色。

蛹 长约4～6mm，乳白色。腹部各节背面均有1横列小刺毛，末端有1对刺状突起。

危害状 在侵入孔处有由树脂和蛀屑形成的红褐色或灰褐色大型漏斗状凝脂，直径10～20mm；母坑道为单纵坑，长30～40cm，最长可达60cm，宽2～3mm。

生活史及习性

世代数因海拔高低而不同，在秦岭林区海拔高1 700m以下林内，1年发生2

代；在 2 150m 以上林带内 1 年发生 1 代；在 1 700～2 150m 的林带，则为 2 年 3 代。一般以幼虫越冬，少数以蛹或成虫越冬。

此虫主要栖居于树干下半部或中下部。每一母坑道内有雌、雄成虫各 1 头，开始蛀入时作靴形交配室，并不产卵，至母坑道出现时，即产卵于坑道两侧。产卵量约 50 粒。子坑道在开始处一般不触及边材，随着幼虫虫体的增长，子坑道亦逐渐变宽加长，并触及边材部分。幼虫排泄物紧密填充于坑道内，质地较细，暗褐色。幼虫在化蛹前停止取食，化蛹于子坑道末端的蛹室中。蛹室近椭圆形或呈不规则形。

初羽化成虫补充营养取食韧皮部，完成补充营养后，即向树皮外咬蛀近垂直状的圆形羽化孔飞出，以 6：00～13：00 数量最多。成虫飞出后，主要侵害 30 年生以上健壮华山松，间或危害衰弱木。

此虫的发生与林分等因子关系密切：发源地一般都开始于纯林，再向混交林发展，且纯林较混交林受害重；地位级愈低，此虫发源地出现愈早，林木受害愈重；过熟林和成熟林受害最重，近熟林次之，中龄林最轻；郁闭度为 0.6～0.8 的林分受害最重，在此范围以外的林分受害较轻；海拔 1 800～2 100m 处受害较重，在此范围以外的地区则受害较轻；山上部重于山中部，山下部最轻；陡坡重于缓坡；阳坡重于阴坡。

天敌有秦岭刻鞭茧蜂 Coeloides qinlingensis、长痣罗葩金小蜂 Rhopalicus tutela、长腹丽旋小蜂 Calosota longigasteris 等 14 种寄生蜂，以及步行虫、郭公虫等。

云杉大小蠹 Dendroctonus micans Kugelann（图 9-4）

分布于我国东北、四川、甘肃、青海；国外分布于俄罗斯、芬兰、波兰，北欧、中欧。危害鱼鳞云杉、红皮云杉和麦氏云杉。1965 年在黑龙江省大海林与云杉八齿小蠹伴随发生，造成鱼鳞云杉大面积枯死。

形态特征

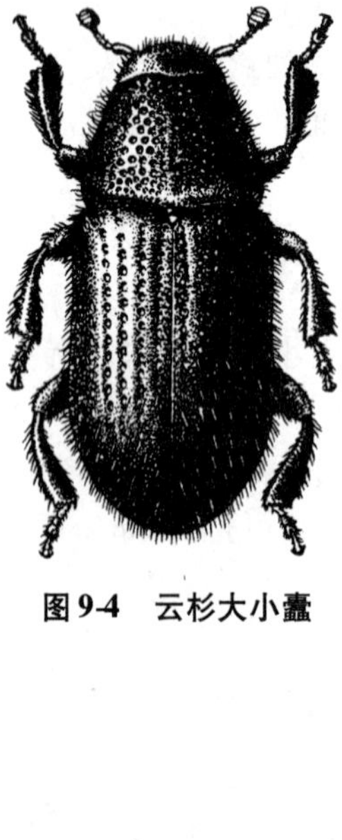

成虫　体长 5.7～7.0mm，粗壮，黑褐或黑色。触角锤状部较长，锤状部外面的第 1 条毛缝平直，里面的第 1 条毛缝略弓曲。额面下部突起，突起的顶部有点状凹陷；额面刻点圆大清楚，稠密而不交合，刻点间隔平滑；口上片中部有平滑光亮区，平滑区中偶有一、二刻点。前胸背板底面平滑光亮，刻点圆而显著，刻点间距大于刻点直径。鞘翅刻点沟稍凹陷，沟中刻点圆而平浅，相距较近；沟间部隆起，上面的刻点突起成粒，在鞘翅前半部横排 2～3 枚，在鞘翅后半部横排 1～2 枚；在鞘翅斜面上，沟间部较平坦，有一列小颗粒；茸毛竖立疏长，长毛的中间有匍匐短毛。

图 9-4　云杉大小蠹

生活史及习性

在黑龙江省 1 年 1 代,以成虫和幼虫在干基树皮下越冬。在甘肃祁连山林区,成虫于 8 月中下旬扬飞。成虫可直接侵入健康树,危害树干下部,侵入孔处常有大型漏斗状凝脂。雌虫产卵数次,产卵 100 余粒,散产于短而弯曲母坑道顶端或边缘大的卵室中。幼虫孵化后密集于卵室边缘向周围蛀食,形成共同坑。初羽化成虫补充营养后继续在子坑中蛀食,性成熟的雄虫与卵巢尚未发育完善的雌虫交配,雄虫不久即死去;雌虫继续危害,有时可转移到毗邻树木上。选择各龄级的云杉林寄居,主要栖息在湿润土壤上的老云杉林内。

天敌有祁连山丽旋小蜂 *Calosota qilianshanensis* Yang。

红脂大小蠹 *Dendroctonus valens* LeConte(图 9-5)

又名强大小蠹。分布于我国河北、山西、河南、陕西;国外分布于美洲。在我国主要危害油松、华山松和白皮松。此虫由北美传入我国,1998 年在山西省境内首次发现后,迅速扩散蔓延,并已严重成灾,个别地区油松死亡率高达 30%。

形态特征

成虫 体长 5.3~9.6mm。初羽化时呈棕黄色,后变为红褐色。额面有不规则突起,其中有 3 高点,排成品字型;额面上有黄色茸毛,由额心向四外倾伏。触角柄节长,鞭节 5 节,锤状部 3 节,扁平近圆形。口上突边缘隆起,表面光滑有光泽。前胸背板上密被黄色茸毛。鞘翅的长宽比为 1.5,翅长与前胸背板长宽比为 2.2;鞘翅斜面中度倾斜、隆起,第 1、第 3 沟间部稍陷。各沟间部表面均有光泽,其上刻点较多,细小或交合至粗颗粒,茸毛密度适中。

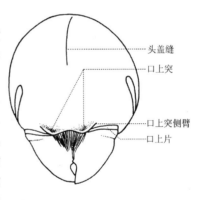

图 9-5 红脂大小蠹额面

幼虫 白色。老熟时体长平均 11.8mm。腹部末端有胴痣,上下各具 1 列刺钩,呈棕褐色。虫体两侧有 1 列肉瘤,肉瘤中心有 1 根刚毛,呈红褐色。

生活史及习性

在山西、河北 1 年 1 代,主要以老熟幼虫和成虫在树干基部或根部的皮层内成群越冬。越冬成虫于 4 月下旬开始出孔,5 月中旬为盛期;成虫于 5 月中旬开始产卵;幼虫始见于 5 月下旬,6 月上中旬为孵化盛期;7 月下旬为化蛹始期,8 月中旬为盛期;8 月上旬成虫开始羽化,9 月上旬为盛期。成虫补充营养后,即进入越冬阶段。

越冬老熟幼虫于 5 月中旬开始化蛹,7 月上旬为盛期;7 月上旬开始羽化,下旬为盛期;7 月中旬为产卵始期,8 月上中旬为盛期;7 月下旬卵开始孵化,8 月中旬为盛期。8、9 月间越冬代的成虫、幼虫与子代的成虫、幼虫同时存在,世代重叠现象明显。

越冬成虫出孔以 9：00~16：00 最多。出孔后，雌成虫先寻找寄主，主要危害胸径 10cm 以上的油松和新鲜伐桩。雌成虫向里面蛀入，开掘出新侵入孔，蛀入一段距离后，引诱雄成虫侵入，两成虫共同蛀食坑道。坑道为直线型，一般长达 40cm，宽为 1.5~2.0cm。侵入孔到达树干形成层之后，大部分是先向上蛀食一小段，然后拐弯向下蛀食，也有一些直接向下蛀食的。坑道内充满红褐色粒状虫粪和木屑混合物，这些混合物随松脂从侵入孔溢出，形成中心有孔的红褐色的漏斗状或不规则凝脂块，颜色由深变浅，直至变为灰白色。侵入孔直径为 5~6mm，主要集中在树干基部地表附近，向上较少，最高可达树干 2.0m。侵入孔数量不定，有时一株树上可见 6~8 个，树基部周围堆满了碎屑。

成虫交尾后，雌虫边蛀食边产卵，卵产于母坑道的一侧，成堆排列。产卵量 30~150 粒。此时，雄成虫继续开掘坑道或从侵入孔飞出。卵期为 10~13d，卵孵化后，幼虫在韧皮部内背向母坑道群集取食，形成扇形共同坑道，坑道内充满了红褐色细粒状虫粪。幼虫沿母坑道两侧向下取食可延伸至主根和主侧根，甚至距树干基部 2m 之外的侧根还有幼虫危害，将韧皮部食尽，仅留表皮。幼虫共 4 龄，老熟后，在沿坑道外侧边缘的蛹室内化蛹。在根内越冬的幼虫也陆续向上移动，在树基部做蛹室等待化蛹。蛹室在韧皮部内，由蛀屑构成，肾形，蛹期约 13d。初羽化成虫在蛹室停留 6~9d，待体壁硬化后蛀羽化孔飞出。

高温，尤其是暖冬气候，是此虫暴发成灾的主要原因之一。郁闭度小，适宜该虫的发育；卫生条件差的林分，危害较重，尤其林内的伐桩、伐木，极易被该虫寄居。另外，过熟林、成熟林受害较重，幼林一般不受害。林缘和道路两旁的树木受害重。

六齿小蠹 *Ips acuminatus* Gyllenhal（图 9-6）

分布于我国河北、内蒙古、东北、湖南、四川、云南、陕西、新疆；国外分布于朝鲜、日本、蒙古、俄罗斯、欧洲。主要危害松、落叶松、云杉等针叶树。

形态特征

成虫　体长 3.8~4.1mm。体圆柱形，赤褐至黑褐色，有光泽。额中部稍隆起，有时上面有 1 对颗粒。鞘翅黄褐色，长为前胸背板长的 1.4 倍，为两翅合宽的 1.6 倍；刻点沟中刻点显著。翅盘开始于鞘翅末端 1/3 处，两侧各有 3 齿，由小渐大；雄虫第 3 齿扁桩形，末端分叉；雌虫 3 齿均尖锐，第 2、3 齿有隆起的基部。

幼虫　体长 3.8mm。乳白色，头部黄褐色。胸腹部圆筒形，常向腹面弯曲呈马蹄状。

坑道　复纵坑。立木上母坑道 3~8 条，通常上下各 3 条呈放射状排列，倒木上母坑道可达 12 个；母坑道长 4.5~20mm，宽约 2mm，子坑道长 5~10mm。

生活史及习性

在黑龙江和内蒙古呼伦贝尔盟樟子松林带 1 年 1 代，以成虫越冬。越冬成虫扬飞及产卵期较长，5~7 月均能发现，通常在 6 月下旬至 8 月下旬可以看到各个虫期。成虫侵入寄主有 2 次高峰，第 1 次在 6 月上旬，第 2 次则在 7 月中旬。成虫产卵期 6~19d，卵期 5~12d，幼虫期 20~28d，蛹期 6~12d。在云南 1 年发生 3~4 代。以第 1 代危害严重，全年可见各个虫态。

在黑龙江越冬成虫于 5 月下旬经由羽化孔从寄主爬出后，在林内飞翔，选择新寄主。雄虫先在翘裂的树皮下适当部位蛀 1 个直径 2mm 的圆形侵入孔，并在树皮下韧皮与边材之间咬 1 个近圆形的交配室。随后雌虫相继由侵入孔进入，与雄虫在交配室交尾。交尾后，雌虫以交配室为中心分别向上、下穿凿母坑道。母坑道很长，其中塞满褐色木屑，由于雌虫在母坑道中多次交配，所以还沿母坑道向树皮表面开凿一系列交配穴和开孔，雌虫在这里与外来的雄虫进行交尾，以致在每条母坑道内包含有雌虫与若干雄虫交配受精后所产出的后代。

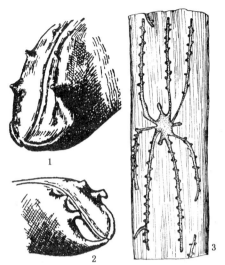

图 9-6　六齿小蠹
1. 鞘翅末端（♀）　2. 鞘翅末端（♂）
3. 坑道

雌虫边蛀母坑道边产卵。产卵前先在母坑道侧壁咬蛀 1 个半球形、径长 1mm 的卵室，产卵后再塞以灰褐色的蛀屑。各卵室间距离 0.5~4cm，成虫筑坑道产卵，持续期 6~19d，每雌产卵 21~57 粒。卵孵化后幼虫在韧皮与边材之间钻蛀子坑道。子坑道与母坑道略垂直，和母坑道一样充塞蛀屑。老熟幼虫在子坑道末端作 3~4mm 的椭圆形蛹室化蛹。新羽化成虫在蛹室附近经补充营养后，咬 1 个向边材深陷 5mm 的盲孔，头向内越冬。一部分成虫就在母坑道内越冬。

此虫为多配偶制，以 1 雄 6 雌者最多，1 雄 5 雌者次之，而 1 雄 4 雌以下或 1 雄 8 雌以上者较少。母坑道有由内向外又开凿的一系列凹穴和开口。子坑道短，长 0.5~1cm，彼此间隔约 5mm，甚稀，作分叉状。这是本种坑道与同属其它小蠹的最大区别。

六齿小蠹寄生于枝干的薄树皮部分，以在 2~8mm 厚树皮下密度最大。因此，对于低龄级林木可以遍布整个树干，自根颈直达树冠；但对于高龄级林木，其最大虫口密度集中于树干上部和树冠。

天敌有暗绿截尾金小蜂 *Tomicobia seitneri*、高痣小蠹狄金小蜂 *Dinotiscus colon* 等 21 种寄生蜂。

十二齿小蠹 *Ips sexdentatus* Boerner（图 9-7）

分布于我国内蒙古、东北、四川、云南、陕西；国外分布于朝鲜、蒙古、俄罗斯、欧洲。主要危害红松、樟子松、油松、华山松；在红皮云杉、鱼鳞云杉、落叶松上亦有发现。本种能直接侵害健康树，为先锋种，因而常造成大害。

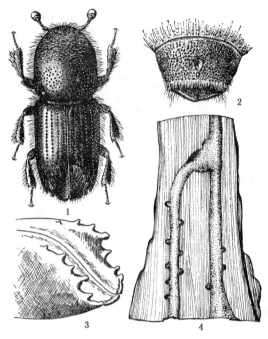

图 9-7 十二齿小蠹
1. 成虫 2. 头部 3. 鞘翅末端 4. 坑道

形态特征

成虫 体长 5.8~7.5mm。圆柱形，褐色至黑褐色，有强光泽，体周缘腹面及鞘翅端部被黄色绒毛。前胸背板前半部被鱼鳞状小齿，后半部疏布圆形刻点。鞘翅长为前胸背板长的 1.5 倍，为两翅合宽的 1.6 倍。刻点沟微陷，沟中刻点圆大而深；沟间部宽阔平坦，无点无毛。翅盘开始鞘翅末端 1/3 处，盘底深陷光亮，每侧具齿 6 个，第 4 齿最大，呈纽扣状。

幼虫 体长 6.7mm，圆柱形，体肥硕，多皱褶，向腹面弯曲呈马蹄状。

坑道 复纵坑。母坑道 2~4 支，多 1 上 2 下，长约 40 mm，宽约 5 mm；子坑道增大迅速，互不交叉，稀而短，长 25~50 mm。整个坑道位于皮层内。

生活史及习性

在黑龙江 1 年 1 代，秦巴林区 1 年 1~2 代，均以成虫越冬。由于成虫寿命较长，各地有不同的物候群，所以生活史不整齐。在黑龙江带岭林区有 2 个物候群：一个在早春 5 月中下旬开始活动并筑坑道产卵，子代至 7 月中旬羽化为新成虫，当年可转移到其它处所进行补充营养。另一物候群于 7 月上旬开始筑坑道产卵，直至 8 月中旬才羽化为新成虫，它们通常不离开原坑道，就在蛹室附近向木质部内咬筑深 2~3cm 的盲孔，头向内钻入越冬。

此虫的每个"家族"由 1 雄虫和 2~4 雌虫所组成。坑道内蛀屑红褐色，当清晨或湿润天气堆在树干基部和根颈，像漏斗状花朵一般。全部坑道都在韧皮部中，边材上仅留下浅痕。

十二齿小蠹主要寄生在树干干基和主干的厚树皮部分，以在 8~18mm 厚树皮下密度最大。成虫喜光，一般侵害倒木的向阳面。疏林地、日照良好的阳坡、林相残破的火灾迹地、采伐迹地、公路及森林铁路沿线的过熟衰老林木受害较重。此外，林内未剥皮原木、新伐倒木和枯立木均可促使小蠹虫发生基地的形成和发展。

天敌有松扁腹长尾金小蜂 Pycnetron curculionidis 等 5 种寄生蜂。

落叶松八齿小蠹 Ips subelongatus Motschulsky（图 9-8）

分布于我国山西、内蒙古、辽宁、吉林、黑龙江、云南；国外分布于朝鲜、日本、蒙古、俄罗斯，欧洲。主要危害落叶松，在红松和云杉上也有发现。近年来，本种作为北方落叶松人工用材林蛀干害虫的先锋种，经常猖獗成灾，侵害健康或半健康活立木，已构成当前落叶松人工林经营中的巨大威胁。

形态特征

成虫　体长4.4~6mm。鞘翅长为前胸背板长的1.5倍，为两翅合宽的1.6倍。本种与同属其它近缘种的区别是：翅盘两侧各有4个独立齿，第1齿不很细小，第2、3齿间距最大；翅盘表面与鞘翅其余部分同样光亮；额下部中央无瘤。

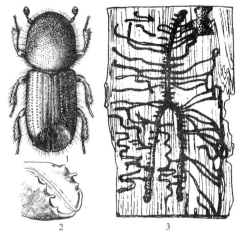

图9-8　落叶松八齿小蠹
1. 成虫　2. 鞘翅末端　3. 坑道

幼虫　体长4.2~6.5mm。体弯曲，多皱褶，被有刚毛，乳白色。头灰黄至黄褐色；额三角形，下缘着生1对触角。前胸和第1~8腹节各有气孔1对。

坑道　复纵坑，在立木上通常1上2下，呈倒叉形，在倒木上3条成放射状向外伸展；子坑道横向，由母坑道两侧伸出，当2条母坑道接近而并行时，子坑道则多由母坑道外侧伸出；补充营养坑道不规则。

生活史及习性

在黑龙江省1年2代，在第1、第2代之间存在明显的姊妹世代。主要以成虫在枯枝落叶层、伐根及楞场原木皮下越冬。少数个体以幼虫、蛹在寄主树皮下越冬。5月上旬越冬成虫开始出蛰扬飞，筑交配室及坑道进行交尾、产卵，5月下旬幼虫孵化，6月下旬开始化蛹，6月中旬可见到第1代新成虫。姊妹世代发生于越冬雌虫的部分个体在6月下旬产卵过程中从原坑道内飞出，在补充营养的同时重新选择新寄主筑坑道产卵，7月上旬幼虫孵化，7月下旬开始化蛹，8月上旬可见到姊妹世代的新成虫。第1代及姊妹世代的新成虫在原寄主上以不规则延伸坑道方式补充营养后，8月中下旬再次扬飞扩散，并筑交配室及坑道进行交尾、产卵；8月上旬幼虫孵出，下旬化蛹，9月上旬出现第2代新成虫。

1年有3次扬飞高峰。第1次为越冬成虫的春季扬飞，始于5月上旬，5月中旬为高峰期。第2次为姊妹世代和新成虫的补充营养扬飞，始于6月下旬，7月中旬为高峰期。第3次为第2代及姊妹世代新成虫的扬飞，8月中旬为高峰期。扬飞扩散中的雄虫在寄主萜烯类化合物的"初级引诱"下，着落寄主树，蛀侵入孔，钻入树皮下筑交配室；一旦排出粪便及钻孔屑则其中所含有的聚集信息素即作为"次级引诱"招引同种虫经侵入孔聚集于交配室。卵期8~13d。初孵幼虫从卵室开始向母坑道两侧取食韧皮部。幼虫共3龄，老熟幼虫在子坑道末端蛹室内化蛹。蛹期7~11d。成虫羽化后，从蛹室开始以延长子坑道的方式取食 10d 以上，蛀羽化孔飞出，重新侵入新寄主并筑单独的补充营养坑。

根据该虫对落叶松的侵害部位及干枯类型可分为树冠型、基干型和全株型 3 类，其中全株型占受害林木的 90% 以上。树皮厚度在 4～20mm 范围内均可受害。成虫喜光、喜温。衰弱木、新倒木易受害，郁闭度小的林分以及林缘受害重。此虫通常发生在森林火灾、食叶害虫猖獗以及风雨旱涝等自然灾害地区，可持续 2～4 年，并可形成猖獗发源地。

天敌有长蠹刻鞭茧蜂 Coeloides bostrichorum、八齿小蠹广肩小蜂 Ipideurytoma subelongati、暗绿截尾金小蜂等 7 种寄生蜂和红胸郭公虫。

云杉八齿小蠹 Ips typographus Linnaeus（图 9-9）

分布于我国吉林、黑龙江、四川、新疆；国外分布于朝鲜、日本、俄罗斯，欧洲。已知其寄主树约 18 种，以红皮云杉、雪岭云杉及鱼鳞云杉受害最严重。在条件适合时，可直接侵害健康立木，和其它小蠹一起，造成林木大片枯死。

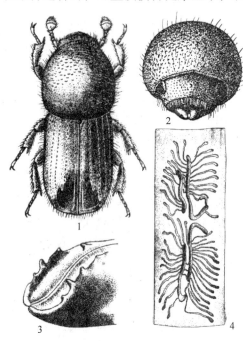

图 9-9 云杉八齿小蠹
1. 成虫 2. 头部 3. 鞘翅末端 4. 坑道

形态特征

成虫 体长 4.2～5.5mm。黑褐色，有光泽，被褐色绒毛。额面具有粗糙颗粒，额下部中央、口器上方有 1 个瘤状大突起。前胸背板前半部中央具有粗糙的皱褶，后半部为稀疏的刻点。前翅具刻点沟，沟间平滑，无刻点；鞘翅后半部呈斜面形，斜面两侧缘各具 4 个齿状突起，第 3 齿呈纽扣状，其余 3 齿圆锥形，4 个齿单独分开。斜面凹窝上有分散的小刻点，斜面无光泽。

坑道 复纵坑，上下各 1，排成直线。母坑长 3.0～15cm，以 5～8cm 最多。子坑道沿母坑道两侧横向并向上、下弯曲伸出，逐渐向树皮边材加深变宽。

生活史及习性

在吉林和黑龙江省 1 年 1 代，以成虫在树干基部和枯枝落叶层下越冬，少数在枯死幼树皮下或旧坑道内越冬。一般翌年 5 月下旬至 6 月上旬越冬成虫开始活动，7 月初为侵入危害盛期。成虫侵入 1～2d 后开始产卵。卵期 7～14d；幼虫期 16～26d；蛹期 10～15d。从卵到新生成虫共需 33～55d。新生成虫一般在树皮下停留 28～30d 飞出。

雄虫先从寄主树皮鳞片缝隙处钻 1 个倾斜的圆形或椭圆形侵入孔，立木上的侵入孔倾斜情况多为从下往上或偏左、右向；在倒木上侵入孔方向无明显的规律性。侵入孔外方留有树脂和木屑。紧接侵入孔在树皮间筑1个交配室，通过排出粪便释放信息素引诱雌虫交尾，第1雌虫交尾后即向上修筑母坑道；另一雌虫又入交配室交尾，并向下筑1个与第1雌虫所筑坑道相反方向的母坑道。一般1个侵入孔为1雄2雌，也有1雄3雌的。雌虫在筑母坑道产卵时，雄虫通常在交配室，有保卫、御敌之意。

雌虫在产卵过程中，仍然继续交尾2~3次。当第1次产卵孵化的幼虫老熟后，成虫即爬出孔外，另找部位或寄主侵入，进行2次交尾、产卵。幼虫老熟时在子坑道末端筑1个椭圆形蛹室，子坑道内充满木屑虫粪。新成虫在虫道附近的树皮下或边材进行补充营养，8月底开始从树皮下穿孔飞出。补充营养坑道在入侵处建有掌形的交配室，坑道较母坑道稍短，粗而弯曲，或呈不规则形，内充满虫粪和木屑。9月下旬开始寻找越冬场所，如在土中可深达10cm左右。生活史不整齐，在整个生长期内，几乎随时都可找到各虫态。

此虫多寄生于树干的中、下部，在林缘立木上的分布可由树干基部到树梢部。喜通风透光，但又不喜阳光直射。过度透光和极度遮荫对其生存均不利。

天敌有暗绿截尾金小蜂、兴安小蠹广肩小蜂 *Eurytoma xinganensis* 等8种寄生蜂，以及啄木鸟、阎魔虫等。

柏肤小蠹 *Phloeosinus aubei* Perris（图9-10）

分布于我国北京、江苏、台湾、山东、河南、陕西、云南；国外分布于欧洲。主要危害侧柏、圆柏。在成虫补充营养期危害枝梢影响树形、树势，繁殖发育期危害寄主枝干造成枯枝和立木死亡。

形态特征

成虫 体长2.1~3.0mm，赤褐或黑褐色，无光泽。头部小，藏于前胸下，触角赤褐色，球棒部呈椭圆形，复眼凹陷较浅，前胸背板宽大于长，前缘呈圆形，体密被刻点及灰色细毛，鞘翅前缘弯曲呈圆形。每个鞘翅上有9条纵纹，鞘翅斜面具凹面，雄虫鞘翅斜面有齿状突起，雌虫也有突起但比雄虫小。

幼虫 初孵幼虫乳白色，老熟幼虫体长2.5~3.5mm，乳白色，头淡褐色，体弯曲。

坑道 单纵坑，长15~45mm。

生活史及习性

在山东省1年1代，以成虫在柏树枝梢内越冬。翌年3~4月间陆续飞出。雌虫寻觅生长势弱的侧柏、圆柏蛀圆形侵入孔侵入皮下，雄虫跟随进入，并共同筑成不规则的交配室交尾。交尾后的

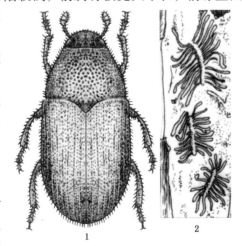

图9-10 柏肤小蠹
1. 成虫 2. 坑道

雌虫向上咬筑单纵母坑道，并沿坑道两侧咬筑卵室产卵。在此期间，雄虫在坑道将雌虫咬筑母坑道产生的木屑由侵入孔推出孔外。雌虫一生产卵 26~104 粒。卵期 7d。4 月中旬出现初孵幼虫，由卵室向外沿边材表面筑细长而弯曲的坑道，长 30~41mm。幼虫发育期 45~50d。5 月中下旬老熟幼虫在坑道末端与幼虫坑道呈垂直方向咬筑 1 个深约 4mm 的圆筒形蛹室化蛹，蛹室外口用半透明膜状物封住。蛹期约 10d。成虫于 6 月上旬开始出现，成虫羽化期一直延续到 7 月中旬，6 月中下旬为羽化盛期。

成虫羽化后沿羽化孔向上爬行，经过一段时间即飞向健康的柏树树冠上部或外缘的枝梢，咬蛀侵入孔向下蛀食进行补充营养。枝梢常被蛀空，遇风吹即折断，严重时常见树下有成堆被咬折断的枝梢，使柏树遭受严重损害。成虫至 10 月中旬后进入越冬状态。

天敌有柏蠹黄色广肩小蜂 *Phleudecatoma platycladi*、柏蠹长体刺角金小蜂 *Anacallocleonymus gracilis*、柏小蠹啮小蜂 *Tetrastichus cupressi* 等 10 种寄生蜂。

杉肤小蠹 *Phloeosinus sinensis* Schedl（图 9-11）

分布于我国陕西、河南、安徽、江苏、浙江、江西、福建、广东、湖南、湖北、四川。是我国南方杉木林中常见的蛀干害虫。危害活立木或伐倒木的主干。在韧皮部与边材之间蛀食密集坑道，阻滞营养物质和水分的输送，造成零星或成片杉木枯萎死亡。

形态特征

成虫　体长 3.0~3.8mm，体深褐或赤褐色。复眼肾形，前缘中部有似角状较深凹陷。触角锤状部长饼状，分 3 节。前胸背板略呈梯形，长略小于宽，基缘中央凸出，尖向鞘翅。背板密布圆形小刻点，并密被茸毛。茸毛出自刻点中心，倒伏指向背中线。鞘翅基缘弧形，略隆起，上面的锯齿大小均一，相距紧密；间部宽阔低平，密被细毛，向后斜竖。鞘翅斜面，第 1、3 沟间部隆起，第 2 沟间部低平，间部上的颗瘤似尖桃状。

幼虫　老熟幼虫体长 5.0mm。幼龄幼虫体紫红色，老熟幼虫黄白色。口器褐色。

坑道　单纵坑。

生活史及习性

在安徽省 1 年 1 代，以成虫在杉木树干皮层内越冬。生活史可分为散居越冬和集聚危害两个时期。

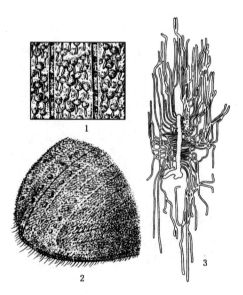

图 9-11　杉肤小蠹
1. 鞘翅中部扩大　2. 鞘翅斜面♂　3. 坑道

集聚危害期：越冬成虫于3月中旬至4月下旬相继从分散的杉株脱离，聚集危害5~15年生的健康木树干。雌虫在3m以下树干蛀入皮层咬交配室与雄虫交尾，咬筑母坑道及卵室产卵。每雌平均产卵48粒，卵期3~5d。3月下旬至4月下旬为产卵期，4月初至6月中旬为幼虫期，5月上旬至7月下旬为蛹期，5月中旬即有新成虫羽化，并继续危害。

散居越冬期：7月上旬新成虫陆续自寄主飞离至健康木，分别在枝干皮层蛀穴越冬。受害树健康可导致外泌树脂，并迫使成虫自蛀口退出，转移侵蛀其它健康木，杉株经重复多次受侵害而严重流脂，生长势迅速衰退，树皮极易剥离。

严重受害区通常在海拔300m左右，6~10年人工纯幼林。衰弱、林缘木受害重，林中被害株常呈簇状分布。

天敌有杉蠹黄色广肩小蜂 *Phleudecatoma cunninghamiae* Yang。

黄须球小蠹 *Sphaerotrypes coimbatorensis* Stebbing（图9-12）

分布于我国河北、山西、安徽、河南、湖南、四川、陕西；国外分布于印度。危害核桃、枫杨。成虫蛀食嫩芽，幼虫危害衰弱枝条，造成枯梢。

形态特征

成虫 体长2.5~2.8mm。雄虫额部狭平，中隆线短小；雌虫额部较宽阔平缓，额面刻点含混不匀，间隔突起成粒；额毛有2种，一种为自下而上贴伏于额面短小的三叉毛；另为均匀散布于两眼间的额面上挺拔的刚毛，长短一致，略向额顶倾伏。下颚和下唇丛生黄色长毛，外咽缝两侧各有1束黄色刚毛，齐向前伸达下唇。前胸背板刻点大小混杂，稠密粗糙，生有稠密的三叉毛和疏落散布的少许小鳞片。鞘翅基缘上的锯齿稠密，由里向外逐渐加大；刻点沟狭窄深陷；沟间部宽阔隆起。

幼虫 老熟体长约3mm，乳白色，弯曲呈弓形。头小，淡褐色，上颚褐色。

坑道 单纵坑，长约18~44mm，深约2~5mm。

生活史及习性

在陕西、河北1年1代，以成虫在核桃树1年生枝条的顶部蛀孔越冬。次年4月上旬成虫开始活动，大多数在健康枝条上，少数在半枯枝条芽的基部咬筑补充营养坑道取食危害。4月中旬雌成虫选择半枯枝条蛀入，筑交配室。在雄成虫进入交尾后，雌成虫一边沿形成层向上蛀食母坑道，一边产卵于坑道两

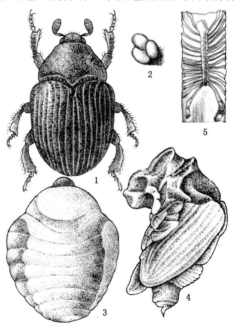

图9-12 黄须球小蠹
1. 成虫 2. 卵 3. 幼虫 4. 蛹 5. 坑道

侧。雌虫挖掘坑道，雄虫搬运木屑。产卵量平均27.2粒。卵期约10d，4月下旬幼虫开始孵化，盛期在5月下旬至6月上旬。幼虫孵化后，分别在母坑道两侧筑横向子坑道，取食生长。5月下旬，老熟幼虫于6月上旬开始在子坑道末端筑蛹室化蛹；6月中下旬为盛期。蛹期约30d。成虫6月中旬开始出现，盛期为7月上中旬。成虫在白天出孔。当年羽化的新成虫再钻入新芽基部取食危害。受害芽中顶芽占63%。越冬前，1头成虫可蛀食1~9个芽。

树势弱的树受害较重；树冠上部和外缘枝受害明显大于树冠下部和内膛枝。

天敌有长腹木蠹啮小蜂 Tetrastichus telon、桃小蠹长足金小蜂 Macromesus persicae 等14种寄生蜂。

纵坑切梢小蠹 Tomicus piniperda (Linnaeus)（图9-13）

分布于我国辽宁、吉林、河南、江苏、浙江、湖南、四川、云南、陕西；国外分布于朝鲜、日本、俄罗斯、蒙古、瑞典、荷兰、芬兰、北美洲。主要危害马尾松、赤松、华山松、云南松、油松、黑松、樟子松。该虫繁殖期危害树干，在韧皮部蛀坑道致使林木死亡；成虫补充营养期危害嫩梢，凡被害梢均变黄枯死。

形态特征

成虫　体长3.4~5.0mm。头部、前胸背板黑色，鞘翅红褐色至黑褐色，有强光泽。额部隆起，额心有点状凹陷；额面中隆线起自口上片，止于额心凹点，突起显著；额部底面平滑光亮，额面刻点圆形。鞘翅刻点沟凹陷，沟内刻点圆大，点心无毛；沟间部宽阔，翅基部沟间部生有横向隆堤，起伏显著，以后渐平，出现刻点，分布疏散，各沟间部横排1~2枚；翅中部以后沟间部出现小颗粒。斜面第2沟间部凹陷，其表面平坦，只有小点，无颗粒和竖毛。

幼虫　体长5~6mm。头黄色，口器褐色，体乳白色，粗而多皱纹，微弯曲。

坑道　单纵坑。

生活史及习性

1年1代，以成虫越冬。北方越冬场所在被害树干基部落叶层或土层下0~10cm处的树皮内，南方在被害枝梢内。

在吉林省越冬成虫于翌年4月中旬，当最高气温达8~9℃时开始离开越冬部位，飞向倒木、衰弱木，蛀入后交尾、产卵。一般每雌产卵40~70粒。自4月中旬至7月上旬均可发现越冬成虫钻蛀坑道、交尾、产卵。产卵盛期在4月下旬至5月中旬，卵期9~11d。5月中旬幼虫开始孵化，5月下旬至6月上旬为孵

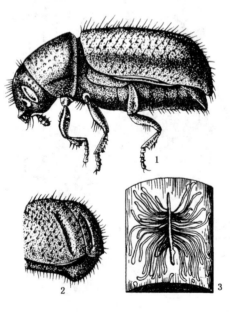

图9-13　纵坑切梢小蠹
1. 成虫　2. 鞘翅末端　3. 坑道

化盛期，幼虫期 15～20d。6 月中旬开始化蛹，6 月下旬为化蛹盛期，蛹期 8～9d。7 月初出现新成虫，7 月中旬为羽化盛期。10 月上中旬当气温降至 -5℃时，在 2～3d 内集中下树越冬。

在云南昆明地区，此虫第 1 次产卵在 1 月中下旬，集中在 2 月中旬至 3 月上旬，第 2 次产卵在 4 月上旬至 5 月下旬。6 月中下旬为新成虫羽化盛期，新成虫羽化后在梢内进行补充营养 200d 以上，成虫除蛀干繁殖外，其它时间都在梢内，一般 1 头成虫至少危害 10 个以上的松梢。

阳坡较阴坡先受害；立地条件差的较立地条件好的先受害；衰弱木较健康木易受害，林缘较林内受害重。因其它病虫危害、森林火灾、干旱、低温冻害等造成树势生长衰弱，林内卫生条件不好，风倒木、濒死木、采伐木、过高的伐根等不能及时清除或不能作防虫处理的，都为该虫繁殖创造了良好条件，容易导致其猖獗。

天敌有长痣罗葩金小蜂、秦岭刻鞭茧蜂等 10 种寄生蜂。

横坑切梢小蠹 *Tomicus minor* (Hartig)（图 9-14）

分布于我国江西、河南、四川、云南、陕西；国外分布于朝鲜、日本、俄罗斯、丹麦、法国，北美洲。危害马尾松、黑松、油松、红松、云南松、糖松。

形态特征

成虫　体长 3.4～4.7mm。鞘翅基缘升起且有缺刻，近小盾片处缺刻中断，与纵坑切梢小蠹极其相似，其主要区别为本种鞘翅斜面第 2 列间部与其它列间部一样不凹陷，上面的颗瘤和竖毛与其它沟间部相同。

坑道　复横坑。左右各一，稍呈弧形；在立木上弧形的两端皆朝向下方，在倒木上则方向不一。子坑道短而稀，一般长约 2～3cm，自母坑道上、下方分出。

生活史及习性

本种常与纵坑切梢小蠹伴随发生。1 年 1 代，以成虫在松树嫩梢或土内越冬。主要侵害衰弱木和濒死木，亦可侵害健康木。多在树干中部的树皮内蛀虫道，常使树木迅速枯死。夏季，新成虫蛀入健康木当年生枝梢，进行补充营养，被害枝梢易被风吹折断。老成虫在恢复营养期内也危害嫩梢，严重时被"剪切"的枝梢竟达树冠枝梢的 70% 以上。蛹室在边材上或皮内。在边材上的坑道痕迹清晰。

天敌有长痣、罗葩金小蜂、秦岭刻鞭茧蜂等 7 种寄生蜂。

此外，本类群还有以下重要种类：

建庄油松梢小蠹 *Cryphalus tabulaeformis chienzhuangensis* Tsai et Li：分布于我国陕西。危害油松。1 年

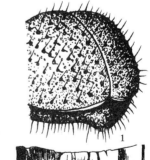

图 9-14　横坑切梢小蠹
1. 鞘翅末端　2. 坑道

发生 2 代，以成虫和幼虫在油松幼年生枝干的皮层内越冬。

马尾松梢小蠹 *Cryphalus massonianus* Tsai et Li：分布于江苏。危害马尾松。在南京 1 年 5 代，以第 3、第 4 代危害最烈。

重齿小蠹 *Ips duplicatus* Sahalberg：分布于黑龙江、内蒙古。危害红皮云杉、落叶松。在内蒙古赤峰 1 年 1 代，以成虫在土中越冬。

光臀八齿小蠹 *Ips nitidus* Eggers：分布于我国西北、西南等地。主要危害岷江冷杉、云杉、青海云杉、天山云杉、川西云杉、高山松等。在甘肃祁连山林区 1 年 1 代，以成虫在地下越冬，少数在树干下部或倒木树皮内越冬。

中穴星坑小蠹 *Pityogenes chalcographus* Linnaeus：分布于我国东北、西北、四川。危害针叶树。在内蒙古呼伦贝尔林区 1 年 1 代，以成虫越冬。

黑木条小蠹 *Xyloterus lineatus* Olivier：分布于我国黑龙江、甘肃，危害臭冷杉、红皮云杉、天山云杉、落叶松。在黑龙江带岭林区 1 年 1 代，以成虫在落叶层或土中越冬。

小蠹虫类的防治方法

(1) 加强检疫 严禁调运虫害木。对虫害木要及时进行药剂或剥皮处理，以防止扩散。

(2) 营林措施 森林的合理经营和管理是提高林分抗性、有效预防小蠹虫大发生的根本措施。①适地适树，合理规划造林地，选择抗逆性强的树种或品种；营造针阔混交林，集约经营管理，加强抚育，封山育林，增加生物多样性。②适龄采伐，合理间伐；伐根宜低并剥皮，梢头木及带皮枝桠应及时清理，保持林地卫生；严防森林火灾、滥砍滥伐，及时清除林内风倒木、风折木、枯立木。③采脂林分先行清理林场，伐除低发育级木和衰弱木。④贮木场应设在远离林分的地方，实行科学管理，在林区形成一整套营林、采伐、贮运的工作体系。

生长季节严禁在伐区存放带皮原木、小径木、梢头；所有新伐木必须运出林外，林间垛场亦应远离林分，贮木场必须对原木分类归垛或就地剥皮。

(3) 除治措施

①生物防治 小蠹虫的天敌资源非常丰富，包括线虫、螨类、寄生蜂、寄蝇、捕食性昆虫及鸟类等。维护森林生态系统的多样性、稳定性，减少杀虫剂的使用和人为对森林生态系统的干扰，保护捕食性天敌昆虫和鸟类在森林生态系统内的生存和繁殖，将会加强天敌的作用，有效地降低小蠹虫的危害；已发现有 7 种以上的华山松大小蠹寄生蜂（茧蜂、金小蜂）对该虫的大发生有明显的控制作用。人工饲养和繁殖小蠹虫天敌，如大唠蜡甲可降低红脂大小蠹的危害；生产其病原微生物并在成虫羽化期喷洒，可使大量成虫感病死亡从而降低其危害水平。

②信息素诱杀 小蠹虫信息素的研究和利用在其控制中的作用日益显著，信息素粗提物及人工合成物的利用方式如下。诱捕法：将人工合成的信息素或化学

引诱物质设置在特定的诱捕器内进行诱杀,以迅速降低种群密度和交配成功率。干扰法:在局部地区大量使用信息素类物质,干扰其入侵和生殖行为,降低其侵害的成功率和产卵能力。

③疏伐及伐除虫害木　虫源地的虫害木要先列入采伐计划,采取卫生择伐措施。疏伐的最佳时间应是其越冬期和幼虫发育期,伐除时应先伐集中危害区,再伐零星危害区;疏伐后应将被害木树干高度4/5以下的树皮全部剥光,并对剥取的树皮和树干喷洒杀虫剂。伐根应低于20cm,并及时清除林内的伐枝。卫生择伐后疏林的林窗隙地应选用适宜的树种进行补植,改变林相以增加森林本身的抗虫性能。

④饵木诱杀　在伐除虫害木、清除林内残枝的基础上,当有虫株率低于2%时可以设置饵木诱杀。方法是在优势种或先锋种扬飞入侵前,采伐少量衰弱树作饵木,视防治对象喜阴喜阳决定饵木的设置方式,一般3~4月和6月各置1批,1~2根/800m²,待新的子坑道大量出现而幼虫尚未化蛹时,应将饵木予以刮皮、歼灭幼虫。在饵木上喷施1%的α-蒎烯可提高诱杀效果。

⑤药剂防治　小蠹虫的化学防治是备受争议的防治技术,首先是对每株树木进行化学防治有困难、不经济,其次是会引起森林生态系统的污染和对森林生物多样性的干扰或破坏,因此使用较少。如要使用,可选择下述方法:a. 在越冬代成虫扬飞入侵盛期(5月末至7月初,依地而异)使用40%氧化乐果乳油100~200倍液或2%的毒死蜱、0.5%的林丹、2%的西维因和2%的杀螟松油剂涂抹或喷洒活立木枝干,可杀死成虫。b. 在北方针对纵坑切梢小蠹在根颈树皮内越冬的特点,早春4月可挖开根颈土层10cm撒施2%杀螟松粉或5%西维因粉,每株用量10g,然后再覆土踏实,杀虫率高达98%。c. 在南方防治纵坑切梢小蠹可根施3%呋喃丹颗粒剂,每株200g或于树干基部打孔注射40%氧化乐果乳油或40%SN-851杀虫剂10倍液2ml,以防止成虫聚集钻蛀。

⑥原木楞垛的熏蒸处理　选用0.12mm厚的农用薄膜,粘合成与楞垛相应大小的帐幕,覆盖并密封,投入溴甲烷10~20g/m³,或磷化铝3g/m³,或硫酰氟30g/m³,密闭熏蒸2~3昼夜。本法除可歼灭小蠹外,还兼治蛀入木质部的天牛幼虫。

9.2　天牛类

目前全世界已知天牛种类超过2万种,我国已记载2 290余种。天牛种类多、分布广、危害普遍,主要以幼虫危害,钻蛀树干、枝条及根部,往往造成树木衰弱或枯死。有些成虫取食花粉、嫩枝皮、嫩枝、叶、根及果实等,也会造成不同程度的危害。天牛的寿命一般较长,尤其是幼虫期,大多需经历1~3年。天牛幼虫对不良环境有很强的忍耐力。

当前,天牛已成为我国林业大敌,所造成的损失远远大于1987年大兴安岭森林大火。

9.2.1 针叶树天牛

松褐天牛 Monochamus alternatus Hope（图9-15）

又名松墨天牛、松斑天牛。分布于我国河北、江苏、浙江、福建、台湾、江西、山东、河南、湖南、广东、广西、四川、贵州、云南、西藏、陕西；国外分布于日本、韩国、老挝。主要危害马尾松，其次危害黑松、雪松、落叶松、油松、华山松、云南松、思茅松、冷杉、云杉、桧、栎、鸡眼藤、苹果、花红等生长衰弱的树木或新伐倒木。在南方各地，常由于马尾松毛虫危害使松树生长衰弱后，此虫大量侵入，引起成片松树枯死。此虫还能传播松材线虫病 Bursaphelenchus xylophilus，日本的松树曾因此病而大量死亡。近年来，该病害已在我国江苏、安徽、广东等省的部分地区发生危害和蔓延扩散，对我国松林造成严重威胁。

形态特征

成虫　体长15~28mm，橙黄色至赤褐色。触角栗色，雄虫触角第1、2节全部和第3节基部具有稀疏的灰白色绒毛；雌虫触角除末端2、3节外，其余各节大都灰白色。雄虫触角超过体长1倍以上；雌虫触角约超出体长1/3。前胸宽大于长，多皱纹，侧刺突较大。前胸背板有2条相当宽阔的橙黄色纵纹，与3条黑色纵纹相间。小盾片密被橙黄色绒毛。每一鞘翅具5条纵纹，由方形或长方形的黑色及灰白色绒毛斑点相间组成。腹面及足杂有灰白色绒毛。

卵　长约4mm，乳白色，略呈镰刀形。

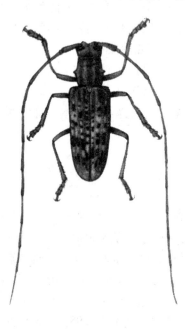

图9-15　松褐天牛

幼虫　乳白色，扁圆筒形，老熟时体长可达43mm。头部黑褐色，前胸背板褐色，中央有波状横纹。

蛹　乳白色，圆筒形，长20~26mm。

生活史及习性

1年1代，以老熟幼虫在木质部坑道中越冬。次年3月下旬，越冬幼虫开始在虫道末端蛹室中化蛹。4月中旬即有成虫羽化，5月为成虫活动盛期。成虫活动分3个阶段，即移动分散期、补充营养期和产卵期。开始补充营养时，主要在树干和1~2年生的嫩枝上，以后则逐渐移向多年生枝取食。成虫喜欢2年生枝。补充营养后期成虫几乎不再移动，一般在外出后10d左右开始产卵，产卵前在树干上咬刻槽，然后将产卵管从刻槽伸入树皮下产卵，交尾和产卵都在夜间进行。每雌一生产卵约100~200粒。衰弱木和新伐倒木能引诱成虫产卵。

幼虫共5龄，1龄幼虫在内皮取食，2龄在边材表面取食，在内皮和边材形成不规则的平坑，导致树木输导系统受破坏。幼虫向木质部内蛀害约在3~4龄，秋天穿凿扁圆形孔侵入木质部3~4cm后，向上或向下蛀纵坑道，纵坑长约5~10cm，然后弯向外蛀食至边材，在坑道末端筑蛹室化蛹，整个坑道呈"U"字形。幼虫蛀食除蛹室附近留下少许蛀屑外，大部分推出堆积树皮下。

成虫喜光，在温度20℃左右最适宜。故一般在稀疏林分发生较重。郁闭度大的林分，则以林缘木受害最多，或林中空地先发生，再向四周蔓延。伐倒木如不及时运出林外，留在林中过夏，或不经剥皮处理，则很快受此虫侵害，成虫迁移距离1.0~2.4km。

天敌有病原微生物、寄生性线虫、寄生性昆虫、捕食性昆虫、蜘蛛、鸟类等。

成虫是传播线虫的媒介。成虫从木质部中外出后，体表即有线虫附着，但大部分线虫在体内，以头、胸部最多，可分布在整个气管系统内，1头成虫携带线虫数最高可达289 000条，一般在成虫羽化外出后15~20d，线虫脱离虫体，脱出率约43%~70%，脱离的线虫能侵入树干危害。

双条杉天牛 *Semanotus bifasciatus*（Motschulsky）（图9-16）

分布于我国北京、河北、山西、内蒙古、辽宁、浙江、安徽、台湾、江西、山东、湖北、广东、广西、四川、贵州、陕西、甘肃、宁夏；国外分布于朝鲜、日本。危害侧柏、圆柏、扁柏、罗汉松等树种的衰弱木、枯立木及新伐倒木。为国内森林植物检疫对象。

形态特征

成虫 体长9~15mm。体形扁，黑褐色。头部生有细密的点刻，雄虫触角略短于体长，雌虫的为体长的1/2。前胸两侧弧形，具有淡黄色长毛，背板上有5个光滑的小瘤突，前面2个圆形，后面3个尖叶型，排列成梅花状。鞘翅上有2条棕黄色或驼色横带，前面的带后缘及后面的带色浅，前带宽约为体长的1/3，末端圆形。腹部末端微露于鞘翅外。

卵 椭圆形，长约2mm。白色。

幼虫 初龄幼虫淡红色，老熟幼虫体长22mm，前胸宽4mm，乳白色。头部黄褐色。前胸背板上有1个"小"字形凹陷及4块黄褐色斑纹。

蛹 淡黄色，触角自胸背迁回到腹面，末端达中足腿节中部。

生活史及习性

在山东、陕西1年1代，以成虫越冬；在北

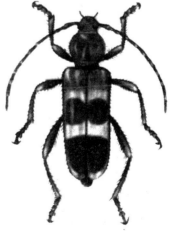

图9-16 双条杉天牛

京大部分1年1代,少数2年1代,以成虫、蛹和幼虫越冬。翌年3月上旬至5月上旬成虫出现。3月中旬至4月上旬为羽化盛期。3月中旬开始产卵,下旬幼虫孵化,5月中旬开始蛀入木质部内,8月下旬幼虫在木质部中化蛹,9月上旬开始羽化为成虫进入越冬阶段。自3月上旬开始,成虫咬破树皮爬出,在树干上形成圆形羽化孔。成虫爬出后不需补充营养。晴天时活动,飞翔能力较强。多在14:00~22:00进行交尾和产卵,其余时间钻在树皮缝、树洞、伤疤及干基的松土内潜伏不动,不易被发现。雌雄成虫均可多次交尾,边交尾边产卵。在新修枝、新采伐的树干和木桩以及被压木、衰弱木上均可产卵,直径2cm以上的枝条都可被害。成虫自羽化孔爬出后,雄虫生活8~28d,雌虫23~32d。每雌产卵27~109粒,平均71粒。卵多产于树皮裂缝和伤疤处,卵期7~14d。幼虫孵化1~2d后才蛀入皮层危害,被害处排出少量细碎粪屑。蛀入树皮后先沿树皮啃食木质部,在木质部表面形成弯曲不规则的扁平坑道,坑道内填满黄白色粪屑。坑道最长可达20cm,宽1.5cm,深0.4cm。树木受害后树皮易于剥落。5月中旬幼虫开始蛀入木质部内。衰弱木被害后,上部即枯死,连续受害便可使整株死亡。8月中下旬幼虫老熟,在木质部中蛀成深0.6~2cm,长3~5cm的虫道,9月陆续羽化为成虫越冬。

粗鞘双条杉天牛 *Semanotus sinoauster* Gressitt (图9-17)

分布于我国江苏、浙江、安徽、福建、台湾、江西、河南、湖北、湖南、广东、广西、四川、贵州。危害杉木、柳杉,是杉木的一种重要害虫,常导致杉木生长量减低,材质变坏乃至整株枯死。

形态特征

成虫 体长12~23mm,体形扁阔。头部黑色,具细刻点。触角黑褐色,雌虫触角约达体长之半,雄虫触角约与体等长。前胸两侧圆弧形,具有较长的淡黄色绒毛,前胸背板具5个光滑的疣突呈梅花形排列。中胸及后胸腹面均有黄色绒毛,鞘翅上有2条棕黄色或驼色带和2条黑色宽横带相间,刻点很多,末端为弧形,腹部棕色,被绒毛。雌虫腹端微露出。

幼虫 老熟幼虫体长25~35mm,乳白色或淡黄色,体略呈扁圆筒形,上颚强大,黑褐色。前胸节较头部及其它各体节均宽,侧缘略呈半圆形,背板黄褐色,生密毛。

生活史及习性

在多数地区1年1代,以成虫越冬;部分地区2年1代,分别以幼虫和成虫越冬。两种世代型的比例因地区而异。1年1代的无明显越冬现象。

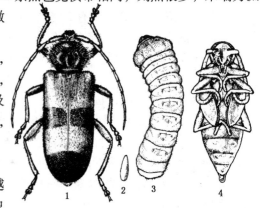

图9-17 粗鞘双条杉天牛
1. 成虫 2. 卵 3. 幼虫 4. 蛹

广东、广西、福建南部地区每年9月中旬成虫开始羽化,羽化后在蛹室内停留30~60d,11月上旬开始外出,11月下旬至12月中旬为外出活动盛期,外出成虫立即交尾产卵,卵期10d,孵出的幼虫蛀入皮下取食,故在11月、12月、1月可同时见到成虫、卵和幼虫。幼虫于4月下旬开始进入木质部蛀食,8月下旬开始化蛹。2年1代的越冬成虫在日平均气温13℃以上的晴朗天气即外出活动。成虫外出盛期约在3月中旬到4月上旬,不善飞翔,有假死性。成虫外出后,可立即进行交尾产卵。产卵于3~4mm宽的树皮缝里。卵多数为单产,少数2~6粒块产。卵多产于树干9m以下部位;平均产卵量40~60粒。卵期10~20d。成虫寿命约7个月。幼虫危害可分为3个阶段,初孵幼虫(初期)由于蛀道穿过韧皮部造成粒状流脂;皮层幼虫(中期)在韧皮部与边材之间危害,蛀成扁圆形不规则的虫道,蛀食后的虫道内充满木屑和排泄物,流脂现象也增加;木质部幼虫(后期)在木质部向下蛀食,蛀道随虫体增大而变粗,粪便及木屑不排出,前蛀后填,充塞坚实,蛀道全长20~40cm。幼虫在蛀道末端作蛹室,于8月下旬开始化蛹,9月下旬开始羽化。

大面积的纯林、丘陵、立地条件差的林分、已感病的林分、树势弱的林分、抚育管理差的林分受害重;阳坡较阴坡受害重,但杉木自然分布偏北的地区阴坡却比阳坡受害重。从杉木品系来看,青枝杉薄皮型的品系较其它品系受害轻。从树龄看,当树龄达3~4年生时,表皮自然裂缝明显,才会受害,5年生的林分树干基部受害较重,6~7年生的林分树冠受害较重,10年生以上的林分树干顶部受害逐渐增多。从胸径看,当杉木胸径达3~4cm时才会受害,8~18cm受害较重,因天牛有向树干下部蛀食的习性,所以在树干2m以下及根颈部受害更严重。不同的营林措施对该虫发生也起着重要作用,造林密度3 750~4 500株/hm^2,造林后间种3~4年农作物,坚持抚育,及时清除萌芽条,抗虫能力会明显增强。

天敌主要有棕色小蚂蚁、拟郭公虫、管氏肿腿蜂、斑头陡盾茧蜂、两色刺足茧蜂等。

云杉小黑天牛 Monochamus sutor Linnaeus (图9-18)

分布于我国东北,内蒙古、山东、青海;国外分布于朝鲜、日本、蒙古、中亚、俄罗斯、西欧。主要危害云杉、冷杉,间或危害落叶松、欧洲赤松和红松。侵害活立木、伐倒木和风倒木。幼虫蛀食木质部,给树木造成很大损害,使木材降低使用价值。成虫补充营养时期大量啃咬树枝韧皮部,影响立木生长。

形态特征

成虫 体长15~24mm。体黑色,有时微带古铜色光泽。全身密被淡灰色至深棕色的稀疏绒毛。头部刻点很密,粗细混杂,头顶刻点较粗糙。雄虫触角超过体长1倍以上,黑色,密布细颗粒;雌虫触角超过体长1/4,从第3节起每节基部被灰色毛。前胸背板两侧刻点粗密,中央较稀,一般在中央前方略有皱纹;侧刺突粗壮,末端钝圆;雌虫前胸背板中区前方常有2个淡色小型斑点。小盾片具灰白或灰黄色毛斑，中央有无毛细纵纹1条。鞘翅黑色，绒毛细而短；沿基缘及肩部具颗粒，全翅刻点粗糙，端部较基部为细；鞘翅末端钝圆。

卵　长椭圆形，稍弯曲，长约3.3~3.8mm，宽1~1.6mm，白色。

幼虫　老熟幼虫体长35~40mm，体淡黄白色。头部褐色，头壳后段缩入胸部，口器黑褐色，附近密被黄色刚毛；上颚强大。前胸宽大扁平，背板较骨化，上有许多纵向细纹，中间有1条纵缝。

蛹　长17~20mm，白色。触角在中足和后足之间弯成螺旋形。胸部有钝的小齿，腹部有黑色刚毛。最后腹节呈长圆锥形。

生活史及习性

在东北1年1代，以幼虫在木质部虫道内越冬。次年春天继续取食，老熟后于5月开始在距树皮2~3cm的虫道内作蛹室化蛹。6月初成虫咬一圆形羽化孔飞出，盛期在6月中下旬，一直延续到8月份。成虫飞出后在树冠上取食嫩枝皮进行补充营养，粗枝上多呈带状危害，在8mm以下的细枝上则呈环状危害，不仅咬食枝皮，

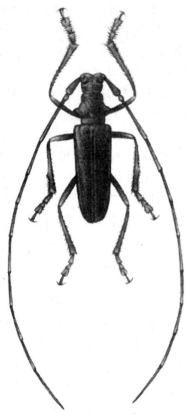

图9-18　云杉小黑天牛

还喜欢取食木段断面的韧皮部，常咬成很大的缺口。成虫较活跃，喜光，有假死习性；交尾、产卵和补充营养相间进行。该虫喜欢将卵产在适于幼虫生活的新伐倒木或风倒木树干上，产在表皮和韧皮部之间。刻槽长棱形，平均长4~66mm，均匀地分布在木段上。一般1个刻槽内有卵1粒。雌虫平均产卵22~39粒。卵期9d。初孵幼虫开始只取食周围的韧皮部，形成不规则虫道，蛀屑呈褐色紧贴在边材上。经20~30d后，咬1个卵形孔蛀入木质部，排出长3~4mm的粗糙虫粪和蛀屑。幼虫蛀道有3种类型，一是"一"字型坑道或称直坑。另两种是"U"和"L"形坑道。9月下旬幼虫开始在木质部虫道内越冬。幼虫共5龄。老熟幼虫在蛀道末端咬宽大蛹室，蛹室距木质部外缘约2mm，待成虫羽化后，咬穿羽化孔钻出。蛹期平均10d。

此虫危害程度与径级大小有关，径级越大被害越严重。云杉以28~32cm，红松以48cm，落叶松以32~36cm的径级受害最重。

天敌有啄木鸟、寄生蜂和大蚂蚁。

云杉大黑天牛 *Monochamus urussovi* Fisher（图9-19）

分布于我国东北，河北、内蒙古、江苏、山东、陕西；国外分布于朝鲜、日

本、蒙古、俄罗斯、芬兰。危害红皮云杉、鱼鳞云杉、红松、臭冷杉、兴安落叶松、长白落叶松、白桦。幼虫危害伐倒木、生长衰弱的立木、风倒木以及贮木场中原木,是北方针叶树木材的主要害虫;成虫危害活树的小枝。

形态特征

成虫 体长 21~33mm。体黑色,带墨绿色或古铜色光泽。雄虫触角约为体长的 2~3.5 倍,雌虫触角比体稍长。前胸背板有不明显的瘤状突 3 个,侧刺突甚发达。小盾片密被灰黄色短毛。鞘翅基部密布颗粒状刻点,并有稀疏的短绒毛,愈向后,颗粒愈平,毛愈密,至末端完全被毛覆盖,呈土黄色;鞘翅前方约1/3处,有 1 条横压痕。雄虫鞘翅基部最宽,向后渐狭。雌虫鞘翅两侧近平行,中部有灰白色毛斑,聚集成 4 块,但常有许多变化,不规则。

幼虫 老熟幼虫体长 37~50mm。乳白色至乳黄色。前胸背板淡棕色,有凸字形棕色斑,无胸足。

生活史及习性

在小兴安岭 2 年 1 代,少数 1 年或 3 年 1 代。以幼虫越冬。成虫 6 月上旬开始羽化,6 月下旬至 9 月上旬为产卵期,卵期 7~13d,初孵幼虫直接钻入树皮,在韧皮与边材之间取食,被害部蛀道不规则。当年脱皮 2~3 次,约于 8

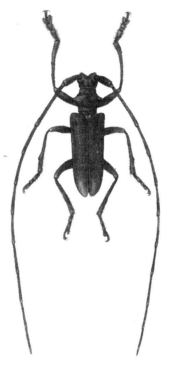

图 9-19 云杉大黑天牛

月上旬开始向木质部作坑道,9 月下旬进入木质部坑道中越冬。当年坑道大部分垂直伸入,长 8~12cm,侵入孔椭圆形。第 2 年 5 月上旬,越冬幼虫从木质部回到树皮下,继续取食。7 月中旬成熟,再次进入木质部作马蹄形或弧形坑道,坑道末端是蛹室,以老熟幼虫或预蛹第 2 次越冬,第 3 年 5 月上旬至 7 月中旬化蛹。蛹期 20~27d。整个幼虫期约 2 年。木质部中的坑道全长平均 26.4cm,深平均 9.4cm。成虫羽化后在蛹室中停留约 7d 后钻出。成虫补充营养取食嫩枝树皮;并咬至髓心,经过 10~21d 后开始交尾产卵,产卵期延续 10~34d,每雌平均产卵 30 粒。雌虫最喜欢在云杉伐倒木上产卵,其次是红松、冷杉和落叶松。在冷杉林内主要把卵产在风倒木和伐倒木上,其次是生长衰弱的树木上,产卵时雄虫常随在雌虫后面,雌虫在树皮上咬一眼形小槽。每槽产卵 1 粒。在原条上自基部到梢头都有卵。

此外,本类群重要种还有:

小灰长角天牛 *Acanthocinus griseus* (Fabricius):分布于我国河北、东北、山东、陕西,危害红松、云杉、鱼鳞云杉、油松、华山松、栎属;以红松受害较为严重。1 年发生 1 代,通常以成虫在蛹室越冬。

杉棕天牛 *Callidium villosulum* Fairmaire：又名杉扁胸天牛。分布于江苏、浙江、江西、福建、贵州、湖南、湖北、四川、广东、广西，危害杉木和柳杉，3～5年生幼树严重受害，有时大树上部枝条亦受害，可导致树木枯死。在江西1年1代，以初羽化成虫在木质部蛹室越冬。

光胸断眼天牛 *Tetropium castaneum*（L.）：又名光胸幽天牛。分布于我国河北、山西、内蒙古、东北、云南、陕西，危害云杉、冷杉和落叶松。在小兴安岭林区1年发生1代，以老熟幼虫在木质部内越冬。

9.2.2 阔叶树天牛

星天牛 *Anoplophora chinensis*（Förster）（图9-20）

国内分布于华北、华东、华中、华南，辽宁、吉林、广西、贵州、四川、宁夏、甘肃、陕西；国外分布于朝鲜、日本、缅甸。危害木麻黄、杨、柳、榆、刺槐、核桃、桑树、红椿、楸、乌桕、梧桐、相思树、苦楝、悬铃木、母生、栎、柑橘及其它林果等19科29属48种植物。

形态特征

成虫　雌虫体长36～41mm；雄虫体长27～36mm。黑色，具金属光泽。头部和身体腹面被银白色和部分蓝灰色细毛，但不形成斑纹。触角第1、2节黑色，其它各节基部1/3有淡蓝色毛环，其余部分黑色，雌虫触角超出身体1、2节，雄虫触角超出身体4、5节。前胸背板中瘤明显，两侧具尖锐粗大的侧刺突。小盾片一般具不明显的灰色毛，有时较白或杂有蓝色。鞘翅基部密布黑色小颗粒，每翅具大小白斑约20个，排成5横行。斑点变异较大，有时很不整齐，不易辨别行列，有时靠近中缝的消失。

卵　长椭圆形，长5～6mm，宽2.2～2.4mm。初产时白色，以后渐变为浅黄白色。

幼虫　老熟幼虫体长38～60mm，乳白色至淡黄色。头部褐色，长方形，中部前方较宽，后方缢入；前胸略扁，背板骨化区呈"凸"字形，凸字形纹上方有2个飞鸟形纹。

蛹　纺锤形，长30～38mm，初为淡黄色，后渐变为黄褐色至黑色。

生活史及习性

在福建、浙江1年1代，少数3年2代或2年1代。以幼虫在木质部越冬。越冬幼虫翌年3月以后开始活动；多数幼虫4月上旬开始化蛹，5月下旬化蛹基本结束。蛹期长短各地不一，福建惠安约90d；浙江19～33d。5月上中旬成虫开

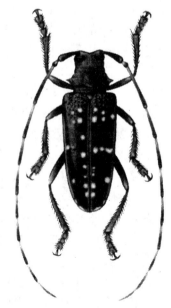

图9-20　星天牛

始羽化，5月下旬至6月中下旬为成虫出孔高峰，羽化孔一般离地面 1~28cm。成虫羽化后啃食寄主幼嫩枝梢的树皮作补充营养，10~15d 后交尾。破晓时较活跃，中午多停息枝端，21：00 后及阴雨天多静止。交尾后 3~4d，于6月上旬，雌成虫在树干下部或主侧枝下部产卵，6月下旬至7月上旬为产卵高峰，卵多产在离地面 10cm 以内的主干上，且以胸径 6~15cm 的树干居多。产卵前先在树皮上咬"T"或"人"字形刻槽，用上颚稍微掀开皮层，再将产卵管插入刻槽一边的树皮夹缝中产卵，每处1粒，每雌虫1生可产卵 23~32 粒。成虫寿命一般 40~50d，飞行距离约 40m。

卵期 10d，7月上中旬为孵化高峰，初孵幼虫从产卵处蛀入，在树木表皮与木质部之间蛀食，形成不规则的扁平虫道，虫道内充满虫粪，20~30d 后开始向木质部蛀食，常见向上蛀成不规则的虫道，也有的向下蛀入根部；并开有通气孔 1~3 个，从中排出似锯木屑的粪便，整个幼虫期长达 10 个月，虫道长 20~60cm，宽 0.5~9.0cm。幼虫危害部位在离地面 20cm 以下的树干上占 91.4%，钻入地下根部占 2.3%，其余在 20cm 以上部位。幼虫共6龄。老熟幼虫用木屑、木纤维把虫道两头堵紧，构作蛹室，并于其中化蛹。

星天牛在 4~6 年生林分、郁闭度大、通风透气不良、林地卫生差、杂草丛生的农田防护林带、片林危害严重，2 年生以下或 9 年生以上的林木受害轻。

光肩星天牛 *Anoplophora glabripennis* (Motschulsky)（图 9-21）

国内分布于除新疆、海南、澳门、香港、台湾外各地；国外分布于朝鲜、日本、美国、加拿大、越南。危害杨、柳、糖槭、元宝枫、榆、七叶树、悬铃木。在"三北"防护林及华北平原绿化区广泛发生，严重危害杨树、柳树。受害的木质部被蛀空，导致树干风折或整株枯死。国内森林植物检疫对象黄斑星天牛 *Anoplophora nobilis* Ganglbauer 已被证实为本种的同物异名。

形态特征

成虫　体长 14~40mm，体黑色，有光泽。头部比前胸略小，自后头经头顶至唇基有 1 条纵沟，以头顶部分最为明显。触角鞭状，自第 3 节起各节基部呈灰蓝色。雌虫触角约为体长的 1.3 倍，最后 1 节末端为灰白色。雄虫触角约为体长的 2.5 倍，最后 1 节末端为黑色。前胸两侧各有 1 刺状突起，鞘翅上各有大小不等的白色或乳黄色毛斑约 20 个，毛斑大小、形状、位置、数量变异较大。鞘翅基部光滑无小突起。身体腹面密布蓝灰色绒毛。腿节、胫节中部及跗节背面有蓝灰色绒毛。

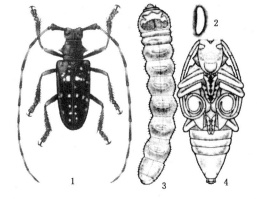

图 9-21　光肩星天牛
1. 成虫　2. 卵　3. 幼虫　4. 蛹

卵　乳白色，长椭圆形，长5.5~7mm，两端略弯曲，将孵化时，变为黄色。

幼虫　初孵幼虫为乳白色，取食后呈淡红色，头部呈褐色。老熟幼虫体长约50mm，体带黄色，头部褐色。前胸大而长，其背板后半部较深，呈凸字形。

蛹　全体乳白色至黄白色，长30~37mm；附肢颜色较浅。

生活史及习性

1年1代或2年1代。卵、幼虫、蛹均能越冬。成虫羽化后在蛹室内停留约7d，然后在侵入孔上方咬羽化孔飞出。成虫5月开始出现，7月上旬为羽化盛期，至10月上旬仍有个别成虫活动。成虫白天活动，以8：00~12：00最为活跃。阴天或气温达33℃以上时多栖于树冠丛枝内或阴暗处。成虫补充营养时取食杨、柳等叶柄、叶片及小枝皮层，补充营养后2~3d交尾。成虫一生可多次交尾和产卵，产卵前，成虫先用上颚咬1个椭圆形刻槽，然后将产卵管插入韧皮部与木质部之间产卵，每刻槽产卵1粒，产卵后分泌胶黏物封塞产卵孔，每雌平均产卵约32粒。从树木的根际至3cm粗的小枝上均有刻槽分布，主要集中在树干枝杈或萌生枝条的部位。成虫飞翔力不强，易于捕捉，无趋光习性。雌虫寿命14~66d，雄虫3~50d。卵期在6~7月，一般为11d。幼虫孵出后，开始取食腐坏的韧皮部，排出褐色粪便。2龄幼虫开始向旁侧取食健康树皮和木质部，并从产卵孔中排出褐色粪便及蛀屑。3龄末或4龄幼虫在树皮下经取食约3.8cm^{2}后，开始进入木质部危害，排出白色木屑。起初隧道横向稍弯曲，然后转向上方。隧道随虫体增长而增大。隧道长3.5~15cm，平均9.6cm。一般木质部的隧道仅为栖息场所，幼虫常回到韧皮部与木质部之间取食，粪便随即排出隧道，所以被害树干、树皮呈掌状陷落，其面积达120~214mm^2，平均166mm^2。每头幼虫可钻蛀破坏约10cm粗、12cm长的一个材段，或相当的一块木材。

光肩星天牛对林木的严重危害，是其种群连续危害的结果。在河北省，其1代的最终存活率约为17.78%。由于虫道集中分布，常使树干局部中空，外部膨大呈长30~70cm的"虫疱"。树上"虫疱"的多少与林木被害期成正相关。连续受4代天牛危害的林木，树干上常出现1~2段"虫疱"；受6代天牛危害的林木，树干上呈现2~5段"虫疱"；如受害时期再长，则树木的枝干上"虫疱"累累，小枝稀疏，树叶凋零，材质低劣，经济效益和生态效益均受到严重影响。

天敌主要有斑啄木鸟和花绒坚甲，对该天牛的发生和危害有较好的控制作用。

橙斑白条天牛 *Batocera davidis* Deyrolle（图9-22）

分布于我国浙江、福建、台湾、江西、河南、湖北、湖南、广东、四川、贵州、云南、陕西。危害油桐、核桃、板栗、苦楝、苹果。幼虫钻蛀树干，使树势严重衰弱，以致枯死；成虫补充营养时咬啃1年生枝条树皮，使果实脱落，并咬断枝条，导致桐林衰败，造成的伤口又为油桐锯天牛产卵危害创造了条件。

形态特征

成虫　体长51~68mm。体棕褐色，被灰白色绒毛。头黑褐色，背面有1条纵沟。头胸间有1圈金黄色绒毛。前胸侧刺突发达，背面有2个橙红色肾形大斑。小盾片白色。翅鞘基部1/4区生有许多疣状颗粒；肩刺向前方突出；大多数个体的鞘翅上生有12个橙红色斑点，翅端1/3区有2个小斑。身体两侧自眼后起至尾端止有白色宽带。腹部腹面可见5节，末节后缘凹入。雌虫体形比雄虫大，触角较体略长，鞭节内侧刺突不及雄虫发达，腹部末节端缘中部微凹缺。雄虫触角超过体长1/3，腹部末节端缘呈弧凹。

幼虫 老熟幼虫体长约100mm，最长可达120mm；前胸背板横宽、棕色，周缘色淡，两侧骨化区向前侧方延伸呈角状，尖端与体侧骨化区相接；前胸背板后方后背板褶发达，新月形，具6~9排深色颗粒，第1排的颗粒最大，略呈短柱形，向后各列渐细密，略呈圆形。

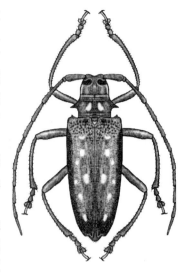

图9-22 橙斑白条天牛

生活史及习性

在湖南3年1代，陕西3~4年1代。在湖南第1年以幼虫、第2年以成虫在树干内越冬，第3年的4月下旬越冬成虫开始出洞。陕西5~6月间出洞。成虫先啃食1年生树枝皮层进行补充营养，致使受害枝条萎蔫，果实脱落。性成熟后交尾产卵，成虫寿命长达4~5个月。成虫喜选择生长良好的3年生桐树，在离地面7cm以下的树干基部咬1个深达木质部的扁圆形刻槽，然后插入产卵器，每刻槽内产卵1粒，并分泌一些胶状物覆盖。有卵的刻槽树皮稍微隆起，故易识别。每次交尾后产卵3~5粒，一生产卵50~70粒。卵期7~10d。初孵幼虫在韧皮部与木质部之间蜿蜒蛀食。稍长大后进入木质部取食，进入孔呈扁圆形，蛀道甚不规则，上下纵横，一般都是向下取食，切断树木输导组织。大幼虫往往爬出孔口，在树皮下取食大面积边材。一遇惊扰，即迅速退回洞中，排出的虫粪和木屑充塞在树皮下，使树皮膨胀开裂。幼虫老熟后于7~9月在木质部边材处筑蛹室化蛹，蛹期约60d，9~10月上旬羽化。成虫在蛹室中越冬，次年4月开始咬一直径约2cm的圆洞飞出。

此虫喜害三年桐，而很少危害千年桐。在千年桐皮下孵化率最低，三年桐与千年桐杂交子一代次之，实生三年桐上卵的孵化率最高。

云斑白条天牛 *Batocera horsfieldi*（Hope）（图9-23）

分布于我国华东、华中、华南、西南（除西藏外），河北、陕西；国外分布于日本、越南、印度。危害杨树、核桃、桑、麻栎、栓皮栎、柳、榆、女贞、悬铃木、泡桐、枫杨、乌桕、油桐、板栗、苹果、梨、枇杷、油橄榄、木麻黄、桉树。成虫啃食新枝嫩皮，幼虫蛀食韧皮部和木质部，轻则影响林木生长，降低结实量，重则使林木枯萎死亡。

形态特征

成虫 体长34~61mm，黑褐色至黑色，密被灰白色和灰褐色绒毛。雄虫触角超过体长约1/3，雌虫略超过体长，各节下方生有稀疏细刺；第1~3节黑色具光泽并有刻点和瘤突，其余黑褐色；第3节长约为第1节的2倍；有时第9、10节内端角突出并具小齿。前胸背板中央有1对白色或浅黄色肾形斑；侧刺突大而尖锐。小盾片近半圆形，密被白色绒毛。每个鞘翅上有由白色或浅黄色绒毛组成的云片状斑纹，斑纹大小变化较大。鞘翅基部有大小不等的瘤状颗粒，肩刺大而尖端略斜向后上方，末端微向内斜切，外端角钝圆或略尖，缝角短刺状。体两侧自复眼后方起至最后1个腹节有由白色绒毛组成的阔纵带1条。

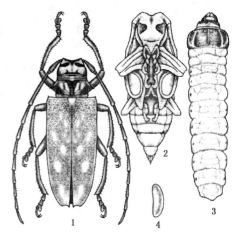

图9-23 云斑白条天牛
1.成虫 2.蛹 3.幼虫 4.卵

卵 长6~10mm，宽3~4mm，长椭圆形，稍弯，一端略细。初产时乳白色，后渐变成黄白色。

幼虫 老熟时体长70~80mm，淡黄白色，粗肥多皱。头部除上额、中缝及额的一部分为黑色外，其余皆浅棕色。

蛹 体长40~70mm，淡黄白色。头部及胸部背面生有稀疏的红褐色刚毛。

生活史及习性

2~3年1代，以幼虫和成虫在蛀道和蛹室中越冬。越冬成虫次年4月中旬咬1个圆形羽化孔爬出。5月成虫大量出现。成虫喜栖息在树冠庞大的寄主上。

成虫出孔后至死亡前都能进行交尾。当腹内卵粒逐渐成熟后，雌虫即开始在树干上选择适当部位，咬1个圆形或椭圆形中央有小孔的刻槽，然后将产卵管从小孔中插入寄主皮层，把卵产于刻槽上方，随即分泌黏液将刻槽周围的木屑粘合在孔口处。通常每刻槽内产卵1粒，每雌产卵约40粒。卵粒分批成熟，分批产下，每批可产10~12粒。卵多产在胸径10~20cm的树干上，每株树上常产卵10~12粒，多时可达60余粒。产卵多在气温高时进行。6月为产卵盛期。成虫寿命包括越冬期在内约9个月，而在林中活动的时间仅40d左右。当受惊动时便坠落地面。

卵期10~15d。初孵幼虫在韧皮部蛀食，使受害处变黑，树皮胀裂，流出树液，排出木屑、虫粪。20~30d后幼虫逐渐蛀入木质部，并不断向上食害。蛀道长达25cm左右，道内无木屑、虫粪。第1年以幼虫越冬，次春继续危害，幼虫期12~14个月。第2年8月中旬幼虫老熟，在蛀道顶端作1个宽大的椭圆形蛹室化蛹，蛹期约1个月。9月中下旬成虫羽化，在蛹室内越冬。

卵期天敌有跳小蜂科的 *Oobius* sp.；幼虫期有小茧蜂、虫花棒束孢菌、核型多角体病毒（NPV）等。

桑天牛 *Apriona germari*（Hope）（图 9-24）

又名粒肩天牛。分布于除黑龙江、吉林、内蒙古、宁夏、青海、新疆、西藏外各省自治区；国外分布于朝鲜、日本、越南、老挝、柬埔寨、缅甸、泰国、印度、孟加拉国。是多种林木、果树的重要害虫，对毛白杨、苹果、海棠、桑、无花果等危害最烈，其次为柳、刺槐、榆、构、朴、枫杨、沙果、梨、枇杷、樱桃、柑橘、山核桃、紫荆。不同地区寄主种类差别较大。寄主被害后，生长不良，树势早衰，木材利用价值降低，影响桑、果产量。

形态特征

成虫 体长 34～46mm。体和鞘翅黑色，被黄褐色短毛，头顶隆起，中央有 1 条纵沟。上颚黑褐，强大锐利。触角比体稍长，顺次细小，柄节和梗节黑色，以后各节前半黑褐，后半灰白。前胸近方形，背面有横皱纹，两侧中间各具 1 个刺状突起。鞘翅基部密生颗粒状小黑点。足黑色，密生灰白短毛。雌虫腹末 2 节下弯。

卵 长椭圆形，长 5～7mm，前端较细，略弯曲，黄白色。

幼虫 圆筒形，长大时长 45～60mm，乳白色。头小、隐入前胸内，上、下唇淡黄色，上颚黑褐色。前胸特大，前胸背板后半部密生赤褐色颗粒状小点，向前伸展成 3 对尖叶状纹。后胸至第 7 腹节背面各有扁圆形突起，其上密生赤褐色粒点。

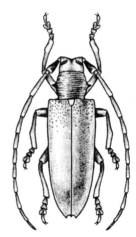

图 9-24 桑天牛

蛹 纺锤形，长约 50mm，黄白色。触角后披，末端卷曲。

生活史及习性

广东、台湾、海南 1 年 1 代，华东、华中地区以及陕西（关中以南）2 年 1 代，辽宁、河北 2～3 年 1 代。南北各地的成虫发生期也有差异；如在海南，一般为 3 月下旬至 11 月下旬，广东为 4 月下旬至 10 月上旬，江西为 6 月初至 8 月下旬，河北为 6 月下旬至 8 月中旬，辽宁南部则为 7 月上旬至 8 月中旬。下面以河北为例，加以说明。幼虫老熟后，在 6 月初开始化蛹，6 月中下旬化蛹最盛，7 月底结束。成虫出现期始于 6 月底，7 月中为羽化高峰，8 月底羽化结束。成虫产卵期在 7 月上旬至 9 月上旬，卵期 10d。蛹期 26～29d，成虫寿命平均 55d，产卵延续期约 45d。成虫必须取食桑、构、柘等桑科植物嫩梢树皮，才能完成发育至产卵，被害伤疤呈不规则条块状，伤疤边缘残留绒毛状纤维物，如枝条四周皮层被害，即凋萎枯死。昼夜均取食，有假死性，极易捕捉。成虫取食 5～7d 后，交尾产卵。产卵前先用上额咬破皮层和木质部，呈"U"字形刻槽，卵即产于刻槽中，槽深达木质部，每槽产卵 1 粒。产后用黏液封闭槽口。成虫昼夜产卵，每雌1d能产卵1~10粒，1生平均产卵105粒，最多达201粒。卵多产于径粗5~40mm的枝干上，以粗10~15mm的枝条密度最大，约占80%，产卵刻槽高度依寄主大小而异，距地面1~20m均有。

初孵幼虫先向上蛀食约10mm，即调头沿枝干木质部的一边向下蛀食，逐渐深入心材，如植株较矮小，可蛀达根部，将主根蛀空。幼虫在蛀道内，每隔一定距离向外咬1个圆形排泄孔，粪便即由虫孔向外排出。排泄孔径随幼虫增长而扩大，孔间距离，则自上而下逐渐增长，其增长幅度依寄主植物而不同。排泄孔的排列位置，除个别遇有分枝或木质较坚硬而回避于另一边外，一般均在同一方位顺序向下排列。幼虫一生蛀道全长在毛白杨上，平均超过5m，排泄孔数30多个。幼虫在取食期间，在最下部排泄孔处。幼虫老熟后，即沿蛀道上移，超过1~3个排泄孔，先咬羽化孔的雏形，向外达树皮边缘，使树皮出现臃肿或断裂，常见树汁外流。此后，幼虫又回到蛀道内选择适当位置作蛹室化蛹，蛹室长40~50mm，宽20~25mm，蛹室距羽化孔70~120mm。羽化孔圆形，直径为11~16mm，平均14mm。

青杨楔天牛 Saperda populnea Linnaeus（图9-25）

又名青杨天牛。分布于华北、东北、西北、山东、河南；国外分布于朝鲜、俄罗斯、欧洲、北非。危害杨柳科植物。以幼虫蛀食枝干，特别是枝梢部分；被害处形成纺锤状瘿瘤，阻碍养分的正常运输，使枝梢干枯，易遭风折，或造成树干畸形，呈秃头状，影响成材。如在幼树主干髓部危害，可使整株死亡。

形态特征

成虫　体长11~14mm。体黑色，密被金黄色绒毛，间杂有黑色长绒毛。复眼黑色。雄虫触角约与体长相等，雌虫触角较体短；柄节粗大，梗节最短，均为黑色，鞭节各节基部2/3为灰白色，端部1/3为黑色。前胸无侧刺突，背面平坦，两侧各具1条较宽的金黄色纵带。鞘翅满布黑色粗糙刻点，并着生有淡黄色绒毛。每鞘翅各有金黄色绒毛圆斑4~5个。雄虫鞘翅上金黄色圆斑不明显。

幼虫　初孵时乳白色，中龄浅黄色，老熟时深黄色，体长10~15mm。

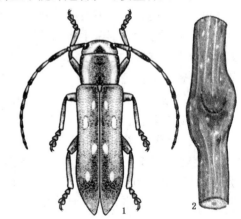

图9-25　青杨楔天牛
1. 成虫　2. 危害状

生活史及习性

1年1代，以老熟幼虫在树枝的虫瘿内越冬。河南3月上旬、北京3月下旬、沈阳4月初开始化蛹，蛹期20~34d。成虫在河南3月下旬、北京4月中旬、沈阳5月上旬开始出现。在北京5月上旬发现卵，5月中下旬相继孵化为幼虫，并侵入嫩枝危害，10月上中旬开始越冬。成虫羽化时间多集中在白天中午前后。羽化孔圆形，直径为2.4～4.2mm。成虫羽化后常取食树叶边缘作为补充营养，被害叶片呈不规则形缺刻，约经2～5d进行交尾，再经2d开始产卵。产卵前先用上颚咬1个马蹄形的刻槽，产卵其中。刻槽多在2年生的嫩枝上。刻槽与树龄有密切关系，2～3年生幼树的刻槽都在主梢，4～5年生以上的树以树冠周围的侧枝上为多，危害严重地区1个枝条上有多个虫瘿。成虫喜欢在开阔的林分和林缘活动，因此，孤立木、稀疏的林木和树冠周围及上部的枝条被害严重。雌虫一生产卵最多为14～49粒。雌虫寿命10～24d，雄虫5～14d。卵期4～15d，平均约10d。初孵幼虫向刻槽两边的韧皮部侵害，10～15d后，蛀入木质部，被害部位逐渐膨大，形成椭圆形虫瘿，幼虫的粪便和木屑堆满虫道。10月上旬幼虫老熟，将蛀下的木屑堆塞在虫道的末端作为蛹室，幼虫在其内越冬。

天敌有天牛蛀姬蜂和管氏肿腿蜂，寄生天牛幼虫和蛹对抑制其数量有一定作用。

锈色粒肩天牛 *Apriona swainsoni* (Hope)（图9-26）

分布于我国江苏、安徽、福建、山东、河南、湖南、广西、四川、贵州、云南；国外分布于越南、老挝、印度、缅甸。危害槐、柳、云实、紫铆、黄檀、三叉蕨等。为国内森林植物检疫对象。

形态特征

成虫 体长28～39mm。黑褐色，全体密被锈色短绒毛，头、胸及鞘翅基部颜色较深暗。头部额高胜于宽，中沟明显，直达后头后缘。雌虫触角较体稍短，雄虫触角较体稍长。前胸背板具有不规则的粗皱突起，前、后端横沟明显；两侧刺突发达，末端尖锐。鞘翅基1/4部分密布黑色光滑小颗粒，翅表散布许多不规则的白色细毛斑和排列不规则的细刻点。翅端平切，缝角和缘角具有小刺，缘角小刺短而较钝，缝角小刺长而较尖。

卵 长椭圆形，长径2.0～2.2mm，短径0.5～0.6mm。黄白色。

幼虫 老熟幼虫扁圆筒形，黄白色。体长42～60mm，宽12～15mm。前胸背板黄褐色，略呈长方形，其上密布棕色颗粒突起，中部两侧各有1条斜向凹纹。

蛹 纺锤形，体长35～42mm，黄褐色。

生活史及习性

在山东2年1代，以幼虫在枝干蛀道内越冬。4月上旬开始蛀食危害；5月上旬开始化蛹，中旬为化蛹盛期。蛹期21d。成虫出现期始于6月上旬，6月中下旬大量出现。成虫寿命65～80d。成虫羽化后，咬破堵塞羽化孔处的愈伤组织，在晚上钻出羽化孔，爬至树冠，取食新梢嫩皮进行补充营养。成虫不善飞

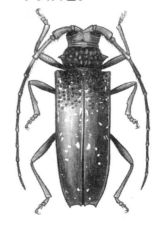

图9-26 锈色粒肩天牛

翔，受到震动极易落地。雌虫多在夜间于径粗7cm以上的枝干上产卵。产卵前，雌虫在树干下部作成"产卵槽"，然后将卵产于槽内，再用草绿色分泌物覆盖于卵上。单雌产卵量为43～133粒。卵期12～14d。

初孵幼虫自韧皮部垂直蛀入边材，并将粪便排出，悬吊于皮部排粪孔处，在初孵幼虫蛀入5mm深时，即沿枝干最外年轮的春材部分横向蛀食，不久又向内蛀食。第1年蛀入木质部深可达0.5～5.5cm；第2年4月中旬开始活动，向内弯曲蛀食5～8cm，当蛀至髓心附近后，转而向上蛀食8～15cm，然后，再向外蛀食2.5～7.0cm。第3年4月上旬开始排出木丝，4月中下旬老熟幼虫蛀食到韧皮部后，向外咬羽化孔，这时粪便很少排出树体外，全填塞在树皮下的蛀道内。幼虫在蛀道内来回活动，用粪便将蛀道上端堵塞，下端咬些长木丝填实，做成长4.8～6cm、宽1.7～2.4cm蛹室化蛹。幼虫历期22个月，蛀食危害期长达13个月。

蛹期天敌有花绒坚甲。

瘤胸簇天牛 *Aristobia hispida*（Saunders）（图9-27）

分布于我国河北、江苏、浙江、安徽、福建、台湾、湖北、湖南、广东、广西、海南、四川、贵州、西藏、陕西、甘肃；国外分布于越南。危害黄檀属植物以及油桐、漆、金合欢、柑橘类等。

形态特征

成虫　体长26～39mm。全体密被棕红色绒毛，并杂有黑白色毛斑。头部较平，额微突。触角基部数节棕红色，其余各节灰黄色，自基部至端部色泽逐渐变淡，柄节上有黑斑和竖毛，鞭节第1～6节的端部为黑色。雌虫触角伸达或略短于腹末，雄虫触角略超出腹末。前胸侧刺突尖锐，尖端后弯，背板近方形，高低不平，中区有1堆瘤突，瘤突基部愈合，上面有若干个隆起的瘤。鞘翅基部有颗粒，翅末端凹进，外端角突出很明显，内端角较钝圆。鞘翅上的黑斑大于白斑，胸腹部腹面两侧各具一系列大白斑。并形成断续的纵带，除绒毛之外，还具稀疏的棕黑色坚毛。

幼虫　老熟幼虫体长70mm。乳白色微黄，长圆筒形，略扁。前胸背板黄褐色，中央有一塔形黄白色斑纹，后缘有略隆起的凸字形斑纹。

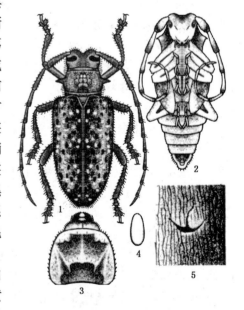

图9-27　瘤胸簇天牛
1. 成虫　2. 蛹　3. 幼虫头部及前胸
4. 卵　5. 产卵刻槽

生活史及习性

在海南 1 年 1 代或 2 年 1 代。10~12 月成虫羽化,并蛰伏于蛹室内,不食不动,至翌年 2、3 月间爬离蛹室,经羽化孔外出活动。外出时间为 2 月上旬至 5 月下旬,盛期为 3 月下旬,在野外 8 月下旬还能见到成虫。成虫昼伏夜出,啃食嫩梢皮作补充营养,10d 后,开始交尾产卵。卵产于树干基部高 20cm 以下部位。产卵时用口器咬新月形刻槽,将卵产于刻槽上方的皮下。每次产卵 1 粒,产卵处树皮表面微开裂成 1 条纵缝。产卵延续期 47~78d,最长者达 154d。产卵量 22~38 粒,卵期 12~18d。雌成虫寿命约 4 个月,雄虫约 3 个月。

初孵幼虫生活在树皮与木质部之间,以食韧皮为主,也食少量边材。在皮下作水平向蛀道,经过 44~53d 后钻进木质部危害。此后食量大增,排粪量亦增多。一般在 7~9 月仅排出少量木丝,此时幼虫已达老熟阶段,以木丝堵塞虫道,作蛹室化蛹。直径 8cm 以下的被害木,坑道长在 31~50cm 之间。

桑脊虎天牛 *Xylotrechus chinensis* Chevrolat(图 9-28)

分布于我国河北、辽宁、江苏、浙江、安徽、台湾、江西、山东、河南、湖北、广东、四川、陕西;国外分布于朝鲜、日本。近年来在我国北方地区、华东部分地区老桑园中发生严重,有的桑园被害株率达 100%。受害桑树韧皮部和木质部被幼虫蛀食,隔断营养运输和水分的传导。轻则影响桑叶产量,重则造成桑树大量枯死。

形态特征

成虫 体长 14~28mm,体背黄褐色,腹面黑褐色,触角粗短,约为体长的 1/2。前胸背板近球形,有黄、赤、褐及黑色横条斑。鞘翅基部宽阔,前半部为 3 黄 3 黑条纹交互形成的斜条斑,其下另有褐色横条纹,鞘翅端部黄色。雌虫前胸背板前缘鲜黄色,腹部末端尖,裸露鞘翅之外;雄虫前胸背板前缘灰黄或褐色,腹部末端为鞘翅覆盖。

幼虫 圆筒形,老熟幼虫体长 30mm,淡黄色。头小,隐匿在前胸内。前胸大,近前缘有 4 个褐色斑纹,2 个横列于背面,2 个在侧面。

生活史及习性

在辽宁 1~2 年 1 代,以幼虫越冬。以老熟幼虫越冬者,于 5 月上旬到 6 月上旬化蛹,6 月上旬成虫羽化外出,6 月下旬到 7 月上旬为羽化高峰。外出后随即交尾产卵。孵化后的幼虫蛀食到 11 月上旬越冬,次年继续蛀食,至 7 月下旬到 8 月间成虫羽化,完成 1 个世代,前后约经过 14 个月。这一代成虫再产卵孵化的幼虫要过 2 个冬季,约经 22 个月才完成 1 个世代。完成先后 2 个世代发育,需要 3 年左右的时间。世代重叠,在桑树生长发育季节中,各虫态可同时存在,各龄幼虫终年可见。成虫羽化后可立即交尾。每雌产卵 22~272 粒,平均 104 粒。产卵前不咬任何刻槽,卵产在树干的缝隙及裂口内。成虫期不取食其它食物,但需补充水分。无假死性。雄成虫寿命平均为 24.8d,雌虫寿命平均为 18.6d。卵期平均 10.6d。孵化后幼虫沿形成层及其内外迂回蛀食,形成不规则的狭窄虫道，其中充满虫粪。羽化时经蛀入孔再咬破表皮出孔。1~3龄越冬幼虫在春天取食时，树干表面留有烟油状的斑迹。随着虫龄增加，由上向下蛀食韧皮部及木质部，虫道由浅入深，逐渐加宽，每隔一段距离向外蛀1个通气孔，分布不规则。在桑树生长期间，虫粪常被树液稀释成粥样，由通气孔排出，成条状，堆积在树干表面，以7~8月最为显著。幼虫老熟前蛀入木质部，以条状木屑堵住上方形成蛹室化蛹。蛹期平均21.2d（13~28d）。

桑树品种、树龄、树势以及修剪等对其发生都有影响。桑树生长旺盛，树势强，树皮裂缝和枯死、半枯死组织少的，因不利于卵和幼虫发育，发生较轻；反之则重；处于半枯死的桑树更重；剪伐的桑树有大量的剪口及锯口，被害重；无干密植桑、乔木桑被害轻。

天敌有斑啄木鸟。

青杨脊虎天牛 *Xylotrechus rusticus* Linnaeus（图9-29）

分布于我国内蒙古、东北、上海；国外分布于朝鲜、日本、蒙古、俄罗斯、伊朗、土耳其和欧洲。主要危害杨属、柳属、桦属、栎属、山毛榉属、椴属和榆属等林木。此虫近年来危害日趋严重，在东北地区已泛滥成灾，大片农田防护林、防风林及风景林被害致死。

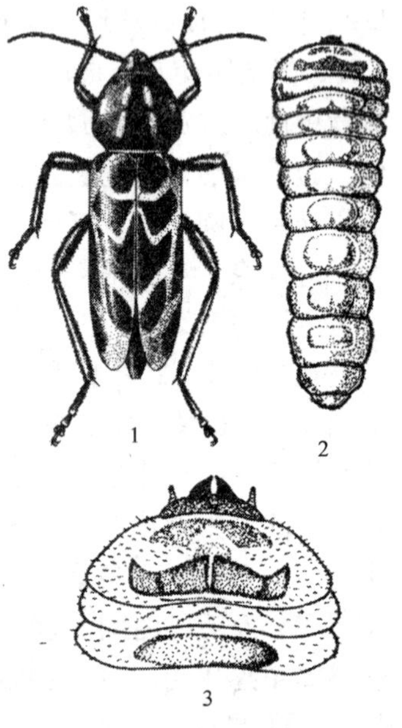

形态特征

成虫 体长11~22mm。体黑色，头部与前胸色较暗。额具2条纵脊，至前端合并略呈倒"V"字形，后头中央至头顶有1条纵隆线，额至后头有2条平行的黄绒毛组成的纵纹。雄虫触角长达鞘翅基部，雌虫略短，达前胸背板后缘。前胸球状隆起，宽略大于长，密布不规则细皱脊；背板具2条不完整的淡黄色斑纹。小盾片半圆形；鞘翅两侧近于平行；翅面密布细刻点，具淡黄色模糊细波纹3或4条，在波纹间无显著分散的淡色毛；基部略呈皱脊。体腹面密被淡黄色绒毛。后足腿节较粗，胫节距2个，第1跗节长于其余节之和。

幼虫 黄白色，老熟时长30~40mm，体生短毛。头淡黄褐色，缩入前胸内。前胸背板上有黄褐

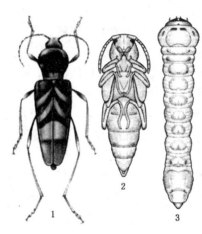

图9-28 桑脊虎天牛
1. 成虫 2. 蛹 3. 幼虫

图9-29 青杨脊虎天牛
1. 成虫 2. 幼虫 3. 幼虫胸部背面

色斑纹。

生活史及习性

在沈阳1年1代，10月下旬开始以老龄幼虫在干、枝的木质部深处蛀道内越冬。翌年4月上旬越冬幼虫开始活动，继续钻蛀危害，蛀道不规则，迂回曲折。化蛹前蛀道伸达到木质部表层，并在蛀道末端堵以少许木屑，4月下旬开始在此化蛹。5月下旬成虫开始羽化飞出，6月初为羽化盛期。羽化孔圆形，孔直径4~7mm。

成虫活跃，善于爬行，能作短距离飞行。成虫羽化后即可在干、枝上交尾、产卵。卵成堆产在老树皮的夹层或裂缝里。卵期10~12d。幼虫孵化后先在产卵处的皮层内群栖蛀食，并通过产卵孔向外排出很纤细的粪屑。7d后幼虫开始向内蛀食，在木质部表层群栖蛀道，排泄物均堵塞在蛀道内，不向外排出，因此外部很难发现有幼虫钻蛀危害。随着虫体的增长，幼虫继续在木质部表层穿蛀凿道，蛀道逐渐加宽，由群栖转向分散危害，各蛀其道。蛀道宽7~10mm，纵横交错地密布在木质部表层。由于蛀道内堵满虫体排泄物，造成韧皮部与木质部完全分离，树皮成片剥离，输导组织被彻底切断，树势开始明显衰弱。7月下旬幼虫达中龄后，开始由表层向木质部深处钻蛀，成不规则的弯曲蛀道，尽管纵横密布，但各蛀道互不相通。蛀入孔为椭圆形，长10mm，宽8mm。10月下旬幼虫开始在蛀道内越冬。此虫只危害树木的健康部位，已经危害过的干、枝，第2年不再危害。

幼树不受其害，而中、老龄树木因其树皮粗糙，适于产卵，受害较重。在同一林地，林缘比林内受害重，孤立木比群栽林受害重，粗皮树种比光皮树种受害重。同一植株，干比粗枝受害重，下部比上部受害重，干径越粗则受害越重。

栗山天牛 *Massicus raddei*（Blessig）（图9-30）

分布于我国河北、辽宁、吉林、江苏、浙江、福建、台湾、江西、山东、河南、四川、贵州、云南、西藏、陕西；国外分布于朝鲜、日本、俄罗斯。危害锯栗、麻栎、蒙古栎等栎类和桑、苹果、泡桐等，近年来在东北地区危害有加重的趋势。

形态特征

成虫 体长40~48mm。体较大，底色棕黑，腹面和腿节棕红色，全体被灰黄色绒毛，触角近黑色。头部中央有1条深纵沟，在头顶处深陷。雄虫触角约为体长的1.5倍，雌虫触角约达鞘翅末端，第7~10节的外侧扁平，外端呈角状突出。前胸背板宽大于长，前端狭于后端，两侧圆弧形。小盾片半圆形。鞘翅较长，两侧平行，端缘圆形，缝角具尖刺。足较粗而长。

生活史及习性

在河南3年1代，以幼虫越冬。成虫6月开始出现，夜间活动。7月产卵于树皮缝内，并以黄白色液体粘固，以后则变为茶褐色，不易发现。产卵场所与树的高低无关，除细小部分外，可在枝干上任何部位产卵。卵经7~10d孵化，初孵幼虫先钻入树皮下危害，排出细小的锯末状粪屑，随着幼虫长大，蛀入木质部的虫道也不断扩大，成熟期虫道长 20～25cm。第 1 年以 3～4 龄幼虫越冬，第 2 年以 4～5 龄越冬，第 3 年幼虫继续危害；排出大量粪屑，危害加重，于 11 月以 5 龄幼虫在虫道近末端做 10cm×2cm 的长球形蛹室，入口处以纤维状木屑堵塞，头向入口处越冬。第 4 年 5 月越冬幼虫在原处化蛹。成虫羽化后推开木屑，顺沿虫道向外，在树皮下做孔而出。

此外，本类群还有以下重要种类：

杨红颈天牛 Aromia moschata（Linnaeus）：分布于我国东北、西北、华北。主要危害旱柳，也能危害杨树、桑、山桃。在内蒙古 3 年 1 代，以幼虫越冬。

桃红颈天牛 Aromia bungii Faldermann：分布全国各地，危害桃、杏、李、郁李、梅、樱桃、苹果、梨、果树和柳等林木。一般 2 年（少数 3 年）1 代，以幼虫越冬。

黑跗眼天牛 Bacchisa atritarsis（Pic）：分布于我国华东、华南、西南。危害茶、油茶、枫杨、柳树，1 年 1 代或 2 年 1 代，以幼虫在枝干内越冬。

薄翅锯天牛 Megopis sinica（White）：分布于我国东北、华北、华南、华东、西南。危害橡胶、杨、柳、白蜡、桑、榆、栎、苹果、枣、云杉、冷杉、松类。在长江以南 2～3 年 1 代。

四点象天牛 Mesosa myops（Dalman）（图 3-12-8）：分布于我国东北、华北、华南、华东。危害核桃楸、白榆、糖槭、柏、柳、蒙古栎、水曲柳、赤杨、杨、榆、苹果等。在黑龙江省哈尔滨 2 年 1 代，以幼虫和成虫越冬。

暗腹樟筒天牛 Oberea fusciventris Fairmaire：分布于我国江西，危害樟树、黄樟、细叶樟、沉水樟。1 年 1 代，以老熟幼虫在幼树枝干内越冬。

山杨楔天牛 Saperda carcharias（Linnaeus）：分布于东北。危害杨树的树干基部。在黑龙江省 2 年 1 代，以新幼虫与老熟幼虫在树干基部坑道内越冬。

刺角天牛 Trirachys orientalis Hope：分布于东北、华北、华东、华南、西南。危害杨、柳、槐树、臭椿、榆、泡桐、栎、银杏、合欢、柑橘和梨树的中、老龄树木。在北京、山东 2 年 1 代，少数 3 年 1 代，以幼虫及成虫越冬。

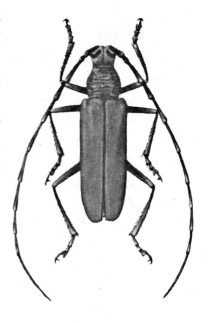

图 9-30　栗山天牛

天牛类的防治方法

天牛类害虫生活方式隐蔽，天敌种类较少，对其种群的控制能力差，受自然因素的干扰小，大部分种类主动传播距离有限，因此其种群数量相对稳定。所以天牛类害虫的综合治理，应以生态控制为根本，林业措施为基础，充分发挥树种的抗性作用，进行区域的宏观控制，辅以物理、化学的方法，进行局部、微观治理，并且各有关行业、部门相互协调配合，将天牛灾害控制在可以忍受水平之下。具体措施应从以下几方面考虑：

(1) 宏观控制措施 根据一些天牛寄主种类、传播扩散规律，在造林、建果园、桑园、绿化设计时，一定要考虑对天牛的宏观控制问题，避免将同类寄主树种栽植一起。如在北方不宜将毛白杨、苹果栽植在桑树、构树、柘树附近，以防桑天牛成虫取食桑科植物后，到幼虫寄主树上产卵危害，造成严重损失。在有些地区，梯田埂植桑、梯田中栽苹果，容易造成桑天牛灾害，应改为一面山坡植桑，在相距一定距离（800~1 000m）的另外山坡栽苹果，则不会发生灾害。用抗性树种或品系，如毛白杨、苦楝、臭椿、香椿、泡桐、刺槐等进行一定距离的隔离，可阻止光肩星天牛的扩散和危害。

(2) 检疫 严格执行检疫制度，虽然很多天牛未被列为检疫对象，但天牛主动传播距离有限，主要是人为传播，对可能携带危险性天牛的调运苗木、种条、幼树、原木、木材实行检疫仍很有必要。检验是否有天牛的产卵痕、侵入孔、羽化孔、虫瘿、虫道和粪屑等，并按检疫操作规程进行处理。

(3) 林业措施 ①适地适树；选用抗性树种或品系，如毛白杨抗光肩星天牛；臭椿属植物大多含有苦木素类似物而对桑天牛等具有驱避作用；水杉、池杉等抗性品系可防止桑天牛、云斑白条天牛的入侵和危害。② 避免营造人工纯林，可用块状、带状混交方式营造片状林；分段间隔混交方式营造防护林带。③ 栽植一定数量的天牛嗜食树种作为诱虫饵木以减轻对主栽树种的危害，并及时清除饵木上的天牛；如栽植糖槭可引诱光肩星天牛，栽植桑树引诱桑天牛，栽植核桃、白蜡树和蔷薇科树种引诱云斑白条天牛等。④ 定时清除树干上的萌生枝，可使桑天牛产卵部位升高，减少对主干的危害。⑤ 在光肩星天牛产卵期及时施肥浇水，促使树木旺盛生长，可使刻槽内的卵和初孵幼虫大量死亡。⑥在天牛危害严重地区，可缩短伐期、培育小径材，或在天牛猖獗发生之前及时采伐、加工利用木材可降低虫口的增长速度。⑦ 对于次期性天牛采取"两伐三净"的管理措施，对多种天牛均有较好效果。"两伐"指冬季疏伐和夏季卫生伐，及时伐除虫害木、枯立木、濒死木、被压木、衰弱木、风折及风倒木、虫害枯枝等，以调整林分疏密度、增强树势，这是一项改善林分卫生状况的经常性措施；"三净"是采伐木（包括虫害木）从林内运出要做得干净、间伐的虫害木要将其中的害虫及时消灭干净、间伐林地要及时清净，以保持林内卫生良好；冬季疏伐木在林内停放不得超过1个月，夏季间伐木材不超过10d，枝丫、树皮等残留物集中处理或烧毁，伐根要低，剥皮清理工作应在1个月内完成。对青杨楔天牛等带虫瘿的苗木、枝条，应结合冬季管理剪除虫瘿，消灭其中的幼虫，以降低越冬虫口。

(4) 保护、利用天敌 ①啄木鸟对控制天牛的危害有较好的效果，如招引大斑啄木鸟可控制光肩星天牛和桑天牛的危害。在林地对桑天牛第一年越冬幼虫控制率可达50%。②在天牛幼虫期释放管氏肿腿蜂，林内放蜂量与天牛幼虫数按3：

1，对粗鞘双条杉天牛、青杨楔天牛、家茸天牛等小型天牛及大天牛的小幼虫有良好控制效果。利用斑头陡盾茧蜂防治粗鞘双条杉天牛，放蜂量与林间天牛幼虫数按1∶1，持续防治效果达90%以上。桑天牛卵寄生蜂林间寄生率可高达70%，应加强保护利用。③花绒坚甲在我国天牛发生区几乎均有分布，寄生星天牛属、松墨天牛、云斑白条天牛、栗山天牛等大天牛的幼虫和蛹，自然寄生率40%～80%，是控制该类天牛的有效天敌。④利用白僵菌和绿僵菌防治天牛幼虫。在光肩星天牛、云斑白条天牛和桑天牛幼虫生长期，气温在20℃以上时，可使用麦秆蘸取少许菌粉与西维因的混合粉剂插入虫孔，或用1.6×10^8孢子/ml菌液喷侵入孔。⑤利用线虫防治光肩星天牛的效果达70%以上，但有使用不便的缺陷。

（5）人工物理防治法　①对有假死性的天牛可振落捕杀，也可组织人工捕杀；锤击产卵刻槽或刮除虫疤可杀死虫卵和小幼虫。②在树干2m以下涂白或缠草绳，防止双条杉天牛、云斑白条天牛等成虫在寄主上产卵，涂白剂的配方为石灰5kg、硫磺0.5kg、食盐25g、水10kg，用沥青、清漆等涂桑树剪口、锯口，防止桑天牛产卵。③用已受害严重无利用价值的松树为饵树，注入百草枯、乙烯利、氯苯磷或刺激松脂的分泌，引诱松墨天牛成虫在饵树上产卵，然后进行剥皮处理；将直径10cm、长20cm的新伐侧柏，5根一堆立于地面引诱双条杉天牛产卵，5月下旬后用水浸淹以杀死卵。④伐倒虫害木水浸1～2个月或剥皮后在烈日下翻转曝晒几次，可使其中的活虫死亡。

（6）药剂防治　①药剂喷涂枝干。对在韧皮下危害尚未进入木质部的幼龄幼虫防效显著。常用药剂有20%益果乳油、20%蔬果磷乳油、50%辛硫磷乳油、40%氧化乐果乳油、50%杀螟松乳油，加入少量煤油、食盐或醋效果更好；涂抹嫩枝虫道时应适当增大稀释倍数；有些药剂可配成涂干混合剂，如用邻二氯苯乳剂∶肥皂∶水，按12∶1∶3配置后稀释6倍使用。②注孔、堵孔法。对已蛀入木质部、并有排粪孔的大幼虫，如桑天牛、光肩星天牛、云斑白条天牛等使用磷化锌毒签、磷化铝片、磷化铝丸等堵最新排粪孔，毒杀效果显著。用注射器注入50%马拉硫磷乳油、50%杀螟松乳油、50%敌敌畏乳油、40%氧化乐果乳油20～40倍液；或用药棉蘸2.5%溴氰菊酯乳油400倍液塞入虫孔，药效达100%。③在成虫羽化期间使用常用药剂的500～1 000倍液喷洒树冠和枝干，或40%氧化乐果乳油、25%西维因可湿性粉剂、2.5%溴氰菊酯乳油500倍液喷干。对有特殊习性的如桑天牛成虫取食桑科植物嫩枝皮层后才能繁殖后代，可在林间种植少量桑树或构树作饵树，用磷化锌粉剂的20倍米汤液涂刷饵树枝干，或用40%氧化乐果乳油500倍液喷饵树。对郁闭度0.6以上的林分可用741插管烟雾剂防治成虫。④虫害木处理。密封待处理楞堆，大批量按每立方米木材投放硫酰氟或溴甲烷50～70g，熏杀5d；小批量处理时按每立方米木材投放磷化铝或磷化锌10～20g，熏杀2～3d。

9.3 吉丁虫类

吉丁虫类成虫喜光，白天活动，飞行极速。卵多产于树皮缝内，幼虫孵化后在皮层下蛀成扁平的云纹状隧道，造成整株或整枝枯死。虫道内常充塞粪便和蛀屑，硬化成块状。幼虫老熟时蛀入木质部做袋形蛹室化蛹。羽化孔常呈扁圆形。以老树和衰弱树受害较多，林缘和稀疏林分发生较重。

杨锦纹截尾吉丁 *Poecilonota variolosa*（Paykull）（图9-31）

分布于我国东北、华北，内蒙古、新疆；国外分布于前苏联，非洲北部。主要危害小青杨、青杨、小叶杨。幼虫蛀害树干，使树皮龟裂，组织坏死，导致"破腹"和腐烂病，使整株枯死。

形态特征

成虫 体长13~19mm，扁平，纺锤形楔状。体紫铜色具光泽，鞘翅有黑色的短线及斑纹。触角锯齿状，11节。复眼肾形，较大。前胸背板宽于头部，与鞘翅基部等宽，有均匀的刻点及1条纵隆中线，其两侧各有1纵形黑斑。翅鞘各有10条纵沟及黑色的短线点和斑纹。雌虫臀板先端呈"V"字形凹入，雄虫则呈"∩"形凹入。

幼虫 老熟幼虫体长27~39mm，扁平。前胸背板有倒"V"字形纵沟，上方有4条短纵压迹。从中胸到腹末背部中央有1条纵沟。

生活史及习性

在东北地区3年1代，以幼虫在树干内越冬。翌年4月中旬开始活动取食，4月下旬老熟幼虫开始化蛹，5月上旬成虫开始羽化，6月上旬为羽化盛期。新成虫约经1周的补充营养即可交尾、产卵，7月上中旬为产卵盛期。7月上旬幼虫开始孵化，经2次脱皮后进入越冬，第二、三年各脱皮3次，第四年4月下旬开始化蛹。幼虫共9龄。

成虫产卵多在树皮、枝节裂缝及破裂伤口处，每处产卵1粒，产卵量少则十几粒，多则百余粒。卵期7~10d。初孵幼虫先取食卵壳，后蛀入皮层，随龄期增加渐次进入韧皮部、形成层及木质部危害，钻蛀成弯曲、扁平的虫道。10月中旬幼虫开始越冬；6龄以上幼虫可在木质部内越冬。衰弱木、郁闭度小的疏林、林缘及强度修枝的林分受害重；15~25年生林分受害重；小青杨受害重。

图9-31 杨锦纹截尾吉丁

杨十斑吉丁 *Melanophila picta* Pallas（图9-32）

分布于我国山西、内蒙古、陕西、甘肃、宁夏、新疆；国外分布于土耳其、叙利亚、俄罗斯、欧洲南部及非洲北部。危害多种杨、柳。幼虫蛀食枝干，使树皮翘裂、剥落直至死亡，或诱发烂皮病和腐朽病的发生。

形态特征

成虫 体长 11~13mm，黑色。触角锯齿状。上唇前缘及额有黄色细毛，额、头顶及前胸背板有细小刻点，具古铜色光泽。每鞘翅有纵线 4 条，黄色斑点 5~6 个，以 5 个者为多。腹部腹面可见 5 节，末腹节两侧各具 1 个小刺。

幼虫 老熟幼虫体长 20~27mm，黄色，头扁平，口器黑褐色。前胸背板黄褐色，扁圆形点状突起区的中央有一倒"V"字形纹，点状突起圆或卵圆形。

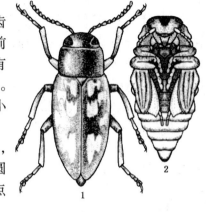

图 9-32 杨十斑吉丁
1. 成虫 2. 蛹

生活史及习性

1 年 1 代，以老熟幼虫在坑道内越冬。翌年 4 月中下旬老熟幼虫在蛹室内化蛹，5 月中旬至 6 月初大量羽化，出孔的当天即行交尾，3~4d 后开始产卵，5 月下旬至 6 月初为产卵盛期，卵期 13~18d，6 月中旬为孵化盛期。初孵幼虫直接蛀入树皮内危害，7 月上中旬开始蛀入木质部危害，10 月中下旬开始越冬。

成虫喜光，具有较强的飞行能力，夜间和阴雨天多静伏在树皮裂缝和树冠枝桠处，寿命 8~9d。卵散产，多产在树皮裂缝处，每次产 1 粒，每雌成虫产卵约 22~34 粒。初孵幼虫蛀入韧皮部后被害处常有黄褐色液体及虫粪排出，蛀道不规则；蛀食形成层后树皮和边材之间的不规则的虫道内充满虫粪；进入木质部后不再向外排粪，虫道大多似"L"形，其中充塞虫粪和木屑。树皮粗糙的树种、生长不良、树势衰弱的林木受害较重，郁闭度小的疏林和林缘受害较重。

核桃小吉丁 *Agrilus lewisiellus* Kerremans（图 9-33）

分布于我国河北、山西、内蒙古、山东、河南、陕西、甘肃；国外分布于韩国、日本，只危害核桃，是我国核桃产区的灾害性害虫。

形态特征

成虫 雌虫体长 4~7mm，黑色，有金属光泽。头、前胸背板及鞘翅上密布刻点；头中部纵凹，触角锯齿状，复眼黑色。前胸背板中部隆起，两边稍延长。鞘翅基部稍变狭，肩区具一斜脊。

幼虫 老熟幼虫体长 12~20mm，乳白色，扁平。头黑褐色，缩于前胸内。前胸膨大，淡黄色，中部有"人"字形纵纹，中、后胸较小。腹端具 1 对褐色尾刺。

生活史及习性

在陕西 1 年发生 1 代，以老熟幼虫在受害枝条木质部内的蛹室越冬。翌年 4

月中旬核桃展叶期至6月底化蛹，蛹期16～39d；5月上旬至7月上旬成虫羽化，6月上旬为羽化盛期，6月上旬至7月下旬产卵，卵期10d；6月中旬至7月底幼虫孵化。10月下旬幼虫即在被害枝的木质部越冬，幼虫期长达8个月。

成虫羽化后在蛹室内停留约15d，咬半圆形羽化孔而出，取食核桃叶补充营养10～15d后的方能交尾产卵。卵散产于叶痕及其周围，也可产在大树粗枝条光滑的表面或幼树主干上，每次产1粒。幼虫孵化后直接蛀入表皮，蛀道上每隔一段蛀1个新月形裂口，从中流出树液。幼虫危害1～6年生枝条，以2～3年生枝条受害最重，当年生枝条受害较轻。7月下旬至8月下旬被害枝上叶片

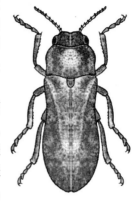

图9-33　核桃小吉丁

发黄脱落，来年不发芽而枯死。成虫喜强光，所以在树冠外围枝条产卵最多，生长弱、枝叶少、透光好的树受害重。

花椒窄吉丁 *Agrilus zanthoxylumi* Hou（图9-34）

分布于我国陕西、甘肃花椒产地，常使花椒树在壮年期死亡。

形态特征

成虫　体长7～10mm，宽2～3mm，黑色，具紫铜色光泽。头横宽，密布纵刻纹及刻点，额部具有"山"形沟，中沟上抵前胸背板；复眼几乎与前胸背板相接；触角11节，锯齿状。前胸背板略长，密布横刻纹，中央有圆形凹坑，侧面具一横凹，边缘光滑并具2脊，亚侧缘后半部各具1纵脊，前缘直、后缘波浪形。鞘翅具4对不规则黑斑，肩后收缩，后略扩展；鞘翅端部边缘具小齿。雄虫略小，腹末背板端部突出。

幼虫　老熟体长17～26.5mm，扁平，乳白色。头和尾铗暗褐色，前胸背板中沟暗黄、腹中沟淡黄，头小。前胸特别发达、横椭圆形，中、后胸明显窄于前胸和第一腹节，各节均光滑。腹部各节具横皱，后端比前端宽。体末具2尾铗，端钝，两侧具齿。

生活史及习性

在陕西1年1代，以幼虫在枝干内3～10mm深处越冬。翌年4月上旬开始活动，下旬为化蛹盛期，4月底至8月初成虫出洞，5月底至6月初为成虫盛发期；成虫寿命12～65d，平均约24d；6月中下旬为产卵盛期，卵期平均24d，6月底7月初为孵化盛期，幼虫期长达10个月以上。

初羽化成虫常在蛹室停留数日，从羽化孔中

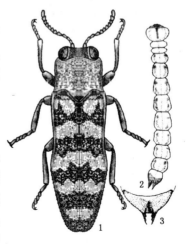

图9-34　花椒窄吉丁
1. 成虫　2. 幼虫　3. 幼虫腹末

钻出，出孔时间以中午前后最多，出孔历时约 1.5h，出孔后停留、爬行约 1h 后飞翔；取食椒叶补充营养，当天或次日中午即行交尾，雌雄均能多次交尾。第一次交尾后约 24h 开始产卵，多数 1 生产卵 2 次，卵堆产；产卵量多为 11~37 粒，最少 9 粒，最多 63 粒；成虫多在上午产卵，多产于树干阳面直径 3~4cm 以上枝条内以及树皮裂缝、旧虫疤等处，产卵部位有一潮湿斑。初孵幼虫分散蛀入皮层，蛀入处出现 1~2mm 大的胶点，15~20d 后蛀入形成层，外部胶疤明显，不规则的虫道内充满虫粪和木屑，使韧皮部和木质部分离，伤疤串连后即引起枝或植株枯死。

吉丁虫类重要种还有：

花曲柳窄吉丁 *Agrilus planipennis* Fairmaire (=*A. marcopoli* Obenberger)：又名梣小吉丁。分布于我国内蒙古、东北、台湾、山东；危害木犀科梣属树木，其中以大叶白蜡、花曲柳受害较重。在辽宁沈阳 1 年 1 代，在黑龙江哈尔滨 2 年 1 代，均以幼虫越冬。

柳缘吉丁 *Meliboeus cerskyi* Obenberger：分布于我国北京、天津、河北、辽宁、上海、江苏、山东、河南、湖北、湖南、陕西、甘肃；危害幼龄柳树主干及中龄柳树枝条。在山东济南 1 年 1 代，以老熟幼虫在木质部边材的隧道顶端越冬。

五星吉丁 *Capnodis cariosa* (Pallas)：分布于我国新疆。主要危害新疆杨等。在新疆吐鲁番 1 年发生 1 代，以老龄幼虫在根颈内越冬。

吉丁虫类的防治方法

(1) 检疫措施 吉丁虫幼虫期长，跨冬春两个栽植季节，携带虫卵及幼虫的枝干极易随种条、苗木调运而传播，因此应加强栽植材料的检疫，从疫区调运被害木材时需经剥皮、火烤或熏蒸处理，以防止害虫的传播和蔓延。

(2) 林业措施 ①选育抗虫树种，营造混交林，加强抚育和水肥管理，适当密植，提早郁闭，增强树势。②及时清除虫害木，剪除被害枝桠，歼灭虫源；伐下的虫害木必须在 4~5 月幼虫化蛹以前剥皮或进行除害处理。③利用成虫的假死性、喜光性在成虫盛发期进行人工捕杀。④饵木诱杀，如杨十斑吉丁对新采伐杨树具有特殊的嗜好性，在成虫羽化前采伐健康木，于 5 月上中旬以堆式或散式设置在林缘外 20m 处引诱其入侵产卵，7 月 20 日左右剥皮后暴晒，不仅可以杀死韧皮部内的幼虫，而且幼虫尚未入侵木质部，不影响饵木的利用价值。

(3) 药剂防治 ①成虫盛发期用 90% 敌百虫晶体、50% 马拉硫磷乳油、50% 杀螟松乳油 1 000 倍液，或 40% 乐果乳油 800 倍液连续 2 次喷射有虫枝干。②在幼虫孵化初期，用 50% 内吸磷乳油与柴油的混合液 (1:40)，或 40% 氧化乐果乳油的 100 倍液，每隔 10d 涂抹危害处，连续 3 次。③在幼虫出蛰或活动危害期用 40% 增效氧化乐果：矿物油 =1: 15~20 的混合物，在活树皮上涂 3~5cm 的药环，药效可达 2~3 个月。④花椒窄吉丁初孵幼虫盛发期 (7 月)，用 50%

久效磷乳油与羊毛脂按 1∶3 配成膏剂，在花椒树基部涂一圈药环，每树涂药 20～30ml。

（4）生物防治 保护利用当地天敌，包括猎蝽、啮小蜂及啄木鸟等；斑啄木鸟是控制杨十斑吉丁虫最有效的天敌，可以采取林内悬挂鸟巢招引，使其定居和繁衍。

9.4 象甲类

杨干象 *Cryptorrhynchus lapathi* Linnaeus（图 9-35）

又名杨干隐喙象，分布于我国河北、山西、内蒙古、东北、台湾、陕西、甘肃、新疆；国外分布于朝鲜、日本、俄罗斯（西伯利亚）、欧洲及北非。主要危害杨、柳、桤木和桦树，是杨树的毁灭性害虫，为国内森林植物检疫对象。

形态特征

成虫 体长 8～10mm，长椭圆形，黑褐色；喙、触角及跗节赤褐色。全体密被灰褐色鳞片，其间散生白色鳞片，形成的不规则横带，前胸背板两侧和鞘翅后端 1/3 处及腿节上的白色鳞片较密；黑色毛束在喙基部有 3 个横列，前胸背板前方 1 对，后方横列 3 个，鞘翅第 2 及第 4 刻点沟间部 6 个。喙弯曲，中央具 1 条纵隆线；前胸背板短宽，前端收窄，中央有 1 条细纵隆线；鞘翅宽于前胸背板，后端 1/3 向后倾斜，逐渐收缩成 1 个三角形斜面。

卵 椭圆形，长 1.3mm，宽 0.8mm，乳白色。

幼虫 老龄幼虫体长 9mm，乳白色，被稀疏短黄毛。头部前缘中央有 2 对刚毛，侧缘有 3 个粗刚毛，背面有 3 对刺毛。前胸有 1 对黄色硬皮板，中、后胸各分 2 小节，1～7 腹节各分 3 小节。胸足退化，退化痕迹处有数根黄毛。气门黄褐色。

蛹 体长 8～9mm，乳白色，前胸背板有数个刺突，腹部背面散生许多小刺，末端具 1 对向内弯曲的褐色几丁质小钩。

生活史及习性

1 年 1 代，以卵和初龄幼虫在枝干韧皮部内越冬。翌年 4 月越冬幼虫或卵开始活动或孵化。初孵幼虫先取食韧皮部，后逐渐深入韧皮部与木质部之间环绕树干蛀道，随着树木的生长，坑道部

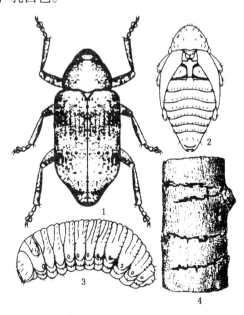

图 9-35 杨干象
1. 成虫 2. 蛹 3. 幼虫 4. 危害状

位树皮愈伤组织形成一圈圈的横向刀砍状裂口。5月中下旬在坑道末端向木质部钻蛀羽化孔道，并在孔道末端做一椭圆形蛹室，用细木屑封闭孔口并化蛹。蛹期10～15d，成虫在辽宁6月中旬、陕西6月下旬、黑龙江7月下旬开始羽化。新羽化成虫约经5～7d补充营养后交尾，继续补充营养约1周后方能产卵。卵期14～21d，幼虫孵化后即越冬或以卵直接越冬。

成虫多在早晚活动，善爬，很少飞行，假死性强。卵多产于3年生以上幼树或枝条的叶痕及树皮裂缝中，产卵前先咬1小孔，每孔产1粒，然后用黏性排泄物封口，每雌一生产卵约10～44粒，寿命约1～2个月。该虫主要侵害黑杨派杨树品系，如小黑杨、中东杨等，而白杨派和青杨派则多表现为抗性。

萧氏松茎象 *Hylobitelus xiaoi* Zhang（图9-36）

此虫是近年来在我国南方发生发展速度较快的一种危险性蛀干害虫。自1988年在江西省首次发现以来，已扩散蔓延到广西、广东、湖南、湖北、贵州和福建。危害湿地松、火炬松、马尾松、华山松和黄山松等松属树木。以危害人工松林为主，被害株率为20%～50%，最高可达90%以上。以幼虫在树干基部韧皮部与木质部之间蛀道取食，造成轻则大量流脂，重则整株、成片死亡，危害十分严重。

形态特征

成虫　长椭圆形，暗黑色，长14.0～17.5mm，宽5.4～6.5mm。前胸背板被赭色毛状鳞片。鞘翅上的毛状鳞片形成2行斑点，分别大致位于鞘翅基部1/3处和鞘翅端部的1/4处，后一排的4个斑点有时酷似1个不甚清楚的波状带。鞘翅的其它部分被覆同样的稀疏鳞片。足和身体腹面被覆黄白色毛状鳞片。

喙略短于前胸背板，背面具明显的皱纹状刻点，在两侧各形成2条略明显的纵隆线，无中隆线。触角索节2略短于索节1，为索节3的1.5倍，索节3略长于索节4，索节4～6长宽近相等，形状相似，索节7宽略大于长，长近等于索节3；触角棒3节，各节长度近等。前胸背板长等于宽，两侧圆，背面中部具有纵向交会的大刻点，刻点间光滑并且较凸，中隆线短且凸。小盾片明显，密被黄白色毛状鳞片。鞘翅行纹具较规则的大刻点，翅坡处的刻点较小。行间与行纹的宽度近相等，略凸。前足胫节内缘略扩展，后足胫节内缘近于直形。雄虫腹部第1腹板中部略平坦；第5腹板中部平，端部中间略凹，基部具稀疏的黄白

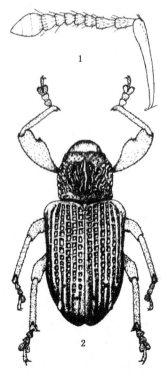

图9-36　萧氏松茎象
1. 触角　2. 成虫

色毛状鳞片，端部中间凹陷区密布赭色细毛。雌虫腹部第1腹板中部较凸，不凹陷；第5腹板中部略凸，端部中间不洼；第8腹板Y形，端部有许多很小的刚毛。

幼虫 乳白色或米黄色，老熟幼虫体长约19.25mm。头棕黄色，口器黑色，前胸背板有浅黄色斑纹，全身具突起，尤以气门处突起较大，每突起一般有细刚毛1根，幼虫尾部比胸部细，平时多弯曲成"C"字形。

生活史及习性

在江西省吉安地区2年发生1代，以成虫和幼虫越冬，适宜在湿度较大、郁闭度较高、树龄在5~10年生的人工林松树上大量繁殖危害。此虫主要在离地面50cm以下的树基入蛀树干，蛀食高度因树种而异，在湿地松上蛀食部位较高，一般在50cm以下；危害火炬松、马尾松等树种蛀食部位较低，一般在30cm以下。当年可有多虫入蛀同一株树；同一株树可被多年、多次危害。该虫主要蛀食松树形成层和韧皮部，轻微危害木质部，根部危害以蛀食根皮为主。危害后在韧皮部或韧皮部与木质部之间留下螺旋状或不规则的虫道并造成树木大量流脂，严重影响树木生长。

大粒横沟象 *Dyscerus cribripennis* Matsumura et Kono（图9-37）

分布于我国福建、台湾、山东、湖南、广西、四川、贵州、云南；国外分布于日本。主要危害油橄榄、苦楝、桃树、板栗、香椿、女贞、松树等。在广西和台湾是油橄榄的主要害虫，幼虫在主干、根颈、枝丫处危害韧皮部，重者可使整株死亡。

形态特征

成虫 体长13~15mm，黑色，被覆白色发黄的毛状鳞片，前胸两侧、肩的周围和翅坡以后的部分鳞片较密并有白色粉末。喙粗而长、稍弯，端部放宽，呈匙状；触角基部之间有一纵沟，第2鞭节短于第1鞭节。前胸背板颗粒发达，前半部具一宽纵隆线，明显凸起。鞘翅肩显著，翅上具刻点列，刻点大，行间宽，第3、5行间高于其它行间，第5行间端部有1个瘤突，鞘翅端部尖。腿节棒状，具一发达的齿，胫节弯曲，端部齿发达。

幼虫 老熟幼虫体长17~20mm，头黄褐色，体乳白色。

生活史及习性

在广西桂林1年1代或2年3代，前者以成虫在土里越冬，后者以幼虫在树皮

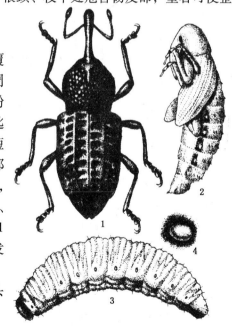

图9-37 大粒横构象
1. 成虫 2. 蛹 3. 幼虫 4. 卵

内越冬。1年2代者，1月下旬成虫出土危害，2月中旬至3月中旬交尾产卵。卵散产于主干、根颈和大枝丫的皮层内，每次产卵2粒，少数4粒，产卵后分泌紫红色胶黏物封闭卵孔。幼虫孵化后在皮层内取食危害，5月中下旬老熟，在边材作椭圆形蛹室化蛹，约15d后羽化。6月下旬至7月为第一代成虫羽化期。新羽化成虫咬食嫩枝皮层，约经1个月的补充营养，7月下旬至8月中旬交尾产卵。7月下旬至9月底为幼虫危害期，10月上中旬幼虫老熟化蛹，10月底至11月初第二代成虫羽化，并在树根周围的土中越冬。

2年3代者，越冬幼虫于1月下旬至2月上旬化蛹，2月中旬羽化。成虫补充营养后，于4月交尾、产卵，4月上旬至7月中下旬为幼虫取食危害期，7月下旬至8月上旬化蛹，8月中旬成虫羽化，补充营养后于10月交尾产卵，孵化的幼虫即为越冬幼虫。因世代重叠，同一时期可见各龄幼虫。

成虫1年有3次高峰，分别在2~3月、7~8月和10~11月。成虫有假死性，能飞翔。喜欢在树冠下部阴面活动，茅草丛生的林分虫口密度大。有群聚越冬现象。幼虫危害初期，在孔外有褐色粉末状虫粪排出，在根颈处常误认为泥而被忽视。幼虫危害后，造成块状伤疤，若伤疤环绕树干一圈，树即枯死。

多瘤雪片象 *Niphades verrucosus* (Voss)（图9-38）

分布于我国江苏、浙江、安徽、福建、江西、湖南、四川；国外分布于日本。危害马尾松、黑松、黄山松、华山松、湿地松、火炬松和金钱松。幼虫钻蛀衰弱松树主干，在皮层内形成不规则坑道；聚集危害时，造成树皮与边材脱离，致树枯死。

形态特征

成虫　体长7.1~10.5mm，黑褐色。鞘翅具锈褐色和白色鳞片。行间瘤顶上具直立的锈褐色锈褐色鳞片。鞘翅基、端部行间的瘤上具雪白的鳞片状毛斑。腿节近端部的白色鳞片状毛排列成环状。头部散布坑形刻点，喙亦具刻点。触角位于喙端前面。前胸背板散布圆形大瘤，小盾片具雪白的毛。鞘翅从第3行间开始，奇数行间的瘤较大，偶数行间的瘤较小。腹部具白色鳞片状毛。

卵　椭圆形，乳白色。

幼虫　体长9.0~15.6mm。头黄褐色，体黄白色。前胸背板前缘覆盖头壳的2/3，中、后胸及腹部各节均具横褶。腹部末端宽扁。体两侧疏生黄色细毛。气门黄褐色，8对。

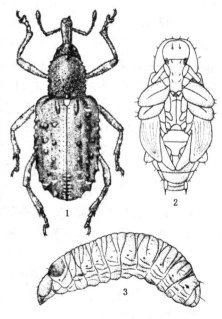

图9-38　多瘤雪片象
1. 成虫　2. 蛹　3. 幼虫

蛹 长 7.5~11.9mm，椭圆形，黄白色。前胸背板具数枚突出的刺。腹部背面散生许多小刺。臀节末端具 1 对刺突。

生活史及习性

在浙江 1 年 2 代，少数 2 代，以中、老龄幼虫在树干皮层内越冬。3 月下旬至 6 月中旬为蛹期，4 月上旬至 10 月下旬为越冬代成虫期。5 月中旬至 8 月上旬为第 1 代幼虫期，7 月初至 11 月上旬为第 1 代成虫期。9 月下旬至翌年 5 月下旬为第 2 代幼虫期。一年中均可发现幼虫。

成虫昼夜均能羽化，善爬行，有假死性和炎热天饮水习性。成虫白天钻入土内或隐藏于杂草根际，入暮后爬至土表或 1~2 年生松树嫩枝危害，经 1 个月的补充营养后开始交尾。成虫寿命 41~126d，交尾第 2 天即可产卵。卵历期 3~4d。幼虫 4 龄前蛀食皮层，将红褐色粪粒和蛀屑塞满坑道；4 龄后食量大增，在原坑道附近蛀食，虫口密度高时，坑道常连成一片。幼虫大多分布在 2m 以下的树干，老熟幼虫在边材筑蛹室，用蛀丝团封口。蛹历期 9~21d。

该虫多发生在潮湿、土壤肥沃、杂草繁茂或山高雾重的林分及存放新鲜松原木的贮木场；成虫喜食马尾松花苞及马尾松、湿地松嫩枝皮。在马尾松、黄山松和黑松林中，常与马尾松角胫象伴随发生。

天敌有兜姬蜂 Dolichomit sp.，寄生幼虫和蛹，寄生率达 32.7%；小茧蜂，寄生幼虫；蚂蚁，可捕食在地面活动的成虫。

此外，象甲类重要种还有：

马尾松角胫象 Shirahoshizo patruelis (Voss)：分布于我国江苏、福建、台湾、江西、湖北、湖南、广东、广西、四川、陕西。主要危害马尾松及黑松。1 年发生 1~4 代，因地而异，多以成虫或老熟幼虫越冬。

臭椿沟眶象 Eucryptorrhynchus brandti (Harold)：分布于我国北京、河北、山西、辽宁、黑龙江、上海、江苏、河南、湖北、四川、陕西、甘肃。危害臭椿。在陕西 1 年 1 代，以幼虫和成虫越冬。

核桃横沟象 Dyscerus juglans Chao：分布于我国陕西、河南、河北、福建、四川。危害泡核桃、铁核桃等。在四川、陕西均为 2 年 1 代，以成虫和幼虫越冬。

象甲类的防治方法

(1) 加强检疫 严禁带虫苗木及原木外运，或彻底处理后发放。

(2) 林业措施 ①选用抗虫品种，如小叶杨、龙山杨、白城杨、赤峰杨等对杨干象是高抗品种。②加强林分的抚育管理，及时修枝，清除林地倒木、风折木、过火木、衰弱木、枯死木及过高伐根。严重受害木，于冬季平茬更新。③砍伐木应随采随运或剥皮处理，或水浸半月以上，以杀死受害木中幼虫。

(3) 物理器械防治 成虫盛发期可利用假死性、群聚性和老熟幼虫聚集性人工捕捉。成虫产卵前，使用药用涂白剂涂干，防止产卵（萧氏松茎象）；产卵痕迹处砸卵（杨干象）；石灰泥涂抹根颈杀卵（核桃横沟象）；设置饵木诱集成虫产卵，待卵孵化后剥皮集杀幼虫（多瘤雪片象）。

(4) 生物防治 ①啄木鸟、蟾蜍、蚂蚁等对杨干象有一定的控制作用，应注意保护利用。②喷洒0.3亿孢子/ml青虫菌或2亿孢子/ml白僵菌，也可用2亿孢子/ml白僵菌涂刷虫孔防治幼虫；对危害苗根的象甲可用2亿孢子/ml的白僵菌灌根。③用斯氏线虫10^3个/ml涂抹杨干象虫孔，效果甚佳。

(5) 化学防治 ①成虫盛发期喷洒50%三硫磷乳油、50%杀螟松乳油、50%马拉硫磷、50%倍硫磷乳油、75%辛硫磷乳油、80%磷胺乳油、40%氧化乐果乳油1 000倍液；2.5%溴氰菊酯10 000倍液；50%西维因可湿性粉剂300～500倍液；50～100mg/kg的5%氟氯氰菊酯或20%氰戊菊酯；25%亚胺硫磷：65%代森锌可湿性粉剂：尿素：水＝2：2：5：1 000的混合液，视虫情防治1～3次。②幼龄幼虫期，可用40%氧化乐果乳油3～5倍液涂刷产卵孔；40%乐果乳油、50%甲基对硫磷乳油、50%乙硫磷乳油、25%乙酰甲胺磷乳油300倍液于危害部位打孔注药1～2ml，或注射50%甲胺磷乳油原液0.5ml；25%灭幼脲Ⅲ号胶悬剂点涂杨干象虫口处。③成虫上树危害期可用40%氧化乐果5倍液或废机油等在树干上涂20cm宽毒环，或用2.5%溴氰菊酯3 000倍液作成毒绳围于树干上以杀死成虫；地面喷撒2%倍硫磷粉剂、5%辛硫磷粉剂、50%杀螟松乳油2 000倍液，杀死以成虫在土中越冬的象甲。

9.5 蛾类

9.5.1 木蠹蛾类

木蠹蛾科全世界已知种和亚种近1 000种，我国已知60余种，可造成大面积成灾的约有11种。主要危害阔叶树木的主干及根部，轻则降低林木材质，重则使整株枯死。

芳香木蠹蛾东方亚种 *Cossus cossus orientalis* Gaede（图9-39）

分布于我国华北、东北、西北、华中、山东；国外分布于俄罗斯东西伯利亚、朝鲜、日本。主要危害杨、柳、榆，也危害丁香、槐树、刺槐等阔叶树种及果树。幼虫蛀入枝、干和根际的木质部，形成不规则的虫道，使树势衰弱，枯梢风折，甚至整株死亡。

形态特征

成虫 体长22.6～41.8mm，翅展51～82.6mm。灰褐色，粗壮。触角单栉齿状；头顶毛丛和领片鲜黄色，翅基片和胸部背面土褐色，中胸前半部为深褐色，后半部白、黑、黄相间；后胸有1条黑横带。前翅前缘具8条短黑纹，中室内3/4处及外侧有2条短横线，臀角Cu_2脉末端有1条伸达前缘并与之垂直的黑线。后翅中室白色，其余浅褐色，端半部具波状横纹。翅反面在中室外有1个较大的暗斑。中足胫节具1对端距，后足胫节具2对，中距位于胫节端部1/3处，基跗节膨大。成虫分黄褐色和浅褐色2种色型。

卵 椭圆形，1.1～1.3mm×0.7～0.8mm。暗褐或灰褐色。卵壳表面有数条纵隆脊，脊间具刻纹。

幼虫 老熟幼虫体长58～90mm。体粗壮、扁圆筒形。头黑色，体背紫红色，腹面桃红色。前胸背板有1个倒凸字形黑斑，黑斑中央具1条白色纵纹，中胸背板具1个深褐色长方形斑，后胸背斑具2个褐色圆斑。腹足趾钩三序环状，臀足为双序横带。

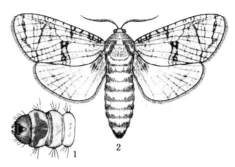

图9-39 芳香木蠹蛾东方亚种
1. 幼虫头部 2. 成虫

蛹 体长26～45mm，略向腹面弯曲，红棕色或黑棕色。雌2～6腹节、雄2～7腹节背面均有2行刺列，其后各节仅有前刺列；前刺列粗大，长越过气门线，后刺列细小，不达气门；肛孔外围具3对齿突。茧土质，肾形，长32～58mm。

生活史及习性

2年1代。成虫4月下旬开始羽化，5月上中旬为羽化盛期，多在白天羽化，趋光性弱。成虫羽化后静伏于杂草、灌木、树干等处，至19：00飞翔交配。卵单产或聚产于树冠干枝基部的树皮裂缝、伤口、枝杈或旧虫孔处，无被覆物，每雌平均产卵约584粒。卵期13～21d，初孵幼虫常几头至几十头群集危害树干及枝条的韧皮部及形成层，随后进入木质部，形成不规则的共同坑道，当年幼虫发育到8～10龄，在9月中下旬即以虫粪和木屑在坑道内作越冬室越冬。第二年3月下旬开始活动，4月上旬至9月中下旬数头幼虫聚集分别向木质部钻蛀纵道，严重时蛀成纵横相连大坑道，并在边材处形成宽大的蛀槽，排出木屑和虫粪，溢出树液，该阶段是其危害的高峰期；9月下旬至10月上旬发育到15～18龄后，老熟幼虫陆续由排粪孔爬出坠落地面，在向阳、松软、干燥处钻入土33～60mm粘结土粒结薄茧越冬。第三年春离开旧茧，在2～27mm土中重结新茧化蛹，蛹期27～33d。

该虫发生与树种、树龄、长势等有关。树龄大，长势弱的"四旁"林木及郁闭度小的林分受害重，反之则轻；小叶杨、箭杆杨、加杨、北京杨受害较重。

沙柳木蠹蛾 *Holcocerus arenicola*（Staudinger）（图9-40）

分布于我国内蒙古、陕西、甘肃、宁夏、新疆；国外分布于土耳其、前苏联、阿富汗、蒙古。危害沙柳、踏郎、沙棘、毛乌柳、柠条等。

形态特征

成虫 体长20.6～32.5mm，翅展43.0～63.2mm。触角丝状，扁平。体灰黑色略带褐色，前胸背面有1个"八"字形黑色毛片带，与后缘"一"字形白色或黑色毛片带相连。前翅灰黑色，翅面布满许多黑色条纹，条纹形状在个体间有差异。前翅中室以及前缘基部2/3颜色较暗，中室下方1A脉之前有一较大的浅色区，中室末端有1个较小的白斑。

卵 椭圆形，长1.4~1.8mm，宽1.1~1.3mm，初产灰白色，孵化前暗灰色。

幼虫 老熟幼虫体长49~59mm，体黄白色。头小，黑褐色，冠缝及额的两侧为紫红色。前胸盾较硬，其上具长方形黄红色斑；前胸背板横列3个淡红色斑，中间的为长条形，两侧的为倒三角形。腹部每节背面有由红色斑点组成的横带2条，前带宽长而色深，后带细而色浅，长度约为前带之半；腹部腹面黄白色，每节有浅紫色斑纹。胸足橙黄色，跗节和爪紫红色。

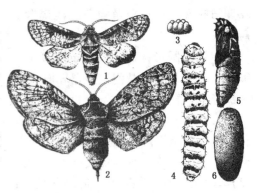

图9-40 沙柳木蠹蛾
1. 雄成虫 2. 雌成虫 3. 卵 4. 幼虫
5. 蛹 6. 茧

蛹 长19.0~37.8mm，深褐色。雄蛹腹背第2~7节前后缘各具齿状突1列，前列齿粗，伸过气门，后列齿细，伸不过气门；第8节前缘和第9节中部仅具1列粗齿。雌蛹第7节仅前缘具1列粗齿，后缘无齿，其它同雄蛹。

生活史及习性

在陕西4年1代，跨5年，幼虫在蛀道内越冬。5月老熟幼虫入土化蛹，5月底、6月初成虫开始出现，中旬达盛期。幼虫于6月底、7月上旬开始孵出，10月下旬越冬。

成虫羽化与天气状况关系极为密切，阴天、气温低，羽化少，雨天不羽化。羽化及交尾多在18:00~21:30。卵成块、排列紧密，多产在根皮裂缝和靠近沙土的根基处，卵期平均约24d。幼虫孵出后，即蛀入皮层，并向下蛀食，第二年可蛀入心材危害。由于幼虫生活期长，同一时期可见不同龄期的幼虫。

此虫主要危害多年生沙柳，以生长在沙丘顶部主根或根茬外露的多年生沙棘受害最重，因根被蛀空可导致整株死亡。

小木蠹蛾 *Holcocerus insularis* Staudinger（图9-41）

分布于我国东北、华北、华东、华中、东南沿海各地，陕西、宁夏；国外分分布于前苏联。危害白蜡、构树、丁香、白榆、槐树、银杏、柳树、麻栎、苹果、白玉兰、悬铃木、元宝枫、海棠、楮、冬青卫矛、怪柳、山楂、香椿等。一些城市行道树白蜡、槐树、构树等被害率很高，受害株常发生风折、枯枝，甚至整株死亡。

形态特征

成虫 灰褐色，体长14～28mm，翅展31～55mm。触角线状。下唇须灰褐色，伸达复眼前缘；头顶毛丛鼠灰色，胸背部暗红褐色，腹部较长。前翅密布细碎条纹，亚外缘线黑色波纹状，在近前缘处呈小"Y"字形，外横线至基角处翅面均为暗色，缘毛灰色，有明显的暗格纹。后翅色较深，有不明显的细褐纹。中足胫节有1对距，后足胫节2对，中距位于胫节端部1/3处。

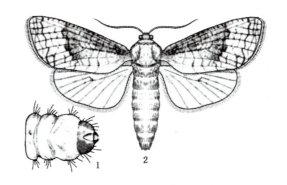

图9-41 小木蠹蛾
1. 幼虫头部 2. 成虫

幼虫 老龄幼虫体长30～38mm，体背浅红色，每体节后半部色淡，腹面黄白色。头褐色，前胸背板深褐色斑纹中间有"◇"形白斑，中、后胸背板的斑纹均浅褐色。

生活史及习性

在济南多2年1代，少数1年1代，均以幼虫越冬。越冬幼虫于5月上旬至8月上旬在蛀道内化蛹，5月下旬至6月下旬为盛期，蛹期17～26d。6月上旬至8月中下旬成虫羽化、交尾、产卵，盛期为6月下旬至7月中旬。卵期9～21d，6月上旬至9月中旬幼虫孵化，7月上中旬为盛期。初孵幼虫群集取食卵壳后蛀入皮层、韧皮部危害，3龄以后分散钻入木质部，于10月开始在隧道内越冬，不作越冬室；二年群幼虫在隧道顶端用粪屑作椭圆形小室越冬；老熟后在隧道孔口靠近皮层处粘木丝粪屑作椭圆形蛹室化蛹。出蛰、化蛹、羽化、产卵早者，当年以大龄幼虫越冬，次年即羽化。

成虫以18:00～21:00羽化最多，常有多个成虫自1个排粪孔羽化而出，羽化后蛹壳仍留在排粪孔口。成虫羽化后，白天藏于树洞、根际草丛及枝梢等处，夜间活动，有趋光性；当晚即可交尾、产卵，雌虫有多次交尾现象。卵多成块产于树皮裂缝、伤痕、洞孔边缘及旧排粪孔附近等处，每雌产卵43～446粒。初孵幼虫取食卵壳，蛀入皮层和韧皮部危害，3龄以后做椭圆形侵入孔，钻入木质部蛀入髓心，形成不规则隧道，其中常有数头或数十头幼虫聚集危害；同时自侵入孔每隔7～8cm向外咬一排粪孔，粪屑呈棉絮状悬于排粪孔外，重害树干、树枝几乎全部被粪屑包裹。

榆木蠹蛾 *Holcocerus vicarius* Walker（图9-42）

又名柳干木蠹蛾。分布于我国东北、华北、华东、华中、西北除新疆外，江苏、安徽、云南；国外分布于前苏联、朝鲜、日本和越南。主要危害白榆，此外还有刺槐、杨、麻栎、栎、柳、丁香、银杏、稠李、苹果、花椒、金银花等，为榆树最常见的钻蛀性害虫。

形态特征

成虫 体粗壮，灰褐色，体长 23~40mm，翅展 52~87mm。触角线状，下唇须伸达触角基部。头顶毛丛、领片和肩片暗褐灰色，中胸背板前缘及后半部毛丛白色，小盾片毛丛灰褐色，其前缘具 1 条黑色横带。前翅灰褐色，密布黑褐色条纹，亚外缘线黑色、明显，外横线以内中室至前缘处呈黑褐色大斑。后翅浅灰色，无明显条纹，其反面条纹褐色，中部褐色圆斑明显。端距中足胫节 1 对，后足胫节 2 对；中距位于胫节端部 1/4 处；后足基跗节膨大，中垫退化。

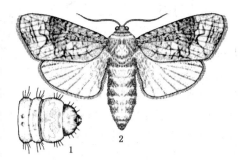

图 9-42 榆木蠹蛾
1. 幼虫头部 2. 成虫

幼虫 扁筒形。老龄幼虫体长 63~94mm。体背面鲜红色，腹面色稍淡，头黑色，前胸背板有一浅色"w"形斑痕，幼龄幼虫该斑痕黑褐色，5 龄以后变浅。斑痕前方有一长方形浅色斑纹；后胸背板有 2 枚圆形斑纹。腹足深橘红色，趾钩三序环状，臀足双序横带。

生活史及习性

多为 2 年 1 代，少数为 3 年 1 代或 1 年 1 代。1 年 1 代者幼虫虫龄仅 10 龄，2 年 1 代者可达 18 龄，3 年 1 代者 20 龄以上。成虫初见于 6 月上旬，盛期为 6 月下旬至 7 月中旬，8 月中下旬结束。成虫以晚间羽化居多，趋光性强。卵成堆产于枝、干伤疤及树皮裂缝处，卵块外无覆盖物。每雌产卵 134~940 粒，卵期 13~15d。6 月中下旬为幼虫孵化盛期，初孵幼虫多群集取食卵壳及树皮，2~3 龄时分散，从伤口及树皮裂缝侵入钻蛀韧皮部及边材，发育至 5 龄时沿树干爬行到根部危害。10 月中下旬绝大部分幼虫在根颈韧皮部或老虫道内越冬，少数幼虫在枝干上越冬。翌年 4 月上旬越冬幼虫开始活动取食，至 10 月中下旬末龄幼虫入土在 3.0~11.2cm 深处结土质薄茧越冬。第 3 年重新作丝质土茧化蛹，预蛹期 9~15d，蛹期 26~61d。

咖啡木蠹蛾 *Zeuzera coffeae* Nietner（图 9-43）

又名咖啡豹蠹蛾。分布于我国东南沿海、西南、华南，河南、湖南；国外分布于东南亚，印度。危害水杉、乌桕、刺槐、咖啡、番石榴、核桃、薄壳山核桃、枫杨、悬铃木、黄檀、柑橘、苹果、梨、荔枝、龙眼以及农作物等多种植物。以刺槐、悬铃木、核桃、薄壳山核桃受害为重，造成受害枝条枯死。

形态特征

成虫 体长 11~26mm，翅展 10~18mm。体灰白色，具青蓝色斑点。触角黑色，上具白色短绒毛，雌虫丝状，雄虫基半部双栉齿状，端半部丝状。复眼黑色，口器退化。胸部具白色长绒毛，中胸背板两侧有 3 对青蓝色圆斑；翅灰白色，翅脉间密布大小不等的青蓝色短斜斑点，外缘有 8 个近圆形青蓝色斑。胸足被黄褐色或灰白色绒毛，胫节及跗节被青蓝色鳞片，雄虫前足胫节内侧着生1个略短于胫节的前胫突。腹部被白色细毛，第3~7腹节背面及侧面有5个横列的青蓝色毛斑，第8腹节背面几乎全为青蓝色。

幼虫 初孵幼虫紫黑色，随着生长渐变暗紫红色。老熟幼虫体长约30mm；头橘红色，头顶、上颚、单眼区域黑色；体淡赤黄色，前胸背板黑色，后缘有锯齿状小刺1排；中胸至腹部各节均有横列黑褐色小粒突。

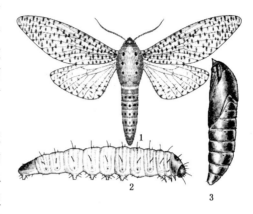

图9-43 咖啡木蠹蛾
1. 成虫 2. 幼虫 3. 蛹

生活史及习性

在江西1年2代，成虫期为5月上至6月下旬，8月初至9月底。在河南和江苏1年1代。以幼虫在被害枝条的虫道内越冬，翌年3月中旬开始取食，4月中下旬至6月中下旬化蛹；5月中旬至7月上旬成虫羽化、产卵，5月下旬为羽化盛期，卵期9~15d，5月底至6月上旬幼虫孵化。幼虫孵化后群集吐丝结网取食卵壳，2~3d后扩散。在刺槐上，幼虫自复叶总柄中部叶腋处蛀入，而在石榴等植物上，多从嫩梢端部的腋芽处蛀入向下部蛀食；4~5d后转移至新梢由腋芽处蛀入危害；6~7月再转移至2年生枝条，在木质部与韧皮部之间环蛀，枝条枯死后在枯枝内向上蛀害。10月下旬至11月初在蛀道内吐丝缀合虫粪和木屑封闭虫道两端越冬，越冬后继续取食或转枝危害，转枝率达48.2%。被害枝叶常在1~2d后枯萎、枯死、遇风折断或落地。老熟幼虫化蛹前在皮层处作1个近圆形的羽化孔，在孔下另咬1个直径约2mm的通气孔，然后吐丝缀合木屑将虫道堵塞，筑长20~30mm的蛹室化蛹，预蛹期3~5d，蛹期13~37d。

成虫羽化后蛹壳仍留在羽化孔口。成虫白天静伏，趋光性弱，雌雄性比为1∶1.58；多在20:00~23:00交尾，长达6~11h，无重复交尾现象。雌虫交尾后不久即产卵，产卵历期1~4d。每雌产卵244~1 132粒，平均600粒；卵成块产于旧虫道内，或树皮缝、嫩梢及芽腋处，未经交尾的雌蛾所产的卵不孵化。成虫寿命1~6d。

小茧蜂 *Bracon* sp. 寄生幼虫，寄生率为9.1%~16.8%。蚂蚁可捕食幼虫。串珠镰刀菌寄生率为16.6%~29.5%。病毒亦可寄生幼虫，但寄生率低。

木麻黄豹蠹蛾 *Zeuzera multistrigata* Moore（图9-44）

又名多纹豹蠹蛾，分布于我国福建、广西；国外分布于印度、孟加拉国、缅甸。危害木麻黄、黑荆树、南岭黄檀、台湾相思、银桦、丝棉木、白玉兰、龙眼、荔枝、余甘子、日本柳杉、芭蕉、梨、檀香、冬青等。以幼虫钻食嫩梢、小枝、主干、主根，使被害枝叶枯萎、树干畸形、风折或整株枯死。

形态特征

成虫 雌体长25～44mm，翅展40～70mm，体灰白色；触角丝状，浅褐色；前翅前缘具10个蓝斑，中室内斑点较稀疏，有些个体在中室内形成1个较大的蓝黑斑；后翅灰白色，斑点稀少而色浅，有翅僵9根；胸部背面有3对椭圆形蓝黑色斑，第1～7腹节各有8个蓝黑斑，第8腹节有3条纵黑带。雄蛾体长16～30mm，翅展30～45mm；触角基半部双栉齿状、端部丝状；后翅翅缰1根。

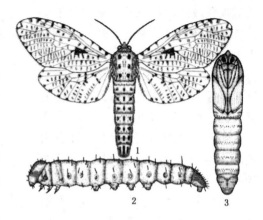

图9-44 木麻黄豹蠹蛾
1. 成虫 2. 幼虫 3. 蛹

幼虫 老熟幼虫体长30～80mm，体浅黄或黄褐色。头部浅褐色，单眼区有褐色小斑；前胸背板发达，后缘有1个黑斑，并具4列小刺和许多小颗粒。各体节生有黄褐色毛瘤，瘤上生灰白色刚毛。胸足黄褐色。腹足赤褐色，趾钩多环式。

生活史及习性

在福建1年1代，以老龄幼虫于12月初在树干基部的蛀道内越冬。翌年2月下旬出蛰蛀食，5月上旬至8月下旬化蛹，蛹期20d。6月中下旬为成虫羽化盛期；卵期18d，6月上旬开始孵化，7月上中旬为盛期。幼虫19龄，历期313～321d。

初孵幼虫群集在白色丝网下取食卵壳，2d后各自分散爬行、吐丝飘移分散，并蛀入嫩梢形成8～20mm长的虫道，虫道外可见白粉末状木屑和粪便。约40d后以4龄幼虫转移到主干上，多从节疤处蛀入，蛀孔直径2～7mm。10龄前有多次转株转位习性，但每株幼树大多只1条幼虫。蛀孔即排粪孔，99.5%分布树干2m以下；虫道长40～150cm，宽0.7～1.8cm。夏季幼虫沿髓心向根部蛀食，可深入地下10～20cm深的主根中。中、老龄幼虫可耐饥超过40d，在枯死的树干内可提前化蛹。老熟幼虫在皮层上咬筑直径约10mm的羽化孔，在其下方另咬1个小通气孔，再用丝和木屑封隔虫道筑成长3～5.5cm的蛹室，头部朝下化蛹。成虫多在16:00～20:00羽化，爬行数小时后即可飞翔，交尾1次，于30min后即可产卵。卵多产于树皮裂缝中，每雌产卵3～5次，历期2～3d，产卵361～2 108粒，平均700粒。成虫白天静伏，傍晚活动，趋光性强，雌雄比1.46∶1，寿命4～6d。年羽化的主高峰在6月中下旬，次高峰在5月下旬，雌蛾约提早3d羽化。

10年生或郁闭度0.7或胸径6cm以上的木麻黄林分不受害；3～6年生幼林、郁闭度小、胸径2cm左右的林分受害重。被害株2年内高生长减少64.7%，冠幅减少30.7%，地径减少56.1%。

天敌有黑蚂蚁、棕色小蚂蚁、广腹螳螂、蜘蛛、寄生蝇、白僵菌、细菌、喜鹊。

此外，木蠹蛾类重要种还有：

日本木蠹蛾 Holcocerus japonicus Gaede：分布于我国华东、华中，北京、天津、辽宁、四川、贵州。主要危害柳，其次危害麻栎、槐树、白榆、白蜡、杨、桃、桉树、青冈、鹅掌楸、核桃等。在山东2年1代，以幼虫越冬。

沙棘木蠹蛾 Holcocerus hippophaecolus Hua, Chou, Fang et Chen：分布于内蒙古、辽宁、陕西、宁夏，主要危害沙棘，其次危害榆树、山杏、沙枣等；其危害有不断上升、蔓延之势。四年发生1代，跨5个年度。

钻具木蠹蛾 Lamellcossus terebra Schiffermüller：又名山杨木蠹蛾。分布于黑龙江、吉林、内蒙古，主要危害山杨。在内蒙古赤峰2年1代，以幼虫越冬。

木蠹蛾类的防治方法

(1) 林业技术措施 逐渐淘汰林内受害重的感虫树种，更换抗性品种，如树皮光滑的毛白杨、欧美杨等；当虫口密度过大时，及时清除无保留价值的立木以减少虫源；以带状或块状混交方式营造多树种的混交林，隔离和抑制木蠹蛾的繁殖和蔓延。加强抚育管理，避免在木蠹蛾产卵前修枝，剪口要平滑，防止机械损伤，或在伤口处涂防腐杀虫剂。维持适当的郁闭度，郁闭度0.7以上的林分受害程度明显小于郁闭度小的林分。

(2) 化学药剂防治 ①喷雾防治初孵幼虫。可用50%倍硫磷乳油、50%久效磷乳油1 000~1 500倍液，40%乐果乳油1 500倍液，2.5%溴氰菊酯、20%杀灭菊酯3 000~5 000倍液喷雾毒杀。②药剂注射虫孔、毒杀干内幼虫。对已蛀入干内的中、老龄幼虫，可用50%久效磷乳油、80%敌敌畏100~500倍液，50%马拉硫磷乳油或20%杀灭菊酯乳油100~300倍液，40%乐果乳油40~60倍液注入虫孔。③树干基部钻孔灌药。开春树液流动时，在树干基部钻孔灌入50%久效磷乳油或35%甲基硫环磷内吸剂原液。方法是先在树干基部距地面约30cm处交错打直径10~16mm的斜孔1~3个，按每1cm胸径用药1~1.5ml，将药液注入孔内后用薄农膜或外敷黏泥封门。④将磷化铝片剂（每片3.3g）研碎，每虫孔填入1/20~1/30片后封口，杀虫率达90%以上。

(3) 灯光诱杀成虫 木蠹蛾成虫均具有不同程度的趋光性。灯诱最佳时间因虫种而略异。灯诱不仅能诱到木蠹蛾雄虫，且能诱到相当数量的怀卵雌虫。灯诱对各种木蠹蛾虽均有效，但在防治运用时必须连年进行，方能对虫口的减少起明显作用。灯诱如和其它防治措施配合，效果更佳。

(4) 性信息素诱杀成虫 如用芳香木蠹蛾东方亚种人工合成性诱剂B种化合物（顺-5-十二碳烯醇乙酸酯），在成虫羽化期采用纸板粘胶式诱捕器，以滤纸芯或橡皮塞芯作诱芯，每芯用量0.5mg；每晚18:30~21:30，按间距30~150m将诱捕器悬挂于林带内即可。

(5) 生物防治 ①以 $1\times10^8\sim8\times10^8$ 孢子/g 白僵菌液喷杀榆木蠹蛾初孵幼虫，死亡率达 17.85%~100%；或将白僵菌粘膏涂在排粪孔口，或用喷注器在蛀孔注入含孢量为 $5\times10^8\sim10^9$/ml 白僵菌液，死亡率可达 95%。②采用水悬液法和泡沫塑料塞孔法，以浓度 1 000 条/ml 斯氏属线虫防治芳香木蠹蛾东方亚种幼虫，死亡率达 100%。③应注意保护、繁殖利用木蠹蛾的各种天敌。

(6) 人工捕杀 在羽化高峰期可人工捕捉成虫，或在木蠹蛾在土内化蛹期进行捕杀。

9.5.2 拟木蠹蛾类

荔枝拟木蠹蛾 *Arbela dea* Swinhoe（图 9-45）

分布于我国福建、台湾、江西、湖北、广东、广西、四川、云南；国外分布于印度。危害 24 科 50 多种植物，以荔枝、龙眼、红毛榴莲、腰果、木麻黄、台湾相思等受害较重。

形态特征

成虫　体长 10~14mm，翅展 20~37mm。雌蛾灰白色，前翅具许多灰褐色横纹，中室及臀区中部各具 1 条黑色斑纹，中室中部黑斑大型纵向，外缘有 7~9 个灰棕色斑；后翅外缘有等距排列的 8~9 个长方形斑块。雄蛾黑褐色，前翅中室中部有一黑色斑块。

幼虫　头、体漆黑色，老熟幼虫体长 26~34mm。头部具许多隆起的皱纹及刻点。毛片在前胸 7 个，中、后胸各 11 个，第 1~8 腹节各 13 个，均以背部的最大。趾钩三序单行，92~97 根。

生活史及习性

在东南沿海 1 年 1 代，以幼虫在枝干虫道内越冬。翌年春开始恢复活动并在夜间外出取食树皮，3 月中旬至 4 月下旬化蛹，蛹期 27~48d；4 月中旬至 5 月下旬羽化，羽化当晚即交配、产卵。成虫寿命 2~9d，卵多产于径粗 12.5cm 以上的枝干树皮上，每雌产卵约 350 粒。初孵幼虫几小时后分散活动，多在树干分叉、伤口或木栓断裂处蛀食，以丝缀虫粪与树皮屑等在枝干表面形成隧道，然后再蛀入树干形成坑道。虫道长 20~30cm，最长达 63cm，为幼虫夜间取食及逃避敌害的通道，其基部与坑道口相接。坑道初位于木栓层下，后则深入木质部成各种形式，是幼虫栖息及化蛹的场所。幼虫老熟后于虫道口缀以薄丝，在坑道中化蛹，羽化时蛹体半部伸出

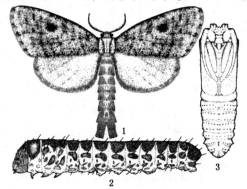

图 9-45　荔枝拟木蠹蛾
1. 成虫　2. 幼虫　3. 蛹

虫道外。被害木因养分输送障碍，致树势衰弱，甚至死亡。

相思拟木蠹蛾 *Arbela bailbarana* Matsumura（图9-46）

分布于我国福建、台湾、广东、广西及云南。寄主有木麻黄、台湾相思树、樟树、重阳木、母生、合欢、紫荆、刺槐、悬铃木、柳、柑橘、无患子、荔枝、龙眼等。常与荔枝拟木蠹蛾混合发生。

形态特征

成虫 体长7~12mm，翅展22~25mm，体灰褐色。前翅灰白色，中室中部具1个黑斑，其外侧有6个近长方形褐斑，连续横列成弧形；前缘具11个褐斑，外缘及后缘各具5~6个灰褐色斑；后翅外缘有8个灰褐色斑。

幼虫 老熟幼虫体长18~27mm，漆黑色，头赤褐色。

生活史及习性

在福建、广东1年1代，以近老熟幼虫在虫道内越冬。3月下旬至5月下旬化蛹，蛹期约27~46d；4月下旬至7月上旬羽化，随即交尾、产卵。

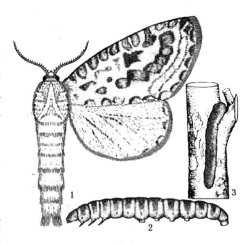

图9-46 相思拟木蠹蛾
1. 成虫 2. 幼虫 3. 危害状

每雌产卵约100粒；幼虫5月中旬开始出现，多在树枝分叉、树皮粗糙处、伤口等处钻蛀，虫道深8~12cm，夜晚则沿隧道外出啃食树皮。成虫寿命2~3d，趋光性弱、性引诱力强。其它与荔枝拟木蠹蛾相似。

拟木蠹蛾类的防治方法

（1）4~9月向坑道内注药液，参见木蠹蛾的防治。
（2）8月以前向树干被害处及隧道上喷药。
（3）用16~18cm长的铁丝沿坑道刺杀幼虫。

9.5.3 蝙蝠蛾类

柳蝙蛾 *Phassus excrescens* Butler（图9-47）

又名疣纹蝙蝠蛾。分布于我国东北、北京、河北、内蒙古、安徽、山东、河南、湖南、广西；国外分布于朝鲜半岛、日本、前苏联。危害杨、柳、榆等200余种林木、果树、经济作物及草本植物。以幼虫蛀食树木枝、干的髓部，使树势衰弱，影响材质，并极易遭风折，为国内森林植物检疫对象。

形态特征

成虫 体长 30~47mm，翅展 65~90 mm，体绿褐色或粉褐色至茶褐色。触角短，丝状，不超过前胸后缘。前翅狭长，前缘有 7~8 枚近环形斑，中央有 1 个深色稍带绿色的三角形斑，其外侧有 2 条褐色宽斜带。前、中足发达，爪较长；后足退化，细而短。雄蛾后足腿节外缘密生橙色刷状毛，雌蛾则无。

卵 球形，直径 0.6~0.7mm，初产乳白色，后变黑色。

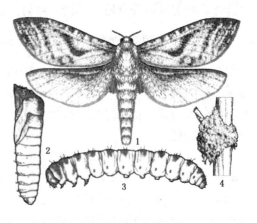

图 9-47 柳扁蛾
1. 成虫 2. 蛹 3. 幼虫 4. 危害状

幼虫 老熟幼虫体长 44~57mm。头部红褐色至深褐色，胴部污白色，各节均有黄褐色大小不一的斑瘤 13~14 个，背面的较两侧的为大。

蛹 圆桶形，体长 30~60mm。黄褐色。头部中央隆起，形成 1 条纵脊。触角上方有 4 个角状突起。第 3~7 腹节背面有向后伸的倒刺 2 列，在腹面第 4~6 腹节有呈波状向后伸的倒刺 1 列，第 7 腹节有 2 列，第 8 腹节有 1 列，中央间断。

生活史及习性

在我国大多 1 年 1 代，少数 2 年 1 代，以卵在地面或以幼虫在树干蛀道内越冬。越冬卵于翌年 5 月中旬开始孵化。初孵幼虫以腐殖质为食；6 月上旬，2、3 龄幼虫转移到木本植物及杂草的干、茎中食害，8 月上旬开始化蛹，8 月下旬至 10 月中旬羽化，羽化后即可交尾、产卵。以卵越冬的 1 年 1 代，次年部分孵化较晚或幼虫发育迟缓的，在越冬后第 2 年 7 月上旬化蛹，8 月中旬开始羽化、交尾、产卵，卵孵化后以幼虫越冬，第 3 年羽化，为 2 年 1 代。

幼虫蛀食时吐丝粘缀木屑做成木屑包，包被于坑口，咬食边材时使坑口形成穴状或环形凹坑，易引起风折。老熟幼虫化蛹前，在近坑口处吐丝结薄网封闭坑口，2~3d 后化蛹；1 年 1 代者蛹期约 29d，2 年 1 代者 26d。成虫羽化前蛹体蠕动到坑口，羽化后蛹壳前半部露出坑外。

此外，蝙蝠蛾类重要种还有：

一点蝙蛾 *Phassus signifer sinensis* Moore：分布于东北、中南、华东、华南，危害杉木、柳杉、侧柏、泡桐等多种林木及果树和灌木。在河南、浙江等地 2 年 1 代，以幼虫在树干虫道内越冬。

蝙蝠蛾类的防治方法

（1）苗木出圃及调入前严格把关，及时挑出带有木屑包的苗木，就地烧毁。

（2）人工剪除有虫苗木、枝条。

（3）初龄幼虫在地面活动期间每隔10d连续2~3次向地面喷洒有机磷农药500倍液。幼虫转移树干危害后向坑道内注入少许药液，或用毒泥堵孔，或注入白僵菌液。

9.5.4 透翅蛾类

我国已记载的林木透翅蛾科约50余种。幼虫蛀食植物的茎、枝条和根，常形成虫瘿，不仅直接影响树木的生长，造成多头树或导致树木死亡。

白杨透翅蛾 *Paranthrene tabaniformis* Rottemburg（图9-48）

分布于我国华北、东北、华东、西北、西南；国外分布于蒙古、前苏联，欧洲。危害各种杨树和柳树，尤以加杨、银白杨、新疆杨、箭杨、毛白杨、中东杨、河北杨及旱柳受害严重；苗木和幼树枝干受害后形成瘤状虫瘿，造成枯萎、秃梢，并极易风折。

形态特征

成虫 体长11~20mm，翅展22~38mm。头半球形，下唇须基部黑色，密布黄色绒毛，头和胸之间有橙色鳞片围绕，头顶有1束黄色毛簇。雌蛾触角栉齿不明显、端部光秃，雄蛾触角具青黑色栉齿2列。胸部背面青黑色有光泽；中、后胸肩板各有2簇橙黄色鳞片。前翅狭长，黑褐色，中室与后缘略透明，后翅全部透明。腹部青黑色，有5条橙黄色环带。雌蛾腹末有黄褐色鳞毛1束，两侧各有1簇橙黄色鳞毛。

卵 椭圆形，黑色，有灰白色不规则的多角形刻纹。

幼虫 幼虫体长30~33mm。初龄幼虫淡红色、老熟时黄白色。臀节背面有2个深褐色略向上前方翘起的钩。趾钩单序二横带，臀足为单序横带。

蛹 体长12~23mm，纺锤形，褐色。第2~7腹节背面各有横列的刺2排，第9、10节各具刺1排。腹末具臀棘。

生活史及习性

1年1代，以幼虫在枝干虫道内越冬。在东北地区，4月中旬越冬幼虫开始活动，5月上旬化蛹，下旬开始羽化，并交配产卵。初孵幼虫于6月上旬开始侵入茎干内蛀食，一直危害到10月中旬进入越冬。

成虫羽化多集中在午前。羽化期长，从5月末至7月下旬均有成虫羽化，盛期为6月下旬。成虫白天活

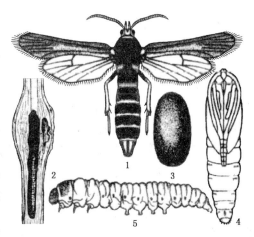

图9-48 白杨透翅蛾
1. 成虫 2. 危害状 3. 茧 4. 蛹 5. 幼虫

动，性引诱力强，羽化当天即行交配、产卵。卵多产于叶腋、叶柄基部、孔口、树皮裂缝以及叶片等处。卵期8~17d。初孵幼虫多在嫩枝的叶腋、皮层及枝干伤口处或旧的虫孔蛀入，再钻入木质部和韧皮部之间，围绕枝干钻蛀虫道，使被害处形成瘤状虫瘿；钻入木质部后沿髓部向上蛀食，蛀道长2~10cm，虫粪和蛀屑被推出孔外后常吐丝缀封排粪孔；幼虫蛀入树干后常不转移，只有当被害处枯萎、折断而不能生存时才另选适宜部位入侵。9月下旬，幼虫在坑道末端以蛀屑将坑道封闭，吐丝作薄茧越冬。化蛹前吐丝封闭坑道口，并在坑道末端蛀蛹室结茧化蛹。蛹期14~26d。成虫羽化后，蛹壳留在羽化孔处，经久不落。幼虫随苗木调运是其扩大危害范围的主要原因。

杨干透翅蛾 Sesia siningensis (Hsu)（图9-49）

分布于我国山西、内蒙古、辽宁、安徽、山东、云南、陕西、甘肃、宁夏、青海；国外分布于前苏联。危害多种杨树和柳树，以幼虫蛀食5年生以上大树的树干基部，也可反复蛀食已有虫道和伤口的衰弱木，造成风折或枯死，为国内森林植物检疫对象。

形态特征

成虫　体长20~30mm，翅展40~50mm。头部淡黄色，复眼黑褐色。胸部黑褐色。前翅狭长，后翅扇形，均透明。腹部宽阔，有5条黄褐相间的环带。雌蛾触角棍棒状，端部尖而稍弯向后方；腹部肥大，末端尖而向下弯曲，产卵器淡黄色，稍伸出。雄蛾触角栉齿状，较平直，腹部瘦小，末端有1束褐色毛丛。

卵　长圆形，褐色，光滑，无光泽。

幼虫　体长40~45mm，初孵头黑色，体灰白色；老熟幼虫头深紫色，体黄白色，被稀疏黄褐色细毛。前胸背板两侧各有1条褐色浅斜沟，前缘近背中线处有2个并列褐斑。趾钩单序二横带式，臀足为单序横带，臀板后方具1个深褐色细刺。

蛹　褐色，纺锤形，长21~35mm，第2~6腹节背面有细刺2排，尾节具粗壮臀刺10根。

生活史及习性

2年1代，以当年孵化的幼虫在树干皮下或在木质部蛀道内越冬。翌春4月初活动危害，10月上旬停止取食再次越冬，第三年3月下旬继续危害，7月下旬化蛹，8月中旬成虫出现，8月末至9月初为羽化盛期。8月末新一代幼虫孵化，9月中旬为盛期。蛀入树干危害的幼虫于9月下旬至10月上旬进入越冬。幼虫有8龄，长达22个月；蛹期约21d。

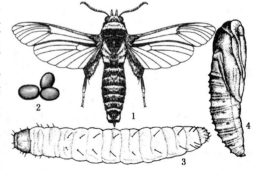

图9-49　杨干透翅蛾
1. 成虫　2. 卵　3. 幼虫　4. 蛹

成虫多在9:00~10:00羽化，蛹壳的1/2留在羽化孔中。成虫羽化当晚即交尾，次日中午开始产卵。卵单粒或堆产于树基部或树干的树皮缝深处，每堆211~791粒，平均509粒。卵期9~17d，平均12.3d。幼虫孵化后在卵壳附近爬行，选择适宜场所蛀入树皮，蛀入孔多位于树皮裂缝的幼嫩组织处。老熟幼虫化蛹前停食3~4日，并于虫道顶端下方咬开羽化孔，吐丝粘结木屑作蛹室化蛹。

透翅蛾类的防治方法

(1) 加强检疫 对引进或输出的苗木和枝条要严格检疫，及时剪除虫瘿，以防止传播和扩散。

(2) 林业技术防治 ①选用抗虫品系和树种。如小青杨×加拿大杨、小叶杨×黑杨、小叶杨×欧美杨、沙兰杨等杂交杨对白杨透翅蛾均有较高的抗性。②加强苗木管理。如苗木的机械伤口常引发白杨透翅蛾成虫产卵和幼虫入侵，因此在成虫产卵和幼虫孵化期不宜打叶除蘖，并应及时清除虫害苗和枝。③在白杨透翅蛾重害区，可栽植银白杨或毛白杨诱集成虫产卵，待幼虫孵化后彻底销毁。

(3) 人工防治 ①杨干透翅蛾成虫羽化集中，并在树干上静止或爬行，可人工捕杀。②早春3月结合修剪铲除虫疤，以冻死或杀死露出幼虫。③对行道树或四旁绿化树木，可在幼虫化蛹前，用细铁丝由侵入孔或羽化孔插入幼虫坑道内，直接杀死幼虫。

(4) 生物防治 保护利用天敌，在天敌羽化期减少农药使用。或用蘸白僵菌、绿僵菌的棉球堵塞虫孔。

(5) 化学防治 ①成虫羽化盛期，喷洒40%氧化乐果1 000倍液，或2.5%溴氰菊酯4 000倍液，以毒杀成虫。②幼虫越冬前及越冬后刚出蛰时，用40%氧化乐果：煤油的1:30倍液，或与柴油的1:20倍液涂刷虫斑或全面涂刷树干。③幼虫孵化盛期在树干下部间隔7d喷洒2~3次40%氧化乐果乳油或50%甲胺磷乳油1 000~1 500倍液，可毒杀白杨透翅蛾和杨干透翅蛾。④幼虫侵害期如发现枝干上有新虫粪立即用上述混合药液涂刷，或用50%杀螟松乳油与柴油液的1:5倍液滴入虫孔，或用50%杀螟松乳油、50%磷胺乳油20~60倍液在被害处1~2cm范围内涂刷药环。⑤成虫羽化期用性信息素进行诱杀。

9.5.5 织蛾类

油茶织蛾 *Casmara patrona* Meyrick （图9-50）

又名油茶蛀蛾、茶枝镰蛾、油茶蛀梗虫。分布于我国浙江、安徽、福建、台湾、江西、湖北、湖南、广东、广西、贵州；国外分布于日本、印度。主要危害油茶和茶树。以幼虫蛀食茶树枝梗，使受害枝干中空而枯死。

形态特征

成虫 体长12~16mm，翅展32~40mm，体被灰褐和灰白色鳞片。触角灰白色，丝状，基部膨大处褐色。下唇须镰刀形上弯，超过头顶。前翅黑褐色，有6丛红棕色和黑褐色的竖起鳞毛，在基部1/4处有3丛，中部弯曲的白纹中有2丛，白纹外侧有1丛。后翅银灰褐色。后足较前足长1倍多，且较粗大。

幼虫 老熟体长25～30mm，乳黄色。头部黄褐色，前胸背板淡黄褐色，腹末2节背板黑褐色。趾钩三序缺环，臀足趾钩三序半环。

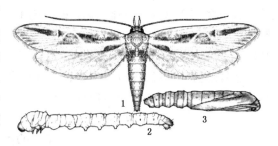

图 9-50 油茶织蛾
1. 成虫 2. 幼虫 3. 蛹

生活史及习性

1年1代，以幼虫在被害枝干内越冬。翌年3月上中旬幼虫恢复取食，4月中下旬化蛹，5月下、6月上旬羽化并产卵。6月中下旬为孵化盛期。初孵幼虫从嫩梢顶端叶腋间吐一层薄丝遮护后蛀入，嫩梢被蛀空后枯萎、易折断。此后幼虫逐渐蛀入枝干或主干，并在被害枝上每隔一段距离向外咬1个圆形排粪孔，蛀道全长可达70～100cm，老熟后化蛹于蛀道内，上部咬羽化孔，并以丝封闭孔口。

成虫多在傍晚羽化，昼伏夜出，有趋光性，交尾、产卵均在夜间进行。卵多产于老茶林或较阴湿的油茶林，散产，每处一粒，每雌产卵30～80粒。

防治方法

剪除被害枝，集中烧毁。羽化盛期，灯光诱杀。喷洒20%杀灭菊酯乳油3 000～4 000倍液、40%乐果乳油1 000～1 500倍液，防治成虫及初孵幼虫。向虫道内注药液。

9.6 树蜂类

泰加大树蜂 *Urocerus gigas taiganus* Benson（图9-51）

分布于我国河北、山西、内蒙古、东北、四川、甘肃、青海、新疆；国外分布于日本、俄罗斯、波兰、芬兰、挪威。在东北林区危害冷杉、云杉、落叶松，在西北危害铁杉、赤松、黑松等。主要侵害衰弱木、濒死木和枯立木，为国内森林植物检疫对象。

形态特征

成虫 雌虫体长23～37mm，黑色。触角、眼后区、颊、第1腹节背板后半部、第2、7、8背板、角突及胫节、跗节均橘黄色，爪黑褐色。雄虫体长19～31mm，体色与雌虫近似，但触角柄节黑色，其余各节红褐色，第3～6腹节背板红褐色，后足胫节和基跗节大部分黑色。腹部颜色变化较大，或者第9背板两侧各具1个黄色大圆斑，或者第8背板后缘中央黑色，第9背板两侧无黄斑，后足胫节末端 1/4 黑色。

卵 长约 1.5mm，乳白色，长圆形，微弯曲，先端较细。

幼虫 体长 20～32mm，圆筒形，乳白色。头部淡黄色；触角短，3 节。胸足短小不分节。第 10 腹节背面近半圆形，中央具一纵凹沟，沟底淡黄色。腹末角突褐色，其基部两侧及中央上方有小齿。

蛹 体长约 30mm，乳白色。头部淡黄色，复眼和口器褐色。触角伸达第 6 腹节后缘，翅盖于后足腿节上方。

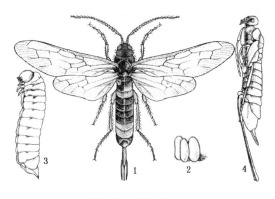

图 9-51 泰加大树蜂
1. 成虫 2. 卵 3. 幼虫 4. 蛹

生活史及习性

在甘肃 1 年 1 代，以老熟幼虫于虫道末端咬蛀蛹室化蛹，蛹室距边材表面约 10mm。成虫于 7～8 月间出现，7 月中下旬为盛期。成虫羽化后，向外咬一直径 5～7mm 的圆形羽化孔飞出。雌虫于 7 月中旬开始产卵，卵多产于濒死木、枯立木或新伐倒木上；如在立木上产卵，通常多产在树冠基部的树干上，产卵深度约 5～7mm，每次产卵 1 粒。幼虫孵化后沿树干纵轴斜向上穿凿虫道，约达心材处又返回向外钻蛀，虫道内充满细而压紧的白色木屑，虫道长约 20cm。

成虫喜在白天中午日光下飞翔，对新采伐的云杉有明显趋向性，在伐倒木的周围常见许多成虫飞行。

烟扁角树蜂 *Tremex fuscicornis*（Fabricius）（图 9-52）

分布于我国东北、华北、华东、华中、西北、华南部分省份、西藏；国外分布于北美、北欧、西欧和东南亚。危害杨、柳等 80 多种树木，以幼虫钻蛀树干，形成不规则的纵横坑道，造成树干中空，树势逐年衰弱，枝梢枯死，以至整株死亡。

形态特征

成虫 雌体长 16～43mm，翅展 18～46mm；触角中间几节，尤其是腹面为暗色至黑色；唇基、额至头顶中沟两侧前面黑色；前胸背板、近圆形的中胸背板、产卵管鞘红褐色；前足胫节基部黄褐色；中、后足胫节基半部及后足跗节基半部黄色；各足基节、转节和中、后足腿节黑色；腹部第 2、3、8 节及第 4～6 节前缘黄色，其余黑色。雄体长 11～17mm，具金属光泽；

图 9-52 烟扁角树蜂

有些个体触角基部3节红褐色；胸、腹部黑色，腹部各节呈梯形。前、中足胫节和跗节以及后足第5跗节红褐色。翅淡黄褐色，透明。

幼虫　体长12~46mm，圆筒形，乳白色。头黄褐色，胸足短小不分节，腹部末端褐色。

生活史及习性

在陕西1年1代，以幼虫在树干蛀道内越冬。翌年3月中下旬开始活动，老熟幼虫4月下旬始化蛹，5月下旬至9月初为盛期。成虫于5月下旬开始羽化，8月下旬至10月中旬为盛期。羽化后1~3d交尾、产卵。卵多产在树皮光滑部位和皮孔处的韧皮部和木质部之间，产卵处仅留下约0.2mm的小孔及1~2mm圆形或梭形、乳白色而边缘略呈褐色的小斑。每产卵槽平均孵出9条幼虫，形成多条虫道，各时期均可见到不同龄级的幼虫。老熟幼虫多在边材10~20mm处的蛹室化蛹。成虫寿命7~8d，每雌产卵13~28粒，卵期28~36d，幼虫6月中开始孵化，12月进入越冬；幼虫4~6龄。

成虫白天活动，无趋光性，飞行高度可达15m。该虫主要危害衰弱木，大发生时也危害健康木，尤以杨树和柳树受害严重。

天敌有褐斑马尾姬蜂、灰喜鹊、伯劳、螳螂和蜘蛛等。

树蜂类重要种还有：

红腹树蜂 *Sirex rufiabdominis* Xiao et Wu：分布于江苏、浙江、安徽。危害马尾松和油松。1年发生1代，以幼龄幼虫在树干蛀道内越冬。

黑顶扁角树蜂 *Tremex apicalis* Matsumura：又名杨树蜂。分布于北京、河北、辽宁、江苏、浙江、四川、陕西；危害杨、柳、梧桐、红松的枝干。1年发生1代，以幼虫越冬。

树蜂类的防治方法

(1) 林业措施　适地适树，选育抗虫树种，营造混交林，加强林木抚育管理。清除林内被害木和衰弱木。对被害木和衰弱木应及时加工或浸泡于水中，以杀死木材内幼虫。对于新采伐木材应及时剥皮或运出林外。

(2) 饵木诱杀　设置饵木诱集成虫产卵，待幼虫孵化盛期及时剥皮处理。

(3) 化学防治　成虫羽化盛期用2.5%溴氰菊酯乳油5 000倍液，或40%氧化乐果乳油或50%倍硫磷乳油1 500倍液喷干。

(4) 生物防治　保护利用褐斑马尾姬蜂、螳螂、蜘蛛、伯劳、灰喜鹊等天敌。

复习思考题

1. 林木蛀干害虫主要有哪几大类？与食叶害虫相比，蛀干害虫的发生、危害及防治上有何不同特点？

2. 何谓次期性害虫？造成次期害虫发生的主要原因有哪些？
3. 林木蛀干害虫中哪些是国内森林植物检疫对象？每类各举一例说明其识别特征、生活史及习性和防治要点。
4. 结合你所在地区严重发生的蛀干害虫，谈谈应如何进行综合治理。

第 10 章　球果种实害虫

【本章提要】 本章主要介绍危害球果、种子及果实的各类害虫的分布、寄主、形态、生活史及习性和防治方法。

种实害虫是指危害林木的花、果实和种子的害虫，我国记录的针、阔叶树种实害虫共 120 种，隶属于 7 个目 28 科。重要类群主要包括半翅目的长蝽科，鞘翅目的象甲科、豆象科，双翅目的花蝇科，鳞翅目的举肢蛾科、卷蛾科、螟蛾科，以及膜翅目的松叶蜂科、广肩小蜂科和长尾小蜂科等，许多种类是国内森林植物检疫对象。

10.1　蝽类

危害种实的蝽类多属长蝽科 Lygaeidae、缘蝽科 Coreidae、盾蝽科 Scutelleridae 等。此类害虫主要危害树木营养器官及种子，常匿居于叶鞘间、果鳞下，生活较隐蔽。

杉木扁长蝽 *Sinorsillus piliferus* Usinger（图 10-1）

分布于我国浙江、福建、江西、湖北、广东、广西、四川、贵州、陕西等地。主要危害杉木。成虫和若虫取食杉木球果、嫩梢、花序及嫩叶，造成结子不饱满，新梢萎缩变形，阻碍生长，严重受害时有 40% 以上的种子不能发芽，损失严重。

形态特征

成虫　体长 6.1～8.6mm，长椭圆形，扁平。腹部较宽，密被丝状毛，平伏。头红褐色至黑色、平伸，较为尖长，背面平，复眼远离前胸。触角褐色。喙较长，可伸达第 5 腹节或近腹端。前胸背板梯形，前角宽圆，后缘两侧成叶状，微向后伸。小盾片宽大，具"Y"形脊。前胸背板及小盾片均具刻点。爪片及革片淡黄褐色，有棕红色或灰色光泽，无刻点。腹部侧接缘宽圆外露，腹气门位于背面。体腹面及足褐色，腹部色常较淡。

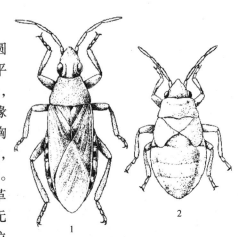

图 10-1　杉木扁长蝽
1. 成虫　2. 若虫

若虫 末龄若虫体长 4mm,体棕褐色,扁长形,腹部近圆形,淡褐色。分节明显,第 4、5 腹节及 5、6 节交界处有臭腺孔,周缘黑色。

生活史及习性

在湖南 1 年 1 代,浙江 1 年 2 代,在湖南以 2~3 龄若虫在球果果鳞间越冬。翌年 3 月下旬活动取食,并出现成虫,4 月下旬为成虫羽化高峰期,以白天羽化居多,成虫期可持续至 10 月末。常 3~5 头聚集在球果果鳞间及新梢头、叶丛背荫处吸食、交配,9 月中旬至 10 月上旬产卵,每雌产卵约 40 粒,常 3~7 粒排列一起,绝大多数的卵产在苞鳞腹面中央或两侧。卵期 8~12d。10 月上旬若虫栖息于苞鳞间隙危害,气温高时爬到球果外活动。

幼林受害严重,中龄林、成熟林受害较轻;高山和丘陵林地受害轻,而海拔 400~700m 的中山区则受害重。

此外,本类群还有以下重要种类:

暗黑松果长蝽 *Gastrodes piceus* Zheng:分布于我国浙江、湖南、广西、四川等地。危害杉木、马尾松。1 年发生 1 代,以成虫在球果内越冬。

柳杉球果长蝽 *Orsillus potanini* Linnavuori:分布于我国湖北、四川。危害柳杉。1 年发生 1 代,在球果内越冬。

蝽类的防治方法

(1) 结合球果采收将残留在树上的老球果一并摘除,待种子处理后,将球果集中烧毁,以消灭该虫的越冬场所,减少虫源。

(2) 对杉木种子园及危害严重的林分可喷洒 50% 久效磷 1 500~2 000 倍液,或 40% 乐果乳油、80% 敌敌畏乳油 1 000 倍液。

10.2 象甲类

属象甲科 Curculionidae,蛀食林木种子、果实、果枝,引起落果及种子减产。

核桃长足象 *Alcidodes juglans* Chao(图 10-2)

又名果实象。分布于我国四川、云南、陕西。以成虫、幼虫危害核桃果实。核桃被害,果形不变,但果仁被食,果内充满排泄物,造成 6、7 月大量落果。

形态特征

成虫 体长 9~12mm,长圆形,黑色,有光泽,稀被分裂成 2~5 叉状的白色鳞片。喙粗长,密布刻点。雌虫触角着生于头管中部,雄虫触角着生于其前端 1/3 处。触角膝状,11 节,密布灰白色长绵毛。前胸近圆锥形,背面的颗粒大而密。小盾片近方形,中间有纵沟。鞘翅基部宽于前胸,显著向前突出,盖住前胸基部。鞘翅上各有 10 条刻点沟,散布方刻点。腿节膨大,各具 1 个齿,齿的端部又分为 2 个小齿，胫节外缘顶端有 1 个钩状齿，内缘有 2 根直刺。

幼虫　体长 9～14mm，头黄褐色或褐色，体乳白色，弯曲。

生活史及习性

在四川和陕西 1 年发生 1 代，以成虫越冬。在四川，翌年 4 月上旬开始上树危害，5 月中旬为盛期。5 月上旬开始产卵，5 月下旬至 6 月上旬为产卵盛期。卵期 3～8d。幼虫 5 月中旬开始孵化，6 月上旬为盛期，幼虫期 16～26d。6 月中旬开始化蛹，下旬为盛期。蛹期 6～7d。成虫 6 月中旬开始羽化，6 月下旬至 7 月上旬为盛期，成虫羽化后，出果继续危害，蛀食果、芽、嫩枝及叶柄，至 11 月在树干下部皮缝里越冬。越冬成虫出蛰后经取食和多次交尾，将卵产入果面上的产卵刻槽内并用果屑封闭，每果产卵 1 粒，极少产 2 粒，每雌产卵 105～183 粒，产卵期 38～102d。

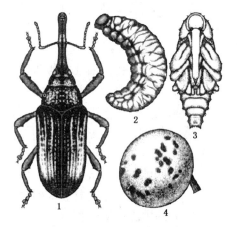

图 10-2　核桃长足象
1. 成虫　2. 幼虫　3. 蛹　4. 危害状

成虫喜光，因此树冠阳面受害重，上部重于下部，果实重于芽、枝、叶柄。幼果被蛀成 3～4mm 圆形孔，多时 1 果达 10～50 个洞，从孔中流出褐色汁液，种仁发育不良，果实不能成熟；嫩枝及叶柄受害后枯死脱落。成虫寿命 13～16 个月。初孵幼虫取食果皮，3～5d 蛀入果内，取食果仁和中果皮，不转果危害。老熟幼虫在果内化蛹。

油茶象 *Curculio chinensis* Chevrolat（图 10-3）

又名茶籽象。分布于我国江苏、浙江、安徽、福建、江西、湖北、湖南、广东、广西、四川、贵州、云南。危害油茶、茶树和山茶科植物的果实。成虫钻蛀果实，幼虫取食种仁，引起落果，伤口易被炭疽病菌侵染。

形态特征

成虫　体长 6.7～8mm，体菱形，黑色，具光泽，被白色和黑色鳞片。雌虫喙约等于体长。触角着生于喙基部 1/3 处，柄节等于索节 1～4 节之和，索节 1、2 节等长。前胸背板基部凹形，中区密布皱纹，皱纹围绕中央 1 个颗粒。鞘翅具纵刻点沟和白色鳞片排成的白斑或横带。中胸两侧的白斑明显，小盾片上有圆点状白色绒毛丛。各腿节末端有 1 个短刺。臀板外露。雄虫喙仅为体长的 2/3，触角着生于喙 1/2 处。

卵　长约 1mm，长椭圆形，乳白色。

幼虫　体长 10～20mm，乳白色，头深褐色，体弯曲成半月形，各节多横皱。

蛹　长 8～12mm，乳白色，复眼黑色，头管及足红褐色，有尾须 1 对。

生活史及习性

一般2年1代，少数1年1代或3年1代。以幼虫或成虫在土室中越冬。2年1代以老熟幼虫越冬，第2年以新羽化的成虫越冬，第3年出土活动繁殖。1年1代以当年幼虫越冬，翌年化蛹、羽化繁殖。2年1代时，越冬成虫4~6月出土，6月上旬到7月中旬为盛期，5~8月上树食茶果补充营养，危害期约100d，寿命300d。喜阴湿环境，飞翔力弱，有假死习性，对金银花等植物有趋向，雄虫趋向糖醋液。成虫取食15~20d后开始交尾，卵产于种仁内，7月种壳变硬后则产在种壳上，一般1果1~2粒，一生约产卵27~124粒，以5~6月所产卵孵化率高，卵期13~22d。1头幼虫能蛀食种仁2~4粒。

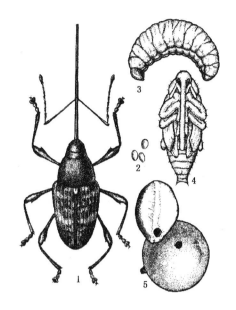

图10-3 油茶象
1. 成虫 2. 卵 3. 幼虫 4. 蛹 5. 危害状

被成虫食害的茶果，易感染炭疽病，造成6月前的早期落果；幼虫蛀食种仁，果面呈现针眼大小的被害孔，果内充满褐色锯末状虫粪，是6~9月落果的主要原因。

栗实象 *Curculio davidi* Fairmaire（图10-4）

分布于我国河北、辽宁、江苏、浙江、安徽、福建、河南、湖北、湖南、广东、广西、陕西、甘肃。危害板栗、茅栗、锥栗。幼虫蛀食栗实子叶，严重被害地区栗实常在短期内被食一空，并导致病菌寄生。

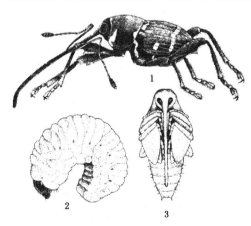

图10-4 栗实象
1. 成虫 2. 幼虫 3. 蛹

形态特征

成虫 体长5~9mm，体菱形，深黑色，被黑褐色或灰色鳞片。雌虫喙略长于体长，端部1/3向下弯曲。触角着生于喙基部的1/3处，柄节等于第1~5索节之和，第1、2索节等长。前胸背板宽略大于长，密布刻点，两侧有白斑。鞘翅上有刻点10条，鞘翅肩部较圆，向后缩窄，端部圆。足细长，腿节具1齿。雄虫的喙短于体长，触角着生于喙中部之前，柄节长等于索节之和。

卵 长约1.5mm，椭圆形。初产

时白色透明，孵化前为乳浊色。

幼虫 体长 8.5~12mm，乳白色至淡黄色，头黄褐色。体弯曲多皱，疏生短毛。

蛹 长 7~11mm，灰白色。

生活史及习性

2年1代，以幼虫在土中越冬，第3年6~7月在土室内化蛹。7月上旬羽化，持续至10月上旬。8月成虫出土，9月为产卵盛期。幼虫在板栗内生活约1个月，9月下旬至11月上旬，老熟幼虫陆续离开板栗入土越冬。羽化成虫先取食花蜜，后以板栗和茅栗子叶、嫩枝皮为食，经7~10d补充营养后即可交尾产卵。产卵时，雌虫在栗苞上咬深达子叶表层的刻槽，每次产卵1粒，偶有2~3粒。产卵部位多集中于果实基部，果皮上留1个黑褐色圆孔，易于识别。雌虫一生产卵2~18粒。雌虫自8月下旬至采收前几天均可产卵，接近采收时，多在果皮尚未变成红褐色的栗实上产卵，因此在中熟品种板栗和茅栗上产卵较多，9月中下旬，中熟品种采收后即转移到晚熟品种上。10月上旬晚熟品种采收后，成虫又在栗园附近的茅栗上继续产卵、危害。卵期10~15d。初孵幼虫仅在子叶表层取食，随着虫龄增大，虫道逐渐扩大和加深，3~4龄时坑道宽达8mm，其中充满褐色粉状虫粪，坑道半圆形，多在果蒂的一侧。果实采收后，幼虫仍在果内取食。幼虫共6龄，老熟幼虫在果皮上咬1个直径2~3mm的圆孔，爬出果外，钻入10~15cm深土内筑土室越冬，次年幼虫滞育于土中。

在北方实生栗园，此虫的发生数量，与采收是否及时以及脱粒地点、脱粒方法有关。管理粗放且未能及时全面采收，栗果内幼虫老熟后均就地入土。在栗园附近晒场堆积，剥苞取栗、栗窖沤制脱栗，都会造成入土幼虫高度集中。在南方栗园，还与栗园附近野生茅栗的数量有关，由于茅栗球苞针刺短疏，果肉薄，危害比板栗重。此外，成熟早的品种在一定程度上可避开成虫危害。

樟子松木蠹象 *Pissodes validirostris* Gyllenhyl（图 10-5）

又名樟子松球果象。分布于我国内蒙古呼伦贝尔盟、黑龙江大兴安岭、陕西、甘肃祁连山林区；国外分布于前苏联、土耳其、芬兰、波兰、匈牙利、德国、法国、西班牙。危害樟子松、华山松、油松、欧洲赤松、意大利五针松、黑松、北美黄杉等。以成虫和幼虫取食球果鳞片和种子，造成球果早落，被害率一般为30%~50%，严重影响种子产量。

形态特征

成虫 体长5.5~6.3mm，黑褐色，全体有许多刻点，刻点上被有白色或砖红色的羽状鳞片。喙管红褐色，圆柱形，略向下弯曲，与前胸等长。触角呈膝状弯曲，着生于喙中部。前胸背板基部狭于鞘翅，两侧拱圆，背面两侧各有1个由鳞片组成的白斑；中隆线明显；前胸背板后部与鞘翅连接处中央有1个鳞片组成的白斑。腹面在中、后胸连接处有1条由黄色鳞片组成的横带。鞘翅中部有由白色及黄色鳞片形成的2条不规则横带，前横带有时呈斑点状，后横带宽而明显，几横贯全翅。鞘翅上各有11条刻点沟。雄虫鞘翅略超过腹部末端,雌虫鞘翅与腹末等齐。足上被白色鳞片,后足胫节外侧有齿状刚毛,跗节3节,每节腹面有1丛黄色绒毛。

卵 长 0.8~0.9mm,卵圆形,乳黄色,呈半透明状。

幼虫 体长 7~8.7mm,头褐色,体白色,被刚毛。

蛹 长 6~6.6mm,乳白色。

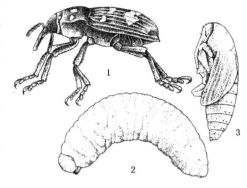

图 10-5 樟子松木蠹象
1. 成虫 2. 幼虫 3. 蛹

生活史及习性

1年1代,以成虫在树干或粗枝上的树皮下越冬。翌年5月中旬开始活动,5月下旬开始产卵,6月中下旬为产卵盛期,卵期 10~13d。6月上中旬为孵化盛期,幼虫期 40~45d。7月中下旬幼虫化蛹,9月上旬为化蛹末期,蛹期 10~15d。成虫于8月上旬羽化,8月底9月初为羽化盛期,9月中旬为羽化末期。

成虫具趋光性,羽化后一般不飞翔,爬行到当年生的枝条及叶鞘上取食补充营养。补充营养后,便陆续潜入树干或粗枝上的树皮下越冬。翌年越冬成虫在幼果鳞片上产卵,一般1果 3~5粒。初孵幼虫在原产卵孔内取食,数月后便在鳞片内钻蛀坑道扩大危害,被害的鳞片上出现1条深褐色弯曲而突起的条纹,纹上充满透明松脂,到 2~3龄时进入鳞片基部及果轴危害。因幼虫主要取食果轴,一般每个球果内只要有1头幼虫,整个球果就受害,被害球果部分萎缩脱落。

该虫的发生危害规律是:孤立木重于成片林,阳坡重于阴坡,松桦或松杨混交林重于纯林,而且樟子松的比例越小被害越严重。

球果角胫象 *Shirahoshizo coniferae* Chao (图 10-6)

又名华山松球果象。分布于我国四川、云南、陕西等地。危害华山松、云南油杉。幼虫蛀食种子和果鳞,严重影响天然更新及造林用种。

形态特征

成虫 体长 5.2~6.5mm。长椭圆形,黑褐色或红褐色,被红褐色鳞片。前胸背板上疏生白色和黑褐色鳞片,中部有4个白色鳞片斑,排成一横列。鞘翅行间4、5中间前和行间3中间各有1个白色鳞片斑。触角细长,着生于喙基部的3/5处,索节 1~4节长于 5~7节,棒节椭圆形,长2倍于宽。前胸背板宽大于长,基部两侧平行,靠近前缘逐渐收窄,前缘宽仅为后缘的一半,背面密布刻点。鞘翅长为宽的 1.5 倍,两侧平行,2/3 以后缩窄。中后足腿节具明显的齿,胫节基部外缘缩成锐角。

卵 长 0.75mm,椭圆形,淡黄色,半透明。

幼虫 体长 6~8mm,稍弯曲,黄白色。头淡褐色。

蛹 长约 7mm, 裸蛹, 黄白色, 复眼紫色。

生活史及习性

在陕西 1 年 1 代, 以成虫在土内或球果的种子内以及球果鳞片内侧越冬。翌年 5 月中旬成虫大量出现, 并取食嫩梢补充营养。6 月上旬开始产卵, 卵堆产于 2 年生球果鳞片上缘的皮下组织内, 外观蜡黄色, 有松脂溢出。每果一般有卵 1~3 堆, 多者达 6 堆, 每堆卵约 10 粒, 最多达 28 粒。6 月下旬初孵幼虫蛀食果鳞皮下组织和鳞片基部, 后蛀入种子及其它鳞片内继续取食, 至 8 月幼虫老熟并化蛹于其中。成虫羽化后, 即在被害的种壳内或鳞片内的蛹室越冬。受害球果后期呈灰褐色, 表皮皱缩, 组织干枯, 疏松易碎。种子受害后, 种仁被食一空, 种壳上留有近圆形的蛀孔, 孔口堵以丝状木屑。

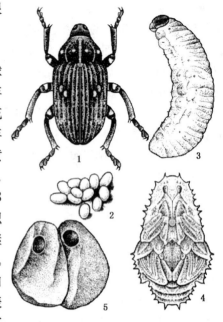

图 10-6 球果角胫象
1. 成虫 2. 卵 3. 幼虫 4. 蛹 5. 危害状

此虫主要发生在华山松垂直分布带的下半部, 海拔 1200~1650m。

此外, 本类群还有以下重要种类:

柞栎象 *Curculio dentipes* (Roelofs)(图 3-13-1): 分布于我国北京、河北、东北、江苏、浙江、山东、河南、四川、陕西。危害柞栎。1 年发生 1 代, 少数 2 年 1 代, 极个别 3 年 1 代, 以老熟幼虫在地下筑土室越冬。

榛实象 *Curculio dieckmanni* (Faust): 分布于我国东北。危害榛子、毛榛、辽东栎和蒙古栎。在黑龙江省桦川县 2 年发生 1 代, 历经 3 个年度, 以幼虫和成虫在土壤中越冬。

剪枝栎实象 *Cyllorhynchites ursulus* (Roelofs): 分布于我国河北、辽宁、吉林、江苏、福建、江西、河南、广东、四川、云南。危害壳斗科多种栎实, 在辽宁 1 年发生 1 代, 以老熟幼虫在土室内越冬。

马尾松角胫象 *Shirahoshizo patruelis* (Voss): 分布于我国江苏、福建、台湾、江西、湖北、湖南、广东、广西、四川。危害马尾松、黑松。1 年发生 1~4 代, 发生世代及越冬虫态因地区不同而有差异。在台湾 1 年发生 4 代, 以成虫和老熟幼虫在衰老树木或枯死部分的树皮下、韧皮部或边材坑道内越冬。

板果雪片象 *Niphades castanea* Chao: 分布于我国江西、河南、甘肃、陕西。危害板栗、油栗。在河南 1 年发生 1 代, 以幼虫在栗实内越冬。

象甲类的防治方法

(1) 加强检疫 严禁带虫种子、苗木外调。对带虫的种子、果实,用 $15g/m^3$ 磷化铝密封熏蒸 72h,用二硫化碳 $30\sim40ml/m^3$ 密封熏蒸 $24\sim48h$;板栗在脱粒前,栗苞堆沤时,用 $13.2g/m^3$ 磷化铝密封熏蒸 72h;栗实脱粒后浸入 $50\sim55℃$ 热水中 $10\sim15min$ 杀幼虫,晾干后不影响质量。带虫苗木用溴甲烷 $60g/m^3$ 熏蒸 4h,或用 40% 氧化乐果乳油 $50\sim100$ 倍液喷干。

(2) 林业技术措施 加强栗园管理,及时清除园内及周围的茅栗或嫁接改良以减少滋生地;及时采收栗苞,避免自然散落增加林间虫源;选育抗虫品种,在危害严重地区应选择栗苞大、苞刺稠密而坚硬的品种(栗实象);加强抚育,及时修枝整形,垦复树盘以增强树势,并刮去根颈粗皮,消灭越冬成虫(核桃长足象);采收的油茶果、栗苞、榛实等应堆放在水泥或三合土场地脱粒,阻止幼虫入土;用饵木诱集成虫产卵或种植开花植物诱集成虫,集中处理。

(3) 生物防治 于 $7\sim8$ 月樟子松木蠹象成虫羽化前,在林内采集或收集地面的被害球果,移至其它受害林分,并罩上纱笼,待曲姬蜂类成虫羽化后,将球果集中烧毁,以增加林地曲姬蜂的数量;6 月喷白僵菌防治油茶象成虫;2×10^8 孢子/ml 白僵菌液喷洒防治核桃长足象成虫,僵死率达 85% 以上。

(4) 化学防治 成虫期用 50% 杀螟松乳油、50% 马拉硫磷、40% 氧化乐果乳油 1 000 倍液,2.5% 溴氰菊酯、20% 氰戊菊酯 5 000 倍液喷雾防治 $1\sim3$ 次;郁闭度大的林分可施放烟剂熏杀成虫;幼龄幼虫期,用 5% 辛硫磷粉剂或 5% 的西维因粉剂防治脱果入土幼虫;在幼虫下树越冬时,可用药剂涂干;对有蛀芽习性的可用 40% 氧化乐果乳油 1 000 倍液喷雾。

10.3 豆象类

属豆象科 Bruchidae。豆象类昆虫蛀害豆科植物的种子,体形小,易随种子运输作远距离传播。

紫穗槐豆象 *Acanthoscelides pallidipennis* Motschulsky(图 10-7)

又名窃豆象。分布于我国北京、天津、河北、内蒙古、东北、陕西、宁夏、新疆;国外分布于蒙古、前苏联。此虫只危害紫穗槐。幼虫取食种仁使其丧失发芽力,被害率 45%~80%。

形态特征

成虫 体长 $2.5\sim3.0mm$,卵圆形,黑色,密生白毛。黑灰色头部窄于前胸,疏生白色细毛。复眼黑色、肾形。触角黄褐色,锯齿状。前胸背板黑灰色,中域略隆起,有 3 条明显的纵向毛带,中间 1 条纵贯背板,两侧的毛带稍短。小盾片长方形。各鞘翅有 10 条刻点沟,沟间密被白色毛,形成 11 条白色毛带,毛稀处形成棕色斑。腹部黑色，臀板外露。前、中足腿节和胫节棕色，后足腿节下部和跗节黑色，其余部分黄棕色。后足腿节粗壮，内缘端部有 1 个大的和 2 个小的齿突。足胫节端部有 1 个长的距和数个短小的齿。

幼虫　体长 2.4~3.5mm，头部红褐色，体乳黄色，稍弯曲，被刚毛，气门圆形。

生活史及习性

1 年 1~2 代，以老熟幼虫、2~4 龄幼虫在野外紫穗槐上的残留种子和仓贮种子内越冬。在辽宁阜新地

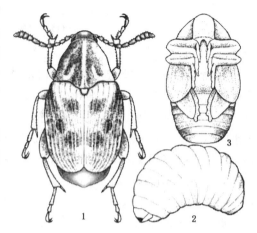

图 10-7　紫穗槐豆象
1. 成虫　2. 幼虫　3. 蛹

区，1 年发生 1 代，翌年 5 月上旬开始化蛹，5 月下旬至 6 月上旬为化蛹盛期。蛹期约 15d。6 月上旬成虫羽化，6 月下旬为羽化盛期。8 月下旬可在近成熟的紫穗槐种子内发现 1 龄幼虫，11 月在成熟的种子内全为 3 龄幼虫。

成虫飞翔力强，有假死习性。卵产在嫩荚上，幼虫孵化后蛀入种子内取食。羽化孔圆形，边缘不整齐，位于种子中部或偏向基部。

柠条豆象 *Kytorhinus immixtus* Motschulsky（图 10-8）

分布于我国内蒙古中部和西部、黑龙江、陕西、甘肃东部、宁夏、青海东部；国外分布于蒙古、前苏联。危害小叶柠条等锦鸡儿属植物的种子，种子被害率达 30%~80%。

形态特征

成虫　体长 3.5~5.5mm，长椭圆形，黑色，密被白色或黄色绒毛。头密布细小刻点，被灰白色毛。触角黄褐色，雌虫触角锯齿状，略长于体长之半；雄虫触角栉齿状，与体等长。前胸背板前端狭窄，中央稍隆起，近后缘中间有 1 条细纵沟；小盾片长方形，被灰白色毛；鞘翅黄褐色，有 10 列刻点沟。腹部 5 节，两节外露，布刻点，被灰白色毛。足细长，后腿节约与胫节等长；后胫节短于跗节，第 1 跗节长于其余各节之和。

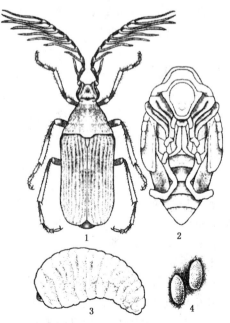

图 10-8　柠条豆象
1. 成虫　2. 蛹　3. 幼虫　4. 卵

幼虫 体长 4~5mm，头黄褐色，体淡黄色，多皱纹，弯曲。

生活史及习性

1 年 1 代，以幼虫在种子或土内越冬。翌年 4 月上旬化蛹，4 月下旬至 5 月中旬成虫羽化、产卵。5 月下旬幼虫出现，8 月中旬后幼虫进入越夏越冬期，老熟幼虫可滞育 2 年。

成虫羽化期与柠条开花结实期相吻合。成虫飞翔力强，行动敏捷，遇惊扰即飞离，昼伏夜出，取食花蜜、萼片或嫩叶补充营养。成虫羽化后 3d 即可交尾，卵散产于花萼下部的果荚上，少数产于花萼、花瓣和枝条上。每荚有卵 3~5 粒，最多达 13 粒。卵期 11~17d。幼虫孵出后多从种脐附近蛀入危害，初期种脐附近有黄色蛀屑排出，随着虫龄增大，绿色种皮上出现枯黄色斑痕。幼虫进入老熟时，种仁被食尽，只剩种皮。1 头幼虫一生只危害 1 粒种子。幼虫共 5 龄，在种子内生活达 11 个月。老熟幼虫随同柠条种子成熟和果荚开裂，钻入土中越冬。有虫果荚比健康果荚早开裂 7~10d。

一般林缘较林中发生轻，在同一株树上，下部较上部轻，西南面较东北面危害重。

豆象类的防治方法

（1）从疫情发生区调运的种子，应严格检疫，带虫种子不可外运，就地处理。

（2）秋季当紫穗槐落叶后，结合采种割条生产，进行大面积平茬，消灭宿存荚果内越冬的幼虫，而且使翌年成虫羽化后无处产卵。

（3）在成虫盛发期，用 50% 杀虫快油剂 1 份加柴油 4 份，进行地面超低容量喷雾（柠条豆象）；90% 敌百虫 1 000 倍液，2.5% 溴氰菊酯、20% 氰戊菊酯 5 000 倍液喷雾防治 1~3 次（紫穗槐豆象）；养蜂地禁用。

（4）用磷化铝片剂放入装有种子的塑料袋内熏蒸，每 50kg 种子用 1 片即可杀死种子内越冬幼虫。

10.4 花蝇类

已知危害针叶树球果的花蝇，主要有以下 10 种：① 落叶松球果花蝇 *Strobilomyia laricicola* (Karl)；②黑胸球果花蝇 *S. melaniola* (Fan)；③贝加尔球果花蝇 *S. baicalensis* (Elberg)；④稀球果花蝇 *S. infrequens* (Ackland)；⑤黄尾球果花蝇 *S. luteoforceps* (Fan et Fang)；⑥斯氏球果花蝇 *S. svenssoni* Michelsen；⑦丽江球果花蝇 *S. lijiangensis* Roques et Sun；⑧扭叶球果花蝇 *S. pectinicrus* Hennig；⑨方氏球果花蝇 *S. sanyangii* Roques et Sun；⑩炭色球果花蝇 *S. anthracinum* (Czerny)。上述 10 种花蝇，除炭色球果花蝇危害云杉球果外，其余 9 种都在落叶松球果内发现。这类害虫成虫和幼虫的外部形态和生活习性都极为相似，主要分种

依据是雄性成虫的尾器构造特征。球果花蝇是我国东北部和西南部山区落叶松球果的重要害虫,以落叶松球果花蝇为例说明。

落叶松球果花蝇 *Strobilomyia laricicola* (Karl) (图10-9)

分布于我国山西、内蒙古、东北、新疆;国外分布于日本、前苏联,欧洲。以幼虫危害落叶松的球果和种子。在黑龙江林区球果被害率达90%,种子被害率约60%,严重影响落叶松种子产量,是球果花蝇属中危害最严重的种类。

形态特征

成虫 体长4~5mm。雄虫眼裸,复眼暗红色,两眼眦连,眼眶、颚和颊具银灰色粉被。触角长不达口前缘,芒基部2/5裸。上倾口缘鬃3(或2)行,中喙略短,前颊长约为高的2倍,粉被薄。胸部黑色,被灰色粉。翅基淡灰褐色,前缘脉下面的毛止于第1径脉相接处,腋瓣白色。足黑色,腹部扁平,较短,向末端膨大,具银灰色粉被,在中央形成1条较宽的纵带。第5腹板侧叶端部明显变狭,外缘明显内卷,

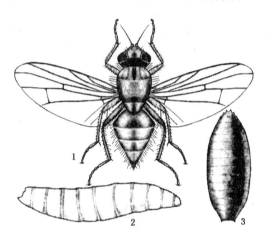

图10-9 落叶松球果花蝇
1. 成虫 2. 幼虫 3. 蛹

后观肛尾叶略呈心脏形。雌虫复眼分开,间额微棕色,向后色渐暗,具间额鬃。胸背无明显纵条,腹全黑,略具光泽。

卵 1.1~1.6mm,长形,一端略粗,中间稍弯,乳白色。

幼虫 体长6~9mm,圆锥形,淡黄色,不透明。头部尖锐,有黑色口钩1对。前胸气门扇形,体各节边缘略呈环状隆起,并有成排的短刺。腹末截形,截面有7对乳头状肉质突起。后气门褐色而突出。

蛹 长3.0~5.5mm,长椭圆形,红褐色。

生活史及习性

在大兴安岭林区1年1代或2年1代,以蛹在落叶层及表土内越冬。成虫于5月上旬开始羽化,5月中下旬产卵,5月下旬卵孵化。6月上中旬为产卵末期。幼虫取食25~30d后于6月下旬、7月上旬离果坠地化蛹越冬。

羽化、产卵及幼虫发育,与落叶松开花、坐果、球果成熟等基本同步。成虫羽化时正值落叶松开花与形成幼果期,一般雄花散粉后3~7d,幼果内即可发现虫卵。卵单产于球果基部的针叶或苞鳞上、鳞片间近种子的部位,一般每球果内产卵1~2粒,多者3~5粒,结实少时最多18~24粒。卵期7~10d。幼虫共3龄,发育期20余天。幼虫孵出后立即蛀入鳞片基部取食幼嫩种子,食空1粒后再转移危害邻近的种子,有时可连种壳一起吃掉,1个球果有1头幼虫时,能食

害全部种子的80%,如有2头幼虫即可吃尽种子。球果受害初症状不明显,后期变色枯干,弯曲畸形。幼虫老熟后即爬出球果坠地,在枯枝落叶层或地下 1~3cm 处化蛹越冬。蛹有滞育现象,同一年越冬的蛹,有18%~53%至第3年才羽化。

落叶松种子的被害程度与结实的周期、种子产量以及花蝇个体发育期的气候因素等密切相关。此虫喜光喜温,受害程度阳坡大于阴坡,郁闭度较小的落叶松纯林大于郁闭度较大的混交林,林冠阳面大于树冠阴面。

花蝇类的防治方法

落叶松球果花蝇在我国落叶松分布区遍布于原始林、母树林和种子园,而落叶松结实又具有周期性,有大、小年之分,所以防治重点应放在集约经营采种的种子园、母树林进行。

(1) 预测预报 4月上旬,视树冠投影范围内越冬蛹数量测定当年危害程度,如平均每株有蛹5头以上即达到中等被害程度,10头以上时可能大发生。根据4月上中旬落叶松的物候期,预测成虫羽化及产卵时间,适时进行防治。当年结实为中等偏上年份,防治指标为平均每果上有卵(幼虫)0.5粒(头)时需进行防治。

(2) 防治成虫 于5月上中旬成虫羽化、产卵期用"741"插管烟剂按1.5~2.5kg/hm² 定点放烟;用20%杀灭菊酯乳油2 000倍液,喷树冠及地面植被;或每公顷设置诱捕器15个用糖醋液诱杀成虫,配方为白糖40g、白醋30ml、白酒30ml、水200ml,或醋4份、白糖3份、白酒1份、水5份、0.1%杀虫剂;或每公顷挂放60块黄色粘胶板诱杀成虫。

(3) 防治幼虫 6月中下旬幼虫落地化蛹时,地面喷洒50%久效磷乳油1 000倍液,或百治屠粉等毒杀幼虫;用40%氧化乐果乳油树干注射防治初孵幼虫,胸径10cm的母树每株注药8ml,胸径每增加5cm,增加药量2ml。

(4) 林业措施 在种子园实行深翻,将蛹埋于5cm以下土中,阻止成虫出土;或采取清理林地枯枝落叶的方法,均有一定防治效果。

10.5 蛾类

危害针、阔叶树种实的蛾类害虫主要隶属于举肢蛾科 Heliodinidae、卷蛾科 Tortricidae 及螟蛾科 Pyralidae。以幼虫危害多种林木的果实及种子,亦危害嫩梢。

10.5.1 举肢蛾类

核桃举肢蛾 *Atrijuglans hetauhei* Yang (图10-10)

又名核桃黑。分布于我国华北、西北、中南、西南地区。危害核桃及核桃楸。幼虫钻入核桃青果皮内蛀食，受害果逐渐变黑、凹陷，影响食用。

形态特征

成虫 体长5~7mm，翅展13~15mm。体黑色，有金属光泽，腹面银白色。头部褐色，被银灰色大鳞片；唇须银白色，呈牛角状向前翘举并弯向内方；复眼红色；触角褐色，密被白毛。前翅黑褐色，翅基部1/3处有椭圆形白斑，2/3处有月牙形或三角形白斑。后翅披针形，缘毛黑褐色，长于翅宽。腹背黑褐色，2~6节密生横列的金黄色小刺。足白色，有褐斑；后足胫节、跗节具有黑色毛束，静止时，向侧后方上举。

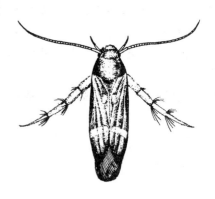

图10-10 核桃举肢蛾

幼虫 体长9.5~12mm，体浅黄白色，背中央有紫红色斑点。腹足趾钩单序环。

生活史及习性

在河北、山西1年1代，北京、四川、陕西1年1~2代，河南1年2代，均以老熟幼虫在土中结茧越冬。北京地区，越冬幼虫于4月底5月初开始化蛹，5月中下旬至6月初为盛期。越冬代成虫最早于5月初出现，盛期在5月底至6月初，6月下旬结束。第1代幼虫于5月中旬开始侵入果内，5月下旬至7月中旬是第1代幼虫危害期；6月下旬至7月中旬为老熟幼虫脱果入土蛰伏期；7月中旬至8月上旬为化蛹盛期。7月初少量成虫出现，盛期为7月下旬至8月上旬，9月初结束。第2代幼虫7月初侵入果内危害，8月中旬为盛期（此时有少量老熟幼虫脱果越冬），8月下旬到9月初为脱果入土越冬盛期。少量幼虫随果实采收被带到贮藏场所过冬。

成虫早晨、中午均少见，多栖息于草丛、石块或核桃叶背面。用前、中足行走，后足上举，作划船状摇动。飞翔、交尾、产卵均在17:00~20:00进行。卵多产在两果相交接处、果柄基部凹陷处和果实端部残存柱头处，卵散产，每果1~2粒，少数4~5粒。每雌可产卵30~40粒。成虫具弱趋光性，寿命3~8d。卵期4~5d。初孵幼虫在果面爬行0.5~2h，在适当部位蛀入果实。第1代幼虫危害时，正值果实生长期，内果皮（核桃壳）未硬化，幼虫可蛀食内果皮，并进入子叶内部，引起30%~80%的落果，严重时果实全部脱落，被害果无食用价值。越冬代幼虫蛀入时，内果皮已硬化，幼虫大量蛀食中果皮，使果实外表变黑并向内凹陷，果内充满黑色排泄物，故一般称之为"黑核桃"。一般情况下，被害果出仁率减少30%左右，含油量减少35%左右。幼虫不转果危害，一般1果仅幼虫1~2头，但最多可达25头。

温湿度对老熟幼虫在土壤中结茧化蛹及成虫羽化有较大影响，尤以降雨最为明显。阴坡较阳坡开阔地核桃受害重，而深山山沟又依次较低洼阴坡地、平原地为重,川边河谷地受害最轻。

柿举肢蛾 Stathmopoda massinissa Meyrick (图10-11)

又名柿蒂虫或柿实蛾。分布于我国河北、山西、江苏、安徽、台湾、山东、河南、陕西;国外分布于日本、斯里兰卡。危害柿树。

形态特征

成虫 雌虫体长约7mm,翅展15~17mm。头黄褐色,有金属光泽,复眼红褐色,触角丝状。胸、腹及翅均为紫褐色。前翅近顶角处有1条由前缘斜向外缘的黄色带状纹,前后翅缘毛较长。足土黄色,后足胫节具有与翅同色的长毛丛。

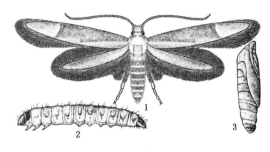

图10-11 柿举肢蛾
1. 成虫 2. 幼虫 3. 蛹

幼虫 体长9~10mm,头部黄褐色,体背暗紫色,前3节较淡,前胸背板及臀板暗褐色,胸足色淡,气门近圆形。

生活史及习性

1年2代,以老熟幼虫在老树皮裂缝或被害果的茧内越冬。翌年4月中下旬化蛹,4月下旬或5月上旬成虫开始羽化,5月上中旬为越冬代羽化盛期,5月下旬为产卵盛期。第1代幼虫5月中旬蛀果危害,第1代成虫7月初开始羽化,7月中旬为羽化盛期,第2代幼虫7月上旬开始孵化,7月中下旬为盛期,此代幼虫危害至8月中旬即开始越冬。

成虫羽化后,白天静栖在柿叶背面,多在21:00后交尾产卵。每雌产卵19~41粒,卵散产于果柄与果蒂隙间或叶柄基部。幼虫孵出后,从果柄或果蒂蛀入,先在果柄下环蛀,然后进入果内蛀食,吐丝将果柄和果蒂缠住,虫粪排出蛀孔外,被害果由绿变灰褐色,最后干缩挂在树上,每头幼虫可危害3~6个幼果。第2代幼虫一般在果蒂下蛀入,取食果肉,被害果提早变红,变软并脱落。在高湿多雨的天气,幼虫转果较多,造成大量落果。

举肢蛾类的防治方法

(1) 林粮间作与垦复树盘对减轻核桃举肢蛾的危害有很好的效果。农耕地比荒地虫茧少,黑果率可降低10%~60%,冬耕翻地对阻止成虫羽化出土效果十分明显。

(2) 冬季或早春刮除柿树老皮集中销毁,清除越冬幼虫;树干枝杈处绑草绳等诱集越冬幼虫;及时捡拾、摘收受害果,消灭幼虫和羽化后未出果的成虫,对逐年降低虫口密度有利。

(3) 成虫产卵期和幼虫孵化初期，每隔10~15d喷洒40%氧化乐果乳油1 000倍液，2.5%溴氰菊酯3 000~5 000倍液，20%氰戊菊酯2 500~3 500倍液，连续3~4次，均有较好的防治效果。

10.5.2 卷蛾类

属卷蛾科中的球果小卷蛾属 *Gravitarmata*、实小卷蛾属 *Retinia*、小卷蛾属 *Laspeyresia*、镰翅小卷蛾属 *Ancylis* 等的种类，幼虫危害针、阔叶树的种实和嫩梢。

油松球果小卷蛾 *Gravitarmata margarotana* （Heinemann）（图10-12）

分布于我国江苏、浙江、安徽、河南、广东、四川、贵州、云南、陕西、甘肃；国外分布于日本、前苏联、土耳其、瑞典、德国、法国。以幼虫危害油松、马尾松、华山松、白皮松、红松、赤松、黑松、湿地松、云南松、欧洲赤松等。1年生球果被害后提早脱落，2年生球果被害后多干缩枯死，严重影响种子产量。

形态特征

成虫　体长6~8mm，翅展16~20mm。体灰褐色。触角丝状，各节密生灰白色短绒毛，形成环带。下唇须细长前伸，末节长而略下垂。前翅有灰褐、赤褐、黑褐3色片状鳞毛相间组成不规则的云状斑纹，顶角处有1条弧形白斑纹。后翅灰褐色，外缘暗褐色，缘毛淡灰色。雄性外生殖器的抱器中部有明显的颈部，抱器端略呈三角形，两边具刺，表面被毛，阳茎短粗，阳茎针多枚。雌性外生殖器的产卵瓣宽，交配孔圆形而外露，长短不一的囊突2枚。

卵　长0.9mm，扁椭圆形。初产呈乳白色，孵化前黑褐色。

幼虫　体长12~20mm，初孵幼虫污黄色。老熟幼虫头及前胸背板为褐色，胴部粉红色。

蛹　长6.5~8.5mm，赤褐色。腹部末端呈叉状，并着生钩状臀棘4对。丝质茧黄褐色。

生活史及习性

1年1代，以蛹在枯枝落叶层及杂草下越冬。成虫2~3月羽化，幼虫危害期在3月中旬至5月中旬。成虫羽化的时间因分布区的不同而异。卵散产于球果、嫩梢及2年生针叶上，一般每果2~3粒，卵期14~22d。初孵幼虫取食嫩梢表皮、针叶及当年生球果，几天后蛀入2年生球果、嫩梢危害，老熟后坠地在枯枝落叶层及杂草丛中结茧化蛹。

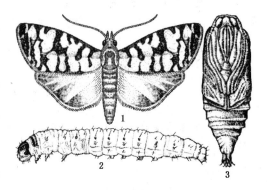

图10-12　油松球果小卷蛾
1. 成虫　2. 幼虫　3. 蛹

云杉球果小卷蛾 *Cydia strobilella* (Linnaeus)（图10-13）

分布于我国内蒙古、黑龙江、陕西、甘肃、宁夏、青海、新疆；国外分布于前苏联的西伯利亚，欧洲北部、中部。幼虫危害红皮云杉、鱼鳞云杉和兴安落叶松的球果和种子。

形态特征

成虫 体长约6mm，翅展10～13mm。头、胸、腹灰黑色。下唇须前伸，第2节腹面和顶端有稀疏长鳞毛。前翅狭长，棕黑色，浅黑色基斑中部向前凸出，中横带棕黑色，自前缘中部伸至后缘近臀角处，中部略呈弧形凸出。前缘中部至顶角有3～4组灰白色具金属光泽的钩状纹，钩状纹向下又延长成4条具金属光泽的银灰色斜斑伸向后缘、臀角和外缘。后翅淡棕黑色，基部淡，缘毛黄白色。

幼虫 体长10～11mm，略扁平，黄白色至黄色。头部褐色，后头较光亮。气门小，褐色。

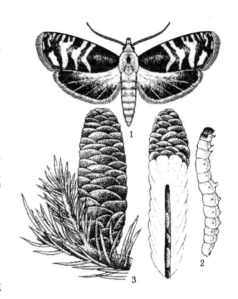

图10-13 云杉球果小卷蛾
1. 成虫 2. 幼虫 3. 云杉球果及被害果剖面

生活史及习性

在黑龙江和内蒙古，1年1代或2年1代，以老熟幼虫于7月下旬至8月下旬在云杉成熟球果内越冬。翌年4月下旬越冬幼虫开始活动，5月上旬至6月中旬化蛹，5月中旬为盛期。5月中旬成虫羽化并产卵，成虫产卵于幼果果鳞内侧种翅的上方，幼虫6月中下旬孵化后侵入幼果取食果轴和种子，引起球果流脂和变形。受害严重时，球果提早脱落，造成严重减产。

该幼虫以阳坡、树冠阳面及上部分布较多，幼龄林、疏林、纯林的虫口密度大于中老林和混交林。

落叶松实小卷蛾 *Retinia perangustana* Snellen（图10-14）

分布于我国内蒙古、东北；国外分布于前苏联、波兰、捷克和斯洛伐克。以幼虫危害多种落叶松的球果和种子，球果被害率为12%～41%。

形态特征

成虫 体长3.2～5.2mm，翅展10～15mm，体褐色。下唇须发达，密布灰褐色鳞片。黑褐色前翅有2条银灰色鳞片组成的横纹，外面1条位于翅长的约1/3处，内面的1条位于翅长的约1/2处；前缘有几条银灰色短纹，其中3条靠近翅的顶角，2条位于外面1条横纹的内面；缘毛灰褐色。后翅淡灰褐色，无斑

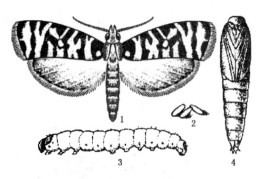

图 10-14 落叶松实小卷蛾
1. 成虫 2. 卵 3. 幼虫 4. 蛹

纹，缘毛长，灰褐色。前足基节发达，胫节内侧有 1 丛羽状鳞毛；中足胫节有一长一短的端距 1 对；后足胫节有长短不等的端距及亚端距各 1 对。

幼虫　体长 8～10mm，黄白色。头部黄褐色，前胸背板黄褐色，后部暗褐色。

生活史及习性

在大兴安岭林区 1 年 1 代，以蛹在树干翘裂的皮层间或球果内越冬；由于越冬蛹有滞育现象，因而部分为 2 年 1 代。成虫于 5 月中旬开始羽化，6 月上旬为羽化盛期，并开始产卵。卵产在球果基部的苞鳞上，卵期约 10d。卵 6 月中旬开始孵化，初孵幼虫钻入鳞片内蛀食，鳞片外部不易发现被害痕迹，虫道口有黄色粪便及白色松脂，球果外部完整；2 龄以后转移到果鳞基部，沿果轴危害未成熟种子的胚乳，褐色粒状虫粪留在坑道中而不向外排出；7 月中旬至 8 月上旬幼虫老熟，离开球果或在球果内化蛹。受害鳞片枯干变色，球果弯曲变形。

松实小卷蛾 *Retinia cristata*（Walsingham）（图 10-15）

分布于我国华北、东北、华南、西南、陕西；国外分布于朝鲜、日本。危害松类和侧柏，春季第 1 代幼虫蛀食当年生嫩梢，使之弯曲呈钩状，逐渐枯死，影响高生长。夏季第 2 代幼虫蛀食球果，使大量球果枯死，种子减产。

形态特征

成虫　体长 4.6～8.7mm，翅展 11～19mm，黄褐色。头深黄色，有土黄色冠丛。下唇须黄色。触角丝状，静止时贴伏于前翅上。前翅黄褐色，中央有 1 条较宽的银色横斑，靠臀角处具 1 个肾形银色斑，内有 3 个小黑点，翅基 1/3 处有银色横纹 3～4 条，顶角处有短银色横纹 3～4 条。后翅暗灰色，无斑纹。

卵　长约 0.8mm，椭圆形，黄白色，半透明，将孵化时为红褐色。

幼虫　体长约 10mm，体表光滑，无斑纹。头部及前胸背板黄褐色。

蛹　长 6～9mm，纺锤形，茶褐色，末端有 3 个小齿突。

生活史及习性

在南京地区 1 年 4 代，以蛹在枯梢及球果内越冬。各代成虫出现时期分别为 3 月上旬至 4 月中旬，6 月上

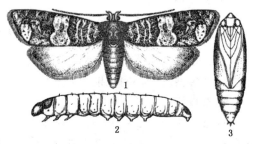

图 10-15 松实小卷蛾
1. 成虫 2. 幼虫 3. 蛹

旬至7月上旬，7月下旬至8月上旬，9月上旬至9月中旬。

成虫昼伏夜出，飞翔迅速，在阴雨闷热天气，常成群在林冠上飞翔。羽化当天即交尾，卵散产在针叶及球果基部鳞片上，卵期15~20d。初孵幼虫爬行迅速，在当年生嫩梢的上半部即开始吐丝，蛀咬表皮并粘碎屑于丝上，3~4d后蛀向髓心，蛀道长约10cm，内壁粗糙，当组织老化时另换蛀新梢，每梢内可有幼虫1~3头，最多可达8头。嫩梢被严重危害后，针叶变黄，梢逐渐枯萎，严重削弱树势。6月后，大部分幼虫爬到2年生球果上危害，蛀入后，蛀孔有幼虫所吐的丝缀连木屑及松脂等形成的漏斗状物，每球果有幼虫1~3头，被害球果自蛀入后3~4d开始变黄，后枯死。老熟幼虫在被害梢或球果内化蛹。

苹果蠹蛾 Laspeyresia pomonella (Linnaeus) (图10-16)

又名苹果小卷蛾、食心虫。分布于我国甘肃、新疆；国外凡是苹果产地均有分布。主要危害苹果、沙果、香梨，也危害桃、杏和石榴等。该虫是世界上最重要的蛀果害虫之一，以幼虫蛀食果实。为国内森林植物检疫对象。

形态特征

成虫 体长约8mm，翅展15~22mm。体灰褐色，略带紫色光泽，雄虫比雌虫色深。触角丝状，背面暗褐色，腹面灰黄色。下唇须向上弯曲，达复眼的前缘毛。前翅臀角处有深褐色椭圆形大斑，内有3条青铜色条纹，其间显出4~5条褐色横纹；翅基部淡褐色，外缘突出呈三角形，在此区杂有较深的斜行波状纹；翅中部色浅，为淡褐色，也杂有褐色的斜行波状纹。雄虫前翅腹面沿中室后缘有一长条黑褐色鳞片。后翅深褐色，基部较浅，雌虫后翅有翅缰4根，雄虫仅1根。

卵 长1.1~1.2mm，椭圆形，乳白色，中央略隆起，表面无刻纹。

幼虫 体长14~18mm，初孵时半透明，随幼虫的发育，背面呈淡红色至红色。趾钩为单序缺环。

蛹 长7~10mm，黄褐色，复眼黑色。

生活史及习性

在新疆1年2代和不完全3代，以幼虫在树皮下作茧越冬。3月下旬至5月下旬化蛹，蛹期22~30d。成虫羽化、产卵通常在苹果花期结束时和幼果期，成虫羽化后2~3d开始交尾产卵；初产时，正值幼果期，卵多散产于叶片上；随果实发育，卵大量产于果实上。最喜在苹果、花红等中晚熟品种上产卵，其次为梨。以种植稀疏，树冠四周空旷，向阳面的树冠上层产卵较多。幼虫孵化后蛀入幼果

图10-16 苹果蠹蛾

1. 成虫 2. 幼虫

取食果肉及种子，蛀孔外可见褐色虫粪。幼虫在老熟后脱果，常在树干粗皮下、老枝裂缝中或表土内化蛹。

发育与温度相关，适宜的温度为 15～30℃，当温度低于 11℃ 或高于 32℃ 时不利发育。

此外，本类群还有以下主要种类：

云南油杉种子小卷蛾 *Blastopetrova keteleericola* Liu et Wu：分布于云南。危害云南油杉。在云南 1 年大多发生 3 代，极少发生 2 代，以蛹在球果内越冬。

枣镰翅小卷蛾 *Ancylis sativa* Liu：分布于河北、山西、江苏、浙江、山东、河南、湖北、湖南、陕西。危害枣和酸枣。在河北、陕西、山东、陕西 1 年发生 3 代，江苏 4 代，浙江 5 代，均以蛹在枣树上粗皮裂缝内越冬。

卷蛾类的防治方法

（1）营造混交林，加强抚育管理，创造有利于天敌繁殖、不利于害虫发生的环境条件，在种子园和母树林内进行防治。

（2）冬季落叶后至发芽前，刮去老翘皮集中烧毁；主干涂白并用黄泥堵塞树孔，锯下干枝木橛，以杀灭越冬蛹。9 月下旬以前在树干分杈处绑草把，诱其越冬，11 月以前解下草把烧毁（枣镰翅小卷蛾）。

（3）采种时尽量把树上球果采尽，待种子处理后，将虫害果烧毁，消灭越冬害虫。

（4）在虫口密度大、郁闭度较大的林分，成虫羽化期，放烟雾剂熏杀，用药量 15～30kg/hm²；幼虫孵化初期、盛期，喷洒 25% 苏云金杆菌 200 倍液，2.5% 溴氰菊酯乳油 2 000 倍液；或用 7.5kg/hm² 的 50% 马拉硫磷、40% 增效氧化乐果、50% 杀螟松进行超低容量喷雾。

10.5.3 螟蛾类

属螟蛾科 Pyralidae 中的梢斑螟属 *Dioryctria*、荚斑螟属 *Etiella* 及蛀野螟属 *Dichocrocis* 的种类，以幼虫危害松、落叶松、云杉的球果和嫩梢。

果梢斑螟 *Dioryctria pryeri* Ragonot（图 10-17）

又名油松球果螟。分布于我国东北、华北、西北，江苏、浙江、安徽、台湾、四川；国外分布于朝鲜、日本、巴基斯坦、土耳其、法国、意大利、西班牙。危害油松、马尾松、华山松、火炬松、赤松、红松、黑松、黄山松、樟子松、白皮松、落叶松、云杉。幼虫蛀入球果和嫩梢，严重影响树木的生长和种子产量。

形态特征

成虫　体长 9～13cm，翅展 20～30mm，体灰色具鱼鳞状白斑。前翅红褐色，近翅基有一条灰色短横线，波状内、外横线带灰白色，有暗色边缘；中室端部有

1个新月形白斑；靠近翅的前、后缘有淡灰色云斑，缘毛灰褐色。后翅浅灰褐色，前、外、后缘暗褐色，缘毛灰色。

卵　长0.7~1.0mm，扁椭圆形，淡黄色，孵化前粉红色。

幼虫　体长14~22mm，蓝黑色到灰色，有光泽，头部红褐色，前胸背板及腹部第9~10节背板为黄褐色，体上具较长的原生刚毛。腹足趾钩为双序环，臀足趾钩为双序缺环。

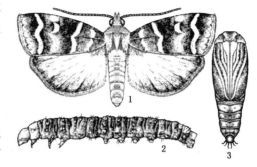

图10-17　果梢斑螟

1. 成虫　2. 幼虫　3. 蛹

蛹　长9~14mm，红褐色，腹末端具钩状臀棘6根。

生活史及习性

每年发生世代随地区而异，辽宁、陕西1年1代，河南1年2代，四川1年4代。以幼虫在球果、枝梢及树干皮缝内结网越冬。在辽宁越冬幼虫于翌年5月转移危害，多数先蛀入雄花序，后蛀入嫩梢和2年生球果，也有部分不经雄花序而直接蛀食嫩梢和1年生球果。梢被害后变枯萎，被害果则停止生长，渐变褐色。

桃蛀螟 *Dichocrocis punctiferalis* Guenée（图10-18）

又名桃蠹螟。分布于我国东北南部、华北、华中、华南、西北、西南；国外分布于日本、朝鲜、越南、缅甸、马来西亚、菲律宾、印度尼西亚、印度、斯里兰卡、巴基斯坦、澳大利亚、巴布亚新几内亚。食性杂，危害松、杉、板栗、桃、梨、向日葵等多种农林作物的叶及种实。

形态特征

成虫　体长9~12mm，翅展20~26mm，体、翅均为黄色，触角达前翅的一半。下唇须发达上弯，两侧黑色似镰刀状，喙基部背面具黑色鳞毛，胸部颈片中央有由黑色鳞毛组成的黑斑1个，肩板前端外侧及近中央处各有1个黑斑，胸部背面中央有2个黑斑。前翅基部、内、中、外及亚缘线，中室端部分布23~28个黑点，后翅黑点约10~16个，缘毛褐色，腹部背面第1、3、4、5节各具3个黑斑，第6节有时只有1个黑斑，第2、7节无黑斑，有的第8节末端黑色。

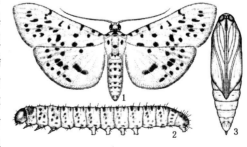

图10-18　桃蛀螟

1. 成虫　2. 幼虫　3. 蛹

幼虫　体长22~25mm，体色淡

灰褐或灰蓝色，背面紫红色。头暗褐色，前胸背板褐色，臀板灰褐色，腹足趾钩双序缺环。3龄后各龄幼虫腹部第5节背面灰褐色斑下有2个暗褐色性腺者为雄性，否则为雌性。

生活史及习性

在辽宁、山东1年2代，南京、河南4代，江西、湖北4~5代，以老熟幼虫在板栗堆放场地、桃树皮下等处越冬。在武昌1年4~5代，越冬代幼虫4月中旬至6月上旬化蛹，成虫从4月下旬至6月上旬羽化，盛期在5月中下旬。第1代卵产于5月上旬至6月上旬，幼虫期为5月上旬至6月下旬，蛹期为5月下旬至7月中旬。成虫出现于6月上旬至7月下旬，盛期6月上旬至7月上旬。第2代产卵盛期6月中旬至7月上旬；幼虫发生期7月中旬至8月上旬，8月上中旬为化蛹、羽化盛期。第3代产卵盛期为8月中下旬，幼虫盛期为8月中旬至9月上旬，8月下旬至9月上旬为化蛹盛期；9月上中旬为羽化盛期。第4代产卵盛期为9月上中旬，9月中下旬为化蛹盛期，9月中旬至10月上旬为羽化盛期，其中部分幼虫老熟后即开始越冬。第5代（越冬代）产卵盛期为9月下旬至10月下旬，幼虫始于9月中旬，以中、老龄幼虫在堆积物、缝隙内、秸秆内越冬，少数以蛹越冬。

成虫在夜间羽化，多在黎明交配，有趋光性，取食花蜜补充营养，对糖醋液也有趋性。卵散产于果实表面，危害松杉时则产卵在枝梢上；危害板栗时则产卵于栗果的针刺间。初孵幼虫短距离爬行后即蛀入果、梢内危害，从蛀孔排出粪便。桃果受害后还分泌黄色透明胶质，松梢受害后渐枯黄，危害板栗则从果柄附近蛀入，在板栗生长期间幼虫取食果壁，少数蛀入种子内，当采摘堆积7~10d后幼虫才会蛀食种子。

此外，本类群还有以下重要种类：

红脉穗螟 *Tirathaba rufivena* Walker：分布于我国海南。危害槟榔、椰子、油棕等棕榈科植物，在海南南部1年发生10代，无明显越冬现象。

微红梢斑螟 *Dioryctria rubella* Hampson：见第7章（顶芽及枝梢害虫）。

棘梢斑螟 *Dioryctria mutatella* Fuchs：分布于我国内蒙古、江苏、浙江、福建、四川、云南。危害樟子松、马尾松、火炬松、云南松、华山松。在内蒙古红花尔基林区1年发生1代，以幼虫越冬。

冷杉梢斑螟 *Dioryctria abietella* (Denis et Schiffermüller)：分布于我国河北、东北、江苏、浙江、湖北、湖南、广东、广西、四川、云南、陕西。危害红松、油松、马尾松、冷杉等多种针叶树。在黑龙江伊春林区1年发生1代，以老熟幼虫在枝条嫩皮下越冬。

螟蛾类的防治方法

（1）营造混交林，通过纯林内补植，使现有的油松纯林变成针阔混交林，抑制害虫发生。

(2) 在油松种子园内，在保证油松雄花正常授粉的条件下，控制雄花数量，降低越冬虫口密度。

(3) 摘除被害果，剪除被害梢，然后深埋或烧毁；亦可将虫害果、梢放入寄生蜂保护器内；及时脱粒，缩短球果堆积期，可减轻危害。

(4) 幼虫初孵期及越冬幼虫转移危害期，喷洒 50% 二溴磷乳油或 50% 杀螟松乳油 500 倍液，或含活孢子 $1 \times 10^8 \sim 3 \times 10^8$ 个/ml 的苏云金杆菌液。成虫羽化期，设置黑光灯诱杀。

10.6 蜂类

膜翅目昆虫中危害种子的小型蜂类甚多，下面主要介绍隶属于松叶蜂科 Diprionidae、广肩小蜂科 Eurytomidae 及长尾小蜂科 Torymidae 中的一些种类。

10.6.1 叶蜂类

柏木丽松叶蜂 *Augomonoctenus smithi* Xiao et Wu（图 10-19）

分布于我国四川东部地区。幼虫蛀食柏木 1 年生幼嫩球果，球果受害率 30%~90%。

形态特征

成虫 体长 5.5~7.5mm，体蓝黑色，具金属光泽。雌虫触角 12 节，黑褐色，短单栉齿状。雄虫触角 11~12 节，长单栉齿状。翅半透明，翅脉黑褐色。腹部 2~5 节背板两侧和 1~5 节腹板前半部为黄褐色。产卵器锯腹片尖三角形。足除基节为黑色外其余各节黄色至深黄色。腹部第 3~4 节背板中央或中央和两侧带黄褐色，第 2、5、6 节背板两侧稍带黄色，第 1~5 节腹板大部分深黄色。

幼虫 体长 12~18mm，绿色。

生活史及习性

在四川东部，1~2 年发生 1 代，以老熟幼虫于 6 月中下旬在地表松土、苔藓、落叶层中结茧越夏和越冬。翌年 3 月下旬至 4 月下旬化蛹，4 月上旬至 5 月上旬是成虫发生期，4 月中旬至 6 月中下旬是幼虫发生期。2 年 1 代约占 50%，翌年继续以幼虫在茧内滞育，到第 3 年 3 月下旬才开始化蛹，蛹期 2~20d。

成虫多于 11:00~14:00 羽化，雄虫飞翔力比雌虫强，卵多产在树冠上部球果上，一般 1 果产卵 1 粒，少数 2~3 粒。卵期平均 11.6d。初孵幼虫约半天钻入果内，

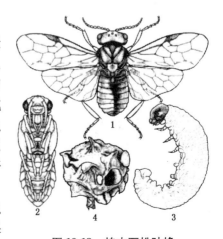

图 10-19 柏木丽松叶蜂
1. 成虫 2. 蛹 3. 幼虫 4. 危害状

有转移危害习性，1头幼虫一生转果4~11次，被害果平均8个。幼虫共7龄，老熟后出果下地寻找结茧场所。

防治方法

（1）成虫羽化盛期，用741插管烟剂，按7.5kg/hm^{2}定点放烟防治。

（2）幼虫孵化盛期，用25%敌马油剂、25%双敌油剂或25%增效氧化乐果3倍液超低容量喷雾，用药3kg/hm^2。

（3）疏林地或孤立木用92%磷胺3倍液进行树干注射，每株用2ml。

10.6.2 小蜂类

属广肩小蜂科中的广肩小蜂属 *Eurytoma*、种子广肩小蜂属 *Bruchophagus* 以及长尾小蜂科中的大痣小蜂属 *Megastigmus* 的种类，幼虫危害松、柏、落叶松、云杉、冷杉、柳杉、刺槐等林木的种子。

落叶松种子小蜂 *Eurytoma laricis* Yano（图10-20）

分布于我国河北、山西、内蒙古、东北、山东、甘肃；国外分布于日本、蒙古、前苏联、法国。以幼虫危害多种落叶松属种子。常随种子的运输作远距离传播，为国内森林植物检疫对象。

形态特征

成虫 雌蜂体长1.8~3mm，黑色无光泽。复眼赭褐色。口部及足腿节末端、胫节、跗节黄褐色。头、胸、腹末及足和触角密生白色细毛。头球形，略宽于胸。触角11节，柄节长，梗节短，环节小，索节5节，均长大于宽，4、5索节近方形，棒节3节，几乎愈合。胸部长大于宽，前胸略窄于中胸，卵圆形小盾片隆起。前翅长约为宽的2.5倍，缘脉长约为痣脉的2倍，后缘脉略长于痣脉、痣脉末端鸟头状膨大；后翅缘脉末端具翅钩3个。后足胫节背侧方及第1~2跗节有较粗状的银灰色刚毛，胫节的刚毛排成1列。腹部侧扁，第1腹节呈鳞片状。产卵管短，露出尾端。雄蜂体长约2mm。触角10节，索节5节呈斧状向一侧突出，棒节2节，几乎愈合。后腹部第1节很长，呈柄状，其余部分近球形。

卵 长0.1mm，乳白色，长椭圆形，有1根白色卵柄，略长于卵。

幼虫 体长2~3mm，白色蛆状，呈"C"形弯曲，无足，头极小，上颚发达，前端红褐色。

蛹 长2~3mm，乳白色，复眼红色，羽化时蛹体为黑色。

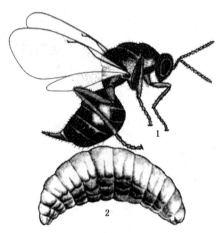

图10-20 落叶松种子小蜂
1. 成虫 2. 幼虫

生活史及习性

由于幼虫滞育,发生代数有1年1代、2年1代和3年1代,以老熟幼虫在种子内越冬。翌年5月下旬开始化蛹,但继续滞育的幼虫则不化蛹,仍以幼虫在种子内渡过第2甚至第3个冬季。6月上旬成虫开始羽化,中下旬为羽化盛期;6月中旬成虫产卵于幼果上,每粒种子内只有1条幼虫,无转移危害习性。被害种子外表不显现被害痕迹,危害程度山腰重于山底和山顶,阳坡重于阴坡,成熟林重于幼林。

杏仁蜂 *Eurytoma samsonovi* Wassiliew (图10-21)

分布我国河北、北京、山西、辽宁、河南、陕西、新疆;国外分布于前苏联、印度。主要危害杏和巴旦杏。以幼虫蛀食杏仁,造成大量落果,不仅引起鲜杏减产,也使杏仁丧失经济价值。为国内森林植物检疫对象。

形态特征

成虫 雌虫体长4~7mm。头黑色,复眼暗红色,触角9节,1、2节为橙黄色,其它各节均为黑色。胸部及胸足基节黑色,其它各节均为橙色。腹部橘红色,有光泽,产卵管深棕色,藏于纵裂的腹鞘内。雄虫体长3~5mm,触角3~9节具环状排列的长毛,腹部黑色。

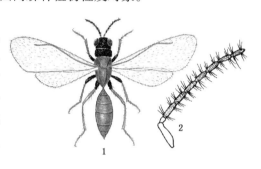

图10-21 杏仁蜂
1. 成虫 2. 触角

幼虫 体长6~10mm,乳白色,体弯曲,两头尖而中部肥大,无足。上颚黄褐色,其内缘有1尖齿。

生活史及习性

在新疆1年1代,以幼虫在落地或在枝条上枯干的杏核内越冬。翌年3月中旬至4月中旬化蛹,蛹期约30d。4月上旬成虫开始羽化,成虫羽化后,停留于杏核中,经一段时间后蛀孔飞出。成虫白天活动,交配、产卵。卵产于幼果的核与种仁之间,一般每果只产卵1粒,每雌产卵约120粒,卵期约30d,幼虫孵化后在核内取食杏仁,经过5龄,至6月老熟,并在核内越冬。

危害程度与杏的品种及环境关系密切,北京地区的白梅子、山黄杏等品种受害重,山杏受害轻。甜杏比苦杏受害重,早熟比晚熟品种受害重,阳坡比阴坡受害重。

黄连木种子小蜂 *Eurytoma plotnikovi* Nikolskaya (图10-22)

又名木橑种子小蜂。分布于我国河北、山西、河南、陕西;国外分布于伊朗、前苏联、西南欧。取食黄连木种子,造成严重减产或绝收。

形态特征

成虫 雌虫体长3.0~4.5mm,体茶褐色;头黑色,生白色短绒毛;触角黄褐色，近似棒状，梗节长大于宽，但较第1索节为短，索节5节，长大于宽，棒节3节；翅透明，翅脉淡黄色，前翅缘脉与后缘脉等长，后缘脉长于痣脉；足米黄色，后足基节后缘近末端处有半圆形透明片状突起，胫节有1距；腹部卵圆形，短于胸，光滑而略侧扁，腹柄短小横形，两侧各有1个刺状突起，第4腹节背板最长，长于第3节。雄虫体长2.6~3.5mm，复眼暗褐色；触角黑色，索节5节，各索节长大于宽，头、胸部刻点粗，具白色短毛；足淡黄色；腹略短于胸。

幼虫　体长4.3~5mm，乳白色或乳黄色，头极小，头、胸弯向腹面。

生活史及习性

在河北、河南、陕西大多1年1代，少数2年1代，以幼虫越冬。翌年4月中旬开始化蛹，5月中下旬为化蛹盛期。成虫羽化后不久即可交尾、产卵。卵多产于幼果的内果壁，一般每果只产1粒卵，但偶有一果多卵，卵期3d。多卵果的幼虫孵出后先取食其它卵，幼虫相互咬杀，直至每果剩1头幼虫为止。在黄连木果实种胚膨大前，幼虫只在内果皮与胚之间活动，取食果皮内壁和胚外组织，生长缓慢，一直处于1龄阶段，危害较小；7月中旬开始当种胚膨大，子叶开始发育时，幼虫咬破种皮，蛀入胚内，取食胚乳和发育中的子叶，待子叶食尽后即发育到5龄，此后幼虫发育老熟，进入休眠越冬阶段。由于子叶被害造成减产或绝收。

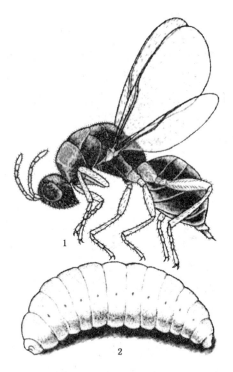

图10-22　黄连木种子小蜂
1. 成虫　2. 幼虫

大痣小蜂 *Megastigmus* spp.

大痣小蜂是指生产和检疫上都值得注意的一类食植性害虫。幼虫在针叶树及蔷薇等种子内生活和取食，蛀食种子的胚乳，导致种子中空，使种子丧失发芽能力，危害率占健康种子的10%~80%。世界已知大痣小蜂126种，其中59种取食林木种子。在国内已定名16种，全部为国内森林植物检疫对象。

柳杉大痣小蜂 *Megastigmus cryptomeriae* Yano（图10-23）

分布于我国浙江、福建、台湾、江西、湖北；国外分布于日本。幼虫取食柳杉和圆柏种子，导致种子中空，失去发芽力。

形态特征

成虫 体长 2.4~2.8mm，黄褐色。雌性头部稀被黑色刚毛；头前面观近圆形，宽大于高；唇基端缘具 2 齿；触角柄节伸达中单眼，第 1 索节长为宽的 2 倍，且长于第 7 索节；棒节 3 节，上生 1 簇微毛。胸部细长，前胸背板长为宽的 1.1~1.3 倍，满布细横皱并散生黑刚毛；中胸盾片中叶前端具叠瓦状细横刻纹，后端具皱纹；盾纵沟明显，内侧有 4~5 根黑刚毛，外侧有 3~4 根，盾片后端具 1 对刚毛。前翅基室端部具毛，下方几乎被肘脉上的 1 列毛所封闭，前缘室上表面端部有 1 列毛。腹部侧扁，与胸部等长；产卵管鞘与胸腹部之和等长。

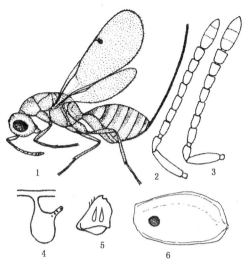

图 10-23 柳杉大痣小蜂
1. 雌成虫 2. 雌虫触角 3. 雄虫触角
4. 雌虫翅痣 5. 成虫上颚 6. 危害状

雄性单眼区有黑褐色斑，柄节端部和梗节基部色较暗；鞭节、后头、并胸腹节大部分、前胸腹板、中胸腹板、中沟暗褐色；腹部各节背板上方黑色。

幼虫 体长 1.84~2.80mm，乳白色。头小，可见上颚痕迹。胸、腹部 13 节。

蛹 长 1.88~2.74mm，裸蛹，初时淡黄色，后期为黄褐色，足深褐色，复眼赤褐色。

生活史及习性

在浙江 1 年 1 代，以老熟幼虫在树上残留的种子或落地及贮存的种子内越冬。翌年 3 月中旬至 5 月下旬为蛹期，化蛹盛期在 4 月下旬，蛹历期约 1 个月。成虫出现期因分布地区而异，一般盛期在 4 月下旬至 5 月初。雌成虫将卵直接产于当年生幼嫩柳杉球果种子内，8 月下旬幼虫已食尽胚乳，蛀空种子，末龄幼虫即在种子内越冬。成虫大多数在白天羽化、交配。幼虫在种子内生活，一生仅食 1 粒种子，无转移危害习性。被害的种子外表无明显痕迹，呈饱满状但无光泽，略软，其中充满虫粪。

此外，本类群还有以下主要种类：

柠条种子小蜂 *Bruchophagus neocaraganae* (Liao)：分布于我国河北、山西、内蒙古、辽宁、陕西、甘肃、宁夏。危害锦鸡儿（小柠条、白柠条）种子。在内蒙古伊克昭盟地区，1 年发生 2 代，以第 2 代幼虫在柠条种子内越冬。

刺槐种子小蜂 *Bruchophagus philorobiniae* Liao：分布于我国河北、山西、辽宁、山东、河南、陕西、甘肃、宁夏；国外分布于朝鲜。危害刺槐种子。1 年 2 代，以第 2 代幼虫在柠条种子内越冬。

槐树种子小蜂 *Bruchophagus onois* (Mayr)：分布于我国北京、天津、河北、山东。第1代幼虫危害刺槐种子，第2代幼虫危害槐树种子，在山东中南部地区1年发生2代，以老熟幼虫在槐树种子内越冬。

桃仁蜂 *Eurytoma maslovskii* Nikolskaya：分布于我国北京、天津、河北、山西、辽宁、山东、河南等地。危害桃、杏、李。在辽宁1年发生1代，以老熟幼虫在地面落果、抛弃的桃核及干枯枝头的僵果内越冬。

圆柏大痣小蜂 *Megastigmus sabinae* Xu et He：分布于我国青海、甘肃等地。危害祁连圆柏、大果圆柏、塔枝圆柏、方枝柏及密枝圆柏。1年发生1代，以幼虫在种仁内越冬。

欧洲落叶松大痣小蜂 *Megastigmus pictus* (Förster)：分布于我国黑龙江。危害兴安落叶松、欧洲落叶松、波兰落叶松、新疆落叶松。通常2年1代，以幼虫在被害种子内越冬。

黄杉大痣小蜂 *Megastigmus pseudotsugaphilus* Xu et He：分布于我国浙江。危害华东黄杉。在浙江以2年1代为主，少数1年1代或多年1代，以老熟幼虫在被害种子内越冬。

丽江云杉大痣小蜂 *Megastigmus likiangensis* Roques et Sun：分布于云南。危害丽江云杉。在云南丽江地区1年发生1代，以老熟幼虫在被害种子内越冬。

云杉大痣小蜂 *Megastigmus esomatsuanus* Hussey et Kamijo：分布于新疆。危害新疆云杉。1年发生1代，以老熟幼虫在种子内越冬。

垂枝香柏大痣小蜂 *Megastigmus pingii* Roques et Sun：分布于云南。危害垂枝香柏。在云南1年发生1代，以老熟幼虫在种子内越冬。

种子小蜂类的防治方法

(1) 检疫措施 种子小蜂能随种子传播，且多数为检疫对象，应严格执行种子检疫制度，杜绝带虫种子外运。

(2) 林业技术措施 建立种子园和母树林，加强经营管理和虫害防治，提高种子产量和质量。当年采种时尽量将树上成熟球果采光，及时清除林地虫源，以降低翌年虫口密度。

(3) 物理机械处理 应用 GP6－J4 型高频加热设备，功率6kW，频率35MHz，每次处理种子5kg，温度在55～70℃，时间30～90s（落叶松种子广肩小蜂）；种子用50℃、60℃、70℃热水恒温浸烫，时间分别为30min、20min、10min，可有效地杀死种子内害虫。应用 ER－692 型或 WMO－5kW 型微波炉加热处理种子，每次处理2.5kg种子，在60℃处理3min，可杀死种子内的害虫。

(4) 化学防治 ① 成虫羽化期间隔5～7d施放烟雾剂2～3次；用20%灭扫利乳油4 000～5 000 倍液喷雾；80%敌敌畏原液，杀虫灵或20%速灭杀丁5倍液超低容量喷雾；刺槐种子小蜂幼龄期树干打孔注射40%氧化乐果3倍液，10～15ml/株。② 室内密闭条件下，用磷化铝 $10g/m^3$，熏蒸种子72h（柳杉大痣小蜂）。对落叶松种子使用溴甲烷、硫酰氟，$30g/m^3$，处理48h；柠条种子含水

10%以下，室温13℃以上，氯化苦或溴甲烷30g/m³，熏蒸80h。

复习思考题

1. 我国常见的种实害虫有哪几类？每类各举一例说明其生活史及习性和防治要点。
2. 林业技术措施在种实害虫综合治理中的地位和作用如何？
3. 在种实害虫综合治理中应如何合理使用化学杀虫剂？
4. 举例说明植物检疫在种实害虫综合治理中的重要性。

第 11 章 木材害虫

【本章提要】 本章介绍危害木材的害虫，包括等翅目的白蚁、鞘翅目的粉蠹、长蠹、窃蠹、天牛等。介绍其主要种类的分布、寄主、形态、生活史及习性和防治方法。

木材害虫是指危害成材、加工材、建筑材、家具等的害虫。这类害虫有的直接以木材为营养，有的在木材中营巢作为栖生地。木材害虫的种类也很多，主要包括白蚁、天牛、长蠹、窃蠹、粉蠹及木蜂类等。该类害虫肠道内含有很多共生原生动物和细菌，因而有很强的消化木材纤维素的功能。木材害虫生境特殊，生活隐蔽，防治难度较大。

11.1 湿材害虫

湿材害虫主要为白蚁类，大多分布于北纬 40°以南地区，危害木材和木制品，也损毁布匹、纸张，还可蛀食橡胶、塑料等，也能对农作物和林木造成严重的危害。

白蚁是多型性昆虫，包括蚁王、蚁后、兵蚁、工蚁等。蚁后和蚁王交尾、产卵繁殖，孵化的幼蚁分化为生殖型和非生殖型 2 大类。生殖型蚁包括蚁王和蚁后，寿命较长，体型较大，具翅或无翅，性器官发达；非生殖型包括兵蚁和工蚁，体较小而无翅，生殖器官不发达。工蚁护卵、照顾幼蚁、喂食蚁王和蚁后及兵蚁。工蚁和兵蚁寿命较短。

白蚁营巢穴群集生活，蚁巢地点和结构因种类而异，一般可分为木栖性、土栖性和土木两栖 3 种类型。蚁巢由主巢、副巢及小室组成，主巢中有菌圃和贮存食物的场所，蚁后栖居在主巢中；兵蚁、工蚁均栖居于小室内，幼蚁也有特定的活动场所。

每个巢穴中的白蚁数量因种类而异。每个白蚁群体的发育和衰亡过程受季节、营养及生活条件变化制约。环境条件适宜时原群体内产生有翅成虫。有翅成虫飞出蚁巢开始分群。此过程称为"群飞"。有翅蚁飞到数米至数十米远处降落，雌雄个体相互追逐、交尾，交尾后翅脱落，成对寻觅隐身场所成为原始型蚁王、蚁后或繁殖蚁。原始蚁后生殖力很强，每天产几千至上万粒卵。新建种群中工蚁多而兵蚁少。当群体达到一定规模时，再产生第 2 代有翅成虫再次分群。

家白蚁 *Coptotermes formorsanus* Shiraki（图 11-1）

分布于淮河以南，如安徽、湖南、湖北、江苏、浙江、福建、广东、广西、台湾、四川等地。是危害房屋建筑、桥梁、电杆和四旁绿化林木最严重的土、木两栖白蚁。

形态特征

兵蚁　体长 5.34~5.86mm。头及触角浅黄色，上颚黑褐色，腹部乳白色。头部椭圆形。囟近于圆形，大而显著。上颚镰刀形，前部弯向中线。左上颚基部有一深凹刻，其前有 4 个小突起，愈向前者愈小，最前的小突起位于上颚中点之后。上唇近于舌形，伸达闭拢的上颚长度的一半。触角 14~16 节。前胸背板平坦，前缘及后缘中央有缺刻。

有翅成虫　体长 13.5~15mm，翅展 20~25mm。头背面深黄色。胸、腹背面黄褐色，腹部腹面黄色。翅微淡黄色。复眼近圆形，单眼长圆形。单眼与复眼间距离小于单眼本身的宽度。后唇基极短，似一横条隆起，触角 20 节。前胸背板前宽后狭，前后缘向内凹。前翅鳞大于后翅鳞，翅面密布细小短毛。

卵　乳白色，椭圆形。长径 0.6mm，一边较平直，短径 0.4mm。

工蚁　体长 5.0~5.4mm。头微黄，腹部白色。头前部呈方形，后部呈圆形，最宽处在触角窝部位。后唇基短，长度相当于宽的 1/4，微隆起。触角 15 节。前胸背板前缘略翘起，腹部长，略宽于头，被疏毛。

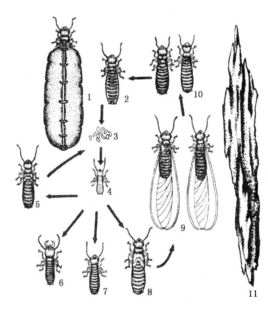

图 11-1　家白蚁
1. 蚁后　2. 蚁王　3. 卵　4. 幼蚁　5. 补充繁殖蚁
6. 兵蚁　7. 工蚁　8. 长翅繁殖蚁若虫　9. 长翅雌雄繁殖蚁　10. 脱翅雌雄繁殖蚁　11. 危害状

生活史及习性

营筑巢群居生活。一个巢群内有几十万头白蚁。群飞是家白蚁群体扩散繁殖的主要形式。白蚁群体发展到一定阶段，就会产生有翅繁殖蚁。巢中的有翅繁殖蚁基本上是当年羽化当年群飞。群飞一般在 4~6 月，而且纬度愈低，群飞愈早。每群有翅成虫一般需 2~6 次群飞才能完成，群飞常在下雨前后或下雨时进行，多在 19:00 左右，历时约 20min。有翅繁殖蚁飞离原巢穴、交尾脱翅配对后，进行繁殖的个体即称原始蚁王和原始蚁后。

建巢初期，白蚁对环境的要求比较严格，过分干燥常引起繁殖蚁死亡。在水分适度，温度 25~30℃ 的条件下，产卵和胚胎发育都基本正常。一般每个巢穴只有一王一后。1 对繁殖蚁在适宜的环境定居营巢后，经过 5~13d 开始产卵，每天产卵 1~4 粒，第 1 批产卵约 25 粒。在第 1 批卵孵化前暂停产卵。卵期为 24~32d。蚁王较有翅繁殖蚁色深，体壁较硬，体形略有收缩。蚁后在群飞建巢后到一定时间内腹部逐渐膨大而头胸部仍保持原大小，但颜色变淡。在原始蚁王、蚁后死亡后，蚁巢中产生补充繁殖蚁代替其功能，成为新的蚁王、蚁后。补充繁殖蚁体色较淡，体壁较软。一般称为短翅补充蚁王、蚁后，其生殖力较原始蚁王、蚁后小。

兵蚁的主要机能是保卫蚁巢和蚁群。工蚁在巢群内完成取食、筑巢、开路、照料幼蚁等各项维持巢群生活的任务。兵蚁、工蚁、有翅成虫的分化是从 3 龄幼蚁阶段开始。

白蚁群体长期过着隐蔽生活，工蚁、兵蚁的复眼、单眼都已退化，蚁巢一般都筑在阴暗之处。但有翅成虫有发达的复眼，有强烈的趋光性。

家白蚁的群体数量相当庞大，有的主巢直径达 1m 多，有白蚁几十万头，并有许多副巢。但在初建群体，种群发展非常缓慢，从群飞到年底，平均每个蚁巢只有 40 头白蚁，到第 4 年平均每巢发展到 5 000 多头，巢内产生有翅繁殖蚁开始群飞。这时蚁后腹部明显膨胀，产卵量急剧增加，群体发展迅速。

家白蚁生长发育的最适气温为 25~30℃。气温低于 17℃ 时，集中于主巢附近，取食不多。短暂的 0℃ 左右低温不能致死，只有持续低温才有致死作用。最高致死温度为 39℃，在 37℃ 以下仍可正常生活。白蚁在生活中必须不断获得水分，所以蚁巢一般都在近水源处。在主巢的下方都有粗大的吸水线。白蚁虽喜湿，但也怕水浸，在地下水位较高的地方，巢一般筑在较高处。巢内二氧化碳的比例很高，一般占 0.5%~6.5%，而氧气则相对减少。许多生物在这种环境不能生存繁殖，而白蚁能很好的生存。

天敌有蝙蝠、青蛙、壁虎、蚂蚁，对白蚁的发生有一定的抑制作用。还有一些真菌、细菌、螨类可以引起白蚁大量死亡。

黑胸散白蚁 *Reticulitermes chinensis* Snyder （图 11-2）

分布于我国华东、华中、西南、北京、河北、山西、福建、广东、陕西、甘肃、宁夏。危害刺槐、马尾松、柏、云杉、冷杉、杉木、香樟等上百种树木以及各种作物。本种体小而分散，室内外都能建立群体，危害建筑物时能直达屋顶。

形态特征

兵蚁　头、触角黄至褐黄色，上颚棕褐色。腹部淡黄白色。头被稀疏毛，胸、腹部毛较密。头扁圆筒形。小点状囟位于头前端的 1/3。囟前方有 2 个并列的突起。突起前方为一坡面。坡面与头的前后轴成近 45° 的交角。上唇短于上颚之半，侧缘成弓状弯曲。上颚长等于头长的之半，尖端弯向中线。左上颚由后至前逐渐缩狭，而右上颚在靠近尖端处开始缩狭。左上颚基部有一齿，齿前方有 3

个连续的缺刻,齿及缺刻皆位于上颚中点以后。上颚其余部分光滑无齿。触角15~17节,常第3节最短,第4节短于或等于第2节。前缘微翘起的前胸背板前宽后狭,前缘中央具明显的缺刻。后胸背板狭于前胸背板,但宽于中胸背板。

有翅成虫 头、胸黑色,腹颜色较淡。触角、腿节及翅黑褐色。胫节以下暗黄色。体被密毛。头长圆形。囟呈颗粒状突起。复眼小而平。单眼接近圆形。单眼与复眼间距离小于或近于小眼直径。后唇基微隆起,呈横条状,长仅为宽度的1/4。触角18节,第3、4、5节短盘状,第4、5节分裂不完全;或触角17节,第3节最短。前胸背板前宽后狭,前缘中央缺刻不明显,后缘缺刻明显。前翅鳞大于后翅鳞。翅合拢时,前翅的肩缝达于后翅鳞的前端。前翅Rs伸达翅尖,M自肩缝处独立伸出,Cu有10余个分支。后翅M与Rs自肩缝处汇合伸。在前后翅各主脉之间有许多短小横脉组成脉网。

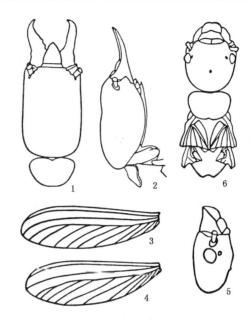

图11-2 黑胸散白蚁

1、2. 兵蚁:1. 头及前胸背板前面观 2. 头部侧面观 3~6. 有翅成虫:3. 前翅 4. 后翅 5. 头部侧面观 6. 头及胸部背面观

工蚁 周身白色,生有均匀的短毛。头圆。横条状后唇基微隆起,长小于宽的1/4。头顶平。触角16节。前胸背板的前缘略翘起,前、后缘中央略具凹刻。

生活史及习性

一般在4月中旬至5月上旬羽化,羽化后的当天即群飞完毕。群飞盛期集中在4月下旬至5月上旬,大多数都在上午10:00~13:00进行。黑胸散白蚁适宜的温度为20~28℃,适宜的基质含水率50.5%~69.6%。当温度超过30℃,基质含水率低于28%时难以建立新种群。卵期约32~36d,第1龄期约12~14d,第2龄期约12d,第3龄亦为12d。当群体与蚁后、蚁王隔离时,极易形成补充型繁殖蚁。5月中旬至6月初为有翅成虫群飞期,6~7月为繁殖期,5~10月为其危害盛期。

黑胸散白蚁种群一般多选择潮湿的木材建巢,不具备家白蚁那样的吸水线。由于对水分的依赖,致使经常迁巢,但群体庞大或群体附近的食物与群体数量不适应时,除迁巢外,还进行"群体分裂",即群体中产生的补充生殖蚁与一部分工蚁、兵蚁脱离群体,成为一个独立的新群体;或在迁巢时生殖蚁只带走部分成员转移,在留下的群体中再产生补充生殖蚁,成为一个独立的群体。

此外,本类群重要种类还有:

黄肢散白蚁 Reticulitermes flaviceps（Oshima）：分布于我国华东、华中、华北（除内蒙古）、西南（除西藏）、西北（除青海、新疆），辽宁、广东、福建；危害各种针、阔叶树木材。常建巢于老树桩、埋在地下的木质物中。本种不仅危害建筑物下部，且能危害房屋上部直至屋顶。

黄胸散白蚁 Reticulitermes speratus（Kolbe）：分布于我国江苏、浙江、安徽、福建、江西、湖南、湖北、广东、广西、四川、贵州、云南。危害地板、门框、枕木、柱基、楼梯、篱笆、死树根、电杆等临近地面部分。

铲头堆砂白蚁 Cryptotermes declivis Tsai et Chen （图 11-3）

属木白蚁科。分布于我国福建、广东、广西、海南。除危害木材类外还危害荔枝、咖啡、榕树、椰子、黄檀、无患子、枫杨等活树。生活隐蔽，可蛀食各种干燥坚硬的木材。在木材或活树中蛀成不规则的通道。

形态特征

兵蚁 上颚及头前部黑色。头后部暗赤色。触角、触须、胸、腹皆淡黄色。头短而厚，背面观近方形。头前端的额部呈斜坡面，坡面与上颚交角大于90°，坡面的两侧及上方有隆起颇高的边缘，头顶中部有一大形的浅坑。触角位于上述坡面基部的两侧。触角窝的下方及内上方各有一强大的朝向前方的突起，下方的扁形，内上方的圆锥形，大小约相等。上唇后部为横方形，前部侧缘合拢成三角形。触角 11~15 节。上颚短小扁宽。左上颚中段有两枚大齿，第1齿略斜向前，第2齿朝向内。右上颚也有2枚朝向前的齿，其部位比左颚的2齿略靠后。前胸背板宽与头宽近等；前端中央为大的楔形缺口，并在缺口的两侧各形成三角或半圆形向前突伸的部分，此部分略翘起，覆盖于头的后端，后缘中央略凹向前。腹部长，足极短。

有翅成虫 头赤褐色。触角、下颚须、下唇须、上唇褐黄色。胸、腹及腿节为黑褐色。胫节、跗节淡黄色。翅黄褐色。头近长方形，后缘弧形。复眼小，介于圆形与三角形之间。单眼长圆形，位于复眼的上方，靠近复眼。后唇基短横条状，与额间的界限不明，不隆起，前缘直。前唇基为梯形。触角 14~16 节，第 2~4 节的长度相等，或第 2、3 节的长度相当，第 4 节略短。前胸背板宽与头宽近等，前缘凹入，后缘中部略前凹。前后翅鳞大小不等，前翅鳞覆盖后翅鳞。翅面布满刻点。前翅 Sc 极短，R 伸达翅长的 1/3 左右，Rs 伸达翅尖，约有 7 条短支脉与

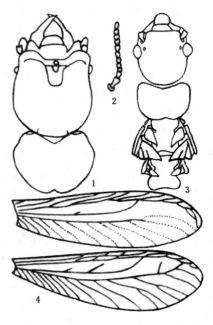

图 11-3 铲头堆砂白蚁
1. 兵蚁头及前胸 2. 触角
3. 有翅成虫头胸 4. 前后翅

前缘相连，M 在肩缝处独立伸出，最初较靠近 Cu，但在伸达翅长的 2/4～3/4 时折转与 Rs 相连，并另有不明显的分支与 Rs 及 Cu 相连，Cu 形成十余个分支，翅鳞附近的分支颜色深，以后的分支色淡。后翅脉相与前翅类似，只是 M 不从肩缝处独立伸出，而由 Cu 分出，但分叉处接近肩缝。

生活史及习性

为纯木栖型白蚁，从分群后的原始蚁王、蚁后钻入木质部创建群体开始，它们的取食、活动均在木材或木质部中隐蔽蛀蚀，不需要获得其它水源、不筑外露蚁路。除蛀蚀木构件外，也蛀食林木和果树，常在榕树、荔枝等阔叶树上建立种群。隧道不规则，结构比较简单，蛀食处就是居所。群体由数十只至数千只组成，无工蚁，由若蚁代替工蚁的职能；因其主要取食干硬的木材，所以被称为木白蚁或干虫。砂粒状粪便从被蛀物表面的小孔推出后下落成砂堆状，这是堆砂白蚁得名的由来，也是此类白蚁危害的标志。

若蚁群体隔离 7d 左右便形成补充繁殖蚁。初期一般有许多补充繁殖蚁，但最终因自相残杀等原因只剩 1 对；一般具有原始繁殖蚁的群体不产生补充繁殖蚁。1 年的各月均可出现有翅成虫，但分群多集中在 4～6 月。当环境条件不利于种群发展或群体衰老时，会产生较多具翅成虫。

此外，本类群重要种类还有：

截头堆砂白蚁 *Cryptotermes domesticus* (Haviland)：分布于我国广东、云南、台湾、西沙群岛等。危害各种木材。

山林原白蚁 *Hodotermopsis sjostedti* Holmgren（图 11-4）

又名高山原白蚁。分布于我国浙江、台湾、湖南、广东、广西、云南、甘肃；国外分布于越南、日本。主要危害粤松、圆槠、中华五加、牯岭甜槠、紫荆、赤楠、狭叶泡花树、杨桐，还危害乌饭树、冬青、金叶白兰、长苞铁杉、桤木、栗类、栎类、马尾松等。本种体型大，食量亦大，建巢于树木内，四季均取食，危害伐倒木及活树。

形态特征

兵蚁　头前部黑色，后部赤褐色。上颚、触角黄褐色。胸、足黄色但节间杂有褐色，腹部黄白。头部扁，近卵形，中段最宽，向前逐渐狭窄，后缘弧形突出，头顶扁，中央有一微凹坑。无囟、无单眼；上唇两侧圆，前缘平直。肾状复眼明显，上颚粗壮，左右对称，尖锐并弯向中线。左上颚有不规则的大齿 4 枚，各齿根部并连。第 1 齿尖锐，第 2 齿端部尖锐，基部膨大，两边约呈弧状。右上颚有 2 齿，第 1 齿分为两叶，中间形成一叉。触角 22～25 节，除柄节和梗节外，皆呈念珠状，第 3～6 节近等长，以后各节稍增大，最末 4～5 节渐小。前胸背板略狭于头，前部不隆起，背面观呈半月形，前缘略凹入，侧缘与后缘连成半圆形。半圆形后端中央无缺刻。中胸背板与后胸背板近等宽，且皆狭于前胸背板。中、后胸侧缘与其后缘皆成圆弧状相连。前足胫节具 3 枚端刺，中足胫节具端刺 3～4 枚，侧刺 1～2 枚，后足胫节具 3 枚端刺、3 枚侧刺，第 3 刺约在胫节前端

1/3 处。跗节为似为 4 节。尾须 4~5 节。腹刺较细长。

有翅成虫 全身被疏毛，头赤褐色，胸、翅、腹、胫节黄褐色，触角、腿节、跗节暗黄色。头近圆形，前缘平，后缘及侧缘圆。复眼大而圆，无单眼，唇基微隆起，呈横条状，长约为宽的 1/4。触角 22~24 节，除柄节外，皆呈念珠状，3~5 节较短并等长，第 6 节后各节稍增大，最末 2~3 节渐小。前胸背板前宽后狭，前缘直，后缘较圆，前、后缘中央具不明显的缺刻。翅呈灰白色至黄褐色。前翅鳞大于后翅鳞。翅合拢时，前翅的肩缝达后翅鳞的前端。前翅亚前缘脉伸达翅长的 1/4，径脉靠近亚前缘脉，伸达翅的 2/5，径分脉伸达翅尖，由基部至末端约有 3 根翅脉与前缘相连，2 根翅脉与后缘相连；中脉在肩缝处独立伸出，后分出 4 根翅脉伸向前方与径分脉相连，肘脉 5 分支。臀脉有 3 条，由肩缝独立伸出。后翅脉相与前翅基本相似，区别在于中脉不从肩缝处独立伸出，而由径分脉分出。

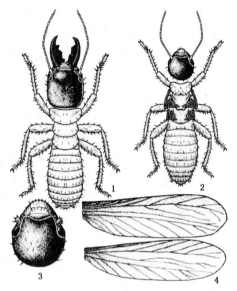

图 11-4　山林原白蚁
1. 兵蚁　2. 有翅成虫　3. 有翅成虫头　4. 翅

原始型蚁王、蚁后　蚁王体长 12.5~13.5mm，蚁后体长 14~15.5mm，腹部膨大，宽 6~7mm。体色较深，体壁较硬，形态与有翅成虫相似。复眼发达，中、后胸有残存的翅鳞。

无翅补充型蚁王、蚁后　蚁王体长 13~15mm，蚁后体长 14~16mm，腹部最宽处 5~6mm。体色较浅，体壁较软，体背呈暗黄与灰白相间的颜色，复眼较小，椭圆形。中、后胸背板无翅芽。足的基节和腿节黄白色，胫节与跗节浅黄褐。蚁王腹末具腹刺 1 对，蚁后无腹刺。

蚁卵　长椭圆形，米黄色，长 1.70~1.73mm，宽 1.15~1.20mm。

幼蚁和若蚁　1、2 龄幼蚁体白色，无显著翅芽。蜕皮出现具翅芽的若蚁。若蚁的头部、背板黄褐色，腹部黄白色，接近羽化时体色加深。

工蚁　体长 10~14mm，一般呈黄褐色，腹部色较淡。

生活史及习性

卵期约 30d，幼蚁在 2 龄后开始分化，一部分变为工蚁和兵蚁，一部分变为若蚁。若蚁一般于 11~12 月，在中、后胸背板上长出翅芽。约经过 8 个月，若蚁蜕皮 6 次后，羽化为有翅成虫。8 月中下旬群飞进行繁殖。其主要习性如下：

(1) **木栖性**　山林原白蚁是一种筑巢于朽树或活树内群居的昆虫。2 年可将胸径达 40cm 以上的伐倒木蛀空。危害活树往往从根部或茎部侵入，然后向内向上蛀蚀。如危害伐倒木则从截面的伤痕或倒木靠地面部位侵入。蚁道与地下相通，但不在泥土中建巢,蚁王、蚁后、蚁卵和幼蚁都是在树内生活,属木栖性白蚁。

(2) 多王多后栖居一起 在幼龄巢中一般是1个原始蚁王和1个原始蚁后,但也有2王2~3后现象;几十至上百粒卵集中在一起。在成年巢中未见原始蚁王、蚁后,只有无翅补充蚁王、蚁后,其数量较多,少则3~5对,多者达30对以上居住一起,多栖居在其营巢木内的硬木部分或靠近节疤的宽敞空腔内。卵粒比较集中,一般有200~300粒,多者七八千至数万粒堆放在一起。

(3) 怕光、喜阴湿 山林原白蚁怕光,所以常在阴湿的溪边、山沟或林内建巢危害,很少在山顶建巢。除少数工、兵蚁有时出巢活动外,一般都在树木内取食。迁巢时,往往也通过蛀空的朽树根或地下蚁道完成。

(4) 逃遁与警卫 当其巢树受到震动或破坏时,部分兵蚁立即赶到出事地点进行警卫,并发出"咔啦、咔啦"的响声,工蚁则迅速逃到王室附近潜伏不动,而另一部分兵蚁则在王室四周通道进行守卫。如建巢之木受震动过大,则全巢白蚁迅速从地下蚁道逃遁,并在几十天内不再返回原处危害。

(5) 异群之间有残杀性 当两个异群白蚁相遇时,兵蚁互相攻击,有时工蚁也加入搏斗。

(6) 分群繁殖 当蚁群扩展到一定程度后,群体内就开始产生大量的有翅繁殖蚁进行群飞,脱翅配对,扩建新巢。分群前10~15d工蚁在候飞室的上部咬出直径0.8~1.1cm的多个分群孔,筑好后仍旧用排泄物和朽碎木封闭。具翅繁殖蚁羽化后集中在树干上部较宽阔的空腔内,即候飞室。分群前约1h,工蚁将分群孔启开。5:00~5:30进行群飞。有翅蚁可飞10~20m高、200~300m远。繁殖蚁落地后,爬行10~20min,雄性追逐雌性寻找隐秘处交尾繁殖。一般1个群体1次飞完,但也有分2、3次飞完的,往往是一天未飞完的第2天早晨5:00再接着群飞。群飞后大部分群飞孔仍旧用排泄物封闭。

白蚁的防治方法

(1) 加强检疫 白蚁类易随原木、木家具、木箱等携带,因此必须进行严格的检疫。

(2) 林业措施 造林整地前清除林地的枯树朽蔸,是消灭蚁巢、铲除建巢场地,防止山林原白蚁危害的好方法。

(3) 预防措施 ①建筑物的设计和材料选择都必须考虑透光、通风和防潮等条件。②在基建之前应先清除建筑场地的一切树桩、朽木、纸屑及一切含纤维质的废物。③在白蚁较多的地区,应尽量避免建筑木材与地面接触。④沿建筑物的墙基,用药剂进行土壤处理,预防白蚁侵入危害,常用的药剂有50%的氯丹乳油加水稀释100倍,用量为5~10kg/m³。氯丹对白蚁具有强烈的触杀、胃毒和熏蒸作用,残效期特别长,目前广泛用于新建房屋的白蚁预防。另外还可用10%亚砷酸钠2 000ml/m³。用0.06~0.48mg/kg毒死蜱处理土壤也可收到较好效果。⑤还可以将C_{90}型塑料埋入建筑物基础、墙体等部位,形成白蚁阻隔屏障。

(4) 处理木材 可用铜铬砷合剂的水溶性防腐剂（配方为重铬酸钾 56%、硫酸铜 33%、五氧化二砷 11%；或重铬酸钾占 50%、硫酸铜 37.5%、五氧化二砷 12.5%）浸渍、涂刷或喷雾处理；采用常规浸药法，常用浓度为 4%～5%，吸药量每立方米应不少于 5kg。油溶剂常用配方为五氯酚 5%，林丹 1%，柴油（或杂酚油）94%。油溶剂能抗雨水淋，药效持久，可用涂刷、浸渍或热冷槽方法处理。用 50% 五氯酚柴油溶液，用量为 500～600ml/m³ 木材，涂刷 2～3 次。用 42.8% 乐斯本浓缩剂处理建筑物，使用浓度 1%，有效保护期可以达 8～10 年。用 40% 毒死蜱乳油、0.1% 白捕特、0.8% 白蚁灵、0.06% 考登、0.1% 硅白灵乳油、0.03% 锐劲特乳油也有较好的预防效果。

(5) 粉剂毒杀 目前使用的配方很多，常用的有 3 种：① 亚砷酸 85%，水杨酸 10%，砒红 5%；② 亚砷酸 80%，水杨酸 10%，升汞 5%，砒红 5%；③ 亚砷酸 70%，滑石粉 25%，三氧化二铁粉 5%。利用灭蚁粉在主巢或白蚁很多的副巢施药都能达到全部歼灭的目的。找到蚁巢后，在巢上戳 3 个品字形的孔，打孔后见有兵蚁来守卫才喷药。用喷粉器朝着有孔的方向，喷药 5～6 次，用药 5g 左右。施药后要用废纸或棉花塞住孔口，然后用力敲击附近的木板，使白蚁发生混乱，增加白蚁与药剂接触机会。在蚁路上多处施药也能达到全部歼灭的目的。还可以利用 0.2% 克蚁星乳剂 1 000 倍液；或用喷粉球将 3% 阿维菌素或神威牌白蚁粉喷入蚁道或巢穴；也可使用 0.1% 的氟虫胺 98% 粉剂或硫氟酰胺 85% 粉剂。

(6) 注入药剂法 ① 在木材或树干表面每隔 0.6～1m 钻深约 0.5cm 的孔洞，沟通蚁道，在孔中灌入杀虫剂如 1%～2% 灭幼脲乳油、1%～2% 氟虫铃油剂、2% 氯丹、5% 五氯酚或 0.5% 林丹等。② 用 50% 辛硫磷乳油 500～800 倍液、80% 敌敌畏乳油 200～400 倍液，25% 灭幼脲乳油 200～400 倍液从危害木的上方钻孔灌巢，每巢 2 500～5 000ml，效果可达 80%～100%。

(7) 挖巢法 挖巢灭蚁最好在冬季进行。家白蚁由于建有主、副巢，并会产生补充繁殖蚁，所以挖巢往往不能根除。

(8) 熏杀法 ① 在巢穴、蚁道等处投放磷化铝熏蒸。每个主、副巢用磷化铝 10～20g，每条主蚁道用药 6～12g。投药后用泥土密闭投药口、通气孔和群飞孔等。② 将烟雾剂装入烟筒内，将出烟口的胶管插入通向蚁巢的主道，引火发烟，每巢释放烟雾剂 250～500g。③ 堆砂白蚁的蚁道曲折，孔口极小。因此熏蒸时必须将建筑物严格密闭或将要熏蒸的木质器具放在熏蒸箱内，也可用塑料薄膜覆盖起来进行熏蒸。可用溴甲烷 35～40g/m³，氯化苦 40g/m³，磷化铝 8～12 g/m³，硫酰氟 20～30g/m³ 等。

(9) 诱杀法 ① 用白蚁喜食的松木屑、蔗渣、芒萁等放在 30cm×30cm×30cm 的诱杀箱中，并用洗米水淋湿，置于白蚁经常出没之处。经 10～20d 白蚁聚集后，可用灭蚁粉喷杀。② 在蚁道及分飞孔附近，用氟虫胺、氟铃脲、除虫脲和伏蚁腙等制成的白蚁诱杀包来诱杀。其中以氟虫胺为主要成分配制的诱杀包效果明显。其方法是用蔗渣、食糖、松木粉等材料与氟虫胺混合制成氟虫胺含量为 1% 的白蚁诱杀包，每包净重 5g。③ 取 75% 灭蚁灵粉剂 1g、白糖 6g、淀粉 2g、水杨酸 0.5g 混匀，以温水调成糊状，均匀涂抹于 20 张 15cm×15cm 的牛皮纸上，晾干制成灭蚁灵毒饵片，将其投放到白蚁活动的地方毒杀。④ 水杨酸，75% 灭蚁灵（粉剂），食用白糖和淀粉，白蚁跟踪信息素（自制），新鲜、干燥、无病虫的松木块和杂木箱。诱杀箱制作：将大小为 15cm×5cm×2cm 松木 18 块，于 20% 的白糖液中浸泡 30~40min，取出晾干，存放于大小为 18cm×15cm×10cm 的杂木箱中，用白蚁跟踪信息素涂刷箱的底部及四周，以引诱白蚁进入诱杀点。⑤ 利用革裥菌感染的木块，压入微量的灭蚁灵，埋于地下诱杀白蚁。革裥菌能产生一种白蚁踪迹外激素类似物质，可以起到较好的诱杀作用。

（10）灯光诱杀成虫 在群飞季节，利用有翅成虫的趋光性，在灯下用水盆诱杀。一般以 400~420μm 波长的光源诱虫力最强。

（11）高温灭蚁法 凡家具被堆砂白蚁蛀蚀，可在 65℃ 条件下加热 1.5h 或在 60℃ 条件下加热 4h，能有效地杀死白蚁。

11.2 干材害虫

干材害虫主要指危害干燥、半干燥木材的害虫，统称为留粉甲虫，主要包括粉蠹科 Lyctidae、窃蠹科 Anobiidae、天牛科 Cerambycidae 和长蠹科 Bostrichidae 害虫。现将其中主要种类介绍如下。

家茸天牛 *Trichoferus campestris*（Faldermann）（图 11-5）

分布于我国东北、华北、西北、华中、华东，四川、贵州、云南；国外分布于日本、朝鲜、前苏联、蒙古。危害刺槐、杨、柳、榆、桦、云南松等多种针、阔叶树木及木材，还危害干草、人参、葛根等多种药材。啃咬塑料商品、电缆、铅管，还取食面粉。

形态特征

成虫 体长 9~23mm，全身黑色或棕褐色，密被黄色绒毛。雄虫触角可伸达虫体末端或稍长于体，雌虫触角短于体长；雌虫体多较雄虫粗大。前胸背板近圆形，宽大于长；背中央后端具 1 条浅纵沟。小盾片半圆形，灰黄色。

幼虫 体圆柱形，略扁，老龄幼虫体长 9~23mm，头部黑褐色，体黄白色。前胸背板前缘之后具 2 个黄褐色横斑，侧沟之间隆起平坦，前胸背板前方骨化部分褐色，后方非骨化部分呈白色，似"山"字形。隆起部前方具细纵皱纹；前胸腹板中前腹片前区及侧前腹片上细长毛较密集。

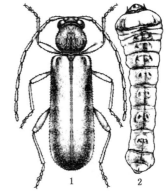

图 11-5 家茸天牛
1. 成虫 2. 幼虫

生活史及习性

在陕西、河南、湖北等地 1 年发生 1 代，以幼虫在枝干内越冬。翌年3月恢复活动,在木质部钻蛀宽扁坑道,并将碎屑排出蛀孔外。4月下旬至5月上旬开始化蛹,蛹期9~12d。成虫于5月下旬至6月上旬羽化,羽化后的成虫在靠近树皮的一侧咬成1个圆孔爬出。羽化的成虫需2~3d后方离开寄主,爬到阴暗处,待黄昏后取食、飞迁及交配。成虫具趋光性。雌雄性比为1:0.8。雌、雄虫均可交尾多次,交尾时间10~30min不等。喜产卵于直径3cm以上的椽材皮缝内,最喜产卵在新伐的枝干及未经剥皮或采伐后未充分干燥的木材上。成虫卵多单产,卵外有白色黏液,常粘附在寄主的缝隙中,偶尔有2~3粒卵产在一起。卵经10d左右孵化为幼虫,钻入木质部与韧皮部之间,蛀成不规则的扁坑道,幼虫11月越冬。从卵孵出的幼虫,能耐饥2~2.5d。老龄幼虫能耐饥最长达150多天。用新采伐的刺槐作椽木,几年就被蛀食空。

防治方法

(1) 对于冬、春新采伐的木材,一定要进行剥皮处理或将其浸泡水中1年左右。

(2) 如在房屋的椽子上发现幼虫危害时,可喷50%敌敌畏油雾剂加柴油稀释1~3倍液,喷药量以使椽子润湿为宜,喷后关闭门窗一昼夜。对于堆积场上的木材,喷药后用塑料布或帆布覆盖以达到熏杀效果。也可用20~30g的磷化铝、溴甲烷、硫酰氟进行密闭熏蒸。

(3) 4月份以前,彻底清除采伐后的碎枝断梢。处理不完的可集中起来,在成虫羽化期喷40%氧化乐果乳油、80%敌敌畏乳油200倍液,毒杀新羽化的成虫。

长角凿点天牛 *Stromatium longicorne* (Newman)(图11-6)

又名长角栎天牛或家天牛。分布于我国安徽、福建、台湾、山东、河南、广东、广西、海南;国外分布于日本、泰国、缅甸、马来西亚、印度、菲律宾。主要在房屋建筑和家具木材中危害,被害木材树种甚多,均为阔叶树,但只危害边材。房屋附近的电杆和篮球架,也有被害。不危害生长健康的树木,但危害活树上的枯死部分。

形态特征

成虫 体长14~28mm。褐色至红褐色,密布细绒毛。雄虫触角约为体长的2倍,第1节有1条宽纵沟,触角基瘤内侧有刺状突起;雌虫触角短于体长。前胸背板背面凹凸不平,有4个不明显的钝瘤,两侧圆形。鞘翅前缘隆起,较光滑,翅表面密布绒毛,并有大的点刻。鞘翅末端圆形,内缘角呈刺状。

卵 梭形,长1.7~2.1mm,乳白色至淡黄色,密被微细的颗粒状花纹,顶端呈乳头状突起,上具脊状纹。

幼虫 老熟时体长30~46mm,乳白色至淡黄色,头部棕红色;粗而短的上颚黑色,末端圆,切口锋利;上唇淡黄色,前缘有毛。触角3节,圆柱形,第3节末端尖。肛门缝3条,放射状排列,至预蛹期收缩成纺锤形。

蛹 长22~23mm,乳黄色,有很稀的细毛。腹部可见8节,背板上有向后的小刺。

生活史及习性

在广东、海南1~5年完成1代。生活史的长短与被害材种类有关。危害白格边材时，1年1代占97.5%；危害木麻黄时，2年1代占51.5%，3年1代占29.3%，4~5年以上1代的占19.2%。4月下旬至7月中旬成虫羽化、产卵，盛期为5月下旬。成虫不补充营养，寿命12~25d，晚间活动，有趋光性。卵产在细小的缝隙或小虫孔中，产卵深度5~7mm，产卵量为113~320粒，平均225粒。卵期11~14d，幼虫孵出后蛀入木材内，外面无任何痕迹。幼虫坑道不规则，充满粉状排泄物，幼虫后期坑道深度达20~24mm，直径7~10mm。3月下旬至6月中旬化蛹于坑道末端，蛹室接近木材表面，蛹期15~18d。新成虫在蛹室中停留数天后作椭圆形羽化孔钻出。

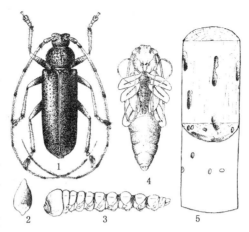

图11-6　长角凿点天牛
1. 成虫　2. 卵　3. 幼虫　4. 蛹　5. 危害状

幼虫期1~4年不等，个别延长到5年以上，幼虫期长短与寄主种类、含水率及营养状况有关。幼龄树的木材营养较丰富，被害严重。该天牛喜危害7~8年生时伐下的木麻黄，而对20年生以后被伐下利用的木麻黄危害较轻。木材中可溶性糖类和淀粉含量多少直接影响幼虫的发育。木材干燥情况也直接影响天牛的寄主选择，气干的木材最容易感染虫害。人工干燥的木材，一般则很少生虫。

防治方法

（1）建筑用材必须用药剂进行处理。可用3%~5%硼酚合剂或3.5%氟化钠，木材吸收药量为120kg/m³，药剂透入木材1cm以上。对于少量分散用材，可涂刷3%五氯酚柴油，用药量为230~260g/m²。

（2）水源充足时，可用水浸法处理。树木砍伐后立即浸入水中1年以上，排除木材中的可溶性养分。

（3）家具用材尽量用炉干法干燥，如需天然干燥，应避开产卵期，以10月至次年4月为宜。

梳角窃蠹 *Ptilinus fuscus* Geoffroy（图11-7）

分布于我国辽宁、江西、陕西、甘肃、青海；国外分布于埃及、叙利亚、欧洲。危害杨、柳房屋木构件，形成危房。

形态特征

成虫　体长3.5~5.5mm，黑褐色，被污黄色微毛，雌大于雄。下唇须、下颚须、触角均为红褐色。雄虫触角为梳状、雌虫锯齿状。雌虫触角第4~11节内突呈锯齿状；雄虫触角发达，第3节内突为锯齿状，第4~11节枝内延如梳状，

第 11 节栉长约相当于其后 3~4 个干节的总长。前胸背板前部略窄缩且圆凸，密布颗粒，中央有条细凹线，前缘微上举，中部具小齿列，齿列中央略为切缺。鞘翅可见 4 条纵行点刻列。各足胫节、跗节红褐色；前、中足胫节外端侧各具 1 个横向齿突，其上侧缘稀着小齿列，跗节 5 节。

幼虫　体长 6~7mm，乳白色，腹足退化，蛴螬型。体毛短而稀疏。胴背各节及腹部各节的气门下方和臀节，均有由褐色细刺点组成的步泡突片区。无腹足。

生活史及习性

在青海 2 年 1 代，跨经 3 个年度。一生除成虫短暂外出外，均在干材内度过。成虫 5 月底至 6 月初始见，6 月中旬至 7 月初盛发，7 月下旬至 8 月初终见。交尾呈一字形，历时 10~15min。交尾后，雌成虫在材表缓行，进而钻蛀，蛀孔圆形，孔径 2~3mm，深约 10mm。雌成虫往复进出，把蛀屑推出孔外，直到合适的深度。倒退进入产卵，每雌产 40~50 粒，产完卵即死于蛀道内。雌成虫出孔后平均成活 21.55d±5.5d，雄成虫 11.35d±3.9d。成虫多于白昼活动，95% 以上于 8∶00~20∶00 脱出蛀孔，且以 14∶00~18∶00 最多，在同一地方，常有 2 个年群混生，其中较老一群于当年完成系统发育后羽化，另一群则要待下 1 年老熟后才变为成虫，如此交替羽化，年复一年。

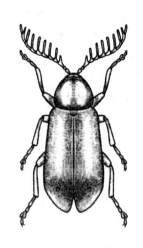

图 11-7　梳角窃蠹

档案窃蠹 *Folsogastrallus sauteri* Pic（图 11-8）

分布于我国福建、台湾、江西、广东、广西、四川。主要危害胶合板、皮革、硬纸板、图书、纸张，是我国重要的仓库害虫。

形态特征

成虫　体长 2.2~2.5mm，宽约 1.0mm。栗褐色，长椭圆形。头部略呈球形，假死时缩入前胸背板，行动时部分外露。触角棕黄色，9 节，被细毛。柄节较粗大，2~6 节较细，呈椭圆形，端部 3 节向内侧膨大，第 7、8 节略呈三角形，端节纺锤形。前胸背板宽大于长，呈梯形，前缘两侧下卷超过半圈。鞘翅基部和前胸背板等宽。腹部背板可见 8 节，腹板明显可见第 3、4、5、7 节。第 6 节腹板较短，隐藏于第 5 腹板之下。雌雄成虫形态相似。

幼虫　乳白至淡黄色，被稀疏白

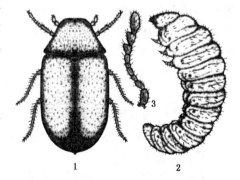

图 11-8　档案窃蠹
1. 成虫　2. 幼虫　3. 触角

毛，体长约 3.5mm。头部棕黄色，触角 3 节，口器棕褐色，有单眼 2 只。口上片前端边缘每侧各有一透明圆斑。唇基弧形。上唇白色透明。胸部 3 节较粗大。腹部渐向腹面弯曲，腹末节腹面有 2 个尾足状的突起。气门较小，圆形。

生活史及习性

在广东等地 1 年 1 代，以幼虫越冬。翌年 3 月中旬老熟幼虫化蛹，蛹期约 15d，4 月上旬出现成虫。成虫羽化 1~2d 后爬出坑道外活动。成虫羽化后第 3d 即可交尾，交尾以 8：00~9：00 最多。交尾后 3~5d 产卵。卵散产于寄主的裂缝中。平均产卵量 50~60 粒。卵期 10~12d。卵孵化要求的相对湿度为 60% 以上，当相对湿度低于 50%，孵化率明显下降。当相对湿度为 36% 时，任何温度下卵均不孵化。孵化的幼虫钻入裂缝中危害。隧道长约 1~1.5cm，宽约 0.2cm。老熟幼虫在隧道末端化蛹。成虫飞翔能力不强，活动以爬行为主。有假死习性，喜黑暗。因此，放在阴暗处不常使用的物品受害严重。

窃蠹类的防治方法

（1）档案窃蠹繁殖传播集中在 4 月上、中旬，可在此之前检查易受害物品；如在 4 月发现成虫活动，要彻底检查出受害物品，用磷化铝、溴甲烷、硫酰氟等进行熏蒸毒杀。还可用敌敌畏原油熏杀，用挂纱布条的方法，100~200ml/m^3。对于已受害或需要预防的少量物品，可在其表面用 1%~2% 杀螟松、倍硫磷、毒死蜱溶液或纯煤油涂刷，反复 2~3 次，涂刷面最好向上，以便药液向虫孔渗透。幼虫期用木材防蛀液涂刷，可一次性毒杀各龄幼虫，防效在 95% 以上，并可兼杀成虫；在成虫钻蛀产卵前，涂刷木材防蛀保护膜，可阻止成虫钻蛀产卵，并具有防腐作用。

（2）成虫期用 80% 敌敌畏乳油 400 倍液喷杀，每周喷药 1 次，共 4~5 次，杀虫率可达 80% 以上，坚持 2~3 年可收到良好效果。

（3）窃蠹类不仅蛀食胶合板的木质部，而且集中蛀食胶层。以大豆胶、血胶、牛皮胶等为胶合剂的胶合板最易受害，而脲醛树脂胶合板较少受害。所以可根据情况选用适宜的化学胶合剂。

（4）对档案库房，在卵孵期将库内相对湿度控制在 50% 以下可有效抑制卵孵化。

（5）5 月下旬至 6 月初按每间木房释放 500 余头管氏肿腿蜂，窃蠹的蛹和幼虫的死亡率可达 60% 左右。

双棘长蠹 Sinoxylon anale Lesne（图 11-9）

分布于我国北京、天津、河北、上海、台湾、河南、广东、广西、海南、四川；国外分布于印度、马来西亚、斯里兰卡、菲律宾、澳大利亚、新西兰等地。食性极其广泛，危害多种阔叶树的新锯板方材和新剥皮的原木。凡有明显心材的树种，只危害边材。也危害活树，如紫胶虫的寄主南岭黄檀和秧青的枝条被害后易折断，影响放胶。还危害病、弱幼树，成虫蛀食活树的枝丫或插条。

形态特征

成虫　体长4.2~5.6mm，赤褐色，圆柱形；头密布颗粒，其前缘有一排小瘤；棕红色触角10节，末端3节单栉齿状；上颚发达，粗而短，末端平截。额上有一条横脊。前胸背板帽状，盖住头部，上有直立短黄毛，前半部有齿状和颗粒状突起，后半部具刻点。鞘翅密布

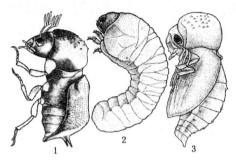

图11-9　双棘长蠹
1. 成虫　2. 幼虫　3. 蛹

粗刻点，被灰黄色细毛，后端急剧下倾，倾斜面黑色、粗糙，斜面合缝两侧有1对刺状隆起。足棕红色，胫节和跗节均有黄毛；胫节外侧有1齿列，端距钩形。中、后胸及腹部腹面密布倒伏的灰白色细毛。腹部5节，第6节缩入腹腔，外露毛一撮。

幼虫　乳白色，老熟幼虫体长约6mm，略卷曲。胸足仅前足较发达，胫节具密而长的棕色细毛。

蛹　乳白色，半透明，羽化前头部、前胸背板及鞘翅黄色，上颚赤褐色。

生活史及习性

在海南1年4代，完成1代需68~98d。成虫4次发生高峰为3~4月、6~7月、9~10月和12月至次年1月，以3月下旬至4月上旬最盛。进入雨季后成虫减少，雨季后又开始增加。在石家庄此虫1年只发生1代，以成虫在较浅的坑道内越冬。3月中旬天气转暖后开始蛀食，4月中旬到5月上旬成虫陆续爬出坑道活动交尾，而后返回坑道内继续蛀食补充营养。雌虫在坑道内产卵120~200多粒后死亡。卵期5~8d，孵化很不整齐。4月下旬始见幼虫，幼虫期30~40d。5月底至7月上旬继续化蛹，蛹期约7d。6月上旬开始出现成虫，到7月上旬羽化基本结束。新羽化的成虫在原坑道中群居（通常30~80只），反复串食，使枝干只留表皮和少部分髓心，而不另行迁移危害。在7月上旬到8月中旬偶有成虫外出活动。一直到10月上旬成虫开始转移危害新活枝干，做环形坑道，然后在其中越冬，直至次年的3月中旬开始活动，成虫期约10个月。

成虫在伐倒木、新剥皮的原木和湿板材上钻圆形深约5mm的孔侵入，然后顺年轮方向开凿长约15~20cm的母坑道，随即将蛀屑推出坑道，极易发现。成虫卵产于母坑道壁的小室中，并一直守卫在母坑道中直到死亡。幼虫坑道甚密，纵向排列，充塞粉状排泄物；深约1.5cm，最深3cm，全长约10~15cm。新成虫羽化后就地补充营养，蛀出若干小孔，排出大量蛀屑，约10d后飞出。被害木材仅留一层纸样外壳，千疮百孔，一触即破。

木材含水率和此虫危害程度有密切关系。新采伐2~3d后的剥皮白格，含水率约达70%时成虫开始蛀入危害，蛀入虫数逐日增加，至干燥到纤维含水率的饱和点33%时蛀入虫数开始下降，继续下降到25%以下时仅有个别蛀入，至

20%以下则无虫蛀入。

双钩异翅长蠹 *Heterobostrychus aequalis* (Waterhouse)（图 11-10）

分布于我国台湾、广东、香港、海南、云南；国外分布于日本、印度、越南、印度尼西亚、马来西亚、泰国、斯里兰卡、缅甸、爪哇、古巴、苏里南、以色列、菲律宾、新几内亚、马达加斯加。危害白格、黑格、华楸、香须树、凤凰木、黄桐、橡胶属、木棉属、翻白叶、琼南属、橄榄、海南苹婆等木材和温武汝、楠榜、巴丹、道以治、大磷刨等藤本。多危害边材。除原木和锯材外，还危害门窗、家具和胶合板，是热带和亚热带常见的木材害虫。进口的木材（如双矩龙脑香），常带有此虫。为国内森林植物检疫对象。

形态特征

成虫 体长 6～10mm，赤褐色，圆柱形。头部黑色，具细粒状突起，后头具很密的纵脊线。上唇较短，前缘密布金黄色长毛。触角球状部 3 节，其长度超过触角全长之半。前胸背板前缘呈弧状凹入，背面前半部密布锯齿状突起，两侧缘具 5～6 个齿，后半部的突起呈颗粒状；前缘角有一个较大的齿状突起，后缘角成直角。小盾片微隆起，四边形，光滑无毛。鞘翅具刻点沟，沟间光滑，无毛。雄虫鞘翅后端倾斜面的两侧有 2 对钩状突起，上面 1 对较大，向上，并向中线弯曲，下面 1 对较小；雌虫鞘翅后端两侧仅微隆起。

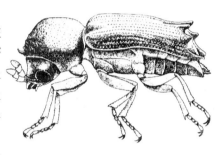

图 11-10 双钩异翅长蠹

幼虫 体长 8.5～10mm。乳白色，体肥胖，12 节，体壁褶皱。头部大部分被前胸背板覆盖，背面中央有 1 条白色中线，穿越整个头背。前额密被黄褐色短绒毛。胸部正面观，中央明显具 1 条白色而略下陷的中线，后端较大，其轮廓形似 1 支钉。侧面观，胸部中间明显有 1 个浅黄白色的骨化片，前端黄褐色，略比中部粗，后端显著扩大而向上弯曲，形似茶匙状。其下方具 1 个黄褐色椭圆形气门。腹部侧下缘具短绒毛。

生活史及习性

该虫几乎终身在木材等寄主内部生活，仅在交尾、产卵时出外活动。一般 1 年 2～3 代，以老熟幼虫或成虫越冬，次年 3 月中下旬化蛹，3 月下旬为羽化盛期。第一代成虫于 6 月下旬或 7 月上旬出现。第 2 代成虫于 10 月上中旬出现。营养不足时幼虫期可延长到 1 年以上，需 2 年完成 1 代。成虫发生期甚长，以 3～5 月最盛。世代重叠，全年都可见幼虫和成虫。羽化后的成虫 2～3d 后在木材表面蛀食，形成浅窝或虫孔。成虫在夜晚活动，有弱趋光性，白天常隐藏在板材堆中。雌虫在锯材或剥掉皮的原木上产卵，不做母坑道，钻进缝隙或孔洞中或咬一个不规则的产卵窝，比较分散。幼虫坑道大多数沿木材的纵向伸展，弯曲并互相交错，长约达 30cm，直径 6mm，其中充满了紧密的粉状排泄物，蛀入深度可达 5~7cm。

长蠹类的防治方法

（1）严格进行检疫，检疫中发现双棘长蠹危害的枝条剪除后集中处理，防止人为传播。

（2）对板方材，最好用5%硼酚合剂处理。配方为硼砂35%，硼酸30%，酚酚钠35%。处理方法可用热冷槽浸渍或常温浸渍，6~8 kg/m^3。还可以采用磷化铝、溴甲烷、硫酰氟等熏蒸。也可用60~80℃条件下热烘2~3h。

（3）成虫外出活动期，可用80%敌敌畏乳油1 500倍液或用40%氧化乐果乳油1 000倍液喷雾。

（4）彻底清除折落的受害枝，并剪除树冠上的枯死枝，集中烧毁，以消灭双棘长蠹越冬成虫。

（5）在双棘长蠹幼虫、新成虫群居蛀食于枝干内的活动时期，有大量白色粉状蛀屑集落在地表，此时采取剪枝法可有效减少虫口密度。

（6）在森林中防治长蠹可利用管氏肿腿蜂和啄木鸟。如可招引啄木鸟，来消灭越冬成虫。

鳞毛粉蠹 *Minthea rugicollis*（Walker）（图11-11）

分布于我国华南、华东、华中、西南、陕西；国外分布于印度、斯里兰卡、印度尼西亚、马来西亚、缅甸、夏威夷，非洲热带、亚热带地区。在高温、高湿地区发生严重。在海南危害28科，约80种树木的木材，其中以黄桐、橡胶树、木棉、青皮以及含羞草科、苏木科、蝶形花科和桑科树木的边材被害最为严重。所有上述树种的木制品均能被害，受害重者仅留空壳。

形态特征

成虫 体长2.3~2.8mm。稍扁平，赤褐色有光泽。头、触角、前胸背板、足及鞘翅均具有直立的灰白色鳞毛，体腹面具有稀疏的倒伏细毛。头伸出于前胸背板前方。触角11节，棒状，末端2节膨大。前胸背板密布小颗粒状突起，中央有一浅窝。每鞘翅具6行鳞毛，行间有倒伏的细毛。腹部可见5节，第1节最长。雄虫臀板后缘弧形，密被短细毛；雌虫臀板呈倒"V"字形，后缘有一缺刻，具有较长的细毛。

幼虫 老熟幼虫体长2.4~3.2mm，乳白色。1龄幼虫细长，蜕皮后变为蛴螬型。胸部较发达，腹部10节。触角3节，有刚毛。足可见3节，爪尖锐而透明，前足较中、后足发达。足均有刚毛。前胸气孔窄卵形，腹部末节气孔最清楚。

生活史及习性

在广东、海南等地1年3代。生活周期长短与温度有关，在平均温度为27.2℃时需要71~105d，平均气温为23℃的秋季需166~199d。成虫全年均可活动，3月下旬至4月上旬最盛。12月至翌年2月则活动较少。成虫羽化孔圆形，直径0.5～1.0mm。成虫取食薄壁组织补充营养并排出粉状木屑，约10d后从圆形羽化孔钻出。雄虫平均寿命27.6d，雌虫22.8d，最长可达92d，未补充营养的成虫平均寿命仅为8.6d。成虫羽化后第6～15d为产卵高峰。卵产于木材导管内，一般不产在木材表面或缝隙中。平均产卵25.5粒。导管直径小于产卵管直径的木材，可免受危害。卵期约7d。幼虫最初取食导管周围的薄壁组织，坑道与木材纹理平行，老熟前移向表层并在坑道的末端化蛹，蛹期约12d。

木材中淀粉和可溶性糖的含量愈高，该虫寿命愈长，被害愈重。成虫喜在干燥或半干燥木材中产卵，幼虫能在含水率8%以上干木材中生存，55℃的高温有灭虫效果。

天敌有环足猎蝽，成、若虫均能捕食鳞毛粉蠹的成虫；玉带郭公虫，在木材表面或钻进坑道内捕食猎物。另外还有2种茧蜂。

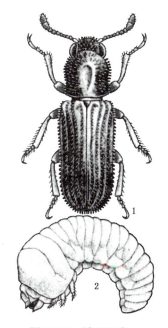

图 11-11　鳞毛粉蠹
1. 成虫　2. 幼虫

柺扁蠹 *Lyctus linearis* Goeze（图 11-12）

又名栎粉蠹。分布于我国江苏、浙江、安徽、山东、河南等；国外分布于日本，欧洲。在江苏北部沿海一带对刺槐木材危害较为严重。此外还危害壳斗科和杨柳科木材所制家具和器材。

形态特征

成虫　红褐色，体略扁平，长3～5.5mm，宽0.8～1mm。触角淡红褐色，11节，末端2节膨大。复眼黑色，较突出。前胸背板近长方形。鞘翅上有显著的金黄色微毛11列，其间有浅而大的刻点。

幼虫　体长4.5mm，乳白色，胸足3对。体呈"C"字形弯曲。头黑褐色，部分缩入前胸内。

生活史及习性

1年1代，以幼虫在虫道内越冬。4～7月可见成虫。羽化盛期为5月中下旬。成虫期14～22d。成虫喜阴暗、温湿，多栖息于木材缝隙及较隐蔽的场所。成虫羽化出孔后，即交尾。5月中旬开始产卵，卵多产于木材导管外突出部分及木材表面粗糙处。6月上旬卵开始孵化，幼虫孵化后蛀入木材边材，不危害心材。虫道纵向，互相密接，内充满粉末状粪屑，

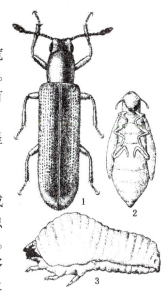

图 11-12　柺扁蠹
1. 成虫　2. 蛹　3. 幼虫

粪屑不断由虫孔排出。11月幼虫越冬，翌年2月中旬幼虫又继续危害。幼虫危害期长达300d以上，严重被害木仅存一层薄壳。老熟幼虫在木材表层化蛹。蛹期15~26d。成虫羽化后咬圆形羽化孔或由旧虫孔飞出。刚去皮的新鲜木材能诱集大量成虫交尾产卵。

粉蠹类的防治方法

（1）加强营林技术措施，感染虫害的木材应尽快运出林外以压低并控制虫源。

（2）减少木材中的可溶性糖和淀粉可减少粉蠹危害。如在秋、冬季伐树，或在采伐前半年环状剥皮让树木自然枯死；砍伐后不打枝让其自然干枯；或将树木浸泡在水里。

（3）在枹扁蠹成虫大量出现时，利用春伐刺槐树的梢头、粗枝去皮诱集成虫产卵，随后进行处理。

（4）家具或房屋木结构在害虫羽化前表面涂药，如采用5%敌敌畏乳剂，4%硼砂加2%敌百虫水溶液。每平方米用药200g左右有一定的效果。

（5）树木锯成板材后水煮。对成批木材投入干燥炉内加热，鳞毛粉蠹在厚度为1.1cm板材中的致死温度为60℃条件下90min，或74℃下30min。厚度不同，处理时间亦不同。通常作家具的毛板和小方料，加热温度为54.4℃，处理4h即可。木材干燥时加热到一定温度即可灭虫，锯材天然干燥时用辛硫磷乳油250倍作瞬间浸泡处理。成批干材和木制品被害时，用20~30g/m^{3}溴甲烷密闭熏蒸24h，杀灭长蠹幼虫和成虫。

（6）对木材进行药剂防虫处理，可参照白蚁的防治方法。

复习思考题

1. 木材害虫主要有哪几大类？
2. 如何根据害虫的生活史及习性来选择适宜的防治措施？
3. 防治木材害虫时如何保证环境安全？

第12章 竹子害虫

【本章提要】 本章主要介绍危害我国立竹及竹材的主要害虫种类以及这些害虫的分布、寄主、形态、生活史及习性和防治方法。

我国竹子种类多,分布广,害虫种类也多。目前已记载危害竹子的害虫有630余种,其中60多种先后在全国各竹区周期性或暴发性大发生,严重影响竹林的生产力和竹产业的发展。

根据害虫的取食方式和取食部位,可将竹子害虫分为竹笋害虫、嫩竹害虫、食叶害虫和竹材害虫。竹笋害虫主要包括竹象、竹笋夜蛾、竹笋蝇等;嫩竹害虫主要为刺吸类害虫,包括蚧、蝽、沫蝉、小蜂和瘿蚊等330余种,占立竹害虫种数的50%以上,在竹笋、叶、枝、秆和鞭根等器官上刺吸汁液,削弱竹株(笋)生长势,严重时可致死。食叶害虫约230余种,以竹蝗、竹螟、竹毒蛾、竹舟蛾等发生面积大、危害重,均为暴发性害虫,大发生时竹林失叶殆尽,可导致竹株死亡,竹林出笋量和新竹眉围下降。立竹和竹材还容易遭受多种竹材害虫,如竹长蠹、天牛等的危害。

12.1 竹笋害虫

12.1.1 象甲类

一字竹象 *Otidognathus davidis* Fabricius (图12-1)

分布于我国安徽、江苏、福建、江西、湖南、陕西;国外分布于越南。危害毛竹、刚竹、淡竹、桂竹、红壳竹、篌竹和毛金竹。成虫取食笋肉,幼虫在笋内取食,被害竹笋成竹后,虫孔累累,节间缩短,竹材僵硬。

形态特征

成虫 体棱形,体长12.4~21.8mm。雌虫乳白色或淡黄色,喙细长,表面光滑;雄虫赤褐色,喙上方有2列刺状突起。头黑色,两侧各生漆黑色椭圆形复眼,触角黑色。前胸背板后缘弯曲成弓形,中间有1个梭形黑色长斑;胸部腹面黑色。每鞘翅各具9条刻点沟,翅中各有黑斑2个,肩角及外缘内角黑色;后翅赤褐色。腹部末节露出鞘翅外,腹面可见5节,黑色;第1腹节及末节两侧有赤褐色三角形斑。足与体色同,惟各节相连处黑色,胫节末端各具1个锐刺。林间常有全黑色的个体。

卵 长椭圆形，长径 3.09mm，短径 1.07mm。初产玉白色，不透明，后渐成乳白色，孵化前卵的一端半透明。

幼虫 初孵幼虫乳白色，背线白色，体柔软透明。3 龄后幼虫体壁变硬，黄白色。老熟幼虫体长 20.7~24.8mm，米黄色，头赤褐色，口器黑色，体多皱褶，背线淡黄色，气门不明显，尾部有深黄色突起。

蛹 长 20mm，深黄色，足、翅末端黑色，臀棘硬而突出。

生活史及习性

在江苏、浙江的小竹林中 1 年 1 代，在毛竹林中多为 2 年 1 代，以成虫在土室中越冬。在浙江 4 月底、5 月初成虫出土，5 月上中旬交尾产卵，6 月中旬成虫终见。卵 3~5d 孵化。幼虫 5 龄，历期 19~22d。5 月下旬幼虫老熟，陆续坠地入土，筑土室化蛹，蛹期 12~20d。

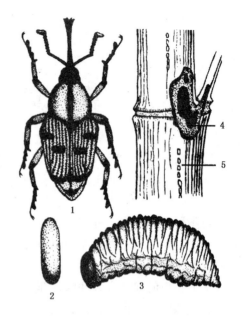

图 12-1　一字竹象
1. 成虫　2. 卵　3. 幼虫　4. 幼虫危害状
5. 成虫危害状

出土成虫于日出露干后活动，以晴天 8：00~11：00，14：00~17：30 活动最盛，通常以雄虫飞行为多，受惊扰，即坠落地面，并钻入草丛，不久再爬出飞行，阴雨天和晚上少活动。成虫出土后，即可上笋啃食笋肉。成虫经补充营养后可多次交尾。产卵时雌虫先停息笋上，以喙在笋箨边缘咬钻，咬成与喙同长的产卵穴，然后将产卵管伸入产卵穴中，产卵 1 粒，偶有 2 粒。卵产于笋的最下一盘枝节到笋梢之间，以中部为多，每个笋节可产卵 2~5 粒，1 株笋最多产卵 80 粒。

初孵幼虫在产卵穴中取食，被害部位停止生长。3 龄幼虫食量渐增，幼虫仅咬食笋节处的笋肉和小枝，一般不转移，因而被害笋节处形成孔洞，成竹后很易遭风折；幼虫未老熟前，被害笋节上的笋箨不脱落，以保护幼虫正常生育。老熟幼虫先向笋外蛀食，将笋箨咬 1 个直径 7~9mm 的圆孔，孔口下方为以咬碎的笋箨纤维垫平的倾斜坡，幼虫再沿坡滑落地面，在地面蠕动滑滚，寻找适宜场所，钻入土内；在土下 8~15cm 深处，筑椭圆形土室化蛹并羽化为成虫，以成虫在土室中越 1 个或 2 个冬天。

长足大竹象 *Cyrtotrachelus buqueti* Guer（图 12-2）

又名竹横锥大象。分布于我国广东、广西、贵州、四川。危害粉箪竹、大头竹、青皮竹等较粗的丛生竹笋。成虫在笋外啄食进行补充营养，被害笋长成畸形竹或断头折梢。幼虫在笋中取食，被害笋多不能成竹，一般被害率为10%～25%，常与大竹象混合危害，竹笋被害率高达90%以上。

形态特征

成虫　体长25～39mm。体橙黄色或黑褐色。头半球形，黑色，喙自头部前方伸出，长10～12mm，光滑；雄成虫喙略短，背面有一凹槽，凹槽两边有齿状突起，每排有齿7～8枚。触角膝状，着生于喙后方两侧月形槽内，柄节长4～5mm，鞭节7节，末节膨大成靴形。前胸背板成圆形隆起，前缘有黑色边，后缘中央有1个箭头状黑斑。鞘翅黄色或黑褐色，外缘圆，臀角处具1个尖刺，两翅合并时，尖刺相靠成90°角外突，鞘翅上有9条纵沟。前足腿节、胫节明显长于中、后足腿节、胫节；前足胫节内侧密生1列棕色毛。

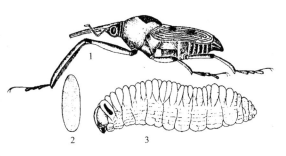

图12-2　长足大竹象
1. 成虫　2. 卵　3. 幼虫

卵　长椭圆形，长4～5mm，宽1.3～1.5mm。初产时乳白色，有光泽；渐变为乳黄色，表面光滑。

幼虫　老熟幼虫体长46～55mm，头黄褐色，大颚黑色，体淡黄色。前胸背板较骨化，背板上有1黄色斑，斑上具"八"字形黑褐斑。体多皱褶，无斑纹。

蛹　长35～50mm，初为橙黄色，渐变为土黄色。茧附有竹叶碎片、杂草与泥土。

生活史及习性

在广东1年1代，以成虫于土中蛹室内越冬。翌年6月中旬成虫出土，8月中下旬为出土盛期，10月上旬成虫终见。幼虫危害期为6月中下旬至10月中旬；7月中旬至10月下旬化蛹，7月底8月初至11月上旬羽化为成虫越冬。

成虫飞翔力强，有假死性，出土后1～2d，即上笋啄食笋肉作为补充营养，经2d取食后即行交尾、产卵。1株笋上最多产卵3粒。成虫产卵约15～20d，产卵35～40粒。成虫寿命40～70d。卵经3～4d孵化，初孵幼虫出壳后即向上蛀食，1～3d后从产卵孔中流出青色液体，3～4d流出黑色液体，这是幼虫在笋中正常发育的标志。幼虫为斜行向上取食，再横行取食，随之再斜行向上，蛀食路线成"Z"字形，直到笋尖，再向下取食，将竹笋上半段笋肉吃光。1条幼虫可食笋20～30cm长，被害笋不能成竹。幼虫5龄，在笋中取食11～16d老熟。老熟幼虫均于上午在竹笋中部将笋箨咬破1个直径约8mm的圆孔，圆孔下方用笋箨纤维垫成滑坡，幼虫从此滚出落地，沿坡滚动爬行，爬行迅速，寻找适宜地点入土。从地面拉入一些杂草、竹叶或树叶，合土建成土室，土室长4.5～6.5cm，土室深度一般为20～30cm。预蛹经8～11d化蛹，蛹经11～15d羽化为成虫越冬。

大竹象 *Cytotrachelus longimanus* Fabricius（图 12-3）

又名竹直锥大象。分布于我国浙江、福建、台湾、江西、湖南、广东、广西、四川、贵州。危害青皮竹、粉箪竹、撑篙竹、水竹、绿竹、竹笋。成虫在笋外啄食笋肉，幼虫在笋中取食笋肉，造成大量退笋、畸形竹和断头竹，常与长足大竹象先后在竹林中危害，加重竹林被害程度。

形态特征

成虫 体长 20~34mm。体色初羽化时为鲜黄色，出土后为橙黄色、黄褐色或黑褐色。前胸背板后缘中央有1个黑色斑，多为不规则圆形；鞘翅外缘不圆，成截状，鞘翅臀角钝圆，无尖刺，两翅合并时，中间凹陷。前足腿节、胫节与中后足腿节、胫节等长，前足胫节内侧棕色毛短而稀。其它特征与长足大竹象相同。

卵 长椭圆形，长 3~4mm，宽 1.2~1.3mm。初产时乳白色，后变为乳黄色，孵化前黄褐色。

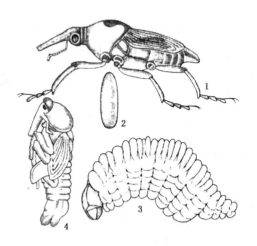

图 12-3 大竹象
1. 成虫 2. 卵 3. 幼虫 4. 蛹

幼虫 老熟幼虫体长 38~48mm，淡黄色，头黄褐色，口器黑色，前胸背板略骨化，背板上有1个黄色大斑，斑上无黑褐色"八"字纹，体上有1条隐约可见的灰色背线。

蛹 体长 34~45mm，初乳白色，后渐变土黄色，喙、触角折藏于前胸下方，色稍深暗。茧附有竹笋纤维与泥土，长椭圆形，长 53~67mm。

生活史及习性

1年1代，以成虫在土下蛹室中越冬。在浙江6月中下旬成虫出土，7月下旬至8月上旬出土最盛，9月下旬结束，6月下旬至9月下旬产卵，6月下旬至10月上旬幼虫取食，7月中旬到11月上旬化蛹，7月下旬到11月中下旬羽化成虫越冬。在广东5月中旬成虫出土，有的年份偶见5月上旬出土，成虫出土盛期为6月下旬至8月上中旬，10月上旬成虫终见。卵期5月中下旬到10月上旬，幼虫危害期5月下旬到10月中旬。

在日均气温 24~25℃时，大竹象成虫开始出土，27~28℃时为出土盛期，气温变化直接影响成虫出土的迟早。在浙江温州6月中下旬，广东广宁5月中下旬成虫出土。出土后24h左右飞上竹笋啄食笋肉。成虫活动始于早上露水干后，以8：00~10：00、15：00~17：00最为活跃，中午、夜晚及雨天多停息于竹叶背面或地面隐蔽处。成虫飞翔力强，有假死性。补充营养后，即可多次交尾。雌成虫交尾后，即飞行寻找未产过卵的竹笋，在笋粗1~2cm、距笋梢10~30cm的部位啄1个孔产卵1粒，产卵2粒者极少。

卵期在浙江4~5d,广东2~3d。初孵幼虫起初向上取食,直到笋梢,再向下取食,可取食产卵孔以下25~35cm长笋肉。蛀道中充满虫粪,笋梢发黄干枯,被蛀食部位变软。幼虫5龄,幼虫期在广东12~15d,浙江南部26~29d。老熟幼虫多于后半夜在蛀道中上行,爬至距竹笋顶梢13~20cm处,咬断笋梢,幼虫连同断笋一起落地,群众称为"笋筒"、"笋尾";笋筒长5.7~8.8cm。幼虫可以带着笋筒在地面爬行,寻找适宜地点入土12~55cm做蛹室化蛹,经12~15d羽化为成虫、越冬。

竹象类的防治方法

(1)秋冬季劈山松土,破坏土茧,不仅使越冬成虫死亡,而且促进竹林多生鞭孕笋。

(2)利用成虫有假死性,可用人工振落捕杀。

(3)喷洒80%敌敌畏乳剂1 000倍液;2.5%溴氰菊酯或20%氰戊菊酯乳油2 000~3 000倍液,出笋前喷1次,出笋后隔周1次,连续2~3次,对杀虫保笋作用良好。

12.1.2 蛾类

竹笋禾夜蛾 *Oligia vulgaris*(Butler)(图12-4)

分布于我国陕西、河南南部及长江以南;国外分布于日本。危害毛竹、淡竹、刚竹、红壳竹、桂竹、乌哺鸡竹、石竹、慈竹及苦竹竹笋等。幼虫蛀入笋中取食,以致笋大多死亡,俗称虫退笋,被害笋能成竹者也是断头折梢,虫孔累累,竹内心腐,材质硬脆,利用价值大为下降。

形态特征

成虫 体长14~21mm,翅展32~44mm。体灰褐色,雌虫色较浅。触角丝状,灰黄色,复眼黑褐色,下唇须向上翘。雌成虫翅棕褐色,缘毛锯齿状,外缘线黑色、2条,里面1条由7~8个黑点组成。雄成虫翅灰白色,外缘线1条,由7~8个黑点组成。雌蛾亚外缘线、楔状纹与外缘线在顶角处组成灰黄色斑;雄蛾则为灰白色,肾状纹淡黄色,肾状纹外缘白纹与前缘、亚外缘线组成一倒三角形深褐色斑,翅基深褐色。后翅灰褐

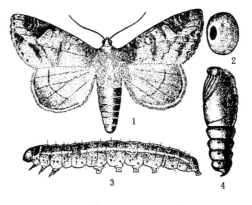

图12-4 竹笋禾夜蛾
1. 成虫 2. 卵 3. 幼虫 4. 蛹

色，翅基色浅。足深灰色，跗节各节末端有1个淡黄色环。

卵　近圆球形，长0.8mm，乳白色。

幼虫　初孵幼虫淡紫色，每节节间白色。老熟幼虫体长36~50mm，头橙红色，体紫褐色，背线白色，很细，亚背线白色，较宽，腹部第2节前半段缺如。前胸背板及臀板黑色，由背线分开，被分开部分橙红色，较宽。腹部第9节背面在臀板前方有6个小黑斑，在背线两侧呈三角形排列，靠近背线的两斑特大。

蛹　长14~21mm，初化蛹时青绿色，后转红褐色，臀棘4根，中间两根粗长。

生活史及习性

1年1代，以卵在禾本科杂草的枯叶及竹叶内越冬。次年2月下旬至3月初孵化，幼虫蛀入草茎取食，在草茎内蜕皮1次，4月上中旬当竹笋出土10mm高时，幼虫从草茎爬出，先在笋尖小叶内取食，3龄时从笋箨交界处蛀入竹笋，竹笋上长，幼虫咬穿笋节向上取食笋梢的幼嫩组织，一般每笋有虫3头时，笋即枯死。部分受害笋即使成竹，亦因竹节被咬穿，竹秆内积水心腐。幼虫共5龄，危害20~25d，至5月上中旬老熟，咬一圆孔外出，落地入土作土室化蛹。蛹于6月上中旬羽化，成虫夜晚活动，趋光性不强，产卵于禾本科杂草叶面边缘，多粒排成单行，草枯叶卷，将卵包于其中越冬。此虫多发生于经营管理不当，地面禾本科、莎草科杂草丛生的竹林。

另有一种笋秀禾夜蛾 *Apamea apameoides* Draudt，幼虫体色与竹笋夜蛾的幼虫相似，但笋秀禾夜蛾以危害小竹笋较多。2种害虫的中间寄主及生物学特性相近，常混杂和交替发生。

防治方法

（1）加强抚育，除草松土，使地面杂草很少或无杂草，则很少受害。

（2）在发生严重地区，要及早挖除退笋，不仅可灭虫，竹笋仍可食用。

（3）在条件较好地区，可于秋冬在竹林加盖一层3~5cm厚的客土，结合施肥既增产又治虫。

（4）在4月上旬，当幼虫转主危害时期，喷洒80%敌敌畏乳剂1 000倍液，也可喷2.5%溴氰菊酯或20%氰戊菊酯乳油2 000~3 000倍液，隔周1次，连续喷2~3次，可起到杀虫保笋的作用。

12.1.3　蝇类

江苏泉蝇 *Pegomya kiangsuensis* Fan（图12-5）

双翅目泉蝇科。分布于我国江苏、安徽、浙江、福建、江西等地。危害多种竹类，以毛竹受害重。幼虫蛀竹笋，使大量竹笋腐烂。

形态特征

成虫　体长6.5~8.5mm，暗灰黄色。触角黑色，仅第2节端部有时带黄色，第3节约为第2节的2倍长，芒具细毛。复眼紫红色，单眼橙黄色，三角区为黑褐色。下颚须端带黑色而基部棕黄，中缘具粉被。翅略带黄色。足黄色，仅跗节棕黑色。腹部较胸部狭，侧面观胸、腹等长，有狭的正中黑色条。雄虫第3腹板侧缘膨曲，长约为宽的1.5倍。第5腹板较突出，侧叶后部呈亮褐色，无粉被，有楞状纹，后缘内卷，肛尾叶末端狭尖；侧尾叶近端部内缘有1个小指状的短突，着生于亚基节后面。

卵 乳白色，长圆筒形，长径1.5mm，短径0.5mm。

幼虫 黄白色，蛆型，前气门呈喇叭形，褐红色，后气门棕褐色。

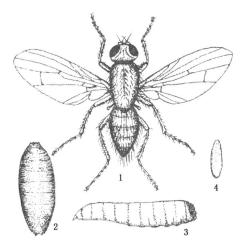

图 12-5　江苏泉蝇
1. 成虫　2. 蛹　3. 幼虫　4. 卵

蛹 深褐色，形似腰鼓，长5.5~7.5mm，宽2.5~3.0mm。

生活史及习性

1年1代，以蛹在土中越冬，次年3月下旬开始羽化，4月中旬雌成虫大量出土，此时正是毛竹出笋期，产卵在刚出土1~8cm的竹笋笋箨内壁，每笋有卵数十粒至300多粒。卵期4~5d。幼虫蛀入笋内取食，开始时被害状不明显，与健康笋不易区分，经5~6d后，笋尖清晨无露珠凝结，生长停止，10d后笋肉腐烂。幼虫5月中旬老熟，沿笋箨向上爬行至顶端，落地，在1~6cm深的土中化蛹越冬。该虫大多发生于卫生状况差，郁闭度大，土质疏松的竹林，一般林内重于林缘，老竹林重于新栽竹林。

毛笋泉蝇 *Pegomya phyllostachys* Fan（图 12-6）

分布于我国江苏、浙江、安徽、福建、江西、湖南、四川。危害毛竹、刚竹、淡竹、石竹笋。幼虫在衰弱笋中危害，使被害笋不能成竹；能成竹者，基部13节以下节间缩短，竹秆上虫伤节多，利用率下降。

形态特征

成虫 体长7~8mm，灰色。头部额鬃列7~8个，触角长，黑色。复眼暗红色，单眼棕黄色。翅透明，腋瓣淡黄色，平衡棒、足均为黄色，足各跗节黑色。雌虫腹部与胸等宽，末端渐尖；雄虫腹部比胸部狭，末端圆钝；腹部侧面观与胸部（包括小盾片）等长。

卵 乳白色，长柱形，长径1.75~2.00mm，短径0.23~0.24mm。表面光滑。

幼虫 老熟幼虫体长8.0~11.5mm，黄白色。全体12节，第7~9节略粗。头尖锐，口钩黑色，第1胸节后有前气门1对，颜色略深。

蛹 长椭圆形，长5.8~7.2mm。黑褐色，全体可见10节，各节有环状皱

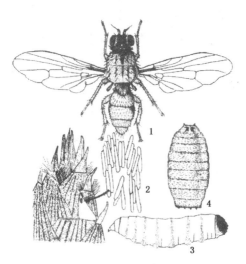

图 12-6　毛笋泉蝇
1. 成虫　2. 产卵部位及放大的卵
3. 幼虫　4. 蛹

纹，头部突起左右 1 对，尾部截形，气门及乳突的数目、位置同幼虫。

生活史及习性

在浙江 1 年 1 代，以蛹在土中越冬。翌年 3 月上旬成虫羽化，4 月上旬羽化终止，约有 30% 越冬蛹滞育，待第 3 年羽化。3 月中下旬成虫交尾，3 月底至 4 月上中旬产卵，卵 3~5d 孵化，幼虫 3 龄，在笋中约 20d 老熟，4 月下旬至 5 月上旬老熟幼虫入土化蛹。

成虫多在上午羽化，雄虫早羽化约 8d。3 月上中旬，成虫活动局限在中午。3 月下旬，成虫全天活动。成虫对幼嫩植物发酵味、伤笋流液、土壤腐殖质、动物尸体及其它腥臭味有很强的趋性。成虫经补充营养后，于 3 月下旬交尾；雌成虫再经补充营养后开始产卵；产卵多在一天中湿度最高时，1 个笋箨片内产卵 1 块，最多 8 块。在生长衰弱的笋上所产卵块比在健壮的笋上所产卵块多 1.5 倍，卵粒多 2 倍。成虫多在 25cm 长以下的笋上产卵，以 1~10cm 长的笋上最多。

生长健壮笋能将卵推出笋箨之外，这些卵多不能孵化。卵在笋箨内经 3~5d 孵化。初孵幼虫沿笋箨内壁下行，并蛀食笋箨内壁，偶而蛀食笋箨外壁，留下细小弯曲的虫道。虫道两侧显水渍状。2~4d 后幼虫下行至笋箨着生的节处，生长衰弱的笋，随即蛀入，再向上蛀食，蛀道两边成浸渍状，笋亦由此腐烂。2~8d 后幼虫虫体增大，食量增加，可蛀食笋的顶端。1 株笋中有虫 50~300 余条。幼虫在笋中上下左右蛀食，腐烂部分随虫迹扩展，幼虫老熟时，笋已烂空。幼虫在笋中 18~23d 老熟，再往下行，仍聚集于笋箨边缘入土。幼虫入土后 2~5d 化蛹。蛹离被害笋最远 30cm，入土最深有 15cm。入土深度与蛹离被害笋距离成反比，一般以离笋 5cm 左右入土化蛹的最多。

笋蝇的防治方法

（1）加强林内经营管理，增加郁闭度。在林内（特别是种子园）适时进行深翻或清理林地上的枯枝落叶，破坏蛹的栖息场所。竹林内应及早挖除虫退笋，杀死幼虫并切去被害部分后可作食用。

（2）成虫羽化盛期，利用害虫对糖醋味的趋性，林内设置诱捕器诱杀。配方可为白糖 40g、白醋 30ml、白酒 20ml、水 200ml 或用白酒 1 份、醋 4 份、白糖 3 份、水 5 份、敌百虫少许。对竹笋害虫，还可利用鲜笋，腥臭物等引诱。

（3）大面积的竹林用90%敌百虫1 500～2 000倍液、50%敌敌畏乳油1 000倍液或20%氰戊菊酯乳油2 000倍液喷雾，出笋前喷1次，出笋后每周喷1次，可杀死成虫并防止其产卵。郁闭度大的林区可施放烟雾剂毒杀成虫，每公顷用量15kg。

12.2 嫩竹害虫

12.2.1 蚧类

危害竹类的蚧虫种类很多，分别属于粉蚧、绒蚧、链蚧等科。有些寄生在枝条，有些寄生于腋芽内，有些寄生于竹叶上，在同一个地区或在同一片竹林中，往往有多种竹蚧同时危害，群集吸液，使大片竹林衰败，造成严重损失。

竹白尾粉蚧 *Antonina crawii* Cockerell （图12-7）

分布于我国华东、华中、华南、西南、河北、陕西。危害毛竹、刚竹、淡竹、苦竹、紫竹、石竹、罗汉竹、慈竹等。寄生于竹枝分叉处的叶鞘内，使被寄生的小枝枯死，竹叶脱落，影响竹子生长，并诱发煤污病。

形态特征

成虫　雌成虫长椭圆形，栗褐色。体长约1.25～2.90mm，包于白色球形蜡袋内，并有一条白色蜡丝从尾端伸出。触角退化呈瘤状、2节，基节为一狭环，端节稍长，顶端生有刚毛6根。口器发达。胸气门2对，杯状气门开口处有一群三孔腺排列成早月形。腹部第7节上具后背裂1对。肛环发达，上具肛环刺毛6根。多孔盘腺沿体缘分布成狭带状，在第9腹节分布较广。后气门至阴门具不规则的带状筛腺。腹末数节有许多刺状毛。雄成虫红褐色，体长0.95mm，翅展约1.40mm。具黑褐色单眼2对。触角丝状，10节，基部二节膨大，触角各节生有短细毛。胸部宽。前翅白色透明，呈金属光泽，有纵脉2条，后翅退化为平衡棍。胸足3对，胫节具端距2个，跗节1节，具1爪，有爪冠毛1对，缺趾冠毛。

初孵若虫　黄褐色，长椭圆形，体长0.4～0.5mm。触角6节，基节膨大，端节圆柱形，各节生有细毛，端节微毛长。单眼1对、黑褐色。口

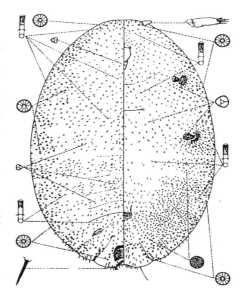

图12-7　竹白尾粉蚧

器发达，口针圈达后背裂处。胸气门2对，杯状。足3对，爪冠毛和趾冠毛各1对。腹部8节，第3、4腹节线上有近圆形的腹裂1个，第6、7腹节线上有后背裂1对。尾瓣上各具尾毛1对。肛环明显，上有肛环刺毛6根。体缘有1列盘腺，排列呈弧形。

生活史及习性

在江苏1年2代，以受精雌成虫越冬，翌年早春取食、孕卵，虫体膨大，并以白色毡状蜡袋和尾蜡丝外露于叶鞘和小枝上。4月初开始孕卵，5月中下旬为卵的盛孵期，若虫出壳后，经12~24h固定危害，2~3d后开始分泌蜡丝形成蜡袋将虫体包住。每个叶鞘内有虫1~5头不等，雄若虫经2次蜕皮后爬至叶鞘端部结茧化蛹。第2代若虫期为7月上旬至8月上旬，8月下旬雌成虫受精后缓慢发育，潜伏于叶鞘内直至越冬。此虫主要危害淡竹、紫竹，在城市园林绿化或小景配置的竹林内，往往发生严重。

皱绒蚧 *Eriococcus rugosus* Wang（图12-8）

分布于我国江苏、浙江、安徽。危害毛竹。若虫寄生于1~2年生竹嫩叶鞘内，成虫寄生于子竹小枝叉间。竹林受害后远看似火烧，严重者枯死。

形态特征

成虫　雌虫体长3.1mm，紫红色，多为宽卵形，背面宽大向上隆起，而腹面狭小，初期体节明显，后期灰白色绒蜡壳覆盖虫体。触角短小，6节，第1节呈扁环状，第2节和第3节短而粗，第4、5节略似扁环，端节较长，其上生有粗细不同的5根感觉毛。喙发达，2节。2对胸气门粗筒状，且较硬化。足较短小，跗节显著长于胫节，跗冠和爪冠毛各1对。体缘刺明显大于背刺，缘刺长锥形，顶端较尖锐，沿体缘呈单列分布。体背有稀疏小刺。臀瓣全部硬化，有3根细长的刺。在臀瓣基部之间有1个小而明显硬化的尾片。五孔腺分布在虫体腹面，在腹部末端较为密集，在胸气门附近成群分布。管状腺在背、腹两面均有分布，背面分布数量多。肛环具8根肛环刺。虫体背面臀瓣上方有1个硬化片，硬化片靠近臀瓣侧端生有1个小刺。虫体腹面具有长短不一的体毛。雄虫体长1.05mm，翅展2.0mm，黄褐色；1对翅白色透明，有脉2条；腹末有1对白色蜡丝。

卵　长椭圆形，长0.36mm，宽0.175mm。初时微红透明，成熟后玫瑰红色。

若虫　初孵若虫体为梭形、扁平，长0.49mm，宽0.167mm，玫瑰红色。

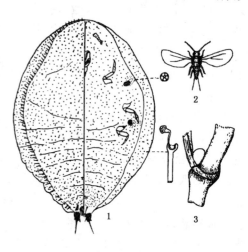

图12-8　皱绒蚧
1. 雌成虫　2. 雄成虫　3. 危害状

茧　长椭圆形，长2~2.2mm，宽0.87mm。丝质白色，结于竹叉间，少数生于竹秆上。

生活史及习性

在江苏1年1代。以2龄雌若虫和白茧内的雄性"预蛹"在竹枝叉间越冬。翌年2月中旬变为雌成虫和雄蛹。雄虫羽化后在茧后先伸出2根白色蜡丝，停留一段时间后再退出茧外。雄成虫在2月中旬至4月下旬羽化，盛期在4月中旬。交尾后雄虫只活2h多，未交尾的雄虫可活1.5~4.5d。雌成虫孕卵长达90余天。每雌孕卵量平均为1207粒，孕卵期雌虫对竹林危害最大。雌虫5月中旬开始产卵，产卵时虫体由后向前逐步收缩，待卵产完，虫体干缩一团死于绒蜡壳中。5月下旬至6月上旬为产卵盛期。5月中旬至6月下旬为孵化期，盛期在5月底至6月上旬，每雌虫中出壳若虫最多1026头，平均为554.5头。若虫孵化历时25~37d。初孵若虫有较强的趋光性，行动活泼，寻找合适嫩叶鞘寄生，每个叶鞘可寄生多头，一般只成活1~2头。若虫从出壳到固定约需8h。固定当天虫体分泌蜡，半个月后停止发育，11月份转移枝叉间越冬。

竹巢粉蚧 *Nesticoccus sinensis* Tang（图12-9）

又名灰球粉蚧。分布于我国华东、陕西。危害毛竹、紫竹、淡竹、雅竹、红壳竹、黄皮刚竹、金镶玉竹等。被害竹轻者生长停止、不发笋、不抽梢，处于濒死状态，多年不能满园；重者枝叶大量枯死，竹林成片衰败。

形态特征

成虫　雌虫体梨形，红褐色。体长2.2~3.3mm。触角2节，基部狭环状，端节长，顶端有刚毛6根。口器发达。单眼缺。胸足退化。胸气门发达，杯状，气门口有成群的三格腺包围。体腹面头胸部有多格腺和管腺，并在第1~3腹节两侧密集成一长椭圆形硬化板。背裂无。腹裂位于第3、4腹节中部。肛环杯状，无小孔，有2根短毛。雄虫体长1.25~1.40mm，翅展约2.25mm。橘红色，胸色较深。单眼2对，深红褐色。触角丝状，10节，密生微毛。前翅白色透明，密生绒毛，有纵脉2条，

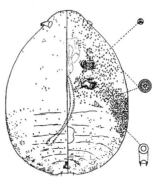

图12-9　竹巢粉蚧雌成虫

后翅退化成平衡棍，顶端有钩状毛1根。足发达，胫节端部有硬化距3个，爪冠毛1对，跗冠毛缺。腹部第1~6节两侧有少数五格腺分布，在第7腹节两侧各有五格腺一群，并各有1个凹腺囊，从中伸出1根长毛，分泌的白色蜡物即附于此长毛上。交尾器坚硬，呈锥状。

卵　卵圆形，长0.30~0.45mm。初产淡黄色，孵化前茶褐色，略透明。

若虫　初孵长椭圆形，长0.45~0.50mm。触角6节，端节最长，上有4根粗感觉毛和6~7根细长毛。单眼红褐色。胸气门杯状。足发达，具跗冠毛和爪冠毛各1对。腹裂1个，位于第3、4腹节的腹中线上。背裂1对，位于第6、7

腹节之间。体上散布三格腺。肛筒、肛环发达，具孔纹和肛环刺毛6根。臀瓣略显，尾毛2根较长。2龄雌若虫体椭圆形，腹部增宽。触角，足明显缩短。2龄雄若虫体长椭圆形，腹部不显增宽。触角和足均发达。3龄雌若虫体梨形。特征与雌成虫相同，仅腹裂呈圆形。

蛹 长形，初为橘黄色，后变红褐色。长1.00~1.25mm。触角丝状，10节。足分节明显。翅芽伸达第3腹节。腹末交配器呈锥状突起。

生活史及习性

1年1代，以受精雌成虫在当年新梢的叶鞘内越夏、越冬。翌年2月间雌成虫边吸食、边孕卵、边膨大，形成灰褐色球状蜡壳，外露于小枝上。孕卵期约2个月。4月底、5月初若虫开始孵化，5月中旬为孵化盛期，6月中旬孵化结束。若虫多在无风晴朗白天的9:00~12:00出壳。出壳若虫很活泼，在小枝上爬行2~3h（少数要经12~24h）寻找新梢叶鞘内固定。初孵若虫多固定寄生中部以下的枝盘，将口针插入腋芽或嫩枝基部吸食，体背及周缘即行泌蜡。若虫发育经3个龄期，1龄6~7d，2龄15~22d，雌雄分化明显。3龄雌若虫继续发育约10d，于6月上旬变成雌成虫，中旬大量出现。雄若虫于5月底在叶鞘1/3处分泌白色绵状物形成茧。结茧后2~4d变为"预蛹"，再经3~5d变为蛹，蛹经3~6d羽化为成虫，成虫羽化到出茧需3~4d。雄成虫始见于6月初，6月中旬为盛期，7月初羽化完毕。出茧雄成虫非常活跃，常沿小枝来回爬行，并能作短距离飞翔，寿命一般不超过24h。

半球竹斑链蚧 *Bambusaspis hemisphaerica* (Kuwana)（图12-10）

分布于我国华东、广东、陕西。寄生毛竹、紫竹、旱竹、箬竹、刚竹、黄皮刚竹、陕西刚竹、筠竹和水竹等。主要寄生于当年生嫩枝及嫩梢的节间和芽眼，被害后嫩枝停止生长，节间缩短，造成竹林叶落枝枯，严重影响竹的生长、发笋和成林。

形态特征

成虫 雌虫蜡壳背面隆起，呈半球形，前端圆，后端狭；长2.5~3.0mm，青黄色；质坚硬，光滑透明，具光泽。整个蜡壳将小枝包住1/4~1/2，蜡壳边缘密生白色呈碎片状的缘蜡丝。雌虫体呈半球形，前端圆，尾部狭，体长2.3~2.7mm。圆形瘤状触角上具2根长毛和1根短毛。在触角与体缘之间有五格腺带。气门大，其壁上有五格腺存在，与气门路之五格腺相结合。体缘8形腺排成2列，在体后端归并为1列。缘五格腺与8行腺平行排列成一宽带，此宽带向腹末渐窄并中断。多格腺6~10格，在腹部腹面形成2条完整的和6条断续的横列。雄虫蜡壳长椭圆形，两侧近平行，缘蜡丝稀疏。雄成虫体长约1mm。淡赤褐色，眼红色。触角念珠状，10节。前翅1对，白色透明，有2条明显的纵脉。腹部黄色，尖细，交配器针状。腹末有2根白色长蜡丝。

卵 椭圆形，淡黄色，长0.4mm，宽0.2mm。

若虫 初孵若虫椭圆形，淡赤褐色，体长0.4~0.45mm。触角6节。足发达。体缘 8 形腺明显。肛环发达，具肛环刺毛 6 根。腹末具端毛 2 对。

生活史及习性

在江苏以 1 年 1 代为主，亦有 1 年 2 代的现象；在安徽则 1 年 2 代。以受精雌成虫和 2 龄若虫越冬。越冬若虫于翌年 5 月陆续发育为成虫。雌成虫出现盛期在 5 月中旬，孕卵期约 1 个月，至 6 月上旬开始产卵。越冬的受精雌成虫，于翌年 2 月恢复取食，虫体逐渐膨大开始孕卵，孕卵期约 3 个月，5 月中旬开始产卵。每雌产卵量约 400 粒，最多 553 粒，最少 107 粒。卵产于

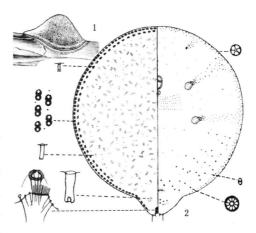

图 12-10　半球竹斑链蚧
1. 雌蜡壳　2. 雌成虫

雌虫蜡壳之后端。卵期 1~2d，第 1 代若虫 5 月中旬开始孵化，盛孵期在 5 月下旬和 6 月中旬。孵化量以 10：00~15：00 较集中。初孵若虫活泼，一般爬行 36~48h 后在当年生的小枝、竹节、芽鳞及叶柄基部固定。固定 3~4d 后，体缘出现白色蜡粉，并逐渐形成蜡壳。若虫生长发育约 17d 便可区别雌雄。雄虫多寄生于当年嫩叶的叶柄基部；雌若虫多寄生于当年生小枝或节间上。第 1 代雄若虫 6 月底化蛹，蛹期 3~4d，7 月上旬为雄成虫羽化盛期，7 月中旬羽化结束。第 1 代雌成虫交尾受精后，大多不再发育，越冬到翌年春恢复取食后孕卵。另有少部分继续发育，于 8 月初开始孕卵，孕卵期约 1 个月，9 月上、中旬开始产卵、孵化。孵化若虫发育到 2 龄，于 10 月底、11 月初先后在嫩枝上越冬。

竹类蚧虫的防治方法

(1) **林业措施**　于初冬至翌年 3 月前，结合采伐彻底清理受害严重竹株，烧毁打下的竹枝，并加强抚育管理。在毛竹、刚竹林内留笋养竹，改善竹林结构，以增新竹和竹叶的面积。秋冬垦复，施肥或种绿肥压青，改善土壤状况，以增强行鞭孕笋，不但对防治蚧类有利，也可增加对其它害虫的抗性。

(2) **保护利用天敌**　自然天敌是控制蚧类种群增殖的重要因素，且种类多，伴随性明显。各种瓢虫是最常见有效的捕食性天敌。

(3) **化学防治**　可采用有机磷、有机氮等具内吸、触杀等作用的杀虫剂，于初孵若虫游动期喷液，如 50% 马拉硫磷 1 000~1 500 倍、80% 敌敌畏 1 000 倍、40% 杀扑磷 1 000~1 500 倍及一些菊酯类农药对初孵若虫多具有杀灭效果。或用强力内吸剂于刮粗皮后涂干，或注射等方法。其它如具强力触杀作用的松脂合剂等，可于若虫固定后施用。蚧类密度大、固着隐蔽，必须做到及时用药，周密喷布方能有效。对庭院小面积观赏竹，可在雌蚧期用强力内吸剂单株打孔注射或刮

青涂干，效果较好。

12.2.2 小蜂类

竹广肩小蜂 *Aiolomorphus rhopaloides* Walker（图 12-11）

又名竹瘿蜂、竹实小蜂。属膜翅目广肩小蜂科。在我国各竹区均有分布。危害毛竹、雷竹等。在当年萌发的小枝基部形成膨大的虫瘿，小枝端部新叶簇生，提前脱落，可导致小枝枯死，影响竹子生长，发笋率降低。

形态特征

成虫　体长 5～9mm，全体黑色而有光泽。头横宽腹部细长。触角 11 节，黑色，棒状部 3 节。腹部圆滑，背面黑色有光泽，腹面橙黄色，侧面橙色。翅半透明，密被细毛。雄蜂体稍小，触角长度约为雌蜂的 2 倍。

卵　长卵形，长 0.5～0.6mm，一端略钝，一端较尖，孵化前淡黄色。

幼虫　细长，乳白色，老熟时体长 6～8mm。

蛹　长 5.8～7.5mm，初化蛹时呈白色，近羽化时除足及腹面呈黄色外，均变黑色。

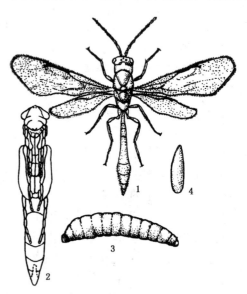

图 12-11　竹广肩小蜂
1. 成虫　2. 蛹　3. 幼虫　4. 卵

生活史及习性

1 年 1 代，以蛹在虫瘿内越冬。次年 2 月成虫开始羽化至 3 月中下旬，换叶竹株小枝芽萌动的盛末期，成虫咬圆形孔出瘿，出瘿历期约 30d。成虫白天活动，出瘿后即可交尾产卵。卵产于当年换叶竹新萌动小枝芽基部节间内，每芽产卵 1～3 粒。小枝芽被产卵部位逐渐膨大形成虫瘿。幼虫匿居虫瘿内取食虫瘿内壁组织，9 月上中旬老熟化蛹。化蛹期约 10d。虫瘿梭形，长约 2～4cm，比正常枝膨大 5 倍左右。虫瘿表面布有白色粉沫，并有枯黄的小箨叶包裹，小枝端部叶片数多于正常枝，略宽短。成虫喜光，故在稀疏林地、阳坡、林缘和四旁绿化的零星竹上虫口密度大，危害重。立竹密度高的竹林内，梢部虫口密度大于下冠层。

竹林内与该虫混同发生的还有 10 余种小蜂，其中以竹长尾小蜂 *Diomorus aiolomorphi* Kamijo 最为常见，其生活史和习性与本种相近。

竹小蜂类的防治方法

(1) 加强竹林抚育和经营管理，保持合理的立竹密度，可控制竹广肩小蜂于较低虫口密度。

(2) 被害严重竹林，于3月底4月上旬，用内吸性杀虫剂竹腔注射防治，有很好的防治效果。只需防治当年换叶竹，大小年明显的竹林，在小年竹换叶年（出笋大年）防治可减少用药、用工量，降低防治成本。

12.2.3 蝽类

卵圆蝽 *Hippota dorsalis* (Stål)（图12-12）

分布于我国浙江、福建、江西；国外分布于印度。危害毛竹、红壳竹、黄枯竹、淡竹、刚竹、石竹及小杂竹。

形态特征

成虫　体长13.5~15.5mm。体灰黄、灰褐色，密布黑色刻点，被白粉。头钝三角形，前端具缺口，中叶短于侧叶。前胸背板前侧缘黑色，胝黄色，刻点少。小盾片末端有黄白色月牙形斑，无刻点。

卵　桶形，淡黄色，直径1.2mm，高1.4mm。

若虫　老熟若虫棕黄色，具黑色刻点。头前端缺口状。触角灰黑色，4节。复眼暗红色。胝前至前胸、中胸侧缘黑色；翅芽黑色；从翅芽沿腹背形成"V"字形黑斑。

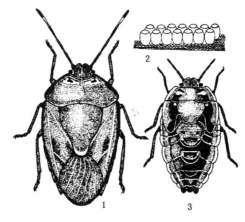

图12-12　卵圆蝽
1. 成虫　2. 卵　3. 若虫

生活史及习性

在浙江1年1代，主要以4龄若虫在枯枝落叶下越冬。翌年4月上中旬当日平均气温大于10℃持续3d时，越冬若虫即上竹，群集在竹节上取食。越冬若虫多选择3年以上的老龄竹，故老龄竹被害严重，死率高。若虫老熟后，先停止取食2~4.5d，然后爬到竹秆下部枝条上，6足抱竹固定，于5月底6月初羽化为成虫。成虫不活跃，少飞翔，喜群集在老龄竹、濒死竹和倒伏竹上取食，1株竹上常达千头以上。成虫口器刺入竹秆后，数天不拔出，待竹枯死后才转移危害。成虫有假死性，遇惊扰很快坠地钻入草丛落叶中。成虫经15~35d取食补充营养后开始交尾。交尾时间多在8：00和17：00左右。雌雄均可多次交尾，最多达5次，两次交尾间隔3~4d，最多8d。6月下旬，雌成虫开始产卵，7月中旬达到盛期。卵多产在当年新竹或前一年新竹小枝的叶背面，少数产在竹枝或竹叶正面，也可产在林缘的杉木、柳杉和雪松叶针背面。产卵时间多在15：00至第二天8：00，以20：00为最多。每雌产卵量30~60粒，成块状，每个卵块有卵8~28粒。雄成虫寿命平均34.8d；雌成虫寿命平均55.6d，最长达72d。卵期4~7d。林间于7月上旬开始出现若虫。若虫4龄前多在竹的小枝节上或枝杈交界处取食，很少活动，4龄时则常爬到大枝节上、枝叉交接处和竹秆上部竹节的上下危害。10月底11月初，4龄若虫停止取食，排除臭液，坠地爬入枯枝落叶下进入越冬状态。

天敌主要是黑卵蜂 *Telenomus* spp.，寄主率可高达76.5%。

防治方法

（1）在越冬若虫上竹危害前，用1份黄油加3份机油，调匀，在竹秆基部10cm处涂一圈，阻止若虫上竹。

（2）在若虫期喷洒50%乙基稻丰散1 000倍液毒杀若虫。

（3）被害严重的竹林，可用40%氧化乐果注射竹秆，每竹注射1~1.5ml。

12.3　叶部害虫

12.3.1　蝗类

竹蝗是我国南方竹林具有威胁性的重要害虫类群，已记载有6种，其中以黄脊竹蝗危害最重，其次是青脊竹蝗 *Ceracris nigricornis* Walker。过去竹蝗曾长期成灾，引起大片竹林枯死，但虫情曾得到较好的控制，近年又连续有局部猖獗成灾的报道。

黄脊竹蝗 *Rammeacris kiangsu*（Tsai）（图12-13）

分布于我国华东、华中、华南、西南。寄主植物达20余种，但以毛竹最为喜好，常猖獗成灾，致竹林成片枯死，造成巨大损失。

形态特征

成虫　体长29~40mm，绿或黄绿色。头部背面中央常有较窄的淡黄色纵纹。前胸背板沿中线具有明显的淡黄色纵纹。后足腿节端部暗黑色，近端部有黑色环；胫节基部暗黑色。头略向上隆起，侧面观略高于前胸背板。颜面颇倾斜，头顶较向前突出。触角丝状，细长，末端淡黄色。前胸背板上中隆线低而明显，侧隆线消失；3条横沟均明显。前翅发达，长明显超过后足腿节端部，前缘及中域暗褐色，臀域绿色。后足腿节两侧有"人"字形沟纹；胫节有刺2排，外排14个，内排15个，刺基部浅黄，端部深黑。

卵　长6~8mm，宽2~2.5mm。长椭圆形，略弯曲呈茄状，赭黄色，有网纹。卵块圆筒形，长19~28mm，宽6.5~8.7mm，卵斜列于卵块内，每一卵块有卵22~24粒。

若虫 共5龄。1龄蝻体长9.8~10.9mm，初为浅黄色，约经4h后变为黄、绿、黑、褐相间的杂色，触角13~14节；2龄蝻体长11~15mm，体色较1龄为黄，尤以胸部背板及腹部背板中线色最黄，触角18~19节；3龄蝻体长14.9~18mm，体色大部分黑黄，头、胸、腹背面中央黄色线更为鲜艳，沿此线两侧各有一黑色纵纹，此纹下面又为黄色，触角21节；4龄蝻体长20~24mm，

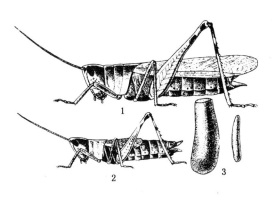

图12-13 黄脊竹蝗
1. 成虫 2. 若虫 3. 卵囊及卵

体色与3龄相同，触角23节；5龄蝻体长20.8~30mm，体色与4龄相同，触角24~25节。

生活史及习性

1年1代，以卵在土中越冬。在湖南越冬卵于次年5月初开始孵化，5月中旬至6月初为孵化盛期，6月下旬为孵化末期，有时在7月初尚可看到个别卵块孵化。1龄跳蝻盛见于5月中旬，2龄5月下旬，3龄6月上旬，4龄6月中旬，5龄6月下旬。成虫于7月初开始羽化，7月下旬为羽化盛期，7月中旬开始交尾，7月底8月初为交尾盛期。8月中旬为产卵盛期。在湖南耒阳地区产卵期一直拖延至10月底11月初。若虫历期46~69d，平均52d。雌成虫寿命50~84d，平均69d；雄成虫则为54~56d，平均54.6d。

成虫和跳蝻有嗜好咸味和人尿的习性。成虫多将卵产于柴草稀少，土质较松、坐北向阳的竹山山腰或山窝斜坡上，也有产于山麓的。雄成虫交尾完毕后即死亡，雌成虫产卵完毕后，也逐渐死亡。产卵场所常常有头壳、前胸背板和后足等尸体遗骸存在。一般在竹梢叶片被害的山地和有红头芫菁的地方有卵存在；又地面小竹、杂草被害严重地方可能有卵块存在。卵块上端有一胶质硬化黑色圆盘形盖，当被水冲刷，常能暴露于土表。

竹蝗的防治方法

（1）除卵 在竹蝗产卵期作出标志，并绘出标记图，然后在小满季节挖出卵块置于纱笼中，以便卵寄生蜂飞出，达到除卵和保护天敌的目的。又可于林间栽植泡桐树繁殖红头芫菁，以消除蝗卵。

（2）除蝻 在大多数跳蝻出土但又未上大竹前，于清晨露水未干时，手持竹扫把于小竹、杂草或灌木上捕打跳蝻；或在露水干后用50%马拉硫磷800~1000倍液或80%敌敌畏1000~1500倍液喷雾；也可用杀虫净油剂进行超低容量喷雾；或于蝗卵地释放白僵菌，使孵出跳蝻感染而死亡。当跳蝻已上大竹甚至已有

部分成虫出现则只有采用烟剂或油雾剂熏杀。放烟时间以清晨东方快要发白至日出前一段时间为最佳；21:00左右亦可放烟。无风阴天，整日可以放烟。

(3) 诱杀成虫 用混有农药的尿液装入竹槽，放到林间，诱杀成虫。

12.3.2 蛾类

竹织叶野螟 *Agedonia coclesalis* Walker（图12-14）

分布于我国华东、华中、华南、广西、四川；国外分布于日本、越南、柬埔寨、老挝、缅甸和印度尼西亚。危害毛竹、刚竹、淡竹、桂竹、角竹、青皮竹、撑篙竹、早竹、乌哺鸡竹、红壳竹、石竹、绿竹、水竹、苦竹等。

形态特征

成虫 体长9~13mm，翅展24~30mm。体黄至黄褐色，腹面银白色。触角黄色，复眼与额面交界处银白色。前翅黄至深黄色，后翅色浅。前、后翅外缘均有褐色宽边。前翅外横线下半段内倾与中横线相接；后翅仅有中横线。足纤细，银白色，外侧黄色。雌虫后足胫节内距1长1短；雄虫一根明显可见，另一根仅微露痕迹。

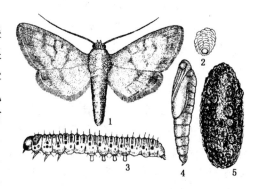

图12-14 竹织叶野螟
1. 成虫 2. 卵块 3. 幼虫 4. 蛹 5. 茧

卵 扁椭圆形，长径0.84mm，短径0.75mm。初产时蜡黄色。卵粒饱满。

幼虫 老熟幼虫体长16~25mm。体色变化大，有暗青、黄褐、橘黄、乳白等色，而以暗青色为多，乳白色仅少数；结茧化蛹前乳黄色。前胸背板有6个黑斑；中、后胸背面各有2个褐斑，被背线分割为4块；腹部每节背面有2个褐斑，气门斜上方有1个褐斑。

蛹 长12~14mm，橙黄色。尾部突起中间凹入分两叉；臀棘8根，分别着生于2个叉突上，中间2根略长。茧椭圆形，长14~16mm，灰褐色，外粘小土粒或小石粒；内壁光滑，灰白色。

生活史及习性

在浙江省1年发生1~4代，世代明显重叠，以老熟幼虫越冬。以第1代幼虫危害最重，第二代较轻，第三、四代较少见。翌年4月底化蛹，5月中下旬出现成虫，6月上旬为羽化高峰。各代成虫期分别为5月中旬到6月下旬、7月中旬到8月下旬、8月下旬到9月中旬、9月下旬到10月上旬。各代幼虫危害期分别为5月底到7月下旬、7月下旬到9月上旬、8月下旬到10月中旬、9月下旬到11月上旬。

幼虫多于夜间孵出，吐丝缠叶数道后爬入，或在新叶正面吐丝缠叶成苞爬入，取食竹叶上表皮；每苞有幼虫2~25条，以8~9条为多。2龄幼虫分散转移,再卷2张竹叶成苞,每苞内有幼虫1~3条。3龄幼虫卷3~4张叶成苞,每苞内有虫1条。3龄以后幼虫换苞较勤,老熟幼虫天天换苞,每苞有竹叶8张以上,在虫口密度大时,亦有卷1~2张叶片成苞的。1~2龄幼虫所卷虫苞,两头略有空隙;3龄后幼虫卷苞较紧,且以虫粪阻塞空隙,给防治带来困难。幼虫在苞内取食叶片至一半以上,即弃旧苞卷新苞。第2代以后在毛竹上危害较轻,竹叶老化不易卷结虫苞是重要原因。第2代初孵幼虫多钻入第1代幼虫残留虫苞中取食,或卷新萌发的嫩叶为苞入内取食。初龄幼虫大多在梢部竹叶上危害,每次换苞就要向下转移1次,竹上空苞就要增加1批,3龄后幼虫换苞,不仅向竹下部转移,还要吐丝飞飘,转移到附近竹上或老竹上结苞危害。除竹叶被食尽外,被卷虫苞的竹叶,会自然脱落,导致竹林一片枯白。幼虫老熟后,下竹入土结茧,多在毛竹根基下方及杂草根处疏松土中入土2~5cm结茧。虫茧常粘结在杂草根上,拔起杂草,可带出很多土茧。在4个世代中以越冬代成虫虫口密度大,第1代幼虫期危害最重。

成虫羽化多在晚上,羽化期若遇干旱,很少羽化或不羽化,如遇雨天,当晚集中羽化。羽化成虫群集飞往板栗或栎林吸蜜补充营养,特别是毛竹林附近的小片栗、栎林,往往成为成虫聚集地。经1星期补充营养后,成虫开始交尾并产卵,卵多产在新竹梢头竹叶背面。成虫有强趋光性。

此外,本类群重要种还有:

竹金黄绒野螟 Crocidophora aurealis Leech:又名竹金黄镰翅野螟。分布于华东、华南,危害毛竹、刚竹、淡竹、桂竹、红壳竹、乌哺鸡竹、苦竹、青皮竹。在浙江1年1代,以老熟幼虫越冬。

竹绒野螟 Crocidophora evenoralis Walker:分布于华东、福建、台湾、湖南、广东、四川。危害毛竹、苦竹、白夹竹、寿竹。1年1代,以3龄幼虫越冬。

竹云纹野螟 Demobotys pervulgalis (Hampson):分布于江苏、安徽、浙江、江西、湖南。危害毛竹。1年发生1代,以老熟幼虫于地面笋箨、枯叶中越冬。

赭翅双叉端环野螟 Eumorphobotys obscuralis (Caradja):分布于华东、福建、湖南、广东、广西、四川、云南。危害毛竹、刚竹、淡竹、早竹、红壳竹、石竹、乌哺鸡竹、青皮竹。在江苏、浙江1年2~3代,1年2代者以老熟幼虫于丝茧下、3代者以小幼虫于竹上越冬。

竹篦舟蛾 *Besaia goddrica* (Schaus)(图12-15)

又名纵褶竹舟蛾。分布于我国陕西及长江以南各地。危害毛竹、刚竹、淡竹、红壳竹等。严重时竹叶几乎被吃光,毛竹枯死。

形态特征

成虫 体长19~25mm,翅展43~58mm。体灰黄至灰褐色,前毛簇、基毛簇及翅基片的毛特别长而厚。雌虫前翅黄白至灰黄色,斑纹色浅,缘毛色深,顶角突出,从顶角到外横线下,有一灰褐色斜纹,斜纹下臀角区灰褐色。雄虫前翅灰黄色,前缘黄白色,中央有1条暗灰褐色纵线,下衬浅黄白色边,内缘区灰褐色，外缘线脉间有黑点 5~6 个，亚外缘线由 10 余个黑点组成。缘毛及外缘线处灰黄色，余为深灰褐色。

卵　卵圆形，长径 1.4mm，短径 1.2mm。乳白色，卵壳平滑，无斑纹。

幼虫　老熟幼虫体长 48~62mm，粉绿色。背线、亚背线、气门上线粉青色，较宽，各有 1 条狭黄色边；气门上线黄色，上颚，触角至单眼下方深棕色，与气门线连结。气门黄白色，前胸气门附近棕红色，上方及中、后胸和腹部气门后方各有 1 个黄点。

蛹　长 20~26mm，红褐至黑褐色。臀棘 8 根，以 6、2 分二排排列。

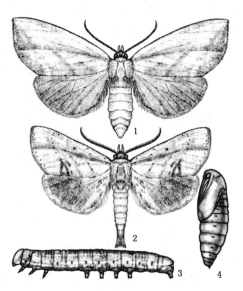

图 12-15　竹箭舟蛾
1. 雌成虫　2. 雄成虫　3. 幼虫　4. 蛹

生活史及习性

在浙江 1 年 4 代，以幼虫在竹株上越冬，但午间气温高时仍继续取食，3 月份食叶量增大，4 月上旬幼虫老熟。成虫发生期分别为 4 月初至 6 月上旬；6 月上旬至 7 月中旬；8 月上旬至 9 月中旬；9 月中旬至 11 月上旬。幼虫发生期为 4 月底到 7 月初；6 月下旬到 8 月底；8 月中旬到 10 月中旬；10 月初到下年 5 月上旬。

成虫羽化多在 19：00 至第 2 天 1：00，雄成虫比雌成虫早羽化 1~3d。成虫白天不活动，多静伏在竹林上或灌木上。如遇惊动仅作短距离飞翔。成虫飞翔力强，可以成群迁飞到山间小溪、山洼吸水，或飞往生长茂密竹林产卵。成虫有趋光性。交尾后卵散产或成条产于竹叶背面，在毛竹上以中、下部竹叶上着卵多。雌虫产卵期 4~12d，成虫寿命 3~14d。各代卵经 6~10d 孵化。初孵幼虫将卵壳吃至大半后才分散静伏，约经 4~12h 分散取食，将竹叶边缘吃成整齐的小缺刻。第 1 代幼虫为 5~6 龄；第 3 代 6 龄；第 2、4 代为 6~7 龄。幼虫老熟后，坠落地面或沿竹秆下行落地，于竹秆下方土层疏松处，入土 2~3cm 深作土室化蛹。第 1~3 代预蛹期为 2~5d，第 4 代为 3~9d。各代蛹期分别为 5~14d、6~18d、14~18d 及 14~23d。

竹镂舟蛾 *Loudonta dispar* (Kiriakoff)（图 12-16）

分布于我国江苏、安徽、浙江、福建、江西、湖北、湖南、广西、四川、云南，是竹林的重要害虫之一，常猖獗成灾，严重时可致被害竹林枯死。

形态特征

成虫　雄成虫翅展 35~42mm，雌成虫 46~54mm。雄成虫头淡黄带褐色，头顶淡橙色；胸背橙灰色；腹部暗红褐色。前翅橙色具灰褐色雾点；后翅暗红褐色。雌成虫体灰黄色，前翅顶角突出近镰刀形，底色及斑点因个体变异较大，从淡柠檬至淡赭黄色，外缘常有一系列褐色斑点组成的亚缘线。后翅淡赭黄到近白色。

卵　扁圆形，长径 1.2~1.3mm，上端略平，深红或紫红色。

幼虫　老熟时体长 52~70mm，头土黄色，体翠绿色，背线灰黑色。气门线较宽，上为黄色，下为粉白色。

蛹　长 18~24mm，红褐至黑褐色，臀棘 8 根。

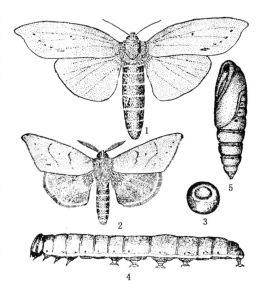

图 12-16　竹镂舟蛾
1. 雌成虫　2. 雄成虫　3. 卵
4. 幼虫　5. 蛹

生活史及习性

在浙江、湖南 1 年发生 3~4 代，3 代者以预蛹在地面泥茧中越冬；4 代时则以幼虫在枝叶上越冬，且无明显的停育现象。1 年 4 代的生活史（浙江）为：越冬幼虫于次年 3 月下旬至 5 月上旬化蛹；4 月中旬至 5 月中旬出现成虫；卵期 4 月下旬至 5 月下旬。第一代幼虫期为 5~6 月；蛹期 5 月下旬至 6 月；成虫期 6 月中旬至 7 月上旬；卵期 6 月下旬至 7 月中旬。第 2 代幼虫期 6 月下旬至 8 月；蛹期 7 月下旬至 8 月；8 月上旬至 9 月上旬出现成虫；卵期为 8 月中旬至 9 月中旬。第 3 代幼虫期为 8 月中旬至 10 月上旬；蛹期 9 月中旬至 10 月中旬；9 月下旬至 10 月为成虫期；10 月产卵。第 4 代幼虫 10 月中旬始见至越冬。1 年 3 代时，第 3 代幼虫于 10 月中旬以预蛹越冬，次年蛹期、成虫期及以后的历期与 4 代者相仿。

成虫昼伏夜出，有趋光性，飞翔力强，以雄虫尤甚，常在林间飞翔求偶。卵多成块产于叶表面，少数在叶背。初孵幼虫喜群集，受惊扰后吐丝下坠；3 龄后分散取食，常集中吃光一株竹叶片后再转移危害它株，直至全林光秃，受惊直接坠地逃走；大龄幼虫取食时，往往残叶遍地。虫龄各代不一，可 5、6、7 龄不等，以 6 龄为主，同一世代中虫龄多的发育为雌虫。此虫多发生在生长不良的林分，以第 2 代危害最重。

刚竹毒蛾 *Pantana phyllostachysae* Chao（图 12-17）

分布于我国浙江、福建、江西、湖南、广西、贵州、四川。危害毛竹、慈竹、白夹竹、寿竹。大发生时可将竹叶食尽，使竹节内积水，致被害竹林成片死亡。

形态特征

成虫　体长 10~13mm，翅展 26~35mm。体黄色，雌蛾体色较浅。复眼黑色；下唇须黄色至黄白色；触角栉齿状，触角干黄白色，栉齿灰黑色，雌成虫栉齿短而稀。雌成虫前翅浅黄色；雄成虫前翅浅黄至棕黄色，翅后缘中央有 1 个橙红色斑；后翅色浅。足黄白色，后足胫节有 1 对距。

卵 鼓形，高 0.8 ~ 0.9mm。黄白色。顶部稍平，中间略凹，中央有 1 个浅褐色斑，上顶缘有 1 条浅褐色不均匀环纹。

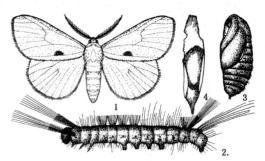

图 12-17 刚竹毒蛾
1. 成虫 2. 幼虫 3. 蛹 4. 危害状

幼虫 初孵幼虫体长 1.5mm，体淡黄色，头紫黑色，体毛稀疏。老熟幼虫体长 20 ~ 25mm，体灰黑色，被黄色毛和黑色长毛。前胸背板两侧各有 1 束向前伸的灰黑色羽状毛。第 1 ~ 4 腹节背面中央各着生一红棕色刷状毛；第 8 腹节背面中央有 1 束红棕色的长毛，毛束内混有羽状毛。

蛹 长 9 ~ 14mm，黄棕或红棕色，各体节被黄白色绒毛，臀棘上生有 30 余根小钩，共成一束。茧长椭圆形，长 15mm，丝质薄，土黄色，茧上附有毒毛。

生活史及习性

在浙江、福建 1 年 3 代，江西 1 年 4 代。以卵和 1 ~ 2 龄幼虫越冬。翌年 3 月中旬越冬幼虫开始活动、取食；越冬卵也陆续孵化，到 4 月上旬孵化完毕。在浙江南部第 1 ~ 3 代幼虫取食期分别为：3 月中旬至 6 月上旬；6 月下旬至 8 月上旬；8 月中旬至 10 月上旬。成虫出现期分别为 5 月下旬至 7 月上旬；7 月下旬至 9 月上旬；10 月上旬至 11 月上旬。福建省各代发生期分别比浙江提前 10 ~ 15d。江西省 4 代区幼虫取食期分别为：3 月中旬至 5 月上旬；5 月下旬至 6 月下旬；7 月上旬至 8 月上旬；8 月下旬至 10 月上旬。成虫出现期分别为：5 月上旬至 6 月上旬；6 月下旬至 7 月中旬；8 月中旬至 9 月上旬；10 月上旬至 11 月上旬。

成虫羽化多在清晨和傍晚。雄成虫比雌成虫早 2d 羽化，雌蛾羽化后即行交尾。成虫白天静伏于竹枝叶丛中，受惊后落地或短距离飞行，夜晚飞行活动，有强趋光性，尤以雌成虫更甚。产卵时多飞到未被害或危害较轻的竹林，将卵产于竹冠中、下层竹叶背面或竹秆上。卵块成单行或双行纵列，每雌一生产卵 120 ~ 160 粒。雌蛾寿命 5 ~ 10d。卵经 6 ~ 12d 孵化，初孵幼虫停息于卵块附近，取食卵壳后群集于竹叶背面取食。3 龄后开始分散取食，食叶量渐增。5 龄幼虫食量最大，在上竹梢叶部取食。各龄幼虫均有吐丝下垂习性，以小幼虫更明显，并借此转移取食。幼虫均善爬行，反应灵敏，有假死性，遇惊扰即弹跳坠地。在 11 月份有一定比例越冬代卵孵化，以 1 ~ 2 龄幼虫越冬。当日均温升到 8℃ 时，于晴天中午幼虫可以取食。越冬幼虫翌年与越冬卵孵化幼虫同时发育。炎热的夏天中午幼虫下竹避热，夕阳西下后复上竹取食。老熟幼虫多在竹的上部竹叶或竹秆上结茧，夏天老熟幼虫可下竹在林下灌木、杂草及竹秆下部的笋箨内结茧，一般需时1~3d，再经2~3d化蛹，蛹经6~15d羽化为成虫。

此虫的大发生与温湿度关系极为密切，春天低温、夏日高温对该虫发生不利。

华竹毒蛾 *Pantana sinica* Moore （图12-18）

分布于我国江苏、浙江、安徽、福建、湖北、湖南、广东、广西。危害毛竹、淡竹等，通常仅在山洼小面积竹林危害，但猖獗成灾达数万亩，使成片竹林枯死。

形态特征

成虫 颜色具3型（雄虫冬型、雄虫夏型、雌虫型）。雌蛾体长12~16mm，翅展35~39mm；触角干灰白色，栉齿较短，灰黑色，复眼黑色，下唇须橙黄色；头、前胸及腹部灰白色而略显棕色；前翅白色，翅基、前缘及外缘略被浅棕色鳞片，后翅乳白色。冬型雄蛾体长9~13mm，翅展29~35mm；触角羽状，黑色或灰黑色，下唇须鲜锈黄色；头、前胸灰白色或灰黄色，腹部黑色；前翅白色，前缘半部、外横线到外缘线部分黑色或灰黑色，前翅4个黑斑的位置同雌蛾；后翅白色，少数个体翅基及顶角为暗灰色。夏型雄蛾即第1、2代雄成虫，体与冬型雄成虫等大或略小，体、翅全黑色，腹面及足为灰白色，略带棕色。

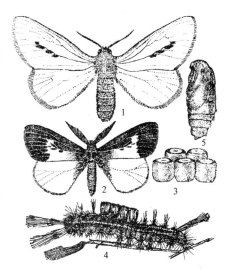

图12-18 华竹毒蛾
1. 雌成虫 2. 雄成虫 3. 卵
4. 幼虫 5. 蛹

卵 桶形，高0.8mm，宽0.9mm，灰白色。顶部较平，中央略凹陷，周围有一浅褐色圆环，下部渐圆。

幼虫 初孵幼虫体长2.5mm，淡黄白色，有黑色毛片，前胸侧毛瘤有黑色长毛2束。各世代老熟幼虫体长不一，约19~31mm。暗黄色。前胸两侧毛瘤突出，着生2束向前伸出的黑色长毛，背线宽阔、黑色；亚背线、气门上线灰白色。第1~4腹节背面有4丛棕红色刷状毛；第8腹节背面有1束向后竖起的黑色长毛，基部有棕黑毛瘤2个，着生棕红色短毛丛。各节侧毛瘤、亚腹线毛瘤均着生短毛丛。

蛹 雌蛹长16~19mm，雄蛹11~15mm。橙黄色。额两边各生1根刚毛，体背各节密生黄白色短毛，以胸部背面毛较长。臀棘上有许多钩刺。茧为梭形，长18~26mm，灰黄或灰褐色，丝质。夏茧较薄，越冬茧2层，外层结构稀薄，灰褐色，附少数体毛；内层结构较致密，灰褐色。

生活史及习性

浙江1年3代,以蛹越冬。成虫发生期分别为4月中旬至5月下旬;6月中旬至8月上旬;8月中旬至9月下旬。幼虫危害期分别为5月上旬到7月中旬;7月上旬到9月上旬;9月上旬到12月上旬;有重叠现象。4月中下旬越冬蛹开始羽化。成虫有弱趋光性,飞翔力强,尤以雄成虫为甚;晴天中午常在竹林低空翩翩飞舞,觅偶交尾。雌成虫交尾后,当晚即可产卵。卵多产于竹秆中、下部,以1m左右高处产卵最多。卵块常成单行或双行排列,与竹秆平行。各代卵平均分别需经12.4d、7.3d、7.6d孵化。初孵幼虫可吐丝下垂,随风吹飘转移;在竹上爬行迅速,遇到惊扰有弹跳习性。幼虫龄数各代不一,第1、3代幼虫有5、6、7龄,以6龄为主;第2代有6、7、8龄,以7龄为主。1龄幼虫仅取食竹叶尖端使成小缺刻,幼虫每增加1龄,平均食叶量以2~3倍递增。幼虫取食时常将竹叶咬成碎片,坠落地面,尤以第2代幼虫为甚。以第2代幼虫取食叶量最大。幼虫老熟顺竹秆下行,在离地面1m以下的竹秆上、竹篼内和竹蒲头附近的石块、枯枝落叶下结茧,少数在1m以上竹枝下秆上结茧。越冬茧多在竹篼内和石块下。第2代幼虫在气温高时,常于10:00左右下竹,在竹秆荫面、竹基部或植被下栖息,17:00后气温下降,复上竹取食,以夜间取食最烈。第3代幼虫在气温较低时,傍晚也下竹避寒,次日9:00再上竹取食。

该虫多发生于两山之间的山洼、山谷或密度较大的竹林内,一般危害面积不大;大发生年,也能危害数万亩,仍然是从山洼开始危害,这与湿度较大有关。

竹小斑蛾 Artona funeralis Butler (图12-19)

分布于我国江苏、安徽、浙江、江西、广东、广西、湖南、湖北、云南、台湾;国外分布于日本、朝鲜、印度。危害毛竹、茶秆竹、青皮竹、刚竹等。

形态特征

成虫 体长9~11mm,翅展20~22mm。体黑色,带青蓝色光泽。雄蛾触角羽毛状,雌蛾触角丝状。翅黑褐色,前缘、后缘、外缘及翅脉黑色。前翅狭长;后翅顶角较尖锐,基部及中央半透明,缘毛灰褐色。前足胫节有1对端距;后足胫节有2对距,分别位于端部和中部。

卵 长卵形,长0.7mm,宽0.5mm。初产时乳白色,有光泽,近孵化时变为淡蓝色。

幼虫 体长约16~19mm。头褐色,身体背面和腹面砖红色,体侧面少数灰色或黑色。初龄幼虫胸部第1节甚宽大,常将头部盖住。身体各节背面均横列4个毛瘤,毛瘤上长有成束的灰白色刚毛。结茧前,体变为红黑色。

蛹 长约9~10mm,体扁,鲜黄色而有光泽,近羽化时变为灰黑色。背面可见10节,各节前半部均有黄色刺状突起。茧扁椭圆形,长约13mm,黄褐色,散被白色毛绒,表层细密坚牢,底层膜质。

生活史及习性

在浙江1年发生3代,以老熟幼虫结茧越冬。次年4月下旬至5月上旬化蛹，5月中下旬成虫羽化、产卵。第1代幼虫危害期在6月，第2代在8月，第3代在10月。在广东1年发生4~5代，以老熟幼虫结茧越冬。越冬期间并有少数陆续化蛹羽化的，一般于次年1~2月间化蛹。羽化交尾期为2月中旬至4月中旬，盛期为3月下旬。第1代发生于2月中旬至6月上旬，第2代发生于5月中旬至7月中旬，第3代发生于7月上旬至9月上旬，第4代发生于8月上旬至10月下旬或至次年2~4月，第5代发生于9月下旬至次年2~4月。

成虫一般在白天羽化，羽化后多飞到金樱子、野茉莉、细叶女贞等的花丛中吸取花蜜作为补充营养。雌蛾对雄蛾的性引诱现象很强烈。成虫羽化后当日

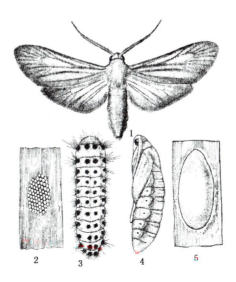

图12-19　竹小斑蛾
1. 成虫　2. 卵　3. 幼虫　4. 蛹　5. 茧

或次日即可交尾、产卵。每雌产卵200~500粒，卵产于竹叶背面，单层成块排列，无覆盖物，且多产于小竹叶片或大竹下部叶片上。成虫喜栖息于下木和地被物较少的竹林中，一般不远飞。初孵幼虫取食卵壳。幼龄幼虫有群集性，取食竹叶下表皮或叶肉，残留上表皮，使竹叶呈现不规则的白斑或全叶枯白；3龄幼虫将叶吃成缺刻；老龄幼虫能将叶吃光，仅剩残枝。幼虫共6龄，老熟后下竹在枯竹筒或竹壳内及其它枯枝落叶下结茧化蛹。

此虫的大发生与当年5月份低降水量有关。另外，阳坡及坡度较小的竹林发生较重；山腰及山脚的虫口密度大于山顶。在稀疏透光、下木和地被物少的林分中发生多，危害严重。

此外，危害竹子叶部的蛾类还有：

黄纹竹斑蛾 *Allobremeria plurilineata* Alberti（图3-16-1）：分布于我国浙江、湖南，危害毛竹及水竹。在湖南1年发生3~4代，以老熟幼虫或蛹在茧内越冬。

两色绿刺蛾 *Parasa bicolor*（Walker）：分布于我国江苏、浙江、安徽、福建、台湾、江西、湖南、四川、云南。危害毛竹、淡竹、刚竹、红壳竹、桂竹、石竹、木竹、斑竹、篱竹、苦竹、唐竹、茶。在江苏、浙江1年1代，广东1年3代，均以老熟幼虫于土下茧内越冬。

竹子叶部蛾类的防治方法

(1) 营林技术措施　加强竹林经营管理，尽量减少产卵环境；冬初结合挖山培育竹林，将越冬幼虫、虫茧翻至土表干冻死亡。

(2) 人工防治　人工采摘卵块及茧，待天敌羽化飞出后集中消灭。

(3) 灯光诱杀 成虫盛发期设置黑光灯诱杀。

(4) 设置蜜源诱杀或捕杀补充营养成虫 配制引诱剂诱杀、栽植蜜源植物或捕杀附近蜜源植物上的摄食成虫（可喷80%敌敌畏1 000倍液），对减少竹蝗类种群数量十分有利。

(5) 保护天敌 各种蝗类的天敌均较多，如食虫鸟、青蛙、蟾蜍、蜘蛛、各种寄生蜂、白僵菌等，应注意保护，提高自控作用。

(6) 药剂防治 用2.5%敌百虫粉剂，每公顷45~60kg；90%敌百虫、80%敌敌畏1 000倍液，50%辛硫磷2 000倍液及时喷洒防治幼虫。对有下竹避暑习性的幼虫，午后用90%敌百虫晶体或80%敌敌畏乳油2 000倍液进行秆基和地面喷雾防治。用木工钻在新竹基部1~2竹节处打孔至竹腔，用兽用注射器注射内吸性药剂。

12.3.3 叶蜂类

毛竹黑叶蜂 *Eutomostethus nigritus* Xiao （图12-20）

分布于我国浙江。危害毛竹、刚竹、淡竹。幼虫取食竹叶，严重危害时将竹叶吃尽，使毛竹枯死，或影响下年度出笋及成竹质量。

形态特征

成虫 雌虫体长7~9mm，体黑色，有天蓝色光泽；触角黑色，9节，密生黑色绒毛；前翅淡烟褐色，翅痣黑色，中央稍带黄色；翅脉黑色；前足及中足腿节末端、胫节、第1和第2跗节或第1和第3跗节，后足腿节末端、胫节均黄白色；头、胸部细毛黑色。雄虫体长5~7mm，触角9节，色泽及构造（外生殖器除外）与雌虫相似。

图12-20 毛竹黑叶蜂

卵 长椭圆形，长约2mm，宽0.8mm。初产时为粉红色，近孵化时变为灰色。

幼虫 初孵幼虫身体淡黄色，头黑色。5龄幼虫后期，腹部气门下线处每节各有2个黑点，6龄时黑点成肉瘤状。老熟幼虫身体黄色发亮，气门黑褐色，腹部有2排横向排列的刺。

蛹 长约10mm，刚化蛹时，身体淡黄色，足白色透明。近羽化时呈褐黑色。

生活史及习性

该虫在浙江省德清县毛竹林区1年发生1代或2代，以老熟幼虫在土中1~4cm深处结茧变为预蛹越冬。翌年5月中旬开始化蛹，5月下旬始见成虫，6月上旬为羽化盛期，6月下旬为羽化末期，6月上旬开始产卵，中旬为产卵盛期，6

月中旬卵孵化,7月中旬幼虫进入7龄,并陆续下竹入土。其中部分发生2代的老熟幼虫8月下旬开始化蛹,9月上旬开始羽化,中旬为羽化盛期,并开始产卵,9月下旬卵孵化,10月下旬幼虫老熟下竹。蛹期8~9d,平均8.7d;成虫期3~9d,平均6.8d;卵期9~12d。幼虫7龄。老熟幼虫从竹秆上爬行下竹,至地面即入土作一土茧静伏其中。土茧椭圆形,长约11mm,宽8mm。

天气晴朗,有利于成虫羽化。成虫羽化后喜成群活跃在阳光充足的东南坡毛竹、杂竹及其它植物顶部,阴天停息于叶片上,很少活动。交尾前,雌、雄成虫均在竹冠顶部成群飞舞。交尾后,卵产于毛竹或杂竹的叶肉组织内。卵成"一"字形排列。一般每叶产卵1排,偶有2排,每排有卵3~56粒。产卵部位的叶背稍有泡状隆起。近孵化时,卵边缘出现小黑点。幼虫孵出后,即在原产卵叶上取食,从叶尖吃向叶的基部,常将叶食尽,仅留主脉,以后一起转移至另一叶片上取食。4龄幼虫开始分散取食,7龄幼虫不取食,体长自蜕皮3~6d后缩短,此时开始爬行下竹,寻找适宜地面入土作茧。

防治方法

(1) 加强毛竹林抚育,铲除林内虎杖,以断绝补充营养来源。

(2) 幼龄幼虫群集叶上时,可采用人工捕捉方法。

(3) 对幼虫可用 $0.5 \times 10^8 \sim 1.5 \times 10^8$ 孢子/ml 苏云金杆菌。

(4) 幼龄幼虫期喷洒90%晶体敌百虫、80%敌敌畏1500~2000倍液、或2.5%的溴氰菊酯5000倍;用内吸性药剂竹腔注射,也可杀死幼虫。

12.4 竹材害虫

竹红天牛 *Purpuricenus temminckii* Guérin-Meneville(图12-21)

分布于我国江苏、福建、台湾、江西、湖北、湖南、广东、广西、四川;国外分布于朝鲜、日本。为竹材主要害虫之一,危害毛竹,轻者降低竹材等级,重者使毛竹完全失去使用价值。

形态特征

成虫 体长11.5~18mm,宽4~6.5mm。头、触角、足及小盾片黑色,前胸背板及鞘翅朱红色;头短,前部紧缩;触角向后伸展,雌虫触角较短,接近鞘翅后缘。雄虫触角长约为身体的1.5倍。前胸背板有5个黑斑,接近后缘的3个较小,前方的1对较大而

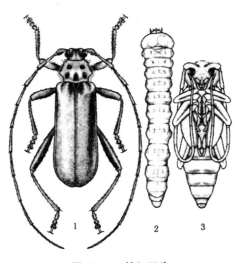

图12-21 竹红天牛

1. 成虫 2. 幼虫 3. 蛹

圆，前胸宽度约为长的 2 倍。两侧缘有 1 对显著的瘤状侧刺突，胸部密布刻点；鞘翅两侧缘平行，翅面密布刻点。

幼虫　体长约 20mm，白色，前胸背板黄色。

生活史及习性

多为 1 年 1 代，少数 2 年 1 代，以成虫在竹材中越冬，亦有以幼虫越冬。成虫于次年 4 月中旬开始出蛰、产卵，5 月上中旬孵出幼虫蛀入竹材危害。8 月开始化蛹，蛹期约半个月，于 9 月出现成虫，各虫期出现的日期不一致。成虫喜产卵于竹节的上方，每竹节的卵粒数可多达数粒，一被害竹可着卵达 200～300 粒，喜危害伐倒、风倒或枯立竹，也可危害生长健壮的毛竹。被害竹材纤维被蛀食一空，内部布满虫道并充满蛀屑（粉状），仅剩一层外皮，竹腔积水发臭，久之腐烂，竹外可见粉屑及堵满蛀屑的羽化孔。此虫喜光及较高的温度，因之阳光充足、温度高、湿度小的环境最适此虫的发生。

防治方法

（1）及时清理枯竹、注意竹林卫生。

（2）应冬季伐竹，在 4 月前必须将竹材全部运出竹林。

（3）4 月前不能运出林外的竹材，需在荫凉处堆积，竹堆至少要 400～500 根，高度在 2m 以上，并加物覆盖，以减少光照强度。

（4）成虫产卵期喷药杀灭卵及小幼虫。

竹长蠹 *Dinoderus minutus* Fabricius（图 12-22）

分布于我国湖南、湖北、广东、江苏、江西、浙江、四川、台湾；国外分布于印度、日本。危害各种竹材、竹制品及竹建筑物，是竹材最普遍、最严重的害虫。

形态特征

成虫　圆筒形，体长 3mm。全体赤褐色或黑褐色，有光泽。头黑色，隐匿于前胸之下。触角末端 3 节膨大。前胸背板近前缘处着生许多齿突，前胸背板后缘正中有二凹陷，鞘翅上有许多刻点和刚毛，后缘刚毛更为显著。足棕红色，有许多绒毛，跗节 5 节，第 1 节不长于第 3 或第 4 节，腹部腹面明显可见 5 节。

幼虫　长约 4mm，乳白色，体向腹面弯曲，胸部粗大，具 3 对胸足。

生活史及习性

在湖南长沙 1 年 3 代，世代重叠明显。成虫羽化盛期分别在 2、6、10 月。越冬虫态以幼虫最多，成虫次之，蛹期最

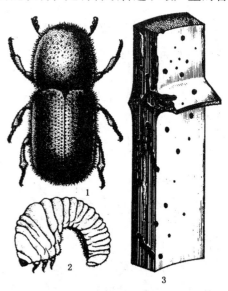

图 12-22　竹长蠹
1. 成虫　2. 幼虫　3. 危害状

少。但在湖南无真正冬眠期,冬天仍不断有蛀屑排出。

幼虫在竹材纤维上下蛀食,被害竹材内坑道密布,几乎全成粉末状,并有粉末状排泄物排出,幼虫老熟后在蛀道末端作茧化蛹。成虫羽化后咬一圆形羽化孔飞出,喜蛀入新伐的竹材内产卵。每雌产卵约20粒,卵产在寄主的导管孔口和边缘或缝隙中。卵期3~7d,幼虫期平均约41d。幼虫共4龄。蛹期约4d。

发生危害与竹材状况有密切关系。竹种不同,被害程度不同,苦竹及茶秆竹很少受害,淡竹、毛竹、撑篙竹、水竹、青皮竹等均易受害;山地生长的竹被害少,平地生长的竹被害重;一般老竹虫少,嫩竹虫多,3~4年生以上竹很少受害;秋、冬砍伐的竹虫害少,春、夏砍伐的竹虫害多;经过较长时间水运的竹材虫少,陆运的虫多;贮藏于通风透光处的虫少,阴暗及不透风处的虫多。

此外,还有日本竹长蠹 Dinoderus japonicus Lesne,广泛分布于我国长江以南竹产区。1年发生1代,成、幼虫均蛀食竹材及制品,以刚竹、毛竹和苦竹竹材及制品被害最严重。

竹长蠹类的防治方法

(1)营林技术措施。感染虫害的竹材应尽速运出林外,以压低并控制虫源。

(2)竹材、竹制品的药剂处理。竹材天然干燥时,用10%氯菊酯乳油加水100~300倍,或50%辛硫磷乳油250倍作瞬间浸泡或喷涂处理,药效可保持1~2年;用2%~3%硼酸与硼砂(5:1)混合剂,或5%~6%硼酚合剂(简称BBP;硼酸30%,硼砂35%,五氯酚钠35%)实施常温浸泡法、热冷槽处理法或加压浸注法处理,干盐保持量介于1~8kg/m³之间,不仅可防治长蠹,兼治粉蠹、窃蠹、家天牛,还有防腐效果;成批竹材和竹制品被害时,用溴甲烷40g/m³或硫酰氟30~50g/m³,密闭24h,杀灭竹材内部的竹长蠹幼虫和成虫;窑干法干燥竹材时,加热到52~60℃可灭虫,处理时间和空气湿度依竹材厚度而定。

(3)砍伐竹子最好在秋冬竹子休眠期,可以降低竹材内可溶性的糖、淀粉等含量,减少或避免竹长蠹的危害。

褐粉蠹 *Lyctus brunneus* (Stephens)(图12-23)

又名竹粉蠹。分布于我国北京、陕西、山东、台湾,淮河以南各省、西南;国外分布于热带及亚热带地区,尤以在东南亚为常见。除危害竹材外,还危害多种阔叶树木材。

形态特征

成虫 体长2.2~7.0mm,扁平而细长,浅褐至赤褐色。头部密布小点刻,上唇平滑,几无点刻,前缘凹入。额中央凸圆,口上片及额前角升高,形成2个瘤状突起。触角11节,基部5节圆柱形,第1、2节较发达,第6~9节较小、球状,第10~11节最发达,呈棒头状,第10节梯形,第11节卵形。前胸背板几无光泽,长和宽几相等,近似方形,前方略宽于后方。前缘稍凸出,前角为钝角，侧缘具微齿。背面密布点刻及向四周倒伏的细茸毛，背中窝呈"Y"字形，有时甚浅或不显著。

幼虫 蛴螬型，成熟后体长约6.4mm。

生活史及习性

1年可发生多代，在南方全年均可活动，北方以幼虫在材内越冬。成虫喜在干燥或半干燥木材导管产卵。幼虫最初取食导管周围的薄壁组织，虫道与木材纹理平行。老熟前移向表层，于坑道末端化蛹，羽化后新成虫钻出前排出粉状木屑。

防治方法

可参照竹长蠹类的防治方法。

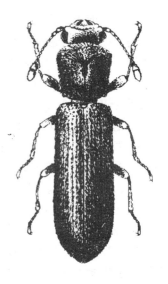

图12-23 褐粉蠹

复习思考题

1. 笋期害虫主要类群及其重要种类有哪些？
2. 竹象、竹笋夜蛾、竹笋蝇的发生规律与防治关键措施是什么？
3. 危害竹类的重要蚧虫有哪些？发生危害的特点及防治方法？
4. 竹子暴发性食叶害虫主要有哪些类群？其发生规律是什么？
5. 根据黄脊竹蝗、竹织叶野螟、竹篦舟蛾、刚竹毒蛾的发生特点如何进行化学防治？

各论部分可供参考书目

园林植物病虫害防治. 徐明慧主编. 中国林业出版社, 1993

经济林昆虫学. 中南林学院主编. 中国林业出版社, 1997

西北森林害虫及防治. 周嘉熹主编. 陕西科学技术出版社, 1994

中国针叶树种实害虫. 李宽胜主编. 中国林业出版社, 1999

中国森林昆虫. 第2版. 萧刚柔主编. 中国林业出版社, 1992

森林昆虫学. 方三阳编著. 东北林业大学出版社, 1988

森林昆虫学. 张执中主编. 中国林业出版社, 1997

森林昆虫学通论. 李孟楼主编. 中国林业出版社, 2002

参 考 文 献

一、专著及教材

北京农业大学主编. 普通昆虫学（上、下册）. 北京：中国农业出版社，1996
彩万志，庞雄飞，花保祯，梁广文，宋敦伦编著. 普通昆虫学. 北京：中国农业大学出版社，2001
陈辉，袁锋编著. 秦岭华山松小蠹生态系统与综合治理. 北京：中国林业出版社，2000
陈杰林主编. 害虫综合管理. 北京：农业出版社，1993
陈世骧，谢蕴贞，邓国藩主编. 中国经济昆虫志，鞘翅目：天牛科，第1册. 北京：科学出版社，1959
崔巍，高宝嘉主编. 华北经济树种主要蚧虫及其防治. 北京：中国林业出版社，1995
丁岩钦著. 昆虫数学生态学. 北京：科学出版社，1994
东北林业大学主编. 森林害虫生物防治. 北京：中国林业出版社，1989
方三阳编著. 森林昆虫学. 哈尔滨：东北林业大学出版社，1988
方三阳编著. 中国森林害虫生态地理分布. 哈尔滨：东北林业大学出版社，1993
高瑞桐主编，杨树害虫综合防治研究，北京：中国林业出版社，2003
管致和主编. 昆虫学通论（上册）. 北京：农业出版社，1980
河北农业大学总校编. 河北省农业害虫图册（上册）. 1974
胡隐月等编著. 森林昆虫学研究方法和技术. 哈尔滨：东北林业大学出版社，1988
胡隐月主编. 东北地区杨干象综合治理技术研究. 哈尔滨：东北林业大学出版社，1991
黄其林，田立新，杨连芳编著. 上海：上海科学技术出版社，1984
江世宏，王书永著. 中国经济叩甲图志. 北京：中国农业出版社，1999
雷朝亮，荣秀兰主编. 普通昆虫学. 北京：中国农业出版社，2003
李成德主编. 森林管护工. 北京：中国物资出版社，1996
李坚主编. 木材保护学. 哈尔滨：东北林业大学出版社. 1999
李宽胜主编. 中国针叶树种实害虫. 北京：中国林业出版社，1999
李孟楼主编. 森林昆虫学通论. 北京：中国林业出版社，2002
李亚杰编著. 中国杨树害虫. 沈阳：辽宁科学技术出版社，1983
李振基、陈小麟、郑海雷、连玉武编著，生态学. 北京：科学出版社，2000
辽宁省林学会编著. 森林昆虫病虫图册. 沈阳：辽宁科学技术出版社，1986
林业部野生动物和森林植物保护司，林业部森林病虫害防治总站主编. 中国森林植物检疫对象. 北京：中国林业出版社，1996
刘铉基，李克政主编. 森林病虫害预测与决策. 哈尔滨：东北林业大学出版社，1992
刘友樵，白九维. 中国经济昆虫志，鳞翅目：卷蛾科（一），第11册. 北京：科学出版社，1977
牟吉元主编. 普通昆虫学. 北京：中国农业出版社，1996
南京农学院主编. 昆虫生态及预测预报. 北京：农业出版社，1990
南开大学，中山大学，北京大学，四川大学，复旦大学合编. 昆虫学（上、下册）. 北京：人民教育出版社，1980

南开大学等合编. 昆虫学（上册）. 北京：高等教育出版社，1986
孙儒永编著. 动物生态学原理. 第3版. 北京：北京师范大学出版社，2001
孙绪艮主编. 林果病虫害防治学. 北京：中国科学技术出版社，2001
汤祊德，郝静钧. 中国珠蚧科及其它. 北京：中国农业科技出版社，1995
汤祊德，李杰主编. 内蒙古蚧害考察. 呼和浩特：内蒙古大学出版社，1989
田立新，胡春林编著. 昆虫分类学的原理和方法. 南京：江苏科学技术出版社，1989
王慧芙编著，中国经济昆虫志，螨目：叶螨总科. 北京：科学出版社，1981
王淑英主编. 中国森林植物检疫对象. 北京：中国林业出版社. 1996
王子清编著. 常见介壳虫鉴定手册. 北京：科学出版社，1980
吴福桢主编. 中国农业百科全书（昆虫卷）. 北京：农业出版社，1990
吴刚，夏乃斌，代力民著. 森林保护系统工程引论. 北京：中国环境科学出版社，1999
西北农学院主编. 农业昆虫学（上、下册）. 北京：人民教育出版社，1977
萧刚柔编著. 中国扁叶蜂. 北京：中国林业出版社，2002
萧刚柔主编. 中国森林昆虫. 第2版. 北京：中国林业出版社，1992
谢映平. 山西林果蚧虫. 北京：中国林业出版社，1998
忻介六，杨庆爽，胡成业编著. 昆虫形态分类学. 上海：复旦大学出版社，1985
忻介六编著. 农业螨类学. 北京：农业出版社，1988
徐明慧主编. 园林植物病虫害防治. 北京：中国林业出版社，1993
杨忠岐著. 中国小蠹虫寄生蜂. 北京：科学出版社，1996
殷惠芬，黄复生，李兆麟编著. 中国经济昆虫志，鞘翅目：小蠹科，第29册. 北京：科学出版社，1984
袁锋主编. 昆虫分类学. 北京：中国农业出版社，1996
岳书奎主编. 樟子松种实害虫研究（二）. 哈尔滨：东北林业大学出版社，1990
岳书奎主编. 樟子松种实害虫研究（一）. 哈尔滨：东北林业大学出版社，1990
张执中主编. 森林昆虫学. 北京：中国林业出版社，1997
张执中主编. 森林昆虫学. 第2版. 北京：中国林业出版社，1993
张志达主编. 中国竹林培育. 北京：中国林业出版社，1998
赵修复编译. 寄生蜂分类纲要. 北京：科学出版社，1987
赵志模，郭依泉编著. 群落生态学的原理与方法. 重庆：科学技术文献出版社重庆分社，1990
赵志模，周新远编著. 生态学引论——害虫综合防治的理论及应用. 重庆：科学技术文献出版社重庆分社，1984
郑汉业，夏乃斌主编. 森林昆虫生态学. 北京：中国林业出版社，1995
中国林业科学研究院主编. 中国森林昆虫. 第1版. 北京：中国林业出版社，1983
中南林学院主编. 经济林昆虫学. 北京：中国林业出版社，1997
钟章成编著. 常绿阔叶林生态学研究. 重庆：西南师范大学出版社，1988
周嘉熹主编. 西北森林害虫及防治. 西安：陕西科学技术出版社，1994
祝长清，朱东明，尹新明主编. 河南昆虫志，鞘翅目（一）. 郑州：河南科学技术出版社，1999
［美］梅特卡夫 R L，勒克曼 W H 主编. 害虫管理引论. 中山大学昆虫研究所译. 北京：科学出版社，1984
［美］弗林特 M L.，范德博希 R. 著. 曹骥，赵修复译. 害虫综合治理导论. 北京：科学出版社，1985
［美］Lingafelter S W. Revision of the genus *Anoplophora* (Coleoptera: Cerambycidae). The Entomological Society of Washington, Washington, D. C. USA, 2002
［日］江原昭三主编. 日本ダニ類図鑒. 全國農村教育協會，1980
［日］高藤晃雄主编. ハダニの生物学. シュプリンガフェアラーク東京株式會社，1998

二、期刊论文

白文钊, 张英俊. 家茸天牛生物学特性的研究. 西北大学学报（自然科学版）, 1999, 29（3）: 255~258

白湘云. 糖槭蚧生物学特性及综合防治措施. 内蒙古林业科技, 1997（增刊）: 45~48

边秀然, 范月秋. 大青叶蝉发生危害规律及综合防治技术. 北京农业, 2001（9）: 25

蔡邦华, 李兆麟. 中国北部小蠹虫区系初志（附记两新种）. 昆虫学集刊, 1959: 73~117

蔡淑华, 吴水南. 黑蚱蝉发生规律及综合防治. 福建农业科技, 2001（5）: 56

柴立英. 河南省苹果绵蚜的发生与防治初报. 植物检疫, 1999, 13（3）: 30~31

陈国发等. 兴安落叶松鞘蛾性引诱剂在发生期监测上的应用. 中国森林病虫, 2002, 21（2）: 23~25

陈锦绣等. 板栗剪枝象鼻虫的发生规律及防治技术研究. 皖西林业科技, 1991（2）: 34~36

陈少波, 陈瑞英, 陈雪霞. 吡虫啉防治家白蚁的室内药效试验. 华东昆虫学报, 2002, 11（1）: 91~94

陈玉生. 龟蜡蚧生物学特性和防治初步研究. 浙江林业科技, 1990, 10（6）: 30~32

陈元清. 中国角胫象属（鞘翅目: 象虫科）. 昆虫分类学报, 1991, 8（3）: 211~217

陈志麟, 谢森, 李国洲. 楼宇蠹虫的发生与防治技术. 昆虫知识, 2000, 37（4）: 220~222

党风锁, 张乐平. 国槐双棘长蠹生物学特性及防治的研究. 河北林业科技, 1999, 72（1）: 27~28

邓瑜, 祝柳波, 李乾明等. 华栗绛蚧的研究. 江西植保, 2000, 23（1）: 4~8

丁岩钦. 论害虫种群的生态控制. 生态学报, 1993, 13（2）: 99~105

范俊秀. 国外森林保护先进思想和有益做法对我国森林病虫害防治工作之借鉴. 山西林业, 2002, (2): 28~29

傅鑫, 侯小可, 康永文等. 槐花球蚧生物学特性及防治措施. 青海农林科技, 1997（2）: 58~59

高宝嘉. 关于森林有害生物可持续控制的思考. 北京林业大学学报, 1999, 21（4）: 112~115

高兆尉, 陈森米等. 杉木球果扁长蠹的危害及其防治. 浙江林业科技, 1982, 2（2）: 30~31

戈峰. 害虫区域性生态调控的理论、方法及实践. 昆虫知识, 2001, 38（5）: 337~341

葛斯琴, 杨星科等. 核桃扁叶甲三亚种的分类地位订正（鞘翅目: 叶甲科, 叶甲亚科）. 昆虫学报, 2003, 46（4）: 512~518

顾耘, 王思芳, 张迎春. 东北与华北大黑鳃金龟分类地位的研究（鞘翅目: 鳃角金龟科）. 昆虫分类学报, 2002, 24（3）: 180~186

关丽荣, 赵胜国, 李永宪. 柳蛎盾蚧化学防治技术研究. 内蒙古林业科技, 1999（增刊）: 106~109

郭焕敬. 东方盔蚧的生物学特性及防治. 北方果树, 2001（1）: 11~12

郭在滨, 赵爱国, 李熙福等. 柏大蚜生物学特性及防治技术. 河南林业科技, 2000, 20（3）: 16~17

韩崇选等. 蚱蝉产卵危害与杨树枝条杭性的研究. 陕西林业科技, 1991（2）: 76~79, 39

侯清敏等. 河北省栗实象虫的种类与分布. 河北农业大学学报, 1993, 16（2）: 23~25

胡耿良, 余道坚, 夏飞平等. 热处理试验对木材害虫的影响初报. 植物检疫, 1999, 13（5）: 291~293

胡正坚. 竹笋夜蛾防治试验初报. 竹子研究汇刊, 1992, 11（3）: 37~41

胡忠朗等. 蚱蝉生物学特性及防治的研究. 林业科学, 1992, 28（6）: 510~516

黄脊竹蝗研究课题组. 黄脊竹蝗防治指标的研究. 林业科学, 1992, 28（5）: 459~465

黄力群. 黄山风景区中华松梢蚧的发生特点及防治. 安徽林业科技, 1990（2）: 32~36

蒋平. 竹卵圆蝽危害情况及防治技术. 林业科技开发, 1991（1）: 30~31

康芝仙, 路红, 伊伯仁等. 大青叶蝉生物学特性的研究. 吉林农业大学学报, 1996, 18（3）: 19~26

来振良等. 松果梢斑螟的防治试验. 浙江林学院学报, 1990, 7（3）: 241~245

乐海洋, 李冠雄, 喻国泉等. 硫酰氟熏杀双钩异翅长蠹等害虫试验初报. 植物检疫, 1997, 11（2）: 91~92

李成德, 胡隐月, 刘宽余, 于诚铭等. 大兴安岭林区白毛树皮象生物学特性初步研究. 东北林业大学学报, 1993, 21（6）: 39~43

李嘉源. 中华松梢蚜生物学特性及其防治的研究. 福建林学院学报, 1991, 11 (1): 82~89

李向伟等. 中华松针蚜的危害对油松生长的影响. 河南职技师院学报, 1991, 19 (3): 36~41

李雄生, 李永忠, 王问学等. 家白蚁高效诱饵的研制及诱效试验. 中南林学院学报, 2001, 21 (2): 75~77, 85

李意德等. 松突圆蚧危害与森林植物特征关系的研究. 广东林业科技, 1990 (4): 6~9

刘军侠, 刘宽余, 严善春. 杨圆蚧发生规律的研究. 东北林业大学学报, 1997, 25 (5): 5~9

刘永杰. 中国板栗上发生的绛蚧. 昆虫知识, 1997, 34 (2): 93~94

刘源智, 唐太英. 黑胸散白蚁补充生殖蚁群体的发展与发育规律. 昆虫学报, 1994, 37 (1): 38~43

刘振陆. 落叶松实小卷蛾及其防治的初步研究. 沈阳农学院学报, 1995, 16 (4): 36~44

卢美榕, 许若清, 孙跃先等. 云南柞栎象的研究. 森林病虫通讯, 1994 (3): 18~19

卢英颐等. 板栗剪枝象鼻虫的危害及防治. 安徽林业科技, 1992 (4): 28~30

骆昌芳. 枣龟蜡蚧药剂涂枝注干浇根防治试验. 落叶果树, 1993 (3): 27~29

马以桂, 王宏伟. 双钩异翅长蠹. 天津农林科技, 1995, (4): 47~48

毛宝玉, 刘全, 高拓新等. 桃仁蜂生物学特性及防治方法初报. 辽宁林业科技, 2001 (6): 16~17

孟庆繁. 大兴安岭落叶松毛虫发生发展规律及测报技术研究, 哈尔滨: 东北林业大学硕士学位论文, 1993

孟庆繁. 缙云山森林节肢动物群落多样性研究, 重庆: 西南农业大学博士后研究工作报告, 1998

莫建初, 王问学. 我国森林害虫经济阈值研究进展. 中南林学院学报, 1998, 18 (4): 96~101

莫建初, 王问学. 竹腔注射氧乐果防治竹广肩小蜂试验. 植物保护, 1994, (3): 45

莫建初等. 竹小蜂的化学防治试验. 林业科技通讯, 1992, (9): 12~14

潘宏阳, 秦国夫, 柴树良. 试论森林有害生物可持续控制的系统管理. 北京林业大学学报, 1999, 21 (4): 119~123

潘务耀等. 松突圆蚧花角蚜小蜂引进和利用研究. 森林病虫通讯, 1993 (1): 15~18

潘涌智等. 丽江云杉种子大痣小蜂的研究. 西南林学院学报, 1998, 18 (2): 118~120

钱范俊, 嗡玉榛, 余荣卓等. 杉木种子园球果虫害及变色对种子影响的研究. 南京林业大学学报, 1992, 16 (1): 31~34

邱名榜, 王尊农, 赵业霞. 苹果绵蚜综合治理技术. 植物保护, 1998, 24 (5): 41~43

邱南英. 钦州港处理检疫害虫双钩异翅长蠹. 广西植保, 2000, 13 (1): 37

屈邦选, 刘满堂, 庄世宏等. 日本单蜕盾蚧的研究. 西北林学院学报, 1995, 10 (2): 88~91

任英, 周瑾. 邯郸市发现国内检疫对象——苹果绵蚜. 植物检疫, 2000, 14 (6): 369

沈强. 华栗绛蚧的天敌. 浙江林业科技, 1998, 18 (4): 14~16

盛承发, 苏建伟, 宣维健等. 关于害虫生态防治若干概念的讨论. 生态学报, 2002, 22 (4): 597~602

盛茂领, 孙淑萍, 任玲等. 中国钻蛀杏果的广肩小蜂 (膜翅目: 广肩小蜂科). 中国森林病虫, 2002, 21 (3): 9~10

石敬夫等. 速灭菊酯油雾剂防治一字竹象试验. 安徽林业科技, 1993 (2): 36~38

史洪中, 刘煜, 张进. 栗绛蚧生物学特性及防治研究. 信阳农业高等专科学校学报, 2000, 10 (3): 9~11

宋继学等. 核桃举肢蛾发生规律和防治研究. 西北林学院学报, 1990, 5 (1): 39~45

宋全文等. 竹笋夜蛾的生物学特性及防治试验. 山东林业科技, 1990 (2): 35~37

宋万里, 吴国华, 周兴苗等. 三种有机磷农药对黑胸散白蚁毒杀作用的研究. 湖北植保, 2000, (4): 4~5

孙绪艮, 徐常青, 周成刚. 针叶小爪螨不同种群在针叶树和阔叶树上的生长发育及繁殖及其生殖隔离. 昆虫学报, 2000, 44 (1): 52~58

孙绪艮. 五种叶螨生长发育的观察. 昆虫知识, 1992, 29 (5): 277~278

潭速进, 吴加仑, 雷泽荣等. 一种新型菊酯类白蚁防治复合剂的野外土壤残效及残留试验. 浙江大学学报

（农业与生命科学版），2000，26（4）：408～413

汤祊德. 关于松干蚧的讨论及一新种描记——兼与《中国的松干蚧》一文商榷. 昆虫学报，1978，21（2）：164～170

汤炎生，圣东，夏明超. 危害居室木构件的主要蛀木害虫与综合治理. 白蚁科技，2000，17（3）：24～26

田广庆. 梳角窃蠹的识别与防治. 青海农林科技，2002，（4）：69

田士波等. 果内核桃举肢蛾低龄幼虫防治研究初报. 林业科学，1993（3）：262～265

王爱静，李中焕，胡卫江. 大青叶蝉生物学特性的研究. 新疆农业科学，1996（4）：186～188

王本辉，饶晓明，沈彦刚. 槐木虱的发生规律与防治措施. 甘肃农业科技，2001（10）：34

王川才，周政华. 梧桐木虱生物学及其防治. 1994，31（1）：24～25

王桂荣，任莲霞，李先叶等. 大青叶蝉生物学特性及防治方法的研究. 内蒙古林业科技，1977（增刊）：28～32

王桂荣. 大青叶蝉经济受害水平与防治指标. 内蒙古林业科技，1990（2）：36～37，35

王缉建. 松大蚜及其天敌. 广西林业，1998（2）：28

王金美等. 苗圃蛴螬防治技术的研究. 林业科技，1991，16（4）：25～27

王茂生. 狼毒混配杀虫剂防治梳角窃蠹的研究. 青海科技，2001，（3）：31～34

王明旭. 竹广肩小蜂危害与竹林立竹度和竹龄结构的关系. 森林病虫通讯，1993（3）：24～25

王淑芬. 林业害虫综合管理. 世界林业研究，1989，（4）：49～54

王维翔，王维中. 槐豆木虱研究初报. 辽宁林业科学，1996（2）：38～39，58

王问学等. 竹广肩小蜂的生物、生态学特性及综合治理研究. 中南林学院学报，1994，14（1）：29～34

王锡信，赵岷阳，朱宗琪等. 梳角窃蠹生物学特性及防治技术研究. 甘肃林业科技，2001，26（3）：10～15

王锡信. 梳角窃蠹防治研究. 林业科学研究，2000，13（2）：209～212

王正军，程家安，蒋明星. 专家系统及其在害虫综合管理中的应用. 江西农业学报，2000，12（1）：52～57

魏鸿钧. 中国地下害虫研究概述. 昆虫知识，1992，29（3）：168～170

魏永宝等. 栗实象的发生与防治. 河北林业科技，1993，（4）：32

吴洪源等. 圆柏大痣小蜂的防治试验研究. 陕西林业科技，1992（2）：81～83

伍月花，黄琼梅，梁淑群等. 海南万宁礼纪青梅林病虫害及其防治. 热带林业，1996，24（2）：47～51

武春生. 球果角胫象生物学特性的初步研究. 西南林学院学报，1988，8（1）：83～86

武三安. 安粉蚧族 Antoninini 中国种类记述（同翅目：蚧总科：粉蚧科）. 北京林业大学学报，2001，23（2）：43～48

席勇，任玲，刘纪宝. 沙枣木虱的发生及综合防治技术. 新疆农业科学，1996（5）：228～229

夏传国，戴自荣. 我国白蚁的危害及白蚁防治剂的应用状况. 农药科学与管理，2001，（增刊）：16～17，29

夏乃斌. 有害生物管理及其可持续控制的探讨. 北京林业大学学报，1999，21（4）：108～111

谢国林等. 江苏常见重要竹蚧的生物学特性研究. 江苏省森林病虫害防治学术讨论会论文集，1987

谢鸣荣，谢华鸣，谢保国. 草药烟剂对林木家白蚁的防治. 林业科学研究，1998，11（2）：222～224

熊斌，江小兰，江超平. 园林树家白蚁的诱杀. 广西农业科学，2001（4）：185～186

熊惠龙等. 0.9%阿维菌素地面喷烟防治兴安落叶松鞘蛾试验. 辽宁林业科技，2002（2）：10～13

徐家雄. 油松球果小卷蛾的研究. 广东林业科技，1994，（4）：36～42

徐世多等. 松突圆蚧传播及控制的研究. 林业科技通讯，1992（1）：5～8

徐志宏，何俊华. 中国大痣小蜂属食植群记述（膜翅目：长尾小蜂科）. 昆虫分类学报，1995，17（4）：1～11

宣家发等. 松实小卷蛾生物学特性及防治研究. 安徽林业科技，1996（1）：33～36

严敖金等. 中国竹类蚧虫名录（附江苏竹蚧名录）. 江苏省森林病虫害防治学术讨论会论文集，1987

严善春等. 落叶松球果花蝇的视觉诱捕. 东北林业大学学报，1997，25（5）：29～33

杨福清等. 紫穗槐豆象生物学特性及其防治研究. 浙江林业科技, 1992, 12 (6): 13~17
杨国荣等. 一字竹象防治方法研究. 浙江林业科技, 1992, 12 (1): 23~26, 56
杨海波. 杉木扁长蠹的防治. 黄山林业科技, 1994 (33): 55~56
杨鹏辉等. 扁平球坚蚧生物学习性与防治. 陕西林业科技, 1993 (4): 45~48
杨平澜, 胡金林, 任遵义. 松梢蚧. 昆虫学报, 1980, 23 (1): 42~46
姚文生等. 大、小兴安岭落叶松球果花蝇种类及生物学特性的研究. 林业科学, 1993, 29 (1): 38~41
姚远等. 松果梢斑螟研究初报. 东北林业大学学报, 1996, 24 (1): 107~110
叶建仁. 中国森林病虫害防治现状与展望. 南京林业大学学报, 2000, 24 (6): 1~5
殷惠芬. 强大小蠹的简要形态学特征和生物学特征. 动物分类学报, 2000, 25 (1): 120, 43
余德才, 汪国华, 翁素红等. 竹卵圆蝽综合防治技术研究. 浙江林业科技, 1999, 19 (6): 43~45
余民权. 栗绛蚧生物学特性与防治. 安徽林业, 2001 (5): 24
袁波, 莫怡琴. 青桐木虱的生物学特性及防治. 耕作与栽培, 2000 (3): 33~34
袁荣兰等. 松果梢斑螟生物学特性研究. 浙江林学院学报, 1990, 7 (2): 147~152
曾垂惠等. 柏木丽松叶蜂的防治研究. 昆虫学报, 1987, 30 (3): 349~352
张建文, 司克纲. 桑名球坚蚧生物学特性和防治研究. 甘肃农业科技, 1995 (12): 26~27
张梅雨, 张玉风. 杨圆蚧 Quadraspidiotus gigas 生物学特性及防治技术的研究. 内蒙古林业科技, 1994 (2): 42~48
张美芳. 真空充氮杀虫灭菌方法的研究. 档案科技, 2000, (7): 43
张强, 罗万春. 苹果绵蚜发生危害特点及防治对策. 昆虫知识, 2002, 39 (5): 340~342
张润志. 萧氏松茎象——新种记述（鞘翅目：象虫科）. 林业科学, 1997, 33 (6): 541~545
张树棠, 林信恩, 梁智. 黑胸散白蚁生物学生态学特性研究. 山西林业科学, 1995, 23 (1): 44~48
张学范. 松蜕盾蚧生物学特性的研究. 森林病虫通讯, 1999 (4): 13~14
张毅丰, 王菊英, 沈强. 华栗绛蚧的综合防治技术. 森林病虫通讯, 2000 (6): 32~33
张宇光, 于国辉. 扁平球坚蚧生活习性及其防治. 吉林林业科技, 1996 (6): 22~23
张真. 森林有害生物的可持续治理与有害生物生态管理. 北京林业大学学报, 1999, 21 (4): 116~118
赵春英, 仝英. 蚱蝉生物学特性研究初报. 森林病虫通讯, 1994 (1): 1~2
赵桂花, 剧吉海. 苹果绵蚜的发生规律及防治技术. 河北林业科技, 1999 (3): 33
赵锦年, 陈胜, 黄辉. 马尾松种子园松实小卷蛾的研究. 林业科学研究, 1991, 4 (6): 662~668
赵锦年, 陈胜等. 马尾松林油松球果小卷蛾发生及防治. 林业科学研究, 1993, 6 (6): 666~671
赵平等. 竹篦舟蛾的观察. 安徽林业科技, 1993 (2): 38~39
赵清山, 邹文波等. 松毛虫中间杂交及其遗传规律的研究. 林业科学, 1999, 35 (4): 45~50
赵善欢. 松突圆蚧的化学防治. 昆虫学报, 1993, 36 (2): 177~184
赵石峰. 我国日本松干蚧的发生情况和对策. 林业科技通讯, 1990 (12): 1~3
赵文杰, 毛浩龙, 袁士云等. 落叶松球蚜生物学特性及防治试验研究. 甘肃林业科技, 1994 (2): 32~34
郑凌世, 党清俊. 河西地区杨圆蚧的生物学特性及防治研究. 甘肃农业科技, 1996 (7): 35
周伯军. 刺蛾的发生与综合防治技术. 中国农学通报, 2002, 18 (6): 149~150
周时涓. 油茶象的生物学及其防治. 昆虫学报, 1981, 24 (1): 48~52
朱志健. 卵圆蝽防治试验及其应用初报. 竹子研究汇刊, 1989, 8 (4): 65~73
邹立杰等. 柠条豆象的研究. 森林病虫通讯, 1989 (4): 1~3
De Groot P, Turgeon J J, Miller G E. Management of cone and seed insects in Canada. For. Chron., 1995, 32: 128~214
Roques A, Jiang-hua Sun, Xu-dong Zhang, et al. Cone flies, *Strobilomyia* spp. (Diptera: Anthomyiidae), attac-

king larch cone in China, with description of a new species, Mitteilungen Der Schweizerischen Entomologischen Gesellschaft, Bulletin De La Sociètè Entomologique Suisse. , 1996, 69: 417~429

Roques A, Jiang-hua Sun, Yong-zhi Pan, et al. Contribution to the knowledge of seed chalcids, *Megastigmus* spp. (Hymenoptera: Torymidae) in China, with the description of three new species, Mitteilungen Der Schweizerischen Entomologischen Gesellschaft, Bulletin De La Sociètè Entomologique Suisse, 1995, 68: 211~223

Roques A, et al. Seed-infesting chalcids of the genus *Megastigmus* Dalman, 1820 (Hymenoptera: Torymidae) native and introduced to the West Palearctic region: taxonomy, host specificity and distribution. Journal of Natural History, 2003, 37, 127~238

Yates Ⅲ, H O. Checklist of insects and mite species attacking cones and seeds of world conifers. Research Entomologist Southeastern Forest Experiment Station. USDA Forest Service. J. Entomol. Sci. 1986, 21 (2): 142~168

昆虫中文名称索引
（按拼音排序）

A

暗腹樟筒天牛 354
暗黑齿爪鳃金龟 180
暗黑松果长蠹 385
暗红瓢虫 191
暗绿截尾金小蜂 325, 328, 329
澳弄蝶 115
澳洲瓢虫 97, 193, 304

B

八齿小蠹广肩小蜂 328
八角尺蛾 275
白蛾周氏啮小蜂 298
白果蚕 287
白桦小蠹 72
白蜡大叶蜂 104
白毛蚜 211
白囊袋蛾 256
白条介壳虫 192
白头松巢蛾 74
白杨天社蛾 291
白杨透翅蛾 74, 116, 149, 156, 319, 377
白杨叶甲 69, 116, 248
白蚁科 58
白趾平腹小蜂 288
白痣姹刺蛾 263
柏大蚜 214
柏蠹长体刺角金小蜂 330
柏蠹黄色广肩小蜂 330
柏肤小蠹 329
柏红蜘蛛 228
柏木丽松叶蜂 118, 405
柏小蠹啮小蜂 330
柏小爪螨 86, 228
斑蛾 114
斑蛾科 76

斑头陡盾茧蜂 339, 356
斑衣蜡蝉 62, 117, 220
板栗大蚜 217
板栗红蜘蛛 227
板栗雪片象 390
板栗瘿蜂 82, 242
半翅目 57, 65, 148
半疥螨 207
半球竹斑链蚧 442
棒毛小爪螨 229
豹蠹蛾科 75
北方蓝目天蛾 290
北京举肢蛾 202
贝加尔球果花蝇 393
鼻白蚁科 58
蝙蝠蛾 155
蝙蝠蛾科 74, 319
鞭角华扁叶蜂 79, 315
扁刺蛾 76, 264
枹扁蠹 69, 429
扁股小蜂 295
扁平球坚蚧 198
扁叶蜂科 79
薄翅锯天牛 354
布氏巨凤蝶 114
步甲科 67

C

材小蠹 118
蚕蛾总科 54
蚕饰腹寄蝇 84, 301
草蛉 148, 211, 215, 222, 225, 239
草履蚧 65, 117, 190
草履硕蚧 190
草鞋蚧 190
侧柏毒蛾 117, 303
茶毒蛾 155, 301
茶袋蛾 255
茶毛虫 301

茶梢蛾肿腿蜂 238
茶梢尖蛾 237
茶枝镰蛾 379
茶籽象 386
檫木白轮蚧 209
蝉科 61
铲头堆砂白蚁 58, 417
长棒四节蚜小蜂 206
长翅白边痂蝗 117
长翅目 57
长蠹科 66, 384
长蠹 69, 421
长蠹刻鞭茧蜂 328
长盾金小蜂 200
长腹丽蚜小蜂 322
长腹木蠹啮小蜂 332
长脊冠网蝽 225
长角栎天牛 422
长角凿点天牛 422
长尾小蜂 303
长尾小蜂科 405
长痣罗葩金小蜂 322, 333
长足大竹象 432
长足食虫虻 84
巢蛾科 74
柽柳白盾蚧 117
橙斑白条天牛 344
尺蛾科 76
齿腿姬蜂 238
齿小蠹亚科 72
赤金小蜂 238
赤松毛虫 117, 281
赤松梢斑螟 231
赤蚜 212
赤眼蜂 275, 288, 301, 302
赤眼蜂科 82
翅翅目 56
稠李巢蛾 116, 259

臭椿沟眶象 365
臭椿皮蛾 307
樗蚕 288
吹绵蚧 97, 192
垂枝香柏大痣小蜂 410
春尺蛾 76, 150, 270
蠋蝽 65, 148, 252, 295, 305
蝽科 65
纯蛱蝶科 115
刺蛾 155
刺蛾广肩小蜂 261
刺蛾科 75
刺槐眉尺蛾 276
刺槐蚜 211
刺槐种子小蜂 117, 150, 409
刺角天牛 354
粗鞘双条杉天牛 338, 356
翠绿巨凤蝶 115
挫小蠹 118

D

大避债蛾 254
大菜粉蝶 40
大蚕蛾科 77
大草蛉 200, 222, 229
大赤螨 194
大翅蝶科 115
大袋蛾 75, 118, 254
大地老虎 187
大蛾卵跳小蜂 81
大红瓢虫 191, 193
大灰食蚜蝇 84
大灰象 183
大理石金龟子 179
大栗鳃金龟 180
大粒横沟象 363
大绿象 254

昆虫中文名称索引

大青叶蝉　61，218
大襄蛾　254
大腿小蜂　252，275，301
大乌桕天蚕　114
大蟋蟀　118，172
大叶黄杨斑蛾　265
大云鳃金龟　179
大痣小蜂　144，408
大痣小蜂属　406
大竹象　433
大嘴瘿螨科　87
袋蛾科　75
单齿腿长尾小蜂　303
单刺蝼蛄　171
弹尾目　56
档案窃蠹　424
灯蛾科　78
等翅目　56，57
蝶蛹金小蜂　81
东北大黑鳃金龟　174
东方绢金龟　175
东方盔蚧　198
东方蝼蛄　59，170
东方胎球蚧　198
东亚飞蝗　55，59
兜姬蜂　365
豆荚螟　154
豆象科　69，391
豆蚜　211
毒蛾科　78
堆沙白蚁　118
盾蝽科　384
盾蚧科　65
多瘤雪片象　364
多食亚目　68
多纹豹蠹蛾　371

E

二斑波缘龟甲　247
二斑叶螨　86
二化螟　112
二星瓢虫　206，221

F

方氏球果花蝇　393
芳香木蠹蛾东方亚种　75，366

纺织娘　60
纺足目　57
飞虱科　62
非洲飞蝗　115
非洲巨凤蝶　115
蜚蠊目　56
分盾细蜂　239
分月扇舟蛾　116，292
粉蝶科　73
粉蚧科　69，421
粉蚧科　65
粉虱科　62
枫蚕　289
凤蝶金小蜂　313
凤蝶科　73
凤凰木夜蛾　118
蜉蝣目　56
副王蛱蝶　51

G

甘蓝斑色螟　114
柑橘凤蝶　73，116，312
柑橘全爪螨　86
柑橘小实蝇　84
刚竹毒蛾　451
高山毛顶蛾　117
高山原白蚁　417
高痣小蠹狭金小蜂　325
革翅目　57
葛氏长尾小蜂　243
弓背蚁　191
沟金针虫　182
沟胫大牛亚科　71
沟线角叩甲　69，182
古毒蛾　306
古蜓科　115
管蓟马科　60
管氏肿腿蜂　82，148，339，349，355
光肩星天牛　71，117，144，146，150，343，356
光臀八齿小蠹　334
光胸断眼天牛　342
广赤眼蜂　82
广翅目　57
广大腿小蜂　81，303，

305，313
广东蓝目天蛾　290
广腹螳螂　373
广腹同缘蝽　66
广黑点瘤姬蜂　97
广肩小蜂科　81，242，405
广肩小蜂属　406
广腰亚目　79
龟蜡蚧　64
龟纹瓢虫　206，207，212，223
郭公虫科　72
国槐木虱　222
果梢斑螟　402
果实象　385

H

海南木莲叶蜂　118
海南松毛虫　118
海小蠹亚科　72
合目天蛾　117
核桃扁叶甲　251
核桃长足象　385
核桃黑　395
核桃横沟象　365
核桃举肢蛾　78，395
核桃楸大蚕蛾　287
核桃楸麦蛾　74
核桃小吉丁　358
核桃缀叶螟　269
贺兰腮扁叶蜂　79，317
褐边绿刺蛾　76，261
褐点粉灯蛾　298
褐飞虱　62
褐粉蠹　459
褐盔蜡蚧　198
褐纹水螟　112
黑斑红蚧　197
黑背唇瓢虫　205
黑翅土白蚁　58，156，168
黑刺粉虱　62
黑带二尾舟蛾　297
黑顶扁角树蜂　382
黑跗眼天牛　354
黑肩盲蝽　67

黑卵蜂　275，277，288，301，302，303，446
黑蚂蚁　224，373
黑门娇异蝽　225
黑木条小蠹　334
黑绒鳃金龟　175
黑色食蚜蚜小蜂　201
黑食蚜盲蝽　222
黑土墩白蚁　115
黑胸扁叶甲　116，251
黑胸球果花蝇　393
黑胸散白蚁　58，414
黑圆角蝉　61
黑缘红瓢虫　191，197，199，202，208
黑足凹眼姬蜂　301，303
横坑切梢小蠹　333
横纹蓟马　61
红蝽科　66
红点唇瓢虫　197，199，200，203，205～208
红粉介壳虫　200
红粉蛉　199
红腹树蜂　382
红环瓢虫　191，193
红脚异丽金龟　177
红蜡蚧　200
红蜡蚧扁角跳小蜂　201
红脉穗螟　404
红帽蜡蚧扁角跳小蜂　201
红木蠹象　241
红松大蚜　64，116
红头茧蜂　81
红尾追寄蝇　304
红胸郭公虫　328
红玉蜡虫　200
红圆蚧恩蚜小蜂　205
红脂大小蠹　323
红足壮异蝽　225
胡蜂　252，305
胡杨木蠹蛾　117
虎甲科　68
花布灯蛾　298
花蝽科　67
花椒凤蝶　312
花椒潜跳甲　250

花椒铜色潜跳甲 251
花椒窄吉丁 359
花角蚜小蜂 203
花金龟科 70, 174
花曲柳窄吉丁 360
花绒坚甲 344, 350, 356
花螳螂 114
花天牛亚科 71
花蝇科 84
花蚤 109
华北大黑鳃金龟 70, 174
华北蝼蛄 59, 171
华姬猎蝽 219
华栗绛蚧 197
华山松大小蠹 118, 321
华山松球果象 389
华竹毒蛾 453
槐尺蛾 76, 117, 271
槐豆木虱 222
槐花球蚧 144, 201
槐木虱 222
槐树种子小蜂 409
槐蚜 117, 211
槐羽舟蛾 117
环足猎蝽 429
黄斑星天牛 144, 343
黄波罗凤蝶 312
黄翅大白蚁 58, 167
黄翅缀叶野螟 268
黄刺蛾 76, 260
黄地老虎 188
黄蜂科 242
黄凤蝶 114
黄古毒蛾 117
黄褐天幕毛虫 76, 285
黄脊竹蝗 59, 118, 446
黄连木尺蛾 272
黄连木种子小蜂 407
黄蚂蚁 199
黄绒茧蜂 305
黄色小蚂蚁 238
黄杉大痣小蜂 410
黄条瓢虫 222
黄腿透翅寄蝇 317
黄尾球果花蝇 393
黄纹竹斑蛾 455

黄胸散白蚁 416
黄须球小蠹 331
黄颜食蚜蝇 84
黄杨绢野螟 270
黄肢散白蚁 416
蝗科 59
灰蝶 143
灰球粉蚧 441

J

迹斑绿刺蛾 264
姬赤星瓢虫 222
姬蜂 261, 276, 317
姬蜂科 80
吉丁虫科 69, 319
棘梢斑螟 404
寄生蝇 276, 373
寄蝇科 84
蓟马 155
蓟马科 61
家白蚁 58, 156, 413
家蚕蛾 76
家蚕蛾科 76
家蚕追寄蝇 274, 288, 305
家茸天牛 356, 421
家天牛 422
荚斑螟属 402
蛱蝶科 73
茧蜂科 81
剪枝栎实象 390
建庄油松梢小蠹 334
江苏泉蝇 436
绛蚧细柄跳小蜂 197 198
焦艺夜蛾 308
角蝉科 61
角马蜂 82
截头堆砂白蚁 417
蚧虫棒小蜂 209
蚧科 64
金斑蝶 115
金龟总科 70
金小蜂 198, 239, 285
金小蜂科 81
金星步甲 68
靖远松叶蜂 80, 317

橘臀纹粉蚧 196
举肢蛾科 78, 395
巨蝉 118
巨大犀金龟 115
锯角叶蜂科 314
锯天牛亚科 71
卷蛾科 395
卷叶蛾科 76
军配虫 224
君主斑蝶 51

K

卡氏沙潜 115
咖啡豹蠹蛾 75, 370
咖啡木蠹蛾 370
康氏粉蚧 65
柯氏花翅跳小蜂 202
叩甲科 69
叩头甲 317
枯叶蝶 51
枯叶蛾科 54, 76
宽头叶蝉 109
宽缘金小蜂 198
盔蚧花角跳小蜂 199

L

蜡彩袋蛾 256
蜡蝉科 62
蜡蚧扁角跳小蜂 81
蜡蚧花翅跳小蜂 201
蜡蚧啮小蜂 201
蓝绿象 254
蓝目天蛾 77, 290
冷杉梢斑螟 404
离缘姬蜂 238
梨豹蠹蛾 75
梨齿盾蚧 203
梨冠网蝽 66, 224
梨花网蝽 224
梨笠圆盾蚧 203
梨木虱 62
梨实蝇 84
梨网蝽 224
梨圆蚧 144, 203
梨圆蚧恩蚜小蜂 205
丽草蛉 212
丽江球果花蝇 393

丽江云杉大痣小蜂 410
丽金龟 106
丽金龟科 70, 174
丽绿刺蛾 264
荔枝拟木蠹蛾 374
栎蚕舟蛾 296
栎粉蠹 429
栎黄枯叶蛾 118
栎黄掌舟蛾 297
栗红蚧 197
栗黄枯叶蛾 286
栗绛蚧 197
栗球蚧 197
栗山天牛 353, 356
栗实象 387
栗瘿蜂绵旋小蜂 243
粒肩天牛 347
镰翅小卷蛾属 398
两色刺足茧蜂 339
两色绿刺蛾 455
亮腹黑褐蚁 219
辽宁松干蚧 193
猎蝽 252, 276
猎蝽科 67
鳞翅目 54, 57, 73, 148, 155, 319
鳞毛粉蠹 428
瘤胸簇天牛 350
柳蝙蛾 74, 319, 375
柳毒蛾 305
柳干木蠹蛾 75, 369
柳尖胸沫蝉 220
柳蓝叶甲 251
柳蛎盾蚧 206
柳瘤大蚜 217
柳杉大痣小蜂 408
柳杉球果长蝽 385
柳扇舟蛾 297
柳天蛾 290
柳网蝽 223
柳瘿蚊 239
柳缘吉丁 360
六齿小蠹 116, 324
六点始叶螨 229
龙眼蚁舟蛾 118
蝼蛄科 59
陆马蜂 82

绿刺蛾 261
绿姬蛉 222
绿鳞象 253
绿盲蝽 67
绿尾大蚕蛾 289
卵跳小蜂 304
卵圆蝽 445
罗恩尼氏斜结蚁 219
落基山炸蜢 114
落叶松八齿小蠹 72, 116, 326
落叶松尺蛾 116, 276
落叶松毛虫 115, 282
落叶松毛虫黑卵蜂 283
落叶松球果花蝇 84, 393, 394
落叶松球蚜 116, 145
落叶松球蚜指名亚种 64, 215
落叶松实小卷蛾 399
落叶松小卷蛾 267
落叶松叶蜂 80, 316
落叶松种子小蜂 81, 116, 144, 406

M

麻栎天社蛾 296
麻皮蝽 65, 225
麻蝇 303
马齿苋蛱蝶 115
马蜂科 82
马铃薯甲虫 114
马铃薯瓢虫 69
马尾松点尺蛾 279
马尾松干蚧 118
马尾松角胫象 365, 390
马尾松毛虫 54, 76, 118, 150, 155, 279
马尾松梢小蠹 334
蚂蚁 248, 253, 255, 276, 305
麦蛾科 74
麦蜂 115
脉翅目 57
盲蝽科 67
盲蛇蛉 197
毛翅目 57

毛虫追寄蝇 295
毛黄齿爪鳃金龟 180
毛笋泉蝇 437
毛竹黑叶蜂 456
美国白蛾 78, 143, 144, 297
美洲棉铃虫 143
蒙古光瓢虫 194, 197, 199, 207
蒙古土象 184
蜜蜂 114
蜜蜂科 82
绵蚧科 65
绵蚧阔柄跳小蜂 202
绵团介壳虫 192
绵蚜 212
棉红蝽 66
棉蝗 118
缅蝉 118
螟蛾科 76, 395, 402
螟蛉瘤姬蜂 285
模毒蛾 306
膜翅目 57, 79, 148, 319
沫蝉科 61
木白蚁科 58
木橑尺蠖 155
木蠹蛾 146, 156, 303
木蠹蛾科 74, 319
木麻黄豹蠹蛾 75, 371
木麻黄毒蛾 303
木虱科 62
木橑种子小蜂 407

N

南方豆天蛾 77
南美棕榈隐喙象甲 115
内茧蜂 301
拟郭公虫 339
拟木蠹蛾科 319
拟蚁郭公虫 72
捻翅目 57
啮虫 109
啮虫目 57
啮小蜂 198, 221, 285
柠黄姬小蜂 253
柠条豆象 117, 392

柠条种子小蜂 409
扭叶球果花蝇 393
弄蝶 143

O

欧洲落叶松大痣小蜂 410
欧洲新松叶蜂 80

P

排蜂 114
泡桐二星叶甲 247
枇杷毒蛾 306
瓢虫 225, 248, 255
瓢虫科 68
平腹小蜂 285, 288, 301
苹果蠹蛾 143, 144, 401
苹果绵蚜 144, 212
苹果绵蚜蚜小蜂 213
苹果全爪螨 86
苹果小卷蛾 401
苹果舟形毛虫 295
苹毛丽金龟 178
苹掌舟蛾 295

Q

七星瓢虫 200, 212, 215, 217, 223, 239, 304
桤木叶甲 251
漆树叶甲 251
槭树绵粉蚧 196
祁连山丽旋小蜂 323
潜叶蛾科 78
潜叶蝇 155
鞘翅目 57, 67, 148, 319
鞘蛾科 74
鞘喙蝽科 115
窃豆象 391
窃蠹科 421
秦岭刻鞭茧蜂 322, 333
青刺蛾 261
青脊竹蝗 59, 446
青桐木虱 221
青杨脊虎天牛 352
青杨天牛 348

青杨楔天牛 319, 348, 356
青叶跳蝉 218
青缘尺蛾 117
蜻蜓目 56
蛩蠊目 57
秋四脉绵蚜 217
楸蠹野螟 232
楸螟 232
球角肛象 389
球果小卷蛾属 398
球角亚目 73
球蚧花翅跳小蜂 202
球蚧花角跳小蜂 202
球蚧象 197
球蚜科 63
缺翅目 56

R

日本单蜕盾蚧 208
日本方头甲 205, 207, 208
日本弓背蚁 317
日本龟蜡蚧 199
日本黄茧蜂 302
日本卷毛蚧 202
日本履绵蚧 190
日本木蠹蛾 373
日本食蚜蚜小蜂 201
日本松干蚧 117, 144, 193
日本围盾蚧 208
日本竹长蠹 459
日本追寄蝇 304
绒虫蜂 302, 303
肉食亚目 67

S

撒哈拉大白蚁 115
鳃金龟科 70, 174
赛黄盾食蚜蚜小蜂 200, 201
伞裙寄蝇 84
桑白盾蚧 207
桑白蚧 207
桑尺蛾 277
桑盾蚧 207

桑盾蚧恩蚜小蜂 208
桑盾蚧黄蚜小蜂 206, 207
桑褐刺蛾 264
桑花翅跳小蜂 198
桑脊虎天牛 351
桑名球坚蚧 201
桑拟轮盾蚧 207
桑天牛 117, 150, 347, 356
桑天牛卵寄生蜂 356
桑象 253
桑瘿蚊 83
森林蟋蟀 114
沙地蟋蟀 114
沙棘木蠹蛾 373
沙柳木蠹蛾 117, 367
沙柳窄吉丁 117
沙漠蝗 114
沙枣木虱 117, 221
莎草丝葱 114
山谷象白蚁 118
山林原白蚁 417
山眼蝶 114
山杨麦蛾 74
山杨木蠹蛾 373
山杨楔天牛 354
山楂粉蝶 73, 116
山楂红蜘蛛 226
山楂绢粉蝶 311
山楂叶螨 86, 226
杉蠹黄色广肩小蜂 331
杉肤小蠹 118, 330
杉木扁长蝽 384
杉木红蜘蛛 227
杉梢小卷蛾 234
杉针黄叶甲 117
杉棕天牛 342
上海青蜂 261
梢斑螟属 402
舌蝇 115
蛇蛉目 57
深点食螨瓢虫 229
深山姬蛉 222
神圣金龟 114
肾斑唇瓢虫 205
虱目 57

湿地松粉蚧 144, 195
十二齿小蠹 116, 118, 325
实小卷蛾属 398
实蝇科 84
食虫虻科 83
食毛目 57
食心虫 401
食蚜蝇 211, 214, 215, 217, 222
食蚜蝇科 84
柿蒂虫 397
柿举肢蛾 78, 397
柿实蛾 397
柿星尺蛾 117
瘦天牛亚科 71
梳角窃蠹 423
树蜂科 80, 319
刷盾短缘跳小蜂 202
栓皮栎波尺蛾 279
双斑唇瓢虫 205
双齿多刺蚁 82
双齿绿刺蛾 264
双翅目 57, 83
双刺广肩小蜂 243
双刺胸猎蝽 219
双带巨角跳小蜂 206
双带无软鳞跳小蜂 201
双钩异翅长蠹 144, 427
双棘长蠹 70, 425
双条杉天牛 71, 144, 337
双尾目 56
双尾天社蛾 293
双纹螟 112
霜天蛾 291
水木坚蚧 64, 198
水青蛾 289
丝棉木金星尺蛾 279
思茅松毛虫 286
斯氏球果花蝇 393
四川蓝目天蛾 290
四点象天牛 354
松阿扁叶蜂 79, 317
松斑天牛 336
松扁腹长尾金小蜂 326
松材线虫病 336

松刺脊天牛 118
松大象甲 240
松大蚜 213
松毒蛾 300
松干蚧花蝽 194
松褐天牛 154, 336
松黄新松叶蜂 317
松黄星象 241
松尖胸沫蝉 61
松蚧阿错小蜂 209
松蚧益蛉 194
松毛虫 143, 155, 156
松毛虫匙鬃瘤姬蜂 285
松毛虫赤眼蜂 82, 280, 285
松毛虫黑点瘤姬蜂 285, 288, 301, 304
松毛虫黑卵蜂 82
松毛虫缅麻蝇 285
松毛虫平腹小蜂 148
松毛虫狭额寄蝇 301
松毛虫属 54
松沫蝉 117, 220
松墨天牛 336, 356
松皮天牛 116
松皮小卷蛾 236
松茸毒蛾 300
松梢螟 230
松梢象 116, 241
松梢小卷蛾 76, 234
松实小卷蛾 400
松树皮象 240
松突圆蚧 65, 144, 202
松叶蜂科 80, 405
松瘿小卷蛾 235
松针斑蛾 265
松针毒蛾 306
松针蚧 208
松针小卷蛾 266
松枝小卷蛾 236
笋秀禾夜蛾 436

T

塔六点蓟马 229
泰加大树蜂 80, 117, 144, 380
炭色球果花蝇 393

糖槭盔蚧 198
螳螂 252, 261, 264, 276, 305
螳螂目 56
桃白蚧 207
桃蠹螟 403
桃红颈天牛 354
桃仁蜂 410
桃小蠹长足金小蜂 332
桃小食心虫 48
桃蛀螟 112, 403
天鹅绒金龟 175
天蛾科 77
天幕毛虫 116
天牛科 71, 319, 421
天牛亚科 71
天牛蛀姬蜂 349
天山星坑小蠹 117
条毒蛾 302
跳小蜂 305
跳小蜂科 81, 347
同翅目 57, 61, 155
铜绿异丽金龟 71, 176
透翅蛾 146, 156
透翅蛾科 74, 319
突笠圆盾蚧 209

W

网蝽科 66
微红梢斑螟 76, 149, 154, 230, 404
卫矛矢尖蚧 209
尾带旋小蜂 198, 243
纹蓟马科 61
乌桕樗蚕蛾 288
乌桕大蚕蛾 77
乌桕黄毒蛾 306
梧桐木虱 221
五星吉丁 360
五月鳃金龟 114
舞毒蛾 47, 55, 78, 114, 116, 143, 149, 156, 299
舞毒蛾黑瘤姬蜂 81, 303

X

西班牙月蛾 114

昆虫中文名称索引 ·473·

西植羽瘿螨科　87
稀球果花蝇　393
蟋蟀科　60
喜马拉雅聚瘤姬蜂　80
喜马拉雅松毛虫　118
细角花蝽　67
细角榕叶甲　118
细胸金针虫　181
细胸锥尾叩甲　69,181
细腰亚目　80
狭颊寄蝇　303,305
夏梢小卷蛾　236
夏威夷食蚜蚜小蜂　201
相思拟木蠹蛾　375
祥云新松叶蜂　317
象甲科　71,319,385
萧氏松茎象　362
小板网蝽　223
小草蛉　193
小长蝽　66
小地老虎　48,78,185
小蠹科　72,319
小蠹科亚科　72
小蜂科　81
小黑蚂蚁　239
小花蝽　211,229
小灰长角天牛　341
梣小吉丁　360
小茧蜂　238,275,371
小卷蛾属　398
小窠蓑蛾　255
小木蠹蛾　368
小青花金龟　70
小云鳃金龟　180
小枕异绒螨　219
小皱蝽　225
新斑蝶科　115
兴安落叶松鞘蛾　74,115,258
兴安小蠹广肩小蜂　329
星天牛　342
杏仁蜂　145,407
锈色粒肩天牛　144,349
旋皮夜蛾　78,307
旋小蜂　238,239
血色蚜　212

Y

蚜茧蜂　211
蚜科　63
蚜小蜂　214
亚历山大巨凤蝶　115
烟扁角树蜂　381
烟蓟马　61
芫菁科　71
杨、柳毒蛾　305
杨白片盾蚧　117
杨白潜蛾　78,256
杨锤角叶蜂　317
杨毒蛾　78,305
杨二尾舟蛾　78,293
杨干透翅蛾　74,144,149,156,378
杨干象　72,116,144,319,361
杨干隐喙象　361
杨红颈天牛　354
杨锦纹截尾吉丁　69,357
杨枯叶蛾　287
杨笠圆盾蚧　205
杨毛臀萤叶甲东方亚种　250
杨舟蛾　78,117,155,291
杨扇舟蛾黑卵蜂　295
杨梢叶甲　251
杨十斑吉丁　69,117,357
杨天社蛾　294
杨网蝽　223
杨腺溶蚜茧蜂　212
杨小舟蛾　294
杨雪毒蛾　116
杨银叶潜蛾　78,257
杨圆蚧　205
杨圆蚧恩蚜小蜂　206
洋槐蚜　211
野蚕蛾　76
野蚕黑瘤姬蜂　308
叶蝉　109
叶蝉科　61,80,314
叶甲科　69

叶甲卵姬小蜂　248
叶螨总科　85
夜蛾科　78
一点蝙蛾　376
一字竹象　431
蚁科　82
异角亚目　54,74
异色瓢虫　147,148,194,197,200,212,215,217,222,223,223,239
益螨　252
意大利蜜蜂　82
意蜂　114
银波天社蛾　292
银杏大蚕蛾　77,287
隐斑瓢虫　194,197
印度枯叶蛱蝶　114
缨翅目　57,60
缨尾目　56
瘿蜂科　82
瘿螨科　87
瘿螨总科　86
瘿蚊科　83
幽天牛亚科　71
油茶尺蛾　150,273
油茶枯叶蛾　284
油茶枯叶蛾黑卵蜂　285
油茶宽盾蝽　225
油茶毛虫　284
油茶史氏叶蜂　317
油茶象　386
油茶叶蜂　80
油茶织蛾　379
油茶蛀蛾　379
油茶蛀梗虫　379
油葫芦　60,173
油松毛虫　280
油松球果螟　76,402
油松球果小卷蛾　76,104,398
油桐尺蛾　279
油桐大绵蚧　202
油桐蚧　207
疣纹蝙蝠蛾　375
榆斑蛾　76,116,264
榆毒蛾　116,306

榆黑肩毛胸萤叶甲　251
榆黄黑蛱蝶　74
榆黄足毒蛾　306
榆蓝叶甲　249
榆绿天蛾　291
榆毛胸萤叶甲　48,249
榆木蠹蛾　369
榆潜蛾　117
榆全爪螨　229
榆三节叶蜂　317
榆跳象　252
榆夏叶甲　247
榆星毛虫　264
榆掌舟蛾　297
榆紫叶甲　116,246
羽角姬小蜂　253,303,308
玉带郭公虫　429
原尾目　56
圆柏大痣小蜂　410
缘蝽科　65,384
缘腹卵蜂科　82
云斑白条天牛　345,356
云斑王天牛　150
云南松毛虫　118,283
云南松梢小蠹　118
云南松梢小卷蛾　236
云南松叶甲　154,251
云南松脂瘿蚊　238
云南油杉种子小卷蛾　402
云杉阿扁叶蜂　117,314
云杉八齿小蠹　3,117,149,328
云杉大黑天牛　340
云杉大小蠹　322
云杉大痣小蜂　410
云杉粉蝶尺蛾　117
云杉球果小卷蛾　399
云杉腮扁叶蜂　317
云杉色卷蛾　114
云杉梢斑螟　117
云杉小黑天牛　116,339
云杉叶小卷蛾　117

Z

杂色广肩小蜂　243

枣尺蛾 76，274	织蛾科 319	重齿小蠹 334	竹绒野螟 112，449
枣尺蛾寄蝇 274	织叶蚁 114	重舌目 57	竹实小蜂 444
枣尺蛾肿跗姬蜂 274	直翅目 57，59，148	重阳木斑蛾 265	竹笋禾夜蛾 78，435
枣大球蚧 144，201	中国花角跳小蜂 197	舟蛾赤眼蜂 295	竹小斑蛾 454
枣飞象 253	中国晋盾蚧 209	舟蛾科 77	竹瘿蜂 444
枣龟蜡蚧 199	中华波缘龟甲 251	周期蝉 114	竹织叶野螟 448
枣镰翅小卷蛾 265，402	中华草蛉 212，222，229	皱大球蚧 201	竹直锥大象 434
枣黏虫 265	中华长尾小蜂 243	皱球坚蚧 201	蚌姬蜂 271
枣奕刺蛾 264	中华盗虻 84	皱绒蚧 440	蚌野螟属 402
枣瘿蚊 83	中华豆芫菁 71	竹白尾粉蚧 439	缀黄毒蛾 117
蚤目 57	中华弧丽金龟 180	竹篦舟蛾 449	缀叶丛螟 269
蚱蝉 61，117，219	中华虎甲 68	竹蝉 118	紫闪蛱蝶 74
樟白轮蚧 209	中华蓟马 61	竹长蠹 458	紫穗槐豆象 69，391
樟蚕 118，289	中华蜜蜂 82	竹长尾小蜂 444	纵带球须刺蛾 262
樟青凤蝶 118	中华缺翅虫 118	竹巢粉蚧 441	纵坑切梢小蠹 72，118，
樟叶蜂 80，318	中华松梢蚧 194	竹粉蠹 459	332
樟萤叶甲 250	中华松针蚧 194	竹广肩小蜂 444	纵褶竹舟蛾 449
樟子松木蠹象 388	中华竹粉蠹 118	竹横锥大象 432	棕色齿爪鳃金龟 180
樟子松球果象 147，388	中黄猎蝽 67	竹红天牛 457	棕色小蚂蚁 339，372
赭翅双叉端环野螟 449	中穴星坑小蠹 334	竹节虫目 57，58	钻具木蠹蛾 373
针叶小爪螨 86，227	螽蟖科 59	竹金黄绒野螟 449	柞蚕 77
真满目 85	肿腿蜂科 82	竹裂爪螨 86	柞栎象 390
榛实象 390	种子广肩小蜂属 406	竹镂舟蛾 450	

昆虫拉丁学名索引
（按字母顺序排序）

A

Abraxas flavisnuata 279
Acanthocinus griseus 341
Acantholyda piceacola 117, 314
Acantholyda posticalis 79, 317
Acanthoscelides pallidipennis 69, 391
Acariformes 85
Acridiidae 59
Actias selene ningpoana 289
Adalia bipunctata 221
Adelges laricis laricis 64, 215
Adelges laricis 116
Adelgidae 63
Adephaga 67
Adiscodiaspis tamaricicola 117
Aegeriidae 74
Aeolothripidae 61
Aeolothrips fasciatus 61
Agalliobpsis novella 109
Agedonia coclesalis 448
Agelastica alni orientalis 250
Agrilus lewisiellus 358
Agrilus planipennis 360
Agrilus marcopoli 360
Agrilus ratundicollis 117
Agrilus zanthoxylumi 359
Agriotes subvittatus 69, 181
Agrotis segetum 188
Agrotis tokionis 187
Agrotis ypsilon 48, 78, 185
Aiolomorphus rhopaloides 444
Alcidodes juglans 385
Aleurocanthus spiniferus 62
Aleyrodidae 62
Allobremeria plurilineata 455
Allothrombium puluinum 219
Alphaea phasma 298
Ambrostoma fortunei 247
Ambrostoma quadriimpressum 116, 246
Amitermes hastatus 115
Anabrolepis bifasciata 201
Anacallocleonymus gracilis 330
Anacampsis populella 74
Ancylis 398
Anaspis rufa 109
Ancylis sativa 265, 402
Anicetus beneficus 201
Anicetus ceroplastis 81
Anobiidae 421
Anomala corpulenta 71, 176
Anomala cupripes 177
Anoplophora chinensis 342
Anoplophora glabripennis 71, 117, 144, 343
Anoplophora nobilis 144, 343
Anoplura 57
Antheraea pernyi 77
Anthocoridae 67
Anthomyiidae 84
Anthribus kuwanai 197
Antonina crawii 439
Anystis sp. 194
Apamea apameoides 436
Apatura iris 74
Aphelinus mali 213
Aphididae 63
Aphis robiniae 211
Aphis sophoricola 117
Aphrophora costalis 220
Aphrophora flavipes 61, 117, 220
Aphytis proclia 206
Apidae 82
Apis cerana 82
Apis florea 114
Apis mellifera 82, 114
Apocheima cinerarius 76, 270
Aporia crataegi 73, 116, 311
Apriona germari 347
Apriona swainsoni 144, 349
Aprriona germari 117
Arbela bailbarana 375
Arbela dea 374
Arctiidae 78
Arge captiva 317
Aristobia hispida 350
Arma chinensis 65
Aromia bungii 354
Aromia moschata 354
Artona funeralis 454
Aseminae 71
Asilidae 83
Atrijuglans hetauhei 78, 395
Attacus atlas 77, 114
Atysa marginata cinnamomi 250
Augomonoctenus smithi 118, 405
Aulacaspis sassafris 209
Aulacaspis yabunikkei 209
Azotus sp. 209
Anicetus ohgushii 201

B

Bacchisa atritarsis 354
Bambusaspis hemisphaerica 442
Baris deplanata 253
Basiprionota bisignata 247
Basiprionota chinensis 251
Batocera davidis 344
Batocera horsfieldi 345
Beijing utila 202
Besaia goddrica 449
Bethylidae 82

Biston marginata 273
Blastopetrova keteleericola 402
Blastothrix chinensis 197
Blastothrix longipennis 199
Blastothrix sericae 202
Blattodea 56
Blepharipa zebina 84
Bombycidae 76
Bombycoidea 54
Bombyx mori 76
Bostrichidae 421
Bostrychidae 69
Botyodes diniasalis 268
Brachymeria lasus 81
Bracon sp. 371
Braconidae 81
Brassolidae 115
Bruchidae 69, 391
Bruchophagus 406
Bruchophagus neocaraganae 409
Bruchophagus onois 409
Bruchophagus philorobiniae 117, 409
Bryodema luctuosum 117
Bucculatrix thoraccella 117
Bupalus mughusaria 117
Bupalus vestalis 117
Buprestidae 69
Bursaphelenchus xylophilus 336
Buzura suppressaria 279

C

Caecilius sp. 109
Callambulyx tatarinovi 291
Callidium villosulum 342
Calosoma chinense 68
Calosota longigasteris 322
Calosota qilianshanensis 323
Calospilos suspecta 279
Calria sp. 222
Camponotus sp. 191
Camptoloma interiorata 298
Capnodis cariosa 360
Carabidae 67
Carposina niponensis 48
Casmara patrona 379

Cataclysta blandialis 112
Cecidomyia yunnanensis 238
Cecidomyiidae 83
Cedestis gysselinella 74
Cephalcia abietis 317
Cephalcia alashanica 79, 317
Ceracris nigricornis 59, 446
Cerambycinae 71, 421
Cercopidae 61
Ceroplastes floridensis 64
Ceroplastes japonicus 199
Ceroplastes rubens 200
Cerura menciana 78, 293
Cerura vinula felina 297
Cetoniidae 70, 174
Chaitophorus populialbae 211
Chalastogastra 79
Chalcididae 81
Chalcocelis albiguttata 263
Chalia larminati 256
Chalioides kondonis 256
Chelaria gibbosella 74
Chihuo zao 76, 274
Chilo suppressalis 112
Chilocorus bijugus 205
Chilocorus gresstti 205
Chilocorus kuwanae 197
Chilocorus renipustulatus 205
Chilocorus rubidus 191
Chilocorus similis 222
Chinolyda flagellicornis 79, 315
Chondracris rosea 118
Choristoneura fumiferana 114
Chouioia cunea 298
Chrysomela adamsi ornaticollis 251
Chrysomela populi 69, 116, 248
Chrysomelidae 69
Chrysopa septempunctata 200, 229
Chrysopa sinica 222, 229
Cicadella flavoscuta 109
Cicadella viridis 61, 218
Cicadellidae 61
Cicadidae 61
Cicindela chinensis 68
Cicindelidae 68
Cimbex taukushi 317

Cinara pinikoraiensis 64, 116
Cinara pinitabulaeformis 213
Cinara tujafilina 214
Cladiucha manglietiae 118
Clania minuscule 255
Clania variegata 118, 254
Clania variegate 75
Clanis bilineata bilineata 77, 289
Cleoporus variabilis 251
Cleridae 72
Clistogastra 80
Closbera anachoreta 78, 117, 291
Clostera anastomosis 116, 292
Clostera rufa 297
Cnidocampa flavescens 76, 260
Coccidae 64
Coccinella septempunctata 200
Coccinellidae 68
Coccobius azumai 203
Coccophagus hawaiiensis 201
Coccophagus ishii 200, 201
Coccophagus japonicus 201
Coccophagus yoshidae 201
Coccygomimus disparis 81
Coeloides bostrichorum 328
Coeloides qinlingensis 322
Coleophora dahurica 74, 115, 258
Coleophoridae 74
Coleoptera 57, 67
Collembola 56
Compariella bifasciata 206
Contarinia sp. 83
Cophinopoda chinensis 84
Coptotermes formosanus 58, 413
Coreidae 65, 384
Cosmotriche saxosimilis 118
Cossidae 74
Cossus cossus orientalis 75, 366
Crocidophora aurealis 449
Crocidophora evenoralis 112, 449
Cryphalus massonianus 334
Cryphalus szechuanensis 118
Cryphalus tabulaeformis chienzhuangensis 334
Cryptorrhynchus lapathi 72, 116, 144, 361

Cryptotermes declivis 417
Cryptotermes domecticus 58, 118, 417
Cryptotympana atrata 61, 117, 219
Culcula panterinaria 272
Curculio chinensis 386
Curculio davidi 387
Curculio dentipes 390
Curculio dieckmanni 390
Curculionidae 71, 385
Cyamophila willieti 222
Cybocophalus nipponicus 208
Cydia strobilella 399
Cyllorhynchites ursulus 390
Cynipidae 82
Cyolopelta parva 225
Cyrtorrhinus lividipennis 67
Cyrtotrachelus buqueti 432
Cytotrachelus longimanus 433

D

Dacus dorsalis 84
Dacus pedestris 84
Danaus chrysippus 115
Danaus plexippus 51
Dasimithius camellia 80, 317
Dasychira axutha 300
Dasypogon aponicum 84
Delphacidae 62
Dendroctonus armandi 118, 321
Dendroctonus micans 322
Dendroctonus valens 323
Dendrolimus 54
Dendrolimus himalayanus 118
Dendrolimus houi 283
Dendrolimus kikuchii 286
Dendrolimus kikuchii hainanensis 118
Dendrolimus punctatus 54, 76, 118, 279
Dendrolimus punctatus spectabilis 117, 281
Dendrolimus punctatus tabulaeformis 117, 280
Dendrolimus superans 115, 282
Deraeocoris punctulatus 222
Dermaptera 57

Diaphania perspectalis 270
Diaspididae 65
Dichocrocis 402
Dichocrocis punctiferalis 112, 403
Dictyoploca japonica 77, 287
Dilophodes elegans sinica 275
Dinoderus japonicus 459
Dinoderus minutus 458
Dinotiscus colon 325
Diomorus aiolomorphi 444
Dioryctria 402
Dioryctria abietella 404
Dioryctria mutatella 404
Dioryctria pryeri 402
Dioryctria rubella 76, 230, 404
Dioryctria schuetzeella 117
Dioryctria sylvestrella 117, 231
Diploglossata 57
Diplura 56
Diprion jingyuanensis 80, 317
Diprionidae 80, 314, 405
Diptera 57, 83
Disteniinae 71
Dolichomit sp. 365
Drosicha corpulenta 65, 117, 190
Dryocosmus kuriphilus 82, 242
Dynastes spp. 115
Dyscerus cribripennis 363
Dyscerus juglans 365
Dysdercus cingulatus 66
Dystomorphus notatus 118
Dendrolimus houi 118
Dioryctria mendacella 76

E

Elateridae 69
Elatophilus nipponensis 194
Eligma narcissus 78, 307
Embioptera 57
Encarsia aurantii 205
Encarsia berlesei 208
Encarsia gigas 206
Encarsia perniciosi 205
Encyrtidae 81
Encyrtus sasakii 202
Eotetranychus sexmaculatus 229

Ephemeroptera 56
Epicauta chinensis 71
Epinotia aquila 117
Epinotia rubiginosana 266
Erannis ankeraria 116, 276
Erebia pandrose 114
Eriococcus rugosus 440
Eriocrania semipurella alpina 117
Eriogyna pyretorum 289
Eriogyna pyretorum cognata 118, 289
Eriogyna pyretorum lucifera 289
Eriogyna pyretorum pyretorum 289
Eriophyidae 87
Eriophyoidea 86
Eriosoma lanigerum 144, 212
Erthesina fullo 65, 225
Eterusia leptalina 265
Etiella 402
Eucryptorrhynchus brandti 365
Eulecanium gigantea 144, 201
Eulecanium kuwanai 144, 201
Eumorphobotys obscuralis 449
Eupelmus sp. 239
Eupelmus urozonus 198
Euproctis bipunctapex 306
Euproctis karghalica 117
Euproctis pseudoconspersa 301
Eupteromalus sp. 239
Eurytoma laricis 81, 116, 144, 406
Eurytoma maslovskii 410
Eurytoma plotnikovi 407
Eurytoma samsonovi 145, 407
Eurytoma xinganensis 329
Eurytoma 406
Eurytomidae 81, 405
Euschemon raffesia 115
Eutomostethus nigritus 456
Exochomus mongol 194
Exorista civilis 84

F

Fiorinia japonica 208
Folsogastrallus sauteri 424
Formica gagatoides 219

Formicidae 82
Fulgoridae 62

G

Gargara genistae 61
Gastrodes piceus 385
Gastrolina depressa 251
Gastrolina thoracica 116, 251
Gastropacha populifolia 287
Gelechiidae 74
Geometridae 76
Glossina spp. 115
Graellsia isabellae 114
Graphium sarpedon 118
Graphocephala coccinea 109
Gravitarmata 398
Gravitarmata margarotana 76, 104, 398
Gregopimpla himalayensis 80
Gryllidae 60
Grylloblattodea 57
Gryllotalpa orientalis 59, 170
Gryllotalpa unispina 59, 171
Gryllotalpidae 59
Gryllus firmus 114
Gryllus vernalis 114

H

Haplothrips chinensis 61
Harmonia axyridis 194
Harmonia obscurosignata 194
Heliconiidae 115
Heliodinidae 78, 395
Hemiberlesia pitysophila 65, 144, 202
Hemiptera 57, 65
Hemisarcoptes salicina 207
Henosepilachna vigintioctopunctata 69
Hepialidae 74
Herculia nanalis 112
Heterobostrychus aequalis 144, 427
Heterocera 54, 74
Hippota dorsalis 445
Histia rhodope 265
Hodotermopsis sjostedti 417
Holcocerus arenicola 117, 367
Holcocerus consobrinus 117
Holcocerus hippophaecolus 373
Holcocerus insularis 368
Holcocerus japonicus 373
Holcocerus vicarius 75, 369
Holotrichia diomphalia 174
Holotrichia oblita 70, 174
Holotrichia parallela 180
Holotrichia titanis 180
Holotrichia trichophora 180
Homoeocerus dilatatus 66
Homoptera 57, 61
Hyalurgus flavipes 317
Hylesininae 72
Hylobitelus xiaoi 362
Hylobius abietis haroldi 240
Hymenoptera 57, 79
Hymenopus coronatus 114
Hyphantria cunea 78, 144, 297
Hypolimnas misppus 115
Hypomeces squamosus 253
Hyssia adusta 308

I

Icerya purchasi 97, 192
Ichneumonidae 80
Illiberis ulmivora 76, 116, 264
Inoccellia crassicornis 197
Ipideurytoma subelongati 328
Ipinae 72
Ips acuminatus 116, 324
Ips duplicatus 334
Ips nitidus 334
Ips sexdentatus 116, 118, 325
Ips subelongatus 72, 116, 326
Ips typographus 3, 117, 328
Iragoides conjuncta 264
Isoptera 56, 57
Ithomiidae 115
Ivela ochropoda 116, 306

K

Kalima spp. 51
Kallima paraceletes 114
Kalotermitidae 58
Kermes castaneae 197
Kytorhinus immixtus 117, 392

L

Lachnus tropicalis 217
Lamellcossus terebra 373
Lamiinae 71
Larerannis filipjevi 279
Lasiocampidae 54, 76
Laspeyresia 398
Laspeyresia coniferana 236
Laspeyresia gruneriana 236
Laspeyresia pomonella 144, 401
Laspeyresia zebeana 235
Lebeda nobilis 284
Lepidochora kahani 115
Lepidoptera 54, 57, 73
Lepidosaphes salicina 206
Leptinotarsa decemlineata 114
Lepturinae 71
Lestes sponsa 114
Leucoptera susinella 78, 256
Limacodidae 75
Limenitis archippus 51
Locastra muscosalis 269
Locusta migratoria manilensis 55, 59
Locusta migratoria migratorioides 115
Lophoeucaspis japonica 117
Loudonta dispar 450
Lycorma delicatula 62, 117, 220
Lyctidae 69, 421
Lyctocoris campestris 67
Lyctus brunneus 118, 459
Lyctus linearis 69, 429
Lygaeidae 66, 384
Lygus lucorum 67
Lymantria dispar 47, 55, 78, 114, 116, 299
Lymantria dissoluta 302
Lymantria monacha 306
Lymantria xylina 303
Lymantriidae 78
Lyonetiidae 78

M

Macromesus persicae 332

Macrophya fraxina 104
Macrotermes barneyi Light 58, 167
Macrotermes natalensis 115
Magicicada spp. 114
Malacosoma neustria testacea 76, 116, 285
Mallophaga 57
Mantodea 56
Margarodidae 65
Massicus raddei 353
Matsucoccus liaoningensis 193
Matsucoccus massonianae 118
Matsucoccus matsumurae 117, 144, 193
Matsucoccus sinensis 194
Mecopoda elongata 60
Mecoptera 57
Megaloptera 57
Megapis dorsata 114
Megapulvinaria maxima 202
Megastigmus 406
Megastigmus cryptomeriae 408
Megastigmus esomatsuanus 410
Megastigmus likiangensis 410
Megastigmus pictus 410
Megastigmus pingii 410
Megastigmus pseudotsugaphilus 410
Megastigmus sabinae 410
Megastigmus spp. 144, 408
Megopis sinica 354
Meichihuo cihuai 276
Melanophilu picta 69, 117, 357
Melanoplus spretus 114
Meliboeus cerskyi 360
Melipona spp. 115
Meloidae 71
Melolontha hippocastani 180
Melolontha melolontha 114
Melolonthidae 70, 174
Membracidae 61
Merisus sp. 198
Mesonura rufonota 80, 318
Mesosa myops 354
Metaceronema japonica 202
Metaphycus pulvinariae 202
Metasyrphus corollae 84

Micromelalopha troglodyta 294
Micropterys speciosus 201
Microterys clauseni 202
Microterys kuwanae 198
Microterys lunatus 202
Minthea rugicollis 428
Miridae 67
Monochamus alternatus 336
Monochamus sutor 116, 339
Monochamus urussovi 340
Monoteira unicostata 223
Morphosphaera gracilicornis 118
Murgantia histrionica 114

N

Nabis sinoferus 219
Nasutitermes cherraensis vallis 118
Neodiprion sertifer 80, 317
Neodipron xiangyunicus 317
Nesticoccus sinensis 441
Neuroptera 57
Nilaparvata lugens 62
Niphades castanea 390
Niphades verrucosus 364
Noctuidae 78
Nomadacris septemfasciata 115
Notodontidae 77
Nymphalidae 73
Nymphalis xanthomelas 74
Nysius ericae 66

O

Oberea fusciventris 354
Odonata 56
Odontotermes formosanus 58, 168
Oecophylla smaragdina 114
Oligia vulgaris 78, 435
Oligonychus clauatus 229
Oligonychus perditus 86, 228
Oligonychus ununguis 86, 227
Oncopsis sp. 109
Oobius sp. 347
Ooencyrtus kuwanai 81
Oracella acuta 144, 195
Orgyia antiqua 306
Orgyia dubia 117

Orius minutus 229
Ornithoptera alexandrae 115
Ornithoptera priamus 115
Ornphisa plagialis 232
Orsillus potanini 385
Orthoptera 57, 59
Otidognathus davidis 431
Oxycetonia jucunda 70

P

Pachyneuron sp. 198
Pamphiliidae 79
Panonychus citri 86
Panonychus ulmi 86, 229
Pantana phyllostachysae 451
Pantana sinica 453
Papilio antimachus 115
Papilio machaon 114
Papilio xuthus 73, 116, 312
Papilionidae 73
Parametriotes theae 237
Paranthrene tabaniformis 74, 116, 156, 377
Parasa bicolor 455
Parasa consocia 76, 261
Parasa hilarata 264
Parasa lepida 264
Parasa pastoralis 264
Parnops glasunowi 251
Parocneria furva 117, 303
Parthenolecanium corni 64, 198
Pegomya kiangsuensis 436
Pegomya phyllostachys 437
Peloridiidae 115
Pentatomidae 65
Percnia giraffata 117
Pericyma cruegeri 118
Petaluridae 115
Phalera assimilis 297
Phalera flavescens 295, 297
Phalerodonta albibasis 296
Phasmida 57, 58
Phassus excrescens 74, 375
Phassus signifer sinensis 376
Phenacoccus aceris 196
Philosamia cynthia 288

Phlaeothripidae 60
Phleudecatoma cunninghamiae 331
Phleudecatoma platycladi 330
Phloeosinus aubei 329
Phloeosinus sinensis 118, 330
Phthonandria artilineata 277
Phyllocnistis saligna 79, 257
Phyllopertha sp. 106
Pieridae 73
Pieris brassicae 40
Pissodes nitidus 116, 241
Pissodes validirostris 388
Pityogenes chalcographus 334
Pityogenes spessivtsevi 117
Plagiodera versicolora 251
Plagiopepis rothneyi 219
Planococcus citri 196
Platylomia pieli 118
Plecoptera 56
Pleonomus canaliculatus 69, 182
Podagricomela cuprea 251
Podagricomela shirahatai 250
Podontia lutea 251
Poecilocoris latus 225
Poecilonota variolosa 69, 357
Polistes antennalis 82
Polistidae 82
Polychrosis cunninghamiacola 234
Polyneura ducalis 118
Polyphaga 68
Polyphylla gracilicornis 180
Polyphylla laticollis 179
Polypso cuscorruptus 109
Polyrhachis dives 82
Popillia quadriguttata 180
Prioninae 71
Pristiphora erichsonii 80, 316
Proagopertha lucidula 178
Propylea japonica 207
Protura 56
Pryeria sinica 265
Pseudaulacaspis pentagona 207
Pseudococcidae 65
Pseudococcus comstocki 65
Psilogramma menephron 291
Psilophrys tenuicornis 198

Psocoptera 57
Psychidae 75
Psylla pyrisuga 62
Psyllidae 62
Pteromalidae 81
Pteromalus puparum 81
Pteroptrix longiclava 206
Pterostoma sinicum 117
Ptilinus fuscus 423
Ptycholomoides aeriferanus 267
Purpuricenus temminckii 457
Pycnetron curculionidis 326
Pygolampis bidenlara 219
Pyralidae 76, 395, 402
Pyrrhalta aenescens 48, 249
Pyrrhalta maculicollis 251
Pyrrhocoridae 66

Q

Quadraspidiotus gigas 205
Quadraspidiotus perniciosus 144, 303
Quadraspidiotus slavonicus 209

R

Rammeacris kiangsu 59, 118, 446
Raphidioptera 57
Reduviidae 67
Reticulitermes chinensis 58, 414
Reticulitermes speratus 416
Retinia 398
Retinia cristata 400
Retinia perangustana 399
Rhabdophaga salicis 239
Rhinotermitidae 58
Rhogas dendrolimi 81
Rhopalicus tutela 322
Rhopalocera 73
Rhyacionia duplana 236
Rhyacionia insulariana 236
Rhyacionia pinicolana 76, 234
Rhyncaphyoptidae 87
Rhynchaenus alini 252
Rhynchophorus palmarum 115
Rodolia cardinalis 97, 193

Rodolia concolor 191
Rodolia limbata 191
Rodolia rufopilosa 191
Rutelidae 70, 174

S

Saperda carcharias 354
Saperda populnea 348
Saturniidae 77
Scarabaeaus sacer 114
Scarabaeoidea 70
Scelionidae 82
Schistocerca gregaria 114
Schizotetranychus bambusae 86
Scleroderma guani 82
Scolothrips takahashia 229
Scolytidae 72
Scolytinae 72
Scolytoplatypus spp. 118
Scolytus amurensis 72
Scopelodes contracta 262
Scutelleridae 384
Scythropus yasumatsui 253
Semanotus bifasciatus 71, 117, 144, 337
Semanotus sinoauster 338
Semiothisa cinerearia 76, 117, 271
Serica orientalis 175
Sesia siningensis 74, 144, 378
Sesiidae 74
Setora postornata 264
Shansiaspis sinensis 209
Shirahoshizo coniferae 389
Shirahoshizo patruelis 365, 390
Sierraphyoptidae 87
Signiphorina sp. 209
Sinorsillus piliferus 384
Sinoxylon anale 70, 425
Siphonaptera 57
Sirex rufiabdominis 382
Siricidae 80
Smerinthus kindermanni 117
Smerinthus planus alticola 290
Smerinthus planus junnanus 290
Smerinthus planus kuantungensis 290
Smerinthus planus planus 77, 290

Sphaerotrypes coimbatorensis 331
Sphecia siningensis 156
Sphingidae 77
Stathmopoda massinissa 78, 397
Stauropus alternus 118
Stenocerus inquisitor japonicus 116
Stephanitis nashi 66, 224
Stephanitis svensoni 225
Stethorus punctillum 229
Stilpnotia candida 78, 116, 305
Stilpnotia salicis 305
Stilpnotia spp. 305
Strepsiptera 57
Strobilomyia anthracinum 393
Strobilomyia baicalensis 393
Strobilomyia infrequens 393
Strobilomyia laricicola 84, 393, 394
Strobilomyia lijiangensis 393
Strobilomyia luteoforceps 393
Strobilomyia melaniola 393
Strobilomyia pectinicrus 393
Strobilomyia sanyangii 393
Strobilomyia svenssoni 393
Stromatium longicorne 422
Sycanus croceovittatus 67
Sympherobius matsucocciphagus 194
Sympiezomias velatus 183
Symphyta 79
Syrphidae 84
Syrphus ribessi 84

T

Tachinidae 84
Tarbinskiellus portentosus 118, 172
Telenomus dendrolimusi 82
Telenomus spp. 446

Teleogryllus mitratus 60, 173
Tenthredinidae 80, 314
Termitidae 58
Tetraneura akinire 217
Tetranychoidea 85
Tetranychus urticae 86
Tetranychus viennensis 86, 226
Tetrastichus ceroplastes 201
Tetrastichus cupressi 330
Tetrastichus sp. 198
Tetrastichus telon 332
Tetropium castaneum 342
Tettigoniidae 59
Thansimus formicarius 72
Theophila mandarina 76
Thosea sinensis 76, 264
Thripidae 61
Thrips tabaci 61
Thysanogyna imbata 221
Thysanoptera 57, 60
Thysanura 56
Tingidae 66
Tirathaba rufivena 404
Tomicobia seitneri 325
Tomicus minor 333
Tomicus piniperda 72, 118, 332
Tomocera sp. 200
Tortricidae 76, 395, 405
Tosena melanoptera 118
Trabata vishnou 118, 286
Tremex apicalis 382
Tremex fuscicornis 381
Triabala vishnou 118
Trichacis sp. 239
Trichoferus campestris 421
Trichogramma dendrolimi 82
Trichogrammatidae 82

Trichoptera 57
Trioza magnisetosa 117, 221
Trirachys orientalis 354
Trogonopetera brookiana 114
Trypetidae 84
Tuberolachnus salignus 217
Trichogramma evanescens 82

U

Unaspis euonymi 209
Urocerus gigas taiganus 80, 117, 144, 380
Urochela quadrinotata 225
Urostylis westwoodi 225

X

Xanthonia collaris 117
Xanthopimpla punctata 97
Xyleborus spp. 118
Xylinophorus mongolicus 184
Xyloterus lineatus 334
Xylotrechus chinensis 351
Xylotrechus rusticus 352

Y

Yponomeuta evonymellus 116, 259
Yponomeutidae 74

Z

Zeuzera coffeae 75, 370
Zeuzera multistrigata 75, 371
Zeuzera pyrina 75
Zeuzeridae 75
Zoraptera 56
Zorotypus sinensis 118
Zygaena spp. 114
Zygaenidae 76